面 向 21 世 纪 课 程 教 材
Textbook Series for 21st Century

“大国三农”系列规划教材

普通高等教育“十四五”规划教材

蔬菜栽培学

Vegetable Cultivation

第 2 版

任华中　主　编
刘世琦　程智慧　副主编

中国农业大学出版社
· 北京 ·

内容简介

本书共分为19章，其中第1～2章介绍了蔬菜栽培学基本概念及蔬菜种类、起源与分布，第3～6章介绍了蔬菜栽培的生物学基础及技术、设施与应用、种子及育苗，第7章介绍了蔬菜产量和品质形成原理与调控，第8～19章较详细地介绍了瓜类、茄果类、白菜类、甘蓝类、根菜类、葱蒜类、绿叶类、豆类、薯芋类、多年生类、水生类及杂类蔬菜的优良品种、栽培、病虫害综合防治、采收等方面的经验技术和研究成果。

该书内容全面、系统，科学性、学术性强，也有较强的实用性。可供相关科研人员、农业院校师生、专业技术人员或管理人员等阅读参考。

图书在版编目(CIP)数据

蔬菜栽培学 / 任华中主编. --2版. --北京：中国农业大学出版社，2023.12

ISBN 978-7-5655-3059-3

Ⅰ.①蔬… Ⅱ.①任… Ⅲ.①蔬菜园艺－高等学校－教材 Ⅳ.①S63

中国国家版本馆CIP数据核字(2023)第173707号

书　　名　蔬菜栽培学　第2版

作　　者　任华中　主编

策划编辑　张秀环　　**责任编辑**　张秀环

封面设计　郑　川　李尘工作室

出版发行　中国农业大学出版社

社　　址　北京市海淀区圆明园西路2号　　**邮政编码**　100193

电　　话　发行部 010-62733489,1190　　读者服务部 010-62732336

编辑部 010-62732617,2618　　出　版　部 010-62733440

网　　址　http://www.caupress.cn　　**E-mail**　cbsszs@cau.edu.cn

经　　销　新华书店

印　　刷　涿州市星河印刷有限公司

版　　次　2024年6月第2版　　2024年6月第1次印刷

规　　格　185 mm×260 mm　　16开本　　25.25印张　　629千字

定　　价　68.00元

第 2 版编审人员

主　编　任华中(中国农业大学)

副主编　刘世琦(山东农业大学)

程智慧(西北农林科技大学)

编　者　(按姓氏拼音排序)

程智慧(西北农林科技大学)

范双喜(北京农学院)

高丽红(中国农业大学)

高志奎(河北农业大学)

刘厚诚(华南农业大学)

刘世琦(山东农业大学)

刘兴旺(中国农业大学)

孟焕文(西北农林科技大学)

潘　凯(东北农业大学)

任华中(中国农业大学)

眭晓蕾(中国农业大学)

汪李平(华中农业大学)

王　倩(中国农业大学)

王绍辉(北京农学院)

吴凤芝(东北农业大学)

周艳虹(浙江大学)

朱月林(南京农业大学)

主　审　于贤昌(中国农业科学院)

第1版编审人员

主　编　张振贤（中国农业大学）
副主编　喻景权（浙江大学）
于贤昌（山东农业大学）
刘世琦（山东农业大学）
编　者　（按姓氏拼音排序）
陈日远（华南农业大学）
程智慧（西北农林科技大学）
范双喜（北京农学院）
高志奎（河北农业大学）
柯卫东（华中农业大学）
刘厚诚（华南农业大学）
刘世琦（山东农业大学）
孟焕文（西北农林科技大学）
任华中（中国农业大学）
石正强（中国农业大学）
寿森炎（浙江大学）
王　倩（中国农业大学）
徐跃进（华中农业大学）
于广建（东北农业大学）
于贤昌（山东农业大学）
喻景权（浙江大学）
张振贤（中国农业大学）
郑世发（华中农业大学）
朱月林（南京农业大学）
朱祝军（浙江大学）
主　审　张福墁（中国农业大学）

第 2 版前言

自 20 世纪 70 年代末改革开放之后，我国蔬菜产业逐步形成并快速发展，蔬菜播种面积和产量也不断增加。据国家统计局资料，2021 年我国蔬菜播种面积为 2 198.57 万 hm^2，占农作物总播种面积的比例高达 13%；蔬菜总产量 77 548.78 万 t，年人均占有量高达 549 kg，足以体现出蔬菜产业对促进我国经济、社会发展的重要作用。近 20 年来，我国蔬菜科研、生产与经营管理等方面均取得了巨大成就。作为园艺专业的主要必修专业课之一，《蔬菜栽培学》历来备受重视，在蔬菜学高等教育中发挥了重要作用。《蔬菜栽培学》第 1 版作为"面向 21 世纪课程教材"于 2003 年出版后一直未作修订，之后被评为"大国三农"系列教材。教育是国之大计，党之大计。教育大计，教材为基。为了适应我国蔬菜生产发展形势，同时为了更好地满足园艺专业人才培养的需求，有必要对第 1 版教材进行修订。

本次的教材修订遵循了以下几点原则。①传承原教材编著风格：坚持第一版总论与各论一体化编写风格，便于读者携带和学习查阅；②充分体现我国蔬菜生产与基础研究成就：随着生产实践和基础研究的不断发展，诸如嫁接育苗、熊蜂授粉等新技术不断推广应用，本次教材修订力争与我国蔬菜生产方面发展的相关成就紧密结合；③突出蔬菜植物生物学特性的重要性：蔬菜植物生物学特性既是从事蔬菜栽培的基础，也是蔬菜优质高产栽培技术的关键。本次修订紧密结合了我国近年来蔬菜生物研究成果，更新了相关基础知识；④强化蔬菜栽培技术原理相关内容：因蔬菜种类、栽培方式、栽培季节多样化，为避开不同地区、气候条件、栽培茬口等在栽培管理方面的特异性，本次修订将栽培技术原理作为编写重点内容之一，以求兼顾我国南方、北方蔬菜生产特点，使本教材能够成为适用于全国高等农业院校的通用版本；⑤精练内容：在原有教材编写风格的基础上，进一步凝练了部分关键教学内容，删减了生产上已很少采用的栽培技术内容。

本教材的第 1 章由任华中编写，第 2 章由朱月林、眭晓蕾编写，第 3 章由周艳虹、王绍辉编写，第 4 章由眭晓蕾、刘厚诚、朱月林、刘世琦编写，第 5 章由高丽红编写，第 6 章由程智慧、高丽红编写，第 7 章由刘世琦编写，第 8 章由任华中、王倩、刘兴旺编写，第 9 章由吴凤芝、潘凯编写，第 10 章由孟焕文、朱月林编写，第 11 章由刘兴旺、任华中编写，第 12 章由范双喜、朱月林编写，第 13 章由程智慧、周艳虹编写，第 14 章由范双喜、刘兴旺编写，第 15 章由高志奎、刘兴旺编写，第 16 章由刘世琦编写，第 17 章由高志奎、周艳虹编写，第 18 章由汪李平编写，第 19

章由刘世琦编写。全书由任华中教授统稿并修订终稿，于贤昌教授主审。

本教材修订编写过程中，得到了各参编院校的大力支持，同时教材中还引用了很多作者的最新研究成果，在此一并表示感谢。

本次教材修订集合了众多编者的心血，力求全面、完整地反映蔬菜栽培学各领域的最新研究进展，但我国蔬菜种类繁多、蔬菜栽培研究内容广泛且发展迅速，面对浩如烟海的文献资料及产业调研报告，加之编者水平及能力有限，本教材难免有疏漏，殷切恳请广大师生和读者批评指正。同时，我们将在教学研究中对本教材不断修正并完善，使之成为广大教师教学及青年学生学习过程中的伴侣和助手。

编　者

2023 年 2 月 11 日

第 1 版前言

《蔬菜栽培学》作为园艺专业或蔬菜专业一门重要的必修专业课，历来备受重视，先后出版过不少版本，在蔬菜高等教育中发挥了重要作用。本教材是为了更好地适应新形势下园艺专业或蔬菜专业人才培养需要而编写的，也是教育部面向 21 世纪教学内容和课程体系改革 04-13 项目的研究成果。

近年来，蔬菜生产发展很快，已成为种植业的第二大产业，仅次于粮食，有些省份如山东省，占种植业的第一位，是农民致富奔小康的重要支柱产业，在人们生活中占有重要地位。据最新统计表明，2002 年中国蔬菜种植面积约 19×10^{6} hm^{2}，总产量 52×10^{8} t，总产值约 3 500 亿元，年人均蔬菜占有量近 400 kg。蔬菜生产属于劳动密集型产业，而中国农村劳动力充足，这对于加入 WTO 后中国蔬菜出口带来千载难逢的发展机遇，在很大程度上有力地推动蔬菜高等教育的发展。

过去的《蔬菜栽培学》包括总论、各论和保护地栽培，各论又分北方本和南方本，共 4 本，约 150 万字，这一教材体系是特定历史条件下形成的，在当时的蔬菜高等教育中发挥了重要作用。但这套教材也存在内容重复、体系烦琐、字数过多、篇幅冗长等问题，同时，南方、北方分开编写不利于全国蔬菜高等教育和学术交流的统一，也不利于全国的研究生培养。

鉴于以上原因，这次编写我们在很多方面做了较大改革：一是将原来的 4 本教材合编成 1 本，即《蔬菜栽培学》，使教材得到完整的统一，以达到体系科学、脉络清晰、避免重复、统一术语和删繁就简的目的；二是压缩篇幅，由第 1 版至第 2 版的 150 万字左右，压缩到目前的 60 万字左右，并尽量保留原来教材的完整性和信息量，以适应目前教学的需要；三是更新内容，增加目前生物科学的前沿理论和本专业的最新技术，使教材尽量反映当代蔬菜科技的最新理论成果和技术；四是不再分南方本和北方本，而是编成一部中国通用版本，因为栽培原理基本相同，除播种期等有区别外，其他栽培技术基本相似，用通用版本有利于中国蔬菜高等教育交流、合作和研究生培养。实际上，1987 年中国农业科学院蔬菜花卉研究所编写《中国蔬菜栽培学》时已不再分南方本和北方本了。

教材约 60 万字，其中总论约 15 万字，各论约 45 万字。各论中每章都附有本类的其他蔬菜栽培，用小五号字排出，不作为讲授的内容，只作为学生自学参考，以拓宽学生的思路，扩大学生的知识面。各院校还可根据当地生产实际和教学时数的安排，适当取舍，或增加与当地相适应的教学内容。蔬菜名和有关术语都附有英文名词，每章后都附有思考题，书末附有推荐读物和参考文献，以备学生查用，本教材还配有讲稿或教案的光盘，可供任课教师和学生参考。

与公共课和专业基础课相比，《蔬菜栽培学》的使用面较窄，每年每所农业高校使用量不过几十本或上百本，在目前教育部和农业部不再搞全国统编教材的情况下，多所学校联合，编写出一部中国农业高校比较认可的教材已势在必行。为此，由原教材的主编单位中国农业大学、浙江大学、山东农业大学联合牵头，并与中国农业大学出版社共同组织了中国十多所高等农业院校教学经验丰富的专家、教授，认真分析了当前的教学现状，理清改革思路，集思广益，群策群力，结合各位作者的科研方向分工协作，力争编写出1部科学、先进、实用的《蔬菜栽培学》教材。

为兼顾南方、北方的气候特点、品种和栽培方法等方面的差异，每章由北方和南方各1位作者共同执笔编写。绪言由张振贤编写，第1章由朱月林、张振贤编写，第2章由喻景权、石正强编写，第3章由于广建、朱月林编写，第4章由程智慧、孟焕文、张振贤编写，第5章由石正强、刘世琦编写，第6章由任华中、王倩、陈日远、刘厚诚编写，第7章由于广建、徐跃进编写，第8章由张振贤、朱月林、陈日远编写，第9章由陈日远、刘世琦编写，第10章由朱祝军、张振贤编写，第11章由朱月林、范双喜编写，第12章由程智慧、孟焕文编写，第13章由范双喜、陈日远编写，第14章由高志奎、陈日远编写，第15章由于贤昌、于广建编写，第16章由高志奎、寿森炎编写，第17章由徐跃进、郑世发、柯卫东、张振贤编写，第18章由刘世琦、程智慧编写。初稿完成后，南北方的作者先进行书稿的交流与初审、修改，然后每一章再由两三位审稿人进行审阅、修改，最后由主编进行统稿、定稿，由张福墁主审。

在教材的编写过程中，得到了各参编院校和中国农业大学出版社的大力支持；中国农业大学张福墁教授作为主审，在百忙之中审阅了重点章节，于广建、于贤昌、孔庆东、朱月林、刘世琦、程智慧、喻景权（按姓氏笔画为序）也参与审阅部分章节；同时教材中还引用了不少作者的研究成果，在此一并表示感谢。

为了编好这部教材，编者付出了很多心血，但由于教材编写是一项较大的工程，在浩如烟海的资料中很难收集全面，难免挂一漏万，同时，由于作者水平所限，书中一定还存在不少问题，希望使用本教材的教师提出宝贵意见，以便再版时修改。

编著者

2003年5月10

目　录

1

CHAPTER

绪 论

1.1 蔬菜的含义及其营养价值

1.1.1 蔬菜的含义

凡是具有柔嫩多汁产品器官、可作为副食品食用的一、二年生及多年生草本植物均可属蔬菜的范畴,有些木本植物如香椿、竹笋,某些真菌和藻类如蘑菇、木耳、紫菜、海带以及某些调味品等也可列为蔬菜的范围。

据许慎撰《说文解字》(公元 100—121)记述,“蔬,菜也”“菜,草之可食者,蔬也”。《尔雅》中也有“凡草菜可食者通名为蔬”之说。可见,蔬菜是由两个同义字组合而成的词组,是指可供佐餐的草本植物总称。《尔雅・释天》中称“谷不熟为饥,蔬不熟为馑”,足以说明古人已认识到蔬菜是关系民生的大事。

1.1.2 蔬菜的营养价值

从营养学的角度,人体的正常生长发育和正常的生理功能需要各种营养物质。在人类食物中,肉类、乳类及蛋品等动物性食物是人体蛋白质和脂肪的来源,粮食等植物性食物是人体碳水化合物热能的主要来源,而蔬菜则是维生素、纤维素、矿物质等的主要来源。

(1)维生素 蔬菜含有人体需要的各种维生素,食用后可维持人体正常的新陈代谢,增强抗逆性和免疫能力,如果缺乏会引起各种疾病。大多数维生素在人体内不能自身合成,需靠食物供给,粮食只能提供维生素 B_1、维生素 B_2,而人体需要的大量的维生素 C、维生素 B_6、维生素 B_{12}、胡萝卜素(维生素 A)原则需要蔬菜供给。维生素 C、维生素 B 普遍存在于蔬菜的产品器官中,大多数蔬菜的含量都很高,而豆类及其制品中维生素 B_{12} 的含量较高。

(2)矿物质 人体组织中含有 20 多种矿物质,或参与组织的组成成分,或参与正常生理功能的调节,如果缺乏某种矿物质,就会生理失调,引起疾病的发生。蔬菜中含有人体需要的各种大量元素和微量元素,尤其是钙、镁、磷较丰富。目前研究发现,有些微量元素如碘、硒、铁等对人体的健康至关重要,缺碘易引起甲亢,硒对于防治癌症有独特的作用,铁可以防止贫血。大蒜、洋葱、黄豆和白菜含有较多的硒。海带、紫菜中含有较多的碘。

(3)纤维素　纤维素被食用后很少能转化为营养被人体吸收，其作用在于使肠胃中的食物疏松，增加与消化液的接触面，刺激大肠蠕动，加速粪便从肠内排出，减少有毒物质对人体的侵染机会，降低直肠癌和结肠癌的发病率，也可以促进消化，预防便秘。此外，纤维素还可以减少胆固醇的吸收，降低血脂，维持血糖正常等。

(4)蛋白质及碳水化合物　马铃薯、山药、芋、西瓜、甜瓜、南瓜、莲藕、荸荠、蘑菇等含有大量的糖类和淀粉，豆类蔬菜含有大量的蛋白质，可为人体提供大量的热能。

(5)维持人体内的酸碱平衡　人摄入的各种食物其酸碱性差异较大，肉、乳、蛋、米、面等食物由于蛋白质、脂肪和糖较多，人体摄入后在代谢的过程中易产生乳酸、丙酮酸、磷酸等酸性物质而呈酸性反应。而蔬菜、水果等食物因含钾、钠、钙、镁等矿物质较多而呈碱性反应，可以中和酸性。虽然蔬菜、水果中含有柠檬酸、苹果酸、琥珀酸等，但易于与金属离子结合成有机盐，后经转化成离子、CO_2 和水。

(6)有机酸、色素及挥发性物质　蔬菜中的有机酸有柠檬酸、苹果酸、琥珀酸等；辣椒、生姜、葱蒜类含有挥发性物质和辛辣味；茴香、芫荽、芹菜等有特殊的芳香物质；蔬菜产品中有叶绿素、胡萝卜素、茄红素等。这些从色、香、味、营养等方面提高了蔬菜的品质，还可以增加食欲，是佐餐佳品。

(7)食疗保健作用　由于蔬菜产品中含有大量的对人体有益的物质，故具有重要的食疗保健作用，中医历来有“医食同源、食药同源”之说。《本草求真》中有“食物入口，等于药之治病同为一理，合则于人脏腑有益，而可却病卫生；不合则于人脏腑有损，而即增病促死”的记述。唐代药物学家孙思邈所著《千金要方》中有“凡欲治疗，先以食疗，即食疗不愈，后乃用药尔”。李时珍《本草纲目》也有“食医有方，菜之于人，补非小也”之说。现代医学也有研究表明，蔬菜确实有重要的食疗保健作用。有些蔬菜含有特殊的营养物质，具有明显的医疗保健作用，如山药可健脾胃、补气，生姜解表温里，大蒜杀菌止痢等，经常食用新鲜蔬菜对人体有很好的保健作用。

1.2　蔬菜生产的特点与意义

1.2.1　蔬菜生产方式及其特点

1)蔬菜生产方式

我国蔬菜生产方式有以下几种：

(1)自给性生产　即农户、机关、学校等为满足自己生活对蔬菜的需要，而划出一定面积的耕地进行自产自销的生产方式，一般栽培面积小而分散，或利用房前屋后、田间地头零星地块进行生产。

(2)商品性生产　指以获得商品蔬菜为目的的生产方式，蔬菜产品除销售给城镇居民、工厂企业职工的蔬菜外，还可能以外销、出口为主，这种生产方式对于解决大中城市居民蔬菜供应十分重要。为适应这种形式的发展，目前我国各地形成了很多蔬菜生产基地和大型批发市场，如山东省寿光市，不仅形成了大规模蔬菜生产基地，2022 年蔬菜种植面积已达 60 万亩($1\ hm^2=15$ 亩)、年产量达 450 万 t，同时形成了占地 40 多 hm^2 的大型蔬菜批发市场，蔬菜年交易量高达 900 多万 t，对于调节和供应全国各地的吃菜问题起到了非常重要的作用。此外，我国各地的特产蔬菜在商品蔬菜生产中也占有非常重要的位置，如山东章丘的大葱，山东金乡、苍山及河南中牟的大蒜，新疆的哈密瓜、甘肃兰州的百合，湖南祁东的黄花菜，山东益都及河北望都的干辣椒等，在国内蔬菜供应及出口创汇中都占有重要地位。

(3)专业化生产 指在生产设施、经营模式、栽培管理等方面均围绕一类或一种蔬菜而进行的生产类型。较其他生产方式而言，其生产、管理的组织化程度更高一些。此类生产的产品既可以是特产性农产品生产，如山东平度市的“马家沟”芹菜；也可以是为加工厂提供特定的原料，如新疆各地的加工番茄、辣椒等。

(4)季节性生产 指在大田作物收获后仅安排一季蔬菜从事季节性生产，其产品既可补充常年蔬菜生产基地供应的不足，又能发展农村多种经营，促进农村商品经济发展。

2)蔬菜生产特点

与种植业其他农作物比，蔬菜生产有以下几个显著特点。

(1)种类繁多 目前种植的蔬菜种类包括 32 个科 210 种(亚种和变种不计基数)。其中以十字花科、葫芦科、茄科、豆科、百合科、菊科的蔬菜种类最多，市场上常见的有 60 多种。

(2)食用器官多样化 包括蔬菜的根(如萝卜、胡萝卜等的肉质根)、茎(如莴笋、菜薹的嫩茎；马铃薯、山药的块茎；芋、荸荠的球茎；大蒜、洋葱的鳞茎；生姜、草石蚕的根状茎等)、叶(如菠菜、白菜的嫩叶；大白菜、甘蓝的叶球；芹菜的叶柄)、花(如金针菜的花、花椰菜的花球)、果(如瓠果、浆果、荚果)等。

(3)设施栽培 目前，设施栽培面积约占蔬菜总面积的 25%，而经济效益约占 60%，是蔬菜高产高效的重要内容，保护地设施主要有塑料拱棚(大、中、小棚)、温室、遮阳网、防虫网、阳畦、温床等。保护地栽培四季生产，既可保证蔬菜的周年、均衡供应，又可增加菜农的收入。

(4)育苗移栽 大多数蔬菜需要育苗，这是蔬菜集约化生产的重要特点之一，育苗既便于管理，又可以延长蔬菜的生长期，对于提前上市、增产增收具有重要的作用。

(5)精耕细作 由于蔬菜生长快、产量高，又是收获鲜嫩产品，因此需肥水量较大，要求土壤疏松透气、保肥保水。在管理上要求精耕细作，如作畦、培土、封垄，支架、绑蔓、摘心、打杈、疏花疏果与保花保果等。

(6)采后处理 蔬菜收获后要进行适当的采后处理，如晾晒、清洗、分级、包装等。

(7)茬口繁多 绝大多数蔬菜作物，播种至商品成熟期时间短，同一地块常需要一年多次播种、多次采收。

(8)高产高效 蔬菜具有产量高、效益好的特点，一般每亩产量在几千千克到几万千克，产值几千元到几万元，历来有“一亩园，十亩田”之说，已成为农村发家致富奔小康的重要支柱产业。

1.2.2 蔬菜产业发展的意义

目前，我国蔬菜产业已经从昔日的“家庭菜园”逐步发展成为主产区农业农村经济发展的支柱产业及具有较强国际竞争力的优势产业，保供、增收、促就业的地位日益突出。蔬菜产业发展意义体现如下。

(1)满足生活需求 蔬菜是人类的基本食物来源之一，可提供人体健康所必需的维生素、膳食纤维和矿物质。以鲜食为主、需求量大的传统饮食习惯，决定了蔬菜在我国城乡居民膳食结构中具有特殊重要的地位。故蔬菜生产在保障城乡居民基本消费需求和提高生活质量方面发挥了重要作用。

(2)增加农民收入　蔬菜商品率高、比较效益高，是农民收入的重要来源之一。据国家统计局统计，2010 年全国蔬菜播种面积占农作物播种面积的 11.9%，总产值 1.2 万亿元，占种植业总产值的 33%。另据农业部测算，2010 年蔬菜对全国农民人均纯收入贡献 830 多元，占农民人均收入的 14%。

(3)促进城乡居民就业　蔬菜产业属劳动密集型产业，其生产、销售、加工过程可带动数量众多的城乡劳动力就业。据不完全统计，2010 年，与蔬菜种植相关的劳动力达 1 亿人，与蔬菜加工、贮运、保鲜和销售等相关的劳动力达 8 000 万人。因此，蔬菜产业在带动就业、促进农村稳定方面的作用明显。

(4)平衡农产品国际贸易　我国加入世界贸易组织后，蔬菜比较优势逐步显现，出口增长势头强劲，在平衡农产品国际贸易方面发挥了重要作用。据中国海关统计，2010 年我国出口蔬菜 836.37 万 t，比 2000 年增长 1.61 倍；出口额 96.91 亿美元，比 2000 年增长 3.7 倍；贸易顺差 94.14 亿美元，居农产品之首，比 2000 年增长 3.69 倍，而同期农产品贸易逆差达 231 亿美元。

1.3　蔬菜栽培的历史、现状及前景

1.3.1　蔬菜栽培历史

中国是世界上的四大文明古国之一，农业历史悠久，源远流长，从原始农业起蔬菜生产就不断发展。据考证，“菜”是从“采”字演化而来，“采”字上面为“爪”，示人手指，下部为“木”，示植物，“爪”“木”结合喻摘取植物之意，可见，蔬菜作为食物先于中国文字创造之前。陕西省西安市半坡村遗址考古发现，早在 6 000～7 000 年前的新石器时代，人们已懂得了利用蔬菜，说明人们在开始农业生产以来就进行蔬菜栽培。春秋战国时期，蔬菜与大田作物的栽培就已经分开了，在 3000 年前的甲骨文和 2 000 多年前的《论语》中就已经出现了“稼”“圃”。“稼”为大田栽培，“圃”为菜园。

公元前 239 年的《吕氏春秋》中从作畦、播种、施肥、浇水，直至收获，形成了一套简单、粗略的栽培技术。公元前 32 年至公元前 7 年，《氾胜之书》则记载了种子处理、嫁接育苗等，此后的《齐民要术》对于蔬菜的播种期、间作套种、轮作制度、病虫害防治、选种、提纯复壮等技术进行了详细的记载。

中国也是蔬菜保护地栽培发展较早的国家，早在 2 000 多年前的汉朝就有了蔬菜保护地栽培的记载(《汉书·循吏传》)，比古罗马早 200～300 年。唐朝诗人王建的《华清宫》“酒幔高楼一百家，宫前杨柳诗前花，内院分得温泉水，二月中旬已进瓜。”记载了当时利用温泉水进行保护地栽培的情况。目前，保护地栽培已成为蔬菜栽培的主要形式，其称谓也有所演变，20 世纪 50～60 年代称为保护地，70～80 年代引用日本的称谓改为设施栽培，进入 90 年代，则称为工厂化农业，21 世纪初在国家 863 计划启动生物与农业领域时首次称可控环境农业。

无土栽培是蔬菜栽培的一个分支，也是保护地发展的重要内容，最初是作为矿质营养生理

的一种研究手段。在第二次世界大战中为解决沙漠、海岛地区驻军的吃菜问题应用于生产,20 世纪 70 年代无土栽培迅速发展,现在已成为保护地栽培的重要形式,无土栽培主要有基质栽培和水培,常用的基质有蛭石、岩棉、泥炭、石英砂等。水培是将根系连续浸在营养液中,而不需基质固定的一种方式。无土栽培具有生长快、产量高、低污染、品质好等优点,还可进行立体栽培,随着人口的增长和耕地的减少,无土栽培具有广阔的发展前景。现在,欧洲等一些经济发达的国家和地区,大多进行无土栽培,并将进行改革,如营养液膜栽培技术,其原理是利用一层很薄的营养液,在栽培槽中不断流经根系,较好地解决了营养液中氧气不足的问题。有机生态型无土栽培是中国特色的无土栽培,具有成本低廉、操作简便、易学易用、污染低、产量高等特点,更容易普及和推广。其原理是利用高温消毒和腐熟的作物的茎叶,再加一些草炭、沙等基质放入栽培槽内直接浇清水,而不用浇营养液的一种无土栽培方法。

1.3.2 蔬菜栽培现状

我国是世界上最大的蔬菜生产国和消费国。自 20 世纪 80 年代中期蔬菜产销体制改革以来,随着种植业结构调整步伐的加快,全国蔬菜生产快速发展,产量大幅增长,上市基本均衡,供应状况发生了根本性改变。播种面积由 1990 年的近 1 亿亩增加到 2010 年的 2.3 亿亩,产量由 2 亿 t 提高到 5 亿 t,人均占有量由 170 kg 增加到 370 kg,常年生产供应的蔬菜产品已达 14 大类 150 多个品种,逐步满足了人们对蔬菜产品多样化的消费需求。另据 FAO 统计信息显示,2001 年以来,我国蔬菜收获面积已占世界蔬菜总面积的 40%以上,总产量占世界的比例达 47%,平均单产比世界平均水平高出 17%。

随着我国工业化、城镇化的不断推进,以及交通运输状况的改善和全国鲜活农产品“绿色通道”的开通,全国蔬菜生产基地逐步向优势区域集中,目前已形成华南与西南热区冬春蔬菜、长江流域冬春蔬菜、黄土高原夏秋蔬菜、云贵高原夏秋蔬菜、北部高纬度夏秋蔬菜、黄淮海与环渤海设施蔬菜六大生产优势区域,呈现出栽培品种互补、上市档期不同、区域协调发展的格局,有效地缓解了淡季蔬菜供求矛盾,为保障全国蔬菜均衡供应发挥了重要作用。

自 2001 年“全国无公害食品行动计划”实施以来,蔬菜产品质量安全水平明显提高。据农业部农产品质量安全例行监测结果,近三年蔬菜农残监测合格率稳定在 95%以上,蔬菜质量安全状况大为改善;在蔬菜质量安全水平提高的同时,蔬菜商品质量也明显提高,净菜整理、分级、包装、预冷等商品化处理数量逐年增加。

伴随着日光温室蔬菜高效节能栽培技术的研发成功,实现了在室外−20 ℃严寒条件下,采用辅助加温,可以实现黄瓜、番茄等喜温蔬菜生产,其节能效果居世界领先水平;蔬菜集约化育苗技术快速发展,年产商品苗达 800 多亿株。此外,蔬菜病虫害综合防治、无土栽培、节水灌溉、嫁接栽培技术的应用等也取得了明显进步。

1.3.3 蔬菜栽培发展前景

蔬菜产业在我国发展成就突出,同时具有广阔的发展前景。特别是以日光温室为代表的设施蔬菜生产为我国乃至世界蔬菜生产和供应发挥了巨大作用。但也应该看到,我国目前的蔬菜产业也面临着诸多问题,如夯土型日光温室建造土地利用率低,菜田管理过程中传统的大水漫灌和经验施肥导致的水肥利用率低,设施装备水平及环境调控能力差导致田间农事管理劳动强度大难以适应从业人员老龄化的产业发展形势,逆境条件下设施蔬菜丰产优质技术保障体系和市场流通体系效率低、成本高、损耗大等，都是影响我国蔬菜产业升级的至关重要因素。另外，从长远角度看，在我国经济社会不断发展而土地资源又十分有限的情况下，为确保国家粮食生产安全，未来一段时期蔬菜生产规模增加的空间将极为有限，为此，综合运用现代科技成果，通过提高单产满足未来蔬菜增量需求和生产效益提高将是蔬菜栽培的重要任务，同时也是蔬菜栽培学重要研究方向。

1.4 蔬菜栽培学及其与其他学科的关系

1.4.1 蔬菜栽培学的含义及其发展

蔬菜栽培学是蔬菜学二级学科中最为重要的专业课，它以生物科学理论为基础并与应用技术相结合，专门研究蔬菜作物生长发育规律及与之相应的栽培管理技术和原理的一门科学。它以蔬菜为研究对象，以探索其生长发育规律为主要内容，以了解并掌握土壤、气象条件变化规律及其控制原理，利用现代的生物科学理论与先进的管理技术来协调蔬菜、土壤、气象这三者的关系，努力创造适宜蔬菜生长的环境条件为主要任务，以获得高产、优质、无污染的蔬菜产品为最终目的。蔬菜栽培学的内容广泛，涉及植物的种类及其分类和分布、植物形态与解剖、蔬菜生态学、植物生理学、产品器官的形成与调控、蔬菜生产的合理布局、蔬菜的栽培制度、茬口安排、立体种植等方面的内容。

蔬菜栽培学的形成与发展经历了漫长的历程，先后经过以下几个阶段。

原始阶段(2000 年前)：有关记载分散在《诗经》《论语》《吕氏春秋》等；

萌芽阶段(630—1900 年)：在贾思勰的《齐民要术》(630 年)、王祯的《王祯农书》(1313 年)、汪灏的《广群芳谱》(1621 年)、吴其濬的《植物名实图考》(1848 年)等著作中有记载；

形成阶段(1936—1963 年)：代表作为吴耕民的《蔬菜园艺学》(1936 年)和《中国蔬菜栽培学》(1958 年)，山东、河北、浙江、山西等多所高等农业院校分别主编的《蔬菜栽培学》(上、中、下)(1959—1962 年)；

发展成熟阶段(1976 年至现在)：代表作为浙江农业大学主编的《蔬菜栽培学》(总论，各论-南方本)、山东农业大学主编的《蔬菜栽培学各论》(北方本)，中国农业大学主编的《蔬菜栽培学(保护地)》(第 1～3 版，1979—2001 年)，中国农业科学院蔬菜研究所主编的《中国蔬菜栽培学》(1987 年)。

本书将总论、各论、南方本、北方本、设施栽培与露地栽培有机地结合在一起。

此外，美国 Thompson 主编的《Vegetable Crops》(1923 年)，苏联艾捷里斯坦主编的《蔬菜栽培学》(1954 年中译本)对中国 20 世纪 50 年代前后的蔬菜高等教育影响较大。

1.4.2 蔬菜栽培学与其他学科的关系

蔬菜栽培学是理论与实践结合密切的一门科学，它的发展有赖于基础学科，如数学、物理学、化学、生物学等学科的发展。蔬菜的形态发生、器官建成及自身的生理生化过程建立在细胞的分生与活动上，因此它与植物学、细胞学、细胞生物学、植物解剖学、植物生理学、植物生物化学密切相关；蔬菜的生长发育和产量形成离不开温、光、水、气、肥、土等环境因子，因此它离不开植物的气象学、生态学、物候学、土壤学、肥料学、农业工程学、园艺设施学等；蔬菜种类繁多，形成了大量的亚种、变种、生态型、生活型的品种，这些与植物的分类学、地理学、群落学关系密切；在蔬菜生长的过程中易受真菌、细菌、病毒、线虫和各种有害昆虫的危害，与植物病理学、植物昆虫学、病毒学、藻类学等关系密切；考虑到蔬菜的生理过程由基因控制，因此与植物的分子生物学、基因工程，以及生物技术、免疫技术（酶联免疫、荧光免疫）、色谱分析技术、电泳技术、显微技术、电子计算机技术、遥感技术等手段是密不可分的。其中关系最密切的是植物学和植物生理学。

蔬菜栽培学的理论与技术来源于实践，又回到实践去指导生产。因此，在学习蔬菜栽培学时要理论联系实际，熟悉并掌握蔬菜生长发育的基本规律、植物学基本特征、对环境条件的要求、蔬菜栽培学的基本原理与技能。有条件的学校最好能在讲课的同时，安排进度相同的田间实验技术课以加强课堂教学的内容，让学生掌握蔬菜栽培的基本技能。

思考题

1. 何谓“蔬菜”，其对于保障人们身心健康的作用有哪些？
2. 如何认识蔬菜产业在我国经济、社会发展中的地位？
3. 蔬菜作物的生产特点有哪些？

2

CHAPTER

蔬菜的种类、起源与分布

蔬菜植物不仅分布范围很广，且种类很多。除一、二年生草本植物外，还有多年生草本和木本植物（如金针菜、石刁柏、竹笋、香椿等），以及许多真菌和藻类植物（如蘑菇、香菇、紫菜、海带等）。我国是世界栽培植物起源中心之一，栽培的蔬菜种类（包括种、亚种及变种）有 200 多种，分布于 31 个科。

栽培蔬菜是由野生植物经长期自然选择和人工选择演化而来，与野生种既有密切联系，也有很大不同。伴随着长期的栽培与驯化过程，由于基因重组和突变等原因，与野生种相比，栽培蔬菜植物在形态特征、生理生态特性等方面会发生一系列变化，从而形成了丰富多彩的蔬菜类型和品种。

2.1 蔬菜的种类与分类

蔬菜的分类方法主要有 3 种，即植物学分类、产品器官分类和农业生物学分类。

2.1.1 植物学分类

传统的植物分类是借助于形态学、解剖学研究的证据，按照植物间亲缘关系的远近和进化过程进行分类。随着科学的进步，植物分类的依据也越来越广泛，包括细胞学、遗传学、生物化学、分子生物学等各个学科领域的资料。

植物分类的等级为界、门、纲、目、科、属、种。其中，种为基本单位，在种以下，还可分为亚种、变种、生态型等。

植物学分类的优点，是可以明确科、属、种间在形态、生理上的关系，以及在遗传上、系统发生上的亲缘关系。如结球甘蓝与花椰菜，产品器官不同，前者是叶球，后者是花球，但两者同属一个种，彼此容易杂交，制种时要相互隔离。西瓜、甜瓜、南瓜、黄瓜都属于葫芦科蔬菜，它们在生物学特性及栽培技术上都有相似性，甚至有许多病原是可以相互传染的。

世界各地的蔬菜植物绝大多数属于种子植物，既有双子叶植物，又有单子叶植物。双子叶蔬菜植物中包括十字花科、豆科、茄科、葫芦科、伞形科、菊科等；而单子叶蔬菜植物中则包括百合科、禾本科等。根据植物学分类方法，我国栽培的蔬菜包括以下种类：

Ⅰ. 真菌门	
A. 担子菌纲	Basidiomyces
a)光柄菇科	Pluteaceae
草菇	*Volvariella volvacea* (Bull. ex Fr.)Sing.
b)口蘑科	Tricholomataceae
(1)香菇	*Lentinus edodes* (Berk.)Sing.
(2)平菇	*Pleurotus ostreatus* (Jacq. ex Fr.)Quel.
c)猴头菌科	Hericiaceae
猴头菌	*Hericium erinaceus* (Bull. ex Fr.)Pers.
d)蘑菇科	Agaricaceae
(1)蘑菇	*Agaricus campestris* L. ex Fr.
(2)双孢蘑菇	*Agaricus bisporus* (Large.)Sing.
(3)大肥菇	*Agaricus bitorquis* (Quei.)Sacc.
e)木耳科	Auriculariaceae
黑木耳	*Auricularia auricula* (L. ex Hook) Underw
f)银耳科	Tremallaceae
银耳	*Tremalla fuciformis* Berk.
Ⅱ. 地衣植物门	
B. 薄囊蕨纲	Leptosporangiopside
a)凤尾蕨科	Pteridaceae
蕨菜	*Pteridium aguilinum* (L.)Kohn. var. *latiusculum* (Desv.) nderw.
Ⅲ. 种子植物门	
C. 双子叶植物纲	Dicotyledoneae
a)唇形科	Labiatae
(1)草石蚕	*Stachys sieboldii* Miq.
(2)薄荷	*Mentha arvensis* L.
(3)罗勒	*Ocimun basilicum* L. var. *Pilosum* (Will) Benth
(4)紫苏	*Perilla frutescens* (L.)Britt.
b)豆科	Leguminosae
(1)菜豆	*Phaseolus vulgaris* L.
矮生菜豆	var. *humilis* Alef.
(2)莱豆	*Phaseolus lunatus* L.
矮生大莱豆	var. *limenanus* Bailey
矮生小莱豆	var. *lunoanus* Bailey
(3)普通豇豆(矮豇豆)	*Vigna unguiculata* W. ssp. *Sinensis* Endl.
(4)长豇豆	*Vigna unguiculata* W. ssp. *sesquipedalis* (L.)Verd
(5)角豆(饭豆)	*Vigna unguiculata* W. ssp. *catjang* Walp.
(6)蚕豆	*Vicia faba* L.

(7)毛豆	*Glycine max* Merrill.
(8)豌豆	*Pisum sativum* L.
紫花豌豆	var. *aruense* Poir.
菜用豌豆	var. *hortense* Poir.
软荚豌豆	var. *macrocarpon* Ser.
(9)刀豆	*Canavalia glabiata* DC.
(10)矮刀豆	*Canavala ensiformis* DC.
(11)红花菜豆	*Phaseolus coccineus* L.(syn. *P.multiflorus* Willd.)
白花菜豆	var. *albus* Alef.
(12)藜豆	*Stizolobium capitatum* Kuntze.
(13)四棱豆	*Psophocarpus tetragonolobus* DC.
(14)扁豆	*Dolichos lablab* L.
(15)苜蓿(金花菜)	*Medicago hispida* Gaertn.
(16)葛	*Pueraria thomsoni* Benth.(syn. *P. hirsuta* Schnid.)
(17)豆薯	*Pachyrhizus erosus* Urb.
c)番杏科	Ficoidaceae
番杏	*Tetragonia expansa* Murr.
d)葫芦科	Cucurbitaceae
(1)黄瓜	*Cucumis sativus* L.
(2)甜瓜	*Cucumis melo* L.
普通甜瓜	var. *makuwa* Makino
网纹甜瓜	var. *reticulatus* Naud.
硬皮甜瓜	var. *cantalupensis* Naud.
哈密瓜	var. *saccharinus* Naud.
越瓜	var. *conomon* Markino
菜瓜	var. *flexuosus* Nand.
冬甜瓜	var. *inodorus* Naud.
观赏甜瓜	var. *dudain* Naud.
柠檬瓜	var. *chito* Naud.
(3)冬瓜	*Benincasa hispida* Cogn.
(4)节瓜	*Benincasa hispida* var. *chiec-qua* How.
(5)瓠瓜	*Lagenaria vulgaris* Ser.
长瓠瓜	var. *calvata* Makino
圆瓠瓜	var. *depresa* Makino
葫芦	var. *gourda* Makino
(6)南瓜	*Cucurbita moschata* Duch.
(7)笋瓜	*Cucurbita maxima* Duch.
(8)西葫芦	*Cucurbita pepo* L.
(9)黑籽南瓜	*Cucurbita ficifolia* Bouch.

(10)灰籽南瓜	*Cucurbita mixta* Pang
(11)西瓜	*Citrullus vulgaris* Schrad.[syn. *C. lanatus* (Thunb) M.]
(12)普通丝瓜	*Luffa cylindrica* Roem.
(13)有棱丝瓜	*Luffa acutangula* Roxb.
(14)苦瓜	*Momordica charantia* L.
(15)佛手瓜	*Sechium edule* Sw.
(16)蛇瓜(长栝楼)	*Trichosanthes anguina* L.
e)锦葵科	Malvaceae
(1)黄秋葵	*Hibiscus esculentus* L.
(2)冬寒菜	*Malva verticillata* L.
f)菊科	Compositae
(1)莴苣	*Lactuca sativa* L.
散叶莴苣	var. *intybacea* Hort.
直立莴苣	var. *romana* Gars.
皱叶莴苣	var. *crispa* L.
结球莴苣	var. *capitata* L.
莴笋	var. *angustana* Irish.(syn. var. *asparagina* Bailey)
(2)茼蒿	*Chrysanthemum coronarium* L.
(3)菊芋	*Helianthus tuberosus* L.
(4)苦苣	*Cichorium endivia* L.
(5)牛蒡	*Arctium lappa* L.
(6)婆罗门参	*Tragopogon porrifolius* L.
(7)菊牛蒡	*Cirsium dipsacolepis* Matsum.
(8)菊花脑	*Chrysanthemum nankingense* H. M.
(9)紫背天葵	*Gynura bicolor* L.
(10)朝鲜蓟	*Cynara scolymus* L.
g)藜科	Chenopodiaceae
(1)菠菜	*Spinacia oleracea* L.
刺籽菠菜	var. *spinosa* Moench
圆籽菠菜	var. *inermis* Peterm
(2)叶用甜菜	*Beta vulgaris L.* var. *cicla* L.
(3)根用甜菜(红菜头)	*Beta vulgaris* var. *rapacea* Koch.
(4)榆钱菠菜	*Atriplex hortensis* L.
h)楝科	Meliaceae
香椿	*Toona sinenis* Roem.
i)菱科	Trapaceae
(1)四角菱	*Trapa quadrispinosa* Roxb.
(2)两角菱	*Trapa bispinosa* Roxb.
(3)无角菱	*Trapa natans* L. var. *inermis* Mao

(4)乌菱	*Trapa bicornis* Osbeck.
j)落葵科	Basellaceae
(1)红花落葵	*Basella rubra* L.
(2)白花落葵	*Basella alba* L.
k)茄科	Solanaceae
(1)茄子	*Solanum melongena* L.
圆茄	var. *esculentum* Bailey
长茄	var. *serpentinum* Bailey
矮茄	var. *depressum* Bailey
(2)番茄	*Lycopersicon esculentum* Mill.
樱桃番茄	var. *cerasiforme* Alef.
梨形番茄	var. *pyriforme* Alef.
普通番茄	var. *commune* Bailey
大叶番茄	var. *grandifolium* Bailey
直立番茄	var. *validum* Bailey
(3)辣椒	*Capsicum annuum* L.
灯笼椒	var. *grossum* Bailey
长角椒	var. *longum* Bailey
樱桃椒	var. *cerasiforme* Bailey
簇生椒	var. *fasciculatum* Bailey
朝天椒	var. *conoides* Bailey
(4)马铃薯	*Solanum tuberosum* L.
(5)枸杞	*Lycium chinense* Mill.
(6)酸浆	*Physalis pubesens* L.
(7)树番茄	*Cyphomandra betacea* Send.
l)伞形花科	Umbelliferae
(1)胡萝卜	*Daucus carota* var. *sativa* DC.
(2)美国防风	*Pastinaca sativa* L.
(3)芹菜	*Apium graveolens* L.
西洋芹菜	var. *dulce* DC.
根芹	var. *rapaceum* DC.
(4)茴香	*Foeniculum vulgare* Mill.
(5)芫荽	*Coriandrum sativum* L.
(6)香芹	*Petroselinum Crispum* (Mill.)Hill
(7)水芹	*Oenanthe javanica* (Bl.) DC.
(8)鸭儿芹	*Cryptotacnia japonic* H.
(9)孜然芹	*Cuminum cyminum* L.
m)十字花科	Cruciferae
(1)芸薹	*Brassica campestris* L. (syn. *B. rapa*. L.)

①白菜	ssp. *chinensis* (L.)Makino
普通白菜	var. *communis* Tsen et Lee
乌塌菜	var. *rosularis* Tsen et Lee
菜薹	var. *utilis* Tesen et Lee
薹菜	var. *tai-tsai* Hort.
分蘖菜	var. *multiceps* Max.
②大白菜	ssp. *pekinensis* (Lour) Olsson
散叶大白菜	var. *dissoluta* Li
半结球大白菜	var. *infacta* Li
花心大白菜	var. *laxa* Tsen et Lee
结球大白菜	var. *cephalata* Tsen et Lee
③芜菁	ssp. *rapifera* Matzg. (syn. *B. rapa* L.)
(2)芥菜	*Brassica juncea* Coss.
根用芥菜	var. *megarrhiza* Tsen et Lee
笋子芥菜	var. *crassicaulis* Chen et Yang
茎瘤芥菜	var. *tumida* Tsen et Lee
抱子芥菜	var. *gemmifera* Lin et Lee
大叶芥菜	var. *rugosa* Bailey
小叶芥菜	var. *foliosa* Bailey
白花芥菜	var. *leacanthus* Chen et Yang
花叶芥菜	var. *multisecta* Bailey
长柄芥菜	var. *longepetiolata* Yang et Chen
凤尾芥菜	var. *linearifolia* Sun
叶瘤芥菜	var. *strumata* Tsen et Lee
宽柄芥菜	var. *latipa* Li
卷心芥菜	var. *involutus* Yang et Chen
结球芥菜	var. *capitata* Hort. ex Li
分蘖芥菜	var. *multiceps* Tsen et Lee
薹用芥菜	var. *utilis* Li
(3)甘蓝	*Brassica oleracea* L.
羽衣甘蓝	var. *acephala* DC.
结球甘蓝	var. *capitata* L.
赤球甘蓝	var. *rubra* DC.
皱叶甘蓝	var. *bullata* DC.
抱子甘蓝	var. *germmifera* Zenk.
球茎甘蓝	var. *caulorapa* DC.
花椰菜	var. *botrytis* L.
青花菜	var. *italica* P.
(4)芥蓝	*Brassica alboglabra* Bailey

(5)芜菁甘蓝	*Brassica napobrassica* Mill
(6)白芥	*Brassica carinata* L.
(7)黑芥	*Brassica nigra* L.
(8)萝卜	*Raphanus sativus* Bailey
中国萝卜	var. *longipinnatus* Bailey
四季萝卜	var. *rabiculus* Pers.
(9)辣根	*Cochlearia armoracia* L.
(10)山葵	*Eutrema wasabi* Maxim.
(11)豆瓣菜	*Nasturtium officinale* R. Br.
(12)荠菜	*Capsella bursa-pastoris* L.
(13)甘蓝型油菜	*Brassica napus* L.
n)苋科	Amaranthaceae
苋菜	*Amaranthus mangostanus* L.
o)旋花科	Convolvulaceae
(1)蕹菜	*Ipomoea aquatica* Forsk.
(2)甘薯	*Ipomoea batatas* Lam.
D. 单子叶植物纲	Monocotyledoneae
a)百合科	Liliaceae
(1)韭菜	*Allium tuberosum* Rottl. ex Spr.
(2)葱	*Allium fistulosum* L.
大葱	var. *giganteum* Makino
分葱	var. *caespitosum* Makino
楼葱	var. *viviparum* Makino
(3)洋葱	*Allium cepa* L.
(4)大蒜	*Allium sativum* L.
(5)南欧蒜	*Allium ampeloprasum* L.
(6)薤	*Allium chinensis* G. Don
(7)细香葱	*Allium schoenoprasum* L.
(8)胡葱	*Allium ascalonicum* L.
(9)韭葱	*Allium porrum* L.
(10)石刁柏(芦笋)	*Asparagus officinalis* L.
(11)萱草	*Hemerocallis minor* Mill
(12)黄花菜(金针菜)	*Hemerocallis citrina* Baroni
(13)卷丹	*Lilium tigrinum* Ker.
(14)白花百合	*Lilium brownii* L. var. *colochesteri* Wils.
(15)兰州百合	*Lilium davidii* Duch.
b)禾本科	Gramineceae
(1)毛竹	*Phyllostachys pubescens* Mazel. ex H. de Lehaie
(2)早竹	*Phyllostachys praecox* Chu et Chao

(3)石竹	*Phyllostachys nuda* McClure
(4)红哺鸡竹	*Phyllostachys iridenscens* Yao et Chen
(5)白哺鸡竹	*Phyllostachys dulcis* McClure
(6)乌哺鸡竹	*Phyllostachys vivax* McClure
(7)花哺鸡竹	*Phyllostachys glabrata* Chen et Yao
(8)尖头青竹	*Phyllostachys acuta* Chu et Chao
(9)甜笋竹	*Phyllostachys elegans* McClure
(10)曲竿竹	*Phyllostachys flexuosa* A. et Rivere
(11)麻竹	*Slnocalamus latiflorus* (Munro) McClure
(12)绿竹	*Slnocalamus oldhami* (Munro) McClure
(13)吊丝丹竹	*Slnocalamus vario-striatus* Ling.
(14)大头典竹	*Slnocalamus beecheyanus* M. var. *pubescens* Li
(15)马尾竹	*Slnocalamus beecheyanus* M.
(16)鱼肚脯竹	*Bambusa suavis* Ling
(17)薏竹	*Pleioblastus hindsii* (Munro) Nakai
(18)菜玉米	*Zea mays* L.
甜玉米	var. *rugosa* Bonaf
糯玉米	var. *sinensis*
(19)茭白	*Zizania aguatica* L.
c)姜科	Zingiberaceae
(1)姜	*Zingiber officinale* Rosc.
(2)蘘荷	*Zingiber mioga* Rosc.
d)莎草科	Cyperaceae
荸荠	*Eleocharis tuberose* (Roxb.) Roem. et Schult
e)薯芋科	Dioscoreaceae
(1)山药	*Dioscorea batatas* Decne
(2)大薯(田薯)	*Dioscorea alata* L.
f)睡莲科	Nymphaeaceae
(1)莲藕	*Nelumbo nucifera* Gaertn.
(2)芡实	*Euryale ferox* Salisb.
(3)莼菜	*Brasenia schreberi* Gmel.
(4)花莲	*Nelumbo lutea* Pers.
g)香蒲科	Typhaceae
蒲菜	*Typha latifolia* L.
h)天南星科	Araceae
(1)芋	*Colocasia esculenta* Schott.
(2)魔芋	*Amorphophallus rivicri* Durieu.
i)泽泻科	Alismataceae
慈姑	*Sagittaria sagittifolia* L.

2.1.2 产品器官分类

蔬菜植物的产品器官包括根、茎、叶、花、果、种子等部位。因此，根据产品器官可以将蔬菜分为以下 6 类。

1)根菜类

指以根部作产品器官的蔬菜，其中又可分为 2 种类型。

(1)直根类蔬菜　如萝卜、胡萝卜、大头菜(根用芥菜)、芜菁、芜菁甘蓝、根用甜菜、牛蒡等。

(2)块根类蔬菜　如豆薯、山芋、葛等。

2)茎菜类

指以茎部作为产品器官的蔬菜，又可分为以下 2 种类型。

(1)地下茎类蔬菜　如马铃薯、莲藕、生姜、荸荠、芋等。

(2)地上茎类蔬菜　如茭白、石刁柏、竹笋、莴笋、球茎甘蓝等。

3)叶菜类

以各种形态的叶片及叶柄作产品器官的蔬菜，又可分为 4 种类型。

(1)普通叶菜类　如小白菜、芥菜、菠菜、芹菜等。

(2)结球叶菜类　如结球甘蓝、大白菜、结球莴苣、包心芥菜等。

(3)香辛叶菜类　如葱、韭菜、芫荽、茴香等。

(4)鳞茎菜类　如洋葱(叶鞘基部膨大)、大蒜(侧芽上无叶身的叶鞘膨大而形成蒜瓣)、百合等。

4)花菜类

以花、肥大的花茎或花球为产品器官的一类蔬菜，如花椰菜、青花菜、金针菜、芥蓝等。

5)果菜类

以幼嫩或成熟果实为产品器官的一类蔬菜，又可分为 3 种类型。

(1)浆果类　如番茄、茄子、辣椒等。

(2)荚果类　如菜豆、豇豆、毛豆、豌豆、蚕豆、扁豆等。

(3)瓠果类　如黄瓜、南瓜、冬瓜、丝瓜、瓠瓜、蛇瓜、西瓜、甜瓜等。

6)种子类

以种子作为产品器官的一类蔬菜，如莲藕、芡实等。

2.1.3 农业生物学分类

农业生物学分类方法是将蔬菜植物的生物学特性与栽培技术特点结合考虑而进行分类的方法，按此法可将蔬菜分成以下 15 种类型。

(1)根菜类蔬菜　由直根肥大为食用器官的一类蔬菜，包括萝卜、胡萝卜、芜菁甘蓝、芜菁、根用芥菜、根用甜菜、根用芹菜、牛蒡等。它们都起源于温带地区，多为二年生植物，生长期间喜温和或较冷凉的气候和充足光照。

(2)白菜类蔬菜　由十字花科芸薹属(*Brassica*)芸薹种(*campestris* L.)构成的，以柔嫩的叶片、叶球、花薹等为食用器官的一类蔬菜，包括大白菜、小白菜、菜心等。多起源于温带南部，生长期间喜湿润季节及冷凉的气候，多为二年生植物。

(3)甘蓝类蔬菜　以柔嫩的叶球、花球、肉质茎等为食用器官，包括甘蓝、花椰菜、青花菜、芥蓝、球茎甘蓝等。多为二年生植物，生长期间喜温和或较冷凉的气候和充足光照。

(4)芥菜类蔬菜　由十字花科芸薹属(*Brassica*)芥菜种(*juncea* Coss.)构成的一类蔬菜，包括根芥、茎芥、叶芥、薹芥等多个变种。生长期间喜湿润及冷凉的气候，多为二年生植物。

(5)茄果类蔬菜　茄科中以果实为食用产品的一类蔬菜，包括番茄、茄子、辣椒等。均起源于热带地区，具有喜温暖、不耐寒的生态特点。

(6)瓜类蔬菜　葫芦科中以果实为食用产品的一类蔬菜，包括黄瓜、南瓜、西瓜、甜瓜、冬瓜、丝瓜、苦瓜、蛇瓜、瓠瓜、菜瓜等。多起源于热带，一年生，具有喜温耐热、喜光照充足的习性。

(7)豆类蔬菜　豆科植物中以幼嫩豆荚或种子为食用产品的一类蔬菜，包括菜豆、豇豆、毛豆、刀豆、扁豆、豌豆、蚕豆等。起源于温带或亚热带，一年生植物，喜温及光照充足。

(8)葱蒜类蔬菜　百合科葱属中以鳞茎或叶片为食用产品、具有香辛味的一类蔬菜，包括洋葱、大蒜、大葱、韭菜、细香葱等。可种子繁殖或无性繁殖，二年生植物，喜冷凉气候条件但又较耐热。

(9)绿叶菜类蔬菜　以幼嫩的绿叶、叶柄或嫩茎为食用产品的一类蔬菜，包括莴苣、芹菜、菠菜、茼蒿、苋菜、蕹菜、落葵等。这类蔬菜在起源和植物学分类上比较复杂，多数植株矮小、生长迅速、对氮肥和土壤水分要求高。

(10)薯芋类蔬菜　以肥大的地下茎或地下根为食用产品的一类蔬菜，包括马铃薯、芋、姜、山药、豆薯等。此类蔬菜均采用营养器官繁殖，喜凉冷气候条件及光照充足。

(11)水生蔬菜　指在淡水中生长的，其产品可作为蔬菜食用的一类植物，包括莲藕、菱、茭白、荸荠、慈姑、水芹、芡实、蒲菜、莼菜、豆瓣菜等。此类蔬菜产品器官类型较多，均需在水中生长，喜温耐热。

(12)多年生蔬菜　指一次种植可多年生长和采收的一类蔬菜，如竹笋、金针菜、石刁柏、百合、香椿、枸杞等。此类蔬菜产品器官类型较多，生物学习性差异也较大。

(13)食用菌类　各种可食用的真菌类蔬菜，如草菇、香菇、平菇、金针菇、猴头、黑木耳、银耳等。不同种类间生态适应性差异较大。

(14)野生蔬菜　指可用作蔬菜食用的各种野生植物，如蕨菜、芦蒿、菊花脑、马兰、荠菜、蒲公英、紫背菜、马齿苋等。有些野生蔬菜已逐渐人工栽培，如芦蒿、荠菜等。此类蔬菜种类多，生物学及生态习性差异很大。

(15)芽苗类蔬菜　指用植物种子或其他营养器官，培育出的嫩芽、芽苗、芽球、幼梢或幼茎供食用的一类蔬菜，如香椿芽(苗)、豌豆芽(苗)、荞麦芽、苜蓿芽(苗)、花椒芽(苗)、各种豆芽菜、萝卜芽等。

2.2　蔬菜的起源与分布

2.2.1　蔬菜植物的起源

许多学者曾研究过关于栽培植物起源问题。其中，俄罗斯农业植物学家瓦维洛夫(Н. И. Вавилов)曾于20世纪20年代，对世界各地60多个国家采集到的30多万份植物材料，借助于形态分类、杂交验证、细胞学和免疫学等手段，进行了详细的比较研究，于1926年出版了《栽培植物的起源中心》一书，提出了起源中心或基因中心学说。1935 年 Vavilov 在《育种的植物地理学基础》一书中，对之前的概念又做了一些修改。根据栽培植物的地理分布和遗传变异最丰富的地方，明确地把世界重要的栽培植物划分为 8 个独立的起源中心和 3 个副中心，共 11 个中心，是迄今关于栽培植物起源的最为经典和被公认的科学论证。1945 年 Darlington 在 Vavilov 起源中心学说的基础上又增加了一个北美洲中心，使栽培植物的起源中心成为 12 个。这 12 个起源中心同时也是蔬菜植物的起源中心，简介如下。

(1)中国中心(Ⅰ)　包括我国的中部、西南部平原及山岳地带，为世界作物最多、最古老的一个中心，是许多温带、亚热带作物的起源地。由该中心起源的主要蔬菜有白菜、芥菜、大豆、赤豆、长豇豆、竹笋、山药、萝卜、草石蚕、大头菜、芋、魔芋、荸荠、莲藕、慈姑、茭白、蕹菜、葱、藠头、茄子、葫芦、丝瓜、茼蒿、紫苏、落葵等。

(2)印度-缅甸中心(Ⅱ)　包括除印度西北部外的大部分地区及缅甸等地，为许多重要蔬菜及香辛植物的起源地。起源的主要蔬菜包括茄子、苦瓜、黄瓜、葫芦、丝瓜、绿豆、米豆、莲藕、矮豇豆、高刀豆、豆薯、苋菜、红落葵、印度莴苣(*Lactuca indica* L.)、芋、山药、魔芋以及鼠尾萝卜(*Raphanus indicus*)等。

(3)印度-马来中心(Ⅱ a)　包括中南半岛、马来半岛、爪哇及菲律宾。由于当年调查不够周到，因此这一地区，可认为从属于“印度中心”的一部分，原产的主要蔬菜包括竹类、山药、生姜、冬瓜等。

(4)中央亚细亚中心(Ⅲ)　包括印度的西北部、克什米尔、阿富汗、乌兹别克、黑海地带的西部。该中心比中国中心略小，起源的主要蔬菜包括油菜(*Brassica campestris* var. *oleifera*)、芥菜、甜瓜、胡萝卜、萝卜、洋葱、大蒜、菠菜、豌豆、蚕豆、绿豆、芫荽等。

(5)近东中心(Ⅳ)　包括小亚细亚内陆、外高加索、伊朗等地，是麦类和许多蔬菜及许多重要果树的原产地。起源的蔬菜主要有豌豆、蚕豆、甜瓜、菜瓜、油菜、甜菜、胡萝卜、洋葱、韭葱、莴苣等。

(6)地中海中心(Ⅴ)　包括欧洲南部和非洲北部地中海沿岸地带，与中国并为世界重要蔬菜原产地。起源的主要蔬菜包括豌豆、蚕豆、甜菜、甘蓝、香芹菜、油菜、洋葱、韭葱、莴苣、石刁柏、芹菜、苦苣、美国防风、食用大黄、酸模、茴香等。

(7)埃塞俄比亚中心(Ⅵ)　包括埃塞俄比亚、索马里等，起源的主要蔬菜包括西瓜、豌豆、蚕豆、豇豆、扁豆、芫荽、细香葱(*Allium ascalonicum* L.)等。

(8)墨西哥南部-中美洲中心(Ⅶ)　包括自墨西哥南部至中美洲北部的广大地带，起源的蔬菜包括玉米、菜豆、矮刀豆、辣椒、甘薯、佛手瓜、南瓜以及苋菜等。

(9)南美洲中心(Ⅷ)　包括秘鲁、厄瓜多尔、玻利维亚等安德斯山脉地带，原产的蔬菜包括马铃薯、菜豆、玉米、秘鲁番茄、普通番茄、笋瓜、辣椒等。

(10)智利中心(Ⅷa)　为马铃薯及草莓的原产地之一。

(11)巴西-巴拉圭中心(Ⅷb)　为木薯、花生等的原产地。

(12)北美洲中心　主要为美国的中北部，为向日葵、菊芋的原产地。

2.2.2　蔬菜植物的演化

1)蔬菜演化的基础和方向

栽培蔬菜是由野生植物经长期驯化栽培演化而来。与野生种相比，栽培蔬菜具有一些明显的变化，虽然这些变化并非同时在每一种蔬菜植物上都表现相同，但这些变化在不同的物种中确实存在。尽管现有栽培蔬菜植物仍然存在着某些不良性状，如毛刺和生物碱等，但许多野生性状在栽培蔬菜植物中已明显消失。野生植物向栽培蔬菜植物演化过程中，植物性状的显著变化如下。

(1)生存竞争能力下降　栽培蔬菜在人工栽培的条件下能够良好地生长，但如果将其种植在野生种所处的生长条件下，则会失去或降低生存能力。其原因是长期的人工选择降低了栽培种的生存竞争能力。

(2)大型化　主要是指产品器官变大，但由于多效作用的存在，常会导致其他器官也同时变大。例如，向日葵伴随着长期的人工选择，花盘逐渐增大，与此同时，茎和叶在后代中也相应随着变大。人工选择的目标往往是使对人类有利的产品器官变大，如大的果实、种子、块茎、根状茎等。由于人工选择的目标不同，还可导致同类蔬菜器官大型化的部位不同，如结球甘蓝叶片和叶球变大，花椰菜则花球变大，而抱子甘蓝则侧芽变大等。

(3)形态多样化　伴随长期的人工驯化，"审美选择"可使产品器官在颜色、形状、大小等外观形态变异得以选留，从而形成了丰富多彩的蔬菜类型和品种。Darwin(1868)曾指出，在人类利用的植物产品器官中，普遍存在着形态变异的多样性。如在马铃薯的原产地南美洲，其产品器官块茎的形态变异就极其丰富，而花和叶片的形态变异则相对较小；辣椒和番茄果实其形态变异(如大小、形状和颜色等)也非常大，而花的变异相对较小；瓜类蔬菜中果实的形态变异也比其野生种要丰富得多。

(4)生理适应性改变　在利用野生植物进行栽培驯化的过程中，栽培环境条件和起源地往往有很大差异，由于土壤、气候条件等因素所引起的自然选择使得栽培蔬菜的生理适应性也发生了相应的改变。此外，栽培蔬菜还会与其近缘种发生基因交换，使得栽培蔬菜的生理适应性进一步改变。这种生理适应性的改变可以发生在二倍体水平上(如番茄、小扁豆等)，也可以通过多倍体化来实现(如马铃薯等)。不同蔬菜或同一蔬菜的不同品种间生理适应性的改变，也为蔬菜生产提供了便利。为保证蔬菜周年供应，同一种蔬菜常需在不同季节栽培，可以通过选择生理适应性不同的品种从事生产。以日光温室黄瓜生产为例，其生产茬口常有秋冬茬、越冬茬和冬春茬等栽培茬口，而每一茬口的环境特点均有所不同，因而对品种的生理适应性要求也不同。

(5)传播能力下降　与野生种相比，几乎所有栽培蔬菜植物的传播能力均大为下降，更有利于人们采收产品器官用于繁殖。如野生菜豆(*Phaseolus vulgaris* ssp. *aborigineus* L.)的种荚具有一层厚果皮，种子成熟时果皮变干且扭曲炸裂，使得种荚内的种子散落到较远的地方。而栽培菜豆则果荚皮很薄，而且成熟时不开裂，种子传播能力大为下降；栽培马铃薯匍匐茎的长度也远比野生种短，也是传播能力下降的具体表现。

(6)生存保护机能下降　野生植物具有免受捕食动物危害的机能，如葫芦科许多野生植物的果实具苦味，哺乳动物不喜欢吃，而鸟类则爱吃，鸟类食用后，通过迁徙对其种子起到了长途传播、扩散的作用，有利于物种的繁衍。但栽培瓜类蔬菜果实大且多具甜味，对人类而言是有利性状，却易被其他哺乳动物捕食，故不利于植物本身的生存保护。野生山药有两种类型，一种是浅根性的，具苦味，可避免掘地哺乳动物的捕食，有利于植物本身的生存保护；另一种则是深根性的，具甜味，不易被掘地哺乳动物捕食。在这两类野生山药中，人类在前者不断选择苦味淡的类型，在后者中不断选择分布较浅的类型，从而形成了栽培山药，但栽培山药的生存保护机能与其野生种相比则大为下降。

(7)种子育性下降　对许多无性繁殖类蔬菜而言，由于长期采用营养体（如块茎、块根等）繁殖，导致其有性生殖器官的退化，种子育性降低。无性繁殖的蔬菜其产品器官（如块茎、球茎等）通常就是繁殖器官，在长期的人工选择过程中，产品器官逐步发达，大量的养分贮藏在产品器官中，而有性生殖器官的养分供应减少，则育性下降。无性繁殖类蔬菜在进化过程中还常会出现多倍体（如马铃薯、芋等），而多倍体植物在减数分裂时由于同源染色体配对复杂化，也是造成其育性下降，甚至完全不结实的原因之一。

(8)生长习性改变　与其野生种相比，栽培蔬菜植物生长习性也发生了很多改变。如菜豆和甘薯的野生种主蔓很长且分枝能力极强，属无限生长类型，而栽培菜豆和甘薯不仅主蔓长度大为缩短，且侧蔓减少、节间缩短，甚至表现为无限生长或有限生长类型。栽培番茄和西葫芦中均有矮生、有限生长类型。这种类型更有利于人们进行田间栽培管理。生长习性发生改变的另一种情况是生育期产生差异。生产上有时需要缩短其生育期，而有时又需要延长生育期，可由一年生变为二年生或多年生。如萝卜野生种，根部不发达，开花时植株中贮藏的养分直接运输到花器官中；而栽培种则在生长第一年形成大的肉质根作为产品器官，第二年抽薹开花，肉质根中贮藏的养分再转运到花器官中。

(9)种子发芽整齐　野生种蔬菜植物种子大多具有休眠期，且发芽整齐度差，对其后代繁衍是有利的。一部分种子在不利于生长的季节进行休眠，等到环境条件适宜时再萌发，有利于生存。这种特性在栽培蔬菜生产上是不利的。而栽培蔬菜植物的种子发芽整齐，且休眠期变短或丧失，使得产品器官的食用成熟期整齐一致。

(10)近亲繁殖机能增强　大部分蔬菜野生种具有远亲繁殖（outbreeding）的机能。但是，在长期的驯化栽培过程中，为提高产品器官的整齐度，常导致野生种的异交特性逐步转变为自交或部分自交，从而使栽培蔬菜的近亲繁殖机能增强。

(11)产生多倍体　栽培蔬菜在演化过程中常出现多倍体，特别是在长期无性繁殖的蔬菜中更是如此。例如，马铃薯除二倍体外，还有三倍体、四倍体和五倍体；芋除二倍体外，还有三倍体；甘薯除二倍体外，还有四倍体；山药除二倍体外，还有四倍体和其他多倍体。但是，随着染色体倍性的增加，植株即使产生花器官，通常也是高度不育的。

2)个体发育与原产地的环境条件

不同地区栽培的蔬菜，由于长期受特定环境条件影响而形成了许多具有不同遗传性的生态类型，这些类型在形态、生理和生态适应性上都存在差异。生态分布区域越广的种（或变种），产生的生态型越多，适应性也越强。如原产于非洲的西瓜，原是典型的热带大陆性气候生态型的植物，被引入中国西北部和中部大陆性气候地区栽培后，仍保持着原有的生态特性，即要求昼夜温差大、空气干燥、阳光充足，且生长期长、果型大。但长期在我国东南沿海各省栽培的西瓜则发生了生态变异，产生了能适应昼夜温差小、湿润多雨、阴天多的气候条件，且产生了生长期短、果型小的生态类型。又如起源于中国的萝卜，有秋冬萝卜、春萝卜、夏萝卜、四季萝卜等适应于不同气候和不同季节栽培的多种生态型品种群。再如菜豆，北方的品种多数属于无限生长且晚熟，对光周期要求严格，属短日照作物；而南方的菜豆品种多数属于有限生长的早熟品种，对短日照要求不严格，往往能春、秋两季栽培。

不同蔬菜生态型反映了其对不同地区的自然条件、耕作制度的适应性。生产上应根据生态型在遗传特性上的要求，通过各种栽培技术改善环境条件，才能充分发挥生态型的效能。引种时也应考虑引用适应当地生态条件的生态型品种。否则会造成减产，有的甚至绝收。

2.2.3 中国蔬菜的来源

中国是世界上12个栽培植物起源中心之一，蔬菜种质资源繁多。目前，中国栽培的许多蔬菜大多原产于中国，但也有不少种类是由世界其他地区引入的。这些引入的种类，虽然在中国栽培的历史没有原产地悠久，但其中不少种类，经过中国长期栽培和选择，已经培育出适于中国自然环境及食用习惯的品种，和中国原产的蔬菜种类同样重要和普遍。

1)中国原产蔬菜种类

在全国栽培较为普遍的有萝卜、白菜、芥菜(包括根用、茎用、叶用)、大葱、韭菜、瓠瓜、丝瓜、茼蒿、蕹菜、毛豆、豇豆、山药、草石蚕、芋、荸荠、莲藕、慈姑、茭白、百合、落葵、冬寒菜以及各种竹笋。这些蔬菜，不仅是中国的主要蔬菜，有些蔬菜(如白菜、萝卜等)已成为世界性蔬菜。

2)从国外引入的蔬菜

由国外引入我国的蔬菜主要有以下几种。

(1)从印度和南洋群岛引入的蔬菜种类　主要有生姜、冬瓜、茄子、丝瓜、苦瓜、落葵、山药等。

(2)从中亚和近东引入的蔬菜种类　主要有菠菜、蚕豆、豌豆、瓠瓜、扁豆、西瓜、甜瓜、黄瓜、胡萝卜、芫荽、大蒜、大葱、芹菜等。

(3)从海路引入的蔬菜种类　主要有墨西哥起源的菜豆、红花菜豆、豆薯、南瓜、西葫芦、笋瓜、佛手瓜、辣椒；秘鲁起源的马铃薯、番茄；北美起源的菊芋等。此外，还有地中海沿岸起源的甘蓝类蔬菜、四季萝卜、豆瓣菜、香芹、结球莴苣、朝鲜蓟，以及伊朗起源的根甜菜、洋葱等。有的蔬菜虽然在汉代已经由中亚传入，但它们经过在欧美改良形成新的类型如西洋芹菜、菜用豌豆等，也是近代才由海路传入的。

(4)利用现代各种途径引入的蔬菜种类　随着我国的改革开放，先后引进了秋葵、菊苣、抱子甘蓝等蔬菜种类或类型，极大地丰富了中国的蔬菜种类和品种。

从国外引入的蔬菜，经在中国长期培育，目前已经形成了许多新的变种、类型和品种，在中国蔬菜生产中已占有重要地位。如甘蓝、番茄、辣椒、菜豆、南瓜等，已成为全国性种植的蔬菜种类。

思考题

1. 蔬菜的植物学分类法、食用器官分类法和农业生物学分类法各有什么特色？
2. 蔬菜植物的12个起源中心各有哪些代表性的蔬菜？
3. 野生植物向栽培蔬菜演化过程中在植物性状方面主要发生了哪些变化？
4. 我国蔬菜的来源主要包括哪些方面？
5. 我国有哪些主要的蔬菜生产区域？

3

CHAPTER

蔬菜栽培的生物学基础

3.1 蔬菜的生长与发育

3.1.1 生长与发育

生长、分化与发育是植物生长发育中最基本而又最复杂的生命过程，是植物生命活动的外在表现。它主要包括两个方面：一是由细胞数目的增加和体积的扩大而导致的植物体积和重量的增加；二是由新器官的不断出现带来的一系列外观形态变化，即形态建成，包括从种子萌发，根、茎、叶的生长，直到开花、结实、衰老、死亡的全过程。人们把生物体从发生到死亡所经历的过程称为生命周期。

了解植物的生长、分化和发育，对于农业生产，特别是园艺生产是十分重要的。如以营养器官为收获对象的叶类蔬菜，其营养器官的生长状况就直接关系到其产量的高低，而以生殖器官为收获对象的果类蔬菜，其营养器官的发育状况则直接关系到其生殖器官的形成和膨大。因此，只有了解植物生长发育的基本规律，才能更好地调控蔬菜植物的生长与发育朝着生产所需要的方向发展，达到提高产量、改善品质的目的。

(1)生长与分化　生长是由植物细胞数目的增多和细胞体积的扩大，以及细胞原生质等内含物的增加来实现的，是相同类型细胞的增加而直接产生与其相似器官的现象，其结果是引起体积和重量不可逆的增加。生长是一个量的变化过程，蔬菜根、茎、叶、花、果实和种子的体积扩大或重量的增加，均属于典型的生长现象。

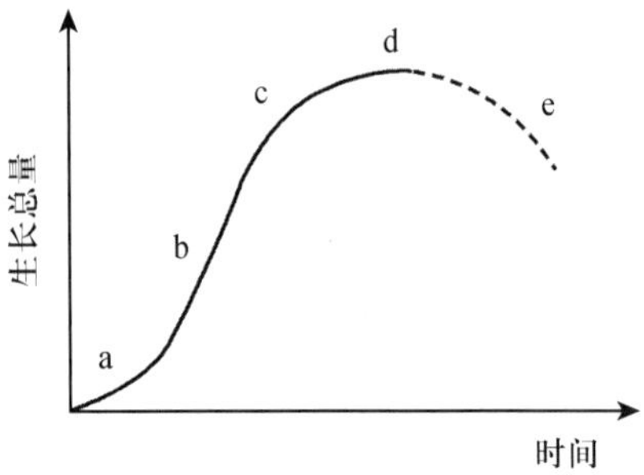

图 3-1　"S"形生长曲线

a. 缓慢生长期　b. 对数生长期
c. 生长速度递减期　d. 成熟期
e. 衰老期

无论是植物叶面积的增加还是果实等器官和植株总干物质的累积都是一个"慢—快—慢"的过程，呈"S"形曲线变化，并符合"复利"法则，这个过程总合起来称生长大周期(图 3-1)。如果一个器官的初始质量为 W_0，其复利率为 r，经过 t 时间后的重量为 W_t，其变化可用 $W_t = W_0(1+r)t$ 来表示。

值得指出的是,植物生长过程中每一时期的长短及其速度,既受其生理机能的控制,又会受外界环境的影响,如温度高低和光照强弱均会影响植物生长的速度。因此,可以通过栽培管理来优化环境以调控植物的生长发育,实现丰产优质。

分化则是指来自同一合子或遗传上同质的细胞转变为形态、机能和化学构成上异质细胞的过程。分化是由一般变为特殊的现象,它可在细胞水平、组织水平和器官水平上表现出来。如茎和根的分化、茎上的叶和侧芽的分化、根上的侧根及根毛的分化以及在各种器官中的各种组织的分化(如茎和根都可以分化出表皮、皮层、中柱和维管束等)。正是由于这些不同水平上的分化,使得植物的各个部分具有异质性,使其具有不同的结构与功能。

(2)发育　发育是指植物经过一系列的构造及其功能的质变后产生与其相似个体,它是个体生命周期中植物体的构造和机能从简单到复杂的质变过程,是植物体各部分、各器官相互作用并在整体水平上表现出来的结果。发育中最明显而突出的形态与功能的变化,发生在植物从营养生长转向生殖生长的时期。所谓营养生长是指根、茎、叶等营养器官的生长,生殖生长则是指花、果实和种子等生殖器官的生长。在这个时期中,在一定的外界条件诱导下,顶端分生组织分化形成花原基,花原基转变为花蕾,花蕾开花,即花的发育。因此,我们一般狭隘地把发育限定在营养体转向生殖体即开花这一过程。事实上,发育还广泛地包括根、叶、果实发育等。从叶原基长成一张成熟的叶片,是叶的发育;从侧根的形成到长成完整的根系,是根的发育;受精后的子房膨大、果实的形成和成熟,则是果实的发育。特别值得注意的是,发育的某一阶段并不一定出现形态上的外部表现,例如白菜种子在通过春化阶段前后,在形态上没有变化,但经过种子春化后,其内部则发生了质的变化,在一定的光周期条件下即可开花。

(3)生长、分化和发育的相互关系　生长、分化和发育虽然性质有所不同,但三者密切相关。生长是量变,是基础;分化是局部的质变;发育则是整体的内在质变,是在生长和分化的基础上进行的更高层次的变化,即植物必须开始生长以后才能进行发育质变,并且是通过生长和分化而实现的。例如,没有长出足够叶片数的甘蓝幼苗就不能感受光周期的作用而通过光照阶段的质变。另外,生长和分化又受到发育的制约,植物某些部分的生长和分化又必须通过一定的发育质变以后才能开始,不同的发育阶段有不同的生长数量和分化类型,这又可以说生长和分化是发育的特性。例如,白菜、萝卜等在抽薹前后其叶片形态完全不同,表明在发育进程中,生长的方式也会发生变化。

3.1.2 生长发育过程与类型

1)生长发育类型

蔬菜种类繁多,从种子到种子的生长发育过程所需要的时间长短不一。根据生长发育过程把蔬菜分成以下几类。

(1)一年生蔬菜　指在播种当年即可开花结实的一类蔬菜,如茄果类、瓜类、豆类蔬菜等(图 3-2)。

(2)二年生蔬菜　指在播种当年进行营养生长,经过一个冬天后,第二年才抽薹开花、结实。这类蔬菜在营养生长期大多仅形成叶球、鳞茎、块根或变态的营养器官等,如白菜、萝卜、胡萝卜及一些耐寒的绿叶蔬菜(图 3-3)。

(3)多年生蔬菜　指播种或移植后,可多年采收,无须每年繁殖的蔬菜,如金针菜、石刁柏和韭菜等。

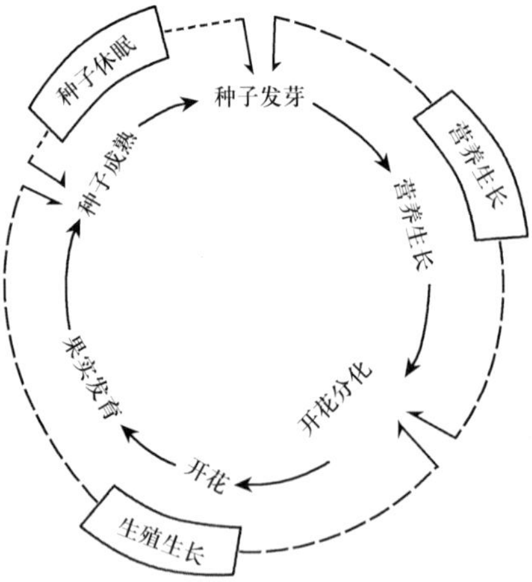

图 3-2　一年生蔬菜植物生长周期图解

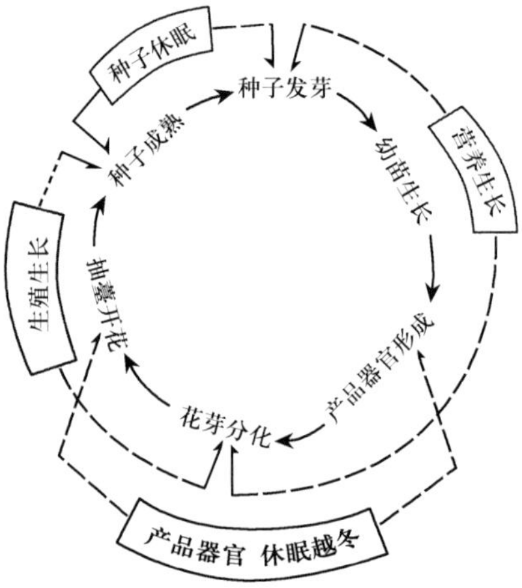

图 3-3　二年生蔬菜植物生长周期图解

(4)无性繁殖蔬菜　在生长过程中,以块茎或块根等为播种材料,发芽后基本为营养生长而不进行生殖生长,最后形成与播种材料相同的产品器官。这类蔬菜有时也可形成种子,但通常不用种子进行繁殖。如马铃薯、生姜、莲藕等。此类蔬菜繁殖系数低,遗传稳定,但生产上常因感染病毒而引起种性退化。

上述划分一般以形成产品器官的正常生长过程作为依据。如白菜,在秋季播种时一般在翌年春天开花结实,表现为二年生植物,但如果在早春播种则同样可在春天开花,表现为一年生植物,但通常将其归为二年生蔬菜。同时,以上的分类也不是绝对的,如番茄,在我国大多地区为一年生蔬菜,但只要栽培环境合适,也可以多年开花结实,而成为多年生种植模式。

2)生长发育时期

我们一般把某一植株从种子发芽到重新形成种子的过程称为个体发育。个体发育的周期一般可分为种子时期、营养生长期和生殖生长期,而且每个时期还可进一步细分。

(1)种子时期

①胚胎发育期:从卵细胞受精开始,到种子成熟为止,它是一个营养物质的合成和积累过程。这个过程受环境影响很大,栽培管理上应尽量保证母体植株有良好的营养条件及光合条件,以保证种子的健壮发育。

②种子休眠期:种子成熟后,大多数蔬菜有不同程度的休眠期(营养繁殖器官如块茎、块根等也有休眠期),这些种子采收后马上播种一般不会萌发或发芽率很低。

③发芽期:经过一段时期的休眠以后,一旦环境(温度、氧气及水分等)条件适宜,即能吸水发芽。发芽时,呼吸旺盛,生长迅速,所需的营养物质靠种子本身的贮藏物质提供。因此,种子的大小及贮藏物质的性质与数量,对于种子发芽的快慢及幼苗的生长影响很大。在栽培上,要选择发芽能力强而饱满的种子,同时保证最适宜的发芽条件。

(2)营养生长期

①幼苗期:种子发芽以后到长出一定数目的真叶为幼苗期,也即营养生长的初期。幼苗植株通过形成根吸收土壤的水分及矿物质营养,通过长出叶片进行光合作用。对于子叶出土的豆类、瓜类、茄果类及十字花科等蔬菜,子叶可进行光合作用,对幼苗生长的作用很大。幼苗期间,生长迅速,代谢旺盛,由光合作用产生的碳水化合物,除了呼吸上的消耗以外,几乎为新生

的根、茎、叶的需要。幼苗生长的好坏，对其以后的生长及发育有很大的影响。因此，在育苗过程中要合理调节好土壤或基质中水分、养分、温度和光照等栽培条件，为今后的旺盛生长打好基础。

②营养生长期：继幼苗期以后，大多蔬菜均有一个营养生长的旺盛时期。在这个过程中，植株的枝叶及根系生长旺盛，在数量或重量上显著增加，从而为果菜类的开花结实或叶菜类及根菜类的叶球和肉质根形成打下营养基础。在其后期也是许多蔬菜产品器官形成初期，养分不断从具有光合功能的叶片向叶球、肉质根部、鳞茎和块茎等器官运转。因此，在制订种植计划时，要把这一时期安排在最适于养分积累的季节。

③营养休眠期：对于二年生蔬菜及多年生蔬菜，则在贮藏器官形成以后，有一个休眠期。有的是自发的休眠，但大多数是被动休眠(强制休眠)，一旦遇到适宜的温度、光照及水分条件，即可发芽或抽薹。它们休眠的性质与种子的休眠不同，对于一年生的果菜类，没有营养器官的休眠期，而对于二年生的蔬菜，如菠菜、芹菜也没有这一时期。

(3)生殖生长期

①花芽分化期：花芽分化是植物由营养生长过渡到生殖生长的形态标志。对于二年生的蔬菜，通过了一定的发育阶段以后，在生长点引起花芽分化，然后显蕾、开花。以花和果实为产品器官的蔬菜，在栽培上要创造满足花芽分化的环境，以保障及时发育。

②开花期：从显蕾开花到授粉、受精，是生殖生长的一个重要时期。这一时期，对外界环境的抗性较弱，对温度、光照及水分的反应敏感。温度过高或过低、光照不足或过于干燥等，都会妨碍授粉及受精，引起落蕾、落花。

③结果期：对于花和果实菜类，是形成产量的主要时期。花和果实的膨大，有赖于光合作用的养分从叶片不断地运转到果实中去。因此，结果期间，尤其是陆续开花结果、多次采收的茄果类、瓜类、豆类，在开花结实时仍继续营养生长。对于叶菜、根菜等不以果实为产品的蔬菜，它们的营养生长和生殖生长的分别比较明显。

上述是蔬菜的一般生长发育过程，并不是每种蔬菜都具备所有的这些时期。对于以营养繁殖的种类，如大多数薯芋类及一部分的葱蒜类及水生蔬菜，在栽培过程中，不经过种子时期，也不必注意到花芽分化问题及开花结果问题。

3.1.3 植物生长的周期性和相关性

1)生长周期性

植株或器官的生长速度随昼夜或季节更替而发生规律性变化的现象称为植物生长的周期性，具体表现为昼夜周期性和季节周期性。随昼夜或季节交替，光照、温度和水分等环境因子发生周期性的变化，从而影响到植物的生长速率。其中，植株或器官生长速率随昼夜温度的变化而发生有规律变化的现象称为温周期现象。实际上，不仅植物生长具有温周期现象，光合作用等生理变化也表现出明显的周期变化，光合作用的日变化便是一个明显的例子。

2)生长相关性

植物是一具有根、茎、叶、花和果实等多个器官组成的有机体，构成这一有机体的各个器官或部分有着一定的分工和密切的联系。我们把植物体器官间的相互协调和制约的现象称为生长相关性。在蔬菜栽培中有两个重要的生长相关，即地上部和地下部的相关以及营养生长和生殖生长的相关。

(1)地上部与地下部生长的相关　植物的地下部即根系在吸收养分和水分的同时，还向地上部输送细胞分裂素、脱落酸等激素或其他信号物质，进而调节植株地上部生长发育。同样，地上部是植物同化作用的场所而不断提供根系生长所需的碳水化合物等。因此，两者之间存在相互依存的关系。“壮苗必须先壮根”“根深叶茂”和“本固叶荣”等农谚深刻地说明了植物地上部分和地下部分相互促进协调生长的关系，其原因就在于营养物质和生长物质的交换。地下部环境的改变，可通过根系的生长乃至信号转导等途径影响地上部的生长。生产上通常可以通过根冠比来反映作物生长状况，以及环境条件对作物地上部和地下部的不同影响。但环境条件发生改变时，植物地下部和地上部的生长就会发生变化，从而改变了根冠比。一般来说，干旱、过量磷肥、钾肥和低温均会提高根冠比；而水分和氮肥过多、磷肥、钾肥缺乏、光照不足和高温则会导致根冠比的减小，栽培管理要协调好两者的关系，形成一个合理的根冠比，从而获得较高的产量，这对以地下部根或茎为产品器官(如马铃薯、莲藕、胡萝卜)的蔬菜尤为重要。一般在生长前期保证水、氮肥供应，使地上部生长良好，生长后期施磷、钾肥，促进地上部合成的有机物质贮藏到根部。在蔬菜生长中，还存在顶端优势现象。对于番茄等果菜类蔬菜，一般需要除去侧枝以保持顶端优势，减少养分消耗，而在部分甜瓜栽培时，则要在适当的时候进行打顶促进侧枝的发生，从而早坐果和坐好果。

(2)营养生长与生殖生长的相关　营养生长和生殖生长是植物生长周期中的两个不同阶段。从一定意义上说，营养器官是光合产物的源，而果实等生殖器官则是接受光合作用产物的库。协调好“库-源”关系是栽培管理的重要任务。生殖生长需要以营养生长为基础，但如果营养生长过旺，即会影响到生殖器官的形成和发育。栽培管理过程中，如氮肥施用及浇水过多而结果又少，往往导致植株徒长。在瓜类蔬菜的生产中，经常可以看到由于肥水过多导致结果不良，并引起营养器官徒长现象。反之，如果植株过早地进入生殖生长，将会抑制营养生长。由于开花结果过多而影响营养生长的现象在蔬菜生产上也时有发生。黄瓜等结果以后，茎的伸长生长就逐渐缓慢下来，因此要及时采收，否则不仅浪费光合作用产物，还会影响果实的品质，同时营养生长也受到抑制。

蔬菜作物的产品有叶、茎和根等营养器官，也有果实和种子等生殖器官作为产品器官。因此，协调好营养生长与生殖生长两者关系是获得作物高产优质的基础。有关这方面的内容还将在植株调整一节中做进一步介绍。

3.2　生长发育与环境条件

蔬菜的生长发育及产品器官的形成，一方面取决于植物自身的遗传特性，另一方面取决于外界环境条件。影响植物生长发育的环境因素可概括为3类：物理因子、化学因子和生物因子。在生产上要通过育种技术来获得具有优良遗传性状品种的同时，也要通过优良的栽培技术及适宜的环境条件来促进植株的生长并协调好光合作用产物的分配，即“良种与良法相结合”才能达到丰产优质的栽培效果。

主要环境条件如下。①温度：空气温度及土壤温度；②光照：光质、光照强度及光周期；③水分：空气及土壤湿度；④土壤：土壤肥力、化学组成、物理性质及土壤溶液的反应；⑤空气：大气及土壤中空气的氧气及二氧化碳的含量、有毒气体的含量、风速及大气压；⑥生物因子：土壤微生物、杂草及病虫害。

上述环境因子不是孤立存在的，而是相互联系的，对于蔬菜生长发育的影响往往也是综合作用的结果。

3.2.1 生长发育与光的关系

光对植物生长的作用是多方面的，既有直接的又有间接的，其影响主要通过光照强度、光质和光周期等来实现。

1)光照强度对蔬菜生长与发育的影响

光的强弱首先通过影响叶片的光合作用、植株的蒸腾作用等从而影响植物的生长。光的强度受区域、季节和地势高低等影响，如在冬季，华北地区的日照明显高于东南地区。蔬菜种类不同，对光照强度的要求也不同，一般可以分为以下 3 类。

(1)喜较强光照类蔬菜　包括瓜类和茄果类蔬菜，如西瓜、黄瓜、甜瓜、南瓜、番茄、茄子等。有些耐热的薯芋类如芋、豆薯等也要求强的光照，才能生长良好。西瓜、甜瓜等在冬季等光照不足的条件下生产，果实的产量及含糖量都会降低。

(2)喜中等光照强度类蔬菜　包括白菜蔬菜类、根菜类及葱蒜类等蔬菜，为适宜中等光照强度类作物。光照过强，反而易导致品质降低或病虫害严重。

(3)喜较弱光照强度类蔬菜　绿叶类蔬菜多为喜较弱光照强度类蔬菜。它们的光饱和点及光合强度都比较低，如莴苣、菠菜、茼蒿等。此外，生姜、芹菜也不耐强光。

植物的光合作用受光照强度的影响(图 3-4)，不同蔬菜的光饱和点和光补偿点也不同(表 3-1)。蔬菜栽培管理过程中，光照强度还必须与温度协调管理，才能有利于植株的生长及器官的形成。光照增强，温度也要相应增加，才能有利于光合产物的积累；弱光环境下，温度过高会引起呼吸作用的增强、能量的消耗增多，而低温下植物在光照强度较弱时便可达光饱和点。因此，温室栽培黄瓜或番茄过程中，遇阴天或下雪时，温室中的温度也应适度降低。

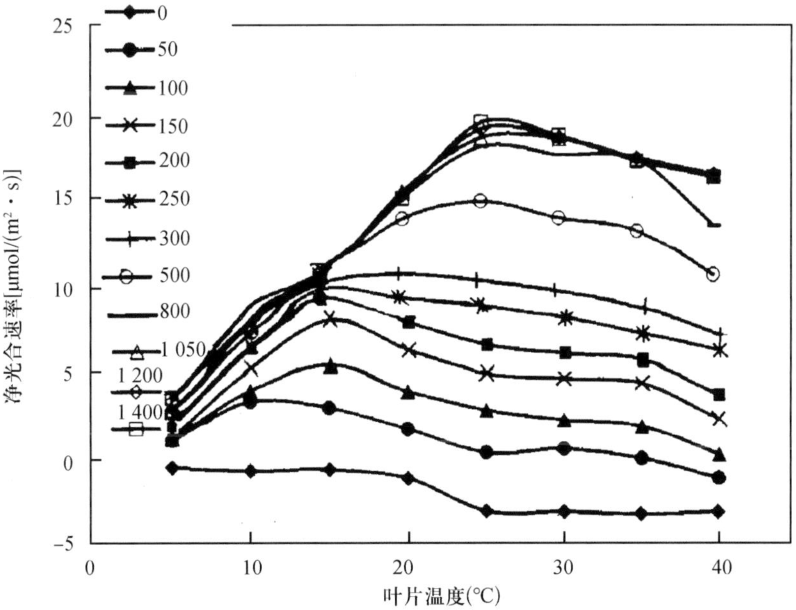

图 3-4　黄瓜叶片光合作用中的温度与光照强度的交互作用

表 3-1　主要蔬菜作物光合作用的光补偿点、饱和光照强度和光合速率

种类	品种	光补偿点 [μmol/(m^2·s)]	光饱和点 [μmol/(m^2·s)]	饱和光合速率 [μmol /(m^2·s)]
甜瓜	齐甜 1 号	66.7	1 146.6	11.6
西瓜	丰收 2 号	42.7	1 361.1	10.5
黄瓜	新泰密刺	51.0	1 421	21.3
西葫芦	阿太 1 代	50.1	1 181	17.1
冬瓜	粉皮冬瓜	46.9	1 138.9	13.8
丝瓜	普通丝瓜	27	1 269.4	13.9
苦瓜	槟城苦瓜	20.8	1 179.5	13.8
佛手瓜	白皮瓜	58.4	1 101.3	14.7
南瓜	云南黑籽南瓜	35.6	1 021.9	15.3
番茄	中蔬 4 号	53.1	1 985	24.2
茄子	鲁茄 1 号	51.1	1 682	20.1
辣椒	茄门椒	35	1 719	19.2
大白菜	鲁白 8 号	25	950	19.3
甘蓝	中甘 11 号	47	1 441	23.1
菜花	法国雪球	43	1 095	17.3
薹菜		27	1 361	17.7
白菜	南农矮	32	1 324	20.3
菜豆	丰收 1 号	41	1 105	16.7
豇豆	之豇 28-2	31.9	1 208.5	13.2
扁豆	青扁豆	59.6	1 480.5	14.9
萝卜	鲁萝卜 1 号	48	1 461	24.1
牛蒡	泷野川	73.3	1 469.6	16.2
大葱	章丘大葱	49	775	12.9
洋葱	紫锣圆葱	44.5	912	6.8
大蒜	苍山大蒜	41	707	11.4
韭菜	791	29	1 076	11.3
菠菜	圆叶菠菜	29.5	857	17.3
莴笋	济南莴笋	45	889	13.2
小白菜	上海青	70.3	1 299.1	18.4
芹菜	美国西芹	60.9	1 128.3	11
结球莴苣	皇帝	38.4	851.1	

续表3-1

种类	品种	光补偿点 [μmol/(m² · s)]	光饱和点 [μmol/(m² · s)]	饱和光合速率 [μmol /(m² · s)]
生菜	玻璃生菜	59.6	1 320	13.3
马铃薯	泰山 1 号	37.2	1 143	16.5
生姜	莱芜生姜	30.8	827.6	10.8
芋头	多子芋	41.5	1 232	12.2
香椿	红香椿	60	1 216.5	12.2

注：张振贤，艾希珍等，2001.

2)光质对蔬菜生长与发育的影响

光质即光的组成，对蔬菜的生长发育也有一定的作用。不同的光波对作物的光合速率影响不同(图 3-5)。一般来说，红橙光的光合作用效率相对较高，蓝紫光次之，绿光最差。虽然人们可以通过有色薄膜等改变光质，但由于大多导致透光率的下降，目前生产上还是以无色膜占主导地位。最近，一些研究也发现，UV-A 和 UV-B 对植物的生长有明显的抑制作用，因此生产上可以使用加有去紫外线的薄膜以促进植物的生长。

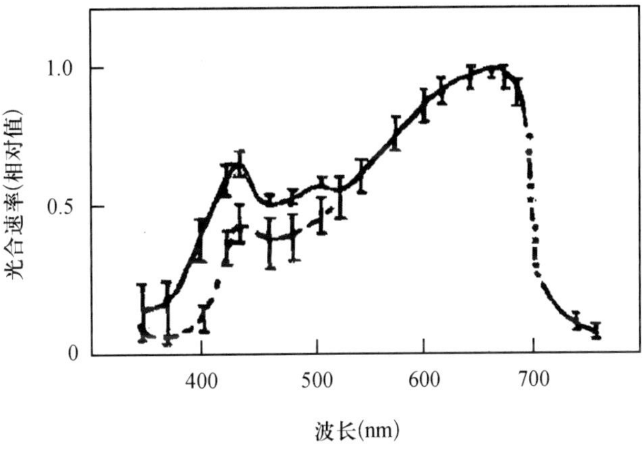

图 3-5 不同波长下植物的光合速率

光的组成也与蔬菜的品质有关。紫外线(280～320 nm)是许多蔬菜如茄子中的花青素形成所必不可少的。紫外线有利于维生素 C 的合成，因此在温室栽培的番茄或黄瓜的果实中维生素 C 的含量往往没有露地栽培的高。

3.2.2 生长发育与温度的关系

在影响蔬菜生长与发育的环境条件中，以温度最为关键。每一种蔬菜的生长发育对温度均有一定的要求。均有温度的“三基点”，即最低、最适、最高温度。生长适应温度的最高、最低温度比生长适宜的温度要宽些。一旦超出最高或最低的温度范围，蔬菜生理活动就会停止，甚至死亡。认识每一种蔬菜对温度适应的范围及其与生长发育的关系，是安排生产季节、获得作物高产的重要依据。

1)蔬菜作物对温度的适应性

根据蔬菜对温度要求的不同,可以分为以下 5 类。

(1)极耐寒类蔬菜　此类蔬菜多为多年生宿根类蔬菜,如石刁柏、茭白、金针菜等,此类蔬菜生育期内,地上部分对温度的适应范围较广,但冬季地上部枯死后以宿根越冬,对低温耐受性极强,能耐 0 ℃以下甚至−10 ℃的暂时低温。

(2)耐寒类蔬菜　此类蔬菜生育期内对温度要求不高,温度过高反而易导致生长不良或品质降低,如菠菜、大葱、大蒜以及白菜类中的某些耐寒品种,能耐−2～−1 ℃的低温。短期内可耐−10～−5 ℃的低温,同化作用最旺盛的温度为 15～20 ℃。

(3)半耐寒类蔬菜　此类蔬菜生育期内对温度适应范围较广,对低温耐受性较强,如萝卜、胡萝卜、芹菜、莴苣、豌豆、蚕豆、甘蓝类以及白菜类,能短期耐−2～−1 ℃的低温。在长江以南地区均可露地越冬栽培,而在华南各地冬季可以全年露地生长。它们的同化作用最适宜温度范围为 17～20 ℃。

(4)喜温类蔬菜　此类蔬菜生育期内不耐低温,如黄瓜、番茄、茄子、辣椒、菜豆等,其同化最适温度为 20～30 ℃。温度超过 40 ℃,生长几乎停止,而当温度低于 10 ℃时,易导致授粉不良、落花落果等。这类蔬菜只要温度合适,一般四季均可进行设施和高山栽培。

(5)耐热类蔬菜　此类蔬菜生育期内对温度要求较高,如冬瓜、南瓜、西瓜、丝瓜、豇豆等,同化作用最适宜温度 30 ℃左右,其中西瓜、甜瓜及豇豆等在 40 ℃的高温下,仍能正常生长。

我国幅员辽阔,不同地区气候条件变化很大,因此,同一种蔬菜在不同地区,生长季节有很大的差别。许多喜温的蔬菜在长江流域可以春播或秋播。而在 7～8 月份天气炎热,反不适于它们的开花结果。如果在华北及东北,全年的无霜期虽然较短,但是夏季的温度较凉爽。这些喜温蔬菜可以越夏,因而实际的生长期反而比南方的长些。从我国大部分地区的气候条件看,由于夏季炎热、冬季寒冷,均不利于蔬菜生长,故从全国蔬菜生产供应情况看,形成了 1～3 月份和 7～9 月份两个明显的生产供应淡季。

同一种蔬菜的不同发育时期对温度有不同的要求。一般种子发芽时,要求温度较高。幼苗期最适宜生长温度往往比种子发芽时的低,而营养生长时期则比幼苗期要稍高些。如果是二年生蔬菜,如大白菜,则在营养生长的后期即贮藏器官开始形成的时期,温度又要低些;到了生殖生长时期,要求充足的阳光及较高的温度;到种子成熟时,又要求更高的温度。

除气温外,土温或根际温度也是影响蔬菜植物生长发育的重要指标之一。生产上通过地膜覆盖可显著提高土温从而促进蔬菜的生长。植物的根,一般比较不耐寒,但越冬的多年生蔬菜往往地上部已经有冻害,而根部可以正常地活着,这是由于土壤的温度比气温变化幅度小,且冬季土壤温度通常又比气温略高。

2)昼夜变温对蔬菜生长发育的影响

昼夜变温对蔬菜植物生长通常是有利的。如番茄在日温为 26 ℃、夜温为 20 ℃的昼高夜低的温度下,比昼夜 25 ℃恒温下生长更快(图 3-6)。保持适当的昼夜温差不仅能促进蔬菜的生长,也能改善其品质,有利于碳水化合物的积累,因此,我国西北部等温差大的地区所产的西瓜、甜瓜的品质显著高于中东部沿海地区生产的产品。

昼夜温差大有利于生长发育的原因在于:①白天温度高,在光下有利于光合速率的提高,而夜晚温度较低,可减少呼吸作用对碳水化合物的消耗;②较低的夜温有利于根系生长和合成细胞分裂素。掌握温周期现象,对温室栽培的作物就应注意调节昼夜温度的变化。当然,昼夜温差也有一定的范围。如果日温过高,而夜温过低,植株也生长不好。番茄植株生长的最适日温为25 ℃,而夜间温度为18～20 ℃。因此,目前现代加温温室大多以此为指标进行加温管理。但在自然界中,温周期的变化与光周期的变化总是密切相关的。一般最低温度发生在夜间,而高温则发生在最大光照强度的中午。

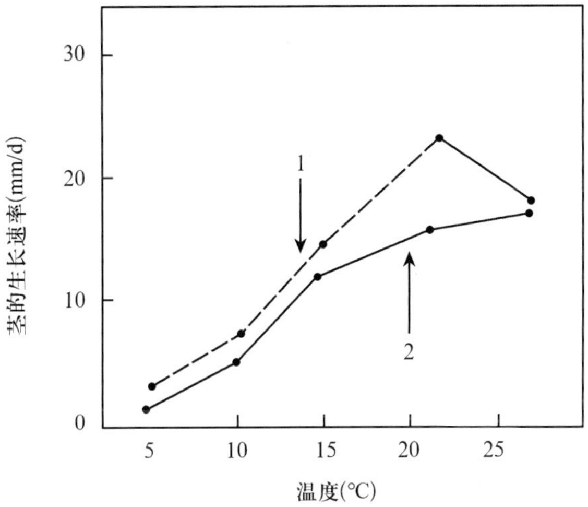

图 3-6 昼夜变温和恒温对番茄生长速率的影响

曲线1. 昼温为26 ℃,夜温为横坐标所示温度的变温下的生长速率

曲线2. 昼夜恒温,温度为横坐标所示下的生长速率

3)温度胁迫对蔬菜生长的影响

蔬菜生产中的温度胁迫主要有低温和高温逆境。低温的影响分两种,一是0 ℃左右的低温会导致蔬菜植物组织内的细胞间隙结冰,造成细胞内含物和原生质失水,引起原生质的理化性质的改变。蔬菜的种类不同,细胞液的浓度也不同,甚至同一种蔬菜在不同的生长季节及栽培条件下,细胞液的浓度也可以不同,因而它们的抗寒性也不同。减少水分供应、低温锻炼等可增加细胞液的浓度,降低冰点,从而提高耐寒性。二是5～15 ℃的低温,会导致许多蔬菜气孔关闭、卡尔文循环酶活性下降、糖分积累以及光抑制等而引起光合作用的下降,从而影响植物的生长。研究表明,低温、中强光条件下会引起黄瓜叶片光系统Ⅱ的损伤,而在低温弱光下,光系统Ⅰ则比光系统Ⅱ更敏感。为此,可以利用温床、温室、风障、阳畦以及塑料薄膜覆盖等措施来提高温度,防止冻害。

高温障碍是指在高温条件下,蔬菜植物细胞膜脂过氧化、酶钝化、细胞失水和蛋白质凝固而产生的生育障碍,包括果实的"日灼"、落花落果、雄性不育、生长瘦弱等。其中,高温障碍引起的落花落果,主要是因为高温妨碍了花粉的发芽与伸长。若番茄在开花初期就遇到高温(>40 ℃),而高温仅是短期的(1 h以内),则对产量影响不大;但如果持续10 h以上,就会大大降低其坐果率。温度越高,时间越长,减产就越显著。

生产上高温通常是与强光照相结合导致植物蒸腾急剧增加而造成伤害的。我国农民积累了多年的生产经验,创造了许多抗寒、抗热的方法。创造了具有中国特色的温床育苗、华北风障阳畦、搭棚遮阳、水坑栽培、高秆作物的间作套种、日光温室等栽培设施或栽培类型,从而有效地缓解了低温和高温的危害。

3.2.3　生长发育与水分的关系

水是绿色植物进行光合作用的主要原料，也是植物的主要成分，在原生质中水分占70%～90%，它保证了植物代谢正常进行。水同时也是植物对各种营养物质吸收和运输的良好溶剂。土壤中的矿质营养物质也只有在良好的水分条件下才能被根系正常吸收。原生质的代谢、细胞的分裂、细胞的伸长等生命活动也都必须在细胞水分接近饱和的情况下才能顺利进行。从种子萌发到叶片或果实的生长，均需在有足够的水分条件下才能完成。只有当细胞水分含量充足、保持细胞的紧张度，才能保持植物枝叶伸展以及维持植株体温的相对稳定。另外，与粮食不同，蔬菜产品大多数是柔嫩多汁的器官，含水量90%以上，因此水分供应尤为重要。各种蔬菜对水分的需求特性，主要取决于其吸收水分的能力和对水分的消耗量。根据蔬菜对水分的需要程度的不同，可以把蔬菜分为以下5类。

(1)耗水多吸水很弱的蔬菜　此类蔬菜的全部或大部分需浸在水中才能生活，如莲藕、荸荠、茭白等。这些蔬菜的茎叶柔嫩，高温下蒸腾作用旺盛，但其根系不发达，根毛退化，吸水能力很弱。

(2)耗水多吸水较弱的蔬菜　此类蔬菜叶面积较大且组织柔嫩，但根系入土不深，生产上要求较高的土壤湿度和空气湿度，如白菜、芥菜、甘蓝、绿叶菜类、黄瓜等，在栽培上，应选择保水力强的土壤，且需经常灌溉。

(3)耗水及吸水均为中等的蔬菜　此类蔬菜的叶面积较小，组织较硬，且叶面常具茸毛，故耗水量较少，而地下根系较发达，吸水能力中等，如茄果类、根菜类、豆类等。

(4)耗水少吸水很弱的蔬菜　此类蔬菜叶面积很小，且表皮被有蜡质，蒸腾量很小，但根系分布范围小，入土浅且几乎没有根毛，故吸水力很弱，对土壤水分含量要求也高，如葱、蒜、石刁拍等。

(5)耗水中等吸水力强的蔬菜　此类蔬菜的叶片虽大，但其叶片有裂缺或表面有茸毛、被有蜡质等，能有效降低水分蒸腾，且根系腔大，能吸收土壤深层水分，抗旱力很强。如西瓜、甜瓜、苦瓜等。

了解蔬菜的系统发育有助于加深对蔬菜的地上部和根系适应水分的各种生态型的理解。起源于湿润地区的白菜、甘蓝等，有发达的叶片，浅生的根系；而起源于干旱地区的西瓜、甜瓜，只有依赖于强大的根系才能生存；水生蔬菜则多起源于热带沼泽地区，因长期生长在水中，地上部保护组织不发达，根系逐渐退化；洋葱原产于大陆性气候和高原冲击土地带，是其形成地上部耐旱而根系不耐旱的原因。土壤湿度大而空气干燥的季节是洋葱生长盛期。到了夏季，土壤干燥，洋葱的地上部枯萎，则只能依靠休眠的鳞茎来度过恶劣环境。

各种蔬菜除了对土壤湿度有不同的要求以外，对于空气相对湿度的要求也不相同，据此大体上可以分为以下4类。

第一类：适于85%～90%的种类有白菜类、芹菜及各种绿叶菜类、水生蔬菜。

第二类：适于70%～80%的种类有马铃薯、黄瓜、根菜类（胡萝卜除外）、蚕豆、豌豆。

第三类：适于55%～65%的种类有茄果类、豆类（蚕豆、豌豆除外）。

第四类：适于45%～55%的种类有西瓜、甜瓜、南瓜以及葱蒜类。

各种蔬菜在种子萌发时，对水分的要求很大，播种后，须采用灌溉、覆土、盖草等措施，尽量保持土中的水分。而在苗期因根量小，吸水不多，但对土壤湿度要求严格，应经常浇水。移苗前后要多浇水。形成柔嫩多汁的食用器官时，要大量浇水，土壤含水量达到85%。开花时水分不宜过多，果实生长时需要较多的水分，种子成熟时要求适当干燥。近年来，世界各地正在逐步推广不同类型的滴灌设备，为蔬菜生产提供了更为科学的灌溉措施，改变了传统的、粗放的漫灌方式，起到了较好的经济效益、社会效益和生态效益。

3.2.4 生长发育与气体的关系

影响植物生长发育的气体条件主要为 CO_2 及 O_2。植物的光合作用就是能利用 CO_2 和水同化为有机物。O_2 在大气中的含量是足够的，但在土壤中，会由于水涝或土壤板结而缺氧，从而影响到根系的功能、乙烯等激素的生物合成。

（1）CO_2　0～2 000 μL/L 时，植物净光合速率随 CO_2 浓度增加而增加，但到达一定程度时再增加 CO_2 浓度，光合速率也不再增加，此时的 CO_2 浓度称为 CO_2 饱和点。该饱和点随植物种类、温度和光照而异。大气中 CO_2 浓度常维持在 380 μL/L 左右，在一些有机肥料施用量较少的温室大棚中则由于缺少气体交换，浓度有时会下降到 100～200 μL/L。因此，增加大气中的 CO_2 含量，会显著提高光合作用的强度，增加产量。据研究，黄瓜等瓜类的增产幅度一般为 20%～30%，早期产量增加更为显著，而在生长的后期有时反而会引起产量下降（图 3-7）。对于这种下调的机制，不同的学者归结为不同的原因：一是糖和淀粉积累所引起的对光合作用的反馈抑制；二是光合酶系统活力下降，有研究发现，高 CO_2 浓度下，Rubisco 羧化活性下降，PEPCase、Ru5P 激酶、3-PGA 激酶、NADP-3GAP 脱氢酶和 CA（碳酸酐酶）活性都下降；三是气孔导度降低；四是暗呼吸增强。因此，设施蔬菜增施 CO_2 最好只在光照较强的中午前后进行，防止长期高 CO_2 对光合作用的下调。

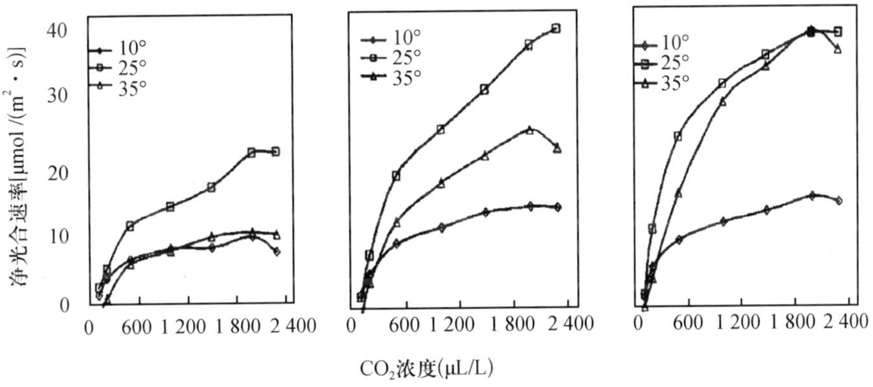

图 3-7　黄瓜叶片光合作用中的温度-光照-CO_2 浓度的相互作用（喻景权等，2003）

左、中、右图中光照强度分别为 200 μmol/（m^2·s）、500 μmol/（m^2·s）、1 000 μmol/（m^2·s）

另外，CO_2 也不是越多越好，有研究表明，大多作物的合适 CO_2 浓度为 800～1 000 μL/L，浓度过高会引起气孔开度减小、气孔阻力增大，一些植物还会发生所谓的"中毒"和早衰现象。但在实际生产中其结果往往会有所差异，这可能同该大棚中的 CO_2 底值有关，一般有机质丰富的土壤往往产生大量的 CO_2，CO_2 施肥时效果往往不如仅仅施用化肥的设施效果明显。

（2）O_2　由于空气中的 O_2 浓度相对稳定，因此对地上部的生长影响不大。但在根际中的 O_2 浓度则变化很大。所以，在生产上要防止产生供氧不足而产生厌氧的现象，种子发芽需要氧的供给。种子直播时要求土壤不板结。如果排水不良、土温低、氧缺乏，对种子发芽及根的生长都不利。在水培中要通过充氧等手段来提高培养液中的溶氧量。

(3)有害气体　有时空气以及根际中存在着一定数量的有害气体,如氨、二氧化硫、乙烯、氟化氢、氯等有毒气体。有些气体来自不合理施肥措施,如氨,有些则是来自一些农业生产资料,如薄膜等化工材料;也有的是因为设施加热时燃料的不完全燃烧所致。这些物质主要通过气孔,也可以通过根部进入植物体中。其危害程度一方面取决于其浓度,另一方面取决于植物本身的表面保护组织及气孔开张的程度、细胞中和气体的能力及原生质的抵抗力等。有害气体对植物相关危害作用及其机制请参阅其他相关资料。

3.2.5　生长发育与矿质营养的关系

植物除了从土壤中吸收水分外,还要从中吸收各种矿质元素和氮素,以维持正常的生命活动。植物吸收的这些元素,有的作为植物体的组成成分,有的参与调节生命活动,有的则兼有两种功能。矿质营养对植物生长发育至关重要,了解矿质营养和氮素的生理作用、植物对矿质营养和氮素的吸收转运以及氮素的同化规律,有助于指导合理施肥、增产增收。

(1)植物必需的元素　必需元素是指植物生长必不可少的元素。根据植物对这些元素的需要量,把它们分为两大类。

①大量元素:植物对此类元素需要的量较多。它们占植物干重的3%~10%,包括C、H、O、N、P、K、Ca、Mg、S等。

②微量元素:占植物体干重的0.01%~1%,包括Fe、B、Mn、Zn、Cu、Mo、Cl等,植物对这类元素的需要量很少,若稍有逾量,反而对植物有害,甚至致其死亡,但缺乏则会导致植物不能正常生长。

(2)必需元素的生理功能及缺乏病症　必需元素在植物体内的生理功能如下:一是细胞结构物质的组成成分;二是生命活动的调节者,如酶的成分和酶的活化剂;三是起电化学作用,如渗透调节、胶体稳定和电荷中和等。另外,还有些元素能促进植物的生长发育,但不是植物普遍所必需的,或只是某些植物生长所必需的,这些元素称为植物的有益元素。如硅对禾谷类和瓜类作物的生长并提高抗性等有益。不同元素在植物生长中的作用及缺素症状见表3-2。

表3-2　不同元素在植物生长中的作用及缺素症状

元素	含量	功　能	缺素症状
N	2.5%~5.0%	蛋白质、核酸、激素等组成成分	植株矮小,叶片变黄
P	0.25%~0.7%	核蛋白、磷脂、辅酶和ATP组成成分	分枝减少,生长停滞,叶片呈暗绿色或紫红色
K	2.0%~5.0%	酶的活化剂	茎秆柔弱,易倒伏,抗性降低,叶缘焦枯,生长缓慢
Ca	0.4%~6.0%	细胞组成成分,酶活化剂,信使物质,提高抗性	生长点死亡,植株呈簇生状;叶尖与叶缘变黄,枯焦坏死,植株早衰,结实少甚至不结实
Mg	0.2%~1.8%	参与光合作用,酶激活剂	老叶脉间失绿
S	0.5%~2%	氨基酸等组成成分,参与生化反应	新叶均一失绿,呈黄白色并易脱落

续表3-2

元素	含量	功　能	缺素症状
Fe	30～400 μg/g	酶的辅基，参与叶绿素合成，氮代谢	叶脉间失绿
Mn	25～300 μg/g	光合作用，酶活化剂	新叶脉间缺绿
B	20～80 μg/g	生殖器官、尿嘧啶形成等	生长点停止生长，花而不实
Cu	5～50 μg/g	SOD 等酶、质蓝素成分	叶片变色并扭曲等
Zn	10～50 μg/g	酶的成分和激酶的活化剂	缺少 IAA 而使生长受阻
Mo	≤5 μg/g	固氮、有机磷合成、抗病等	叶片黄绿，叶片边缘上卷

(3)合理施肥的生理基础　蔬菜生长过程中需要不断从土壤或培养液(无土栽培)中吸收养分，为满足蔬菜对矿质元素的需要，生产中一般需要施肥。但因吸肥特性与蔬菜种类、品种、生长时期、土壤种类以及环境条件等关系密切，了解各种蔬菜的养分需求规律对于合理施肥是十分重要的。

不同蔬菜种类养分需求有差异。首先，表现在不同蔬菜需肥量不同，如菠菜等个体较小生长期很短的蔬菜，养分需求相对不多，而结球白菜则因个体大、产量高而需要大量的养分。其次，产品器官不同，需要的营养元素也不相同，如叶菜类一生中需要 N 较多，使叶片肥大，质地柔嫩；而果菜类在生长中需 N 较多，而在产品器官形成期则需 P 和 K 较多，从而满足果实生长的需要，生产优质的果实；根、茎菜类则在产品器官形成期需要的 K 肥较多。豆科作物如大豆、豌豆等能固定空气中的 N，故需 K、P 较多，但在根瘤尚未形成的幼苗期也可施少量 N 肥。再者，同一种作物因栽培目的和生育期不同，施肥数量和种类需作适当改变。一般情况下，植物对矿质营养的需要量与它们的生长量有密切关系。萌发期间，因种子体内贮藏有丰富的养料，所以一般不吸收矿质元素；幼苗可吸收一部分矿质元素，但需要量少，随着幼苗的长大，吸收矿质元素的量会逐渐增加；开花结实期，对矿质元素吸收达高峰；以后随着生长的减弱，矿质元素的吸收量逐渐下降。但是不同作物对各种元素的吸收情况又有一定差异。因此，在不同生育期，施肥对生长的影响不同，对增产效果有很大的差别。其中有一个时期施用肥料的营养效果最好，吸收的养分能发挥其最大增产效能，这个时期被称为植物营养最大效率期。一般作物的营养最大效率期是生殖生长时期。因此，要针对蔬菜作物的具体特点，进行合理施肥。虽然我国许多地方的蔬菜基地存在不同程度的缺素现象，但目前更多的菜地，特别是设施土壤则是由于施肥过多引起土壤次生盐渍化、环境污染和产品硝酸盐过高等问题。因此，建立科学合理的施肥体系刻不容缓。

3.2.6　生长发育与生物因子的关系

植物的生长环境是一个复杂的生态系统，蔬菜植物同其他植物、动物和微生物之间有着各种各样的关系，如共生、寄生、竞争以及相生相克等，因此了解这些关系有助于我们科学合理地安排蔬菜生产。如土壤存在各种各样的微生物，如真菌、细菌、放线菌等，一些微生物和害虫在危害蔬菜等植物的同时，也有一些有益微生物或昆虫如蜜蜂等对蔬菜生长产生有益的影响。植物与植物之间的相互作用表现在两个方面：一是相互竞争，对环境生长因素如光、肥、水的竞争，如高秆植物对矮秆植物生长的影响、杂草的滋生蔓延等；二是相生相克(也称他感作用)，即通过分泌化学物质来促进或抑制周围植物的生长，这些次生代谢物对植物生理代谢及生长发育均能产生一定的影响。

豆科植物的根瘤菌与豆类蔬菜的共生是典型的共生关系，这种共生产生了互利互惠的关系，双方的生长均受到促进。而在寄生的情况下，寄生物有时能抑制寄主植物的生长，如菟丝子寄生在大豆上所引起的大豆植株生长抑制便是一例。

3.3 开花结果与温光条件

环境条件在影响蔬菜作物生长的同时，对其发育也有着重要影响，尤其是温度和光照的影响最大。

3.3.1 春化作用

一些植物如白菜、萝卜，必须经过一段时间低温诱导才能开花，我们把这种低温对开花的诱导作用称为春化作用。需要经历春化作用才能开花的蔬菜主要为二年生蔬菜，包括许多白菜类、根茎类、鳞茎类及一些绿叶蔬菜等，这些植物一般在春化后还须在长日照条件下才能开花。值得一提的是，这种影响是诱导性的，而不是直接的。在植物春化过程结束之前，如将植物放到较高的生长温度下，低温的效果会被减弱或消除，我们称这种现象为去春化作用或脱春化作用。通常植物经过低温春化的时间越长，则解除春化越困难。一旦春化过程结束后，春化效应则很稳定，不会被高温所解除。大多数去春化的植物返回到低温下，又可重新进行春化，且低温的效应可以累加。这种解除春化之后，再进行春化作用称再春化作用。

蔬菜植物的春化作用可以分为以下两大类。

(1)种子春化蔬菜　种子春化的条件首先是在种子萌动状态才能进行，如果是干燥种子即处于休眠状态，对低温就没有感应，主要蔬菜有白菜、芥菜、萝卜、菠菜、莴苣等。当种子的胚根露出 1/3～1/2 便能感受低温春化效果。值得注意的是，“种子春化”并不是只在种子萌动时才能对低温敏感。当幼苗长大后对低温的反应可能更敏感，如大白菜。春化处理时的温度范围及处理时间的长短与植物种类和年龄有关。白菜类及芥菜类的春化温度在 0～8 ℃有效果，而萝卜则在 5 ℃左右的效果最明显，低温处理时间通常需要 10～30 d，对于大多数白菜及芥菜品种，则需 20 d。有些对春化要求不严格的蔬菜品种，如许多作为菜心或菜薹栽培的品种，春化 5 d 就能诱导开花，秋播型的萝卜在幼苗期低温处理 3 d 后，就有促进抽薹的作用。

(2)绿体春化蔬菜　绿体春化的蔬菜是指植株必须生长到一定大小时才对低温有反应。如果没有达到一定的生长量，即使遇到低温也不会产生春化反应，如甘蓝、洋葱、大蒜、大葱、芹菜等。

至于温度范围及处理时间的长短与蔬菜的种类及品种有关。既有要求严格的品种，也有要求不严格的品种。一般把要求严格的品种定为冬性品种，而把要求不严格的品种定为春性品种。对于大多数甘蓝及洋葱品种，一般要 0～10 ℃、20～30 d 或更长时间才会有春化效果。春化的作用部位一般在生长点，但也要求有一部分的根或叶的存在。

芹菜也属于绿体春化的蔬菜。如在幼苗期间遇到低温，会更有效地促进抽薹开花，苗龄越大，低温处理(8 ℃下，4 周)对开花的促进作用越明显。绿体植物通过低温春化的反应是多种多样的。事实上,许多能以萌动种子通过春化的种类(如白菜、芥菜、萝卜等)在自然状态下,大多在幼苗期甚至在植株较大期间通过低温的。

春化作用对花芽分化及植物体的生物化学组成,甚至生长锥的形成建成均有影响。春化作用与蔬菜生产有密切的关系,如可以通过人工进行春化处理来提早开花,达到育种加代的目的,而在春季栽培白菜、萝卜和甘蓝等时,则要防止它们通过春化而引起未熟抽薹。同时,也可利用小棚覆盖脱春化的原理进行春季栽培。另外,不同纬度地区的引种也应适当考虑其对春化的要求,防止出现早开花或不开花等不良结果(图 3-8)。

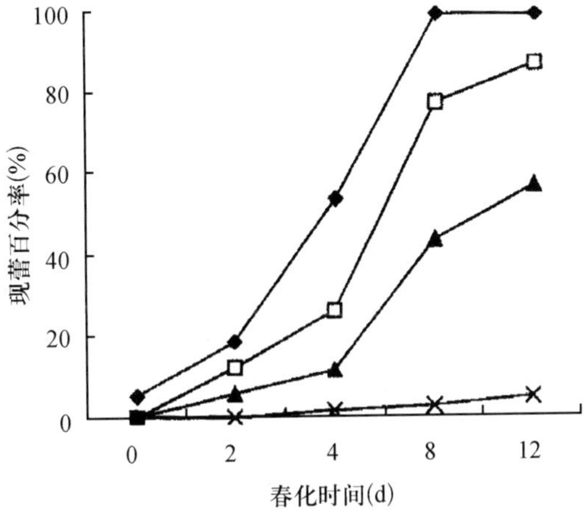

图 3-8 春化天数、日照时数和 GA_3 对红菜薹抽薹开花的影响(喻景权等,2003)

×. 短日照 ▲. 短日照+GA_3 □. 长日照 ◆. 长日照+GA_3

3.3.2 光周期现象

光周期现象是指日照的长短对于植物的生长发育的反应,是影响植物发育的另一个重要因素。光周期现象的发现使人们认识到,光不但为植物光合作用提供能量,而且还作为环境信号调节着植物的发育过程,尤其是对成花反应的诱导。光周期不仅影响到花芽分化、开花结实、分枝,而且影响到一些地下贮藏器官如块茎、块根、球茎和鳞茎等的形成。

我国古代农书强调庄稼要“不违农时”,其实是认识到了农作物的播种、育苗、收获都有季节性。人们早注意到许多植物的开花具有明显的季节性。自从 1920 年 Gamer 和 Allard 发现光周期现象以后,才明确了日照长短的影响。现在,人们对于光周期的生理机制,尤其是在光敏色素的发现以后,又有了进一步的了解。不论是一年生还是二年生蔬菜的开花结实,都与光周期有关。

1)蔬菜对光周期的反应及其分类

根据蔬菜植物对光周期的反应分为以下三类。

(1)长日性植物　指在 24 h 昼夜周期中,日照长度长于一定时数,才能成花的植物。对这些植物延长光照可促进或提早开花;相反,如延长黑暗则推迟开花或不能成花。在蔬菜中包括甘蓝(球茎甘蓝、花椰菜等)、芥菜、萝卜、胡萝卜、芜菁、芹菜、菠菜、莴苣、蚕豆、豌豆以及大葱、大蒜等。它们大多在春季长日照下抽薹开花。

(2)短日性植物　指在 24 h 昼夜周期中,日照长度短于一定时数,才能成花的植物。对这些植物适当延长黑暗或缩短光照可促进或提早开花；相反，如延长光照则推迟开花或不能成花。在蔬菜中包括大豆(晚熟种)、豇豆、茼蒿、扁豆、刀豆、苋菜、蕹菜等。它们大多在秋季短日照下开花结实。

(3)日中性植物　这类植物的成花对日照长度不敏感，只要其他条件满足，在任何日照长度下均能开花，如黄瓜、茄子、辣椒、番茄及毛豆等。

事实上，还有极少被称为中日照植物的种类，这些只有在某一定中等长度的日照条件下才能开花，而在较长或较短日照下均保持营养生长状态的植物，如野生菜豆只能在每天 12～16 h 的光照条件下才能开花。这种“限光性”的现象，在栽培蔬菜中很少见到。

2)临界日长反应

长日性植物在短日照环境下，或短日性植物在长日照环境下就不会开花或延迟开花。这个短到足以能引起花原基的发生的日照长度(对于短光照植物)叫作“临界日长”或“临界光周期”，这个区别长日照与短日照的“临界日长”，一般为 12～14 h，但也可以短于 12～14 h。

其实，短日性植物并非要求绝对的短日照，而是要求较长的黑暗条件。所以，黑暗期的长短，对发育的影响更为重要，如大豆的晚熟品种，只要每一光周期中有 10 h 的黑暗时间，则不论这一周期中有 16 h 的光照或 4 h 的光照，都会诱导花原基的产生。而对于长日照植物，日照长短则远比黑暗更重要，甚至黑暗条件是不必要的。在一个周期中，可以在完全没有黑暗的条件下即在连续光照条件下，也能开花。对于绝大多数园艺作物，只有一二次的光周期处理是不会引起花原基的分化的，一般要十几次或更多的光周期处理才能引起开花。

3)光周期质与量的反应

极少数的植物如晚熟大豆品种，必须在每天一定长度的日照下才能开花。这种反应可称为“质的光周期反应”。但就大多数蔬菜植物而言，对光周期的反应都没有这样“绝对”或“严格”的现象。如白菜、芥菜等在长日照下可以很快地开花，而在短日照下也可以开花，而不是不开花，只是开花的时间略有延迟，这种现象可称为“量的光周期反应”。利用这种量的反应特性，大多数蔬菜种类有对光周期要求严格的品种及不严格的品种，可以选育出早、中、晚熟的品种，为生产提供生育期不同的品种类型。

4)温度及植株年龄对光周期的反应

植物的发育在受到光周期影响的同时也受到其他条件的影响，也就是说光周期的效果还取决于温度、植株的生长状态以及营养等条件。

许多长日性的蔬菜如白菜、萝卜、菠菜、芹菜等，如果在温度很高的环境下，即使是长光照也不会开花，或开花期延迟。长江一带夏季栽培的所谓“小白菜”(或称“火白菜”)、“夏萝卜”(或称“火萝卜”)及华南的“芥菜子”(夏芥菜)等都是长日照植物，播种后的日照均在 14 h 或更长些，但播种后并不随即开花。因为它们在播种后没有遇到低温，即没有通过春化阶段；相反，如果温度很低，整个植物的生长很缓慢，尽管光周期是合适的，也不会开花。但是如果日照时数相同，在一定温度范围内，温度升高可以促进花芽分化及开花。在生产上应把光周期与温度结合起来考虑，因为在自然条件下，长日照和高温(夏季)、短日照与低温(冬季)是相伴而来的。长江流域及华北平原，长日性的二年生蔬菜是在日照加长、气温回升的春季抽薹开花；而短日性的一年生蔬菜是在一年中开始出现短日的秋季才开花结实。

值得指出的是，大多植物要生长到一定的大小(年龄)以后才对光周期起反应。通常植株的年龄越大，对光周期的反应越敏感，晚熟的大豆品种是这样，白菜的多数品种也是这样。

5)光照强度及光质的影响

如同春化作用一样,光周期反应也是一种诱导反应。从生理上看,光周期效应与光合作用是不同的,光周期效应并不依据从太阳辐射得到的总能量的多少,而是依据日照时间的长短。在光周期处理过程中,只要有微弱的光便可起到光周期处理的效果。因此,在光周期处理时,类似日光灯的光线便有较好的效果,但以强光的效果更显著。同样,不同光质对光周期效应有很大的差别。在可见光中,红光和橙黄光效应显著,蓝光较差,而绿光几乎没有效果。

6)光周期对生长习性及营养器官形成的影响

光周期的效应,在诱导花芽分化即影响植物发育的同时,也影响到植株的生长习性,还影响叶的生长、形状、色素形成以及许多贮藏器官的形成。

蔬菜中不少食用器官的形成要求一定的光周期,如马铃薯、芋、菊芋的块茎,甘薯的块根,荸荠的球茎,洋葱及大蒜的鳞茎等,这些器官都要求一定的光照长度才能形成。其中马铃薯、芋、菊芋以及许多水生蔬菜包括荸荠、慈姑等食用器官的形成,要求较短的光照。不过温度的高低也有很大的影响。品种之间差异很大,一般来说,早熟品种对光照长短的要求相对不敏感。不少鳞茎类蔬菜,如洋葱、大蒜等不仅要求有较长的光照,同时也要有一定的温度才能形成鳞茎。

此外,光周期也影响到植株的分枝、结果习性以及地上部与地下部的比例。许多短日性的豆类蔬菜,如长豇豆、高刀豆、赤豆等,在短日照下,原来是蔓生的可以变为矮生的,而且在主茎基部着生许多侧枝;而在长日照下,侧枝着生节位显著提高,第一花序着生节位也以补充光照下的低些。一些瓜类在短光照及较低温度下,雌、雄花的比例也明显增加,节位降低。

长日照或短光照可以促进地下贮藏器官的形成。但从生产上来看,并不希望在植株生长很小的时候就遇到适合其器官形成的光照,而是在营养生长期的前期要求有较长的光照及较高的温度,以促进茎叶的生长,然后才转入适合器官形成的日照环境,促进地下贮藏器官的形成。因为在正常情况下,这些地下贮藏器官的大小与地上部同化器官的大小是成正比的,即前一节中已经谈到的生长相关现象。

思考题

1. 简述生长发育和分化的概念及其区别。
2. 了解蔬菜生长发育在栽培上有何指导意义。
3. 蔬菜生长发育周期包括哪些内容?各有何特点?
4. 温光条件对蔬菜生长发育有哪些重要影响?

4

CHAPTER

蔬菜栽培的技术基础

4.1 菜田规划和土壤耕作

4.1.1 菜田规划

菜田规划(蔬菜的领域地面区划)目的是保障田间生产系统的有序进行,菜田规划的内容包括耕作系统、轮作系统、排灌水系统、田间道路及防护林带设置等。平地和坡地的菜田规划应有所不同,菜田道路规划应尽量利用现有的交通干线,有利于田间产品和生产资料的运输。

排灌水系统应根据灌溉方式,如沟灌、喷灌、滴灌和地下渗灌等的不同分别进行规划。沟灌的输水干线应尽量埋设地下水泥管道,既不占用耕地,也可以避免灌溉水损失。但在田间进行直接灌溉时的农用沟,应该兼有灌溉与排水的作用。喷灌与滴灌不会造成地面径流,但应考虑天然降水的排水问题。排水系统规划应充分利用自然的排水河流,且排水系统设计应与菜田的地形、地貌、水文地质等相适应,结合地下水的径流、矿化程度和土壤改良等因素加以综合考虑。

风沙较大的地区,菜田周边应考虑设立防护林带,对保持良好的菜田小气候、减少自然灾害损失等有其独特的作用。防护林设置要充分考虑菜田方位,并与生产或生活建筑、林网等有机结合,统筹规划。

4.1.2 土壤耕作

土壤既是历史自然体,又是人类劳动的产物。农业生产过程中,太阳辐射、降水、风、温度等均可对土壤产生影响,人类农业活动对土壤的影响更是起到了决定性的作用。例如,在蔬菜生产过程中的耕作、施肥、灌溉、排水等都对土壤中的水、肥、气、热等产生重要影响。经过一季或一年的生产活动后,耕层土壤总是由松变紧,孔隙度越来越小,需要耕作。土壤耕作就是在作物生产过程中,通过农具的物理机械作用,改善土壤的耕层结构和地面状况,协调土壤中水、气、肥、热等因素,为作物播种出苗、根系生育等创造条件。土壤耕作的基本任务可归纳为:改善耕层物理状况;保持土壤的团粒结构;正确翻压有机肥,增加肥效;清除田间残根、杂草、残株落叶,消灭杂草再生;掩埋带菌体及害虫,并加以处理,清除传播物,保持田间清洁;为蔬菜播种、定植创造适宜的水分、土壤气体、热量和土壤肥力条件。

菜田耕作的时期与方法，因时、因地而异。从耕作时间上大致可分为春耕与秋耕，从耕作内容上可分为耕翻、耙地、耢地、混土、整地、起垄、作畦、中耕等。

1)深耕

中国传统的菜田耕作体系中，深耕是非常重要的。实践证明，深耕的好处很多，它不仅加厚活土层，把土地变成肥料库和蓄水库，增强抗旱、抗涝能力，而且有利于消灭杂草和病虫害。一般来说，用铁锹人工翻地，根据工具和人力大小不等，耕翻的深度为 25 cm 及以下，而机耕可达 30 cm 及以上。

在深耕时需注意以下问题：不要将大量生土翻上来，底层生土有机质缺乏，养分少，因此深耕应遵循“熟土在上，生土在下，不乱土层”的原则；深耕不必每年进行，可深浅结合，既可减轻劳动强度，又可使耕层土壤得以持续利用；深耕应结合施用有机肥；深耕的深度应结合具体茬口和土壤特性，如土层深时可适当深耕，土层浅时可适当浅耕；根菜、果菜类宜深耕，叶菜类宜稍微浅些。深耕应在秋茬蔬菜收获后进行，以利于冬季晒垡。

2)秋耕与春耕

在冬季寒冷的北方，土壤耕作按时间来划分，有秋耕和春耕。秋耕一般在秋菜收获后，土壤尚未冻结前尽早进行。秋耕可以使土壤经过冬季冰冻，质地疏松，增加吸水与保水力，消灭土壤中的虫卵、病菌孢子等，并可提高翌年春季土壤的温度。耕前最好能施入有机肥料，翻入土层作积肥。凡是早春直播或栽种作物的菜田，一般采取秋耕。秋耕时以翻耕为主。

春耕是指对秋耕过的菜田地块进行耙磨、镇压、保墒等作业，有时也指给未秋翻地块进行补耕。春耕的目的在于为春播或秧苗定植做好准备。春耕时间一般掌握在土壤化冻 5 cm 左右时进行。山东农谚说：“开春耙一遍，到老不觉旱”，这是中国农民的宝贵经验。以补耕为主的春耕时，应注意不宜深耕，且随耕随耙，以保墒情。

3)作畦

土壤翻耕后，要整地作畦，以便田间排灌。作畦时应考虑畦形和畦向的设计。

(1)畦形　即畦的形式，因各地气候(主要是雨量和雨季)、土壤条件及作物种类等而异。常见的畦形有以下几种(图 4-1)。

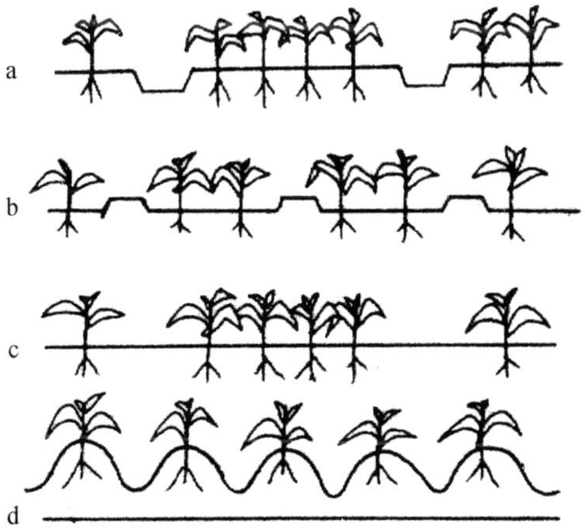

图 4-1　作畦的几种类型(引自山东农业大学主编，《蔬菜栽培学总论》，2000 年)

a. 高畦　b. 低畦　c. 平畦　d. 垄

①高畦:畦面凸起的栽培畦形式。适合降水量大且集中的地区应用。

②低畦:畦面低于地面,畦间走道比畦面高的栽培畦形式。这种畦利于蓄水和灌溉,在少雨季节、干旱地区应用较为普遍。

③平畦:畦面与田间通道相平。当地面平整后,不特别构筑畦沟和畦面。适宜排水良好、雨量均匀、不需要经常灌溉的地区。雨水多、地下水位高、地面有倾斜的地块不宜采用。

④垄:是一种较窄的高畦,其特点是垄底宽上面窄,优点在于一方面相对增加了土壤耕层厚度;另一方面,特别是在早春有利于提高土壤温度。

马铃薯等薯芋类栽培、北方地区秋季大白菜栽培、设施蔬菜春早熟或日光温室越冬生产等多采用高畦。

(2)畦向　即畦的走向,可直接影响植株的受光、光在冠层内分布、群体内空气流通以及地表水分、热量状况。在风力较大地区,植株的行向与栽培畦的走向平行时,畦的走向以与风向平行时利于行间通风,有利于减少风害。由于我国地处北半球,冬季和早春太阳辐射以偏向南面的时间居长,因此宜采用东西延长的畦向,植株的受光较好,冷风危害较轻。当植株的行向与栽培畦的走向平行时,夏季以南北延长的走向作畦,可使植株接受更多的阳光和热量。

4.2　蔬菜的栽培制度与茬口安排

蔬菜栽培制度是指在一定时间内、在一定土地面积上蔬菜种植布局安排和茬口接替的制度。它包括轮作、间作、套作、复种及排开播种等,并与合理施肥、灌溉制度、土壤耕作和休闲制度相结合。它充分体现了中国农业精耕细作的优良传统。蔬菜栽培制度设计的俗称为"茬口安排与间作套种"。科学地安排蔬菜茬口是合理利用自然因素,合理用地、养地相结合,不断恢复与提高土壤肥力,减轻病虫害危害的基本农业措施。蔬菜的茬口安排要坚持高产、优质、均衡供应的原则。需要蔬菜种类、品种搭配,利用各种设施,排开播种,周年生产和供应。

4.2.1　栽培制度

蔬菜栽培制度的主要特点在于广泛采用间作套种,增加复种指数,充分利用太阳光能和土壤肥力;重视轮作倒茬、冻地、晒垡等制度来减轻病虫害,恢复与提高土壤肥力。

1)连作和轮作

(1)连作　是指一年内或连年在同一块土地上重复栽种相同作物的种植制度。首先,连作容易造成相同病虫害的猖獗及土壤综合肥力的下降,产量逐年下降,如番茄的青枯病、西瓜的枯萎病在连作时发生严重;其次,同一作物的根系分布范围及深浅一致,吸收肥力相同,因此连作会引起该范围土层内某些元素的缺乏,致使植株生长不良;最后,连作还会使根系在生育过程中分泌的有机酸及有毒(或有害)物质不易被消除,致使根系生长不良,如豆类蔬菜的根瘤菌给土壤遗留较多的有机酸,导致下茬同类蔬菜减产。

近年来,随着设施蔬菜的连茬种植,连作障碍问题日渐突出,常常导致蔬菜产量降低,品质下降。连作障碍发生的原因包括土壤次生盐渍化、土壤酸化、土壤养分比例失调、土壤致病微生物聚集、植物自毒作用以及根结线虫危害等。生产上可通过填闲作、轮作、间作等优化栽培模式,运用温室消毒新技术、筛选抗性砧木嫁接栽培、合理施用肥料、生物防治等多条途径来克服连作障碍问题，尽量降低连作障碍危害。

(2)轮作 是指在同一块地上，按一定的年限，轮换种植几种亲缘关系较远或性质不同的蔬菜作物，通称“倒茬”或“换茬”。一年单主作地区就是在不同年份内把不同种类的蔬菜轮换种植；一年多作地区，则是以不同的多次作方式(或复种方式)，在不同的年份内轮流种植。

轮作是合理利用土壤肥力、减轻病虫害的有效措施。由于蔬菜种类很多，不可能将田块划分为许多区，每年栽种一种作物。但可将白菜类、根菜类、葱蒜类、茄果类、瓜类、豆类、薯芋类等各类蔬菜按类分年轮流栽培。同科的蔬菜集中在同一区中，因为同类蔬菜对于营养的要求和病虫害大致相同，在轮作中可作为一种作物处理。但同科的蔬菜，如茄果类中的番茄、茄子和薯芋类中马铃薯有相同的病虫害，不宜相互轮作。绿叶菜类生长期短，应配合在其他作物的轮作区中栽培，可不独自占一轮作区。多年生蔬菜占地多年，水生蔬菜常种植在池塘里，一般不参加轮作。为了保证新鲜蔬菜的周年供应和种类的多样化，每一蔬菜生产单位应同时进行几个不同轮作区的设计。菜田轮作设计时应掌握以下原则。

①吸收土壤营养不同、根系深浅不同的蔬菜相互轮作。例如，消耗氮肥较多的叶菜类、消耗钾肥较多的根茎菜类与消耗磷肥较多的果菜类轮作栽培；深根性的根菜类、茄果类、豆类、瓜类(除黄瓜)，应与浅根性的叶菜类、葱蒜类等轮作。

②互不传染病虫害。同科蔬菜常感染相同的病虫害，制订轮作计划时，原则上应尽量避免将同科蔬菜连作，而每年调换不同科的蔬菜，从而使病虫失去寄主或改变生活条件，达到减轻或消灭病虫害的目的。例如葱蒜类后轮作大白菜常常可以减少大白菜软腐病的发生。此外，粮菜轮作、水旱轮作对控制土壤传染性病害也是行之有效的措施。

③改良土壤结构。在轮作制度中适当配合豆科、禾本科蔬菜，在其后茬种植需氮较多的白菜类、茄果类、瓜类等；再次种植需氮较少的根菜类和葱蒜类，而以需氮最少的豆类放在最后，可作为其他蔬菜的良好前作。薯芋类因其耕作较深，需中耕培土，施大量有机肥，杂草少，余肥多，也是改进土壤肥力的前作。根系发达的瓜类和宿根性韭菜，较根菜类遗留给土壤较多的有机质，有利于改善土壤的团粒结构。

④注意不同蔬菜对土壤酸碱度的要求。如甘蓝、马铃薯等种植后，能增加土壤的酸度，而玉米、南瓜、菜苜蓿等种植后，能减少土壤的酸度。故对土壤酸度敏感的洋葱等作物作为玉米、南瓜后作可获得较高的产量，作为甘蓝的后作则减产。豆类的根瘤菌给土壤遗留较多的有机酸，连作常导致减产。

⑤考虑前茬作物对杂草的抑制作用。前后作物配置时，要注意到前作对杂草的抑制作用，为后作创造有利的生长条件。一般胡萝卜、芹菜等生长缓慢，抑制杂草的作用很小；葱蒜类、根菜类也容易遭受杂草的危害，而南瓜、笋瓜、冬瓜等因生长期间侧蔓迅速布满地面，杂草易于消灭。另外，甘蓝、马铃薯、芜菁等抑制杂草的作用也较大。

根据以上原则，各种蔬菜轮作的年限依蔬菜种类、病情而不同。如普通白菜、芹菜、甘蓝、花椰菜、葱蒜类、慈姑等在没有严重发病地块上可以连作几茬，但需要增施底肥。马铃薯、山药、生姜、黄瓜、辣椒等需要间隔 2～3 年；番茄、大白菜、茄子、甜瓜、豌豆、茭白、芋头等需要间隔 3～4 年；西瓜需要 6～7 年的轮作。一般禾本科、十字花科、百合科、伞形花科蔬菜也较耐连作，但以轮作为好。茄科、葫芦科(南瓜除外)、豆科、菊科受连作的危害较大。

2) 间作、混作和套作

两种或两种以上的蔬菜隔畦隔行或隔株同时有规则地栽培在同一块土地上称“间作”。而将不同蔬菜不规则地混合种植则称“混作”。前作蔬菜生育后期在其行间或株间种植后作蔬菜，前后作共生的时间较短称“套作”。所以，套作比间作和混作可以更加合理地利用光能与地力、时间与空间，提高土地的利用率。

合理的间作、套作可发挥其种间互利的因素，组成一个复合群体，通过合理的群体结构，使单位面积内植株总数增加，能有效地利用光能与地力、时间与空间，形成“互利”的环境，减轻病虫和杂草的危害。所以，间作、套作是增加复种指数、提高蔬菜产量、实行排开播种、增加花色品种和淡季供应的一项重要措施，它是蔬菜栽培制度的一个显著特点。华北地区菜菜间作、套作的方式有以下几种。

①结球甘蓝隔畦间作番茄；韭菜隔畦间作黄瓜、冬瓜、蔓生菜豆、豇豆等。这种间作方式植株高矮搭配，有利于改善田间通风透光条件，减少病虫害的发生和流行。

②韭菜畦埂春季间作小萝卜、矮生菜豆，秋季间作秋冬萝卜，有利于充分利用土地。

③春季栽培的小萝卜、莴笋，套种蔓生菜豆、豇豆或黄瓜；洋葱畦埂间作小萝卜、莴笋，小萝卜、莴笋收获后套种夏秋茄子，洋葱收获后培土。这种方式有利于充分利用生产季节。

④夏秋黄瓜架下套种芹菜等，使喜光与耐阴蔬菜搭配，有利于充分利用光热条件。

间作、套作既有互助互利的一面，也有矛盾的一面。因此，实行间作、套作时，既要根据各种蔬菜的生态特征特性，选择互助互利较多的作物品种实行搭配，又要因地制宜地采用合理的田间群体结构，以及相应的技术措施，才能保证增产。具体应掌握的原则如下。

(1)合理搭配蔬菜的种类和品种　需考虑以下因素。

①生长期长的与生长期短的蔬菜间作、套作，可充分利用土地，增加复种面积，提高单位面积的产量。如生长期长的茄子套栽生长期较短的春甘蓝，生长缓慢的芹菜与速生的小白菜混播等。

②植株高矮不同的蔬菜间作、套作，使喜光的和耐阴的蔬菜搭配，可充分合理地利用空间，起到互补的作用。如高秧的黄瓜与塌地的甘蓝，直立的大蒜与塌地的菠菜间作、套作等。

③根系深浅不同或对养分要求不同的蔬菜间作、套作，可充分合理地利用土壤中的养分。如深根性的茄果类与浅根性的绿叶菜类搭配，玉米与洋葱或大蒜间作等。

④有互利或对单方面有良好作用的蔬菜间作、套作，可使双方或一方得到比单作更多的好处。如葱蒜类与大白菜间作可减轻大白菜软腐病的发生，春甘蓝间种冬瓜、西瓜、甜瓜，可对瓜苗起防寒作用。

⑤在对光照的要求上，掌握喜光的与耐阴的搭配。如黄瓜架下套种平菇等食用菌等。

(2)安排合理的田间群体结构　应掌握好主副作物合理的配制比例；加宽行距，缩小株距；前作利用后作的苗期，而后作利用前作早收获后倒出的空间和土地。

(3)采取相应的栽培技术措施　所有的栽培措施要做到管理及时，保证产品的产量和质量；生产过程中随时采取相应的农业措施，减轻主、副作矛盾的发展，保证其向互利方向发展。

(4)注意两种作物在肥水、通风等管理中矛盾的协调　例如，大棚黄瓜不宜与花椰菜间作。

除了菜菜间作、套作外，菜粮和菜果间作、套作现象也较普遍。如马铃薯、洋葱、大蒜或菜豆套种玉米，秋季再套种大白菜或萝卜；棉花套种秋萝卜；大蒜、马铃薯套种棉花；果树行间栽种南瓜或其他蔬菜等。在粮区或大田作物栽培地块间作、套作蔬菜时，由于地力较差，常常难以满足蔬菜生长发育的需要，因此在蔬菜种类上要加以选择。一般可以选择菜豆、豇豆、萝卜、胡萝卜、芥菜、芜菁等对肥力要求不严格或较耐贫瘠的种类和品种。

3)多次作和重复作

在同一块土地上,一年内连续栽培多种蔬菜,可收获多次称为"多次作"或称"复种"制度。重复作是一年的整个生产季节或一部分生长季节内连续多次栽培同一种蔬菜作物。多应用于绿叶菜或其他生长期较短的作物,如小白菜、小萝卜等。

中国各地的多次作(复种)制度,基本上可以归纳为以下几种类型。

(1)2 年 3 熟　夏菜→越冬菜→夏菜(东北地区),例如:黄瓜→埋头菠菜→茄子。

(2)1 年 2 熟　春菜→秋菜(长江以北),例如:早、中熟甘蓝、大蒜、洋葱→萝卜、甘蓝、大白菜。早夏菜→秋菜,例如:早番茄、西葫芦、马铃薯→大白菜。

(3)1 年 3 熟　越冬早春菜→早熟夏菜→秋冬菜(江淮、华北地区),例如:早、中熟的春白菜→黄瓜→大白菜。

(4)1 年 4 熟　越冬早春菜→早熟夏菜→早熟秋菜→晚秋菜(江南、华中、华北部分地区),例如:菠菜→四季豆→早秋白菜→晚秋白菜。

(5)1 年多熟　越冬早春菜→早春菜→夏菜→速生伏菜→秋冬菜→冬菜(华南,北方设施栽培)。例如:2 月小白菜→小萝卜→四季豆→小白菜→萝卜(大白菜);芫荽→黄瓜→苋菜→小白菜→番茄→蒜苗。

科学安排茬口,就要综合运用轮作、间作、套作、混作和多次作,配合增施有机肥和晒垡、冻垡等措施,实行用地与养地相结合,最大限度地利用地力、光能、时间和空间,实现高产、优质、多品种的蔬菜周年均衡生产和供应。

4.2.2　茬口安排

通常把蔬菜的茬口分为"季节茬口"和"土地利用茬口"两种。"季节茬口"指在时间上,一年当中露地栽培的茬次,如越冬茬、春茬、夏茬、伏茬、秋茬、冬茬等季节茬口。"土地利用茬口"指在空间上,在轮作制度中,同一块菜地上,全年安排各种蔬菜的茬次,如 1 年 1 熟(茬)、1 年 2 熟、2 年 5 熟、1 年 3 熟、1 年多熟等。这两种茬口,在生产计划中共同组成完整的蔬菜栽培制度。

1)季节茬口

指根据蔬菜对温度的要求不同,结合各地气候条件,按蔬菜归类的生产采收时期。

(1)露地蔬菜的季节茬口　通常有以下 5 类。

①越冬茬:即过冬菜,此类蔬菜均属于耐寒性强、生长期短的叶类蔬菜,多行秋季露地直播或育苗,冬前定植,以幼苗或半成株状态露地过冬,翌年早春或夏初供应市场,是各地春淡季蔬菜供应的重要茬口。如北方的越冬菠菜、芹菜、小葱、韭菜,华南地区的菜心、乌塌菜、春白菜、莴笋、甘蓝、大蒜苗等,华中地区的菜薹、乌塌菜、春白菜、芹菜、莴苣、洋葱、大蒜、甘蓝、蚕豆、豌豆等。

②春茬:即早春菜,此类蔬菜属于耐寒性较强、生长期短的绿叶菜,多在早春土地解冻后播种或定植,生长期 40～60 d,采收时在茄果类、瓜类、豆类大量上市以前的春末夏初,如小白菜、芹菜等,以及春马铃薯和冬季设施育苗,早春定植的耐寒或半耐寒的春白菜、春甘蓝、春花椰菜等。

③夏茬:即春夏菜,指那些春季终霜后才能定植到露地的喜温蔬菜,此类蔬菜多为果菜类,是各地夏季供应的重要茬口,多在 6～7 月份大量上市。

④伏茬:即伏菜或火菜,此类蔬菜多在6～7月份播种或定植,8～9月份供应上市,耐热性好、播种至采收期短,是填补秋淡季供应的重要茬口,如早秋白菜、蕹菜、豇豆、夏黄瓜、夏甘蓝等。

⑤秋冬茬:即秋菜或秋冬菜,主要为喜冷凉菜,多在立秋前后播种或定植,初霜前后收获,10～12月份供应上市,是北方地区冬春贮藏菜的主要茬口,如白菜类、根菜类及部分喜温性的果菜类、豆类及绿叶菜。

(2)设施蔬菜的季节茬口　设施栽培条件下,由于设施的保护作用,使得蔬菜的播种期也更为灵活,特别是对于耐寒性强、生长期短的叶类蔬菜而言,在设施栽培条件下,甚至已经没有了明显的季节茬口。如华东地区,冬季露地采用地膜等简易覆盖措施,即可采收油菜、菠菜等;华北很多地区,采用塑料大棚或改良阳畦为主体的多重覆盖,即便在冬季也能实现韭菜、菠菜、油菜等蔬菜的生产供应;北方很多地区日光温室内叶菜类、根菜类等整个冬季甚至可以随时播种、采收。但从果类蔬菜栽培的季节茬口看,尽管由于各地气候条件的差异使得其季节茬口略有提前或延后,但总体上看,设施果类蔬菜的季节茬口在各地却表现出高度一致性。从塑料大棚生产情况看,我国华北及长江流域的大部分地区果类蔬菜的季节茬口几乎全部为春提前茬、秋延后茬,东北地区则几乎全部为越夏茬生产,华南地区则主要为越冬茬;而从北方各地的日光温室生产情况看,果类蔬菜季节茬口几乎全部为秋冬茬、冬春茬和越冬茬等三个季节茬口。

2)蔬菜的土地利用茬口(土地茬口)

土地茬口与复种指数有密切关系,南方较北方单位土地面积上栽培茬次多,土地利用率高,复种指数大。由于各地热、水、土资源的差别,从土地茬口利用来看,东北、西北、蒙新、青藏高原4区属于1年1主作菜区;华北属于1年2主作菜区;华中为3主作菜区;华南、西南则为1年多主作菜区。这都是针对1年中露地栽培生长期在80～100 d的蔬菜茬次而言。若考虑到品种的生长期、间套复种技术、利用设施栽培,则各菜区均可演变成形式繁多的蔬菜茬口。如东北单主作区喜温性蔬菜番茄每年只能种1熟,但采用大棚覆盖,并选用早熟品种,7月中旬腾茬出地,后茬再种黄瓜;若再利用间套作技术,春茬可增加一茬油菜,秋茬还可以增加一茬结球生菜。这样,单主作区也可以从1年1熟演变为1年2～4熟。

劳动人民长期的生产实践中摸索出了科学的茬口安排,对蔬菜周年均衡供应具有重要作用。茬口合理安排,可以互相补充,互相配合,但茬口之间存在互相矛盾的一面,过多地或不适当地调整某一类型,势必会影响其他类型的比重,造成其他不应有的新的缺菜季节。所以,必须根据生产条件和市场需求等因素全面安排,确定茬口的合理比例,才能确保蔬菜的周年均衡供应。

4.3　蔬菜的直播与移栽

4.3.1　直播及其苗期管理

1)直播

直播是指将种子播种到生产田间的过程。有些蔬菜由于移栽后不易成活或影响产品品质等原因一般不进行育苗,而采取直播方式生产,如豆类、部分叶菜类和根菜类等。此类蔬菜播种前后，应保持土壤湿度，以利于幼苗迅速破土。为了促进直播蔬菜种子的萌发与出苗，也常采用地膜覆盖栽培。

2)苗期管理

直播类蔬菜苗期管理包括以下内容。

(1)间苗　指人工间除多余幼苗的过程。间苗的目的在于保证田间幼苗分布均匀、生长整齐，间苗可分2～3次进行，一般在1～2片叶和3～4片叶时各间苗一次。总的要求是：间早不间晚，先轻后重。在幼苗的选留上，应尽量将弱株、病株和受到机械伤害的植株优先拔除。直根类蔬菜应注意使子叶与行向垂直，因为子叶的方向与将来肉质根两侧的吸收根方向相一致。

(2)水肥管理　每次间苗后结合浇“合缝水”，必要时可进行追肥，以促进植株迅速生长。浇水后2～3 d，待土层表面干结时，可进行中耕。

(3)定苗与补苗　最后一次间苗也称定苗。定苗的时期因蔬菜种类、生长期、苗密度等而异，如萝卜可在4～5片叶时定苗，而白菜则多在7叶前后定苗。定苗时除与前几次间苗作业要求相同外，还应注意定苗后保持株距一致。如出现缺苗断垄现象，在最后定苗时，应选择间除的部分健壮幼苗进行补苗。补苗操作与定植要求相同。

4.3.2　定植

当所培育的蔬菜幼苗长到一定大小时，就要移栽到生产天继续培养，该过程即为“定植”。定植是蔬菜生产管理的重要环节之一，应注意做好以下工作。

(1)定植前准备　定植前土地和秧苗的准备工作。土地在整地作畦后，要按照预计的栽植密度开沟或挖穴，并施入少量有机肥和复合化肥作底肥。幼苗的准备主要是在定植前要充分进行锻炼，以确保定植后幼苗能尽快适应田间生长环境。

(2)定植时期　我国大部分地区春季寒冷，蔬菜的定植期难以把握。实际上，由于各地的气候条件不同，并且蔬菜种类繁多，蔬菜的定植期不可能进行统一规定，应根据当地的气候条件和土壤条件、蔬菜种类、幼苗生长状况、产品上市时间以及茬口安排的具体要求等加以确定。无论设施栽培还是露地生产，通常都可以根据栽培地块的温度指标加以确定，通常是：当夜间最低气温稳定在2～3 ℃及以上，且土壤10 cm的土温稳定在8～10 ℃及以上时，耐寒或半耐寒的蔬菜如甘蓝、白菜、芥菜、洋葱等即可定植；而喜温果菜类则要求最低气温稳定在5～8 ℃及以上、土壤10 cm的土温稳定在15～18 ℃及以上时才能定植。

早春蔬菜价格偏高，为此各地有春季尽早定植、尽早采收的栽培传统。但对于秋季栽培的蔬菜，定植时外界温度不是限制性因素，而决定其定植期的关键因素在于冬季初霜或低温来临前的田间生长期是否能够满足产品器官形成的需求。若定植过早，前期病虫害严重，反而不利于后期生长及产品形成；若定植越晚，产品采收期相应推迟，不仅有利于减轻病害、促进生长及产量形成，且蔬菜销售价格也会相应提高，故秋季栽培的蔬菜有尽量晚定植的习惯。以秋大棚西瓜栽培为例，定植到完成果实成熟至少需45 d左右的田间生长期，借此可以根据当地的初霜期向前推算适宜的定植期。

(3)定植密度　合理密植是蔬菜高产、优质的基础，但受多种因素的影响，如蔬菜种类、土壤肥力、栽培技术、环境条件等。所谓合理，就是既能充分利用光、温、土、水、气、肥等环境条件，又能提高产量、改进品质。在一定的环境条件下，某一种蔬菜如果密度过小，则不能充分利用当地的光、热、气等资源，产量低，尤其早期产量更低。如果密度过大，则光线不足、通风条件差，植株个体得不到应有的发育，尤其是果菜类，会造成产量下降、品质变劣。对一次性采收的蔬菜，如胡萝卜、青花菜等，密植比稀植的单位产量高一些，但个体产量相对较低；稀植单株产量高，商品性好，但总产量不一定高。对于多次采收的茄果类、瓜类等蔬菜，增加密度可明显增加早期产量；而对于绿叶菜类来说，密植的增产效果非常明显。

(4)定植苗龄　不同季节定植对苗龄的要求不同。冬春季定植，为缩短田间生长期、尽早开花结果，定植苗龄宜大，叶菜类常以5～8片叶为宜，果菜类则可带蕾定植。而夏秋季定植时，温度高、光照强，苗龄偏大，反而容易因定植初期蒸腾失水过多而导致成活率低或缓苗慢，故定植苗龄宜小。

(5)定植方法　蔬菜秧苗的定植方法，多为开沟或开穴后，按预定的距离栽苗，少量覆土后浇水，待水渗下后，再覆盖湿土。这种栽植法，既能保证土壤湿度，又利于土表温度的提高。为提高定植速度，也可采用“坐水栽苗”法，即在开沟或开穴后，先引水灌溉，随水将苗栽下，水渗完后覆土。

秧苗定植后的成活率及缓苗时间与定植时的气候条件及定植质量有关。春季栽苗，应选择无风、温暖的晴天定植，有利于缓苗。夏秋季栽苗时，应选择阴天无风的下午定植，避免烈日暴晒，减少地上部蒸腾。越冬栽培用苗定植必须在定植后至越冬时保证一定数量的新根发生，否则抗寒力减弱，易遭霜冻危害。秧苗栽植深度依蔬菜种类不同而异，黄瓜、洋葱适宜浅栽，番茄、茄子可适当深栽。大葱深栽有利于葱白加长。栽植过深或过浅、苗坨散开、根系破坏、浇水过多或过少、栽后覆土封苗不及时等都会影响秧苗的成活率和缓苗速度。

(6)定植初期管理　幼苗定植到大田后，因土壤未充分沉实或根部受伤等会影响水分和养分吸收，定植初期几乎停止生长，待新根发生后，才恢复生长，这一过程称“缓苗”。缓苗时间越短越好，最好争取不缓苗，是争取早熟丰产的一个重要环节。为缩短缓苗期，栽植后如果光照过强应适当进行遮阳；偶尔遇霜冻，可采用覆土防寒、熏烟或灌水等防冻措施。当植株缓苗后，应进行灌溉，浇“缓苗水”。北方地区浇水应在晴天气温上升以后，以免土温降低不利于新根生长。缓苗后，则开始转入正常的水肥管理、土壤管理和病虫草害防治等。

4.4　田间管理技术

4.4.1　施肥技术

(1)基肥与追肥　基肥是指在作物播种前或定植前施入田间的肥料，一般分粗肥和细肥。粗肥指以厩肥、堆肥、河泥、炕洞土以及各种土杂肥等为主要原料的肥料，可在深翻土地前撒施，然后犁入土内。细肥指各种油饼、猪毛、油脚等精细加工原料构成的肥料，应在定植前进行条施或穴施。化肥属细肥之一，应集中施用，以增进肥效。基肥一般是供给作物一茬或多茬生长所需要的肥料。中国传统栽培上的基肥是以有机肥为主，它对改良土壤、提高地力具有重要的作用，因此应重视基肥，同时注意氮、磷、钾肥的配合。基肥施用量一般可占总施肥量的50%～60%。在地下水位较高或地表径流严重的地区，可适当减少基肥的施用量，以免肥效的损失。

追肥是基肥的补充，结合蔬菜不同生育时期的特点，适时适量地分期追肥，既满足蔬菜各生长时期的需要，也避免肥料过分集中而产生的不良后果。一般蔬菜产量形成期应多追肥，以补充基肥的不足。苗期与生长后期可视具体情况，进行少量追肥或不追肥。追肥的肥料种类多为速效氮、钾肥和少量的磷肥，每次施用量不宜过多，通常在 150～300 kg/hm^2，也可以追施有机肥。追肥不能过迟，否则将会造成植株生长延缓。一般化肥施入 4～5 d 后才开始产生效果。追肥可以条施、环施、穴施、沟施或顺水冲施。可根据肥料种类和土壤性质等情况而定。

叶面施肥是快速、有效地补充植物营养的一种辅助手段，特别当土壤固定和转化率很高，根部营养吸收不充分时，可及时通过叶部营养补救。叶部养分吸收比根部快，一般 1～2 d 后即可呈现效果。叶面喷施某些营养元素后可调节酶的活性，提高光合能力，使植株积累较多的有机物质，促进早熟，改善品质，提高产量。根外追肥所用的浓度应根据肥料和蔬菜的种类确定，不宜过高，否则会引起不良反应。

(2)有机肥与无机肥　一般有机肥的肥效较慢、较长，而无机肥的肥效较快、较短，在蔬菜施肥过程中必须合理施用，发挥各自的作用，以达到相互补充。蔬菜要求较高的土壤有机质，在一定范围内，蔬菜产量随土壤有机质含量的增加而增加。增施有机肥可以改良土壤物理学性状，使土地资源能够真正实现可持续利用，同时也是提高蔬菜产品品质、减少产品污染的有效途径。有机肥应充分发酵、腐熟，使其中一些有害成分通过发酵分解掉，以减少病虫草害传播和对作物根系造成的伤害。

蔬菜施肥应掌握“看天、看地、看苗”经验，根据当地不同季节的气候特点和当时的土壤状况，以及植株生育情况进行。同时施肥常与灌溉结合，以提高肥效。为了使施肥更加科学化，可根据土壤中养分含量和形态，结合植株生长发育对各元素的需求，进行施肥量的计算，即配方施肥，并通过植株营养器官养分分析对施肥方案做出必要的调整，实行科学施肥。

(3)经济合理施肥技术　蔬菜生长初期吸肥量较小，随着植株生长对营养物质吸收逐渐增加，进入蔬菜产品器官生长期后养分的吸收达到最高峰，而到了产品器官的成熟阶段，又趋于减少。蔬菜在不同生长发育时期，对营养元素的种类、数量、浓度和比例都有不同的要求。因此，应根据土壤肥力状况、蔬菜不同生长期进行经济、合理的施肥。

4.4.2　灌溉与排水技术

1)灌溉原则

我国菜农在掌握蔬菜灌溉方面，积累了丰富的经验。通过结合气候、土壤特点及蔬菜需水规律，从直观的天气、土壤和植株形态入手，形成了“看天、看地、看苗”的灌溉原则。

“看天”主要是根据季节、气候变化，特别是雨量分布特点来决定灌溉与否，其原因在于对大多数的地区而言，雨季和旱季非常分明，在雨季以排水为主，而在旱季则以灌溉为主。“看地”则是针对地下水位高低、返盐返碱状况、土壤质地、土壤保水、蓄水性能和土壤墒情决定是否灌溉，特别是土壤墒情、土壤质地更为可靠。保水性能差的土壤应勤浇，并注意浇水后中耕，切断耕层与地下部的水分交换；对于易积水的地块，则采用排水深耕方法；在返盐返碱地块上，可用软水、明水大灌；在低洼地上，则应掌握“小水勤浇，排水防碱”。“看苗”就是根据植株生育时期的需水特性、植株体内水分状况，以长势、外观特性作为灌溉判断标准的方法。如温室韭菜，看其早晨叶尖有无溢液；黄瓜则要看植株顶端的姿态与颜色；早晨看叶的上翘与下垂，中午则看叶的萎蔫与否以及轻重，傍晚看萎蔫恢复的快慢。如番茄、黄瓜、胡萝卜等出现叶色变暗，中午稍有萎蔫，甘蓝、洋葱叶片蜡粉较多且变硬变脆时，即可判定植株缺水，需要立即进行灌溉；如出现叶色变淡，中午毫不萎蔫，节间伸长，即可知道水分过多，需要排水除湿。须指出的是，水分丰缺表现在形态上时，说明植株已中度水分胁迫。

2)灌溉量

蔬菜整个栽培期内的灌水总量称为灌溉量，常用单位为毫米(mm)或吨/公顷(t/hm^2)。灌溉量与蔬菜种类、降水量、栽培季节及灌水次数等因素有关。一般为 1 950～4 500 t/hm^2。

蔬菜的灌水量是指每次灌溉的水量(单位与灌溉量相同)。灌水量的大小，随蔬菜种类、根系分布的深度、生育阶段、土壤质地及含水量等因素的变化而不同。

3)灌溉方式

灌溉是蔬菜生产的重要措施之一，无论地区的雨量及分布如何，都必须有灌溉设施，以满足蔬菜生长发育对水分的需求和栽培高产的需要。灌溉的方法主要有以下几种。

(1)沟灌或畦灌　这是传统的灌水技术，要求土地平整。中国南北方各地菜田目前大部分沟灌系统仍以地面渠道为主。传统沟灌或畦灌土地利用率低，水分消耗大，容易造成土壤板结，人工劳动强度大且功效低。如果在地下埋设水泥输水管，不但可以避免水分在途中因渗漏而损失，同时也不影响地面的土壤耕作。另外在需要灌溉的地块设有固定的闸门，可以控制水量。

(2)喷灌　是把灌溉水喷到空中形成细小的水滴再落到地面，像降雨一样的灌溉方式。喷灌系统形式有移动式、固定式和半固定式三种，其工作原理有摇臂式、撞击式和蜗轮式。喷灌易于按照蔬菜作物需水量控制灌溉量，且均匀度高，可比传统方法节水 30%～50%；喷灌能够保持土壤结构不板结，避免菜田土壤发生次生盐渍化，还可节约耕地 10%以上；喷灌对整地质量要求不高。喷灌使田间气温比地面灌溉方式低 2～3 ℃，而空气湿度则比地面灌溉高出 4%～8%。但缺点是投资大、受风影响较大。

(3)微灌　包括滴灌、微喷灌、渗灌和小管出流灌溉等，是以低压力的小水流向作物根部送水而浸润地面的灌溉方式。微灌能连续或间歇地为作物提供水分，节水量大，对整地质量要求不严，作业时间可结合追肥使用，装置的安装与拆除方便，但其投资较高。微灌在设施园艺栽培中使用日益普遍。如采用膜下滴灌方式，不但节水，还可使设施内空气湿度降低，有利于作物的生长，减少病虫害的发生。

4)菜田排水

在降水量多和低洼的地区，或者有些地区年总降水量虽然不大，但因雨季旱季分明，降水时期比较集中，都应考虑菜田排水问题。排水方式主要有地面明沟排水、暗管排水以及井排。明沟排水是国内外传统的排水方法，具有省工、简便的优点，但工程量大，易倒塌、淤塞和滋生杂草，占地多，同时排水不畅，养护维修困难。暗管排水系统包括集流部分和管道部分，管道多用陶管、混凝土管、黏土管。暗管排水的优点是占地少，排水效果好，养护负担轻，便于机械施工，且不影响地面机械耕作；缺点是容易被泥沙沉淀所堵塞，成本较高。井排是在菜田边上按一定距离开挖深井，通过地表渗漏把水引入深井中。井排的优点是不占地，易与井灌结合，可调节井水水位的高低来维持菜田一定的地下水位；缺点是挖井造价较高，运转费用较高。

4.4.3　植株调整技术

植株调整是指通过整枝、摘心、打杈、摘叶、束叶、疏花疏果和保花保果、支架、牵引、绑蔓、压蔓等植株整理措施，以改变植株对自然生产要素的有效利用率，合理利用自然资源，减少机械伤害和病虫草害发生，平衡营养生长与生殖生长、地上与地下部生长，协调植株发育，改变发育进程,促进产品器官形成与膨大,促进植株器官的新陈代谢,从而实现优质与丰产。

1)整枝、摘心、打杈

(1)整枝　对茄果类和瓜类蔬菜来说,如放任其自然生长,则会枝繁叶茂,结果不良。通过枝条的去留,保证每一时期有一个适宜的源库单位,有利于植株养分积累、形态建成和器官分化。整枝时应根据实际情况,分清主次,对多余的枝条一次性用剪刀剪除,但也应注意不可在同一时间切除过多的枝条以免造成植株营养状况的难以恢复。

(2)摘心　指除去生长枝梢的顶芽,又叫打尖或打顶,可抑制生长,促进花芽分化,调节营养生长和生殖生长的关系。对无限生长的瓜类和茄果类蔬菜,在热带地区,生长条件能够持续满足时,顶芽可一直伸长,有利于长期结果。而在温带,其生长期受到霜期的限制,在生育后期同化器官的不断生长,将会使现有果实的产量下降,而新发生的果实也在栽培结束时不能达到商品成熟的标准。为此,在栽培的后期,按照栽培的目的与实际的生产条件和生产水平,在保持植株有一定数量的果实和相应的枝叶后,即可将其顶芽去除。

(3)打杈　是指摘除无用腋芽及枝条的作业。一些植物的侧枝萌发能力非常强,在植株维持一定的枝叶与果实体系的基础上,让其发生多余的枝条和叶片,只能是徒然消耗同化物质。因此在整枝的基础上,应及时摘除多余枝条。

2)摘叶、束叶

(1)摘叶　幼龄叶的同化效率较低,壮龄叶的同化效率最高,而老叶、病叶的同化效率也较低,甚至同化量不及其呼吸消耗量。从另一方面来看,冠层内叶量较大时,植株茎叶郁闭,下部叶片受光不良,所以处于植株基部的老叶、病叶,都应及时去除,以避免不必要的同化物质消耗,同时也利于维持适宜的群体结构,使透风、透光条件得以改善。不同蔬菜种类叶片寿命是不相同的,如黄瓜叶片展开后 4 d 光合速率就很高了,20～25 d 则为壮龄叶,45 d 后则变为老叶。

(2)束叶　是指将靠近产品器官周围的叶片尖端聚集在一起的作业。常用于花球类蔬菜(如花椰菜)和叶球类蔬菜(如大白菜)生产中,可有效地提高上述蔬菜产品的商品性。束叶可防止阳光对花球表面的暴晒,保持花球表面的色泽与质地;大白菜束叶可使叶球软化,同时所束莲状叶对球叶来说可起到一定的防寒作用。另外,束叶也利于植株间的通风透光,但束叶不宜过早进行。

3)疏花疏果和保花保果

(1)疏花疏果　对于以营养器官为产品的蔬菜,疏花疏果可减少生殖器官对同化物质的消耗,有利于产品器官形成。如对大蒜、马铃薯、莲藕、百合、豆薯等蔬菜摘除其花蕾均有利于产品器官膨大。对于以果实为产品器官的蔬菜作物,疏花疏果可以提高留存果实的单果重和产品质量。对一些畸形、有病害或机械损伤的果实,也应及早摘除。

(2)保花保果　当植株营养不足、逆境胁迫时(如低温或高温),一些花和果实即会自行脱落,应采取保花保果措施。落花落果还与植株体内激素如 ABA 水平有关。因此,可以通过改善植株自身营养状况、施用生长调节剂等方法保花保果。

4)支架、牵引、绑蔓

(1)支架　黄瓜、番茄、菜豆和山药等蔓生类蔬菜,需进行支架栽培。如塌地而长植株易患病,且群体叶面积指数(LAI)小,产量和品质降低。支架栽培可增加单位面积株数,提高 LAI,从而提高光截获能力,使通风透光良好,减少病虫害发生,最终增加产量,改善品质。常用的架型有:①双行人字架或单行架:一般架型较高,常以竹竿为材料,将植株的茎蔓引到架上,有些需加以绑缚,如豇豆、黄瓜支架等。②棚架:生长旺盛、分枝较多的植物需要搭棚架,使茎蔓分布均匀,利用空间合理,如葫芦、佛手瓜等,庭院栽培时采用较多。③矮支架:一些半直立蔬菜,如早熟番茄、石刁柏等,可搭设1 m左右的支架,架型较简单,但需要绑缚。

(2)牵引　指设施栽培下对一些蔓生、半蔓生蔬菜进行攀缘引导的方法。一端系在植株的茎基部,另一端则与设施的顶架结构物相连,也可以与专门设置在设施顶部的引线相连。有直立式牵引和人字形牵引两种形式。随着植株逐渐长高,将其主茎环绕在牵引线上即可保证其向上生长。牵引所用的引线需有一定的强度,否则不易承担整个植株的重量。

(3)绑蔓　对于支架栽培的蔓生作物,无论用竹竿或木条作材料,植株在向上生长过程中依附架条的能力并不是很强,因此需要人为地将主茎捆绑在架条上,以使植株能够直立地向上生长。但捆绑不能太紧,要留有余地,因为植物的茎蔓还将不断生长增粗。

图4-2　番茄落蔓和盘蔓

5)压蔓、落蔓和盘蔓

(1)压蔓　蔓生蔬菜作爬地栽培时,如大田西瓜,经压蔓后可使枝条排列整齐,受光良好,管理方便,促进果实发育,增进品质;同时在压蔓处,可诱发植株产生不定根,有防风和增加营养吸收的能力。压蔓还可控制茎叶生长过旺。

(2)落蔓和盘蔓　对牵引或支架栽培的蔓生、半蔓生蔬菜,在生长后期,植株基部的老叶、老枝经整枝和摘叶已完全去除,其果实也早已收获,形成群体基部的过疏,而对于群体顶部来说,植株已没有多大攀缘空间,这时可将植株茎盘旋下放,降低整个群体的高度,使植株顶部有一个良好的群体分布,这种作业称为茎下落盘蔓(图4-2),茎下落蔓和盘蔓可以较好地调节群体内的通风透光。

4.4.4　植株化学控制技术

蔬菜植株化学控制技术是指通过使用天然的或人工合成的植物生长物质来调节植物的生长发育。植物生长物质包括天然存在的植物生长物质(内源激素)和人工合成的植物生长调节剂。目前,植物生长调节剂在蔬菜生产上应用相当普遍,对于提高蔬菜的光合作用效率、改变光合产物的分配方向、增进品质、增产增收、提高贮藏性等有重要作用。但蔬菜的化学控制只能发挥调节作用,还必须配合相应的田间管理措施,才能获得更好的效果。生长调节剂在蔬菜生产上的应用主要有以下几个方面。

1)促进枝条或腋芽的扦插生根

蔬菜采用扦插繁殖,可以增加繁殖系数,并能保持品种纯度。应用吲哚乙酸(IAA)、吲哚丁酸(IBA)、吲哚丙酸(IPA)、萘乙酸(NAA)等生长素类植物生长调节剂,均能促进插枝生根,提高成活率。如用1 000～2 000 mg/L萘乙酸或吲哚丁酸促进白菜和甘蓝的扦插生根;黄瓜及瓠瓜一般用2 000 mg/L的萘乙酸或吲哚丁酸处理侧蔓茎段,可有效地促进植株发根成活;番茄侧枝用50 mg/L萘乙酸或100 mg/L的吲哚乙酸浸湿插枝基部,对促进生根具有良好效果。

2)调控休眠与萌发

(1)打破休眠促进萌发　种子收获后往往由于胚发育不全,胚在生理上不成熟,种子透性不好及有萌发抑制物质如ABA的存在等原因,需要经过一段时间的休眠后才能萌发,利用植物生长调节剂则可以打破休眠促进萌发。如秋季马铃薯种植前用0.5~1 mg/L的赤霉素处理切块,可打破休眠,并促使出芽整齐;莴苣、芹菜等种子用赤霉素浸种,可提高夏秋高温季节播种时的出芽率;乙烯利浸种马铃薯块茎,也可使出芽数增多,并延缓退化;乙烯利还可促进生姜萌芽和分株。

(2)抑制发芽延长休眠　利用植物生长调节剂可以有效地抑制蔬菜贮藏器官如块茎、鳞茎等贮藏期中的发芽。如用萘乙酸甲酯(MENA)抑制马铃薯在贮藏过程中发芽;用吲哚丁酸、2,4-D的甲酯处理马铃薯块茎也有效果。甜菜、胡萝卜、芜菁等肉质根也可用类似的方法处理以抑制发芽。

3)控制生长和器官的发育

(1)促进生长,增加产量　赤霉素对绿叶菜类促进生长、增加产量的作用十分明显。如芹菜、菠菜、茼蒿、苋菜、莴苣等在采收前10~20 d全株喷洒20~25 mg/L的赤霉素1~3次,芹菜、菠菜可以增加植株高度、叶面积和分株数,茼蒿、苋菜可增加植株高度和分株数,从而较对照增产10%~30%。

(2)抑制徒长,培育壮苗　在茄果类蔬菜幼苗期可茎叶喷洒100~150 mg/L矮壮素(CCC)或土壤浇灌250~500 mg/L矮壮素,均可使植株适度矮化,从而抑制徒长。整形素1~10 mg/L喷洒马铃薯幼苗能抑制徒长而提高块茎产量。此外,乙烯利也有抑制生长、降低株高的作用,但使用不当会减产。

(3)控制抽薹开花　在蔬菜生产上,对营养产品器官如叶球、肉质根和鳞茎等形成之前,需要抑制抽薹开花,以提高产量和增进品质。如用100 mg/L的邻氯苯氧乙酸(CIPP)喷洒芹菜植株,能显著抑制其抽薹开花;甘蓝长有四五片真叶时,用250 mg/L的CIPP喷洒,可抑制先期抽薹;在莴苣茎开始伸长时,用6 000 mg/L的比久喷洒植株两三次,每隔3~5 d一次,可明显抑制先期抽薹,增加茎的粗度,提高产品质量。然而蔬菜作为采种栽培时,又要促进抽薹开花,以提高种子的产量和质量。如用50~500 mg/L的GA_3喷洒植株或浸润其生长点,在不经过低温春化的条件下,可促进胡萝卜、白菜、甘蓝、叶用芥菜、芹菜等的抽薹开花;用500 mg/L的GA_3每隔1~2 d滴一次花椰菜的花球,同样促进花梗生长和开花;用100 mg/L的GA_3喷洒植株,可以促进甜菜、菠菜和莴苣在短日照条件下开花并采种。

(4)促进果实发育和成熟　用植物生长调节剂可促使瓜类蔬菜形成无籽果实,如用1%的NAA加1%的IAA羊毛脂涂抹西瓜雌花,可获得无籽西瓜,并能促进果实的膨大生长。有些激素还可以调节果实的发育,如应用乙烯利进行番茄田间涂果或采后浸果,可促进番茄果实的成熟;用200~500 mg/L的乙烯利涂抹西瓜表皮或500~1 000 mg/L的乙烯利在甜瓜收获前5~7 d进行处理,均可达到果实催熟的作用。

(5)刺激鳞茎、块茎的产生和发育　在洋葱鳞茎开始膨大时,用乙烯利500~1 000 mg/L处理,可使鳞茎生长加速,促进成熟;在马铃薯块茎形成时用比久3 000 mg/L进行叶面喷洒,马铃薯现蕾期用50~100 mg/L的多效唑(PP333)叶面喷洒,均能抑制地上部分生长,促进块茎增大,提高产量。

4)防止器官脱落

蔬菜作物的许多器官，如花、叶、果实、种子等在生长过程中往往会出现脱落现象，尤其是在干旱、营养不足、机械损伤、病虫危害、湿度过大或过小、温度过高或过低以及乙烯气体存在等环境条件下。器官脱落本身受到植物遗传特性、植株生育状况和环境条件的共同影响。蔬菜生产中应用防落素、萘乙酸及赤霉素等防止茄果类、瓜类及豆类的落花落果，效果显著，同时对防止落叶也有效果。

5)控制瓜类的性别分化

激素和生长调节剂可以控制一些蔬菜的性别分化，如赤霉素可以促进瓜类的雄花分化，这对于保持雌性系十分重要；乙烯利可以促进某些瓜类，如黄瓜、西葫芦和南瓜的雌花分化。

6)提高植株的抗逆性

利用一些生长抑制剂类物质，如矮壮素、马来酰肼(MH)、比久，多效唑等通过抑制植株生长，刺激植株体内 ABA 含量的提高，增强植株体内营养物质的积累，从而提高蔬菜作物的抗逆性。但使用不当常常会出现副作用。

7)蔬菜保鲜

蔬菜产品采收后，仍然在进行必要的呼吸和水分散失，而且这些过程受温度、光照和气体影响较大。化学调节主要是通过防止产品叶绿素分解、抑制呼吸作用，减少核酸和蛋白质降解，从而达到防止蔬菜组织的衰老变色和腐烂变质，延长蔬菜保鲜期。如甘蓝收获后，立即用 30 mg/L 的 6-苄基腺嘌呤(6-BA)喷洒或浸蘸叶球，可有效地延长其贮藏期；用 10～100 mg/L 的比久或 CCC 在莴笋采收当天喷洒处理，可在 8～22 ℃条件下延长其贮藏期；用 5～10 mg/L 的 6-BA 处理莴苣、菠菜、萝卜、胡萝卜等，均能有效地保持这些蔬菜采收时的新鲜状态，提高产品价值。

4.4.5 病虫害防治技术

蔬菜作物品种繁多，复种指数高，并且产品器官柔嫩多汁，常年种植给病虫害的繁殖与传播提供了良好的寄主，尤其在设施栽培条件下，病虫害更加严重。因此在病虫害防治上提倡“以防为主，综合防治”的原则，通过农业、物理、化学、生物等综合方法进行病虫害的预防和防治。

1)农业防治

(1)及时清园、建立良好的耕作制度　在栽培过程中，对病株、病叶等要及时去除；栽培结束后彻底清除田间残株和杂草，都是防治病虫害传播的有效手段。但是，由于病原菌和昆虫在土壤中的残留与寄生，使得蔬菜作物在连作条件下的病虫害发生更加严重，因此，可根据不同病原菌和昆虫对寄主作物种类的选择性，通过建立良好的耕作制度来有效地控制病虫害。同时利用作物之间的化感作用原理，进行间作和套作，对于蔬菜的病虫害防治也会收到良好效果。此外，生产上常常通过晒垡、作垄(畦)、中耕、除草，促进作物生长发育，同时改变土壤生态环境，使之不利于病虫害的发生。

(2)选择抗病品种、进行种子消毒　蔬菜种类和品种繁多，不同品种对病虫害的抗性表现出相当大的差异。近年来，已选出许多抗病品种，可供生产上选用。但就总体而言，高抗性品种较少。将来，可望通过基因工程、远缘杂交等先进的育种手段，培育出高抗的专用品种。需要说明的是，蔬菜作物的抗病虫性主要是遗传因素决定的，但栽培技术和环境条件对其抗病性也有较大的影响，生产上要利用这一特点，通过栽培技术来提高蔬菜的抗病虫性。另外，有些病原菌和害虫常常侵染到植株的果实中去，使种子带菌或带毒，所以在播种前通过一定的方法，如温汤浸种、药剂处理等可以消灭种子所带的病毒或病菌，减轻蔬菜生长过程的病虫害。

(3)做好设施土壤消毒　温室、大田土壤和床土，常常会因病原菌和虫卵的残留而成为病虫害潜伏的场所，特别是对于土壤传播性病害更是如此。对土壤进行消毒处理，杀死部分病原菌和虫卵是积极有效的防治方法。土壤消毒主要的方法有蒸气消毒、硫黄等熏蒸和夏季土壤覆盖等，其原理是利用高温和不利于病原菌、害虫存活的气体条件造成其死亡或伤害，以减轻病虫害的发生。

(4)科学的田间管理　通过科学的田间管理，尽量创造适合作物生长发育而又能够有效抑制病虫害发生的环境条件，是控制病虫害发生的重要措施。如控制温度、湿度条件，合理安排播种期、改善田间小气候和设施内的环境调节措施，创造一种既有利于蔬菜作物生育而又能够有效抑制病虫害繁衍的环境。通过合理的植株调整保证蔬菜作物有一个合理的群体结构，改善通风透光状况，促进植株健康生长，提高抗病虫害的能力。同样，在科学的田间施肥、地膜覆盖、土壤管理等方面进行精细化作业，创造作物适宜生长条件也是重要的防治措施。嫁接育苗在提高植株根系活性、增加抗逆能力的同时，对于一些土壤传播性病害的发生有很好的防治作用。

2)物理防治

物理防治是利用各种物理、机械措施防治病虫害。例如利用频振式光波杀虫灯、黑光灯、高压汞灯等诱杀害虫，棚室内利用黄板诱蚜、蓝板诱杀蓟马等，覆盖银色薄膜驱避蚜虫，覆盖防虫网或遮阳网等。试验结果表明，在南方地区夏季采用防虫网覆盖生产小白菜，防虫效果显著，可以实现无农药或少农药生产。

3)化学防治

虽然化学农药在蔬菜产品上的残留以及环境的污染问题已受到人们普遍的重视，但随着科学技术的迅速发展，高效、安全、快速、有效生态型农药新品种不断推出，与农业防治、生物防治、抗病抗虫育种等多种防治途径相结合，则会得到显著的效益。当病害发生时，选择毒性小、药效时间短的药剂及时防治。蔬菜上常用农药的使用方法包括喷雾法、喷粉法、撒施、沟施、穴施法、种苗处理法、种衣法、浇灌法、熏蒸法、涂抹法、毒饵法等，生产上可根据具体情况应用。

4)农业生物防治

生物防治主要通过天然动物、微生物或植物提取液、微生物代谢物等，有效抑制病原菌和害虫的活动，在实现减轻病虫害危害的同时，又克服了人工合成有机杀虫剂和杀菌剂给蔬菜产品和环境带来的公害污染。例如应用天敌昆虫赤眼蜂防治菜粉蝶、甘蓝夜蛾，丽蚜小蜂防治温室白粉虱，利用微生物天敌苏云金杆菌(简称 Bt)防治夜蛾科害虫，应用农用抗生素如链霉素、浏阳霉素等防治蔬菜软腐病、疫病、叶螨等病虫害。

4.4.6　中耕、除草与培土

1)中耕

中耕是指蔬菜生长期间于雨后或灌溉后在株、行间进行的土壤耕作，有时结合除草同时进行。一般在其表土已干时通过破碎其板结层，增加土壤透气性，以促进根系的呼吸和土壤中养分的分解。同时在冬季和春季进行中耕可有效地提高土层温度，促进作物根系发育；切断毛细管作用，减少土壤水分蒸发，保持土壤墒情。中耕深度可根据蔬菜根系分布特点和再生能力决定，如番茄等作物根系再生能力强，切断老根后容易发生新根，可增加根系的吸收面积，因此可深中耕；而对于葱蒜类蔬菜等根系再生能力弱的种类来说，只能进行浅中耕。由于行距的不同，中耕深度也有差异，株行距小的作物可适当浅些。中耕的深度一般为 4～8 cm。中耕次数依据具体情况而定，一般多在未封垄前进行。

2)除草

一般情况下，田间杂草的生长速度远远超过蔬菜作物，而且生命力极强，如不及时除掉，杂草就会大量滋生，不但与作物生长争夺水分、养分和阳光，而且很多杂草又是病原微生物潜伏的场所和传播媒介。除草方式主要有以下几种。

(1)人工除草　有时结合中耕进行，方法是用小锄头在松土的同时将杂草铲出，比较费工，效率低，但除草质量好，目前仍有应用；

(2)机械除草　效率高，但容易伤害植株，而且除草不彻底，需要用人工除草作为辅助措施；

(3)化学除草　化学除草是利用化学除草剂的生态选择性、生理选择性和生物化学选择性进行除草。一般是在出苗前和苗期应用，杀死杂草幼苗或幼芽，而不影响蔬菜作物正常生育。用化学药剂除草，不仅可以减轻繁重的体力劳动，而且可以不误农时。为此，必须了解各种杂草的生物学与生态学特性，掌握它们的发生规律和生长发育特点，以便达到理想的效果。化学除草剂种类很多，应根据蔬菜种类有选择地使用，如十字花科蔬菜常用氟乐灵、拉索、除草醚、毒草胺等乳油；茄果类常用除草醚、地乐胺、拿捕净等乳油；葱蒜类多用除草醚等。目前菜田化学除草多采用土壤处理法，较少用茎叶处理法。土壤处理方法包括喷雾、喷洒、泼浇(随水法)、毒土法等。根据作物杂草生长情况、药剂性质和施药设备条件来确定适宜的施药方法及施药量，以期达到安全、有效的目的。

3)培土

培土是在植株生长期间将行间土壤分次培于植株根部的耕作方法，一般结合中耕除草进行。北方地区的趟地就是培土的方式之一，南方地区培土作业可加深畦沟，利于排水。

培土有利于加深土壤耕层，具有一定的防寒、防热作用，同时可以防止植株倒伏。培土对不同种类蔬菜的作用不同。大葱、芹菜、韭菜、石刁柏等进行培土后可使产品器官软化，增进产品品质；马铃薯、芋、姜等地下茎类蔬菜，培土可促进产品器官形成与膨大；匍匐生长的瓜类，如西瓜、南瓜、冬瓜等培土压蔓可诱导产生不定根，增加水分和养分吸收，同时又防止茎叶徒长。

4.5　无土栽培技术

无土栽培技术是指作物不直接种植在土壤中，而是利用含有植物正常生育所必需的全部元素的营养液进行作物栽培的体系。无土栽培从早期的试验研究开始至今已有 140 余年的历史，特别是近几十年得到了迅速发展。它摆脱了传统土壤栽培的局限，以人工创造作物根系环境来代替土壤环境，不仅能够充分满足作物对矿质养分、水分、空气等条件的需要，而且能人为地对这些条件加以控制和调整，使蔬菜作物时时刻刻处在最佳生育环境中，从而充分发挥作物的增产潜力。另外，无土栽培还可以解决保护设施中连作障碍问题，可以克服土传病虫害带来的危害。

4.5.1 无土栽培的形式与特点

1)无土栽培的形式

无土栽培依其栽培床是否使用固体的基质材料,将其分为固体基质栽培和非固体基质栽培两大类型,进而根据栽培技术、设施构造和固定植株根系的材料不同又可分为多种类型。固体基质无土栽培简称基质培,是指使用岩棉、沙、砾、蛭石、珍珠岩等固体无机基质,或草炭、木屑等有机基质,将植株根系固定在营养液内。基质培可很好地协调根际环境的水、气矛盾,且投资较少,便于就地取材进行生产。非固体基质无土栽培是指根系直接生长在营养液或含有营养成分的潮湿空气之中,又可分为水培和雾培两种类型。

(1)基质培

①岩棉培:岩棉是用玄武岩经 1 600 ℃左右高温熔解并纤维化的工业制品。岩棉作为基质具有化学性质稳定、物理性状优良、经高温消毒后不携带任何病原菌以及质轻、透气性好等特点,是当今世界各国无土栽培普遍采用的基质之一。但岩棉栽培要求配备滴灌设施以及良好的栽培技术。

②沙培:常用直径 2 mm 和 0.6 mm 的沙子作为栽培基质,在床周围用塑料薄膜围起,供液方式常采用滴灌进行,在床的底部设排液管。

③砾石培:即用直径在 10 mm 以上的不规则碎石固定根系,这样通气性和保水性较好。砾石栽培床的结构设置成槽式,以利于营养液的供应和排放。

④蛭石培:是由云母类矿石在 1 100 ℃高温下加热膨胀而成,水分可以蒸气形式存在于云母的薄层中。蛭石具有较高的缓冲性和离子交换能力,通气性也好,园艺上用其作育苗、扦插或以一定比例配制混合栽培基质,效果很好。

⑤珍珠岩培:珍珠岩是用硅酸化合物经 1 000 ℃高温膨胀后所得的颗粒状基质,直径为 1.5~4.0 mm。珍珠岩的吸水量可达本身重量的 2~3 倍,稳定性好,不易分解,所含矿物成分不会对营养液产生干扰,但易受压破碎,降低通气性。

⑥草炭培:草炭是水生植物、沼泽植物等经部分分解所得,由未完全分解的植物残体、矿物质和腐殖质三者组成,其分解度、各元素含量、pH 等差异很大。草炭较为轻便,保水性能较好。

⑦木屑培:木屑价格便宜,使用效果较好,但需注意木屑的质地,一般以松木、椴木、桦木屑为宜,有些木屑常含有一些有害成分。木屑在使用一定时间后会发生分解,因此要注意及时更换。

⑧复合基质培:由于各种基质的保水性和透气性上的差异,生产上经常使用 2 种或 2 种以上的材料混合而成的基质进行栽培。

(2)水培

①营养液膜技术:是一种作物根系处于薄层的营养液中,营养液循环流动的无土栽培体系。NFT 方式较好地解决了根系氧气不足的矛盾。栽培系统主要包括栽培槽、供液系统、贮液槽、泵和控制系统。营养液通过水泵从贮液槽流向栽培槽,营养液在栽培槽内的深度为 0.5~1.0 cm,与根系接触,然后沿着栽培槽的自然坡度流回贮液槽。由于营养液循环使用,需要在栽培期间不断测定营养液的 pH 和 EC,并根据所产生的变化,进行营养液 pH 及浓度的调整。

②深液流循环技术：它与 NFT 的不同之处在于，流动的营养液层深度 5～10 cm，植物的根系大部分可浸入营养液中，吸收营养和氧气，同时该装置可向营养液补充氧气。

③动态浮根法：该装置进行营养液灌溉时，根系可在槽内随营养液的流动而波动或摆动，营养液槽内的营养液深度达到 8 cm 时，自动排液器可启动，使槽内的营养液排出；当营养液深度降至 4 cm 时，会有部分根系外露，可直接从空气中吸收氧气。在夏季高温炎热营养液中缺氧的情况下，也能保证作物对氧气的需求。

④浮板毛管水培法：是一种结合了 NFT 与 DFT 特点而成的栽培系统，其结构特点是在定时循环流动的营养液层上悬浮倾斜的聚苯乙烯泡沫板，在其板上铺设 2 mm 厚的不织布，在其上再加 1 层防止根系脱落的布，将点滴软管放置在倾斜漂浮板上端。根系所需的营养液通过不织布的毛管作用不断地转移给岩棉块。

(3)雾培　也称雾培或气培，是指作物的根系悬挂生长在封闭、不透光的容器(槽、箱或床)内，营养液经特殊设备形成雾状，间歇性喷到作物根系上，以提供作物生长所需的水分和养分的一类无土栽培技术。

2)无土栽培的特点

(1)提高植株长势　由于无土栽培解决了土壤环境中不易解决的水分、空气、养分的矛盾，特别是水和空气的矛盾，使作物的根系处在最适宜的环境条件下，因此根系发达，植株生长势强。

(2)提高水肥利用效率　无土栽培中可按照作物的需要供给水分与养分，通过营养液循环系统还可将营养液回收利用，故水分、养分损失极少，避免了土壤栽培中水分的大量蒸发、渗透和流失。

(3)避免土传性病害的发生　通过对基质及营养液消毒，无土栽培能有效地防止一些土传病虫害的发生。

(4)清洁生产环境　无土栽培通过相应的生产装置实现地面无裸露地面，生产环境清洁，避免劳动生产过程中的泥土等污染。

(5)扩展农业生产空间　无土栽培使作物生产摆脱了土壤的约束，极大地扩展了农业生产的可利用空间。空闲的荒山、荒地、河滩、海岛，甚至沙漠、戈壁滩都可采用无土栽培进行作物生产，利用这一方式可解决矿山、油田、边防、海岛居住人员的吃菜问题。同时可进行立体多层次栽培，有效利用空间，实现高产高效。

(6)便于实现蔬菜标准化生产　无土栽培可以简化管理环节，易于向管理的自动化、技术的标准化方向发展。

4.5.2　营养液组成与配制

营养液可以提供蔬菜生长发育所需要的各种物质和水分，营养液的配方组成和使用中的浓度调节是无土栽培的重要技术环节。营养液组成包括各种营养元素的离子浓度、各离子间的比例、总盐量、pH 和渗透压等理化性质。根据种植作物的种类、水源、肥源和气候条件等具体情况，有针对性地确定和调整营养液的组成成分，是无土栽培技术中的重要内容。在一定体积的营养液中，规定含有各种必需营养元素盐类的数量称为营养液配方。常用的蔬菜营养液配方如表 4-1 所示。由于水质不同，在使用软水和硬水配制营养液时，无机盐的使用量也有一定的差别(表 4-2)。需要指出的是，均衡良好的营养液配方既具有专一性，同时又具有一定程度上的通用性。实际应用中，要结合栽培作物种类、当地的具体条件和栽培实践经验灵活运用营养液配方。

表 4-1 各种营养液的组成 mg/L

发表者或名称	pH	Ca^{2+}	Mg^{2+}	Na^+	K^+	NH_4^+	NO_3^-	PO_4^{3-}	SO_4^{2-}	Cl^-	Fe	Mn	Cu	Zn	B	Mo
Horgland		200	99	12	284		158	44	125	18						
Horgland&Arnon		160	48		234	14	196	31	64		0.6	0.5	0.02	0.05	0.5	0.01
标准液		200	96		390	28	140	63	64		1.0	0.3	0.02	0.05	0.5	
日本园试配方	6.8	162	50		314	19	113	42	65		3.0	0.5	0.02	0.05	0.5	0.01
斯瓦兹		124	43		312		126	93	160							
莱斯		175	44		400		175	65	197		2.0	0.5	0.06	0.05	0.5	0.02
格拉维斯		225	50		400		175	50	—		3.0	1.0	0.01	0.01	0.5	0.05

注：引自山东农业大学主编，《蔬菜栽培学总论》，2000。

表 4-2 不同水质地区的营养液配制方法

硬水地区		软水地区	
母液	水体积与配制盐类及数量	母液	水体积与配制盐类及数量
母液Ⅰ	100 L 水中溶解 8 kg 的硝酸钙	母液Ⅰ	100 L 水中溶解 7.5 kg 的硝酸钙
母液Ⅱ	100 L 的水溶解有：	母液Ⅱ	100 L 的水溶解有：
	8 kg 硝酸钾		9 kg 硝酸钾
	4 kg 硫酸钾		3 kg 磷酸二氢钾
	6 kg 硫酸镁		6 kg 硫酸镁
	600 g 硝酸铵		300 g EDTA-Fe
	300 g EDTA-Fe		40 g 硫酸锰
	40 g 硫酸锰		24 g 硼酸
	24 g 硼酸		8 g 硫酸铜
	8 g 硫酸铜		4 g 硫酸锌
	4 g 硫酸锌		1 g 钼酸铵
	1 g 钼酸铵		
母液Ⅲ	6 L 硝酸＋3 L 磷酸加水定容至 100 L	母液Ⅲ	硝酸加水定容至 100 L

注：英国农业部，1981。

4.5.3 营养液管理

营养液的管理主要是指在蔬菜作物栽培过程中对循环使用的营养液的管理，指标包括营养液的浓度（EC）、酸碱度（pH）、溶存氧、营养液温度等进行合理调节管理，必要时进行营养液的全面更换。

(1)浓度管理　营养液的浓度常用电导率(electric conductivity,*EC*)来表示,也可用渗透压(p)或总盐量(g/L)来表示。电导率(*EC*)是根据溶液中含盐量的多少测定出其导电能力的一个指标,单位为 mS/cm。营养液的 *EC* 可用电导仪来测定。

电导率与营养液渗透压的关系可用下列公式表示:

$$p(\text{大气压})=0.36\times EC(\text{mS/cm})$$

电导率与含盐量的关系为:总盐量(g/L)=1.0×*EC*(mS/cm)

一般地,*EC* 反映的是溶液中的总盐量,但不能反映混合盐分中各种盐类的单独数量。有时某一离子数量的偏低,不能完全从 *EC* 的变化上反映出来。所以,在测定 *EC* 的同时还要经常测定各种常用元素的变化量,如 N、P、K 的变化。大多数蔬菜作物要求营养液 *EC* 为 2~4 mS/cm。*EC* 偏高,会影响植株的生长和产量,例如使番茄的畸形果明显增加。

(2)pH 管理　营养液 pH 对植株生长的影响有直接和间接两个方面。直接影响是:当 pH 过高或过低时,都会伤害植物的根系,所以,各种植物都有自己适应的范围。如马铃薯、西瓜等较耐酸,pH 适应范围可在 4.3~5.2;大多数的蔬菜作物如菜豆、黄瓜、番茄、萝卜、绿叶菜等的 pH 在 5.8~6.2;而甘蓝、石刁柏、胡萝卜、莴苣等 pH 适应范围在 6.3~6.7。pH 对植株生长的间接影响是:使营养液中营养元素的有效性降低以致失效。当 pH>7 时,P、Ca、Mg、Fe、Mn、B、Zn 等有效性都会降低,尤其是 Fe 离子最为突出;当 pH<5 时,由于 H^+ 浓度过高,而对 Ca^{2+} 产生拮抗作用,使植株吸收 Ca^{2+} 不足而出现缺 Ca^{2+} 症状。

营养液中的 pH 因盐类的生理反应而发生变化,其变化方向由营养液配方来定。用 $Ca(NO_3)_2$、KNO_3 为氮、钾源的多呈生理碱性,而用 $(NH_4)_2SO_4$、NH_4NO_3、K_2SO_4 为氮、钾源的多呈生理酸性。最好选用平衡配方,使 pH 变化比较平稳,以减少调节 pH 的次数。pH 上升时可用稀硫酸(H_2SO_4)或稀硝酸(HNO_3)去中和;pH 下降时,可用稀碱溶液如 KOH 或 NaOH 中和。由于 Na^+ 不是必需的营养成分,加量多后总盐浓度升高,会对作物产生盐害。而 K^+ 是营养成分,盐分积累较轻,但其价格比较贵,而且植株吸收多了也会引起营养失调,应灵活选用这两种碱。需注意,进行营养液酸碱度调节所用的酸或碱的浓度不能太高,一般为 1~3 mmol/L,先稀释后再慢慢注入贮液池中,而且边加入边搅拌,否则会使局部营养液出现 $CaSO_4$、$Fe(OH)_3$ 等沉淀,造成养分失效。

(3)液温管理　营养液的温度(简称液温)直接影响到植物根系的养分吸收、呼吸和微生物活动情况,从而影响到作物的发育、产量和品质。一般植物生长要求液温范围在 13~25 ℃,最适液温 18~20 ℃。液温的变化主要受气候的影响,所以在无土栽培条件下,则需要用一定的装置使液温维持在一个较适宜的水平。在液温较低的情况下,可采用贮液槽或栽培床加温的方式。在高温季节液温偏高时,可在栽培床上用隔热性能好的材料使营养液与外界空气隔绝,并加大营养液的循环频率,或将栽培床内的输液管通过地下水冷却,一定程度上可以降低液温。另外,有条件的地方可以设置加热或冷却装置,使液温维持所需要的温度。

(4)溶存氧管理　植物根系生长发育过程中,需要有足够的氧气。无土栽培特别是水培条件下,根系大部分生长在营养液中,其呼吸所需要的氧气主要来源于营养液中的溶存氧。营养液中的溶存氧浓度(dissolved O_2,简称 DO)是指在一定温度、一定大气压条件下单位体积营养液中溶解的氧气的数量,以毫克/升(mg/L)来表示。在水培营养液中,溶存氧的数量一般要求保持在饱和溶解度的 50%以上。氧气在水溶液中的饱和溶解度与温度有关,温度越高,氧的饱和溶解度越低。例如在一个标准大气压下，在15 ℃时氧的饱和溶解度为10.15 mg/L，在30 ℃时则下降为7.63 mg/L。

随着植株的生长，营养液中的氧气消耗很快，应注意对营养液增氧。依靠自然扩散作用进入营养液的溶存氧一般很难达到作物生长的要求，因此，需用人工增氧的方法来补充作物根系对氧气的消耗。人工增氧的方法有机械搅拌、压缩空气、喷射(雾)、循环流动、利用营养液循环时的落差等，主要是通过增加液面与空气接触的机会，增加氧气在水中的扩散能力。

4.5.4 有机生态型无土栽培

有机生态型无土栽培是指采用来源广泛、价格低廉的经高温发酵消毒的有机肥、作物秸秆等为主要肥源和栽培基质，再配合适量的无机肥料取代营养液中的化学肥料，从而形成的一种无土栽培形式。可用于有机生态型无土栽培的基质种类很多，如草炭、玉米秸、向日葵秆、椰子壳、甘蔗渣、酒糟、锯末、刨花、树皮等有机基质，又如蛭石、炉渣、沙子、珍珠岩等无机基质。有机基质与无机基质的混合比例可为(8∶2)～(2∶8)，范围很广。常用的基质配合比例有：草炭6份、炉渣4份混合；椰子壳5份、沙5份混合；向日葵秆5份、锯末3份、炉渣2份混合等配比，基质的密度(容重)0.3～0.65 g/cm^3，每立方米基质可铺盖净栽培面积6～9 m^2(基质厚度为11～16 cm)。栽培槽的宽度依蔬菜种类而异。基质的营养水平依其组成成分不同差异很大，一般每立方米基质中含全氮0.6～1.8 kg、全磷0.4～0.6 kg、全钾0.8～1.6 kg。由于有机基质的分解，每茬作物收获后要适当补充新基质，确保有充足的养分。有机生态型无土栽培的特点包括：①由于采用了有机固态肥料，取代了纯化肥配制的营养液肥，因而能全面而充分地满足作物对多种营养元素的需要；②省略了营养液检测、调试、补充等烦琐的技术环节，使有基质无土栽培简单、省力，提高了可操作性，便于普及和推广；③可明显降低一次性生产设备的投入，生产运行投入也明显降低，特别是肥料成本可降低60%～80%；④因使用有机质栽培，减轻了因化肥所带来的产品及环境的影响。

思考题

1. 简述土壤耕作的内容和意义。
2. 简述蔬菜轮作的意义，以及轮作设计时应掌握的原则。
3. 什么是蔬菜栽培的季节茬口和土地茬口？
4. 如何确定蔬菜的定植时期？
5. 蔬菜栽培中基肥和追肥的施用原则有哪些？
6. 蔬菜栽培的灌溉方式有哪些？各自的优缺点是什么？
7. 蔬菜栽培中植株调整的内容及作用有哪些？
8. 请举例4～5个说明植物生产调节剂在蔬菜上的应用类别。
9. 无土栽培有哪些主要类型？

5
CHAPTER

蔬菜栽培设施与应用

蔬菜保护设施主要有风障畦、阳畦、温床、塑料拱棚、日光温室、加温温室、现代化大型连栋温室、遮阳网覆盖等类型。这些设施是根据生产的需要及科学的发展，由小到大、由简到繁、由低级到高级逐渐发展起来的。

5.1 塑料棚

塑料拱棚是目前我国蔬菜生产上面积最大的保护设施，棚高 1.0～2.8 m，跨度 3～12 m。我国北方地区主要用于蔬菜的春提早或秋延迟栽培，南方地区则主要用于避雨栽培，在我国南、北方各地均有较大面积，在蔬菜周年生产中占据着重要的地位。根据塑料拱棚高度、跨度可分为小棚、中棚和大棚。

5.1.1 塑料小棚

塑料小棚的结构简单、取材方便、价格低廉、便于建造，在蔬菜生产上主要用于春季叶菜、矮秧果菜和越冬蔬菜，如越冬菠菜、韭菜、羊角葱和果菜类早熟栽培，一般能比露地生产提早上市 15～20 d；小棚还可用于秋季延迟生产和早春育苗。塑料小棚的类型依其形状不同可分为拱圆形和双斜面形两种（图 5-1），其中拱圆形更为普遍。

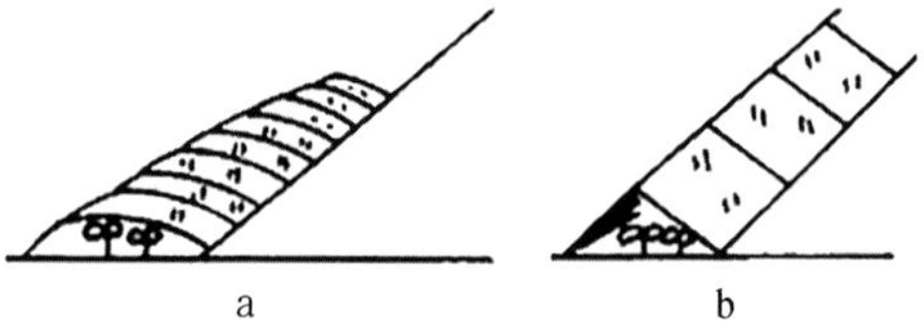

图 5-1 塑料小棚结构示意图

a. 拱圆形　b. 双斜面形

（1）拱圆形　用细竹竿、竹片等材料做拱架，围成拱圆形，跨度 1～3 m，高 1.0～1.5 m，拱架间距约 50 cm，外面覆盖塑料薄膜，四周用土压实。

（2）双斜面形　双斜面小棚的棚面为三角形，拆装方便，通风管理比较容易，夜间可盖草苫防寒保温。棚面倾斜便于排水，以前在南方多雨地区多有应用，因建造相对麻烦，目前已很少见。

5.1.2 塑料中棚

塑料中棚的空间结构比小棚稍大,人可以进入棚内操作,跨度 4～ 6 m,中高 1.5 ～2.3 m,长 15 m 以上。塑料中棚主要用于韭菜、绿叶菜、果菜类等矮生蔬菜作物的春提前或秋延后栽培,或用于早春育苗。根据其结构形式可分为以下两种类型。

(1)竹木结构拱圆形　跨度一般 3～4 m,中间设立单排柱或双排柱。纵向设 1～2 道拉杆,将棚架连为整体。

(2)组装式拱圆形　用钢筋或薄壁钢管焊接成活动式中棚架(图 5-2)。

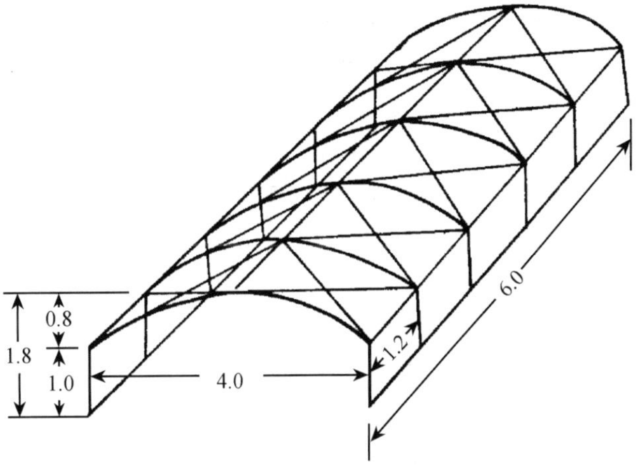

图 5-2　组装式塑料中棚示意图 (单位:m)(山东农业大学主编,《蔬菜栽培学总论》, 2000)

5.1.3 塑料大棚

塑料大棚一般占地面积 300～700 m^2,跨度 8～15 m,长 50～60 m,中高 2.5～3.5 m,肩高 1～1.5 m。塑料大棚既可以用于蔬菜育苗,又可用于反季节生产,产品采收期一般可比露地生产提早或推迟 1 个月左右。根据棚架形状可分为拱圆形、屋脊形大棚;根据大棚的数量可分为单栋、连栋大棚;根据所用建造材料的不同可分为竹木结构、钢材结构、混合结构、硬质塑料结构大棚。目前,各地多数用的是拱圆形、单栋式大棚。

(1)竹木结构大棚　由立柱、拱杆、拉杆、压杆组成大棚骨架,其上覆盖薄膜而成(图 5-3)。

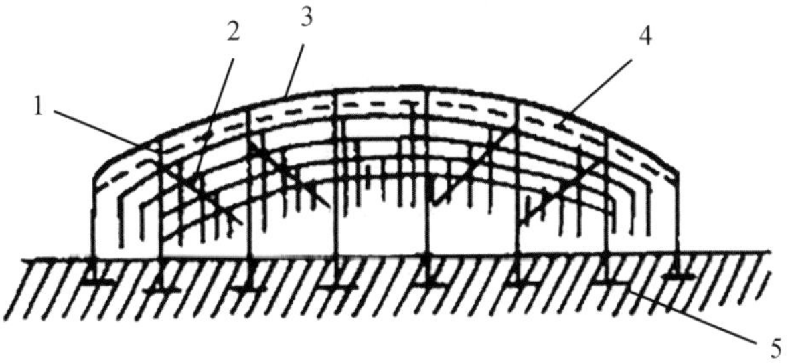

图 5-3　竹木结构大棚示意图(山东农业大学主编,《蔬菜栽培学总论》, 2000)

1. 立柱　2. 拉杆　3. 拱杆　4. 压杆　5. 地面

竹木结构大棚，便于取材，容易建造，造价较低，但使用年限较短，又因棚内立柱多，遮阳面大，操作不便，也不便于机械耕作。

(2)钢材结构大棚　骨架采用由厂家定型生产的轻型钢材，如镀锌薄壁钢管，棚架结构多为半拱圆或拱圆形(图 5-4)。这种大棚造价较高，但坚固耐久，拆装方便，棚内无立柱，可进行机械作业，可用卷帘机械开关侧窗通风换气。

(3)混合结构大棚　结构与竹木棚相同。为使棚架坚固耐久，并能节省钢材，拱杆为钢材竹木混用，立柱为水泥柱，这种大棚用钢材少，容易取材和建造，成本也较低。

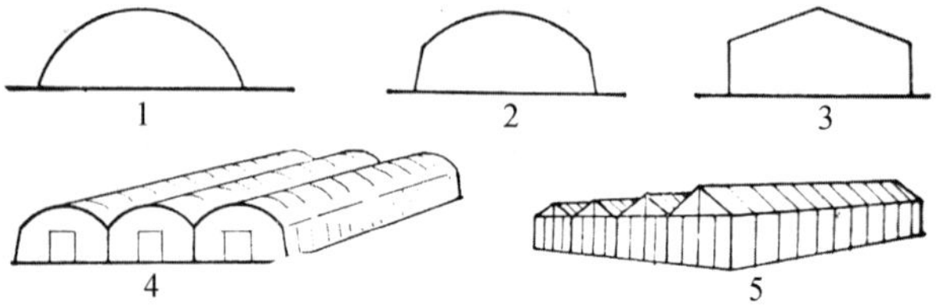

图 5-4　钢材结构大棚(刘步洲主编，《蔬菜栽培学保护地栽培》,1987)

1. 落地拱大棚　2. 柱支拱大棚　3. 屋脊形大棚　4. 拱形连跨大棚　5. 屋脊形连跨大棚

5.2　温　室

温室在我国类型繁多，按照温室透明屋面的结构可划分为多种形式(表 5-1)。

表 5-1　按照温室透明屋面的形式划分的温室类型

类型	形式	代表型	主要用途
单屋面	一面坡	鞍山日光温室	园艺作物生产、育苗
	立窗式	瓦房店日光温室	园艺作物生产、育苗
	二折式	北京改良温室	园艺作物生产、育苗
	三折式	天津无柱温室	园艺作物生产、育苗
	半拱圆式	鞍Ⅱ型日光温室	园艺作物生产、育苗
双屋面	等屋面	大型玻璃温室	园艺作物生产、科研
	不等屋面	3/4 式温室	园艺作物生产、育苗
	马鞍屋面	试验用温室	科研
	拱圆式	塑料加温大棚	园艺作物生产、育苗
连接屋面	等屋面	荷兰温室	园艺作物生产、育苗
	不等屋面	坡地温室	园艺作物生产、育苗
	拱圆屋面	华北温室	园艺作物生产、育苗
多角屋面	四角屋面	植物园或公园	观赏植物展示
	六角屋面	植物园或公园	观赏植物展示
	八角屋面	植物园或公园	观赏植物展示

注：张福墁主编，《设施园艺学》，2001。

温室类型按其骨架建筑用材料可划分为竹木结构温室、钢筋混凝土结构温室、钢架结构温室、铝合金温室等，按其透明覆盖材料可划分为玻璃温室、塑料薄膜温室和硬质塑料板材温室等。按其热源可划分为加温温室和日光温室，其中加温温室又有常规能源(如煤、天然气、燃油等)、地热能源、工厂余热能源等加温温室。

5.2.1 日光温室

日光温室是指由墙体(后墙及山墙)、后屋面(后坡)和采光屋面(前屋面)构成的以太阳能为主要热源，夜间用保温材料对采光屋面进行覆盖的单屋面温室。由于墙体、后屋面及前屋面覆盖材料可以隔热、蓄热，故保温性能良好，在东北、华北以及西藏高原、西北高原地区的冬季，不加温(或少加温)也可实现喜温蔬菜冬季生产及育苗等。日光温室是独具中国特色蔬菜生产设施形式之一，占我国温室总面积的95%以上。日光温室的结构通常可分为以下两种。

(1)拱圆形日光温室　采光屋面为拱圆形(图5-5)，拱架为竹木或钢材结构，后墙为土墙、砖墙或异质复合墙体，以塑料薄膜覆盖，其特点是采光性能好。该类型温室结构在各地因透明屋面材料及构型、墙体、后坡等而有很大差异。

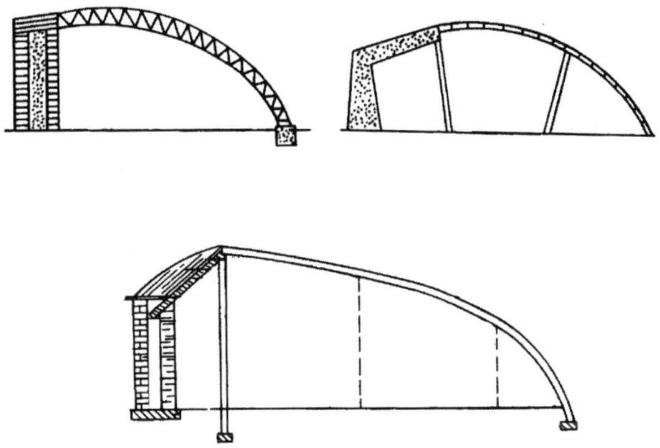

图5-5　塑料薄膜日光温室结构示意图

(2)立窗式日光温室　采光屋面为竹木结构，底端为立面，上部为斜坡形，其采光效果在不同时段有很大差异(图5-6)。

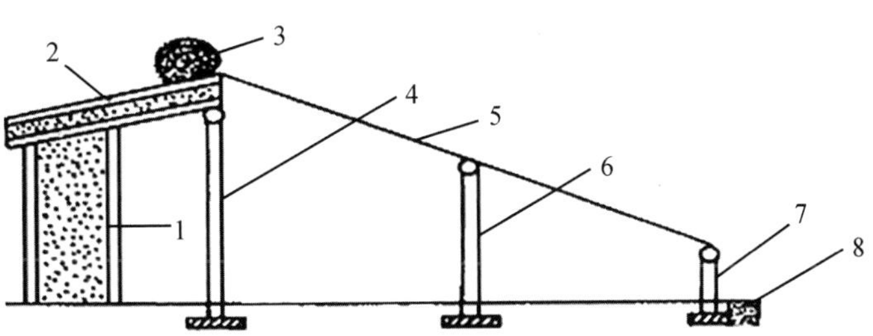

图5-6　立窗式日光温室结构示意图(山东农业大学主编，《蔬菜栽培学总论》，2000)

1. 板夹墙　2. 后屋面　3. 草柱　4. 中柱　5. 前屋面　6. 腰柱　7. 前柱　8. 防寒沟

5.2.2 加温温室

加温温室依据其建筑材料可分为土木结构、砖石或混凝土结构、钢架或钢木混合结构，其采光屋面分单屋面、双屋面、连接屋面、拱圆屋面等形式。目前生产上应用的加温温室多为东西延长的单屋面日光温室。加温温室都有补充加温设备，能够调节温室内的温湿度条件，可以周年进行蔬菜生产。但是，由于各种温室的结构及设备条件不同，它们的应用时期和栽培方式也有所不同。

5.2.3 连栋温室

连栋温室是指将若干栋双屋面温室连接而成的大型温室。此类温室大多配备了环境自动化控制设备，故又称现代化温室。连栋温室建设及运行成本高，主要应用于高附加值的园艺作物生产及育苗。

连栋温室的建材多为铝合金或轻型钢材，依其覆盖材料可分为玻璃温室、PC 板材温室和塑料温室等；依其屋面结构则可分为屋脊形温室和拱圆形温室。

(1)屋脊形连栋温室　屋面结构一般为“人”字形，采用玻璃或塑料板材为覆盖材料。脊高 3.05～4.95 m，肩高 2.5～4.3 m，骨架间距 3.0～4.5 m，温室跨度有 3.2 m、6.4 m、9.6 m 等多种形式(图 5-7)。

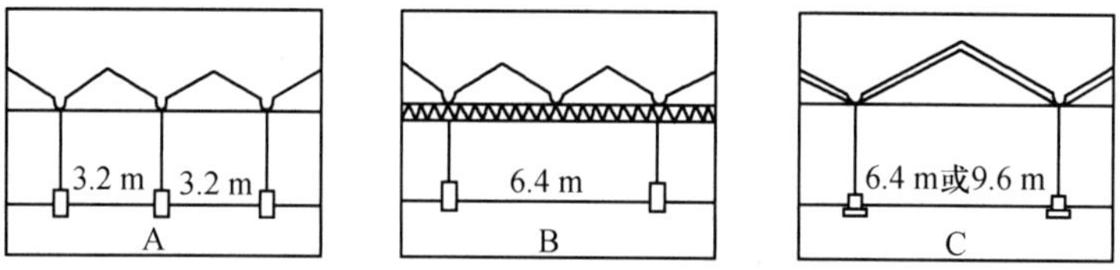

图 5-7　屋脊形连栋温室结构示意图(山东农业大学主编，《蔬菜栽培学总论》，2000)

(2)拱圆形连栋温室　该温室屋面拱圆形，覆盖材料为单层聚乙烯薄膜或充气式双层聚乙烯薄膜(图 5-8)。为了加强保温，侧面和正面可采用玻璃或聚酯塑料板。

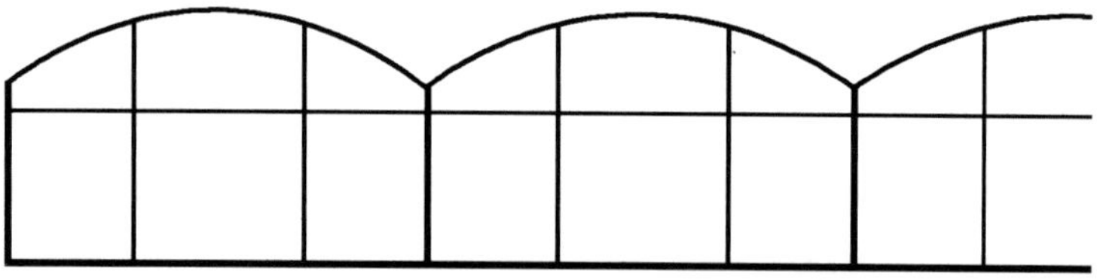

图 5-8　拱圆形连栋温室结构示意图

5.3 蔬菜工厂

蔬菜工厂是指在完全自动控制的设施条件下，可连续稳定运行的蔬菜生产系统。

蔬菜工厂的总体结构可分为普通(平面)式和立体(塔)式(图 5-9)，由栽培系统、营养液供应系统、照明系统、环境控制系统等构成。照明系统根据所用光源不同，蔬菜工厂可分为太阳光型、人工光源型和太阳光-人工光并用型。

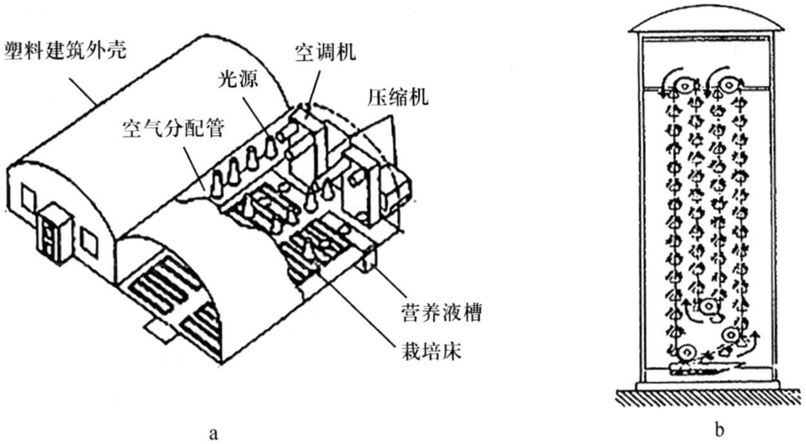

图 5-9 蔬菜工厂结构示意图

a. 普通(平面)式 b. 立体(塔)式

目前世界各地运行的蔬菜工厂，以生产莴苣、香芹等生长期短、生长过程易于控制的叶菜类为主，少部分可生产番茄等果菜。

5.4 其他设施

5.4.1 风障畦

风障畦有迎风障畦和普通风障畦两种。前者的风障只有一层高为 1.5～2.5 m、密度较稀的垂直篱笆；后者的风障是在一层密度较密的向南倾斜的篱笆的背侧再加附一层高 1～1.5 m 的披风草(图 5-10)。风障畦主要应用于春季提早播种的耐寒叶菜类、葱蒜类、豆类等蔬菜；保护葱蒜类幼苗、韭菜根株、根茬菠菜等越冬；春季提早定植瓜类、茄果类、甘蓝类及十字花科蔬菜采种株。

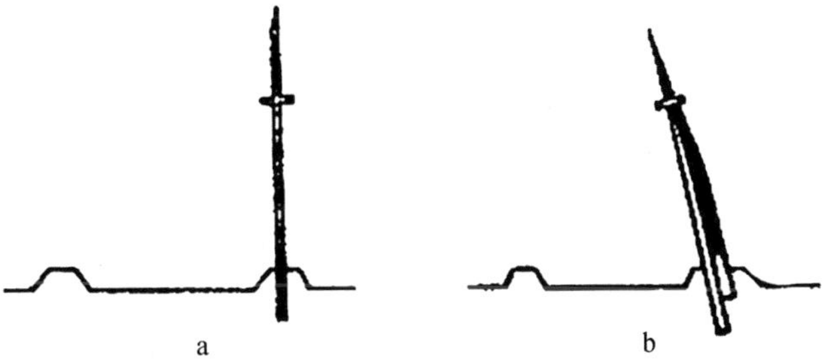

图 5-10 风障畦结构示意图(刘步洲主编，《蔬菜栽培学保护地栽培》，1987)

a. 迎风障畦 b. 普通风障畦

5.4.2 阳畦

阳畦由风障、畦框和覆盖物三部分构成，大小因各地气候条件、材料资源等而有所不同，有“抢阳畦”和“槽子畦”(图 5-11)、“改良阳畦”(图 5-12)。覆盖物包括透明与不透明 2 种，前者一般使用塑料薄膜，后者使用蒲席、草苫等。阳畦主要用于蔬菜露地早熟栽培、育苗、采种以及假植等。

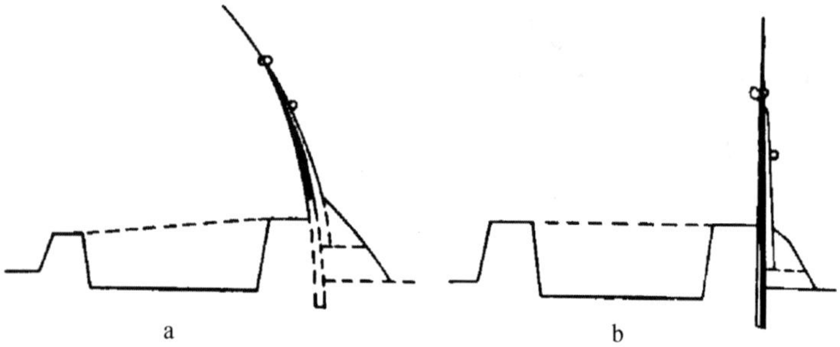

图 5-11 阳畦结构示意图(刘步洲主编，《蔬菜栽培学保护地栽培》，1987)

a. 抢阳畦 b. 槽子畦

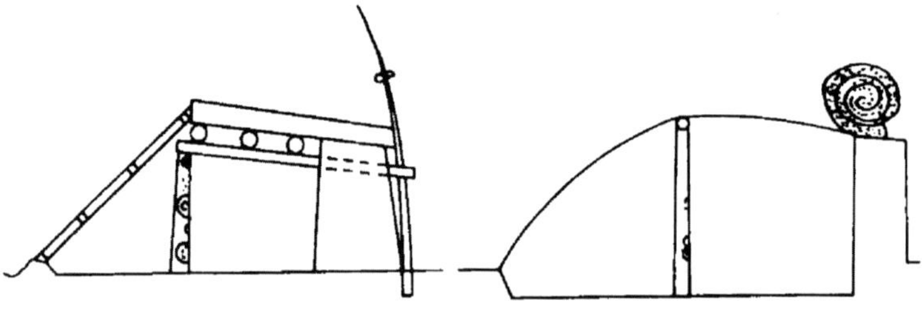

图 5-12 改良阳畦结构示意图(刘步洲主编，《蔬菜栽培学保护地栽培》，1987)

a. 玻璃改良阳畦 b. 塑料薄膜改良阳畦

5.4.3 温床

温床由床框、床面、酿热物(或加温装置)和覆盖物等构成(图 5-13)。床框有土框、砖框、木框和简易草框等。根据床框位置不同，可分为地下式、地上式和半地下式温床。热源有酿热、火热、水热、电热和废汽热等方式。温床主要在春季用于蔬菜育苗。

5.4.4 遮阳网覆盖

遮阳网是利用农用聚乙烯材料编织而成网状结构覆盖物，其遮阳强度依据生产需要选定。遮阳网颜色主要有黑色和银灰色两种。遮阳网覆盖具有遮光、降温、防雨、避蚜等作用，主要用于高温、多雨季节的绿叶菜生产或育苗等。遮阳网的覆盖方式可分为以下几种。

(1)浮面覆盖　又称飘浮覆盖、浮动覆盖、直接覆盖等。它利用遮阳网直接覆盖在露地或设施中的播种或移栽的作物植株上或畦面上。

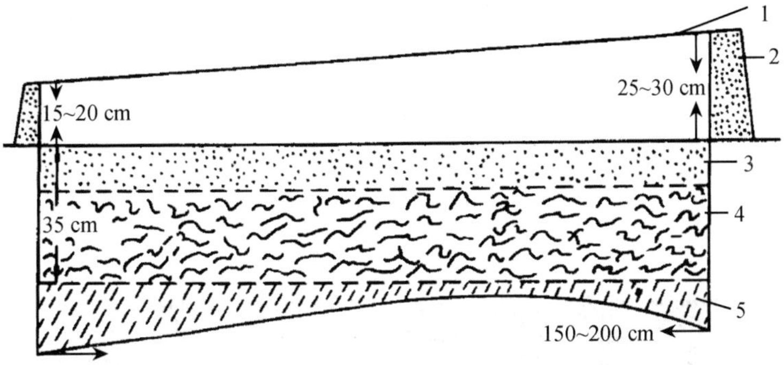

图 5-13 酿热温床结构示意图(刘步洲主编,《蔬菜栽培学保护地栽培》, 1987)

1. 盖窗 2. 土框 3. 床土 4. 酿热物 5. 碎草

(2)小平棚或小拱棚覆盖 在覆盖地块的四角埋设竹竿或木杆,用铁丝连接,拉紧后覆盖遮阳网,成为小平棚。小拱棚覆盖用竹片、细竹竿等插成小拱棚架,覆盖遮阳网即成。

(3)大棚或中棚覆盖 是在大棚或中棚的棚顶上直接覆盖一层遮阳网,也可以覆盖在棚顶的棚膜上。

5.4.5 防虫网覆盖

防虫网也是利用农用聚乙烯材料编织而成的网状结构覆盖物,其网口密度也可根据生产需要加以选择。防虫网覆盖形式多样,除具有遮光、降温、防雨等功能外,还可以有效防止昆虫向覆盖物内迁飞。蔬菜生产上主要用于采种田隔离及高温、多雨季节的绿叶菜生产或育苗等。

思考题

1. 我国蔬菜栽培设施有哪些主要类型?在蔬菜生产中的应用怎样?
2. 塑料大棚有哪些类型?不同类型、结构的大棚其生产性能怎样?

6

CHAPTER

蔬菜的种子及育苗

6.1 蔬菜种子及其播前处理

6.1.1 种子一般特性

蔬菜生产所用种子泛指所有的播种材料，可分为 5 类：第一类为真正的植物学种子，由胚珠发育而成，如瓜类、豆类、茄果类、白菜类等蔬菜的种子；第二类为植物学果实，由胚珠与子房发育而成，如菊科、伞形科、藜科等蔬菜的种子，有瘦果（如莴苣）、坚果（如菱果）、双悬果（如胡萝卜、芹菜、芫荽）、聚合果（如根菾菜、叶菾菜）等类型；第三类为营养器官，如鳞茎（大蒜）、球茎（芋头）、根状茎（生姜、莲藕）、块茎（马铃薯、山药、菊芋），还有枝条和芽等；第四类为菌丝组织和孢子，如食用菌类和蕨菜等的繁殖体；第五类为人工种子，又称合成种子或体细胞种子，是将植物离体培养产生的体细胞胚包埋在含有营养成分和保护功能的介质中，适宜条件下体细胞胚可生长成苗。以下仅介绍前两类种子。

1）种子的形态与结构

种子的形态包括外形、大小、颜色及其表面的光洁度、沟、棱、毛刺、网纹、蜡质、突起物、气味等，都是鉴别蔬菜种类和种子的重要依据。如茄果类的种子都为肾形，茄子种皮光洁，辣椒种皮厚薄不匀，番茄种皮则附着银色茸毛；白菜和甘蓝种子的形状、大小、色泽相近，均为球形黄褐色小粒种子，但从甘蓝种子球面的双沟，就可与具单沟的白菜种子区分开来（图 6-1）。成熟的种子色泽较深，具蜡质；幼嫩的种子色泽浅，皱瘪。有的蔬菜新种子色彩鲜艳光洁，具香味；陈种子则色彩灰暗，甚至有霉味。

植物学真种子的结构包括种皮和胚，有些种子还含有胚乳，其种皮则由珠被发育而成。属于果实的蔬菜种子，其所谓的“种皮”主要是由子房壁所形成的果皮，而真正的种皮或成为薄膜状，如菠菜、芹菜种子；或被挤压破碎，紧密粘贴于果皮内壁，如莴苣种子。同时，种皮的细胞组成和结构也是鉴别蔬菜种与变种的重要特征之一。

种皮上有与胎座相连接的珠柄的断痕，称为“种脐”。种脐的一端有一个小孔，称为“珠孔”，种子发芽时胚根从珠孔伸出，所以也叫“发芽孔”。豆类蔬菜种子的种脐部分的形态特征，常用来区别种和变种。发芽孔大小与紧密程度可影响种子吸水速度。

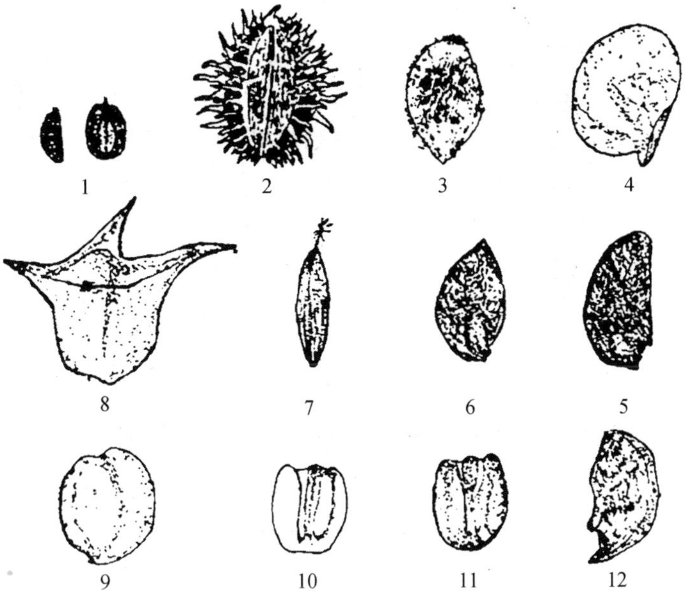

图 6-1　蔬菜种子的形态

1. 芹菜　2. 胡萝卜　3. 番茄　4. 甜椒　5. 韭菜　6. 大葱　7. 结球莴苣
8. 刺籽菠菜　9. 圆籽菠菜　10. 结球甘蓝　11. 白菜　12. 洋葱

胚是种子中最重要的部分，是由受精卵发育而成的幼小植物体，由胚根、胚轴、胚芽和子叶等组成。胚的形态及发育程度依蔬菜种类及成熟度而异，如豆类种子的胚为弯曲形，茄果类种子为螺旋形，瓜类种子为直立形。无胚乳的蔬菜种子，如瓜类、豆类等，子叶硕大，贮存着大量养分。有胚乳的种子，如番茄、菠菜、芹菜、韭菜、葱等，胚埋藏在胚乳之中（图 6-2）。种子在发芽过程中，幼胚的生长依靠子叶或胚乳提供所需的营养。

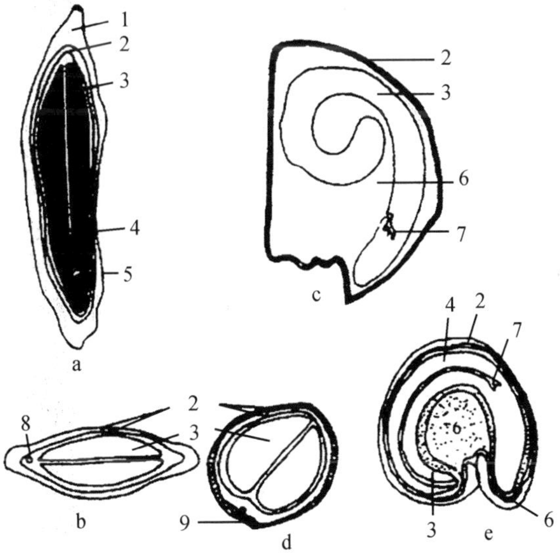

图 6-2　几种蔬菜种子的断面结构

a. 结球莴苣（纵）　b. 结球莴苣（横）　c. 洋葱　d. 菜豆　e. 根甜菜
1. 果皮　2. 种皮　3. 子叶　4. 胚　5. 下胚轴　6. 胚乳　7. 上胚轴　8. 维管束　9. 脐

2)种子的质量及其鉴别

广义的种子质量包括品种品质和播种品质两方面。品种品质主要指种子的真实性和纯度等;播种品质则是指种子饱满度和发芽特性。蔬菜种子质量常用以下指标鉴别:

(1)纯度　指品种在特征特性方面典型一致的程度,用本品种的种子数占供检本作物样品种子数的百分比表示。多数蔬菜商品种子的纯度要求达到98%及以上。

(2)净度　指样品中去除杂质后,本作物种子重量占总重量的百分比。杂质包括异作物种子及泥沙、花器残体等。

(3)饱满度　通常用“千粒重”表示。同一品种的种子,千粒重越大,种子就越饱满充实。千粒重也是估算播种量的重要依据。

(4)发芽率　指在最适宜发芽的条件下,供试样本中发芽种子占种子总数的百分比。

(5)发芽势　是反映种子发芽速度和发芽整齐度的指标,指在规定时间内(如瓜类、白菜类、甘蓝类、根菜类、莴苣等3～4 d;葱、韭、洋葱、菠菜、胡萝卜、芹菜、茄果类6～7 d),供试样本中发芽种子占种子总数的百分比。

3)种子的寿命和使用年限

种子寿命又称发芽年限,指在一定环境条件下种子保持发芽能力(生活力)的年数,与遗传、采种条件、种子成熟度、种子收获与贮藏条件等有密切关系。

种子使用年限是指种子具有生产使用价值的年数。主要蔬菜种子的寿命及使用年限见表6-1。

表6-1　一般贮藏条件下主要蔬菜种子的寿命和使用年限　年

蔬菜名称	寿命	使用年限	蔬菜名称	寿命	使用年限
大白菜	4～5	1～2	番茄	4	2～3
结球甘蓝	5	1～2	辣椒	4	2～3
球茎甘蓝	5	1～2	茄子	5	2～3
花椰菜	5	1～2	黄瓜	5	2～3
芥菜	4～5	2	南瓜	4～5	2～3
萝卜	5	1～2	冬瓜	4	1～2
芜菁	3～4	1～2	瓠瓜	2	1～2
根芥菜	4	1～2	丝瓜	5	2～3
菠菜	5～6	1～2	西瓜	5	2～3
芹菜	6	2～3	甜瓜	5	2～3
胡萝卜	5～6	2～3	菜豆	3	1～2
莴苣	5	2～3	豇豆	5	1～2
洋葱	2	1	豌豆	3	1～2
韭菜	2	1	蚕豆	3	2
大葱	1～2	1	扁豆	3	2

6.1.2 种子发芽特性

1)发芽过程

种子发芽过程是指在适宜的条件下,种胚利用所贮存的营养进行生长的过程。蔬菜种子发芽需经历吸胀、萌动和发芽等过程。吸胀过程可分为2个阶段:第一阶段为吸水的初始阶段(物理吸水阶段),即依靠种皮、珠孔等结构的机械膨胀力吸水,有生活力和无生活力的种子都可进行机械吸水,吸水量约占种子发芽所需水量的1/2~2/3;第二阶段为吸水的完成阶段(生理吸水阶段),即依靠种胚的生理活动吸水,吸收的水分主要供给胚的活动,有生活力的种子才具有胚器官吸水的功能。各阶段水分进入种子的速度和数量,取决于种皮构造、胚及胚乳的营养成分和环境条件。种皮容易透水的蔬菜有十字花科、豆科、番茄、黄瓜等;透水困难的蔬菜种子有伞形科、茄子、西瓜、冬瓜、葱、菠菜等。营养物质中,蛋白质含量多的种子,吸水多而快;含脂肪和淀粉多的种子,吸水少而慢。在吸水初始阶段,影响吸水的主要因子是温度;吸水完成阶段,除温度外,还与氧气有关。种子吸胀后,原生质由凝胶状态变成溶胶状态,酶开始活化,种子开始萌动。在一系列复杂的生理、生化变化之后,胚细胞开始分裂,伸长生长,进而胚根伸出发芽孔,俗称为"露白"或"破嘴",种子开始发芽。蔬菜幼芽的出土有两种情况,一是子叶出土,如白菜类、瓜类、根菜类、绿叶菜类、茄果类、豆类中的豇豆、菜豆等,其种子萌发穿土力较弱;二是子叶不出土,如蚕豆、豌豆等,其种子萌发穿土力较强。

2)发芽对环境的要求

(1)温度　各类蔬菜种子对发芽温度的要求可用最低温度、最适温度和最高温度,即种子发芽温度三基点来表示。最低温度和最高温度分别指种子至少有50%能正常发芽的最低和最高温度界限;最适温度是种子能迅速萌发并达到最高发芽百分率时所处的温度。大多数作物在15~30 ℃范围内均可良好发芽,但不同作物的种子对温度要求有差异(表6-2)。

表6-2　主要蔬菜种子出土时对温度的要求

蔬菜种类	出土温度极限(℃)		适温范围(℃)	出土情况		积温(℃)
	最低	最高		所需天数(d)	出土率(%)	
番茄	20	35	20~25	6~10	50~70	175±25
菜豆	20	35	20~25	6~10	50~70	175±25
豌豆	20	30	20	12	50	245
豇豆	20	40	30	4	70	127
甜椒	20	35	25	9~11	>50	250±25
				10~14	>70	300±50
辣椒	20	35	25	9~11	>50	250±25
				10~14	>70	300±50
茄子	20	35	25	9~11	>50	205±25
				10~14	>70	300±50
黄瓜	20	35	25~30	5~7	50	160±10

续表6-2

蔬菜种类	出土温度极限(℃)		适温范围(℃)	出土情况		积温(℃)
	最低	最高		所需天数(d)	出土率(%)	
白菜、萝卜	11	35	16～20	5～10	70	100～110
甘蓝、花椰菜	16	30	16～20	5～10	70	140～160
菊科蔬菜	16	25				150～160
伞形科蔬菜	16	25	20	9～13	50	220±40
韭菜	16	30	20	9～13	50	300

注：山东农业大学，2000。

种子发芽温度要求与蔬菜生育习性以及长期所处的生态环境有关，一般喜温蔬菜作物的温度三基点分别是 6～12 ℃、30～35 ℃和 40 ℃，而耐寒蔬菜作物则分别是 0～4 ℃、20～25 ℃和 40 ℃。

许多蔬菜种子可以在较宽的温度范围内发芽，但也有一些种子发芽温度要求严格。如芹菜最适宜发芽温度为 15 ℃，韭葱类、莴苣、茼蒿、菠菜种子发芽温度不宜超过 20 ℃。

(2)水分　水分也是种子萌发的重要环境因素。Donnen 等(1943)将蔬菜种子发芽时对土壤水分的要求分为严格、较严格、不太严格和不严格 4 类。要求"严格"的蔬菜以芹菜为代表，在土壤含水量 16%～18%的条件下才能达到 73%～82%的发芽率；当含水量 10%以下时，发芽率为 0；"较严格"与"不太严格"2 类蔬菜发芽时对土壤含水量的要求与反应大致相似，其差别是在土壤含水量达永久凋萎点(9%)以下时，前者的发芽率极低，如莴苣、豌豆等，而后者发芽率则可达到 70%，如胡萝卜、菜豆等；"不严格"的蔬菜较多，如甘蓝、南瓜、西瓜、番茄、西葫芦、甜瓜、黄瓜、洋葱、菠菜等，它们对土壤含水量的适应性较广，在土壤含水量处于永久凋萎点或更低时仍有较高的发芽率，因此这类蔬菜的种子比较耐干燥。

在人工浸种(恒温)条件下，多数蔬菜种子的吸水过程(浸种后 12 h 内)经历快、慢 (12～24 h)、停(24 h 以后)3 个阶段。顾智章等(1979)依种子吸水量大小将蔬菜分为 3 类：吸水量大的，如豆类、辣椒、冬瓜、瓠瓜、南瓜等，其吸水量达种子风干重的 100%～140%；吸水量中等的，如番茄、丝瓜、甜瓜等，其吸水量为种子风干重的 60%～100%；吸水量小的，如黄瓜、苦瓜、茄子等，吸水量为种子风干重的 40%～60%。种子的吸水量与吸水速度并不完全一致。此外，温度、种子质量等对种子吸水的影响较大，在物理吸水阶段，温度越高，吸水越快；而在生理吸水阶段，温度过高或过低，吸水都比较慢。

(3)气体　种子在发芽过程中呼吸旺盛，需要大量的氧气。一般来说，当种子所处环境中 O_2 含量增高时可促进发芽，CO_2 浓度增高时则抑制发芽。发芽环境中 O_2 含量在 20%以内时，O_2 含量与呼吸强度呈线性关系，O_2 含量超过 20%时其呼吸强度不再增加。不同蔬菜种类种子发芽对 O_2 含量的要求与敏感程度不同。果菜类中，黄瓜对氧要求较低，当 O_2 含量降至 5%时还有近 50%的发芽率；甜椒对 O_2 含量要求较高，种子正常发芽要求 10%以上的充足 O_2 含量；番茄介于以上二者之间。蔬菜种子发芽对 O_2 的要求与 CO_2 浓度有关，如番茄在 O_2 含量为 15%时，CO_2 浓度即使达到 20%也几乎无明显影响；当氧浓度降至 5%时，随着 CO_2 浓度增高，其抑制作用逐渐加大。但是，蔬菜对 O_2 含量要求的严格程度与对低 CO_2 浓度的忍耐力又不完全一致，例如，黄瓜对 O_2 要求较低，但对 CO_2 忍耐性也很弱。另外，种子发芽对 O_2

含量的要求也与温度有关，如温度较低，可在较低 O_2 含量条件下发芽；如温度增高，则要求 O_2 含量增高。

(4)光照　虽然各种蔬菜种子播到土壤中，只要温度、水分和气体条件适宜，一般都能发芽出苗，但实际上不同种类种子发芽对光照的反应是有差异的。按照发芽对光暗条件的要求，将蔬菜种子分为需光型、嫌光型和中光型3类。需光型种子在有光条件下发芽比黑暗条件下更好，如菊科的莴苣，伞形科的芹菜、胡萝卜等蔬菜种子。嫌光型种子在黑暗条件下发芽良好，在有光条件下发芽不良，如茄果类、瓜类、葱蒜类等蔬菜种子。中光型种子发芽对光的反应并不敏感，如藜科、豆科的部分蔬菜种子及萝卜等。

一些化学药品的处理也可以代替光的作用。如用硝酸盐(0.2%硝酸钾)溶液处理，可代替一些需光种子对光的要求；赤霉素(100 mg/L)处理可起到代替红光的作用。

6.1.3 种子播前处理

播前处理是指在种子播种前而进行的各种处理。种子播前处理的目的是促进种子萌发，防止种苗病害，保证出苗整齐健壮，增强种胚和幼苗抗性等。常用的种子播前处理方法有以下几种。

1)浸种与催芽

(1)浸种　浸种就是在适宜水温和充足水量条件下，促使种子在短时间内吸胀的措施。浸种用水量为种子量的4～5倍，浸种时间因蔬菜种类及种子质量、浸种方法等的不同而异(表6-3)。一般瓜类中的黄瓜、西葫芦、南瓜等浸种时间较短，冬瓜、西瓜、丝瓜、苦瓜等浸种时间较长；茄果类中番茄浸种时间较短，茄子和辣椒浸种时间较长；芹菜、胡萝卜、菠菜浸种适宜时间为24 h以上；莴苣浸种7～8 h；十字花科蔬菜浸种时间4～5 h；豆类浸种时间4 h以内，现一般浸种1～2 h。浸种时间过长，种子内养分大量外渗，影响发芽势与出苗力。浸种时间超过8 h时，应每隔5～8 h换1次水。

表6-3　主要蔬菜种子浸种催芽适宜时间和温度

蔬菜种类	适宜浸种时间(h)	适宜催芽温度(℃)	催芽天数(d)
黄瓜	4～6	25～30	1.5～2
冬瓜	24	28～30	6～8
西葫芦	6	25～30	6～8
丝瓜	24	25～30	4～5
苦瓜	24	30	6～8
蛇瓜	24	30	6～8
番茄	6～8	25～27	2～4
辣椒、甜椒	12～24	25～30	5～6
茄子	24～36	30	6～7
白菜	2～4	20	1.5
甘蓝	2～4	18～20	1.5

续表6-3

蔬菜种类	适宜浸种时间(h)	适宜催芽温度(℃)	催芽天数(d)
花椰菜	2～4	18～20	1.5
菜豆	2～4	20～25	2～3
芹菜	36～48	20	2～3
大葱	12	—	—

根据浸种水温把浸种分为一般浸种、温汤浸种、热水烫种等。

①一般浸种:用常温水浸种,仅具有满足种子吸胀的作用。

②温汤浸种:兼有消毒、增加种皮透性和加速种子吸胀的作用。分为2步,第一步为温烫,即采用使大多数种子传播病菌致死的温度50～55 ℃的温水烫种,保持恒温10～15 min,期间不断搅拌。第二步为浸种,即待水温降至室温(20～25 ℃)时继续进行一般浸种。

③热水烫种:具有与温汤浸种相似的作用。先用70～75 ℃或更热的水浇烫种子,并用两个容器反复倾倒使水温快速降至55 ℃,然后改为温汤浸种7～8 min,再进行一般浸种。

生产中应根据种子特性选用浸种方法。种皮薄、种传病害少的用一般浸种;种皮厚而透气性差、种传病害多的可用温汤浸种或热水烫种。另外,为了提高浸种效率,浸种前可对有些种子进行必要的处理。如对种皮坚硬且厚的西瓜、苦瓜、丝瓜等种子可进行胚端破壳;对芹菜、芫荽等种子进行搓擦,使果皮破裂;对附着的黏质多的茄子等种子用0.2%～0.5%碱液搓洗、清洗等。

(2)催芽　催芽就是将吸水膨胀的种子置于适宜条件下,促使种子迅速而整齐一致萌发的措施。喜温及耐热蔬菜催芽温度25～30 ℃,耐寒及半耐寒性蔬菜催芽温度18～25 ℃。保持适宜水分对催芽也至关重要,因为水分与通气密切相关。催芽的一般方法是:先将浸好的种子甩去多余的水分,薄层(约2 cm)摊放在铺有1～2层潮湿洁净布或毛巾的种盘上,上面再盖1层潮湿布或毛巾,然后将种盘置于适宜温度的恒温箱催芽,直至种子露白。在催芽期间,每天应用清水淘洗种子1～2次,并将种子上下翻倒,以便发芽整齐一致。

2)物理处理

物理处理的主要作用是通过温度处理,提高发芽势及出苗率、增强抗逆性等。

(1)变温处理　把萌动的种子每天在−1～5 ℃ 12～18 h、18～22 ℃ 6～12 h变化,连续处理1～10 d,可提高种胚的耐寒性。处理期间应保持种子湿润,避免温度骤变。

(2)干热处理　一些瓜类和茄果类种子,经干热空气处理后,有促进后熟、增加种皮透性、促进萌发和种子消毒等作用。如番茄种子经短时间干热处理,可提高发芽率;黄瓜、西瓜和甜瓜种子经4 h(间隔1 h) 50～60 ℃干热处理,有明显的增产作用,经70 ℃处理2 d,有防治绿斑驳花叶病毒病(CGMMV)的良好效果;黄瓜种子经70 ℃干热处理3 d,对黑星病及角斑病有很好的消毒效果。

3)化学处理

化学处理常用于打破休眠、促进发芽、增强抗性和种子消毒等。

(1)打破休眠　据试验,H_2O_2、硫脲、KNO_3、赤霉素等对打破种子休眠有效。如黄瓜种子用0.3%～1% H_2O_2浸泡24 h,可显著提高刚采收的种子的发芽率与发芽势。0.2%硫脲对促进莴苣、萝卜、芸薹属、牛蒡、茼蒿等种子发芽均有效。赤霉酸(GA_3)对茄子(100 mg/L)、芹菜

(66～330 mg/L)、莴苣(20 mg/L)以及深休眠的紫苏(330 mg/L)均有效;用 0.5～1 mg/L 赤霉素处理马铃薯打破休眠已广泛应用于生产。

(2)促进发芽　用 25%或稍低浓度的聚乙二醇(PEG)处理甜椒、辣椒、茄子、冬瓜等发芽出土困难的蔬菜种子,可在较低温度下使种子出土提前,出土百分率提高,且幼苗健壮。用 0.02%～0.1%微量元素如硼酸、钼酸铵、硫酸铜、硫酸锰等浸种,有促进种子发芽及出土的作用。

(3)种子消毒　常用农药拌种或浸种消毒。药剂拌种常用的杀菌剂有克菌丹、70%敌克松、50%福美双、多菌灵等;杀虫剂有 90%敌百虫粉等,用药量为种子质量的 0.2%～0.3%。药液浸种消毒应严格掌握药液浓度与浸种时间,浸种后须用清水冲洗种子。如用 100 倍福尔马林浸种 15～20 min,然后捞出种子密闭熏蒸 2～3 h,最后用清水冲洗;用 10%磷酸三钠或 2%氢氧化钠的水溶液浸种 15 min,捞出洗净,有钝化番茄花叶病毒的效果。

种衣剂是用于种子包衣的复合制剂,依包衣目的和对象不同而有不同的种衣剂。有的可同时达到促进发芽、防病、壮苗等作用。如孟焕文等(1997,1998)研制的"茄种衣剂 1 号"可显著促进茄子种子迅速整齐萌发,"黄瓜种衣剂 1 号"有显著的防病和壮苗作用。

6.2 蔬菜育苗技术

育苗是蔬菜栽培的重要环节,也是蔬菜生产的特色之一。绝大多数蔬菜作物适合于育苗移栽,如瓜类、茄果类,大多数白菜类、甘蓝类和葱蒜类,绿叶菜类中的芹菜、莴苣,根菜类中的芜菁、根芥菜等。但有些蔬菜不宜育苗,如萝卜、胡萝卜、菠菜、芫荽、茼蒿、莲藕等。

6.2.1 育苗意义

蔬菜育苗主要具有以下意义和作用。

(1)延长生育期　在露地不适生长的季节,采用设施育苗,通过提早播种,待外界环境条件适宜时再将成龄秧苗移栽至栽培田,相对延长了其田间生长期,进而有利于实现早熟、增产、增效。

(2)保证苗齐苗壮　蔬菜幼苗个体小,占地空间小,采用苗床播种,集约化管理,便于创造幼苗生长发育适宜的环境条件,可防止自然灾害和不良环境的影响,有利于保证田间苗齐苗壮。

(3)增加复种指数　由于蔬菜育苗采用集约化管理,苗床占地面积一般仅为本田面积的 1/30～1/10,在育苗期间大面积的土地可用于种植其他作物,便于茬口衔接,从而提高复种指数和土地利用率,提高单位面积产出。

(4)节省种子用量　由于育苗床条件适宜,有利于保证种子出苗率,节省种子用量,降低种子投入成本。

6.2.2 育苗原理

育苗原理就是根据种子萌发和幼苗生长各个时期的生长特点和对环境条件的要求,尽量创造适宜的综合环境,达到培育壮苗的目的。

1)秧苗生长发育阶段特性

不同种类蔬菜秧苗生长发育各阶段的特点不同。叶、茎、根菜育苗只经历营养生长期,应控制阶段发育的条件;喜温果菜育苗则经历发芽期、基本营养生长期、营养生长与生殖生长并行期。现以茄果类蔬菜为代表说明如下。

(1)发芽期　从种子萌动至第一片真叶露心为发芽期。此段时间不长,主要为异养阶段,但却经历着由异养向自养的过渡。出苗前种子内生理生化活动旺盛,呼吸增强,完全依靠消耗种子内养分而取得能量,种子干重逐渐降低;出苗后幼苗干重逐渐上升,至第一片真叶露心时干重大致恢复到原来种子的重量水平。发芽期又可划为两个阶段,即发芽出土期和籽苗期。前者为异养阶段;后者为异养向自养的过渡阶段,种子内养分即将耗尽,子叶开始进行光合作用,但制造的营养物质很少。在育苗管理中,出土前应控制适宜的温湿度,促进幼苗出土;出土后应适当降温,保持适宜的昼夜温差,能增进昼间的光合作用,又能减少夜间的营养消耗,有效地防止秧苗徒长,保护和促进子叶生长。

(2)基本营养生长期　从第一真叶露心至开始花芽分化为基本营养生长期,是为花芽分化奠定物质基础的重要时期。根系优先生长,根重增长较快。地上部生长量不大,子叶面积扩大,真叶陆续展开、生长,茎粗生长比较明显。绝对生长量小、相对生长率高是这一阶段的突出特点,幼苗干重呈指数增长,番茄生长 2～3 片真叶,茄子和辣椒生长 4 片真叶。

(3)营养生长和生殖生长并行期　从花芽开始分化至第一花现蕾,为营养生长与生殖生长并行期,秧苗生长继续以指数增长,生长量逐渐增大,90%～95%的秧苗重量在这一时期形成,是决定秧苗大小及秧苗素质的关键时期,生长中心仍在叶和根。保证秧苗健壮生长是提高花芽质量的基础。秧苗徒长或老化,不但花芽数减少,且花芽素质差,易落花或产生畸形果。番茄幼苗一般在 3 叶展开期开始花芽分化,每 2～3 d 分化 1 个花芽。茄子及辣椒多数品种在 4 片真叶期开始分化花芽。

2)壮苗及其评价指标

壮苗是指生长整齐、形态健壮、适应性强、生产潜力大的高素质秧苗。秧苗的素质取决于苗龄和构成数量性状。

苗龄与秧苗素质有密切关系。通常,苗龄可分为日历苗龄、形态苗龄和生理苗龄,三者之间并不一定统一。生产上习惯用日历苗龄,据研究,番茄幼苗根系脱氢酶活性与日历苗龄长短呈抛物线形关系,从播种时计算,以苗龄 50～57 d 的秧苗活力最强,苗龄过短(43 d)或过长(85 d),活力均下降;小苗比大苗更易受低温危害。此外,不同育苗方式、幼苗营养面积不同,其合适的苗龄也不同。如相同育苗条件下,穴盘育苗的适宜苗龄比营养钵育苗的适宜苗龄短。一般来说,大龄苗生长发育提前,产量提前,采收期较早。但苗龄过大,秧苗老化,不利于总产量的提高。

目前,秧苗质量主要从形态上定性评价。可根据一些数量性状指标,如茎高、茎粗、叶片数、叶面积、各器官的鲜重与干重、根体积、花芽数等进行描述,或根据这些数量性状指标组成的一些相对指标,如茎粗/茎高、根重/冠重、冠鲜重或冠干重/叶片数等进行描述。这些数量性状指标中,有一些如茎粗、叶面积、苗干重或冠干重以及由它们组成的一些相对指标比较稳定,能从不同角度反映秧苗的质量,但因定性描述主观性强,不便交流,于是通常采用壮苗指数定量描述秧苗素质。如壮苗指数=(茎粗/茎高)×苗干重(陆帼一等,1984)、壮苗指数=(苗幅/

苗高)×叶片数等，不仅对早期产量有较高的预测性，而且应用方便。

6.2.3 育苗方式

蔬菜育苗方式多种多样，各有特点。

依育苗场所及育苗条件，可分为设施育苗和露地育苗。设施育苗依育苗场所还可细分为温室育苗、温床育苗、冷床育苗、塑料薄膜拱棚育苗等；依温光管理特点又可细分为增温育苗及遮阳降温育苗。依育苗所用的基质，可分为有土育苗和无土育苗。无土育苗又依基质的性质分为无机基质(炉渣、蛭石、沙、珍珠岩等)育苗和有机基质(碳化稻壳、锯末、树皮等)育苗。依育苗用的繁殖材料，可分为播种育苗、扦插育苗、嫁接育苗、组培育苗等。依护根措施，可分为容器育苗和营养土块育苗等。容器育苗依容器的结构分为普通(单)容器育苗和穴盘育苗。

实际中的育苗方法，常是几种方式的综合。

6.2.4 育苗方法

6.2.4.1 设施增温育苗

中国北方地区，冬、春季蔬菜育苗必须利用增温设施，这种育苗方式的关键是根据蔬菜种类和幼苗生长发育特点，合理搭配和选用设施，科学调控设施环境。设施增温育苗最普遍的是采用土壤育苗，近几年利用穴盘进行无土育苗的面积呈增加趋势。

1)育苗床土及其配制

育苗床土又称培养土，是培育壮苗的基础。蔬菜育苗一般对床土有以下要求。

(1)持水性和通透性良好　优良床土必须是浇水后不板结，干燥时表面不裂纹，保水保肥力强。为此，要求床土总孔隙度不低于60%，其中大孔隙度为15%～20%，小孔隙度为35%～40%，容重0.6～1.0 t/m^3。

(2)富含矿质营养和有机质　一般要求有机质含量>1.5%、全氮0.8%～1.2%、速效氮100～150 mg/kg、速效磷>200 mg/kg、速效钾>100 mg/kg。

(3)良好的化学性　适宜pH为6～7，过酸、过碱都会阻碍秧苗的生长发育。有机物充分腐熟，不应含有影响秧苗生长及根系发育的有毒有害化学物质如油类物质、除草剂等。农药、重金属等公害因子在限量标准以下。

(4)良好的生物性　富含有益微生物，不带病原菌和害虫等有害生物。

为达到上述要求，床土应按一定的配方专门配制。配制床土常用的主要原料有两类，一是有机肥，二是园田土。比较理想的有机肥原料为草炭、马粪等，也可用有机质含量较高、充分腐熟的其他厩肥、堆肥等。园田土要求取自非重茬地，理化和生物性状良好，最好使用葱蒜类茬口的园田土。有机肥源不足的地区，床土配制时可适量加入化肥。

育苗床土的具体配方视不同蔬菜和育苗时期灵活掌握。一般来说，播种床要求肥力较高，土质更疏松，因而有机肥的比例较高，其有机肥和园土之比为(6～7)∶(3～4)；分苗床要求土壤具有一定的黏结性，以免定植时散坨伤根，其肥、土比为(3～5)∶(5～7)。不论采用什么配方配制床土，当速效氮和速效磷低于50 mg/kg时，可掺入化肥提高养分含量。通常，每立方米床土可加入尿素0.25 kg、过磷酸钙2～2.5 kg，切勿加入过多。掺入化肥后，必须充分拌匀，以免引起肥烧。

配制好的床土应进行消毒。常用的消毒方法有药剂消毒和物理消毒。药剂消毒常用福尔马林、井冈霉素、氯化苦、绿亨2号等。如用0.5%福尔马林喷洒床土，拌匀后密封堆置5～7 d，揭开薄膜待药味挥发后再使用，可防治猝倒病和菌核病；用井冈霉素溶液（5%井冈霉素12 mL，加水50 kg），在播前浇底水后喷在床面上，对苗期病害有一定防治效果。物理消毒方法有蒸汽消毒、太阳能消毒、微波消毒等。欧美等国家常用蒸汽进行床土消毒，对防治猝倒病、立枯病、枯萎病、菌核病等都有良好的效果。

2）育苗时期的确定

播种期的确定一般是从定植时间按某种蔬菜的日历苗龄向前推算，即为播种期。理论日历苗龄取决于设施性能、蔬菜种类和形态苗龄标准。一种蔬菜幼苗长到一定大小需要一定的天数，是由于幼苗生长到每一特定的形态苗龄都需要一定的积温（表6-4），只有满足幼苗生长发育最低要求以上的积温（有效积温）才对幼苗生长发育是有效的。实际日历苗龄除理论日历苗龄外，还应考虑到分苗和定植前秧苗锻炼等措施对苗龄的影响。

表6-4　几类蔬菜幼苗生长发育所需理论积温和苗龄

蔬菜种类	生长发育过程								苗龄（d）	积温（℃）
	催芽（d）	积温（℃）	出苗（d）	积温（℃）	子叶期（d）	积温（℃）	成苗期（d）	积温（℃）		
瓜　类	1～3	30～90	3	70	7	110～120	20	360～380	31～33	570～660
番　茄	4	130	3	70	8	130	35	685	50	1 015
茄子、辣椒	6	180	5	110	8	140	41～44	820～880	60～65	1 250～1 310
豆　类	—	—	3	80	—	—	17	270	20	350
甘蓝、菜花	1	22	2	50	5	75	38	684	46	831
莴　苣	2	40	3	70	5	75	32	545	42	730
芹　菜	5	100	5	100	10	150	40	680	60	1 030

分苗难免对幼苗有一定的损伤，每次分苗后都有一定的缓苗期。缓苗期的长短主要取决于分苗方式和设施性能，一般需要3～5 d。因此，在确定实际日历苗龄时，每分1次苗，应增加苗龄天数3～5 d。定植前秧苗锻炼，由于处于胁迫条件下秧苗生长缓慢，一般又需再加苗龄天数3～5 d。此外，在设施性能较差或气候多变的季节育苗，日历苗龄应再加机动时间3～5 d。

播种期的确定是影响秧苗质量的关键之一。生产中常由于播期过早或过晚而导致形成“老化苗”、徒长苗或其他质量低劣的苗。

3）苗床准备

育苗前，应根据育苗蔬菜对环境的适应能力准备和选用育苗设施。苗床面积应根据计划栽植苗数、成苗营养面积等确定。使用旧育苗设施时，育苗前应进行设施修复和环境消毒。温室、塑料大棚等大型设施内一般设置多个苗床，每个苗床畦宽为1～1.5 m；温床、冷床、塑料小拱棚等小型设施内，一般只设1个苗床。采用电热线育苗的，应事先在床内布设好地热线，并接通电源。单位苗床面积电热线的功率密度取决于设施类型、蔬菜种类、育苗地区、育苗季节等，一般为80～120 W/m^2。

苗床准备好后，应在床内填入配制好的床土。茄果类、甘蓝类等蔬菜，一般分设播种床和分苗床，应分别填入已准备好的播种床和分苗床的床土。播种床床土厚度5～6 cm；分苗床床土厚度 10～12 cm，常装入营养钵内。瓜类、豆类等蔬菜育苗时常直接在营养钵内播种，因此将床土直接装入营养钵内放入苗床中。苗床装填好后，应整平床面，以便播种时浇水均匀。

低温季节育苗，苗床准备好后，应于使用前 3～5 d 覆盖设施升温。

4)苗床播种

(1)播种量(sowing rate) 播种量是影响秧苗质量和育苗效率的重要因素。播种前要根据生产上单位面积用苗数、单位重量种子粒数、种子纯度、发芽率和安全系数，计算 667 m^2 实际需要的种子量。

每 667 m^2 需种量(g)＝ 定植 667 m^2 需苗数/(每克种子粒数×种子纯度×发芽率)×安全系数

式中，安全系数取值范围为 1.5～2。一般，在适宜育苗条件下，每 667 m^2 定植面积需种量为：番茄 20～30 g，辣椒 80～110 g，茄子 35～40 g，黄瓜 150～200 g，甘蓝 25～40 g，南瓜 250～400 g。

(2)播种 苗床播种应根据天气预报确定具体播种日期，争取播后能有 3～5 d 晴天。播前先浇透底水，以湿透床土 7～10 cm 为宜，浇水后撒薄薄一层细床土，并借此将床面凹处填平，即可播种。小粒种子多撒播，为保证播种均匀可掺细土播种，播种密度一般按每 10 cm^2 床土 3～4 粒有效种子计算。瓜类、豆类种子多行点播，将种子直接播于容器中央，每容器 1～3 粒种子。瓜类种子应平放，不要立插种子，防止出苗时将种皮顶出土面产生子叶“带帽”现象(图 6-3)。播后应立即用潮湿的细床土覆盖种子。覆土厚度依种子大小而定，茄果类、甘蓝类、白菜类等小粒种子一般覆土 0.5～1 cm，瓜类、豆类等大粒种子一般覆土 1～2 cm。盖土太薄，床土易干，出苗时易发生子叶“带帽”；盖土过厚出苗延迟。若盖药土，应先撒药土，后盖床土。为增温保湿，播后立即用地膜覆盖床面或育苗盘等容器，在出苗过程中膜下水滴多时可取下薄膜，抖落掉水滴再盖上，直至开始出土时撤掉。

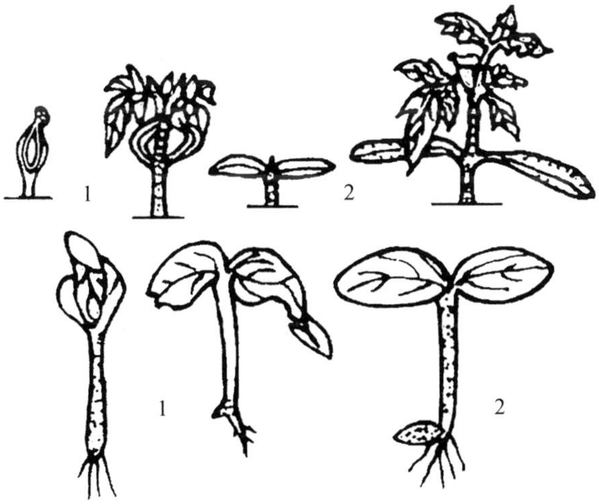

图 6-3 黄瓜、番茄子叶带帽苗与正常脱壳苗比较

1. 子叶带帽苗 2. 子叶正常脱壳苗

5)播种床管理

包括出苗期管理、籽苗期管理和幼苗期管理。

(1)出苗期　在播种时浇足底水的前提下,关键是温度和光照的管理。芽子出土前,加温育苗可保持昼夜恒温,喜温蔬菜 25～28 ℃,喜凉蔬菜 20～25 ℃。为节约能耗,夜间喜温蔬菜和喜凉蔬菜可分别降至 18～20 ℃和 15～18 ℃。光照管理依天气而定,天气好时白天应揭去保温覆盖物照光增温,天气不好时以盖床保温为主。当芽子大量拱出土时,应及时改为昼夜温差管理,白天必须照光,以免形成下胚轴徒长的"高脚苗"。同时,及时撤掉覆盖地面的薄膜,防止烤坏幼芽。发现土面裂缝及出土"戴帽"时,可撒盖湿润细土,填补土缝,增加土表湿润度及压力,以助子叶脱壳。

(2)籽苗期　是幼苗最易徒长("拔脖")的时期,此期适当降低夜温和增加光照是控制徒长的有效措施。喜温蔬菜和喜凉蔬菜的夜温分别降至 12～15 ℃和 9～10 ℃,昼温分别保持 25～26 ℃和 20 ℃;白天必须照光,灾害性天气如雪天也应每天适当见光。久阴暴晴后,应通过遮花阴使幼苗逐渐适应强光。

(3)幼苗期　管理原则是"促""控"结合,适当提高夜温,促进叶面积扩大和基本同化器官的健壮生长。喜温蔬菜昼夜温分别保持 25～26 ℃和 15～17 ℃,喜冷凉蔬菜分别保持 20～22 ℃和 10～12 ℃。随外界气温上升加大放风量。如播种时底水充足不必浇水,可向床面撒一层湿润细土保墒。如底水不足,床土较干,可选晴天一次喷透水然后再保墒,切忌小水勤浇。经常清洁玻璃或薄膜,增强室内光照;适当早揭晚盖保温覆盖物,延长光照时间,促进光合产物的积累。如遇灾害性天气,处理方法同籽苗期。如发生猝倒病应控水防病,必要时可提前分苗,防止病害蔓延。

6)分苗

分苗是育苗过程中的移植,主要目的是扩大营养面积。

(1)分苗原则　一次点播,营养面积足够的可不分苗。分苗虽能刺激侧根发生,但毕竟对幼苗造成创伤,苗越大,分苗伤害越重。因此,应尽量早分苗,少分苗。不耐移植的蔬菜如瓜类,应在子叶期分苗;茄果类蔬菜最晚必须在花芽开始分化前分苗。

(2)营养面积　分苗所需的营养面积大小,取决于成苗大小、单叶面积大小和叶开张度等因素。一般甘蓝类为 6～8 cm、茄果类 8～10 cm、瓜类 10～12 cm。

(3)分苗技术　分苗前 3～4 d 播种床幼苗要通风降温和控水锻炼,提高其适应能力。分苗前 1 d 将播种床浇透水,以便起苗和减少伤根。分苗宜在温暖的晴天进行,以利于缓苗。

分苗方法有开沟分苗、切块分苗和容器分苗。开沟分苗缓苗快,但护根效果差;容器分苗技术性强,但护根效果好。开沟分苗时,从装填好床土的分苗床一端,先开深 5～8 cm 的浅沟,沟内浇足水,趁水未渗完时按株距在沟内摆苗,并覆土扶直幼苗。切块分苗,先在铺好床土的床内浇透水,水渗下后用刀将床土划透成等边的方块,然后在切块内分苗。容器分苗一般也是先在摆好容器的床内浇透水,然后在容器内分苗。切块和容器分苗有两种做法。一种是先用一根粗竹竿或细木棒在切块或容器中央扎一孔,深约 5 cm,在孔内放苗,然后在孔内填入潮湿的细床土,压实;另一种是一手持苗,拇指和中指捏住苗上端,食指摁住苗根部趁浇水后床土湿软时直接将苗根部压入切块或容器中央的泥土内,然后用潮湿的细床土覆盖,压实。

分苗深度一般子叶节与地面齐平为度。子叶已脱落的苗或徒长苗,可适当埋深些。

分苗时,应尽量减少对幼苗根系和茎叶的损伤,以缩短分苗后的缓苗期。

7)分苗后管理

分苗后的管理分为缓苗期、成苗期和定植前 3 个阶段。

(1)缓苗期管理　分苗后缓苗期一般 3～5 d,管理原则是高温、高湿和弱光照。因为分苗后根系恢复生长要求较高的地温,为减少叶片蒸腾失水,维持幼苗体内水分平衡,应保持较高的空气湿度,并避免强光。一般喜温蔬菜地温不能低于 18～20 ℃,气温白天 25～28 ℃,夜温 20 ℃,不应低于 15 ℃;喜凉蔬菜可相应降低 3～5 ℃。为了保湿,缓苗期间不通风。光照过强时,应适当遮阳,防止苗子日晒后萎蔫。分苗后,由于幼苗生长暂时停滞或减缓,心叶色泽由鲜绿转为暗绿。当幼苗心叶再次由暗绿转为鲜绿时,表示根系和幼叶已恢复生长,缓苗结束。

(2)成苗期管理　缓苗后幼苗生长加快,生长量大,果菜类开始花芽分化,是决定秧苗质量的重要时期,应加强温度和光照管理。缓苗后,及时降低夜温,以防徒长,降低茄果类花芽分化节位,增加瓜类雌花分化。喜温蔬菜白天 25 ℃左右,夜间 12～14 ℃;喜凉蔬菜白天 20 ℃左右,夜间 8～10 ℃。但长时期连续夜温过低,如番茄低于 10 ℃易出现畸形果,甘蓝、芹菜等低于 4～5 ℃易发生未熟抽薹的现象。

在幼苗封垄之前,苗距大,光照好,幼苗不易徒长,可适当少通风,一般仅在白天通风,并注意通风由小到大、由南及北逐渐增加的原则。通风过猛,因幼苗不能适应空气湿度和温度的剧烈变化,易出现叶片萎蔫,2～3 d 后叶面出现白斑,叶缘干枯,甚至叶片干裂的现象,俗称"闪苗"。封行后,幼苗基部光照逐渐减弱,空气湿度较大,因而极易徒长,应加强通风,在保证温度前提下夜间也可适当通风。同时,应经常清洁透明覆盖物,尽量增加设施内光照强度。育苗容器较小的,应随着幼苗生长,当封行后及时加大苗钵距离,扩大幼苗生长空间。

(3)定植前锻炼　为使秧苗定植到大田后能适应栽培场所的环境条件,加速缓苗生长,增强抗逆性,应从定植前 3～5 d 开始锻炼秧苗。锻炼的主要措施是降温控水,加强通风和光照。特别是要降低夜温,加大昼夜温差。如果是为露地栽培培育的秧苗,最后应昼夜都撤去覆盖物,达到完全适应露地环境的程度,但必须注意防止夜间霜害;为设施生产培育的秧苗应以能适应定植场所的气候条件为锻炼标准。在锻炼期间,喜温蔬菜类最低可达 7 ℃,个别蔬菜如番茄、黄瓜可达 5 ℃;喜凉蔬菜可降到 1～2 ℃,甚至有短时间的 0 ℃低温。

经过较低夜温锻炼可有效提高秧苗的耐寒性。据研究,黄瓜经过 6 ℃条件锻炼 6 d,在(1±1)℃致害低温下 40 h 未见萎蔫现象发生,而对照苗不足 10 h 即开始萎蔫。秧苗通过降温控水锻炼,生长速度减慢,光合产物积累量增加,茎、叶组织的纤维素和含糖量增加,抗逆性增强。

定植前锻炼也不能过度,否则易导致形成番茄"老化苗"和黄瓜"花打顶苗"。对定植在温暖条件下(如温室)的秧苗,可轻度锻炼或不锻炼。

6.2.4.2　嫁接育苗

嫁接育苗是指将栽培品种幼苗的地上部(接穗)移接在具有优良根部性状等的其他带有根系茎(砧木)的蔬菜或植物幼苗上,形成一个新的组合苗,并将其培育成健壮的秧苗。其主要目的是防止土传病害、提高秧苗对低温、干旱、瘠薄等逆境的适应能力。目前主要在瓜类和茄果类蔬菜上应用嫁接育苗技术,瓜类枯萎病、茄果类青枯病、茄子黄萎病等,都是土传病害,特别在设施生产中因连作病害严重,嫁接育苗已成为有效防病措施。

1)砧木选择

嫁接育苗的关键是砧木选择。首先砧木应具有突出的抗病或抗逆特点,能弥补栽培品种的性状缺陷;其次砧木应与接穗具有高度的亲和力,以保证嫁接后伤口及时愈合成活;最后砧木还应对接穗果实品质等无不良影响。目前,黄瓜普遍采用黑籽南瓜或中国南瓜作砧木;西瓜常用各种瓠瓜作砧木,抗枯萎病,耐低温或高温等逆境;甜瓜常用士佐系南瓜或中国南瓜作砧木，也可用甜瓜共砧，或冬瓜、丝瓜或瓠瓜作砧木。西葫芦、苦瓜、冬瓜可用黑籽南瓜作砧木。茄子用赤茄、托鲁巴姆、耐病 VF、利茄(CRP)等野生茄或其杂交种作砧木。番茄用兴津 101、LS-89、耐病新交 1 号、斯库拉姆、安克特等野生番茄或其杂交种作砧木。

2)砧木和接穗的培养

与不嫁接的自根苗相比，嫁接育苗因接穗在嫁接愈合期生长较慢，播种期一般应提前 5～8 d。砧木和接穗的具体播期因接穗和砧木种子萌发及幼苗生长速度、嫁接方法等不同而异。一般来说，黄瓜接穗比黑籽南瓜砧木早播 3～5 d；甜瓜、西瓜接穗比砧木晚播 5～7 d，番茄接穗比砧木晚播 3～5 d，茄子接穗应较砧木赤茄晚播 7 d，较砧木托鲁巴姆晚播 25～30 d。

砧木和接穗的种子可浸种、催芽后播种。接穗一般撒播于疏松的培养土中；砧木可以撒播或点播于营养钵中，具体因嫁接方法而选择。嫁接时对接穗和砧木苗大小的要求也因蔬菜种类和嫁接方法的不同而异，如瓜类接穗一般培养至子叶展平、真叶顶心时，砧木苗达子叶展平为宜；茄子接穗苗一般达 3～4 片真叶，砧木苗达 5～6 片真叶为宜。

3)嫁接方法

植物嫁接的方法很多，但在蔬菜嫁接育苗上以靠接、劈接、插接和斜切接法应用较多。

(1)靠接法　是瓜类蔬菜应用最为普遍的嫁接方法。因接穗与砧木以舌形套接，故又称为舌靠接(图 6-4)。接穗苗和砧木苗常撒播培养，嫁接时，分别拔出砧木苗和接穗苗，在操作台上嫁接。先备砧木，切除真叶及生长点，在子叶节下 0.5 cm 处由上向下斜切至胚轴直径的 1/2，刀口长约 1 cm。后削接穗，在子叶节下 1.5～2 cm 处由下向上斜切至胚轴直径的 2/3 处，刀口长约 1 cm。最后将接穗和砧木的切开部分相互吻合接好，用嫁接夹固定。嫁接后将砧木和接穗同时栽入营养钵中，接穗的根系置于营养土表面浅覆盖，并与砧木根系保持一定距离，以便后期断根。靠接后约 10 d，当伤口愈合，嫁接成活后，从接口下部逐渐截断接穗的根系。此种嫁接方法虽然操作较麻烦，但成活率高。

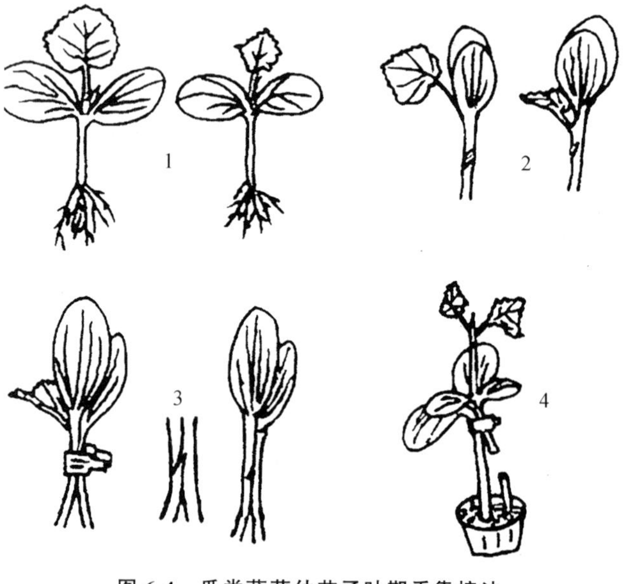

图 6-4　瓜类蔬菜幼苗子叶期舌靠接法

1. 砧木苗(左)与接穗苗(右)　2. 砧木苗和接穗苗处理　3. 嫁接　4. 接穗苗断根

(2)劈接法　主要用于瓜类嫁接,砧木在营养钵播种培养,接穗撒播培养。嫁接时,先用刀片切除砧木的真叶和生长点,从两片子叶中间并靠胚轴一边向下斜切一刀,深约 1 cm;拔起接穗苗,从子叶下 2～3 cm 处向下斜切胚轴,刀口长 0.8～1 cm,使成楔形,切面要光滑。然后将削好的接穗迅速插入砧木的切口内,使接穗与砧木的一边对齐。并及时用嫁接夹或塑料薄膜固定。嫁接后接穗的子叶在砧木的子叶之上,二者相互交叉成十字形。此法操作容易,成活率较高。

(3)插接法　多用于瓜类嫁接,砧木在营养钵播种培养,接穗撒播培养。嫁接时,先切除砧木真叶及生长点,用一与接穗下胚轴粗细相当的竹签,由一子叶基部的下胚轴向另一子叶的下方斜插至表皮处,插孔长约 0.6 cm。后削接穗,在接穗苗的子叶节下约 0.5 cm 处,用刀片斜切下胚轴成两段,刀口长约 0.6 cm。削切好接穗后,立即拔出竹签,将接穗插入插孔,并使接穗的两片子叶与砧木的两片子叶成十字形。此法操作简便,且不需固定,工效高,但对嫁接后的管理要求高。

(4)斜切接法　多用于茄果类嫁接,又叫贴接法。当砧木苗长到 5～6 叶时,保留基部 2 片真叶,从第二片真叶上方的节间斜切,去掉顶端,形成 30°左右的斜面,斜面长 1.0～1.5 cm。再将接穗苗拔下,保留上部 2～3 片真叶和生长点,从第二或第三片真叶下部斜切一刀,去掉下端,形成与砧木斜面大小相等的斜面。然后将砧木的斜面与接穗的斜面贴合在一起,用嫁接夹固定。

4)嫁接后的管理

嫁接苗成活率除与嫁接操作技术、砧木与接穗亲和性等有关外,还在很大程度上受嫁接后苗床管理的影响,特别是嫁接苗伤口愈合期的管理是嫁接苗成活的关键。嫁接苗床管理应注意以下环节。

(1)温度　嫁接后的 3～5 d 为嫁接苗伤口愈合期,要求温度较高(茄果类及瓜类蔬菜常要求 28～30 ℃),以促进伤口愈伤组织形成。之后转入正常温度管理阶段,防止嫁接苗徒长。至定植前 5～7 d,再适当降低温度进行幼苗锻炼,提高嫁接苗抗逆性。

(2)光照　嫁接后 3～5 d,嫁接苗床应密闭遮阳以减少接穗水分蒸腾、防止萎蔫;之后苗床应逐步增加光照时间和光照强度,以提高嫁接苗适应性和增加光合产物。当嫁接苗生长点有 1～2 片新叶长出时,表明伤口已完全愈合,即可转入正常光照管理。

(3)保湿　嫁接苗成活前,尤其是嫁接初期,苗床应浇足底水、注意保湿,并力争空气相对湿度保持在 90%以上,必要时可向苗床空间进行喷雾,以防止幼苗萎蔫。嫁接苗成活后,苗床应及时通风、降温、降湿,转入正常管理。

(4)切断接穗胚根、剔除砧木侧芽　采用靠接法嫁接后 8～10 d,当幼苗有 1～2 片真叶长出时,将接穗胚根及时切断。无论采用哪种嫁接方法,尽管在嫁接时已经将砧木生长点剔除,但随着嫁接苗的生长,砧木还会再长出侧芽,如放任生长则会消耗大量养分而影响接穗生长,因此嫁接苗成活后一旦砧木有新的侧芽长出,应及时剔除。

6.2.4.3　露地育苗

露地育苗是指在露地自然条件下,或在露地仅附加简易遮阳、防虫等措施的条件下育苗。育苗目的是经济利用土地和培育壮苗,如大葱、洋葱、秋莴笋、秋花椰菜、秋甘蓝往往都在生长季节育苗。与设施增温育苗相比,露地育苗成本低,管理简单,秧苗生长快,日历苗龄短,如大白菜 15～20 d,瓜类 20 d 左右,茄果类 40 d 左右,甘蓝类 30～40 d。但是,露地育苗也容易出现高温、霜冻、暴雨、干旱、大风及病虫等危害,应采取相应措施。

1)春季露地育苗

春季露地育苗的蔬菜种类很多,有晚熟的甘蓝、番茄、茄子、辣椒,以及冬瓜、伏芹菜、晚黄瓜、菜豆、葱、韭菜等。除一般育苗技术外,应着重抓好以下关键技术要点。

(1)防冻保苗　喜温性蔬菜春季育苗时,应防止低温造成的冷害。播期应掌握在终霜后正好出苗为宜;为保证出苗整齐,播后可用废旧塑料薄膜平铺畦面增温保湿,促进发芽。如果出苗后遇到寒流或霜冻,应事先做好临时保护,如用地膜覆盖等。

(2)防旱保苗　韭菜、葱、芹菜等蔬菜种子小,出苗时间长,容易受干旱的威胁。特别在春季风较大的地区,土壤更易干旱,阻碍种子发芽出土。对这些蔬菜育苗,应细致整地,并经常保持土壤湿润,防止苗根枯死,必要时于播种后加地面覆盖保墒。

(3)防草保苗　杂草一般比蔬菜出苗早、生长更快,应将其消灭在初生阶段,防止对秧苗产生危害。可结合苗床中耕保墒,用手工除草。对于撒播且幼苗密度大的苗床,可用除草剂除草。如33%除草通(100 g/667 m^2)可用于大葱苗床除草,48%地乐胺(200 g/667 m^2)可用于大葱、韭菜苗床除草,48%氟乐灵乳油(120 g/667 m^2)可用于黄瓜苗前除草。芹菜抗药力较强,多种除草剂都可以应用,如播种后用48%氟乐灵乳油[(120～150)g/667 m^2]或48%地乐胺乳油(200 g/667 m^2)等。25%胺草磷乳油(200 g/667 m^2)、70%赛克津可湿性粉剂(100 g/667 m^2)可用于番茄播后苗前除草。

(4)苗期管理　春季露地育苗的苗期管理主要做好水分管理,其他基本同设施育苗。

2)夏季露地育苗

夏季露地育苗的蔬菜主要有花椰菜、青花菜、大白菜、秋延后茄子、番茄、辣椒等,还有晚甘蓝、芹菜、芥菜、莴笋、结球莴苣等。夏季高温、强光,并多阵雨及暴雨,有时还出现严重干旱,病虫害多且危害严重,育苗中可采用以下主要措施。

(1)防止高温强光危害　高温强光不利于蔬菜幼苗,特别是喜凉蔬菜如芹菜、莴苣等的生长。防止高温和强光,可用寒冷纱或遮阳网覆盖苗床或在苗床上撒一些截短的麦秆或稻草;将苗床建在高棵作物遮阳下或田间阴凉处;出苗期间或出苗后早、晚用井水进行灌溉等,都是有效措施。

(2)防治病虫害　高温条件下蔬菜病毒病等病虫害严重,应选用抗病虫品种、防虫网覆盖、频振式杀虫灯诱杀、黄胶板诱扑、银灰膜驱避等防虫;用种衣剂包衣种子或药剂浸种可有效防治种苗病害;必要时可用农药防治。

(3)防止暴雨危害　夏季暴雨易使土壤板结或造成涝害,应选地势高燥的沙壤土为宜。育苗期遇暴雨要及时排水,也可采用简易覆盖防雨措施。如土壤板结可在苗床上轻耙或轻浇水,以湿润床面。

(4)防止秧苗徒长　高温季节秧苗很易徒长,预防徒长除控水、及时分苗、加大营养面积等措施外,还可喷乙烯利等生长调节剂,如喷150～200 μL/L乙烯利可控制黄瓜徒长,促进雌花分化;喷40%～50%矮壮素可使番茄秧苗粗壮,促进花芽分化。

3)秋季露地育苗

秋季播种育苗的蔬菜主要为越冬蔬菜,如大葱、洋葱等,冬季休眠,翌年春定植;还有白菜、紫菜薹、冬甘蓝、莴笋等。育苗中应注意以下关键技术。

(1)确定适宜播种期　秋播育苗播种期很重要,白菜、紫菜薹等播早了容易得病;越冬蔬菜如大葱、洋葱,播早了易引起未熟抽薹,播晚了又不耐寒,越冬容易死亡或营养体过小而影响产量。容易出现未熟抽薹的大葱、洋葱、甘蓝等绿体春化型蔬菜，应在不致通过春化的前提下，使幼苗越冬有较大的秧体。其他秋播蔬菜以在保证足够的生长期的前提下，适当晚播为原则，减轻病害。

(2)加强水分管理　秋季育苗，雨季已过，播后易受旱害。应经常保持苗床湿润，播后如不下雨应及时浇水。越冬苗应浇封冻水，抗旱保温，防止越冬死苗。翌年春及时浇返青水和追肥，控制水量，防止土温降低。在冬春雪大地区应清除苗床积雪，防止雪水涝死秧苗。

6.2.4.4　扦插育苗

扦插育苗是无性繁殖方法，多用于特殊品种的生产和科研中，如番茄侧枝扦插育苗，大白菜、甘蓝腋芽扦插繁种等。其突出优点是能够保持种性，显著缩短育苗期，方法简便。但由于育苗量受无性繁殖器官来源的限制，加之发根条件较为严格，一般只适用于小批量育苗。扦插育苗的技术关键在于促进发根，技术要点在于发根期间保持适宜的温度、较高的空气湿度和较弱的光照，还可用生长素(如萘乙酸 500 mg/L，吲哚乙酸 1 000 mg/L)或生根剂处理，促进生根。育苗基质可以用床土、炉渣、砂、蛭石、珍珠岩等固体基质，扦插前对基质要进行消毒。也可水培或气培。扦插后发根期为 3～5 d，不需供给营养，但需较高的温度和空气湿度，光照过强也应适当遮阳。发根以后的秧苗培育与一般育苗相同。

目前，为使马铃薯等块茎类蔬菜提早收获，增加产量，多利用种薯进行育苗。将种薯暖种催芽后，给以适当的温度、水分、光照、营养等使幼苗在块茎上直接长出，当苗长到一定大小时，从块茎上取下定植。

6.2.4.5　工厂化育苗

工厂化育苗是指在人工控制的最佳环境条件下，采用科学化、标准化的生产工艺和技术措施，运用机械化和自动化的生产手段，以先进的现代组织经营管理方式，规模化、高效率和高效益地生产优质蔬菜秧苗。

1)工厂化育苗的特点

(1)育苗设施现代化　育苗一般都在现代化温室内进行，配备有良好的保温、加温、降温、采光、补光、遮光、喷水(雾)等环境调控和智能化管理系统，并有基质调配和装填、精量播种、自动供液和施肥等系统。

(2)育苗技术和工艺标准化　采用标准化的育苗技术和工艺是成批生产整齐一致的优质产品苗的保障。

(3)育苗手段机械化和自动化　工厂化育苗的主要或全部环节实行机械化或自动化操作，并向自动化作业方向发展。

(4)管理科学化　工厂化育苗是较大规模的专业化育苗，必须由现代企业经营，按照科学化的管理，组织生产和市场营销。

(5)秧苗产品规格化　以一定育苗程序分阶段作业，按计划时间及秧苗规格成批生产秧苗，不同批次的同一秧苗产品可保证稳定的相同规格。

2)工厂化育苗的设施与设备

工厂化育苗的设施由播种车间、催芽室、育苗温室、包装车间及附属用房等组成，主要设备包括育苗容器、精量播种设备、育苗床、运苗车、环境自控设备等。

(1)播种车间　用于安装精量播种流水线、放置部分育苗基质、肥料、育苗盘、育苗车等，要求空间充足，便于操作，水、电、暖设备齐全。

(2)催芽室　应配备加温、增湿、空气交换等自动控制和显示系统等设备，要求温度、湿度可控制且室内分布均匀。育苗温室则为自控现代化温室。

(3)育苗容器　工厂化育苗容器主要为塑料钵和穴盘，目前国内生产的塑料钵多为上大下小的圆形钵，有多种规格，可依蔬菜种类和成苗大小选用。穴盘的外形和孔穴的大小采用国际统一标准，穴盘宽 27.9 cm、长 54.4 cm、高 3.5～5.5 cm；每盘孔穴数有 50、72、98、128、200、288、392、512 等多种规格；根据穴盘自身重量，有 130 g 轻型盘、170 g 普通盘和 200 g 以上的重型盘。

(4)精量播种设备　是工厂化育苗的核心设备，包括拌料、基质装填、刮平、打孔、精量播种、覆盖、喷淋全过程的生产流水线。

(5)运苗车和育苗床架　运苗车包括穴盘转移车和成苗转移车。育苗床架可选用固定床架和育苗筐组合机构或移动式育苗床架。

(6)环境自控系统　包括加温和降温系统、加湿和排湿系统、补光和遮光系统、灌溉和施肥系统以及控制系统等。

3)工厂化育苗的工艺流程

包括准备、播种、催芽、育苗、出室包装等(图 6-5)。

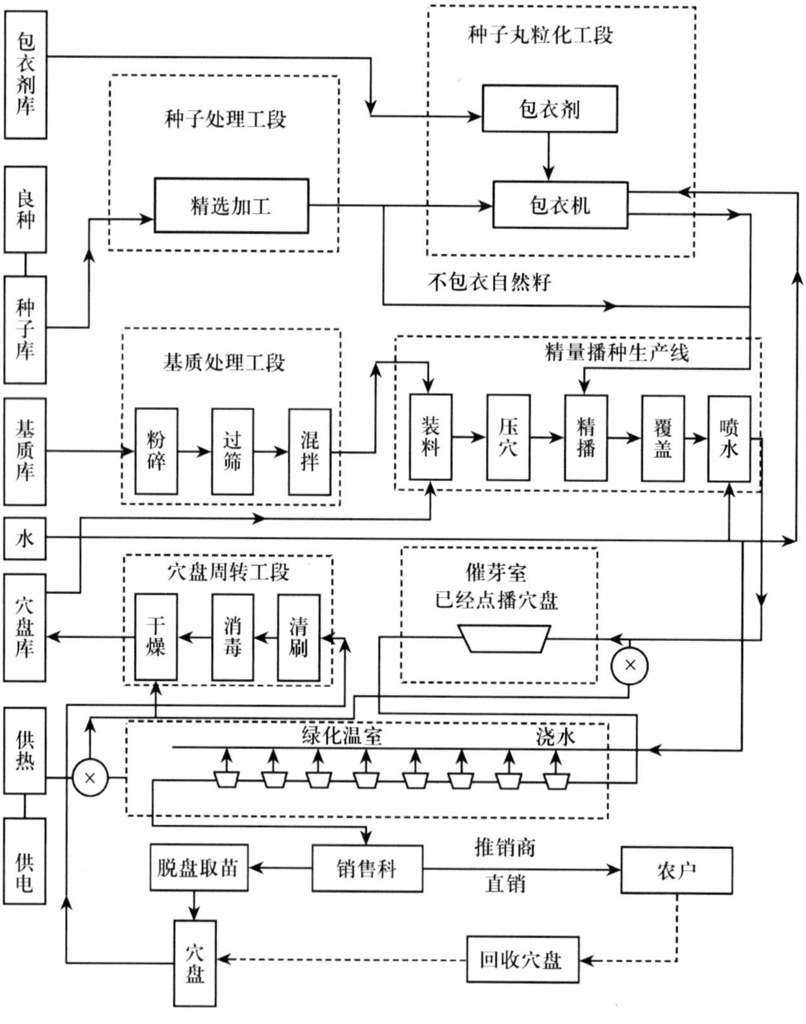

图 6-5　蔬菜工厂化育苗生产工艺流程

4)工厂化育苗关键技术环节

(1)育苗基质的选择　工厂化育苗主要采用无土轻基质,如草炭、炉渣、蛭石、珍珠岩或它们的混合基质,这些基质通气透水性好,质地轻,便于搬运,尤其是便于成苗带基质运输。草炭是国际上公认育苗最好的基质材料,我国吉林省、黑龙江省等地贮量丰富。基质选择原则应符合工厂化育苗的基本需求:当地资源丰富、价格低廉。基质应用前应进行必要的消毒处理。

(2)营养液配方与管理　采用以草炭、生物有机肥和复合肥等配制的专用基质育苗,育苗期间以浇水为主,适当补充一些大量营养元素即可。基质中未加固体肥料的,育苗期间要浇灌营养液。一般苗期营养液的使用浓度为成株期的50%～70%,*EC*保持在0.8～1.3 mS/cm,适宜的pH为6.0～6.5。

(3)精量播种　采用精量播种设备和流水线作业完成。根据精量播种的作业原理不同,播种器分为真空吸附式和齿盘转动式两种类型。前者对种子大小和形状没有严格要求,但播种速度较慢,通常为200～400盘/h;后者工作效率高,可达800～1 000盘/h,但对种子粒径大小和形状要求比较严格,多数蔬菜种子需经丸粒化加工后才能播种。

(4)催芽室催芽　播种后的穴盘运入催芽室催芽,保持适宜的温度和湿度条件,注意通风换气。当50%以上种子萌芽出土时,及时转入育苗温室见光育苗。

(5)苗期管理　工厂化育苗的苗期管理按照相关的技术规程进行,实施标准化的管理。温度、湿度、光照等环境调控主要由控制系统自动管理。但育苗期间需经常检查幼苗生长情况及控制系统的作业情况。必要时应调整穴盘位置,以便幼苗生长整齐一致。发现有病虫害应及时采取有效控制措施。

5)种苗的经营与销售

(1)种苗包装　包括包装材料的选择、包装设计、包装装潢、包装技术标准等。蔬菜秧苗的包装材料一般为硬质塑料或瓦楞纸;包装设计应根据种苗大小、运输距离长短、运输条件等确定。

(2)种苗运输　包括运输车辆、运输条件的控制等,按相应的运输标准进行。

(3)种苗销售　包括建立种苗销售体系和广告策划。国内多数地区尚未形成蔬菜种苗市场,应加强广告策划,创立企业名牌种苗产品。

(4)种苗示范和售后服务　结合种苗销售,选择目标用户进行商品种苗的生产示范,总结工厂化种苗配套的田间生产管理技术,使种苗和技术服务一体化。

思考题

1. 蔬菜种子有哪几类?如何识别蔬菜种子和蔬菜种子质量?
2. 蔬菜温汤浸种有什么作用?其技术要点是什么?
3. 蔬菜育苗对床土的基本要求有哪些?播种床和分苗床对床土的要求有何差异?
4. 如何确定蔬菜的育苗时期?
5. 蔬菜育苗中出现子叶带帽的原因有哪些?如何预防和补救?
6. 喜温蔬菜育苗中,各个时期苗床管理的技术要点和理论依据是什么?
7. 蔬菜为什么要进行嫁接育苗?嫁接育苗对砧木有何要求?常用的嫁接方法有哪些?嫁接后愈伤缓苗阶段苗床管理的技术要点是什么?
8. 与传统育苗方式相比,蔬菜工厂化育苗的基本特点是什么?

7

CHAPTER

蔬菜产量和品质形成原理与调控

高产、优质、高效是蔬菜生产的目标，既关系到生产者，又关系到消费者。要实现这一蔬菜生产目标，就必须了解蔬菜产量和品质形成的原理与调控技术。

7.1 蔬菜产量形成机制

7.1.1 产量含义

蔬菜产量是指在单位面积上一个生长期内所收获产品器官的量，单位可用 kg/hm。所有蔬菜作物的干物质质量中，有 90%～95%是通过光合作用形成的，而另外的 5%～10%是由根吸收的矿质营养所形成。因此，提高产量一方面要提高光合作用，形成更多的光合产物即碳水化合物，另一方面要使更多的光合产物向产品器官分配。

蔬菜产量有生物学产量和经济学产量之分。生物产量是指某种蔬菜一生中由光合作用所积累的干物质总量，包括根、茎、叶、花、果实、种子等所有器官；经济产量则是指有经济价值即可食用部分产量，如萝卜和胡萝卜的肉质根、马铃薯和山药的块茎、大白菜和甘蓝的叶球、花椰菜的花球、黄瓜和番茄的果实等。经济产量与生物产量的比值称为“经济系数”，或称为“相对生产率”。如果以 Y_b 代表生物产量，Y_x 代表经济产量，K 代表经济系数，则 $K=Y_x \div Y_b$。

在大多数情况下，生物产量与经济产量之间有一定的相关或比例。如薯芋类、根菜类的地下食用部分，约为全部生物产量的 1/2。茄果类、瓜类、豆类的果实及种子的产量，也只有全部生物产量的一部分。只有绿叶蔬菜中的菠菜、芹菜、苋菜、茼蒿及小白菜类，它们的生物产量绝大部分都是经济产量或仅有少量的根和老叶不可食用。

但生物产量和经济产量并不是简单的正相关关系，经济系数的大小与多种因素有关。首先，蔬菜种类不同，K 差异很大。如绿叶菜类中的菠菜、苋菜、小白菜等的生物产量绝大部分都是经济产量，只有少量的根和老叶不能食用，其 K 可达 0.95；薯芋类、根菜类的食用部分比例也较高，其 K 为 0.55～0.75；瓜类、茄果类、豆类的 K 最小，只有 0.25～0.35。其次，同一种蔬菜不同品种，其 K 也有差异，例如果菜类的早熟品种 K 一般大于晚熟品种。此外，栽培技术和外界环境条件对 K 也有很大影响。

生产上，若要提高根菜类肉质根的产量，则地上的簇生叶也要大。果菜类产量的提高同样依赖旺盛的营养生长，但也要防止产生徒长现象，茎叶的生长量过多，向果实的养分输送量就减少，相对生产率(K)也随之降低。

在产量形成研究中，产量常用干物质表示，而生产中常用鲜物重表示。蔬菜种类繁多，产品器官的含水量差异很大，如大白菜、黄瓜产品器官的含水量高达95%及以上，菜豆为89%，而马铃薯则不到80%。一般含水量高的蔬菜鲜物产量也高；而淀粉、脂肪、蛋白质等含量高的蔬菜鲜物产量较低。但以干物重计算，蔬菜间产量的差异则相差不大(表7-1)。

表7-1 几种蔬菜的经济产量与干物产量的比较

种类	经济产量(鲜物重)(t/hm^2)	含水量(%)	干物产量(t/hm^2)
大白菜	75.0～112.5	95	3.75～5.62
番茄	60.0～90.0	94	3.60～5.40
黄瓜	82.5～112.5	96	3.30～3.90
洋葱	45.0～52.5	92	3.60～4.20
菜豆	22.5～30.0	90	2.25～3.00
马铃薯	22.5～30.0	79	2.50～3.30

7.1.2 产量形成特性

蔬菜产量的计算方法，可以单果或单株重计算，或以单个鳞茎、块茎、叶球等计算，但生产上常以单位面积来计算，即单位面积产量。不同种类的蔬菜，由于产品器官不同，产量的构成也不相同。

果菜类：单位面积产量=单位面积株数×平均单株果数×平均单果重

叶菜类：单位面积产量=单位面积株数×每株平均重

根菜类：单位面积产量=单位面积株数×平均单株根重

结球叶菜类：单位面积产量=单位面积株数×平均单株叶球重

构成产量的每一因素，在产量形成过程中都是变动的。在一定范围内，单位面积株数增加，单位面积产量也增加，但单位面积株数增加到一定范围以后，单位面积产量不但不继续增加，有时反而会下降。因此，在生产上要有一个合理群体和坐果数，才能获得较高的产量。直播蔬菜在一定范围内，播种量增加，单位面积产量也增加，但增加到一定程度以后，单位面积产量并不增加。如胡萝卜、菠菜、甘蓝、茼蒿、苋菜等，播种量可以相差很大，但到收获时，单位面积的经济产量都比较接近，表示作物群体在其形成过程中有自然稀疏现象。

另外，果菜类单株结果数的多少，是由开花数、坐果率及无效果数所决定的。即：

单果数=开花数×坐果率－无效果数

影响单果重的因素取决于果实发育的质量，以及土壤矿质营养条件及同化物质的合成与积累。在开花数、坐果率、无效果数之间都有一个营养物质的分配与生长中心的转移问题。在影响营养物质分配的因素中，与不同器官之间和不同部位之间的激素含量有关。幼嫩的叶片和发育中的幼果是有机营养的主要运转的场所。而环境条件、肥水管理、植株调整等会影响这种运转的速度与数量。

对于多次采收的果菜类，如茄果类、瓜类、豆类，在产量构成中有早期产量和后期产量之分。增加单位面积的株数，对早期产量的影响较大，对后期产量影响较小。单株果数的多少由开花数和坐果率所决定。茄子、辣椒、番茄等都有果数型和果重型的区别，一般早熟品种多为果数型，单果重较小，而单株果数较多；晚熟品种多为果重型，单果重较大，而单株果数较少。除遗传因素以外，单果重一方面取决于果实发育的质量，另一方面取决于营养条件，包括土壤的矿质营养及同化物质的合成与积累。

蔬菜作物的叶片是光合作用的主要器官，是营养物质生产的"源"，而产品器官，如果实、种子、块茎、球茎等则是营养物质的贮藏器官，是营养物质的"库"。而由"源"运转到"库"的途径、速度及数量，与源和库的大小有关。增加源的数量(如增加叶面积，改进叶的受光姿态等)，往往是增加产量的重要栽培管理措施。但库的大小也会影响到源的强度，在一定范围内，库的增大会促进源即光合作用的提高。实际上，一些未结果的植株叶片的光合作用强度不及已结果的植株叶片高。以番茄为例，在栽培上，摘除花序，也就是减少将来成为库(果实)的数量，同样会影响叶的净同化率。在自然状态下，摘除部分的叶片以后，剩余叶片的净同化率则可显著提高；相反，摘除全部花序，植株净同化率也会下降。因此，光合作用的大小也受到库的大小的影响。

7.1.3 产量形成原理

从生理因素分析，蔬菜产量形成主要是光合作用生产和干物质积累的过程，最终决定于光合作用系统的规模和效率。构成产量的生理因素有光合面积、光合速率、光合时间、净同化率和光合产物的分配利用等，统称为光合性能。光合性能是决定光蔬菜产量高低的关键，一切增产措施归根结底是通过改善光合性能而发挥作用的。

生物产量＝光合面积×光合速率×光合时间－光和产物的消耗

经济产量＝(光合面积×光合速率×光合时间－光和产物的消耗)×经济系数

所以要提高蔬菜作物产量主要是提高光合性能，降低呼吸消耗和提高经济系数。

7.1.3.1 光合面积

叶片是主要的光合器官。群体叶面积常用叶面积指数(Leaf area index，LAI)表示。LAI是指单位土地面积上的叶面积。在一定范围内，叶面积指数越大，光合产物越多，产量越高。但超过这一范围时，则会因叶片相互遮阳而使下部叶层的光照强度减弱，导致光能利用率下降，产量降低。光照强度在一个群体不同叶层的垂直分布与叶面积指数有关，服从 Beer-Lambert 定律。通常我们将光能利用率最高时的叶面积指数称为最适叶面积指数。光能利用率是指单位面积上植物通过光合作用积累的有机物占照射在同一地面上太阳辐射能的百分比。目前作物高产田的光能利用率不超过光合有效辐射能的 2%～3%，一般田块只有 1%左右。因此，通过提高光能利用率增加蔬菜产量的潜力很大，而提高光能利用率的最有效方法是合理调节群体结构，保持最适叶面积指数。最适叶面积指数的大小及其增长动态与植株密度密切相关，与温度、光照强度等环境条件和水分、土壤肥力、株型等栽培措施也有关系。一般果菜类如番茄、茄子等的适宜 LAI 为 3～4，而支架栽培的可达 6；一些蔓性瓜类蔬菜，如冬瓜、西瓜等无支架栽培时，其 LAI 一般为 1.5～2，而有支架栽培时，可提高到 4～6。

7.1.3.2 光合速率

不同蔬菜种类的光合速率差异很大，一般光合速率高的蔬菜，产量也高。植物的光合速率经常受外部条件和内部因素的影响，外部条件包括光照强度、温度、水分、二氧化碳（CO_2）及矿质营养等；内部因素包括叶龄、受光角度、植株的吸水能力、物质运转的库源关系等。

植物本身的生长状态与光能利用的关系十分密切，不同叶龄的光合强度及呼吸强度相差很大。以茄子为例，光合强度在叶龄为 20 d 以前，叶龄越大，光合作用也越大。叶龄 20～30 d 光合作用最旺盛，而 30 d 以上，则迅速下降。至于呼吸作用，则叶龄越小，呼吸作用越大；叶龄越大，呼吸作用逐渐下降。因此，在番茄、甜椒和黄瓜等蔬菜生产上，我们要及时摘除丧失光合作用功能的老叶，并通过植株调整等手段把光合作用旺盛的叶片放在最佳的受光面上。

光合速率与光照强度几乎呈正相关，但达到某一光照强度时，光合速率不再随着光照强度的增加而增加，此时的光照强度称为光饱和点，而光合速率为 0 时的光照强度称为光补偿点。不同蔬菜种类之间光合作用光饱和点和补偿点差异很大（图 7-1）。多数情况下，光合速率高的蔬菜，其光饱和点也高，如茄果类、西瓜、黄瓜、甘蓝、白菜、薹菜、萝卜、扁豆、胡萝卜、牛蒡、芥菜等；而光合速率低的蔬菜，光饱和点也较低，如姜、莴笋、结球莴苣、菠菜、大葱、大蒜等。同一种蔬菜不同品种对光照强度的反应也有差异，一般保护地品种的光饱和点和补偿点均明显低于露地品种。蔬菜群体的光饱和点和补偿点远高于单叶光饱和点和补偿点。

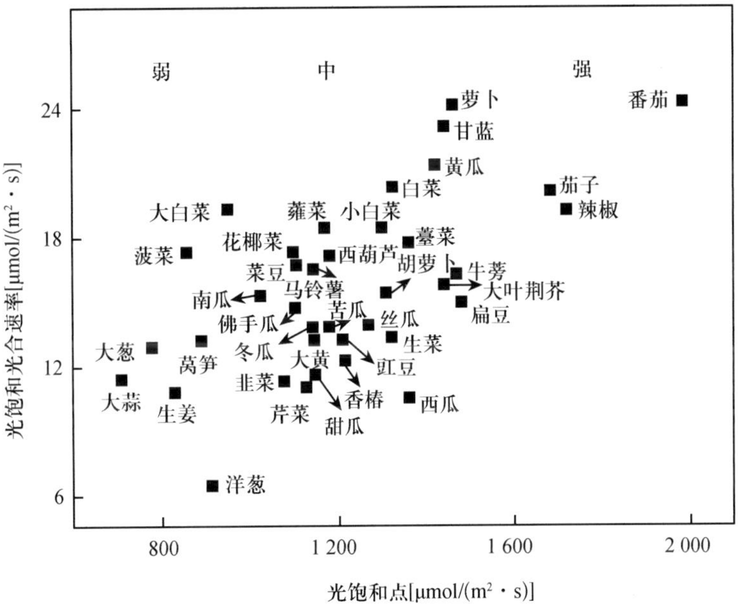

图 7-1 不同蔬菜光饱和点及其光合效率（喻景权，2014）

温度对光合速率影响也很大。低温下酶促反应下降，故光合速率降低。高温时光合速率降低的原因，一方面是叶绿体和细胞质的结构受损和叶绿体的酶钝化，另一方面是呼吸速率大于光合速率。当温度低于 30 ℃时，温度升高引起光合速率急速增大而呼吸速率增加很少。温度超过 30 ℃时，呼吸速率的增加幅度则大大超过光合速率的增加幅度，最终导致净光合速率下降。不同蔬菜种类光合速率的适温不同，耐热或冷敏蔬菜的光合适温较高，而耐冷或热敏蔬菜的光合适温则较低（图 7-2）。

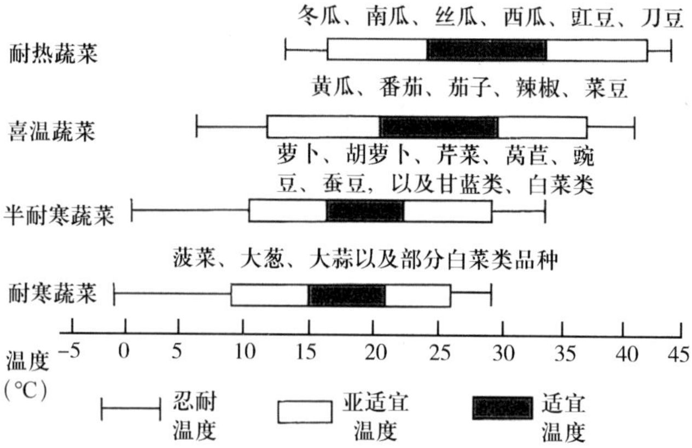

图 7-2　蔬菜生长发育的温度适宜范围

CO_2是光合作用的重要原料。当空气中的 CO_2 浓度超过补偿点后，叶片光合速率随着 CO_2 浓度的升高而增大，CO_2 浓度达到饱和点以后，光合速率停留在一定水平上不再增加。不同蔬菜种类的 CO_2 补偿点和饱和点差异较大，CO_2 补偿点高者为 70～80 mg/L，如瓜、洋葱等；低者为 20～30 mg/L，如大蒜、菠菜等，其余在 30～70 mg/L。CO_2 饱和点高的可达 1 700～1 800 mg/L，如佛手瓜、胡萝卜等；低的只有 900～1 000 mg/L，如菠菜。空气中的 CO_2 浓度为 340～360 mg/L，设施内 CO_2 施肥对提高蔬菜作物光合速率具有重要意义。

植物光合作用对土壤水分的变化非常敏感，轻度缺水就能引起光合速率的明显降低。轻度缺水时，供水能使光合能力在较短时间内恢复到原来的水平；严重缺水时，供水虽能使叶片水势得到恢复，但光合能力却恢复不到原来水平。

矿质元素直接或间接影响光合作用。氮、镁、铁、锰等是叶绿素生物合成所必需的矿质元素，钾、磷等参与碳水化合物代谢。在一定范围内，营养元素越多，光合速率越大。缺氮时会引起叶绿体结构、光合电子传递、色素等发生变化；磷参与光合作用中间产物的转变和能量传递；钾对植物叶片的气孔特性影响较大。

7.1.3.3　光合时间

延长光合时间是提高光能利用率的有效途径。光合时间主要取决于一天中光照时间和作物生长期的长短。在蔬菜生产中，掌握适宜的播种期，采用育苗移栽技术使产品器官的形成期处于适宜的生态条件下，以及秋延迟栽培技术等可延长作物的生育期；调整栽培畦方向和形式，则可以更好地利用一天中的有效光合时间。研究表明，植物置于暗中 6～8 h，受光后需要经过一定时间才能达到最大光合速率并趋于稳态，这一段时间称为“光合诱导时间”。将温度控制在 20 ℃条件下测定，黄瓜功能叶的光合诱导时间为 42～45 min，而老叶的光合启动时间一般为 54～56 min。因此，日光温室管理早晨见光后应及时揭开草苫，使光合机构及早启动；下午在保证夜间温度不致过低的前提下尽量晚盖草苫，以延长光合时间。

光合时间与叶片寿命，特别是壮龄叶的寿命密切相关。因此，生产上防止生育后期叶片早衰也是延长光合时间的有效措施。

7.1.3.4　光合产物消耗

植株的呼吸消耗占光合生产总量的 20%～30%。如果环境条件好，肥水充足，昼夜温差大，呼吸消耗少，反之则多。由于呼吸作用的适温比光合作用的适温高，所以在保护地生产中，减少呼吸消耗的主要措施是根据天气情况调节温度。在冬季、阴雨天以及夜间将温度适当调低，有利于减少呼吸消耗，增加物质积累。

7.1.3.5　光合产物分配

光合产物的分配受遗传特性、叶位、库源关系和温度、水分、光照、栽培措施等因素影响。在相同的栽培条件下，早熟品种的碳水化合物运到茎顶部幼叶中的比例比晚熟品种高。不同叶位叶片在碳水化合物的分配与运输中起着不同的作用。如番茄，着生在与花序同一方向的下部叶片，有48.2%的光合产物积累在花序中，16.2%积累在植株顶部；而位于花序反方向的叶片有66.4%的光合产物积累在植株顶部，只有2.9%积累在花序中。

蔬菜作物的叶片是物质生产的“源”，而果实、种子等产品器官是物质贮藏的“库”。同化物由“源”运转到“库”的途径、速度及数量与源和库的大小有关。在生产上，增加“源”的数量往往是增加产量的主要因素，但库的大小也影响源的强度（图7-3）。在一定范围内，库的增大可促进源功能的提高，如黄瓜结果植株的同化物比未结果植株高4～6倍。结果植株上的叶片有85%的同化物输出；而未结果植株叶片只有45%的同化物输出。

环境条件和栽培措施对光合产物分配的影响表现在很多方面。温度过高（尤其是夜温过高）、湿度过大、光照较弱、过度密植、偏施氮肥等均可导致光合产物向营养器官的分配率提高，且分配到地上部的物质大部分消耗在叶柄和茎的伸长上，造成植株徒长，光合物质向产品器官的分配比例减小。对果菜类进行合理的植株调整，减少营养消耗，可延长壮龄叶的寿命并使光合产物更多地分配到产品器官中。

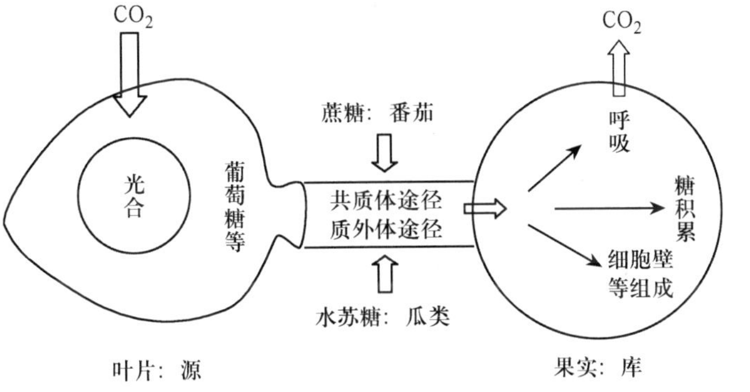

图7-3　蔬菜中的同化产物运输与源库关系

7.2　提高蔬菜产量的技术措施

7.2.1　延长田间生长时期

主要措施有适期播种、育苗移栽和利用设施栽培。不同蔬菜对温度的适应性不同，合理安排播种期可以最大限度地利用气候条件。利用保护设施可以提早和延长蔬菜作物的生长季节。如利用设施育苗，一般可延长生育期20～50 d；日光温室黄瓜的生育期可达250 d及以上，产量达到30万 kg/hm^2 及以上，而一般露地黄瓜生育期仅100～120 d，产量为7.5万 kg/hm^2。

7.2.2 提高光合作用效率

主要通过改变作物群体结构和调节环境的措施。例如，一般果菜类叶面积指数为 0～4，在此范围内合理密植可提高产量。一些爬地生长的瓜类如西瓜改成搭架栽培，可使叶面积指数从 1.5 左右提高到 4～5。合理的间套作可以利用作物多样性提高群体叶面积指数。茄子等果菜，在叶龄 20 d 以前，叶龄越大，光合速率越大；叶龄 20～30 d 时光合作用最旺盛；叶龄 30 d 以上则光合速率迅速下降；而叶龄越小，呼吸强度越大，因此，在生产上及时打杈和摘除老叶，可以有效减少呼吸消耗。

改善和创造适宜的光合环境条件，如设施生产中冬季、早春加温、补光；夏、秋季采用遮阳网或防虫网遮光避免强光伤害；浇水、施肥可促进光合面积扩展和提高光合机构的活性；CO_2 施肥可促进光合作用，抑制光呼吸。

7.2.3 调节光合产物分配

主要措施有源库调控、激素和营养调节等。采用植株调整措施，如整枝、绑蔓、摘心等，抑制营养生长，减少无效库，增加源的比例，促使养分向产品器官输送。利用生长调节物质协调植株生长，促进开花坐果和产品器官发育，可使产品器官得到更多的光合产物。钾肥对光合产物的运输具有促进作用，对果菜类、根菜类和薯芋类等需要营养物资积累的蔬菜增施钾肥对提高产量有明显作用。

7.3 蔬菜品质形成机制

品质是蔬菜产品的最重要特性。随着消费者生活水平和人均蔬菜供应量的提高，人们对蔬菜品质的要求也日益提高，产品的基本属性如观感、口感、营养价值、安全性与保健性等都需要适应新的生活方式和消费习惯。目前我国蔬菜产业正实施质量战略，实现从自然密集型向技术密集型转变和从原料型向成品型转变，在品种结构、技术措施、生产环境、产后分级、包装、初加工、保鲜贮藏上也将实现新的突破。

7.3.1 蔬菜品质含义

品质是蔬菜产品质量的内涵，通常包括外观品质、营养品质、食用感官特性、流通和加工特性等要素。外观品质和食用感官特性又叫感官品质，营养品质和安全卫生特性又叫内在品质。

1)外观品质

外观品质，也称商品品质，一般包括产品器官的大小、形状、色泽、表面特征、成熟度、新鲜度、洁净度、整齐度等。产品外观品质的具体指标，因蔬菜种类、栽培地区、栽培方式、食用习惯、食用方法、贮藏加工等的不同要求而异。

(1)大小　同一种类不同品种的蔬菜，产品个体大小差异极大，如大西瓜重 5～10 kg，微型西瓜仅有 0.5 kg 左右；大冬瓜 10 kg 以上，小冬瓜仅仅不足 1 kg；萝卜肉质根大的数千克，小的仅几克；番茄和辣椒的果实，大的数百克，小的仅几克或十多克。同一品种蔬菜的产品尽管大小比较接近，但也有较大的变异。同一批产品，一般要求大小均匀，整齐一致。如番茄果实大小均匀，果面光滑无棱褶，无裂果，果脐和果蒂痕小。不同消费者也有个性消费，对产品大小的要求呈多样化趋势。如大型家庭要求西瓜较大，而小型家庭要求西瓜较小；饭店和集体食堂要求冬瓜、南瓜等果实较大，而一般家庭则喜较小果型。

蔬菜产品的大小可用长度、宽度、周长、直径、重量和体积等矢量来衡量。如黄瓜和萝卜可用长度和直径，番茄和茄子可用果径和果高，豆类用荚长、荚宽、荚厚和直径，结球菜类可用球高和球直径。

（2）形状　蔬菜产品形状随蔬菜种类和品种而定，如番茄果实有圆球形、扁圆形、高圆形、长圆形；茄子果实有圆茄、长茄和灯泡茄；黄瓜果实有长圆柱形、短圆柱形、圆形；冬瓜有扁圆、短圆柱、长圆柱；瓠瓜有长瓠子、短瓠子、细腰葫芦、长把葫芦等；结球白菜有卵圆形、平头形、直筒形；结球甘蓝有尖头、圆头、平头。蔬菜产品的形状，除了用形态描述外，还常用形状指数（即高/宽）表示。如结球白菜、结球甘蓝和结球生菜的球形指数，瓜果类蔬菜的果形指数，肉质根类蔬菜的根形指数等。各地市场对蔬菜产品形状的要求不同，有时为了产品的包装运输和满足人们对特殊形状的好奇心，还人为改变和生产特殊形状的产品，如方形西瓜和番茄。

产品的形状，关系到包装技术及商品价值。优质产品应该符合品种特性，形状一致，整齐度高，无畸形。形状不整齐，如番茄、黄瓜的畸形果，萝卜、胡萝卜的分叉及畸形的肉质根，花椰菜的散花球，大白菜、甘蓝的开裂球、空心球等现象，大大降低其商品价值。

（3）色泽　色泽是光和产品表面平滑程度的特性。在可见光（380～760 nm）范围，从蓝到红，有不同的光的反射率。蔬菜产品的颜色是吸收的光的补色，即可见光谱中所有的波长减去被吸收的波长后剩余的光色。泽是产品表面光洁程度的反映，即对光的反射特性，蔬菜产品表面越光滑，则色泽越明亮。

决定蔬菜产品颜色的因素是各种色素的含量。蔬菜产品中的色素主要有：①酚类色素（phenol pigment），包括花青素类（anthocyans）、花黄素类（anthoxanthins）；②叶绿素（chlorophyll），包括叶绿素 a 及叶绿素 b；③类胡萝卜素（carotenoids），包括各种胡萝卜素、叶黄素及茄红素；④甜菜红素（betalaines）等。类胡萝卜素是脂溶性的，存在于细胞的色素体中，番茄、辣椒、南瓜的果实及胡萝卜肉质根中都大量存在；花青素类为水溶性的，存在于细胞的液胞中，在有色的花瓣中大量存在。有些紫色或红色的蔬菜，如苋菜的一些红色品种，叶子中也有花青素。加工型番茄的茄红素和辣椒的辣椒红素也是衡量品质的重要指标。每种蔬菜均有特殊颜色。叶菜叶绿素含量高的蔬菜呈浓绿色，软化栽培的蔬菜如韭黄、蒜黄，软化部位叶绿素含量低则呈黄白色或乳白色；茄子果实有紫、紫红、大红、绿、白绿等颜色，主要与花青素和叶绿素含量的差异有关；番茄果实有红、粉红、橘黄、黄、白、绿等颜色，主要与茄红素、胡萝卜素和叶绿素含量有关；胡萝卜肉质根有红色和黄色，主要与胡萝卜素含量有关；彩色苋菜上有紫色和绿色相间的斑点，主要与花青素和叶绿素含量有关。

各地市场对蔬菜产品颜色的要求受消费习惯和特殊嗜好的影响。不同消费者对蔬菜产品色泽有不同的喜好，如有的地区喜红色番茄，有的喜黄色番茄，有的喜粉红色番茄。但同一批和同一品种产品的色泽，要求均匀一致，无异类。

（4）表面特征　表面特征是蔬菜产品外观品质的重要特性，包括表面的毛、刺、棱、瘤、蜡质、角质、花纹等。如北方生态型的黄瓜果实表面有棱、瘤、刺，而南方生态型的黄瓜果实表面光滑，无棱、瘤、刺；棱丝瓜的果面有多条纵棱，而普通丝瓜果面光滑无棱；薄皮甜瓜的外果皮较光滑而脆嫩、可食，厚皮甜瓜有的外果皮光滑而柔韧，有的外果皮表面有网状棱纹，均不可食；

成熟的冬瓜果皮表面有厚厚的白色蜡粉，而嫩冬瓜果皮上蜡粉很少；西瓜不同品种果皮上有不同的花纹，也常作为品质识别的标志。

（5）成熟度　成熟度是蔬菜产品外观品质指标之一，也是营养、质地、风味等内在品质的外在表现。不同蔬菜产品的成熟度要求不同。食用成熟果实的蔬菜，如西瓜、甜瓜、南瓜、冬瓜、番茄等，一般对成熟度要求很高，未熟的果实一般质地、风味和营养水平都很差，甚至不堪食用；食用嫩果的蔬菜，如黄瓜、西葫芦、甜玉米、茄子、丝瓜、苦瓜、蛇瓜、菜豆、豇豆、荷兰豆等，果实应达到一定大小和成熟度，但尚处于幼嫩时期食用为宜，成熟过度则品质变劣。叶球类蔬菜应达到结球紧实的成熟度，采收过早，叶球未形成或不紧实；采收过晚有时出现裂球或抽薹现象。普通叶菜和根茎菜的成熟度主要影响其大小，因此对产品成熟度的要求不严，但采收过早，有时产品有异味，如夏萝卜的辛辣和苦味；采收过晚，易出现糠心、抽薹等现象。

成熟度的判断主要依据产品大小、色泽和表面特征等指标。

（6）新鲜度　蔬菜产品绝大多数是鲜活商品，对新鲜度的要求很高。新鲜度是产品含水饱满和挺实的程度，是产品货架寿命(shelf life)度量的重要指标之一，受采后诸多生理活动如蒸腾、呼吸、衰老、贮存环境条件及病害等的影响。普通叶菜，如菠菜、苋菜、不结球白菜、散叶生菜，叶面积大，蒸腾量大，失水很快，采后如不注意保鲜则很快萎蔫，失去新鲜度；结球叶菜的外层球叶对内层球叶起保护作用，因而容易保持新鲜度；果菜中的老熟果类，如冬瓜、南瓜、西瓜、甜瓜、番茄等，容易保持新鲜度，而嫩果类，如黄瓜、西葫芦、丝瓜、苦瓜、蛇瓜等采后容易失水而丧失新鲜度。鲜活的产品具有旺盛的呼吸生理活动，同时产生大量呼吸热，因而长途运输的鲜活蔬菜在运前要预冷降温，控制呼吸，以保持产品新鲜度。含水量是产品新鲜度的重要指标，保水是保鲜的重要措施，但环境湿度过大又易引起产品腐烂变质。因此，含水量是产品新鲜度的重要指标，保水是保鲜的重要措施，但环境湿度过大又易引起产品腐烂变质。

（7）洁净度　洁净度是指蔬菜产品表面洁净的程度。优质蔬菜产品的表面应该洁净，无尘土、无农药残迹、无病虫害残留和其他异物。

（8）整齐度　整齐度是蔬菜产品群体外观一致性的指标。优质蔬菜产品的同一批次，应该在大小、形状、色泽、成熟度、新鲜度、洁净度等指标上具有整齐一致性，或按照相关标准，其变异在一定范围内。

2）营养品质

蔬菜的营养品质主要取决于其营养功能成分的含量，包括维生素、矿物质、碳水化合物、蛋白质、脂肪、有机酸、纤维素等。蔬菜是人类食品中维生素、矿物质和纤维素的主要来源。

各种蔬菜的维生素种类和含量有明显差异，蔬菜中多富含水溶性维生素，如维生素 C 及复合维生素 B，包括硫胺素、核黄素、烟酸及维生素 B_6。维生素 C 含量高的有辣椒、青花菜等，每 100 g 鲜重可达 300 mg，而花椰菜、芥蓝、白菜类、番茄等也为 50～100 mg，多数蔬菜为 10～50 mg。胡萝卜、韭菜、白菜类、绿叶菜类等都含有丰富的胡萝卜素，一个 β-胡萝卜素(β-carotene)分子经人体消化后，可转变为 2 分子维生素 A。含维生素 B_1 较多的有黄花菜、香椿、芫荽、莲藕、马铃薯等；含维生素 B_2 较多的有菠菜、白菜、番茄、萝卜、黄瓜等。

蔬菜可以提供人体必需的各种矿质营养，其中铁、钙和磷更为重要。菠菜、芹菜、结球甘蓝、白菜、胡萝卜等含铁较多；洋葱、丝瓜、茄子等含磷较多；绿叶蔬菜含钙较丰富。有些蔬菜中还含有稀有元素和微量元素，如硒、锗、碘等，对人体具有重要作用。如大蒜、洋葱中含有较多的硒和锗，具有防癌抗癌作用；海带、紫菜中含有较多的碘，可预防甲亢。

蔬菜也是热能和其他营养的来源之一。马铃薯、芋、荸荠、莲藕等含有较多的淀粉；西瓜、甜瓜等含糖量较高；豆类、食用菌类等蛋白质含量高。

多数根茎菜和叶菜含有丰富的纤维素，纤维素本身虽然不是营养成分，但在人体代谢中起着调节肠胃蠕动和循环的重要作用，因而称为膳食纤维，有助消化、排积淤、美容、防直肠癌、降低胆固醇和血脂、维持血糖正常等多种功效。

蔬菜中的有机酸含量因种类和品种而异，如番茄果实中含有较多的苹果酸和柠檬酸；大黄中含有较多的草酸，对维持人体酸碱平衡有重要作用。

许多蔬菜中还含有一些特殊的营养保健成分，魔芋、山药等蔬菜中的葡聚多糖、寡聚糖；芦笋中含有丰富的天门冬酰胺、芦笋苷和多种甾体皂苷物质，有防治癌症、高血压、心脏病、疲劳症的作用；苦瓜中的糖苷具有降血糖作用；茄子中的茄碱苷（$C_{31}H_{51}O_{12}$）具有降低胆固醇、增强肝脏生理功能的作用。

同种蔬菜不同品种间营养成分的种类和含量略有差异，同一品种在不同栽培条件下的营养种类和含量也会有所变化。随着蔬菜标准化的发展，对产品各种营养成分的含量也会逐步规范要求。

3)质地

产品质地包括硬度、坚韧度、弹性、摩擦性、多汁性、黏度（汁液、果胶）等，是产品食用时的感官指标之一。一些生食的蔬菜，如黄瓜、薄皮甜瓜、水果萝卜等，一般要求质地脆嫩；也有的要求质地松软，如我国大多数消费者喜沙瓤西瓜和松软质地的厚皮甜瓜。熟食的蔬菜种类不同，对质地的要求不同。如烹饪后的西葫芦、芥蓝、菜心、莴笋、白菜、甘蓝、苦瓜等，一般要求质地脆嫩；而南瓜、冬瓜、丝瓜、茄子等，一般要求质地松软。作为酱菜原料的根菜及叶菜，一般要求加工后质地脆嫩。产品质地与产品的细胞结构和化学组成有关。产品的细胞大小、形状和紧张度，细胞间的结合力，细胞壁构成物的机械强度等决定产品的质地坚硬或松软。

一些产品的质地通常用硬度表示。硬度的大小，一方面取决于产品的细胞组织的结构，如薄壁细胞的多少和排列；另一方面取决于化学组成的变化，尤其是淀粉及糖的转化及果胶物质的变化。产品质地的综合评定一般用食用感官评定法，主要依据齿感、舌感等评定。

4)风味品质

不同种类和品种的蔬菜具有不同的食用风味，风味品质是产品感官指标之一，主要由酸、甜、苦、辣、鲜、香、清凉、苦涩等味道构成。食用风味与蔬菜所含的一些营养或风味物质的种类和数量有关。如一般蔬菜的有机酸、可溶性糖含量，葱蒜类蔬菜的大蒜素等含硫化合物含量，辣椒的辣椒素含量，生姜的姜油醇、姜油醛、姜油酮含量，芥菜的异硫氰酸酯含量，芹菜的烯类挥发油含量和甘露醇含量，苦瓜中的苦瓜素含量等。

不同产品的风味构成要素不同。如番茄的食用风味主要取决于果实的可溶性固形物含量、含酸量和糖酸比值。芳香类蔬菜的风味主要取决于芳香油含量，影响蔬菜香味的挥发性化合物有 120 多种，但含量甚微。产品的鲜味一般取决于一些酯类物质的含量，涩味和一些苦味多来自单宁类物质和生物碱含量。有些蔬菜产品会有异味，如瓜类蔬菜果实中有的因含葫芦素而产生苦味，严重损害食用风味。

风味品质的评定，可以测定主要风味物质的含量，但综合评定一般采用口感评定法。

5)流通及加工特性

流通性包括产品在流通和贮藏环节中的变化，如减量、变色、营养值、色香味变化、组织软化、微生物变化等,以及运输、包装的规格和贮藏的要求及其标准化等。产品采收后呼吸和衰老过程继续进行,水分和维生素含量不断减少,蛋白质等不断降解,风味质地均发生变化,产品质量不断下降。但在贮运过程中,品质下降的速率因品种间差异而极大。

加工特性是指以蔬菜产品作为原料加工成调理蔬菜、干菜、速冻蔬菜、菜汁、罐头等不同加工品的特性。蔬菜加工对产品的品质常有特殊要求。如供制果酱和罐装用番茄品种,需要有较高含量的可溶性固形物、有机酸和番茄红素含量(每百克鲜重>8 mg),制酱品种还要求有较高的出酱率,出酱率则取决于果实可溶性固形物和净干物质含量。整果罐装用品种要求果实形状和大小一致,果皮坚韧而易于整果剥离,果肉致密而经热处理后不易离散,果肉厚、色泽鲜红且均匀一致。

6)安全卫生特性

蔬菜产品的安全卫生特性主要是指产品中有无自然产生的毒素和异味,无农药、重金属、有毒有害物质及有害生物污染。目前,无公害蔬菜产品的安全卫生指标主要包括农药残留、亚硝酸盐、重金属、微生物、病虫害等。

农药残留是蔬菜产品安全性的最重要和最敏感的因素,是蔬菜产品污染的罪魁祸首。违规滥用农药会带来不良的后果,包括导致害虫抗药性、引起新的害虫发生和污染农产品及环境3个相互关联的问题,统称为"化学农药综合征",或被国际上称为"3R"即Resistance(抗药性)、Resurgence(再猖獗)、Residue(残毒)。其中农药残毒对农产品的污染对人类危害最直接,其危害表现为慢性中毒和急性中毒,急性中毒指接触农药或食用具有农药残毒食物后,轻者头痛、头昏、恶心、倦怠、腹痛,重者痉挛、呼吸困难、大小便失禁、昏迷,甚至死亡。慢性中毒指人们长期从环境和食品中摄取微量残留农药,在体内积累到一定数量时表现的中毒症状。有机汞、有机磷对神经、肾、肝有损伤作用,有机磷和氨基甲酸类农药会抑制体内乙酰胆碱酯酶;而有机砷会引起贫血、血红蛋白症、脱皮、神经炎等。化学农药还能致癌、致畸、致突变。

工业"三废"(废气、废水、废渣)对菜田生态环境(大气、土壤、灌溉水)的污染造成了蔬菜产品的重金属和有害气体污染。其污染物主要有二氧化硫、氟化物、氯、汞、镉、铅、铬、砷、铜、锌等20多种有害的物质。

肥料既是提高蔬菜产量和品质的主要生产资料,也是蔬菜产品污染的因素,不合格的肥料和不合理的施用也会引起蔬菜产品污染,如硝态氮肥的不合理施用可能会使蔬菜产品硝酸盐和亚硝酸盐含量超标;施用未腐熟的有机肥,尤其是粪肥,会引起寄生虫卵、病菌等有害微生物对产品的污染。

蔬菜中既有营养性成分,也可能含有毒有害成分。如菜豆豆荚中含有皂素和血球凝集素,是有毒物质,如果烹饪时加热不彻底,易导致中毒现象;鲜黄花菜中含有的秋水仙碱,虽无毒,但进入人体后被氧化成有毒的氧化二秋水仙碱;皮肉青紫发绿的不成熟马铃薯或发芽的马铃薯中含有"龙葵碱"毒素,食用后易中毒。

因此,蔬菜尤其是新开发的蔬菜和野生蔬菜中自然产生的有毒物质值得关注。

7.3.2 品质形成特性

1)感观品质形成特性

(1)产品大小和形状的形成特性　蔬菜产品,无论是果实或花器,还是叶、茎、根等营养器官,在进入其产品器官形成期以后,产品的大小(长、宽、粗、体积、重量等感官指标)总是呈现由小到大的增长规律。但是，产品器官形成过程中，不同时期产品大小的增长速率可能不同，如大白菜叶球在结球初期生长较慢，结球盛期生长很快，结球末期增长速度又慢下来。同一时期产品大小在不同空间方向的增长速率也可能不同。如黄瓜等果菜，果实可能先伸长生长大于增粗生长，或先增粗生长大于伸长生长。产品器官不同时期在不同空间方位上生长速率的不同，就导致了产品形状的变化。有的产品在形成初期的形状与成熟时的形状一致，有的产品则在成熟时才定形。

(2)产品成熟度的形成特性　产品成熟度总是呈现由生到熟的变化过程，随着成熟度的变化，产品的色泽、表面特征、质地、风味等感官指标也相应地变化，但不同类型的蔬菜产品形成过程中成熟度的变化程度有较大差异。

果菜类产品形成过程中，成熟度变化很明显。如西瓜、甜瓜果实在成熟过程中，由小变大，果实表面逐渐退毛，光洁度增加，花纹等特征加重，果肉(瓤)色由浅变深，逐渐形成品种特有的红、粉红或黄等色，质地由硬变软，适口性提高，风味和果香味出现；食用嫩果的蔬菜，如黄瓜、西葫芦、茄子、青椒等，随着果实成熟度的增加，苦涩味减少或消失，质地适口性增强，风味形成，但过熟后质地变硬，果皮硬化，风味消失，甚至不堪食用。花菜类产品随成熟度的变化，感官指标变化显著。如菜花、青花菜、黄花菜等，产品幼嫩时有苦涩味，风味不明显；成熟后质地脆嫩，风味浓郁；过熟后花球(蕾)开散，纤维增多，风味和香味变淡或消失，不堪食用。叶菜类产品成熟度的变化主要是产品接近采收标准的变化，产品叶的质地、色泽等感官品质变化不大，而表面特征、风味可能会有一些变化，如嫩叶的风味和香味较淡，成龄叶风味和香味较浓。根茎菜类产品成熟过程中，质地、色泽、表面特征、风味都有不同程度的变化。如萝卜肉质根，在幼小时表面幼嫩，无光泽，皮色也较淡，味道辛辣苦涩；在成熟时质地脆嫩，甜辣适口，风味浓郁，外皮光洁，色度明显；但成熟过度后可能出现糠心，失去风味。

2)营养品质形成的特性

蔬菜产品的营养品质形成总的规律是，随着产品器官的形成和成熟，营养成分的含量增加，产品过熟后，组织细胞衰老或解体，主要营养成分含量减少。但不同营养物质随产品成熟的变化规律可能不同，甚至有较大差异。

不同蔬菜营养品质形成也有特点。西瓜和甜瓜果实富含糖类，在果实发育成熟过程中，可溶性糖由少到多不断积累，甜度增加。番茄果实在产量形成期内，以积累淀粉为主；在品质形成期，淀粉含量下降，果糖含量升高，以积累果糖为主。大白菜叶球形成过程中，感官品质和营养品质不断优化，可溶性糖和可溶性蛋白质对感官品质起正向作用，粗纤维对感官品质起负向作用。

7.3.3 品质形成生理基础

蔬菜品质形成涉及光合作用与干物质生产、干物质积累与分配、果实成熟和产品形成中的组织细胞变化、呼吸作用与营养风味物质的代谢、色素代谢等一系列生理生化基础。

蔬菜产品形成的物质基础是光合作用的同化产物生产和根系对矿物质营养的吸收，这些干物质向产品器官的分配，才促使了产品器官的形成。而干物质向产品器官的分配又受源库关系的支配。产品器官在形成和膨大过程中往往是强大的库，而功能叶是物质生产的源。

果菜类产品形成过程中，伴随着质地的变化，涉及果实呼吸曲线的变化、细胞壁结构的建成与分解、组织细胞的分化、成熟与瓦解，以及一系列结构物质的形成与转化。

不同蔬菜的营养和风味物质不同，但糖类、蛋白质、氨基酸、维生素、酯类、有机酸、矿物质等是基本的营养成分。这些营养成分的形成和积累，涉及糖代谢、蛋白质代谢、酯代谢、有机酸代谢、矿质营养代谢等一系列物质代谢和转化生理。一些风味芳香物质，如辣椒素、大蒜素、芥子油、茴香油、姜油等，也涉及复杂的物质代谢与转化。

产品色泽取决于产品中的色素含量，色素含量则取决于蔬菜体内和产品器官的色素代谢。如茄红素代谢、胡萝卜素代谢、叶绿素代谢、花青素代谢等。

7.4 品质形成影响因素及提升措施

影响蔬菜品质的因素包括种类和品质的遗传特性，栽培地区的土壤、温度、光照、湿度、气体、生物等生态条件、栽培方式和栽培技术措施、采收技术、采后处理技术等。提高蔬菜品质，也正是依据这些因素对蔬菜品质的影响，采取相应的调控措施，最大限度地提高和保持蔬菜品质。

7.4.1 遗传基础与品质的关系

不同种类蔬菜的营养不同。同一蔬菜种类的不同品种，其产品的形状、大小、颜色、风味、质地、营养成分含量等也存在较大差异，这些都是由品种自身的遗传性所决定的。如大蒜不同品种挥发性前体物硫代亚磺酸酯的含量为0.13%～0.60%；洋葱的丙酮酸含量为1.2～9.3 μmol/g。各地市场流行的“口感型”番茄也是因为其果实中糖酸比及其主要风味物质含量的差异导致的。因此，生产上选择高产优质的蔬菜种类和品种是提高蔬菜品质经济而有效的途径。

7.4.2 环境条件与品质的关系

蔬菜生长发育过程中的各种生态环境因子，如土壤、温度、光照、湿度、气体、生物（杂草、各种微生物、昆虫、鸟、鼠等动物）等，都直接或间接影响蔬菜产品的品质（表7-2）。因而选择和创造适宜的生态条件是提高蔬菜产品品质的重要途径，尤其是在设施栽培条件下。

表7-2 影响蔬菜生长的主要环境因子及其调控与应用

环境因子	调控方法	作用	适用范围
温度	增温	温室大棚设施栽培促进生长	主要喜温果菜
		中小棚覆盖促进生长，防止春化引起先期抽薹	根菜和白菜类冬春生产
		创造适宜温度促进生长	大多蔬菜
	降温	创造适宜温度促进生长	大多蔬菜
光照	补光	冬春育苗补光增加光照	喜温蔬菜冬春育苗
		R（红光）/FR（远红光）补光调控节间长度和抗性	同上
		R/FR补光增强抗性	主要果菜
	遮阳	光周期调节	调控茭白孕茭
		遮阳栽培和育苗减轻光抑制	主要蔬菜夏秋栽培和育苗

续表7-2

环境因子	调控方法	作用	适用范围
水分和湿度	增湿	滴灌和喷灌等	设施蔬菜
	降湿	地膜和秸秆覆盖减少温室湿度	设施果菜
		避雨栽培	南方多雨地区果菜栽培
养分	增加养分	肥水一体化滴灌和根外追肥	设施和露地栽培
	减少盐渍化	肥水一体化、洗盐、轮作禾本科植物	设施栽培
CO_2	增加 CO_2 浓度	NH_4HCO_3 化学法、压缩气体法、秸秆发酵法增加 CO_2 浓度，提高光合作用和抗性	温室保温栽培
微生物	生防菌	防治病害	设施与露地栽培
	菌根	提高抗性、增加磷等吸收、减轻逆境危害	育苗
昆虫	益虫和天敌	生物防治和授粉	设施蔬菜
	害虫	粘虫板、防虫灯	设施蔬菜
		性激素、诱虫灯	露地蔬菜
植物	化感植物	轮作或间套作减少病虫害	设施与露地栽培
	除盐植物	夏季短期轮作减少盐渍化	设施栽培
	诱虫植物	间套作减少虫害	设施与露地栽培

(1)土壤和种植制度　土壤和种植制度与蔬菜品质有密切关系。不同种类蔬菜对土壤的要求不同，在适宜的土壤条件下，蔬菜生长发育旺盛，产品器官发育正常，品质好；在不适宜的土壤条件下，蔬菜生长发育不良，产品器官小，综合品质差。如同一土壤中，在低硫条件下，随施硫量增加，洋葱鳞茎大小和辣度稍有增加；但在高硫条件下，鳞茎略大，而辣度大大增加。种植制度影响蔬菜生长发育，从而影响产品品质。如连作会引起连作障碍，使连作蔬菜植株矮小，产品发育不良，品质低下，可通过轮作有效克服连作障碍，保证产品正常发育和品质。

(2)温度条件　温度是蔬菜生长发育重要的环境条件之一，产品器官的发育和营养物质代谢都要求适宜的温度条件。温度过高或过低都会影响蔬菜品质。如低温和高温易造成番茄花粉发育或授粉受精不良，形成畸形果；果实成熟缓慢，着色差，营养物质积累少。昼夜温差大有利于光合产物积累，因此果实糖分含量高，品质好。如西北地区的西瓜、甜瓜素以品质优而著名。生长期温度在21～27 ℃时洋葱挥发性成分含量是10～15 ℃时的3倍。生长期相同但温度不同时，洋葱硫含量和辣度随温度升高而增大。因此蔬菜生产中，尤其是设施生产，应尽量创造适宜的温度条件，以提高品质。

(3)光照条件　光照是蔬菜生长发育和光合作用的重要条件，光合产物是蔬菜品质形成的物质基础。不同种类蔬菜对光照条件的要求不同。在光照不足的条件下，喜光蔬菜产品器官发育不良，光合产物积累少，外观品质和营养差，如在阴雨季节形成的西瓜个头小，甜度差。而喜弱光蔬菜在强光下形成的产品品质也较差，如部分喜凉绿叶蔬菜在光照过强时产生较多的纤维，影响质地和风味；番茄、辣椒等果菜在夏季光照过强时，易发生日烧现象，使果实丧失产品品质。

不同光质对蔬菜品质的形成也有一定的影响。如番茄在9～10叶期开始用UV-B

[0.54 kJ/(m^2 · d)]和红光复合处理能显著提高番茄果实品质；红光和红蓝组合光处理转色期的番茄果实能够显著提高糖、酸含量。

因此，在设施蔬菜生产中，尤其是冬季反季节果菜生产，应尽量增加光照强度，或实施有效光源补光，以增进品质。

(4)湿度条件　不同种类蔬菜要求不同的湿度环境。如白菜类、绿叶菜等喜 85%～90% 的高湿环境；萝卜、马铃薯、蚕豆、豌豆等喜 75%～80% 的半湿润环境；茄果类、菜豆、豇豆喜 55%～60% 的半干燥空气；葱蒜类蔬菜和西瓜、甜瓜、南瓜等喜 45%～55% 的干燥空气。

湿度不仅影响蔬菜产品器官发育和营养成分的积累，还影响病虫害的发生而间接影响产品的外观品质。如黄瓜在 90%～100% 的高湿条件下果实发育快，但霜霉病等叶部病害也易发生，因此设施生产中宜将空气湿度控制在 70%～80%。

(5)气体条件　环境中 CO_2 和 O_2 与蔬菜的光合和呼吸密切相关，直接影响蔬菜品质。在设施生产上，CO_2 施肥(600～1 000 mg/L)可促进蔬菜生长和产品器官发育，增进产品营养品质。O_2 关系到产品采后的呼吸消耗，所以产品采后应尽量创造低氧环境。

有害气体，如 SO_2、NH_3 等，在致害浓度时直接在产品上产生斑点，影响外观，还通过影响叶片光合作用间接影响产品中营养积累。因此在设施生产中，应加强通风，及时浇水，避免有害气体危害。

(6)生物条件　蔬菜生长发育的生物环境包括病虫草等有害生物、天敌生物、授粉昆虫，以及群体结构中的植物多样性。病虫害直接影响蔬菜产品的外观品质，又通过影响叶片的光合作用和根系的养分吸收而影响蔬菜产品的营养积累。天敌生物则通过对病虫害的控制而提高蔬菜品质。授粉昆虫可促进蔬菜作物授粉受精，进而促进果实发育，提高果实外观品质。合理运用间作、套作、混作等技术，利用植物多样性形成互利互惠的优化群体结构，可促进产品器官形成，增进品质，如大白菜套玉米，可以利用玉米遮光降温而减少病毒病的发生；辣椒套玉米，可以利用玉米遮光降温而减少病毒病、日烧和虫害。

7.4.3　栽培技术与品质的关系

通过优化栽培管理技术提高产品质量，如合理施肥与土壤耕作，先进温室的温、光、气、湿调控，新兴结构材料与覆盖材料的应用，微滴灌溉技术与营养液施肥，无土栽培与叶面追肥，病、虫、草害的综合防治技术等的利用，将极大提高蔬菜品质。

(1)播种期　播种期决定着产品器官形成期的气候条件。确定播种期的原则是将蔬菜产品器官形成期安排在气候条件最适宜的季节。播种过早或过晚，都影响产品器官发育和养分积累。如大白菜秋播过早，苗期温度高，病毒病严重，影响生长和结球；播种过晚，生育期短，结球不紧实。番茄等果菜，播种或春季定植过早，前期温度低，花芽分化和授粉受精不良，畸形果多。

(2)施肥管理　施肥是促进产品器官发育和增进营养品质的重要技术措施。施肥种类与果菜品质的关系十分密切。如西瓜和甜瓜施用磷、钾含量高的饼肥，果实糖度高，风味好；绿叶蔬菜对氮肥要求高，增施氮肥有利于叶面积扩大，提高产量，并使产品鲜嫩；但结球叶菜在叶球形成期要求较多的磷、钾肥，有利于营养向叶球转运。一些蔬菜风味成分的含量与施肥关系更密切，如葱蒜类和十字花科蔬菜的含硫风味成分。

(3)灌溉与排水　在干旱和半干旱地区，灌溉是蔬菜产量和品质的基本保障。干旱条件下，产品器官小，外观品质差，但由于灌水的“稀释效应”等因素，灌溉条件下产品中的营养指标，尤其是风味成分含量可能降低。如灌溉可促进洋葱鳞茎膨大，但挥发性风味物质含量降低；旱地的西瓜、甜瓜、马铃薯、甘薯等比灌溉的产品糖分或淀粉含量高，甜度和口感好。因而，近年来重视研究调亏灌溉指标以提高蔬菜品质。

一般蔬菜的耐涝性差，田间积水影响根系呼吸和养分吸收，进而影响产品品质。所以，多雨地区雨季应注意田间排水，以保证产品器官正常形成和品质良好。

（4）植株调整　蔬菜植株调整的措施主要有整枝、打杈、摘心、支架或牵引、摘老叶病叶、花果调整、果形矫正、果实套袋等，通过调节植株的源库比例、改善空间和光照条件、调整养分运输等影响蔬菜品质。

在果菜生产中，整枝、打杈、摘心、疏花、疏果可减少无效库，提高源器官的比例，使营养集中供应产品器官，促进果实膨大，提高果实的外观品质和营养品质；支架或吊蔓、摘除老叶和病虫叶可改善群体的通透性，促进光合作用，提高品质；用模具或吊重物矫正果形，可使果形更规范；果实套袋可显著降低产品的农药残留。

（5）病虫草害防治　病虫草害或直接损伤蔬菜产品外观品质，或与蔬菜竞争营养，都不利于蔬菜品质形成。而病虫害防治和除草则有利于改善产品品质，但病虫草害防治不当，滥用违禁农药，不仅会损害蔬菜产品外观品质，还会带来产品安全卫生指标超标的问题。因此，提高和保障蔬菜品质，一定要严格执行农药使用准则和相关蔬菜生产技术标准。

7.4.4 采收与蔬菜品质的关系

蔬菜产品都应适时、适法采收，才能获得良好的外观品质和内在品质。

采收时期主要取决于产品的大小和成熟度。蔬菜产品的成熟有两种含义：一是指商品成熟，即产品器官生长到适于食用的成熟度，具有该品种的形状、大小、色泽及品质，如茄子、黄瓜、菜豆等采收嫩果；二是指生理成熟，即植物学上的果实成熟概念，产品器官果实和种子达到了生理成熟，如西瓜、甜瓜、南瓜等。采收早晚对品质有很大的影响，如豆类的种子、薯芋类的块茎或块根，越到成熟，淀粉含量越多，越耐贮藏，应尽量晚采；番茄等产品过于成熟以后，质地变软，不耐贮藏。有些蔬菜产品采收后，温度高，呼吸旺盛，容易变质，则宜在早晨或傍晚采收。

采收方法决定产品采收伤口的大小。采收伤口易感染病菌腐烂，贮藏期缩短，因此采收要求尽量避免损伤。如蒜薹采收方法有“拉、扎、夹、划”等，拉抽、扎抽和夹抽的蒜薹伤口小，适宜贮藏；而划抽的蒜薹伤口大，不宜贮藏。

7.4.5 采后处理与品质的关系

产品采后处理是提高蔬菜产品货架品质的重要环节，一般包括修整、分级和包装，以及预冷措施。

产品修整包括修理和洗涤，要求把产品上多余的叶、根、茎等削去，剔除枯萎、腐烂、有病的部分。如大白菜、花椰菜、芹菜等蔬菜在采后要摘除外叶，芹菜还要削除须根；萝卜等根菜采后要清洁泥土、尘埃、病虫和残留的药剂等，必要时要洗涤。

蔬菜产品分级可参照国家的有关标准要求进行，按大小、形状、色泽、成熟度等进行分级分类。

蔬菜产品包装应按照产品的大小、体积、运输方式、销售市场等，选用适当的包装方式和规格。适当的包装，应有利于减少或避免产品在搬运过程中相互摩擦、碰撞、挤压造成的机械损伤，减少失水，保持新鲜度。直接面向消费者的可用小包装，适于超市的销售，可用纸袋、纸盒或塑料包装；长途运输的可用大包装，如网袋、筐、箱。

预冷可降低产品温度，减少呼吸消耗，抑制微生物的侵袭，减少水分的损失，保持产品鲜度和品质。预冷方法有3种，即空气冷却、水冷和真空冷却。

7.4.6 质量管理与品质的关系

随着人们生活水平的提高，对蔬菜的品质和质量的要求日益提高。因此，要通过实施农业标准化，建立从土地到餐桌全程质量管理体系，保证蔬菜产品质量和品质。

在我国，无公害蔬菜、绿色蔬菜和有机蔬菜的标准化生产体系已经建立，并且在逐步完善。无公害、绿色和有机蔬菜的标准体系，包括产地标准、生产技术规程、产品标准、包装运输标准等，还有相应的质量监测体系和制度，因此是蔬菜产品品质的重要保障。

思考题

1. 蔬菜产量的含义是什么？各类蔬菜产量构成的特点是什么？
2. 蔬菜产量形成有哪些特点？如何根据这些特点进行高产栽培？
3. 蔬菜品质的含义是什么？简述主要品质构成要素的内容。
4. 试举例论述分析提高蔬菜品质的原理与技术。

8
CHAPTER

瓜类蔬菜栽培

瓜类蔬菜均属于葫芦科(Cucubitaceae)一年生或多年生攀缘性植物,在植物学分类上隶属于 9 个属,各属间植物学性状差异检索依据见表 8-1。

表 8-1 葫芦科蔬菜植物学性状差异检索表

A. 果实为瓠果,果皮坚硬,成熟时不破裂
  B. 果实含多数种子
    C. 花冠钟状,5 裂,裂刻达中部,花药联合 ………………………… 南瓜属(Cucurbita)
    CC. 花冠旋状或开裂钟状,5 裂,深达基部
      D. 雄花总状花序 ………………………………………………… 丝瓜属(Luffa)
      DD. 雄花单生,间有叶腋丛生,而非花序
        E. 萼片叶状,有锯齿,反卷 ………………………………… 冬瓜楼属(Benincasa)
        EE. 萼片小,全缘,直立或稍开展
          F. 卷须分枝
            G. 叶不分裂,或偶有分裂,花白色 ……………………… 葫芦属(lagenaria)
            GG. 叶片羽状分裂,花黄色 ……………………………… 西瓜属(Citrullus)
          FF. 卷须不分枝甜瓜属(Cucumis)
  BB. 果实含一粒种子 ………………………………………………… 佛手瓜属(Senhium)
AA. 果实为浆果,含多数种子,成熟后间或开裂
  B. 花冠丝状,白色 …………………………………………………… 栝楼属(Trichosanthes)
  BB. 花冠不裂为丝状,花梗有盾状苞片,花黄色 ………………………… 苦瓜属(Momordica)

其中,南瓜属中包括南瓜(*C. moschata* Duch)、笋瓜(*C. maxima* Duch)、西葫芦(*C. pepo* L.)、灰籽南瓜(*C. mixta* Pang)和黑籽南瓜(*C. ficifolia* Bauche);丝瓜属包括普通丝瓜(*L. cylindrical* Roem)和有棱丝瓜(*L. acutangula* Roxb);冬瓜属包括冬瓜(*B. hispida* Cogn)和节瓜(*B. hispida var. chiehqua* How);甜瓜属包括黄瓜(*C. sativus* L.)和甜瓜(*C. melo* L.)。

瓜类蔬菜在世界各国种植广泛。我国黄瓜、西葫芦、冬瓜、西瓜和甜瓜等栽培面积较大。瓜类蔬菜有许多共同点。

(1)根系较发达,要求土壤疏松肥沃、耕层深厚,但根系易发生木栓化,伤根后再生能力差,故宜采用护根育苗;茎蔓生、中空,需支架栽培,以提高土地利用效率;茎部可发生不定根,爬地栽培时可采取压蔓、盘蔓等措施,提高植株水分、养分吸收能力;侧枝生长能力强,应合理整枝;虽雌雄异花同株,但除黄瓜单性结实能力较强外,多数瓜类作物需要授粉才能提高坐果率。

(2)花芽分化早,且花芽性型分化具有可塑性,生产上可采取措施促进雌花分化,争取早结瓜、多结瓜;具有连续开花结果特点,生育过程中应注意协调营养生长与生殖生长的关系,防止疯秧与坠秧。

(3)喜温,不耐寒,喜较大昼夜温差;生长量大,水分蒸腾量也较大,水分需求较多;喜光照,光照条件较差时常产量降低、品质下降等。

(4)均属于葫芦科,有相同病虫害,生产上应注意轮作倒茬。

8.1 黄 瓜

黄瓜(cucumber)别名胡瓜、王瓜等,学名 *Cucumis sativus* L.,属葫芦科甜瓜属一年生攀缘草本植物,是世界各国普遍栽培的重要蔬菜作物之一。我国黄瓜栽培始于 2000 年前的汉代。《齐民要术》(约公元 530 年)中曾有“胡瓜”种植方法的记载,并作酱菜食用。至唐朝(8 世纪上中叶)已在冬、春两季利用温泉水加温进行保护栽培。黄瓜主要食用嫩果,果肉中含有碳水化合物、蛋白质、脂肪、钙、磷、铁及多种维生素等。果实可鲜食、凉拌、炒食,还可加工成泡菜、盐渍、糖渍、酱渍、干制等。世界各地栽培的黄瓜均属 *Cucumis sativus* L. 种,染色体数 $2n=2x=14$。此外,黄瓜还有 3 个近野生型变种,分别为 *Cucumis sativus L.* var. *hardwickii* Kitam、*C. sativus* L. var. *sikkimensis* Hookerf 和 *C. sativus* L. var. *xishuangbannanesis* Qi et Yuan。喜马拉雅山南麓的印度北部、尼泊尔、缅甸以及中国云南是不同野生黄瓜变种的分布地区,也是栽培黄瓜的起源地和主要演化地。黄瓜从原产地向东,经东南亚传入印度尼西亚,同时进入中国南部,后来逐步演化形成了华南型黄瓜。史记公元 2 世纪初,汉朝张骞出使西域间经丝绸之路将黄瓜引入中国北方地区种植,并被称之为“胡瓜”,逐步演化为目前的华北型黄瓜。

8.1.1 生物学特性

8.1.1.1 植物学特征

(1)根　黄瓜为浅根系,主根入土深度虽然可达 1 m 及以上,但 80%以上的侧根主要分布于表土下 20～25 cm 的土层中,以水平分布为主,故被称为“串皮根”,水肥吸收能力弱,且根系好气性强,故生产上要求土壤肥沃、疏松透气。根系维管束鞘易于木栓化,除幼嫩根外,断根后再生能力差,故黄瓜适宜直播,育苗移栽时应宜早、宜小定植。

(2)茎　黄瓜茎横切面呈五棱形、中空、具刚毛,由表皮、厚角组织、皮层、环管纤维、筛管、维管束和髓腔等组成(图 8-1)。茎部皮层薄而髓腔大,机械组织不发达,故茎易折损,但输导性能良好。茎部叶节处除着生叶片外,还生有卷须、侧枝及雄花或雌花。黄瓜茎蔓生,生产上须进行支架或吊蔓,以使茎蔓向空间发展。茎部节长和侧枝多少与类型、品种和栽培条件有关。

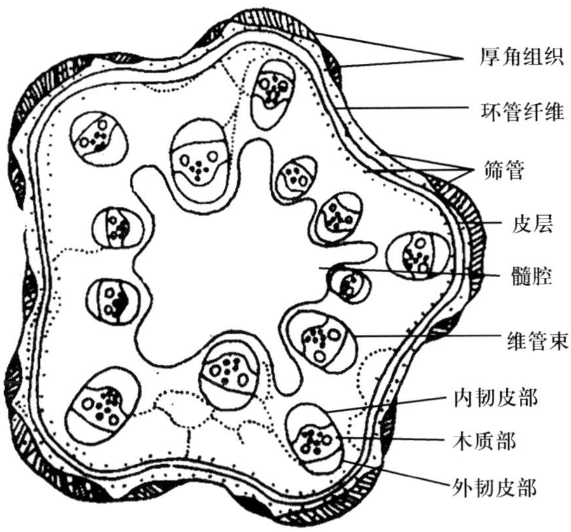

图 8-1 黄瓜茎横断面模式图(Esau,1953)

(3)叶 黄瓜的子叶长椭圆形、对生,是黄瓜生长发育初期养分积累的重要器官。真叶掌状全缘、互生,正反两面被有稀疏刺毛,叶柄较长。叶片大小与品种、着生节位和栽培条件等有关。黄瓜叶片大而薄,故蒸腾量大,再加上根系吸水能力差,因而黄瓜栽培过程中需水量大。

(4)花 黄瓜为单性花,且雌雄同株异花,极个别品种具有完全花。花腋生,雌花和完全花常单生,而雄花则簇生且每叶节可形成十余朵雄花,陆续发育和开放。花冠黄色,钟状 5 裂;萼片绿色有刺毛。雌花雄蕊退化,子房下位,多 3 室,侧膜胎座,每室有胚珠 2 列;花柱较短,柱头 3 列。

根据植株上花的着生状况可将黄瓜分为 7 种株型。①完全花株:植株上着生的花全部为完全花。②雌性株:植株上着生的花全部为雌花。③雄性株:植株上着生的花全部为雄花。④雌雄同株:植株上同时着生雌花和雄花。⑤雌全同株:植株上着生的花为雌花和完全花。⑥雄全同株:植株上着生的花为雄花和完全花。⑦雌雄全同株:植株上着生的花包括雌花、雄花和完全花。我国常见黄瓜品种为雌雄同株型,通常植株基部连续出现 3～5 节的雄花节,以后可连续或间隔形成雌花节。第一雌花着生的节位越低、雌花节比例越高,对黄瓜早熟、丰产越有利。

(5)果 黄瓜果实为瓠果,系由子房、花托共同发育而形成的假果。表皮部分为花托的外皮,皮层由花托皮层和子房壁构成,花托部分较薄。果实的可食部位主要为果皮和胎座。黄瓜嫩果颜色绿色、深绿色、绿白色、白色或具间杂色等,果面光滑或具棱、瘤、刺;老熟果黄白色至棕褐色,果面常具裂纹。

(6)种子 黄瓜种子扁平、长椭圆形、黄白色,由种皮、种胚及子叶等组成,子叶中充满糊粉粒、类脂和蛋白质。种子无明显生理休眠期,发芽年限 4～5 年,千粒重 20～40 g。

8.1.1.2 生长发育周期

黄瓜生长发育历经发芽期、幼苗期、初花期和结果期 4 个阶段。

(1)发芽期 从播种至第一片真叶出现(破心),适宜条件下需 5～8 d。该期内幼苗生长所需养分主要靠种子供给,由于种胚本身所贮存的养分有限,故发芽时间越长,幼苗长势越差。促进种子尽快出苗、保证苗期苗壮是此期生产管理的主要目标。

(2)幼苗期 从破心到 3～4 片真叶展开(开始出现卷须),适宜条件下需 25～30 d。此期内幼苗生长缓慢、绝对生长量较小，节间短、叶片小，但生长点新叶分化和根系生长却较为迅速，尤其是花芽的分化和发育速度快，是决定黄瓜前期雌雄花形成的关键时期，育苗质量的好坏将直接影响其全生长期内的产量，尤其对前期产量影响较大。本期内的管理目标是“促”“控”结合，培育壮苗，即采取适当措施促进各器官分化和发育，同时控制地上部生长，防止徒长。

(3)初花期　又称发棵期或伸蔓期，从 3～4 片真叶展开至第一雌花坐瓜，适宜条件下需 20 d 左右。该期内植株根、茎、叶生长速度最快，植株从基部向上陆续开花，且生长点花芽分化和发育迅速。当第一条瓜(根瓜)的瓜把由浅绿变成深绿(俗称“黑把”)时，标志着初花期结束。此期内，植株生长中心由根茎叶等营养器官生长为主逐渐过渡到以营养花、果发育为主，也是营养生长和生殖生长并进阶段。生产管理目标是防止徒长、促进坐瓜。

(4)结果期　由第一雌花坐瓜到收获完毕的植株拉秧为止。此期所经历的时间因栽培方式、栽培条件和品种习性的不同有很大差别。露地生产一般可持续 30～50 d，而日光温室越冬生产则可长达 300 d。此期内生长中心是果实发育，生产管理目标是平衡秧果关系、防止早衰，尽可能延长结果期，实现丰产。

8.1.1.3　对环境条件的要求

黄瓜起源于喜马拉雅山南麓的湿热地区，其系统发育过程中长期受起源地气候条件的影响，形成了喜温、喜湿、喜光的生态特点。

(1)温度　黄瓜属喜温作物。生长适温为 15～32 ℃，常以白天 22～32 ℃、夜间 16～18 ℃为宜。不同生育时期对于温度要求不同：发芽期适温 25～30 ℃，最低发芽温度为 15 ℃，低于 15 ℃或高于 35 ℃发芽率显著降低；幼苗期和初花期适温白天 25～30 ℃、夜间 15～18 ℃，其中雄花开药适温为 18～21 ℃、花粉发芽适温为 17～25 ℃；结果期适温白天 25～29 ℃、夜间 18～22 ℃。播种至开始采收所需要的有效积温为 800～1 000 ℃。

耐低温能力差是黄瓜最为明显的生态习性。温度低于 10～12 ℃常导致黄瓜生理活动失调，生长缓慢；10 ℃以下则停止生育，并可造成叶绿体结构异常、细胞结构损坏，光合作用几乎停止，并导致叶片黄化、萎蔫等，所以把 10 ℃称为“黄瓜经济最低温度”。黄瓜低温温度补偿点约 3.3 ℃，高温温度补偿点为 48.8～50.7 ℃，光合适温为 25～33 ℃。一般情况下，温度高于 35 ℃时，黄瓜光合同化物产量与呼吸消耗处于平衡状态。37 ℃以上的高温会明显抑制其生长，超过 48 ℃对生长发育产生危害。但在空气湿度较高的情况下，可忍受 2 h 45～48 ℃的高温。设施黄瓜生产过程中可以利用这一特点，在保证土壤水分供应的情况下，采用高温闷棚的办法防止霜霉病等。当温度高达 50 ℃ 1 h 时，植株茎叶虽不会表现异常，但呼吸几乎完全停止，原生质体受到伤害，如及时降温或及时灌溉，黄瓜植株尚可恢复。60 ℃下 5～6 min，即可导致黄瓜茎叶组织破坏，植株枯死。

黄瓜根系对土壤温度变化的反应敏感。根系生长适宜温度为 20～25 ℃，地温低于 20 ℃或高于 35 ℃根系生理活动能力明显降低，并可导致根系早衰，根系能耐受的最高温度为 38 ℃，根毛发生的最低温度为 12～14 ℃，最高为 38 ℃。10～12 ℃时根系生长停滞。土壤温度低于 12 ℃且持续时间较长时，常易于导致根系生理活动受阻，而使叶片发黄或产生沤根等症状。因此，冬、春季节黄瓜育苗或生产时，地温的管理比气温管理更重要。实践表明，当地温适宜时，即使气温偏低植株也不会出现冷害症状，但气温适宜而地温较低时，常导致植株出现生理障碍。日光温室黄瓜冬季生产遇连阴天突然转晴时，需要采取“回苫”措施，其原因就在于温室揭苫后，气温回升较快而地温却回升缓慢，此时根系生理活动较低，吸水困难，难以保证气温较高、光照较强条件下地上部水分蒸腾的需要。黄瓜生长发育还需要一定的昼夜温差,一般保持10 ℃左右温差有利于物质积累。夜间温度适当偏低有利于降低植株体内养分的呼吸消耗,防止徒长和减少化瓜。在夜间积温相同的前提下,提高前半夜温度、降低后半夜温度,有利于同化物在植株体内的合理分配,特别是可以促进养分向果实和根部运转,有利于黄瓜生育和产量的形成。

(2)光照　黄瓜喜光照充足。适宜温度下,光合作用的饱和光照强度为1 421.0 μmol/(m^2 · s),光补偿点为51.0 μmol/(m^2 · s),表明黄瓜对光照强度要求较高。光照不足,光合速率下降明显,同化物产量降低,常造成植株生育不良,并引起"化瓜"、畸形瓜等。适宜温度及光照条件下,黄瓜光合速率一般为20～30 μmol/(m^2 · s)。同时,黄瓜光合强度还具有明显的时段性,一般上午的光合量可占全天光合量的60%～70%,而下午光合量仅占30%～40%。这是由于上午光照条件好、空气中CO_2浓度高、叶片夜间充分吸水后受光姿态好等原因所致。春季露地或设施栽培叶片光合速率日间呈双峰曲线变化,有明显的午休现象,但日光温室冬季生产,由于光照和适宜温度时间短、光照弱、空气湿度高等原因,叶片光合速率日间则呈单峰曲线变化,且峰值一般出现在中午12时前后。

不同叶龄的黄瓜叶片光合速率不同。叶片展开后的10 d以内,光合速率最高;展开后20 d后,光合速率明显下降。就黄瓜植株叶片整体分布而言,一般以上部第五六片展开叶光合速率最高。因此黄瓜生产过程中,必须注意及时绑蔓,确保叶片受光姿态良好,防止上部茎叶下垂而影响光合作用,农谚"茄子在榜,黄瓜在绑"的道理即在于此。

(3)湿度　黄瓜属浅根性作物,对于土壤深层水分吸收能力差,再加上地上部叶片多、叶片薄、叶面积大等,蒸腾量大,故喜湿、不耐旱是黄瓜的显著生态特点之一。黄瓜根系对土壤湿度敏感,其永久萎蔫点土壤含水量为9%。不同生育时期黄瓜所要求的适宜土壤湿度不同,发芽期要求较高,以便于种子吸水,水分不足则发芽缓慢,且整齐度差;但土壤含水量过高又易造成烂种。幼苗期和根瓜坐瓜前土壤相对湿度一般应控制在60%～70%;湿度过大,易造成幼苗徒长。结果期黄瓜需水量最大,适宜的土壤湿度为田间最大持水量的80%～90%;湿度过低,易引起植株早衰和产量降低,且畸形瓜比例增加。另外,黄瓜根系呼吸强度大,浇水过多或雨后田间积水又易发生沤根,故黄瓜又忌涝。

同时,黄瓜对空气湿度要求也较高,以80%～90%为宜,且在一定范围内,白天空气相对湿度的高低与黄瓜总产量呈正相关。但空气湿度过高,尤其是日光温室越冬栽培条件下,常造成叶片表面结露,易诱发多种病害。

(4)气体条件　据测定,适宜温度和光照条件下,黄瓜光合作用CO_2补偿点为69 μL/L、饱和点为1 592 μL/L。设施栽培条件下通风量小,造成CO_2含量不足时,适当增施CO_2对于促进光合作用、提高产量效果明显。

黄瓜根系呼吸强度大,要求土壤O_2供应充足。黄瓜适宜的土壤含O_2量为15%～20%。土壤中O_2不足,将直接影响到黄瓜根系各种生理代谢活动,进而影响到黄瓜产量和质量。因而,黄瓜栽培要求土壤通透性好,生产上适当增施有机肥,改善土壤理化性状,加强中耕等措施对于生长发育都是非常有利的。

空气中许多有害气体会危害黄瓜的正常生长,如当空气中NH_3质量分数达到0.1%时,会使黄瓜叶缘组织逐渐变为褐色,严重时枯死;NO_2达2 μL/L及以上时,可使叶缘及叶脉间细胞致死,形成白色或褐色小斑点。其他许多气体如SO_2、CO、H_2S、FeO、MnO等在空气中积累到一定浓度时均可导致黄瓜受害。

(5)矿质营养　黄瓜结果期长，产量高，根、茎、叶等各个器官生长量大，因而对矿质营养需要量也大。但由于黄瓜根系脆嫩、分布浅，其根系适应的土壤溶液质量分数为 0.03%～0.05%，土壤溶液质量分数过高，易发生烧根现象。故黄瓜表现出喜肥而又不耐肥的特点，施肥管理应注意掌握“少量多餐”的原则。

黄瓜对主要矿质元素吸收量的顺序依次为钾、氮、钙、镁和磷等，故施肥管理以氮、磷、钾为主，每生产 1 000 kg 的黄瓜果实需吸收氮 2～3 kg、磷 1 kg、钾 4 kg，氮∶磷∶钾比例为(2～3)∶1∶4，是黄瓜平衡施肥管理的主要依据。

黄瓜不同生育时期需肥量不同，其中幼苗期较少，初花期增加，结果期最多。幼苗期和初花期对氮、磷、钾的吸收量约占全生育期的 20%，而结果期约占 80%。故结果期是黄瓜施肥管理的重点时期。施肥量不足或不均衡，常导致早衰、产量降低、畸形瓜增多等。

(6)土壤　黄瓜根系分布浅、好气性强，故以耕层深厚、疏松、透气性良好的壤土为好。沙质土壤中，黄瓜早期发苗快，利于提早成熟，但植株易于老化，总产量较低；黏壤土虽然保水、保肥力强，有利于中后期黄瓜生育，但往往前期生育迟缓，不利于早熟，早春或低温季节还易导致沤根等。

黄瓜在土壤 pH 5.5～7.6 的范围内均能正常生长发育，但以 pH 6.5 左右最为适宜。偏酸性的营养液对于以营养生长为主的前期生长较为适宜，而后期产量形成阶段则适宜微碱性营养液。不同土壤质地适宜土壤电导率(*EC*)不同，黏壤土为 0.6～0.8 mS/cm，沙壤土为 0.3～0.4 mS/cm。采用黑籽南瓜作砧木嫁接后可提高黄瓜耐盐能力。

8.1.1.4　花芽分化与性型分化

(1)花芽分化　黄瓜花芽分化部位为叶腋处，常于发芽后 10 d 左右开始。当第一片真叶展开时，生长点已分化 12 片叶，其中除最上部 3 节外，其他各叶腋均已分化花芽，但各花芽性型尚未确定；至四五片叶展开幼苗期结束时，生长点已分化 21～22 片叶、花芽 18～20 节，且除上部七八节外，其他叶节花芽的花芽性型已确定。适宜条件下，花芽从开始分化至开花约需 45 d。花芽发育过程中，由外向内先后分化出萼片、花冠、雌蕊、雄蕊等，大致经历无性期、两性期和单性期 3 个阶段(图 8-2、图 8-3)。

(2)性型分化及其影响因素　黄瓜花芽分化初期，每个花芽都具有萼片、花冠、蜜腺、雌蕊、雄蕊等的初生突起，此时，花芽表现为两性花形态特征。但在萼片和花冠形成后，便开始进入单性花分化过程，如雌蕊突起停滞在原有的发育状态，则花芽将发育形成雄花；如雄蕊突起停滞在原有的发育状态花芽则发育形成雌花；如雌、雄蕊突起均正常发育则花芽将发育形成完全花。

黄瓜性型分化过程存在一定的可塑性，即性型分化过程除受到自身遗传因素的影响外，还可受到环境、机械刺激及化学因素等多种因素的影响。

花芽的性型分化首先与自身遗传因素有关。不同类型品种花芽性型分化差异较大。如雌性系类型品种植株全雌，而雌雄同株型品种则雌花节比例较低。同为雌雄同株型品种，不同品种间雌雄花形成情况也存在很大差异。

环境条件同时也可以影响黄瓜花芽性型分化。

首先是温度条件。对于所有雌雄同株型的黄瓜品种而言，适度的低温，尤其是夜间低温可促进雌花分化。幼苗期对黄瓜进行 14～15 ℃的夜间低温处理，可有效增加植株雌花节比例和降低第一雌花节位。

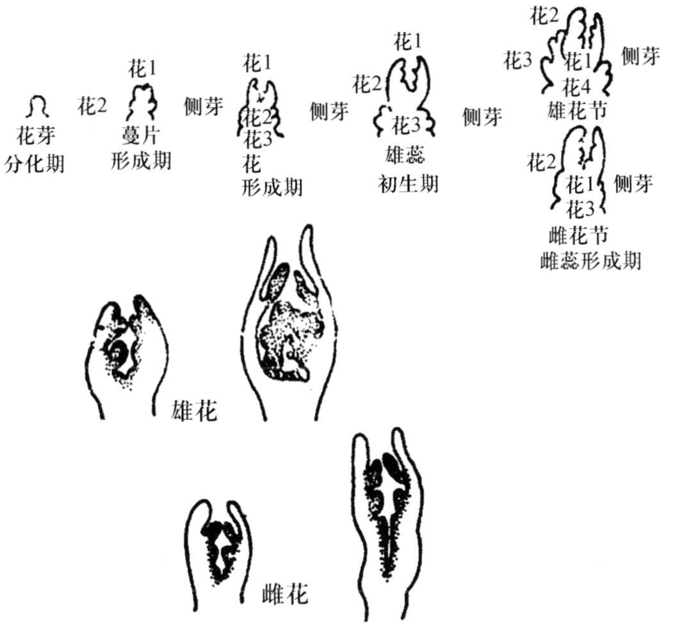

图 8-2 黄瓜花芽性型分化过程(斋藤,1977)

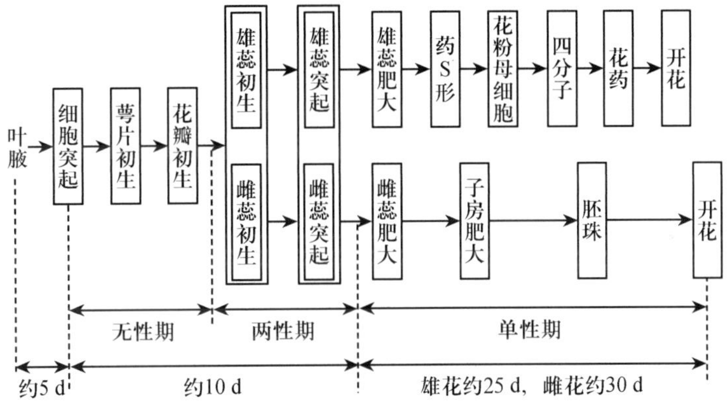

图 8-3 黄瓜花芽发育模式图(藤井,1979)

其次是光照条件。通常光照较强时有利于促进雌花分化,而遮阳或弱光处理则可促进雄花分化。有报道表明,减小行间距或增加栽培密度,可导致黄瓜雄花数的增多。另外光周期也可影响花芽的性型分化。短日照处理有利于雌花的形成,而长日照条件下则有利于雄花的形成。有研究表明,8 h 的短日照处理对于雌花的分化最为有利;5～6 h 的短日照处理虽然更有利于雌花的形成,但却不利于雌花的发育;而 12 h 以上的长日照处理则有利于雄花的形成。苗期是黄瓜花芽分化和发育的重要时期,因而花芽性型分化对于温度和光照条件敏感时期为 1～5 片真叶展开期间。

栽培季节、矿质营养、土壤含水量等也可影响花芽的性型分化。同一黄瓜品种春季栽培较夏秋季栽培有利于雌花形成,表现在第一雌花节位降低、雌花节比例增加等,这是由于春季育苗期温度较低、光照较强所致。有研究表明,当日均温度超过 25 ℃时,光照条件对花芽性型分化几乎无影响(藤枝,1966);雌雄同株型黄瓜品种在低温、长日照条件下比高温、短日照条件下雌花形成早(Novak,1972),因此温度对花芽性型分化的影响效果比光照更为明显。从水分条件的影响看,较高的空气和土壤湿度有利于雌花分化。有研究表明,当土壤相对湿度由40%提高到80%时,雄花比例增加41%,而雌花比例则增加114%;在空气相对湿度80%条件下比空气相对湿度40%的雄花比例大为增加。从矿质营养的影响看,土壤中N营养水平较高时可促进雄花分化,NH_4^+-N较NO_3-N更有利于雌花分化。从气体条件的影响看,适度提高空气中CO、CO_2浓度,可有效抑制黄瓜植株体内的养分消耗,有利于促进雌花分化,乙烯、乙炔等对雌花分化也有促进作用。

此外,化学因素也可对黄瓜花芽性型分化产生重要影响。植株体内激素种类及其含量是影响黄瓜花芽性型分化的关键因素,而各种环境因素也均是通过影响植株体内激素含量及其比例而影响黄瓜性型分化的。当植株体内乙烯含量较高时有利于雌花分化,而内源赤霉素含量较高时则有利于雄花分化。同样,利用施用外源生长调节剂或化学物质对植株进行处理也可以调节花芽性型分化。如幼苗期利用100～200 mg/L的乙烯利溶液处理,可显著降低第一雌花节位、增加雌花比例。另外,利用萘乙酸(NAA)、吲哚乙酸(IAA)、脱落酸(ABA)、2,4-D、矮壮素(CCC)等进行处理也可以不同程度地促进雌花分化。而利用赤霉素(GA)、硫代硫酸银[$Ag(S_2O_3)_2$]、硝酸银($AgNO_3$)等进行处理则有利于促进雄花分化。

黄瓜花芽性型分化还受机械因素的影响。摩擦子叶、育苗移植、茎蔓扭伤、嫁接等机械刺激均可导致植株体内乙烯含量增加,从而促进雌雄同株型黄瓜品种的雌花分化。而使用赤霉素、硝酸银等进行处理则解除这些机械因素对花芽性型分化的影响。

8.1.1.5 果实发育特征

黄瓜开花至完成授粉受精全过程需4～5 h,之后进入子房膨大阶段。但开花后的1～4 d,子房膨大缓慢,5～10 d为迅速膨大期,之后膨大速度又会减缓,故黄瓜果实呈S形曲线增长。黄瓜果实白天与夜间增长量不同,以夜间增长为主。开花后8～12 d,果实达到商品成熟期,再经30～35 d达到生理成熟期。

黄瓜果实大小与果实细胞数、细胞体积和细胞间隙等有关。由于构成果实各部分组织的细胞分裂在开花时就已经停止,故果实发育的细胞数已定,而果实的膨大只是依赖细胞体积的增加。因此生产上应创造适宜条件,促进果实细胞及其间隙的扩大,以尽可能增大果实体积进而增加单果重。

黄瓜具有单性结实特性,即在胚珠不经授粉受精的情况下,子房可直接膨大而形成无籽果实。果实单性结实能力与品种、植株生育状况、环境条件等有关。华南型黄瓜大多单性结实能力差,而华北型黄瓜大多单性结实能力强;植株生育状况良好时单性结实能力强;环境条件是影响黄瓜单性结实能力的重要因素,也是考察品种适应性的重要指标之一。黄瓜单性结实习性对于减少田间授粉用工、克服设施栽培逆境环境及昆虫授粉不足、保障商品瓜产量等是一种有利的农艺性状。

果实的发育是黄瓜植株体内各种养分和水分不断向果实运转的结果。由于果实发育期间容易造成根、茎、叶等营养器官与果实之间、花与果实之间以及果实与果实之间在养分供求上的竞争矛盾,故栽培管理的任务就在于采取综合农艺措施,合理调控植株生活环境,协调各个器官之间养分竞争的矛盾,通过综合调控促进果实发育进而实现高产、优质栽培效果。反之,生产上遇环境条件不适或栽培管理不当时,则易导致果实发育异常,如化瓜、苦味瓜及畸形瓜等。

化瓜是指雌花开放后 2～3 d，瓜条停止膨大，同时果实前端开始萎蔫并逐渐变黄，最后整个瓜条干枯，有时子房开花前也可化瓜。化瓜与环境条件不适或栽培管理不当造成植株体内养分供应亏缺有关。

畸形瓜有弯瓜、大肚瓜、尖嘴瓜、蜂腰瓜、脐形瓜等多种表现，其成因与栽培管理措施不当有关。因绑蔓、架材或卷须缠绕等机械阻挡可造成弯瓜；植株长势衰弱、栽培密度过大、通风透光不良、水肥供应不及时或不均匀等会形成弯瓜、大肚瓜或尖嘴瓜等；夏秋季栽培为促进雌花形成而喷洒乙烯利时，使用时间过早、浓度过高或次数过多等可造成花芽发育异常的两性花，并因而形成畸形瓜。畸形瓜还与环境条件不适有关。温度过高或过低可导致花芽发育成弯曲子房、雌花授粉、受精不完全等，进而形成弯瓜、尖嘴瓜或大肚瓜等；空气湿度过低，尤其是高温干旱气候条件下易形成尖嘴瓜、大肚瓜及蜂腰瓜等；光照强度低，光合产物积累少，植株养分供应不足则易形成尖嘴瓜、大肚瓜和蜂腰瓜等；土壤中缺硼、缺钾时易形成蜂腰瓜等。

苦味瓜多出现在越冬及早春生产中。苦味是由果实中的苦味物质葫芦素(curcurbitacin，$C_{32}H_{50}O_8$)而来。同一植株上不同部位所着生的果实苦味也可能有所不同，一般根瓜苦味较重，随着结果部位的提高苦味逐渐减轻。果实中近果肩部苦味较重，而果顶部较轻。果实中葫芦素含量与品种的遗传特性有关，根据果实苦味出现的情况将目前的品种分为 3 类：一是营养器官有苦味而果实可能变苦，生产上所用的黄瓜品种大多属于此类型；二是营养器官有苦味而果实不苦；三是营养器官和果实均无苦味，且不受环境条件的影响。正常情况下，葫芦素可以被植株体内的酯酶降解而果实无苦味，但遇管理措施不当或环境条件不适，如偏施氮肥、浇水不足、温度持续偏低、光照过弱、土壤质地差等导致植株长势衰弱、营养不良时，可影响植株体内酯酶的形成及其活性，使得葫芦素难以被降解，便会产生苦味或苦味加重。

8.1.2 类型与品种

黄瓜的分类方法很多，如：根据果实长短可分为迷你型、中长型和长果型；根据果实用途可分为鲜食型和加工型；根据果实表面刺瘤密集程度可分为无刺瘤型、稀刺瘤型和密刺瘤型；根据刺瘤颜色可分为黑刺型、灰刺型和白刺型；根据生长及生态适应性可分为温室型和露地型等。

依据我国各地栽培黄瓜品种生长发育习性及果实特点，通常可将黄瓜分为华北型和华南型。华北型黄瓜大多植株长势旺盛、叶片大、低温耐受性强；第一雌花节位低、雌花节比例高；瓜条细长、棒状、刺瘤密集，果皮绿色，果肉质地脆嫩。代表性品种有金早生、北京大刺瓜、长春密刺、宁阳大刺瓜等。华南型黄瓜植株长势较弱、低温耐受性较差；第一雌花节位高、雌花节比例低；瓜条短粗，果皮白绿色、白色、黄色或具镶嵌色等；刺瘤稀少，果肉质地软。代表性品种有昆明早黄瓜、杭州青皮、杨行黑刺、武汉青鱼胆、成都寸金黄瓜等。

8.1.3 栽培季节与茬口安排

黄瓜连作可造成病虫害发生加重，故常要求与非葫芦科作物实行 3 年以上的轮作。因适宜支架或吊蔓栽培，为提高土壤利用效率、增加单位面积产量、便于病虫害控制和土壤培肥等，可以考虑与矮生、耐阴作物如油菜、菠菜、韭菜、青蒜等进行间作套种。

我国各地黄瓜的生产方式通常分露地和设施栽培两种。

8.1.3.1 露地栽培

黄瓜露地栽培茬口常分为春茬、夏茬和秋茬 3 个茬口。因受温度、暴雨、台风等多种环境条件的季节性变化限制，黄瓜露地栽培常导致病虫害较多、田间生长期和结果期较短。同时，由于中国各地气候条件差异较大，露地栽培茬口安排也有很大差异。东北、蒙新等高寒地区，无霜期只有 90～120 d，露地栽培一般每年仅种植 1 茬，产品供应期在 6～8 月份。华北地区无霜期多在 200 d 以上，露地栽培可分为春茬、夏茬和秋茬栽培。春黄瓜是露地生产主要栽培茬口，该茬口内气候温暖、光照充足，产量较高。夏茬和秋茬采收期主要瞄准 7～10 月份的蔬菜供应淡季市场，播种或定植期相对灵活，既可以终霜后露地直播，又可以早春速熟蔬菜为前茬进行育苗移栽。而夏茬、秋茬黄瓜生长期间高温、多雨、秋季温度下降快等，故田间生长期短、病虫害相对较多，产量也较低。长江中下游地区无霜期可达 300 d，黄瓜露地生产与华北地区相似，也可以分为春茬、夏茬和秋茬。而夏茬秋黄瓜生长期间，高温、多雨、昼夜温差小，病虫害发生严重，产量及果实商品率均较低。华南地区全年无霜，黄瓜茬口安排及播种期较为灵活。冬春季节光照充足、气温适宜，是黄瓜适宜栽培茬口。夏茬秋黄瓜除高温、多雨、昼夜温差小等不利因素外，还经常有台风侵袭，生产面积很小。播种期一般是春茬于终霜前 30 d 左右，秋茬则生长期从初霜到来之日向前推算 120 d 播种。

8.1.3.2 设施栽培

（1）塑料大棚栽培　由于塑料大棚对温度调控能力有限，生产茬口安排可分为春提前栽培、越夏栽培和秋延后栽培 3 个茬口。春早熟栽培一般先于日光温室内育苗，于当地终霜前 25～30 d 定植，产品采收期一般可持续 60 d 以上。由于春季大棚内光热资源良好，故春提前栽培不仅采收期比露地黄瓜相应提早，且产量和商品率高、经济收益高。越夏栽培近年来在华北部分地区生产面积逐渐增加，其播种期及定植期同春提前栽培，但生长期跨过整个漫长的夏季直至霜降或立秋前后，产品采收期 8 个月以上。由于夏季气温高、光照强，是生产管理的困难时期。同时，由于生长期长，必须采用嫁接育苗。秋延后栽培由于受前期温度高和后期温度下降快等因素的限制，适宜生长期一般在 90 d 以内，产量相对较低，生产管理难度也相对较大。

（2）日光温室栽培　尽管各地的气候条件及温室自身的建设条件有所差别，但日光温室栽培茬口在各地大同小异，常分为秋冬茬、越冬茬及冬春茬 3 个茬口（表 8-2）。冬季光照资源或保温性能较差的情况下，日光温室黄瓜大多采用秋冬茬或冬春茬栽培茬口。秋冬茬栽培前期光温条件适宜，但进入结瓜期后，温光条件急剧下降，导致该茬口产量水平较低，而冬春茬定植后温光条件逐渐改善，产量及商品瓜率均较高。光照资源充足且保温性能良好的日光温室，则大多以越冬茬生产为主，是我国各地日光温室黄瓜生产的主要形式之一。冬季温度低、光照弱，是该茬口生产面临的主要困难。同时为确保后期黄瓜植株长势旺盛，生产上也必须采用嫁接育苗。

表 8-2　我国北方地区日光温室黄瓜生产茬口安排

栽培茬	播种期	定植期	采收期
秋冬茬	8 月中旬	直播	10 月上旬至 12 月下旬
越冬茬	9 月上旬至 10 月上旬	10 月下旬至 11 月上旬	12 月上旬至翌年 5 月下旬
冬春茬	12 月上中旬	1 月下旬至 2 月中旬	3 月上旬至 6 月下旬

8.1.4 栽培技术原理与措施

1)品种选择

首先应根据栽培季节及栽培茬口的环境特点选择适宜品种。如日光温室秋冬茬栽培，室内环境条件特点是生长前期温度高，而后期则存在温度低、光照弱等问题，故栽培茬口要求黄瓜品种既要耐热，同时又要耐低温、弱光。越冬茬栽培的主要问题是冬季低温、寡照，故要求黄瓜品种对低温、弱光适应性好。同时由于越冬茬栽培生长期较长，要求黄瓜品种不早衰、持续结瓜能力强。而冬春茬栽培黄瓜定植后，室内光温环境越来越有利于黄瓜生长发育，故要求黄瓜品种前期耐低温能力突出，瓜条发育速度快等。其次是要根据当地主要病害种类选择抗病性好的品种。黄瓜生产过程中易发生霜霉病、白粉病、枯萎病、疫病、灰霉病等多种病害，且不同地区及不同栽培方式下病害种类又有所区别，故应根据相应的生产条件选择适宜抗性品种。此外，还应考虑不同黄瓜品种在丰产性、商品性等农艺性状方面的差异。

2)播种育苗

从育苗季节和育苗条件要求看，黄瓜育苗基本分为冬春季育苗和夏秋季育苗。不同季节育苗对黄瓜苗龄的要求也有所差异。冬春季育苗要求苗龄较大，育苗时间需 35～49 d。生长状态以 3～4 片真叶展开为宜，株高 10 cm 以下、节间短、茎粗 1 cm 以上，叶色浓绿、叶面积大，根系发达，抗逆性强，无病虫危害等。而夏秋季育苗则要求苗龄较小，育苗时间需 20 d 左右。生长状态以 1～2 片真叶展开为宜，株高 10 cm 以下，根系生长良好，无病虫危害。

(1)种子播前处理　播种前应先行种子清选，去除秕籽、杂质后，再进行浸种。浸种时可采用温汤浸种或热水烫种方法对种子先进行表面消毒处理，并可起到软化种皮、提高种皮透气性的效果。之后再用 25℃左右的温水浸泡 6 h 左右。试验表明，用 3% KNO_3 溶液或 1∶1 的 3% KNO_3 和 3% KH_2PO_4 混合液在 10℃黑暗条件下浸种 3～4 d，能明显提高种子在低温条件下的出苗率；用 250 g/L 的 PEG(聚乙二醇)溶液处理 12 h，75 ℃下干热处理 24 h 或 15 ℃下预吸胀处理 12 h 等均可提高种子活力。浸种后再进行催芽，将种子置于温度 25～28 ℃下，一般经 24 h 即可达到播种要求。催芽期间也可进行胚芽锻炼，方法是将刚破嘴的种子连同包布置于－2～－1 ℃低温下 12 h，然后再于 18～22 ℃下催芽，目的在于促进养分分解和保持种子活力。如此反复 2～3 d，可显著提高种子耐寒能力、增强幼苗对低温的适应性。生产上，一旦浸种后遇天气状况不适宜播种时，采用胚芽锻炼方法是调整播种期和保证种植发芽质量的重要途径。夏秋季育苗时，由于温光环境适宜，也常采用干籽直播的方法。需要说明的是，对于已经采取了包衣等处理的商品种子，则无须采取种子播前处理措施。

(2)播种　春黄瓜适宜播种期一般在当地适宜定植期前 30～35 d，夏秋季育苗适宜播种期则在定植期前 20 d 左右即可。用种量可根据预计栽培面积及种子千粒重加以推算。

采用地床育苗时播种不宜过密，单位苗床播种量一般为 2～3 kg/hm^2。播种前育苗床提前浇足底水，待水分渗下后，按(8～10) cm×(8～10) cm 点播种子。采用育苗盘或穴盘等容器育苗时，先将营养土装填在容器中，然后将育苗容器浇足水，待水完全渗下后，于每营养钵或每穴孔点播 1 粒种子。种子点播到苗床或容器后，还须用过筛细土对苗床或容器进行覆盖，覆土厚度一般应在 1～2 cm，过厚不利于种芽拱土，过薄则易导致“带帽”出土。最后再用塑料薄膜将整个苗畦封严、密闭。

(3)苗期管理

①温度:育苗期间温度管理参照表 8-3,注意出苗前保持温度较高,一般应保持土壤温度 22 ℃、空气温度 28 ℃以上,以便于促进幼苗种子尽快拱土、提高发芽率和发芽整齐度;子叶展开至破心期间苗床应适当通风、降温、降湿,防止因温度过高形成高脚苗或湿度过大诱发猝倒病、立枯病等;定植前 7～10 d 外界气温逐渐升高,苗床应加强通风,尽可能创造与露地环境相似的条件,以提高幼苗适应性和抗寒性,利于定植后尽快缓苗。②光照:幼苗子叶展开后应在保证苗床温度要求的前提下,尽可能延长光照时间、增加光照强度,育苗床即使遇阴天也应尽可能揭苫或揭被,让幼苗接受散射光。早晨温室或苗床揭苫后应及时清扫薄膜上的尘土、草屑,提高透光率。③湿度:在播种时浇透水的前提下,苗期原则上不必浇水,以免因浇水造成土壤温度降低和空气湿度过高,易沤根或诱发苗期病害等。但底水不足或土壤有机质含量低、保水保肥能力差时,遇缺水时可适当浇水,但必须注意选择晴天浇水,同时浇水量不宜过大。采用营养钵或穴盘育苗时,由于育苗容器阻隔了土壤深层的水分供应,易造成容器内土壤缺水,在管理上应注意掌握"控温不控水"的原则,必要时可适当浇水。采用电热温床育苗时,苗床土壤水分蒸发量加大,易导致苗床土壤缺水,也应及时浇水。

表 8-3　黄瓜苗期温度管理指标　　℃

生长时期	管理目标	温度指标(昼/夜)
播种至子叶展开	出苗早、整齐	(25～30)/(15～20)
子叶展开至真叶显露	防止形成高脚苗和苗期病害	(20～22)/(12～15)
真叶显露至定植前 7～10 d	防止徒长、促进雌花分化	(22～25)/(13～17)
定植前 7～10 d	提高幼苗抗寒能力	(15～20)/(8～10)

采用嫁接育苗时,常用黑籽南瓜、中国南瓜及印度南瓜等作砧木,嫁接方法包括靠接法、插接法、舌接法或贴接法等。如采用靠接法、舌接法、贴接法嫁接时,接穗需比砧木提早播种 3～5 d,以使接穗和砧木茎粗保持一致。而采用插接法嫁接时,则砧木应比接穗提早播种 5 d 左右。嫁接育苗由于其间经历了嫁接缓苗等过程,育苗生长日历通常应比自根苗延长 5～8 d。

3)定植

(1)定植前准备　黄瓜春季设施栽培时,应提早 20 d 以上对设施覆盖薄膜,以促进设施内土壤及早化冻和持续升温。选用流滴膜覆盖可有效减少露滴、增加光照强度。同时,定植前施足底肥并充分翻耕以确保土质疏松、保水保肥能力强。底肥常用腐熟牛粪、羊粪、鸡粪、饼肥等各种农家肥,施用量可根据土壤质地、肥力状况、肥料种类、栽培密度和生长期长短等适当增减。土壤耕作要求精耕细耙,作畦方式可采用平畦、高畦和垄等形式,畦宽为 1.2～1.4 m,双行定植。北方地区降雨少,露地栽培多采用平畦栽培便于浇水,而南方地区降雨多,多采用高畦栽培便于排水。日光温室及塑料大棚栽培则多采用高畦或垄栽形式,有利于保墒、提高前期土壤温度、加深耕层,对提早采收和根系生长有促进作用。

(2)定植期　黄瓜春季栽培掌握定植期的原则是在保证幼苗定植后不受冷害的前提下尽可能及早定植,而秋季栽培则应在保证一定的结瓜期前提下尽可能晚定植。春季掌握适宜定植期的环境指标是 10 cm 深处的土壤温度应稳定在 12 ℃、夜间最低气温稳定在 6 ℃以上,而秋季栽培则通常应保证田间结果期达 1 个月以上的前提下适当推迟定植时期以有利于减轻田间病虫害。

(3)定植密度　合理的定植密度与品种特性、栽培形式、土壤肥力状况、田间适宜生长日历等有关。品种长势强、适宜生长期长、土壤肥力好时，应适当减小密度。春季光照充足、通风良好，适当增加栽培密度有利于实现增产、增效，定植密度一般为 60 000 株/hm^2 左右；秋冬季栽培或阴雨天相对较多的地区，则定植不宜过密，栽培密度可控制在 40 000～50 000 株/hm^2。通常适当增加行间距对于改善田间通风透光条件、减轻病虫害发生是有利的。

(4)定植方法　定植起苗时应尽量带大土坨，且运苗、散苗过程中尽量保持苗坨完整。早春定植宜选择晴天的中午，且定植后最好能维持 3～4 d 的晴好天气。夏秋季则宜在早、晚或阴天定植，避免定植后因光照强、土温高或浇水不及时导致幼苗萎蔫、成活率降低。定植时栽苗深度以土坨与畦面相平即可。定植后及时浇水稳苗，浇水量应根据栽培季节、天气状况等确定。冬春季定植土壤温度低，定植水量宜少或采用点水栽苗法，夏秋季定植土壤温度高、土壤蒸发量大，则定植水宜大，可充分灌溉。

4)田间管理

(1)环境调控　黄瓜设施栽培时其首要任务是设施环境的调控。冬、春栽培，气温低、光照弱是限制生产的主要因素。为促进缓苗，通常定植后设施内应尽量减少通风以提高设施内土壤和空气温度。特别是深冬季节黄瓜生产，日光温室内气温低于 38 ℃时甚至可以不通风，以通过提高室内温度增强土壤及墙体等蓄热量进而有利于夜间温度的提高。伴随着外界温度和光照强度的提高，逐步转入正常温度及通风管理等。光照管理总体上应以尽可能增加光照强度和延长光照时间为原则。深冬季节光照弱，应及时清理农膜外侧的草屑、尘土等以提高其透光率。同时，即使冬季遇连阴天气也应尽可能将棉被或草苫揭开，以满足黄瓜生长对光照的基本需求，条件允许时甚至有必要对室内进行补光。而夏秋季黄瓜生产，因外界温度高、光照强，生产管理则以通风、降温、降湿为主，必要时可以采用遮阳网覆盖等措施加以调控。

(2)浇水与中耕　黄瓜属于喜水蔬菜作物，灌溉量大、灌溉频繁是黄瓜生产管理的一大特点。灌溉措施是否适宜对黄瓜产量及商品瓜率等影响明显。因此合理灌溉是影响黄瓜生产的重要举措。

黄瓜定植后 3～5 d，当幼苗生长点有新叶长出时表明已经缓苗、地下新根也已经长出。由于定植时浇水量少，此时应第二次浇水(缓苗水)以沉实苗垵、促进缓苗。之后幼苗生长速度开始加快。但因根瓜尚未坐瓜，为防止茎叶徒长引起化瓜需适度控水蹲苗，迫使黄瓜根系向纵深扩展，改善根系生长状况。同时，结合除草中耕 2～3 次。

当根瓜长 8～10 cm 时，植株生长中心开始转入以开花结果为主的生长阶段，此时应结束蹲苗，并结合追肥浇“催瓜水”1 次。蹲苗务必适度，根瓜坐瓜可以作为蹲苗结束、开始加强水肥管理的标志时期，但绝非蹲苗结束的唯一标准，生产上应根据天气状况、土壤墒情和幼苗长相、品种特点等合理掌握。当遇干热风天气频繁、土壤墒情差或保水保肥能力差、施肥过多造成烧根等情况时，即使是根瓜尚未坐稳也应及时浇水，否则会造成植株叶片萎蔫、生育迟缓，影响黄瓜产量和品质。

进入结瓜期后，伴随着温度升高和光照增强，茎叶生长与果实发育并进，且果实持续采收、需水量日益增加，田间浇水也需相应增多。但灌水量多少还应根据天气状况和黄瓜生育阶段具体确定，总的原则是生长前期少、中后期多。结果前期，植株生长量和结果数不多，浇水次数和浇水量不宜过多、过大，保持土壤见干、见湿即可。而结果中后期，温度高、光照强，叶片水分蒸腾和土壤水分蒸发量大，结果数也多，则浇水次数和浇水量需相应增多，此期内应保持土壤相对含水量80%左右。特别是从事越夏栽培时，保持土壤墒情充足是保证丰产优质的前提。

黄瓜田间灌溉频率、灌溉量及灌溉方法还应因栽培季节、天气情况、植株生长状况等做适当调整，如冬季气温低、光照弱，浇水时通常在晴天中午前后，且每次浇水灌溉量不宜过多；而春夏季光照强、气温高，通常应避免中午浇水，且每次浇水灌溉量应确保充足。北方地区日光温室黄瓜越冬栽培时，瓜农常采用大、小沟畦的作畦方式，春秋季在大沟灌水，而冬季则在垄上的小沟灌水，目的是可以适当减少灌水量，防止因灌溉导致土壤温度过度降低。

(3)追肥　黄瓜生物学及经济产量高，需肥量大同样是其生产管理的一大特点。但因其根系分布浅，喜肥而又不耐肥。为提高养肥利用效率，黄瓜追肥时不宜一次性施用过多。追肥时期、追肥种类及追肥量等应根据黄瓜生长动态及需肥规律加以合理掌握。

传统的追肥经验多强调在浇催瓜水时进行第一次追肥，追肥种类多为尿素或磷酸二氢铵，施用量150 kg/hm^2 左右。进入盛瓜期后，随着植株生长量的加大和开花结果数的增多，追肥种类应以氮磷钾复合肥为主，追肥量逐渐加大至225～300 kg/hm^2，并要求每浇2次水追肥1次，即常说的“一清一混”。各地黄瓜高产经验表明，结瓜中后期，适当提高钾肥施用比例对防止化瓜、提高瓜条商品率效果明显。

追肥大多将肥料溶解后顺水冲施。为避免追肥后养分淋失造成土壤环境污染和养分浪费，追肥管理应掌握“前轻后重、少量多餐”的原则，并提倡使用有机肥进行追肥。多地的生产经验表明，采用鸡粪或粪稀作追肥，不仅有利于土壤持续培肥和提高产量，而且果实风味佳，是值得推广的无公害蔬菜生产措施之一。需要强调的是，采用有机肥作追肥时，必须经腐熟后才能使用，否则可能因土壤浓度过高而烧根，影响产量。

近年来，我国各地大力推广水肥一体化的节水装备，有助于节水节肥。采用水肥一体化装备进行灌溉追肥时，应注意灌溉及时、充足，同时结合灌溉及时追肥。

(4)植株调整　为改善田间通风透光条件、协调营养生长与生殖生长的关系，促进养分向果实运转，提高产量，栽培过程中需进行植株调整。植株调整的内容包括：

①支架与绑蔓、吊蔓：露地栽培或南方竹竿资源丰富的地区常采用支架形式固定黄瓜植株，支架形式多为人字架或花架，架高1.7～2.0 m。南方地区风力较小，采用人字形支架即可，但北方地区风力较大，需采用花架形式。为保证支架牢固，插架时架材要插在距瓜秧外侧8～10 cm处，每株瓜秧1根架材，既便于绑蔓和固定瓜秧，又不至于造成伤根，同时增大了两行架材间距，架型结构稳定。缓苗水浇后待畦面稍干，应及时插架。当瓜秧长度接近架材时，应及时绑蔓，防止瓜秧随风摆动而扭伤或折断。以后每三四叶节绑蔓1次，绑于瓜下的叶节处，同时摘除植株上所有卷须，以减少养分消耗。绑蔓时要左右横绑，使瓜秧呈“之”字形攀缘上升，以缩短瓜秧高度、充分利用架材空间。另外，绑蔓时应注意抑强扶弱，使绑蔓后不同植株间生长点高度保持一致，同时对长势过于旺盛的植株可绑得紧一些，而对长势较弱的植株应绑得松一些。因此，绑蔓的作用不仅在于调整瓜秧在架材上分布均匀、保持良好通风受光状态，同时还具有调节秧果关系的作用。

设施栽培时，则可以借助设施骨架材料作为支撑通过吊蔓进行植株管理。因设施内风力较小，可以用塑料绳或棉绳进行吊蔓，以利于植株空间分布均匀，受光良好。吊蔓、引蔓等措施应及时，以防止茎蔓在田间无序伸长。

②打杈与留根瓜：“根瓜”是指在植株基部用于生长成商品瓜的第一条果实。尽管部分黄

瓜品种自植株基部第一叶节即可出现雌花，但为合理调节植株营养生长与生殖生长关系，避免因坐瓜过早而导致“坠秧”问题，通常主蔓应自基部四、五叶节开始结瓜，将植株基部其他过早出现的雌花摘除。“打杈”是指摘除植株上的侧枝。黄瓜植株基部易形成侧枝，如放任生长，不仅会造成田间郁闭、影响通风透光，同时还会影响主蔓长势和果实发育。因此，对于根瓜以下的侧枝应及时摘除，而根瓜以上叶节处所形成的侧枝则可在瓜后留 2 片叶摘心，以增加结果部位，提高产量。对于主蔓雌花节率较高的部分品种甚至可以将主蔓上所有侧枝全部摘除。

③摘叶：植株生长的中后期，基部叶片开始老化、变黄，同时由于近地表处空气湿度较高、光照弱，易发生多种病害，应及时摘除，既可以节省养分又可以改善通风透光条件。而对于植株中上部的叶片，只有当病虫危害较严重或自身衰老时才能摘除，以增加叶面积。

④摘心：当主蔓生长将要达到架顶时，应及时对主蔓摘心，去除其顶端优势，促进瓜秧形成回头瓜。

5)采收

黄瓜以嫩果供食用，可连续结果、陆续采收。黄瓜定植后至开始收瓜所需要的时间因品种特性、定植期、栽培管理状况及气候条件等而有所差异。一般早熟品种定植至始收需 25 d、中晚熟品种需 30 d 左右。当瓜条长度和横径达到商品成熟标准时可随时采收。因我国各地消费习惯不同，对于商品果实采收时的成熟度要求也不尽一致。华北大部分地区以果实“顶花带刺”作为最佳商品采收期，要求瓜条已充分展开，花干而未枯、果面刺瘤略显稀疏、刺白而未干。但南方及西北部分地区黄瓜采收则一般将果实已充分膨大，果皮及种子尚未硬化前作为最佳采食时期。

在掌握采收标准时，除需要依据果实自身的发育状况外，还应依据植株结瓜部位、植株自身生长状况及果实发育状况等加以灵活控制。首先是不同结瓜部位的果实采收标准不同：根瓜应适当早收，以防止坠秧；瓜秧中部的瓜条则应在符合市场消费要求的前提下适当晚收，通过提高单瓜重来提高总产量；上部所结的瓜条也应当早收，以防止早衰。其次是不同植株生长状况的植株上瓜条的采收标准也有所不同：长势较弱的植株上的果实应适当早收以促进植株茎叶生长，而长势旺盛的植株则应当适当晚收。再次是不同长相的瓜条采收标准也有所不同：子房顺直的瓜条应适当晚收，而畸形、弯曲的子房形成的瓜条则应在膨大前及时摘除或适当及早采收。

6)主要病虫害

黄瓜主要病虫害有枯萎病、角斑病、灰霉病、炭疽病、白粉病、霜霉病、病毒病和白粉虱、红蜘蛛、蓟马、斑潜蝇等，防治方法参见其他参考资料。

8.1.5 常见问题与对策

黄瓜生长发育过程中的植株长相与环境条件及栽培措施等合理与否密切相关，黄瓜生育状况诊断有助于及时发现生产管理中所出现的问题，便于合理调整生产管理措施，避免造成较大生产损失。

8.1.5.1 苗期问题与对策

(1)沤根　根部颜色变为褐色，地上部常伴随出现叶片暗绿，叶缘干枯。沤根的原因是土壤温度低于 10 ℃，且持续时间长，或土壤湿度过高、透气性差等。克服措施包括提高苗床温度和土壤温度；减少浇水量，床面及时中耕；增施有机肥，提高土壤通透性等。

(2)烧根　烧根现象可以出现在苗期和定植初期。症状表现为根系和叶片变黄，地上部萎蔫，叶片及叶脉皱缩，严重时也可出现叶缘干枯现象。造成烧根的原因多是由于播种或定植前施肥量过多或不均匀，尤其是速效性化肥施用量过多，同时浇水量又不足，造成土壤溶液浓度过高，进而导致根细胞水分外渗。未经腐熟的有机肥施用后在土壤中会继续腐熟分解、产生热量，使土壤局部温度过高等也可造成烧根。克服办法包括：有机肥必须经腐熟后才能使用，严格限制化肥施用，注意将肥料与土壤充分混匀。发生烧根后应及时浇水，降低土壤溶液浓度，以减轻烧根危害。

(3)闪苗　通风量过大或通风口位置距离幼苗过近，造成苗床温度突然大幅度下降，幼苗叶片因发生冷害呈水浸状。初期幼苗叶片萎蔫，以后受害部位逐渐干枯形成不规则状斑块。闪苗严重时也可造成苗床局部植株成片枯死。一旦出现闪苗，应及时回苫、遮阳，防止因光照过强、失水过度而加剧冷害。

(4)烤苗　苗床光照过强、温度过高或幼苗距离透明覆盖物过近使得叶片急剧失水，造成叶缘或生长点变白、干枯。育苗期间遇晴好天气，苗床应及时通风、降温，并避免幼苗与薄膜直接接触或距离过近。

(5)徒长　幼苗表现为叶片薄、叶色淡、叶片与茎夹角小，茎细、节间长，株型小而尖。主要原因在于苗床温度高，尤其是夜间温度偏高，偏施氮肥，湿度大而光照又较弱所致。遇幼苗徒长，苗床应加强通风，适度降温、降湿。

(6)“花打顶”　表现为植株节间极度短缩，并形成雌花和雄花间杂的花簇，花呈抱头状。“花打顶”现象既可以出现在苗期，也可以出现在其他生育期。造成黄瓜“花打顶”的原因一方面可能是外界环境条件不适宜所致，如温度偏低、光照较弱，且持续时间较长，造成花芽过度分化；另一方面则可能是管理措施不当所致，如过量施肥、浇水量不足或蹲苗过度、伤根过多等，造成植株根系吸水困难，体内水分供应不足；设施生产时，CO_2 施肥浓度过高也可以造成“花打顶”现象的出现。

8.1.5.2　田间生长期问题与对策

黄瓜定植后，可通过植株茎、叶、卷须、花等器官长相来判断管理措施是否得当。

(1)茎、叶生长状态　茎粗及节间长短适度、均匀、刺硬，叶片较大、平展，叶色浓绿而有光泽、叶缘在早晨吐水较多等均为长势强健的表现。遇茎节过长、过细、刺软，叶色较淡、叶片薄、叶片过大等现象出现时，表明植株长势过于旺盛或徒长，可能与浇水过多、偏施氮肥、温度过高、湿度过大等有关；茎节过短、过粗，叶片皱缩、叶面积小、色泽暗淡、叶缘在早晨无吐水现象等为植株长势弱、老化的症状，可能与土壤缺水、施肥过多、温度偏低等有关。

(2)卷须生长状态　果实膨大期间，卷须伸展、挺拔，与茎部夹角为45°左右，是植株生育正常的表现。卷须先端及早变黄或卷起，卷须细而短，呈弧状下垂，是植株老化或土壤缺水、温度过高或过低等的表现；若卷须较粗，与茎部夹角较小，则表明植株生长过于旺盛，可能与浇水过多、偏施氮肥、温度偏高等有关。

(3)花生长状态　雌花花冠颜色鲜黄，子房粗而长、顺直，正在开放的雌花距离植株生长点50 cm左右，其间具有展开叶四五片，是植株生育正常的表现。雌花花冠淡黄，子房短小、细而弯曲，开花节位距离生长点过近等，是温度低、光照弱、缺水缺肥等造成植株长势衰弱的表现。

8.2 西 瓜

西瓜(*Citrullus vulgaris* Schard)别名水瓜、寒瓜、月明瓜,一年生蔓生草本植物,起源于非洲南部的卡拉哈里沙漠,早在五六千年前古埃及就已种植西瓜,进入欧洲广泛种植后,经陆路从西亚经波斯(伊朗)、西域,翻越帕米尔高原,沿古代"丝绸之路"传入新疆,之后又传入内陆。

西瓜以充分生理成熟的果实供食用,不仅营养丰富,且具有良好的药用价值。每 100 g 的西瓜果肉含水分 86.5~92.0 g、总糖 7.3~13.0 g,以及丰富的维生素和矿物盐,可清热解暑,对高血压、心脏病、肝炎、肾炎及膀胱炎兼具不同程度的辅助疗效。瓜瓤可做罐头,果汁可酿酒,果皮可做蜜饯、果酱并提炼果胶等,种子可榨油、炒食和做糕点的辅配料。

8.2.1 生物学特性

8.2.1.1 植物学特征

西瓜根分布深而广,主根可深达 1 m 及以上、侧根平展达 4~6 m,根群主要分布在 10~30 cm 耕层内。根系发生早,但木栓化程度高、再生能力差、不耐湿涝等。茎草质、蔓生、中空,被长茸毛。主蔓长可达 3~5 m,植株基部节间短,秧苗可直立生长,四、五节后节间逐渐增长,匍匐地面生长。茎节着生叶片,叶腋处同时着生苞片、花器、卷须和侧芽等。分枝性强,可分生出四、五级侧枝。子叶椭圆形对生,真叶为单叶互生,叶序 2/5。第一片真叶小,近矩形,裂刻不明显,第四五片真叶后呈现出品种特征。全叶被茸毛和蜡粉、边缘细锯齿状,有深裂、浅裂和全缘等叶型。花单性,雌雄花单生、同株异花、极少有两性。主蔓常第 3 节后始见雄花,第 5~11 节出现第一雌花,以后每隔 5~7 节再发生一雌花。花萼片 5 枚、绿色,花冠黄色、五裂片合生于同一花筒上,雄花花药 3 枚、呈 S 形。雌花和两性花柱头宽 4~5 mm、先端 3 裂、子房下位、3 室,卵状或长椭圆形,密被长茸毛。雌花柱头和雄花花药均有蜜腺,属典型的虫媒花。花清晨开放、午后闭合故俗称半日花。果实为瓠果,由果皮、果肉和种子组成,果柄不脱落。果皮光滑,具细网纹或深绿、墨绿色条带,外观呈白色、淡绿色、深绿、墨绿或近黑色、黄色等。果肉由胎座发育而成,呈白、黄、深黄、淡红、玫瑰红、大红等颜色。单瓜重多在 2~10 kg,有圆形、高圆形、短圆筒形和长圆筒形等多种形状。种子扁平卵圆形,由种皮和胚组成。种皮较厚而硬、平滑或有裂纹,色泽白、黄、红、黑等,也有具双色花或麻点等特征的种子。种子大小因品种差异悬殊,千粒重 40~80 g。

8.2.1.2 生长发育周期

(1)发芽期　自种子萌动至子叶展平、真叶显露,在 25~30 ℃的条件下约 10 d。主要靠胚乳贮藏的营养供发芽和胚芽生长。此期内胚轴是生长的中心,根系生长很快。

(2)幼苗期　从真叶显露至植株 5~6 片真叶呈"团棵"状态,25~30 d。幼苗节间短,呈直立状态,根系伸展迅速增长。此期内地上部干、鲜重及叶面积增长量小,但生长点已分化 20 多枚叶片,并开始花原基和侧枝分化。

(3)伸蔓期　由"团棵"到留果节位雌花开放需 20~25 d。此时节间迅速伸长,植株由直立生长转为匍匐生长,第一至第三叶腋开始萌发侧蔓。此期以营养生长为主,根、茎、叶生长加快,同时包含花芽分化、孕蕾和开放。栽培上要"促控"结合,前期促进根、茎、叶生长,形成强大的营养体;后期以控为主,确保适时开花坐果。

(4)结果期　自留果节位雌花开放至果实成熟需 28～45 d。根据果实生长发育及形态特征、生理生化代谢特点又可以将其划分为 3 个阶段。

①坐果期:指留果节位雌花开放至果实退毛,需 4～6 d。该阶段茎叶生长仍然旺盛,果实生长量较小,植株生长中心由营养生长逐渐过渡为生殖生长,长秧与结果的矛盾最为突出,管理上应控制过旺的营养生长,保证光合产物在营养生长和生殖生长之间合理分配,促进坐果。

②果实生长盛期:指果实从退毛开始至果实体积不再膨大为止,需 20～25 d。此期植株以果实生长为中心营养生长较缓慢,是决定产量的关键时期。

③成熟期:指果实结束体积膨大到生理成熟,需 5～10 d。此期果实的重量和体积增加不大,以果实内物质转化和种子发育为主,是决定品质的关键时期。

8.2.1.3　对环境条件的要求

(1)温度　西瓜喜温耐热,整个生育期最适宜温度为 25～30 ℃,适应范围 10～40 ℃,低于 5 ℃发生冷害、高于 45 ℃则出现高温生理伤害。种子发芽的最低温度 15 ℃、最高 35 ℃、适宜温度 28～30 ℃。根系生长适宜温度 25～30 ℃、最低温度 8～10 ℃,根毛发生最低温度 13～14 ℃。幼苗期和伸蔓期适温 22～25 ℃和 25～28 ℃,低于 15 ℃时植株生长减缓,10 ℃以下则生长停止;结果期适温 28～30 ℃,温度过低易产生扁圆、皮厚、空心、畸形等果实;全生育期所需 15 ℃以上的有效积温为 2 500～3 000 ℃,其中果实发育所需有效积温 800～1 500 ℃。

(2)光照　西瓜喜光,对光照时数和光照强度要求较高,光饱和点 1 421.0 $\mu mol/(m^2 \cdot s)$,光补偿点 71.0 $\mu mol/(m^2 \cdot s)$,弱光下易徒长,且开花结果不良。植株正常生长发育要求每天 10～12 h 日照,14～15 h 的长日照有利于侧蔓形成,小于 8 h 的短日照则可促进雌花形成,但不利于光合产物积累,从而导致生育迟缓。

(3)水分　西瓜喜湿、耐旱、忌涝,适宜土壤湿度为 60%～80%,低于 50%可影响正常生长和果实发育。西瓜要求空气干燥,以空气湿度 50%～60%为宜。

(4)土壤与营养　西瓜对土壤的适应性较广,各种土质均可栽培,但以土层深厚、排水良好、肥沃疏松的沙壤土最好。适宜土壤 pH 5～7、含盐量 0.2%以下,轻度盐碱或土质偏沙可提高果实的含糖量、改进品质。西瓜忌连作重茬,应实施 6～10 年轮作。西瓜生长期内需肥量较大,每生产 1 000 kg 果实需 N 4.6 kg、P 3.4 kg、K 3.4 kg。增加磷肥可以促进根系生长和花芽分化,提高植株的耐寒性,钾肥可以提高植株的耐病性。生产上,施肥以氮、磷、钾配比为 3.28∶1∶4.23,有机肥配无机肥为好。

(5)气体条件　西瓜根系好气,生长适宜的氧分压为 18%。空气 CO_2 饱和点在 1 000 $\mu L/L$,设施栽培条件下补充 CO_2 可提高叶片光合能力及产量和品质。

8.2.2　类型与品种

根据不同品种的分布及其对气候的适应性,西瓜分为以下 5 个生态型。

(1)华北生态型　原产华北,适应温暖半干旱气候,长势强或中等,果型大或中等,为中晚熟种,代表品种有河南的花里虎、黑油皮、核桃纹、三白瓜,山东的梨皮、喇嘛瓜,北京的大花领、黑蹦筋及中华人民共和国成立后选育的早花、兴城红、郑州 2 号及 3 号、庆丰、汴梁 1 号等。

(2)东亚生态型　原产我国东南沿海和日本,适应湿热气候,长势较弱,为小果型早熟或中熟种。其代表品种有马铃瓜、滨瓜、蜜宝、旭大和、新大和。

(3)西北生态型　原产新疆,适应干旱的大陆性气候,品种长势强,为大果型晚熟种。其代表品种有精河黑皮冬西瓜、吐鲁番白皮瓜、兰州大花皮。

(4)俄罗斯生态型　原产苏联伏尔加河中、下游和乌克兰草原地,适应干旱少雨气候,生长旺盛,多为中、晚熟种。其代表品种有苏联1号、苏联2号和苏联3号、美丽和小红子。

(5)美国生态型　原产美国南部,适应干旱的沙漠草原气候,长势较强,为大果型晚熟种。其代表品种有查理斯顿、久比利、克隆代克。

目前生产栽培品种多为杂交1代,品种选择应根据栽培方式、栽培季节和销售方式及消费习惯而定。早春露地栽培应选择适应性、抗逆性强、中果型、高产优质、耐贮运的品种;地膜覆盖、双膜覆盖及塑料大棚早春栽培应选择雌花节位低、节成性好、果实发育快、耐低温、成熟度要求不严、适当提早采收仍具有较好商品质量的早熟品种;日光温室西瓜栽培是在寒冷冬季节进行,宜选用耐低温、弱光、短日照的早熟小果型品种或中早熟优良中果型品种。

8.2.3　栽培季节与茬口安排

我国的西瓜栽培主要分为露地栽培和设施栽培两种方式。西瓜是喜温作物,果实发育时期必须安排在高温季节才能获得正常产品,故北方地区露地栽培多以春播夏收为主,夏秋栽培为辅。设施栽培包括塑料大棚和日光温室栽培,可春、秋两季生产,以春早熟栽培为主。

西瓜忌连作,轮作时间不足可导致植株生长势减弱、果实变小、病害严重、产量下降甚至绝收等,故应保证轮作时间充足。轮作年限应根据土壤类型、耕作方式、品种和枯萎病发生程度等合理掌握。一般水旱轮作需间隔3～4年,旱地轮作则需要7～8年,西瓜前茬以禾本科作物、甘薯、棉花较好。同时,西瓜生产施肥量大、深根改土效果好,是绝大部分农作物和蔬菜的理想前茬。此外,因西瓜田间生长期短、苗期长、行距大,适于与小麦、越冬菠菜、葱、早春矮生豌豆、青蒜、水萝卜、茴香、油菜等和大秋作物棉花、玉米、花生及红薯等越冬作物进行间作套种。

8.2.4　栽培技术原理与措施

1)整地施肥作畦

西瓜田需冬前深耕,以利土壤冬季风化。春季播种或定植前,春耕施基肥作畦。每公顷腐熟有机肥75 000 kg、豆饼2 000 kg、过磷酸钙600～900 kg、硫酸钾300～400 kg或草木灰2 000 kg,或复合肥400～600 kg。基肥1/3全田撒施,2/3施于栽培畦内。瓜畦可采用平畦、高畦或垄、沟畦等,华北、东北地区多采用宽1.8～2.0 m的平畦,华东、华南地区为宽2.0～4.5 m的高畦,而西北灌区则为宽4.0～4.5 m的沟畦;设施栽培多采用高畦或垄栽培。

2)播种育苗

根据苗龄决定当地的播种日期,以培育2～4片真叶、苗龄30～35 d的大苗为宜。西瓜种子皮厚而坚硬,浸种前可用开水烫种,搅拌10 s后,倒入冷水,继续搅拌,使之降至50 ℃,浸泡10 h后,置于25～30 ℃环境下催芽,待种子露白时即可播种。育苗方法与黄瓜基本相同,注意空气湿度宜低,需适当放风。

3)定苗与定植

西瓜栽培可直播也可育苗移栽。直播须于当地断霜前8～10 d、地温稳定在14～15 ℃时播种，地膜覆盖栽培时播种期可推迟 2～3 d，否则容易引起冻害。播种时在栽培畦上按预定株距开穴，播种 4～5 粒或催芽种子 2～3 粒后覆土约 3 cm。催芽直播则是浇水点播。播种出苗后及时间苗、补苗，3～4 片叶时定苗，选留具本品种特征、叶大浓绿、节间短、生长健壮、无病虫的幼苗，淘汰不符合要求的幼苗。

育苗移栽则须在终霜过后、晴天进行定植，定植前灌水造墒，定植当天坐水栽苗。

种植密度应根据栽培方式、品种长势及整枝方式、土壤肥力而定。爬地栽培，一般早熟品种双蔓整枝时密度可保持在 13 500～15 000 株/hm^2，单蔓整枝 16 500～18 000 株/hm^2；中熟品种双蔓整枝 12 000～13 500 株/hm^2；晚熟品种双蔓整枝 9 000～10 500 株/hm^2；设施支架栽培为 31 500～34 500 株/ hm^2。

4)田间管理

(1)浇水与中耕　定植后 3～4 d 再点浇 1 次缓苗水，以促进幼苗的生长。进入伸蔓期后，结合追肥适量灌水，灌水以土壤见干、见湿为原则。雌花开放到幼果坐住时应控制浇水。进入果实生长盛期，需水量增大，始终保持畦面湿润。果实成熟前 7～10 d，应减少浇水，采收前 3～5 d 停止浇水。

苗期浇水，地温下降，透气不良，为促使根系早日恢复和健壮发育，必须及时中耕松土。中耕 3～4 次，前几次宜深，一般 6～7 cm，团棵前后最后 1 次中耕宜浅、宜远，避免伤根。

(2)追肥　西瓜追肥应掌握轻施提苗肥、巧施伸蔓肥、重施结果肥的原则。苗期在距幼苗根 10 cm 处开环形浅沟施提苗肥，尿素 37.5 kg/hm^2 或稀人粪尿浇两三次，每次 3 750～4 500 kg/hm^2。当瓜蔓 35 cm 时追施伸蔓肥，每公顷饼肥 1 500 kg、复合肥 150～225 kg，在距瓜蔓根部 30 cm 处开沟施入。当果实开始迅速膨大时进行第三次追肥，以磷、钾肥为主，配合氮肥重施，以促进果实膨大，并维持同化叶面积，防止植株早衰，每公顷磷酸二氢钾 225 kg、硫酸钾 75 kg、尿素 150～225 kg 或复合肥 375～525 kg。

(3)整枝　西瓜整枝有单蔓整枝、双蔓整枝、三蔓整枝和不整枝的放任生长等多种方式。单蔓整枝保留主蔓；双蔓、三蔓整枝除保留主蔓外，在主蔓的基部选留一两条健壮侧蔓，主、侧蔓平行向前生长；放任生长是不进行整枝或适量疏摘。整枝要及时、分次进行，一般在主蔓长约 50 cm、侧蔓 15 cm 时开始整枝，每隔 3～5 d 整枝 1 次，果实坐住后不再整枝。

(4)压蔓　分明压和暗压两种，明压通常用压土块或加树枝或塑料夹卡的办法，将瓜蔓压在畦面上；暗压是将一定长度的瓜蔓全部压入土中，只露出叶片和生长点。当瓜蔓长 30～50 cm 时开始压蔓，每隔 20～30 cm 压 1 次，主蔓压 4～5 次，侧蔓压 3～4 次。压蔓应严格及时，以便调节营养生长和生殖生长的关系，使之有利于坐果。压蔓时要注意：坐果雌花前后 2 节不能压，以免损伤幼果，影响坐果；不能压住叶片，否则减少同化面积；瓜蔓分布均匀，以充分利用空间；茎叶生长旺盛时应重压、深压，植株生长势较弱时，应轻压。压蔓最好在午后进行，清晨茎蔓水多质脆，容易折断。

保护地西瓜支架栽培时，最好采用单壁篱笆架，因为不易摆动，容易吊瓜且不易落瓜。当主蔓长 30～50 cm 时，将匍匐生长的瓜蔓引上立杆，每蔓一杆，绑好第一道蔓后，随瓜蔓生长，呈小弯曲形向上引蔓绑蔓，并注意使各蔓的弯曲方向一致，上下两道绑绳之间的距离 25～30 cm，直绑到架顶。

(5)人工辅助授粉　西瓜是典型的虫媒异花授粉作物。当阴雨低温天气时，昆虫活动较少，应及时进行人工辅助授粉，以提高西瓜的坐果率。授粉于上午 7～9 时进行，阴天可适当延后。授粉时先摘下雄花，剥去花瓣，留下花药，然后轻轻将花粉涂在雌花的柱头上。每朵雄花可授 2～3 朵雌花。也可用松散的毛笔在开放的雄花上蘸取花粉，再轻轻地涂抹在雌花的柱头上。

(6)留瓜与护瓜　留瓜节位对西瓜果实大小、产量高低以及商品性好坏关系极大，应根据品种、栽培方式、整枝方法及生育条件而定。无论南、北地区，最理想坐果节位是主蔓第二或第三雌花，侧蔓第一或第二雌花作预备瓜，如主蔓瓜未能坐住，以侧蔓瓜代替。当幼瓜开始膨大时，选留子房肥大、瓜形正常呈椭圆形、瓜柄中等而弯曲、皮色鲜艳发亮的幼瓜，摘除留瓜部位较近或果型不正、带病果或受伤的幼果。

幼果坐住后，为保证西瓜正常发育，需及时顺瓜、荫瓜、垫瓜、翻瓜和竖瓜。当果实长到核桃大时，将瓜下面土壤做成斜坡高台，将幼瓜顺斜坡理顺摆好，使之顺利发育膨大；将坐果节位的侧蔓或麦秸、稻草覆盖在西瓜上，以防夏季高温引发果皮老化、果肉恶化和雨后裂瓜等问题；在果实下面垫上草圈或麦草，防止污染及雨水浸泡，减轻病虫危害；采收前 10～15 d 顺一个方向翻转果实，一般翻瓜三四次瓜面色泽即可均匀。采收前 4～5 d，当果实 8 成熟以上时，把瓜竖立起来，使果实发育更趋圆整，色泽良好。

5)采收与包装

西瓜采收时期与其品质密切相关，采收过早果实没有成熟，含糖量低，色泽浅，风味差；采收过晚，果实过分成熟，质地软棉，含糖量下降，品质降低。因坐果节位、坐果期的不同，果实成熟不一致，应分次采收。采收时常用下列方法判断果实是否成熟：根据雌花开放后的天数判断(还要考虑积温的多少)，一般小果型品种 25～26 d，早、中熟品种 30～35 d，晚熟品种在 40 d 以上；果面花纹清晰，具有光泽，脐部、蒂部略有收缩，果柄上茸毛稀疏或脱落，坐果节位卷须枯焦 1/2 以上为成熟瓜；成熟瓜的比重一般为 0.90～0.95，放入水中，1/20～1/10 露出水面，没入水中为生瓜，大部分浮出水面为过熟瓜；用手指压果实蒂部感到有弹力，稍用力即有果肉开裂的感觉为成熟瓜；用手指弹西瓜，声音清脆为生瓜，沉稳、稍浑浊为熟瓜，沙哑则为过熟瓜。采收成熟度还应根据市场供应情况来确定，当地供应可采收 9 成熟瓜，于当日下午或次日清晨供应市场；运销外地采收 8 成熟瓜。

6)主要病虫害

西瓜常发生猝倒病、枯萎病、炭疽病、疫病、病毒病、蔓枯病、白粉病和霜霉病等病害，主要虫害有蚜虫、蓟马、潜叶蝇、小菜蛾及夜蛾类等，防治方法参见其他参考资料。

8.2.5 常见问题与对策

1)僵苗

常发生于苗期和春季定植初期。其症状表现为生长点接近于停滞状态，子叶和真叶变黄，新根难以长出。僵苗将导致生育期延误，严重影响西瓜产量和采收期。僵苗产生的原因与气温或土壤温度偏低、土壤含水量高、秧苗质量差、定植时苗龄过大、施用未充分腐熟的农家肥或底肥施用化肥过多导致烧根等有关。

防治僵苗产生的方法首先是培育适龄壮苗，注意培育根系发育好的秧苗，并于定植前充分锻炼。其次是掌握好定植期与定植方法。特别是早春种植应注意晴天中午定植，并确保定植后 5 d 内不发生冷害。定植时高畦深沟、加强排水，促根生长。最后是加强定植初期土壤管理。定植初期田间应勤中耕、松土，或覆盖地膜，增温、保墒，改善根系生长条件。

2)疯秧

植株表现为瓜蔓生长过旺,蔓顶端上翘、密生茸毛、粗如拇指,但授粉后坐瓜困难。导致疯秧的原因在于氮肥施用过多、土壤湿度过高、整枝打杈不善或光照不足。

防治疯秧的方法应首先控制底肥中氮肥用量,田间生长前期长势正常或长势过旺时不宜追施氮肥;其次是设施栽培条件下,应做好环境调控管理,保证栽培田光照充足;最后是注意合理压蔓、整枝、打杈、留蔓等植株管理。特别是针对部分长势旺盛且不易坐瓜的品种,最好在主蔓有 4～5 片真叶时实行摘心,选留 2 条生长健壮的侧芽培养成枝,可易于坐瓜,同时采取人工辅助授粉以利坐瓜。

3)畸形果

果实形状不能发育成品种应有的外观特征而产生扁形、尖嘴、细腰等畸形。扁形果产生的原因在于坐果节位过低、果实膨大期气温偏低,导致果实扁圆、果皮增厚。尖嘴果的形成主要与果实发育初期的营养和土壤墒情不足导致不能充分膨大有关。肥水不足,坐果节位较高时则易于产生葫芦果。偏头形果多是由于柱头授粉不均匀所致,授粉充分的一侧发育正常,而未充分授粉的一侧果肉细胞发育受阻导致果实发育偏畸。

防治畸形果主要措施包括:首先是合理调控栽培环境条件,特别是力争在适温下坐瓜并膨大。当保温条件不具备时可适当调整坐果节位、推迟坐瓜时间;其次是结瓜后注意整枝,保证田间通风透光条件较为充分;最后是合理供应肥水,保证果实正常发育。

4)空洞果

西瓜果肉开裂形成缝隙,甚至形成明显的横向或纵向空洞。横向空洞果大多位于近根部低节位、低温期授粉坐瓜形成的果实,且大多伴随种子数量少、心室不能充分膨大等现象;纵向空洞则大多发生于果实膨大后期,当胎座部位的果肉及种子已趋成熟,而近果皮处的部分组织却仍在发育,因果实内部不同组织发育不均衡而导致部分组织裂开。

防治空洞果的主要措施首先是西瓜春早熟栽培时应注意环境温度控制以确保在适宜温度条件下坐果及膨大。授粉期遇气温骤降时可适当推迟坐瓜节位;其次是坐瓜后也要适当整枝,至膨瓜期方可停止整枝,同时摘除病瓜、多余瓜,合理控制坐果数。

5)裂果

西瓜果实在田间静止状态或采收时自果蒂处发生龟裂,自果实发育中期到成熟果均可发生。通常果皮薄的品种和小西瓜品种易于发生。裂果产生的原因与土壤水分骤变、初期因低温果实发育缓慢而中后期膨大过速等有关。

防治裂果的措施首先是应选择果皮耐裂型品种;其次是做好定植初期的田间土壤及水分管理,促进根系发育;再次是果实膨大后期,特别是接近于完熟时严禁大水漫灌,同时在果实膨大期注意增施钾肥以提高果皮韧性;最后是掌握好采瓜时间,一般傍晚采收可以有效减少裂果。

6)黄筋果

黄筋果也称黄带瓜,表现为果实的中心或胎座从顶端的脐部至底部的果梗处呈白色或黄色带状纤维,进而形成纤维状板块。黄筋果的形成主要与土壤缺钙、高温干旱、土壤供水不足等不利因素影响果实钙吸收有关。

预防黄筋果的主要措施包括:合理施用氮肥,防止植株前期徒长,协调植株营养生长与生殖生长的关系;果实膨大期合理调整土壤墒情、温度等条件,确保果实发育对水分和矿质营养的需求;定植前土壤深耕并增施有机肥等。

8.3 甜 瓜

甜瓜(*Cucumis melo* L.)别名香瓜、果瓜、蜜瓜等,一年生攀缘草本植物,起源于热带非洲几内亚等地,经埃及传入中近东、中亚(包括中国新疆)、印度。在中亚进一步分化为厚皮甜瓜,成为次生起源中心,其后传入印度,分化为薄皮甜瓜,再传入中国、朝鲜、日本,我国华北地区是薄皮甜瓜次生起源中心。中国甜瓜迄今已有 3 000 多年栽培历史,在长期的生产实践中也培育出众多优良品种,并形成了一些著名的甜瓜产区,如新疆哈密瓜、甘肃白兰瓜、山东银瓜、江南梨瓜等优良甜瓜品种及其产区。目前,中国各地均有甜瓜栽培,厚皮甜瓜主要在新疆、甘肃的河西走廊及内蒙古的河套地区栽培,薄皮甜瓜主要分布在东北、华北及长江中下游地区。

甜瓜果实甘甜芳香,是世界性高档水果。以成熟果实供食,每 100 g 果肉含水分 81.5～94.0 g、总糖 4.6～15.8 g、维生素 C 29～39.1 mg、果酸 54～128 mg、果胶 0.8～4.5 g、纤维素和半纤维素 2.6～6.7 g,以及少量的蛋白质、脂肪、矿物盐等。甜瓜果肉性寒,具有止渴解暑、除烦热、利尿之功效,对肾病、胃病、贫血病有辅助疗效。甜瓜也可制作瓜干、瓜脯、瓜汁、瓜酱及腌渍品等。

8.3.1 生物学特性

8.3.1.1 植物学特征

甜瓜根系分布深而广,主根深约 1 m,侧根水平伸展 2～3 m,主要分布在 20～30 cm 耕作层中。根系木栓化程度高,育苗时须采取护根措施。茎蔓生,圆形、有棱、具短刚毛,分枝能力强。主蔓长 1 m 左右,侧蔓生长旺盛,长度常超过主蔓。叶片近圆形或肾形,不分裂或浅裂,叶缘锯齿、波纹或全缘状,掌状网纹叶脉,浅绿色至深绿色。叶片密被茸毛,背面叶脉具短刚毛。

花分为完全花和雄花两种,同株异花、单生。完全花常于主蔓第 3～4 节开始出现,之后每间隔 5～8 节再次出现,子蔓和孙蔓出现比率较高。雄花则与完全花在不同节位交替出现。花冠黄色、花瓣 5 枚、钟状 5 裂,花药 3 枚、呈扭曲状。完全花花柱极短,柱头 3 裂、基部靠合,花柱深藏在花冠筒内,子房下位、长椭圆形、圆形或纺锤形、外被刚毛。

果实由果皮和种子腔组成。果皮由外果皮、中果皮和内果皮构成,外果皮呈不同程度的木质化,随着果实的发育和膨大,木质化高的表皮可龟裂或形成网纹;中果皮和内果皮无明显界限,均由富含水分和可溶性固形物的大型薄壁细胞组成,为主要可食部分。甜瓜种腔的形状有圆形、三角形、星形等,3 心皮 1 室,侧膜胎座。果实有扁圆形、圆形、卵形、纺锤形、椭圆形、长棒形等多种,果皮有绿、白、黄绿、黄、橙红等色,或具有条带、网纹等花纹。果肉颜色有白色、红色、橙黄色和绿色,质地有面、软、脆等,具有香味。薄皮甜瓜外果皮通常不发生木质化、可食用,果实较小,单瓜重 0.5 kg 以下。厚皮甜瓜果实较大,单瓜重 1 kg 以上。

种子为披针形或为长扁圆形,表面光滑,黄、灰白或褐红等色。薄皮甜瓜种子较小,千粒重 5～20 g,厚皮甜瓜种子较大,千粒重 30～80 g。甜瓜种子寿命 5～6 年。

8.3.1.2 生长发育周期

(1)发芽期　种子萌动至子叶展平为发芽期。在 25～30 ℃的条件下,约 10 d 。此期主要依靠种子贮藏的营养进行生长，地上部干重的增长量很小，胚轴是生长的中心，根系生长很快。栽培上要求光照充足、温度稍低和较小的湿度，以防下胚轴徒长，形成高脚苗。

(2)幼苗期　子叶平展至五六片真叶(团棵)展开为幼苗期，约 30 d。某些品种在 2 片真叶展开后打顶(摘心)，也称为幼苗期。此期地下部根系迅速增长，次生根形成庞大的吸收根群，地上部干、鲜重及叶面积增长量小。幼苗的各叶腋中均有小叶、侧蔓、卷须和花芽的分化。

(3)伸蔓期　团棵至坐果节位雌花开放为伸蔓期，20～25 d。幼苗节间迅速伸长，植株由直立生长转为匍匐生长，标志着植株进入旺盛生长时期。地上部营养器官进入快速旺盛生长阶段，主蔓开始迅速伸长，第一至第三叶腋开始萌发侧蔓，与主蔓同时生长。此期以营养生长为中心，栽培上要"促控"结合，在保证叶、蔓、根生长的基础上，及时转向开花结果。

(4)结果期　从雌花开放到果实生理成熟为结果期，30～90 d。又可划分为坐果期，指坐果节位雌花开放至幼果坐住，约 7 d；盛果期，指果实旺盛生长开始到果实停止膨大为止，果实是生长中心，光合产物主要供应果实生长，无果侧蔓的光合产物更多地输入有果侧蔓；果实生长后期，指果实定个到生理成熟，此期果实的重量和体积增加不大，以果实内含物的转化为主，果皮呈现出本品种特有的颜色和花纹，果实内糖分增加，肉色转深而达到生理成熟，散发出各种香味，种子充分成熟并着色。

8.3.1.3　对环境条件的要求

(1)温度　甜瓜喜温耐热，生育适宜温度为 25～35 ℃。种子发芽适宜温度为 30～35 ℃，最低温度为 15 ℃。幼苗期适宜温度为 20～25 ℃，10 ℃时停止生长，7.4 ℃时发生冷害。茎叶生长适宜昼温为 25～30 ℃，夜温为 16～18 ℃，长时间 13 ℃以下或 40 ℃以上生长发育不良。根系生长适宜温度 22～25 ℃，最低温度为 8 ℃，根毛发生最低温度为 14 ℃。果实发育适宜温度为 28～30 ℃，以昼温 27～30 ℃，夜温 15～18 ℃，昼夜温差 13 ℃以上为宜。从种子萌发到果实成熟，全生育期所需大于 15 ℃有效积温，早熟品种为 1 500～1 750 ℃，中熟品种 1 800～2 800 ℃，晚熟品种在 2 900 ℃以上，其中结果期所需积温占全生育期 50%及以上。

(2)光照　甜瓜喜光，光饱和点为 976.9～1 065.7 $\mu mol/(m^2 \cdot s)$，光补偿点为 71.0 $\mu mol/(m^2 \cdot s)$。厚皮甜瓜喜强光，耐弱光能力差，而薄皮甜瓜则对光照强度的适应范围较广。光照时数影响植株性型分化，每天光照 12 h，雌花分化最多；光照 14～15 h，侧蔓发生早，植株生长快；光照不足 8 h，生长发育受影响。甜瓜植株生育期对日照总数的要求因品种而异，早熟品种要求日照总时数 1 100～1 300 h，中熟品种在 1 300～1 500 h，晚熟品种在 1 500 h 以上。

(3)水分　甜瓜根系发达，吸收水分的能力强，叶片被有茸毛，耐旱能力强。因植株茎叶生长较快，果实硕大，需水量多。0～30 cm 土层适宜的土壤含水量，苗期和伸蔓期为 70%，开花结果期为 80%～85%，果实成熟期为 55%～60%。低于 50%则植株受旱，尤其前期供水不足影响营养生长和花器的发育，雌花蕾小，影响坐果；而土壤过湿，则易发生营养生长过旺、推迟结果、沤根等现象。果实形成期需水最多，但土壤水分过多，延迟果实成熟和降低果实的含糖量、风味和耐贮性。甜瓜要求空气干燥，适宜的空气相对湿度为 50%～60%。空气潮湿则生长势弱，坐果率低，品质差，病害重。空气湿度过低，则影响营养生长和花粉萌发，受精不正常，造成子房脱落。

(4)土壤与营养　甜瓜对土壤的适应性较广，但土壤 pH 7～7.5、土层深厚、排水良好、肥沃疏松的壤土或沙壤土较好。甜瓜的耐盐碱性较强，幼苗能在总盐碱量 1.2%的土壤上生长，但以土壤含盐碱量在 0.74%以下，生长好，品质好。甜瓜忌连作，应实行 4～6 年的轮作。甜瓜需肥量较大。据试验，每生产 1 000 kg 果实需氮 2.5～3.5 kg、磷 1.3～1.7 kg、钾 4.4～6.8 kg。增加磷肥可以促进根系生长和花芽分化，提高植株的耐寒性。钾肥可以提高植株的耐病性。甜瓜各个生育期对营养元素的要求不同，应根据植株的生育期和植株生长状态施肥，基肥以磷肥和农家肥为主，苗期轻施氮肥，伸蔓期适当控制氮肥、增施磷肥，坐果后以速效氮肥、钾肥为主。

8.3.2 类型与品种

受各地温度、降水、光照等环境条件不同，我国的甜瓜通常分厚皮甜瓜和薄皮甜瓜两大生态类型，每种类型早、中、晚熟配套，品种极其丰富。

(1)薄皮甜瓜　又称普通甜瓜、东方甜瓜、中国甜瓜、香瓜。生长势较弱，叶色深绿，耐湿、抗病、耐弱光。果实圆筒、倒卵圆或椭圆形，果面光滑、皮薄、不耐贮运。果实较小，单瓜重 0.3～1 kg，果肉脆嫩多汁或绵软而少汁，可溶性固形物含量 8%～12%。根据果实外部特征可分为 4 个品种群。① 白皮品种群：果皮乳白、绿白或黄白色，如山东益都银瓜、陕西白兔娃、江西南昌雪梨及华南 108 等品种。② 黄皮品种群：果皮黄色或金黄色，如江浙黄金瓜、山东喇嘛黄、湖北荆农 4 号及广州蜜瓜等。③ 绿皮品种群：果皮灰绿、绿色或墨绿色，如华北羊角脆、上海海冬青、东北青平头等。④ 花皮品种群：果皮上有 2 种以上颜色，常有绿色斑块呈条带状，如黑龙江白沙蜜、黄金道、龙甜 2 号等品种。薄皮甜瓜对环境条件要求不严，适应范围广，南北各地均可种植，但由于极不耐贮运，多属地产地销，品种选择时应根据当地的生产和消费习惯以及市场需要而定。

(2)厚皮甜瓜　植株生长势较强，叶片较大，叶色浅绿，不耐湿，需要充足光照和较大温差。抗病性、适应性差。果实圆、长圆或长椭圆、纺锤形，中大果型，单瓜重 2～5 kg，果皮厚，粗糙，多数有网纹，去皮食用。果肉厚 2.5～4.0 cm，肉质细软或松脆多汁，可溶性固形物含量 11%～15%，多具有芳香气味。根据品种熟性及特征分为 6 个类型。①早熟球形软肉品种群：有新疆黄蛋子、甘肃铁蛋子、河套蜜瓜、伊丽莎白等品种。②早熟脆肉品种群：有纳希甘、白皮脆、米籽瓜等品种。③中熟夏瓜品种群：有赛力克可口奇、网纹香、红心脆、皇后、红甘露等品种。④中晚熟秋瓜品种群：有秋黄皮、炮台红等品种。⑤ 晚熟冬瓜品种群：有青麻皮、黑眉毛密极甘、卡拉可赛等品种。⑥白兰瓜品种群：有大暑白兰瓜、黄河蜜瓜等品种。

甜瓜不同类型的品种对环境条件的要求很不相同，品种选择时首先根据当地的气候、土壤条件，确定适宜的类型，然后再根据当地的习惯、爱好、供应对象、生长季节、栽培方式等在该类型中选择适宜的品种，一般露地栽培多选择栽培容易、经济价值较低的品种，保护地栽培多选择经济价值较高的品种。

8.3.3 栽培季节与茬口安排

我国甜瓜栽培分为露地栽培和设施栽培两种方式，露地栽培为主，周年生产。露地栽培受温度、光照、降水等条件限制，南北各地均采用春播夏收，只有无霜期较短的地区采用越夏栽培。在华北、东北、江南、华南等地，露地甜瓜栽培以薄皮甜瓜为主，在西北干旱地区则以厚皮甜瓜为主。设施栽培多利用塑料大棚、日光温室进行春、秋两季厚皮甜瓜生产，春季栽培于 12 月下旬至翌年 1 月上旬播种，5 月上旬至中下旬开始采收；秋季栽培于 7 月上旬至下旬播种，9 月上中旬至 10 月中旬开始采收。

甜瓜忌连作，应实施5年以上的轮作，南方水田轮作时间可缩短为2～4年。大田作物是其良好的前茬，不宜与蔬菜及其他瓜类作物连作。薄皮甜瓜成熟早、生育期短、经济效益较好，是粮棉油等大田作物间作套种的理想作物。

8.3.4 栽培技术原理与措施

1)整地施肥作畦

选择背风向阳、地势高燥、排水良好、土层深厚的沙壤土或壤土，前1年秋作物收获后深翻冻垡，开春后再耕翻耙耱，结合整地每公顷土杂肥或腐熟厩肥45 000～75 000 kg、过磷酸钙600～750 kg。作畦方式因各地的降雨情况而定，南方地区多为高畦；华北、东北地区常做成平畦；西北干旱少雨地区，则为沟畦。

2)播种定植

露地直播或育苗移栽应在晚霜过后，10 cm地温稳定在15 ℃以上进行。干籽或催芽后点播。育苗移栽多采用冷床营养钵育苗，苗龄30～35 d、3～5片真叶、苗高10～12 cm幼苗为宜，晚霜过后定植。定植密度取决于品种特性和整枝方式。厚皮甜瓜，早熟小果型品种单蔓整枝，15 000～22 500株/hm^2，晚熟大果型品种双蔓整枝6 750～10 500株/hm^2；薄皮甜瓜为15 000～30 000株/hm^2。

3)田间管理

(1)间苗定苗　直播后7～10 d出土，待子叶充分展开、真叶初露时开始间苗，间苗2～3次，定苗在4～5片真叶时进行，按本品种特征，选留一株壮苗。同时注意及时补苗，以防缺苗断垄。

(2)水肥管理　在底墒好的情况下，苗期一般不浇水。开花前控制浇水，以防落花落果，若天气干旱、墒情不足时可浇小水。结果期保持地面潮湿，以促进果实膨大。果实成熟前5～7 d停止浇水，促进果实内物质转化，提高果实品质。追肥按照控施提苗肥、适施旺藤肥、重施壮果肥的原则进行，在施足基肥的基础上，一般进行2～3次追肥。第一次在苗期，每公顷磷酸二氢铵150 kg或硫酸铵225～300 kg、过磷酸钙225 kg，株间穴施；第二次在坐瓜后，每公顷豆饼1 500～2 250 kg、硫酸钾150 kg，行间沟施。生长后期，结合防病用0.3%～0.4%磷酸二氢钾和0.2%～0.3%尿素的混合溶液进行根外追肥。

(3)整枝摘心　甜瓜整枝方式因品种、土壤肥力、密度和栽培习惯而异，主要有单蔓整枝、双蔓整枝和多蔓整枝等。主蔓雌花发生早且连续发生的极早熟品种多采用单蔓整枝，放任生长不摘心，主蔓基部坐果2～4个，以后在子蔓上可陆续结果。双蔓、三蔓和多蔓整枝，在主蔓3～5片真叶时摘心，选留2条、3条或多条生长健壮的子蔓，其上选留带雌花的孙蔓结瓜，每条孙蔓选留1个瓜，向后留2～3片叶摘心。

(4)压蔓绑蔓　甜瓜地爬栽培，在整枝打杈同时及时压蔓。植株摆布好后用树杈或铁丝将瓜蔓固定住，防止风吹滚秧，并使植株受光均匀。立架栽培时，采用高1.5～2.0 m单壁篱笆架，或尼龙绳或塑料膜带牵引吊蔓，当幼苗长至六七片叶时开始搭架绑蔓。

(5)坐果留瓜　在预留节位的雌花开放时，若天气不好或保护地栽培时应进行人工辅助授粉，授粉后挂纸牌，注明授粉日期。当幼果长到鸡蛋大，选留果形周正、符合本品种特征、生长速度快和大小一致的果实，一般厚皮甜瓜每株留瓜1～3个，薄皮甜瓜4～5个。支架栽培有单层留瓜和双层留瓜2种方式，单层留瓜一般在主蔓的第十一至第十五节留瓜，双层留瓜则在主蔓的第十一至第十五节、第二十至第二十五节各留1层瓜。当幼瓜长到0.5 kg,开始吊瓜。用网将瓜托住,或在果柄与侧蔓相交处用绳打活结将瓜吊到大棚顶部的铁丝上,防止果实成熟时脱落碰坏。

(6)采收　为确保甜瓜特有的香甜品质,应适时采收成熟的果实。采收过早,果实含糖量低,香味不足,且具苦味;采收过晚,果肉变绵软,风味不佳,食用价值降低。甜瓜成熟标志是:早熟品种开花后30～35 d成熟,中晚熟品种35～40 d成熟;香味浓郁,果皮呈现出本品种固有的特性特征;果柄附近茸毛脱落,果顶变软;产生离层的品种,果柄自然脱落;弹果实发出空浊音;果实比重小,置于水中浮出水面。

采收时用剪刀将果柄两侧分别留5 cm左右的子蔓剪切,剪下的果柄和子蔓呈"T"字形,使果实外形美观。果实采收应在午后或傍晚进行,此时果实水分含量较低,较耐贮运。秋季栽培的厚皮甜瓜果实成熟时外界气温较低,果实成熟速度较慢,成熟期要长几天。

4)主要病虫害

甜瓜病害主要有猝倒病、枯萎病、炭疽病、疫霉病、病毒病、蔓枯病、白粉病和霜霉病等。

8.3.5　常见问题与对策

甜瓜生产中常发生"僵瓜"现象,尤以厚皮甜瓜更为常见。其症状表现为果实生长到鸡蛋大小时便不再膨大或膨大很慢,同时外皮坚硬,最终失去商品价值。僵瓜产生的原因与坐瓜节位过低导致植株养分供应不足、坐瓜后浇水不及时或肥力不足等有关。防治措施包括:根据品种特点选择合理留瓜节位,适宜的坐瓜节位一般在12～15叶节;强化肥水管理,特别是坐瓜后的果实迅速膨大期应注意及时浇水、追肥。

此外,与黄瓜、西瓜相似,甜瓜还会出现"花打顶"、化瓜、裂果等果实发育生理性障碍问题。

8.4　苦　瓜

苦瓜(*Momordica charantia* L.)别名癞葡萄、凉瓜、锦荔枝、癞瓜、红羊等,葫芦科苦瓜属一年生攀缘性草本植物。原产亚洲热带地区,广泛分布于世界各地的热带、亚热带和温带地区。现我国南北各地广为栽培,尤以广东、广西、福建、台湾、湖南、湖北、四川等省栽培较为普遍,北方地区则以日光温室越冬生产为主。苦瓜以嫩果供食用、营养价值高,每100 g嫩果中含蛋白质10 g、脂肪0.2 g、碳水化合物2.5 g、膳食纤维1.1 g、钙15 mg、磷37 mg、铁0.8 mg、维生素C 84 mg,此外还含有核黄素、硫胺素等重要成分。苦瓜中的苦味物质有促进食欲、利尿活血、消炎退热、清心明目等功效,糖苷还可降低血糖。除嫩果外,东南亚地区也食用嫩梢和花。

8.4.1　生物学特性

8.4.1.1　植物学特征

苦瓜根系发达,不耐涝。茎攀缘、蔓生、五棱、浓绿色、被茸毛,侧蔓多,节上易生不定根,卷须单生。初生真叶1对,单叶盾形,对生,以后真叶互生,掌状深裂,绿色。雌雄同株异花,植株一般先生雄花,主蔓发生第一雌花的节位因品种和栽培条件而不同,侧蔓发生雌花的节位较早,均为单生花。雄花花萼钟形,萼片 5 枚,绿色;花瓣 5 片,黄色;具长花柄,长 10～14 cm,横茎 0.1～0.2 cm;柄上着生盾形苞叶,长约 2.5 cm,宽 2.5～3.5 cm,绿色。雄蕊 3 枚,分离,具 5 个花药,各弯曲近 S 形,互相联合。雌花花瓣 5 瓣,黄色,子房下位,花柄相对雄花较短,但在各种瓜类里属较长,雌花花柄长 8～14 cm,花柱上也有 1 苞叶,雌蕊柱头 5～6 裂。浆果,纺锤形、短圆锥形、棒形、长圆锥形和近球形,表面有明显的瘤皱,浓绿、绿或绿白色,成熟时黄色。种子盾形、扁平、淡黄色、表面具花纹,千粒重 150～180 g。

8.4.1.2 生长发育特性

华南地区苦瓜整个生长发育周期为 80～100 d。长江流域和长江以北 150～210 d。从种子萌动到采收结束可分为发芽期、幼苗期、抽蔓期及开花结果期。每个时期历时依类型、品种、栽培条件而异。

8.4.1.3 对环境条件的要求

苦瓜喜温和,耐热,不耐寒。种子发芽适温为 30～35 ℃,20 ℃以下发芽缓慢,13 ℃以下发芽困难。幼苗在 25 ℃左右约 15 d 便可成为具有 4～5 片真叶的幼苗;如在 15 ℃左右则需 20～30 d。30 ℃左右幼苗生长迅速,但容易徒长。苦瓜属短日照植物,幼苗期温度较低和短日照,可提早发生雌花。苦瓜喜光不耐阴。苗期光照弱可降低对低温的抵抗力。开花结果期需要较强的光照,但经过长期的选择和定向培育的栽培品种对光照长短不太敏感。苦瓜种植过程中,光照充足更利于光合作用,积累更多的养分,坐果良好,促进产量和品质的提高;光照不足常引起落花落果。苦瓜喜湿润但不耐渍涝。苦瓜植物生长发育要求 75%～80%的空气相对湿度和土壤相对湿度,要经常保持土壤润湿,但不能积水渍水,容易导致沤根烂根,影响生长发育和开花结果。苦瓜对土壤要求不严格,适应性强,但土层深厚、土壤疏松、有机制含量高、保水保肥能力强的土壤更有利于植株健壮生长。据测定,每生产 1 000 kg 苦瓜,需要吸收氮 5.28 kg,五氧化二磷 1.76 kg,氧化钾 6.89 kg。

8.4.2 类型与品种

我国的苦瓜品种资源丰富,按果皮颜色可分为白皮型和绿皮型,按果实形状可分为长棒形、纺锤形、圆锥形、长球形等,按果实大小分为大型苦瓜(果长 16～49 cm、横径 5～7 cm)和小型苦瓜(果长 6～12 cm、横径小于 5 cm),按果瘤突起状况可分为条状(肋)瘤、粒瘤、条粒瘤相间及刺瘤等类型。

我国苦瓜重要地方品种资源包括:湖南的蓝山大白苦瓜、株州长白苦瓜、海参苦瓜;四川的成都长白苦瓜、四川大白苦瓜、四川草白苦瓜;江西的扬子洲苦瓜、吉安长苦瓜;贵州的遵义大白苦瓜、癞子苦瓜;广东的滑身苦瓜、江门大顶等。

近几年新育成品种包括台苦 A、台苦 B、登峰 204、亚蔬 65、早绿 203、长麻 16、大麻 204、绿宝 27、QC26、青皮 435、碧玉苦瓜、沃福、绿茵 8 号、绿茵 12 号、中华玉秀、泸丰 2 号、湘苦瓜 4 号、衡杂苦瓜 1 号、夏丰 2 号、早丰 2 号、翠绿 1 号等。

8.4.3 栽培技术要点

(1)品种选择　应考虑不同栽培方式,如春季大棚早熟栽培温度和光照是主要制约因素,所以作为保护地早熟栽培的品种必须能在相对低温弱光条件下正常生长。宜选择雌花着生节位低而且一致,主蔓结果性强,坐果率高,商品性好,早期产量高且符合当地消费市场的早熟或早中熟品种。

(2)播种期　播种期的确定与当地气温、育苗设施、栽培季节等密切相关。苦瓜定植时要求最高气温稳定在15 ℃以上，10 cm深处土壤温度稳定在12 ℃以上。因此春季栽培苦瓜一般按照适合定植期和苗龄倒推适宜播种期。

(3)整地与施肥　苦瓜耐肥不耐贫瘠，宜选择灌溉良好、土层深厚、土壤肥沃、3～4年未种过瓜类作物的地块种植。种植1个月深耕细耙，每667 m^2 均匀施入充分腐熟粪肥2 000～2 500 kg或充分腐熟菜籽饼100～150 kg，再加过磷酸钙50～60 kg，硫酸钾20～25 kg作底肥，混匀，旋耕耙平。

(4)定植　按照上述定植土壤温度的基本原则，选择幼苗有3～5片叶晴天定植。栽培密度因栽培季节和地区等而不同。长江流域一般畦宽2.0～2.7 m，每畦2行，行距1.0～1.3 m，株距0.5～0.7 m；华南地区一般畦宽1.8～2.0 m(连沟)，单行栽培，春季株距27～40 cm，夏季和秋季15～20 cm。

(5)田间管理　施肥和植株调整工作应根据苦瓜品种生长和结果习性而定。对于主蔓和侧蔓都可以结果的品种，前期宜摘除主蔓基部侧蔓，选留中部以上侧蔓，追肥宜早。靠侧蔓结果的品种，宜早留侧蔓，坐果前后开始追肥，因侧蔓不断抽出，不断坐果，结果期长，需要不断追肥。结果期间还应保持相对湿度70%～80%，切忌水涝。

(6)病虫害防治　炭疽病、白斑病、白绢病等是苦瓜的主要病害，结果后期斜纹夜蛾、蓟马、瓜蚜、白粉虱等发生概率较高。应根据苦瓜病虫害发生规律及危害特点，本着"预防为主，综合防治"原则，综合运用农业、物理、生物和化学防治技术，安全、经济有效控制病虫害。

(7)适时采收　苦瓜果实发育迅速，花开后25 d左右便生理成熟。一般花后12～15 d采收嫩果，此时，果实瘤状突起饱满、果皮具有本品种光泽、果实顶端开始发亮。结果盛期每2～3 d采收1次。

8.4.4 常见问题与对策

(1)化瓜　开花授粉后幼瓜出现自行萎蔫、干枯。病因在于：外界环境不良，如花期遇到连续阴雨天气，授粉受精不良，或者外界温度过低、过高；水肥管理不当，导致植株体内养分供应不足；授粉不良或未充分授粉等；结果过多或采收不及时等。

防治化瓜的措施包括：尽可能创造适宜环境条件，保障植株生长良好，加强土、肥、水的管理，促进植株发根，采取人工辅助授粉等。

(2)裂瓜　苦瓜裂瓜通常存在两种状况：一是幼果在开花后10～12 d至商品瓜采收前，果皮纵向自行裂开呈细纹状，尽管不影响食用，但外观品质严重下降；二是果实在接近生理成熟时容易自行开裂，这是属于苦瓜果实成熟时的自然特征。导致幼果裂瓜的主要原因与空气干燥、土壤灌溉不足有直接关系，或田间发生蔓枯病可导致裂瓜现象加重。

防治裂瓜的主要措施包括：保证土壤灌溉均匀，避免忽干忽湿；特别是夏季降雨前要及时采收；保护地栽培时，应注意棚内空气湿度的调节，避免空气湿度过低；注意及时防治蔓枯病等。

8.5 南 瓜

南瓜属(*Cucurbita*)包括中国南瓜(*Cucurbita moschata* Duch.)、印度南瓜(*Cucurbita maxima* Duch.)、西葫芦(*Cucurbita pepo* L.)、黑籽南瓜(*Cucurbita ficifolia* Bouch.)以及灰籽南瓜(*Cucurbita mixta* Pang)5 个种,其中中国南瓜、西葫芦和印度南瓜在世界各地被广泛栽培,是重要的瓜类蔬菜之一,而黑籽南瓜和灰籽南瓜则仅用做饲料或嫁接砧木。中国南瓜又称南瓜、倭瓜、饭瓜或番瓜等,印度南瓜又称笋瓜、玉瓜及拉米瓜等,西葫芦又称美洲南瓜、角瓜、北瓜等。南瓜嫩果和老熟果均可食用,其中中国南瓜多食用老熟果,而西葫芦和笋瓜则多食用嫩果。每 100 g 南瓜鲜果肉中含水分 97.1～97.8 g、碳水化合物 1～6 g、维生素 C 15 mg、胡萝卜素 5～40 mg。另外还含有硫胺素、核黄素和烟酸等多种维生素以及铁、钙、镁、锌等多种矿质元素。南瓜性甘温,入脾胃有消炎止痛、解毒等功效。其果实可加工成果脯、饮料;种子含有丰富的必需氨基酸、脂肪酸、矿质元素、抗氧化物等,具有较高的营养价值和药用保健价值。经常食用南瓜种仁对男性前列腺炎、胃病、糖尿病等具有一定的疗效,同时可起到降血脂、防止脱发、抗衰老等作用。

8.5.1 生物学特性

8.5.1.1 植物学特征

在瓜类中南瓜的根系最为强大,子叶期直根可长达 22 cm,5～7 片叶展开时侧根可长达 140 cm。开花时根系最为强大,主根直径较粗,长 2 m,并可形成 2～5 m 长的一级侧根 12 条,以及许多 2.5 m 长的 2 级侧根和 1.5 m 长的 3 级侧根。此外,还可形成大量的须根和不定根。正是由于根系强大,南瓜常被用作黄瓜、西瓜、甜瓜等的砧木。南瓜茎呈五棱形、绿色、被茸毛。主蔓长度因种类、类型和品种而异,分枝能力强,生长迅速,每个茎节处均有腋芽,可抽生形成侧蔓。叶片呈心脏形、掌状或近圆形。叶面粗糙,有些品种具有斑纹,被茸毛。叶面茸毛及斑纹状况是种间分类特征之一。南瓜花为单性花,雌雄同株异花。雌花和雄花均为单生,为虫媒花。花萼筒状,5 裂,被茸毛;花冠钟状,5 裂,颜色鲜黄或橙黄色。雄花雌蕊退化,雄蕊 5 枚,合并成为 2 枚 2 花药和 1 枚 1 花药并联筒状;花粉粒较大,直径约 150 μm。雌花多为三心室,少数四五心室,含多数胚珠;花柱短,柱头 3 裂,子房下位,周围具有蜜腺;子房大小和形状因种类、类型和品种而异,多数为圆形和椭圆形等;花冠内侧基部具退化雄蕊。南瓜果实形状、大小和颜色变异丰富,种类多样。果实形状有圆形、扁圆形、椭圆形和长筒形等,幼果暗绿色、绿色或者白绿间杂;老熟果灰绿色、橘红色或橘黄色等,间有斑点或条纹。果实表面光滑或均棱线、瘤状突起或纵沟等。果柄长短及基座形状是种间分类依据之一。南瓜种子多为卵形,扁平,乳白色、灰白色、淡黄色、黄褐色或黑色等。种子形状、颜色及有周缘、种脐处珠柄痕形状都是种间分类的重要依据。种子大小与种类、类型及品种等有关,千粒重 100～160 g。种子寿命 5～6 年。

8.5.1.2 生长发育周期

南瓜自种子萌动至果实生理成熟可分为发芽期、幼苗期、抽蔓期和结果期。各生育阶段持续时间的长短因种类、类型、品种和栽培条件而异。露地栽培条件下,中国南瓜发芽期、幼苗期、抽蔓期和结果期分别历时 4～5 d,15～30 d,10～15 d 和 50～70 d,全程历时 90～100 d。

短蔓型西葫芦日光温室栽培时,各生育阶段历时分别为 5～6 d,25～30 d,20～25 d 和 150 d,全程历时可达 240 d 及以上。其间涉及花芽分化和性型分化,具体调控措施与前章黄瓜花芽分化及性型类似,可参考黄瓜章节。

8.5.1.3 环境条件要求

南瓜属喜温作物,但种间存在差异。中国南瓜适宜温度范围较高,一般为 18～32 ℃;其次为笋瓜,适宜温度范围为 15～29 ℃;而西葫芦对温度的要求较低,适应温度范围为 12～28 ℃。温度达到 32 ℃及以上可导致 3 种南瓜花器官发育异常,40 ℃以上则停止生长。南瓜不同生育期对温度要求也有所不同。发芽期适温为 28～30 ℃,最高气温为 35℃、最低为 13℃;营养生长期温度保持在白天 25～32 ℃,夜间 13～15 ℃,有利于促进光合作用和花芽分化;开花结果期适温为白天 25～27 ℃、夜间 15～18 ℃,低于 15 ℃或高于 35 ℃,可导致花芽发育异常或花粉败育。温度过高,还可导致病毒病、白粉病的发生。南瓜属短日作物,中国南瓜、笋瓜和西葫芦在短日条件下均可促进雌花分化,但光照过短,植株体内光合产物积累减少,会导致雌花发生不稳定,一般以 6～12 h 短日处理较为适宜。南瓜根系强大,叶片有缺刻或者被蜡质等,使得其具有较强的吸水、抗旱能力,但不同南瓜种对土壤含水量适应性不同。中国南瓜和笋瓜对土壤水分要求没有西葫芦高。3 种南瓜在空气湿度达 85%以上时均不利于花药开裂,影响田间授粉。除上述环境条件外,南瓜对土壤条件适应性强,要求不严格,但仍以耕层深厚、肥沃的沙壤土或者壤土栽培为好。

8.5.2 类型与品种

不同种类的南瓜之间性状差异明显,其分类方法和标准差异很大。根据果实用途可分为食用南瓜和籽用南瓜;依据南瓜籽外观又可将籽用南瓜分为白板类型(主要是印度南瓜种)、光板类型(主要是西葫芦)、裸仁类型(无种壳西葫芦)、毛边类型(主要是中国南瓜种)和黑籽类型(黑籽南瓜种)等。

另外,生产上通常依据 3 种瓜类的茎蔓生长特点和着花习性将其分为短蔓型和长蔓型南瓜。

(1)短蔓型　总蔓长仅 0.8～1.2 m,主要是由于茎节较短或极度短缩导致蔓长变短。主蔓第 3～6 叶节即可出现第一雌花,且雌花数量较多,个别品种在茎中上部甚至可连续形成雌花节。生产表现为开花早、结果多等特点,适宜保护地栽培。代表性品种如站秧、阿尔及利亚西葫芦、一窝猴、早青一代、小白皮、郑州一窝猴、黑美丽、京葫 36、京葫 42 等西葫芦品种,绿蜜栗、京绿栗、早熟京红栗、绿甜栗 3 号、绿冠贝贝、小黑、红贝贝、银辉 1 号、黑宝等南瓜品种。

(2)长蔓型　主蔓生长势强,蔓长可达 4 m,主蔓结果晚,通常 10 节左右才发生第一雌花,雌雄花间隔 2～4 片叶,耐热、晚熟,叶片营养面积大。管理费工,适宜城郊区绿化或景观化栽培。代表性品种如北京条西葫芦、青皮西葫芦、扯秧西葫芦、面茭瓜、山西白皮、黑皮西葫芦等西葫芦品种和金童、玉女、龙凤瓢、福瓜、黄飞碟等南瓜品种。

8.5.3 栽培技术要点

(1)品种选择　种植品种应根据当地消费习惯和市场效益确定,一般选择坐果性好、品质佳、早熟高产、抗病性强以及适合本地区生长的南瓜品种。如牛腿南瓜、板栗南瓜等。

(2)定植时间　露地南瓜栽培既可育苗移栽,也可干籽直播。但总的原则是地温稳定在

12 ℃以上,开始露地直播或者育苗定植,避免出苗或移栽定植苗后遭遇霜冻。如播种育苗可采用 35 孔或 50 孔穴盘,保证幼苗在育苗期间有充足的养分和空间。

(3)整地与施肥 选择在土壤肥沃、土层深厚、土壤保水和保肥能力都较强的地块进行定植,每亩使用 1 500～1 700 kg 农家肥,并混合 15 kg 氮磷钾复合肥一起撒入土壤,之后进行深耕,耕地的深度为 30 cm 左右,最后整平。

(4)做畦与覆膜 露地南瓜栽培多采用爬地栽培方式,单行双株,株距 60 cm,行距 2 m,每亩 900～1 000 株。以 2 m 为间距划线开沟做畦,沟深 15～20 cm,宽 40～50 cm,畦面覆盖银色可降解地膜。

(5)播种 选择晴天上午进行,播种前先开穴灌足底水,待水下渗后,每穴直播种子 2～3 粒,覆盖 2 cm 沙壤土,最后洒 1 次透水。

(6)田间管理 定苗与补苗:播种工作完成 6～7 d 后要检查出苗情况,如缺苗或断苗须及时补苗,尽量保证田间瓜苗整齐。若每穴出苗 2～3 株,则须去除病、弱及小苗,保留 1 株健壮苗。中耕与除草:南瓜定苗后,结合除草进行中耕。中耕时在根部培土可促进根系发育,以利壮秧。整个生育期内需中耕除草 2～3 次。水肥管理:整体原则根据土壤墒情决定是否灌水。伸蔓后,距根部 15～20 cm 处开沟施肥,可选用每亩 15～20 kg 的速效氮肥或 500～1 000 kg 腐熟粪肥,施肥后进行浇水,防止速效氮肥烧根。南瓜坐果后再浇水追肥 1～2 次。植株整理:一般在出现 5～6 片真叶时进行摘心,留 2 条侧蔓结瓜。每条侧蔓结 1～2 个瓜后留 5～6 片叶打顶。当瓜蔓长至 40～50 cm 时,在茎节处覆土压蔓,此后每隔 5～6 节压 1 道蔓,并结合压蔓进行摘心,次第摘除主蔓老叶、病叶。授粉:南瓜单性结实能力较差,为保证产量及坐果率,须进行授粉。南瓜花一般在早晨 6:00 以前开放,为提高授粉率和坐果率,人工辅助授粉要在上午 9:00 以前完成。

(7)病虫害防治 南瓜的虫害主要有蚜虫、瓜蝇及蚂蚁等;主要病害为白粉病和病毒病。具体防治方法参见其他参考资料。

(8)适时采收 早熟南瓜在开花后 15～20 d 采收嫩瓜,中晚熟品种多采收老熟瓜食用。一般开花后 40 d 以上,果皮变硬并出现白粉,绿色消失,果柄变硬时,即可采收。

8.6 其他瓜类蔬菜

8.6.1 冬瓜

冬瓜(*Benincasa hispida* Cogn.)又称白瓜、水芝、枕瓜等,葫芦科冬瓜属一年生攀缘性草本植物。原产于我国南部及东印度,广泛分布于亚洲热带、亚热带及温带地区。冬瓜适应性强,我国南北各地均有栽培,而以南方各地栽培较多。食用以果实为主,个别地区也食用嫩梢。每 100 g 果实含水分 95～97 g,蛋白 0.4 g,碳水化合物 1.6 g,膳食纤维 0.5 g 以及维生素 B_2、维生素 C 和钙、磷、铁等矿质元素。冬瓜性微寒,盛暑季节食用清热化痰、利尿消肿、清热祛暑;果皮与种子具有清凉、滋润、降温解暑功效,果肉还可加工成蜜饯冬瓜、冬瓜干、脱水冬瓜和冬瓜汁等。

8.6.1.1 生物学特性

冬瓜根系强大,主根和侧根发达,深达 1.0 m,横向宽幅 1.5～2.0 m,易生不定根。茎蔓生，5 棱，中空，绿色，密被茸毛，分枝能力强。初生数节的腋芽只抽发侧蔓，5 节以上的主蔓茎节除抽发侧蔓外，每个茎节还抽出卷须，10 余节后，每个茎节还发生花芽，着生雄花和雌花。单叶、掌状，5～7 浅裂，绿色，互生。叶和叶柄均密被茸毛。雌雄异花同株，少数品种同株。雌花和两性花单生，雄花多数单生，也有簇生。花钟形，花冠黄色。子房下位，绿色，形状因品种而异，具有果实的雏形。花器各部分均被茸毛。瓠果，圆、扁圆、椭圆、长椭圆和棒形等，果皮浓绿、绿或浅绿，被白色蜡粉或无，被银白色茸毛。茸毛随果实成熟逐渐脱落。果肉白色。种子黄白色，近椭圆、扁平，种脐一端稍尖，果皮边缘有棱或无，千粒重 50～100 g。

冬瓜整个生长发育周期为 100～140 d，可分为种子发芽期、幼苗期、抽蔓期及开花结果期。每个阶段历时因品种、种类、栽培环境不同而异。发芽期需 7～15 d，幼苗期需 30～50 d，抽蔓期需 10～20 d，开花结果期需 50～70 d。

冬瓜喜温暖，耐热。生长发育适温 25～30 ℃，种子发芽适温 28～30 ℃，根系生长最低温度 12～16 ℃，均比其他瓜类蔬菜高，授粉坐果适宜温度 25 ℃左右。冬瓜属于短日照植物。短日照、低温利于花芽分化，但整个生育期还要求长日照和充足的光照。冬瓜对土壤要求不严格，沙壤土或黏壤土均可栽培，但须避免连作。冬瓜生长期长，植株营养生长及果实生长发育要求有足够多的土壤养分，必须施入较多的肥料。冬瓜对养分吸收以钾最多，氮次之，磷最少。此外，冬瓜对水分需求也较大，在开花结果期，茎叶旺盛生长，特别是坐果以后，果实迅速发育，需水分较多，此时必须供给充足的水肥，但空气湿度过大或过小都不利于授粉、坐果和果实发育。

8.6.1.2　栽培技术要点

(1)品种选择　冬瓜品种类型多样，按果实大小可分为小果型、中果型及大果型 3 类；按照果皮颜色可分为白或粉皮、青皮及黑皮类型；按照熟性可分为早熟、中熟及晚熟 3 类。同时冬瓜的栽培方式多样，可设施、可露地、可架式或可爬地栽培，因此由于栽培习惯、生产季节、品种特性、区域消费习惯等不同，冬瓜的品种选择各不相同。

(2)播种期　冬瓜一般都在气温较高的季节栽培。西南地区冷床育苗一般在 3 月上旬，4 月上旬定植。露地直播一般在 3 月下旬，长江中下游地区一般在 2 月上旬至 3 月中旬温床或冷床育苗，4 月定植，露播可在 4 月上旬；晚冬瓜可在 6 月上旬播种。华南地区可分春、夏、秋 3 茬。春冬瓜在上年 12 月份或者当年 1 月份保护地育苗，露地直播宜在 2 月下旬或 3 月上旬；夏冬瓜在 1～5 月份露地直播或育苗；秋冬瓜可在 6～7 月份露地直播或育苗。北方地区多在 4 月份直播或育苗。

(3)土壤选择与作畦　宜选择保水保肥，以排水良好、疏松透气、有机质较多的壤土或沙壤土为宜。避免与瓜类连作。播种和定植前深翻晒白，长江流域及其以南地区，冬瓜是生长季节雨量多，冬瓜根系不耐涝，应采用高畦深沟栽培，北方可用平畦。

(4)播种育苗与栽培密度　直播与育苗均可，建议以育苗为宜。按照 5 年以上未种过瓜类且干净过筛的稻田土或新泥土 6 份、生物有机肥 2 份、椰糠 2 份的比例，充分混匀，用育苗盘或育苗钵均可。从子叶开展到具 5～6 片真叶展开的幼苗均可移植，移植苗大小应视具体气候和育苗容器大小而定。栽培密度因品种、栽培方式与栽培季节而异。小果型一般每公顷 10 500～19 500 株；中果型和大果型品种，特别是大果型品种，一般 1 株只留一个果实，每公顷 4 500～9 000 株。

(5)植株调整　地冬瓜一般利用主蔓和侧蔓结果，可在主蔓基部选留一两枚强壮侧蔓，摘除其他侧蔓，坐果后侧蔓任其生长；也可主蔓坐果前摘除全部侧蔓，坐果后让侧蔓任意生长。

棚架冬瓜一般利用主蔓坐果1个，在主蔓坐果前后摘除全部侧蔓，或者坐果前摘除侧蔓，坐果后选留若干枚侧蔓。主蔓摘心或不摘心均可。整蔓的同时要做好引蔓、压蔓工作。合理的引蔓、压蔓可创造较大的吸收面积和较好的通风透光环境。棚架冬瓜引蔓首先要把理想的坐果节位放在棚架的适宜位置。大型冬瓜一般在主蔓具有15～20节出现第1朵雌花，早熟品种15节左右，晚熟品种一般在18～20节，此时茎蔓长1.6～2.0 m，以后一般每隔5～7节发生1朵雌花。从棚架底至棚架顶部引蔓，一般直引便可。其后则引蔓上棚架并使瓜蔓按相同方向生长。

(6)坐果与护果　小果型品种的果实较小，为提高产量宜多结果；中果型和大果品种为提高产量，应在适当密度的基础上争取结大果。为了获得大果，坐果节位是关键。早熟品种在9～12节，中熟品种在20～25节，晚熟大型品种在30～40节，一般主蔓第2、第3朵雌花坐果比第1朵雌花的产量高。据研究，广东青皮冬瓜以23～35节坐果的单瓜质量最大，大果率最高，22节前和35节后均不理想，亦即主蔓上第3～5朵雌花坐果，结大瓜的可能性较高，因为此时有强健的营养生长基础和良好的营养状况，为结大果奠定了较好的物质基础。

冬瓜坐果期间，正值炎热季节，冬瓜果大且重，在果实发育至一定大小时应做好护瓜工作。护瓜的要求是把瓜固定在棚架的适当位置，保护果实不会脱落。护瓜方法：可用草绳套住瓜或用麻绳套住果柄，然后系在棚架上。护瓜应在单瓜质量2～3 kg时进行。护瓜后，要使瓜蔓承受的重量转到吊绳上，瓜前后的茎蔓要松动，周围没有妨碍其继续发育的东西，才算合适。同时在瓜接触地面前，要将麦秆和稻草垫在其下以防止瓜腐烂，瓜上也要盖草防止烈日暴晒，青皮冬瓜比粉皮冬瓜更容易被晒伤，盖草能防止晒伤。

(7)肥水管理　冬瓜施肥应氮、磷、钾齐全，氮、钾的比例较高，且钾稍高于氮；以基肥为主，坐果后重施追肥；有机肥为主，无机肥为辅。必须主要避免偏施氮肥，特别是避免在结果中、后期偏施速效氮肥，避免在大雨前后施速效肥。否则会导致疫病、枯萎病和果实绵腐病的发生。冬瓜消耗水分多，需水量大，适于空气和土壤湿润，但不耐涝。幼苗期和抽蔓期根系尚不发达，如天气干燥，土壤温度低，可酌情浇水。抽蔓之后，蔓、叶虽多，但根系强大，吸水能力较强，一般靠根系自身吸水能力也能满足植株的水分需要。如采用深沟高畦栽培，可在沟畦贮水，但应保持畦面20 cm以下的水位，降雨前后应注意排水，避免受涝。结果后期如植株蔓叶生长正常，可不再追肥，保持土壤湿润便可。对于多次采收的大冬瓜，大棚栽培每次采收后重施1次追肥，每亩每次追施硫酸钾型复合肥(17：17：17)30～40 kg。

(8)病虫害防治　冬瓜病害主要有疫病、枯萎病、炭疽病、病毒病、白粉病等，虫害主要有蓟马、蚜虫、黄守瓜、斜纹夜蛾等。坚持预防为主、综合防治的方针，禁止使用国家禁限用高毒、高残留、高生物富集性的农药及其混配农药。

(9)采收与贮藏　冬瓜的嫩果和成熟果实均可食用，一般采收成熟果实产量高，品质佳。小型果品种的果实从开花至商品成熟需21～28 d，至生理成熟需要35 d左右；大果品种自开花至果实成熟需35 d以上，一般40～50 d。采收应在植株大部分叶片保持青绿时进行。冬瓜成熟的标志是皮上茸毛消失、瓜皮暗绿或出现白粉。当冬瓜达商品成熟后选晴天采收，采收时要留一小段果柄，以利贮藏。冬瓜不耐低温贮藏，低于10 ℃往往会发生冷害。贮藏适宜温度为10～15 ℃，相对湿度为70%～75%，要求通风良好。温度过低时增加覆盖物或启动加温设施，温度过高时开窗通风散热。贮藏棚室应遮阳、通风透气、隔湿保温、防鼠害等。冬瓜入库前2～3 d，用高锰酸钾、来苏尔(或甲醛)药液对贮藏棚室进行喷雾或熏蒸消毒。安全间隔期后再进行冬瓜贮藏。贮藏期间，特别是冬瓜刚入库时，应注意加强通风，中午气温较高时，一定要开窗通风换气，排除潮气，降低环境湿度，保持库内干燥状态。冬瓜贮藏期间，掌握好温、湿度环境条件，一般可贮藏 3～4 个月或更长时间，据市场需求、价格择机上市。

8.6.2 丝瓜

丝瓜(*Luffa aegyptiaca* Miller)又名水瓜、胜瓜、天络、洗锅罗瓜、天吊瓜、天丝瓜等，葫芦科丝瓜属一年生攀缘性草本植物，包括普通丝瓜(*Luffa cylindrica* Roem.)和有棱丝瓜(*Luffa acutangula* Roxb.)2 个变种。原产印度，广泛分布于亚洲、大洋洲、非洲和美洲的热带和亚热带地区。我国华东、华南、西南、华中地区的夏季主要蔬菜之一，北方地区则以日光温室越冬栽培为主。苦瓜以嫩果供食，其营养丰富，每 100 g 鲜果含碳水化合物 4.2 g、蛋白质 1.0 g、脂肪 0.2 g、粗纤维 0.6 g、胡萝卜素 90 μg、硫胺素 0.02 mg、核黄素 0.04 mg、烟酸 0.4 mg、维生素 C 5 mg、钙 14 mg、磷 29 mg、钾 115 mg、铁 0.4 mg 等。丝瓜性味甘凉，具清热化痰、凉血等功效，可治咳嗽、哮喘，同时可利尿、下乳。现代医学表明，其所含的干扰素诱生剂能刺激机体产生干扰素，可提高人体免疫机能。

8.6.2.1 生物学特性

根系较发达，再生能力强，较耐涝，主根入土深度 100 cm 以上，但一般分布在 30 cm 左右的耕层中，稍耐旱。茎蔓生，5 棱，浓绿色，被茸毛，分枝能力强，但分枝上一般不再发生分枝或者发生少量分枝。每节有分歧卷须，卷须通常 2～4 歧，较粗壮，被短柔毛。普通丝瓜的茎一般粗于有棱丝瓜。叶单生、掌状或心脏形，浓绿色，3～7 裂，普通丝瓜较有棱丝瓜深裂。雌雄异花同株，花腋生，雄花总状花序，通常 15～20 朵着生于总状花序上部，花穗梗稍粗壮，长 12～14 cm，被茸毛，小花梗长 1～2 cm，花萼筒宽钟形，雄蕊通常 5 枚，稀 3 枚，花丝长 6～8 mm。雌花单生，子房下位，花梗长 2～10 cm，柱头 3 裂，膨大。也有品种雌雄同序并能正常结果，如无锡香丝瓜。瓠果，短圆柱形至长棒形，多为绿色，少有白色或灰白色。普通丝瓜果皮粗糙，有数条墨绿色浅纵沟；有棱丝瓜果皮有皱纹，具 9～11 棱，棱绿色或墨绿色。种子近椭圆形，扁。普通丝瓜种皮较薄，表面平滑或具翅状边缘，黑或灰色，千粒重 100～120 g；有棱丝瓜种皮较厚，表面有皱纹，黑色，千粒重 120～180 g。

丝瓜生育期分为发芽期、幼苗期、抽蔓期和开花结果期，其每个阶段历时天数因品种、种类、栽培环境不同而异。一般发芽期历时 7～14 d，幼苗期 15～25 d，抽蔓期 10 d 左右，开花坐果期 50～60 d 或者更长，整个生长发育周期需 90～120 d。植株和各个器官生长动态呈 S 形曲线变化。丝瓜植株生长旺盛，主蔓生长势强，可发生多级侧蔓。主蔓一般先发生雄花，后发生雌花，以后多连续发生雌花。

丝瓜要求温度较高，耐热性强。生长适温 25～30 ℃，30 ℃以上也能正常生长。在炎热的夏秋季节，只要保持水肥正常，开花结果仍能保持旺盛。10 ℃以下幼苗生长会受到抑制，5 ℃以下生长不良。种子发芽适温 28～30 ℃，30～35 ℃时发芽最快。低温可促进雌花发育。丝瓜属短日照植物，长日照条件下雄花和雌花着生节位提高。抽蔓前需短日照和稍高的温度，以促进茎叶生长和雌花分化。开花结果则需要较高的温度、长日照和强光照以促进营养生长和生殖生长。生长前期高温和长日照易引起徒长，延迟开花结果。生长后期温度低、光照不足，则植物生长势弱。普通丝瓜对弱光照的适应能力较好。丝瓜在瓜类蔬菜中属于最耐潮湿的作物，短期水淹之后仍能正常生长。幼苗期和抽蔓期需水量少，开花结果期特别少；盛果期，因叶蔓和瓜生长量大，故需水量大，应经常保持土壤湿润，土壤水分以保持土壤相对含水量 80%左右为宜。丝瓜生命力强，结果潜力大，应选择土质肥沃、保水保肥力强的土壤种植，并应施足基肥。

8.6.2.2 栽培技术要点

1)品种选择

普通丝瓜根据果型可分为长圆柱、中圆柱及短圆柱类型；有棱丝瓜根据播种季节可分春、夏及秋丝瓜 3 种类型。不同地区、不同季节、不同消费市场决定了品种选择的多样性，但总的要求丝瓜品种抗性较强，耐高温、抗病，同时对日照长短具有适应性，结果能力强，商品性好等特点。采用大棚早熟栽培应提早播种育苗，提早定植，其播种期选择原则与冬瓜基本相同。有棱品种对日照长度的反应比较敏感。春播特别是早春栽培，日照短，温度低，应选择日照要求较严格的品种，避免过早发生雌花，影响茎叶正常生长，不利于后期开花结果。夏播日照长，温度高，应选择对短日照不严格的品种，避免迟发生雌花，茎叶徒长。如用短日照要求严格的品种，应在苗期进行短日处理，或生长前期采用抑制茎叶生长的措施。

2)整地施肥

栽培丝瓜选择疏松肥沃、保水保肥、排灌便利的沙壤土田块最好，冬前及早耕翻土壤，风冻熟化。定植前结合整地施足底肥，每亩可施入腐熟的农家肥 2 500～3 000 kg，腐熟豆饼或菜籽饼 100 kg，优质三元复合肥(15∶15∶15)50 kg，土肥混匀后作深沟高畦，畦宽 1.5 m。

3)合理密植

春播和夏播株行距宽些，行距 1.5～1.8 m，株距 30～35 cm。秋播宜密些，株距 20～25 cm。平棚栽培比支架栽培宜宽些。大棚早熟栽培、生长期和采收时间长，不宜过密。

4)植株调整

(1)插架引蔓　大棚栽培多采用“一条龙”吊绳引蔓搭架方式，植株甩蔓时及时用塑料绳吊蔓，让瓜蔓顺着绳子往上爬，引蔓吊蔓采用蔬菜专用绑蔓夹，引蔓的同时及时摘除所有侧蔓，以确保主蔓生长粗壮，当瓜蔓爬到棚顶时，向下放绳子坠蔓，将基部的瓜蔓圈好放齐，同时摘除老叶。也可用竹竿搭成“人”字形篱笆架，植株爬蔓后，每隔 3～4 d 引蔓绑蔓 1 次，绑蔓松紧适度，同时摘除 1 m 以下的侧蔓，以集中养分供应主蔓和前期幼瓜生长，藤蔓上架后任其自由生长。

(2)管理侧蔓　丝瓜的主蔓和侧蔓均能结果，但不同栽培季节主蔓和侧蔓结果的比例有差别。如广州地区的春丝瓜，主蔓和侧蔓结果相近，分别占 52%和 48%；夏丝瓜的主蔓结果少，占 28%，侧蔓结果多，占 72%；秋丝瓜以主蔓结果为主，占 87%，侧蔓结果少，占 13%。因此，春丝瓜主蔓结果前摘除侧蔓，以后选留健壮侧蔓结果；夏丝瓜在主蔓基部留 2～3 枚强健侧蔓，利用侧蔓早坐果，多结果；秋丝瓜植株长势稍弱，侧蔓较少，靠增加株数，利用主蔓结果。

(3)保花保果　保留基部的雄花供授粉，摘除多余的雄花及畸形果。早春保护设施栽培无昆虫活动或温度偏低雄花开放晚，应进行保花保果。可用 10 mg/kg 的 2,4-D 蘸花或 40 mg/kg 防落素均匀涂抹于幼瓜上，促进幼瓜膨大。由于早春温度低，昆虫少，必须加强人工授粉，这是大棚早熟栽培的重要措施。采用人工辅助授粉的，授粉时间 6～10 时为宜，摘取当天开放的新鲜雄花，剥掉花冠，将花粉均匀涂抹在雌花柱头上，1 朵雄花可为 3～5 朵雌花授粉。

5)肥水管理

丝瓜需氮肥较多，钾次之，磷最少；三者吸收比例为 2.7∶2.5∶1，在开花结果期间的吸收量占总吸收量的绝大部分。因此,应施用完全肥,结果期多施。施肥量可参考节瓜。春播和夏播的生长期较长,结果多,产量高,施肥量较秋播多,秋播的施肥提早,加速茎叶生长,争取早结果。丝瓜根系发达,耐旱能力较强,但生长过程中需水量较大,在干旱时需要及时供应水分,保持土壤湿润,否则化瓜多,畸形瓜多。

6)病虫害管理

丝瓜主要病害有猝倒病、立枯病、灰霉病、疫病、白粉病、枯萎病、病毒病等,虫害主要有蚜虫、黄守瓜、果实蝇、瓜绢螟等。应根据丝瓜病虫害发生的规律及危害特点,综合运用农业防治、物理防治、生物防治和化学防治技术,安全、经济、有效地防控病虫害。

7)适时采收

采收要及时,否则易纤维化,不能食用,既影响产量又影响品质。雌花开花 10~12 d,当瓜条不再伸长且饱满、茸毛减少、果肩变硬、皮色保持鲜亮时是商品丝瓜采收最适时期,应及时采收,尤其根瓜更要早收,以促进后续瓜的正常生长,减少畸形和化瓜现象。大棚丝瓜连续结果能力强,需隔天采收 1 次,盛果期需每天采收。采收宜在早晨,用剪刀从瓜柄基部剪断,注意轻拿轻放。

8.6.3 瓠瓜

瓠瓜(*Lagenaria vulgaris* Ser.)别名葫芦、扁蒲、蒲瓜、夜开花等,葫芦科一年生攀缘草本植物,起源于非洲赤道南部低地,主要分布在哥伦比亚、巴西、印度、斯里兰卡、印度尼西亚、马来西亚及菲律宾等国家。我国种植瓠瓜已有 4 000 多年的历史,南北各地均有栽培,是夏季的主要瓜类蔬菜之一。嫩果供食,嫩梢或嫩叶作叶菜,每 100 g 嫩果含水分约 95 g、蛋白质 0.6 g、脂肪 0.1 g、碳水化合物 3.1 g,还有胡萝卜素、维生素 B、维生素 C 及人体所需的多种矿质元素。瓠瓜性微寒,味甘淡,有利尿通淋,除烦润肺,清热解毒,治水肿、黄疸等功效。成熟果实的果皮坚硬,可作水瓢。

8.6.3.1 生物学特性

瓠瓜根系发达,主要分布在 20 cm 耕作层内。茎蔓生,5 棱,绿色,密被茸毛,分枝力强。每个茎节均发生腋芽、卷须、雄花或雌花,易发生不定根。单叶互生,心形或近圆形,浅裂,叶缘齿状,叶柄长,顶端具腺体 2 枚,被柔软茸毛。雌雄异花同株,偶有两性花。花单生,个别对生,花冠钟形,花萼和花瓣各 5 枚,瓣白色,子房下位,被茸毛。瓠果,短圆柱、长圆柱或葫芦形,嫩果绿、淡绿色或绿色斑纹,被茸毛,果肉白色,胎座发达,成熟时果肉变干,茸毛脱落,果皮坚硬,黄褐色。单果重 1~3 kg。种子短矩形、扁平、淡灰黄色,边缘被茸毛,千粒重 125~170 g。

瓠瓜生长分发芽期、幼苗期、抽蔓期和开花结果期,120~150 d。从种子萌动到第一雌花开放前以营养生长为主:幼苗期根系生长快于茎叶生长,抽蔓后,茎叶生长加快,在茎蔓不断伸长的同时,可发生许多子蔓,子蔓又发生孙蔓。环境条件适宜,可发生多级侧蔓,形成繁茂的蔓叶系统。瓠瓜从开花至果实完全成熟需 50~60 d,开花后 7~10 d,发育较慢,15 d 后发育迅速,25 d 鲜重达到最大。

瓠瓜适宜温暖的气候和湿润、富含有机质的土壤。种子发芽适温为 30~35 ℃,最低 15 ℃。生长发育适宜温度 20~25 ℃,15 ℃以下生长不良,10 ℃以下停止生长,5 ℃以下发生冷害。瓠瓜属短日照植物,低温、短日照有利于雌花形成。瓠瓜开花对光照强度比较敏感,多在傍晚或弱光下开花。

8.6.3.2 栽培技术要点

瓠瓜喜温耐热，各地多采用春播夏收栽培，设施栽培播种期还可提前。长江流域一般在3月中下旬开始育苗，大棚早熟栽培可在12月份开始育苗；华南地区可在12月中下旬开始育苗，或2～3月份直播；华北地区4月中下旬定植或直播。近年来，长江流域逐渐发展塑料大棚早熟栽培。瓠瓜有爬地栽培、支架栽培和平棚栽培等形式。

瓠瓜直播与育苗均可，直播一般在断霜后进行，育苗移栽在断霜前30～35 d播种。播种前将种子0～1 ℃冷冻处理2 d，可提高幼苗抗寒力。

播种定植前深翻土壤，施肥作畦。每公顷腐熟有机肥11 250～15 000 kg、过磷酸钙300～450 kg。畦宽1.5～2.0 m，单行或双行种植。棚架栽培双行种植，行距66 cm，株距45～60 cm；爬地栽培，行距1.5～2.0 m，株距1.0～1.5 cm。

瓠瓜以侧蔓结瓜为主。在主蔓6～8片叶或蔓长1 m左右时摘心，选留2～4条健壮子蔓。子蔓坐果后摘心，促进孙蔓生长。孙蔓坐果后摘心与否视生长与栽培条件而定，生长壮健、具生产潜力的摘心，促下一级侧蔓发生，继续坐果。地爬瓠子需压蔓和引蔓，使瓜蔓均匀分布和防止风害。

瓠瓜植株茎叶茂盛，结果多，需肥较多。定植后施1次提苗肥，摘心后施1次分蔓肥，果实迅速生长时施1次催果肥，开始采收后再分期追肥2次，每次施三元复合肥150～375 kg/hm^2，坐果多、结果期长可增加追肥。氮肥过多、缺水、日照不足，果实易产生苦味。幼苗生长期间适当灌溉，之后植株生长旺盛，根系吸收能力强，宜采用深沟高畦沟灌，雨季或暴雨注意排水。

瓠瓜食用以花后10～15 d采收为宜，若延迟采收，则果实纤维化，品质迅速下降，丧失商品价值。果实如有苦味，具微毒，不宜食用。

前期注意防治蚜虫和病毒病，中后期严防白粉病，防治方法参见《蔬菜病理学》。

8.6.4 节瓜

节瓜(*Benincasa. hispida* Cogn. var. *chieh-qua* How.)葫芦科冬瓜属一年生攀缘草本植物，是冬瓜的变种。别名：毛瓜、质瓜，原产我国南部地区，其叶、藤、花、果皮、果肉、果瓤、种子均具有很好的药食兼用价值。节瓜在我国广州已有300多年栽培历史，现广东、广西、海南、台湾等地普遍栽培。

8.6.4.1 生物学特性

节瓜根系发达，主根可深达5 m，侧根分布直径达2 m及以上。全株被密茸毛。茎蔓生、5棱、茎叶繁茂、分枝能力强。叶片掌状5～7裂，叶缘常锯齿状。卷须分枝。单性花，雌雄同株异花、单生，萼片5枚、花瓣5枚、雌花柱头瓣状3裂、子房下位。果实短或长椭圆形，嫩果皮色绿，老熟果实被白蜡粉或无、耐贮，供应时期长。种子扁平近椭圆形、淡黄白色、表皮具突起环纹，千粒重42～43 g。

节瓜对土壤适应性强，但以肥力高、富含有机质的肥沃深厚沙壤土或壤土为宜，适宜土壤pH为中性或微碱性。生长发育适宜于温暖、阳光充足和湿度较大的气候条件。

8.6.4.2 栽培技术要点

1)品种选择

依果形节瓜的品种可分为短圆筒和长圆筒形，依适应性分为春、夏、秋节瓜3种生态型。春节瓜较耐低温，如菠萝种、黑毛、七星仔等；夏节瓜适应性较广，如大藤、孖鲤鱼、黄毛等；现有节瓜品种如广优 1 号、广优 2 号都可作秋节瓜栽培。

2)育苗

节瓜育苗苗龄 30～35 d,当幼苗 4～5 片真叶时即可定植。直播时可在终霜前 4～5 d 将催芽后的种子直接点播,确保出苗后不受冷害。

3)定植

节瓜忌连作,应选择前作非葫芦科作物的地块种植。南方地区宜高畦种植,避免田间发生涝害。土壤翻耕前每 667 m^2 施有机肥 1 000 kg、氮磷钾复合肥 50 kg 作底肥,施肥后深翻土地 30 cm,整平耙细后作畦。节瓜常露地栽培,单行或双行定植,株行距(30～50)cm×(60～70)cm,栽培密度 24 000～33 000 株/hm^2。

4)田间管理

(1)水肥管理　除施底肥外,节瓜生长期间还需追肥。生长前期不需追肥,待出现花蕾后须及时施氮磷钾肥,盛果期可追施复合水溶肥。一般每 10 d 左右追肥 1 次、每次追肥量 100～150 kg/hm^2。

(2)搭架与植株调整　定植缓苗后及时中耕蹲苗,蔓长 30～35 cm 时插架。当植株 5～6 节形成、茎节明显变长时,将瓜蔓沿排架方向压蔓 30 cm,然后引蔓上架。主蔓结瓜前须摘除所有侧蔓,坐果后选留主蔓植株中部 3～5 条侧芽培养成侧蔓以增加叶面积和结果部位,一般侧蔓产量可占总产量 1/5 左右。引蔓须在晴天下午进行,以免造成蔓部折断。待主蔓达架顶时摘心,每株可采收嫩果 3～4 个。

(3)病虫害防治　节瓜的常见虫害有蚜虫、蓟马和美洲斑潜蝇等,常见病害有白粉病、疫病、枯萎病等。防治方法参见其他参考资料。

5)采收

节瓜果实自开花至生理成熟需要 45～50 d,以采收嫩果为商品瓜时,宜在花后 7～10 d、单瓜重 250～500 g,当瓜皮略带光泽、外皮未充分硬化前可采收上市。花后 15 d 以后,果内种子已开始发育,不仅降低食用品质,而且也影响上部果实发育。

8.6.5　佛手瓜

佛手瓜(*Sechium edule* Sw.)别名瓦瓜、福寿瓜、万年瓜、洋丝瓜、合掌瓜、无心瓜等,属多年生宿根攀缘草本植物,生产上可作一、二年生或者多年生栽培。原产于墨西哥、中美洲和西印度群岛,约 19 世纪初经由欧洲、西亚以及东南亚等多条途径传入我国,清道光二十八年刊行的《植物名实力考长编》记录为“产广东、类南瓜,叶小,采置盘中,经岁不坏,日久肉干,外壳如瓦缶”。我国佛手瓜最初在广东省、广西壮族自治区及云南省种植,现在我国南北各地均有栽培。

佛手瓜果实、块根、嫩茎和嫩梢均可食用。嫩瓜清脆多汁,富含多种矿物质以及维生素、氨基酸等成分,每 100 g 鲜果含水分 92～93 g、蛋白质 0.5～1.2 g、碳水化合物 2.6～7.7 g、纤维素 3 g、钾 190 mg、钙 50 mg、磷 32 mg,维生素 C 12～22 mg。佛手瓜既可生食、凉拌、炒食,又可腌渍及加工。佛手瓜生产具有高产、耐贮运、病虫害少等特点。

8.6.5.1　生物学特性

佛手瓜根系发达,主根肉质可形成多块根。茎圆柱形且带有纵沟、蔓生、分枝性强,茎节处着生叶片、卷须和花器等。叶片浓绿色、掌状、具茸毛。单性花、雌雄同株异花,花冠淡黄色、密生茸毛。雌花单生,头状柱头、花柱联合、子房下位1室、仅具1枚下垂胚珠。雄花以总状花序着生于叶节处,每花序具10～30朵,每雄花具雄蕊5枚、花丝联合。果实梨形,有5条长须状沟,似握起的拳头,果皮白或绿色。每果实内仅含有1粒种子,种子粒大、扁平、卵形、无种皮,果实充分成熟时,种胚与果肉紧密贴合、不易分离,故种子必须在原果实内保存,播种时须以整个果实为繁殖材料。种子无休眠期,果实成熟后如采收不及时,其种子可在瓜中很快萌发。

佛手瓜性喜温暖,不耐高温和严寒。0 ℃时茎叶出现冻害,低于10 ℃时生长缓慢,茎叶20～25 ℃时生长最适,开花结果期适温15～20 ℃,低于15 ℃或高于25 ℃均影响开花授粉、坐果率下降。佛手瓜为典型的短日照植物,长日照条件下不形成花芽。佛手瓜对土壤要求不严,以土层深厚疏松、排水良好、富含有机质、通透性好的中性沙壤土和黏壤土为宜。生长期内需水量大,不耐干旱,但又忌涝。对肥料要求为氮素不能过多,以免茎叶生长过旺而结果少,中后期重施磷、钾肥。

8.6.5.2 栽培技术要点

(1)品种选择　佛手瓜品种依果皮颜色分白皮型和绿皮型两种。绿皮型品种大多植株生长势强、分枝多、抗性强,果实圆锥形、绿色、结果多、产量高,但品质较差;白皮型品种茎植株蔓细短、分枝弱,果皮浅绿或淡黄绿色,果肉组织致密,品质较好,但产量不及绿皮型。如土壤肥沃或肥料充足且能细致管理可选用白皮型,反之宜选用绿皮型。

(2)育苗　佛手瓜须以整个果实作繁殖材料,为提高繁殖效率多采用育苗移栽。热带及亚热带地区多在1～2月份育苗、3月份定植;温带地区可以11～12月份保护地育苗、终霜后定植。播前挑选果型中大、外形整齐、无伤残的种瓜,将其装入长25 cm、宽15 cm的塑料袋内,保证1～2 d袋内通风换气,保持15～25 ℃条件下催芽,当种子长出较多根系时,再将种瓜从塑料袋移入直径20～30 cm的营养钵或花盆内育苗。营养钵内装入营养土,浇水成湿润状态,种瓜柄端朝下、瓜芽向上直栽或平放钵内,覆土约6 cm后盖膜保湿。育苗期间保持苗床温度20～25 ℃,夜间最低温度不能低于10 ℃,促其生根发芽。出芽后应经常见光,防止秧苗黄化及徒长。佛手瓜侧枝分生能力强,根萌较多,苗期应及时除去多余的侧枝及萌蘖,仅留1个主枝生长。遇苗期徒长时可在主蔓4～5叶时摘心,之后在子蔓保留2～3个壮芽培养成侧枝。佛手瓜育苗时期较长,当幼苗高20 cm左右、具5～6片叶时即可定植。壮苗标准:定植前,佛手瓜的母瓜应保持绿色或白色鲜嫩,尚未腐烂,秧苗高40～60 cm,节间短,蔓粗壮,叶绿色,叶片厚,根系完整。

佛手瓜还可以用块根繁殖,即在终霜后挖出地下块根,切取具有2～3个芽的部分块根进行育苗。另外,为降低成本、扩大繁殖系数,佛手瓜也可用插条繁殖,即剪取通过种瓜繁育的幼苗茎蔓,每切段含2～3节,去除下部一节的叶片,基部置于500 mg/L的吲哚乙酸或萘乙酸水溶液浸泡5～10 min,取出后插入育苗基质中,保温、保湿、避光培养5～7 d即可恢复生长,约10 d后,次生根达1 cm即可正常培养成苗。

佛手瓜多采用露地棚架栽培,栽培密度225～450株/hm^2。

(3)水肥管理　佛手瓜属喜肥作物。除施足基肥外,田间生长期内还应多次追肥。一般定植后1个月追肥1次,以后每隔1月追肥1次。以开花结果期为例,每穴施腐熟有机肥10 kg、过磷酸钙1 kg和复合肥5 kg,每次追肥都要结合浇水进行。6～7月份气温高,水分蒸发快,需水量也多,土壤干燥时要及时浇水,防止枯蔓和死苗。

(4)搭架与整枝　佛手瓜分枝与攀缘能力极强，条件适宜时每叶节均可萌发侧枝，如若任其生长会出现相互遮光、落花落果较多等问题，故须搭架、引蔓和整枝等。每株以保留3～5条蔓上架为好。上架后进行1～2次摘心以扩大架面，增加结果量。同时，及时摘除基部萌发的蘖芽、老残叶及病叶，以免消耗营养。

(5)适时收获　佛手瓜果实发育较快，嫩瓜一般花后15～20 d即可采收。佛手瓜花期较长，边开花边结果。对果实采收标准要求不严，当瓜皮纹理清楚、表皮绿色幼嫩、富有光泽，果实膨大已达基本要求时可随时采收，一般每7～10 d采收1次。

(6)越冬护理　具备正常越冬条件的地区，应采用多年栽培以降低种苗成本、提高产量。佛手瓜不耐霜冻，严冬到来时，将地上部分割断，于茎基部覆盖30～50 cm厚稻草，上面再覆盖塑料薄膜保护植株越冬。翌年开春后及时揭去覆盖物，便于新芽萌发恢复生长。也可利用温室或大棚边角处定植瓜苗，棚内早春主栽蔬菜拉秧，让瓜蔓爬上棚架，棚室即将盖膜时，佛手瓜恰好收获完成，霜冻前留主蔓3～4 m长堆放在植株基部并覆膜防冻。

8.6.6 蛇瓜

蛇瓜(*Trichosanthes anguina* L.)，别名蛇丝瓜、蛇豆、印度丝瓜，葫芦科栝楼属一年生草本攀缘植物，因其果形细长弯曲似蛇而得名。原产印度、马来西亚，广泛分布在东南亚各国。在澳洲、西非、美洲热带以及加勒比海等地也有栽培。在我国各地均有栽培，以南方栽培居多。蛇瓜嫩果供食，营养丰富，每100 g蛇瓜中含有蛋白质1.1 g，脂肪0.1 g，碳水化合物2.9 g，粗纤维0.8 g，灰分0.3 g，以及人体所需的多种维生素和氨基酸。既可用来做汤也可炒食。除食用外，蛇瓜还具有较高的观赏价值，深受消费者青睐。由于其抗逆性强，少有病虫害，为无公害蔬菜，具有一定的市场潜力。

8.6.6.1 生物学特性

蛇瓜根系发达，侧根多，易生不定根。茎蔓生，5棱，分枝性强，蔓叶繁茂，生长势旺盛。叶掌状3～7裂，裂口较圆，叶脉放射状，正面深绿，被面浅绿，叶两面密生细茸毛，叶柄较长。花为单性同株，白色，花瓣末端丝裂卷曲。雄花总状花序，每花序具12～16蕾，也有单生雄花，花萼绿色，萼片批针形，花瓣5枚，雄蕊短，抱在花萼中；雌花单生，子房下位，花瓣5枚，雌蕊棒状，柱头2裂。第一雌花着生于14～18节，以后主蔓、侧蔓均能连续着生雌花。果实线形，长达1 m及以上，瓜先端及基部较尖细，末端弯曲。果实皮色为灰白色，上有绿色条纹，表面光滑，具有蜡质。果肉淡青色或白色，肉质松软，具有一种轻微的特殊臭味。熟果红褐色，果肉疏松不能食用。种子近长方形，浅褐色，表面粗糙，上有2条平行小沟，每果10～50粒种子，千粒重200～250 g。

蛇瓜喜温暖环境，耐热力强，不耐寒，种子发芽适温为30 ℃左右，植株生长适温为20～30 ℃，低于20 ℃时生长缓慢，15 ℃时停止生长。蛇瓜对土质要求不严，以开阔向阳、土层深厚、土壤肥沃疏松、排灌方便的沙壤土为宜。蛇瓜喜光，结瓜期需强光照。如花期寡照会造成落花及化瓜。喜湿润环境，因根系发达，较耐旱，水肥充足的条件下产量高、品质好。

8.6.6.2 栽培技术要点

1) 品种选择

依种植方式、消费习惯及目标市场选择生长势强、产量高、抗逆性强的蛇瓜栽培品种，以温室栽培蛇瓜为例，可选择抗病虫性强的“白龙蛇瓜”“美国蛇豆王”等优势品种栽培。

2）浸种催芽

蛇瓜种皮厚，吸水慢，生产上多采用浸种催芽。通常选择 1～2 个晴天晾晒种子，用 55 ℃ 温水浸种 15 min，然后常温浸种 24 h 后置于 30 ℃条件下催芽，待种子露白即可播种。

3）育苗

蛇瓜喜温不耐寒，但耐热能力较强，播种时期应在当地终霜期前 30～40 d。播种前做好苗床，上覆厚度 10 cm 左右营养土，苗床浇透水，水完全渗下后按 10 cm×10 cm 点露白种子，随后覆 2～3 cm 厚的细土，上可覆盖一层地膜增温保湿促进出苗。

4）适时定植

蛇瓜较耐瘠薄，也能耐肥，适于各种土壤栽培。定植时间应在当地断霜后、幼苗具有 5～7 片真叶时进行，生产地块施肥整地作畦后，按照行距 80～200 cm、株距 50～80 cm，每 667 m^2 定植 600～1 000 株，选择晴天的傍晚定植，定植后马上淋定根水。

5)田间管理

(1)肥水管理　蛇瓜生长速度快，整个生育期间对肥需求量较大。定植缓苗后施 1 次催苗肥，可用腐熟粪稀或饼肥适量。开花结瓜期间，可增加磷钾肥的施入量，促进花芽分化，多开花和提高产量，一般每 667 m^2 施入复合肥 15 kg、过磷酸钙 10 kg。进入采收盛期，每采摘 1～2 次追 1 次叶面肥以延长结果期。蛇瓜喜湿、抗旱、怕涝。因此蛇瓜栽培需要及时供应水分。定植后一般不浇水，待缓苗后轻浇 1 次水，雄花开过，雌花快开时轻浇 1 次水，采收第一茬后灌溉 1 次水，特别注意采收后的水分管理，防止植株早衰，防止土壤干旱。坐果期要经常保持土壤湿润。

(2)引蔓整枝及授粉　蛇瓜茎蔓粗壮，分枝能力强且瓜条较长，故须搭架栽培。一般搭人字架。也可于茎蔓长 1 m 以内先爬地栽培并进行压蔓，扩大根系，而后在引蔓上棚架，棚架形式以平棚为宜。上棚前可摘除侧蔓，或选留基部 1～2 条健壮侧蔓。对过密侧蔓适当疏剪，同时修剪采收的无瓜蔓，以免消耗养分，同时利于通风透气。整枝、打蔓要在晴天进行。雌花开放时，应配合人工授粉，以提高坐果率。

6)适时采收

蛇瓜一般在花后 10～12 d 即可采收，采收标准为老嫩适中，这样既不影响品质，又利于提高产量，蛇瓜具有连续结瓜的特性，适时采摘，可保证后结的瓜获得充分的养分。留种果实在花后 30 d 以上才能达到生理成熟，其籽可供翌年种植。

思考题

1. 瓜类蔬菜的生物学与栽培学共性有哪些？
2. 黄瓜花芽性型分化的影响因素及其效果有哪些？
3. 黄瓜生长发育异常的表现及其原因有哪些？
4. 黄瓜实现高产优质栽培的关键技术措施有哪些？
5. 西瓜果实发育过程中需采取哪些护瓜措施？
6. 甜瓜的品种类型及其生长发育特点有哪些？
7. 中国南瓜、印度南瓜及美洲南瓜的植物学性状差异有哪些？
8. 苦瓜设施栽培与棚架栽培的技术要点有哪些？

9

CHAPTER

茄果类蔬菜栽培

茄果类蔬菜是指茄科(Solanaceae)植物中以浆果作为食用器官的蔬菜。这类蔬菜含有丰富的维生素、碳水化合物、矿物盐、有机酸及少量的蛋白质,营养丰富,深受广大人民群众喜爱。茄果类蔬菜中,番茄、茄子、辣椒是世界栽培历史悠久、栽培地区广泛的重要果菜种类,在中国南北各地也普遍栽培;酸浆,果实甜美清香,不仅可以直接食用,还可以加工制成果汁、罐头或酿酒等,中国北方种植较多,并且在一些地区正在逐步实现规模化、产业化生产,出口创汇,有着很好的发展前景;香瓜茄,果实色泽鲜艳,果肉清香多汁,风味独特,作为新特蔬菜引入中国虽然短短几年,却显示出高产优质的特性,价格高、效益好,发展前景广阔。

9.1 番 茄

番茄(*Lycopersicon esculentum* Mill)别名西红柿、洋柿子、番柿属,属茄科一年生草本半蔓性草本植物,部分地区也可做多年生栽培。番茄起源于北美洲的安第斯山地带,主要驯化地是墨西哥和中美地区,直到16世纪番茄才作为观赏植物传入欧洲,到17世纪中叶人们才开始食用。我国明朝王象晋在《群芳谱》(1621)中有“火伞火球”“最堪观”的关于番柿的记载,说明当时番茄已传入中国,而且也是作为观赏植物种植,直至20世纪初才开始作为蔬菜生产栽培。中国番茄是自20世纪50年代初开始大面积生产栽培的,目前已成为我国的主要果菜之一。番茄除可鲜食和烹饪多种菜肴外,还可制成酱、汁、沙司等强化维生素C的罐头及脯、干等加工品,用途广泛。

9.1.1 生物学特性

9.1.1.1 植物学特征

(1)根 番茄的根系比较发达,分布广而深。主根深入土中能达1.5 m及以上,根系开展幅度可达2.5 m,大部分根群分布在30～50 cm的土层中。番茄根系再生能力很强,不仅易生侧根,在茎上很容易发生不定根,所以番茄移植和扦插繁殖比较容易成活。

(2)茎 番茄茎为半直立或半蔓性,少数品种为直立性。茎基部木质化。茎的分枝形式为合轴分枝(假轴分枝)。无限生长型的番茄在茎端分化第一个花穗后,其下的一个侧芽生长成强盛的侧枝,与主茎连续而成为合轴(假轴),第二穗及以后各穗下的一个侧芽也都如此,故假轴无限生长。有限生长型的植株则在发生 2～5 个花穗后,花穗下的侧芽变为花芽,不再长成侧枝,故假轴不再伸长。

番茄茎的丰产形态,节间较短,茎上、下部粗度相似。徒长株(营养生长过旺)节间过长,往往从下至上逐渐变粗,老化株相反,节间过短,从下至上逐渐变细。

(3)叶　番茄的叶为单叶,羽状深裂或全裂。每片叶有小裂片 5～9 对,小裂片的大小、形状、对数,因叶的着生部位不同而有很大差别,第一、二片叶小裂片小,数量也少,随着叶位上升裂片数增多。

番茄叶的丰产形态,叶片似长手掌形,中肋及叶片较平,叶色绿,叶片较大,顶部叶正常展开。生长过旺的植株叶片呈长三角形,中肋突出,叶色浓绿,叶大。老化株叶小,暗绿或浓绿色,顶部叶小型化。

(4)花　番茄为完全花,总状花序或聚伞花序。花序着生节间,花黄色。每个花序上着生的花数品种间差异很大,一般 5～10 余朵不等,少数品种(樱桃类型)可达 20～30 朵。有限生长型品种一般主茎生长至 6～7 片真叶时开始着生第一花序,以后每隔 1～2 叶形成 1 个花序,通常主茎上发生 2～4 层花序后,花序下位的侧芽不再抽枝,而发育为 1 个花序,使植株封顶。无限生长型品种在主茎生长至 8～10 片叶,出现第一花序,以后每隔 2～3 片叶着生 1 个花序,条件适宜可不断着生花序开花结果。

番茄花的丰产形态,同一花序内开花整齐,花瓣黄色,花器及子房大小适中。徒长株花序内开花不整齐,往往花器及子房特大,花瓣浓黄色。老化株开花延迟,花器小,花瓣淡黄色,子房小。

(5)果实及种子　番茄的果实为多汁浆果,果肉由果皮(中果皮)及胎座组织构成,栽培品种一般为多室。果实的颜色有红色、粉红色、黄色和橙黄色。

番茄种子扁平、小、肾型,表面有灰色茸毛,种子千粒重 2.7～3.3 g。

9.1.1.2　生长发育周期

(1) 发芽期　从种子萌发到第一片真叶出现(破心、露心、吐心)为番茄的发芽期。一般需 7～9 d。发芽期能否顺利完成,主要取决于温度、湿度、通气状况及覆土厚度等。

(2)幼苗期　从第一片真叶出现至开始现大蕾为幼苗期。幼苗期经历两个阶段:从破心至 2～3 片真叶展开(即花芽分化前)为基本营养生长阶段,这个阶段主要为花芽分化及进一步营养生长打下基础;2～3 片真叶展开后,花芽开始分化,进入第二阶段,即花芽分化及发育阶段,从这时开始,营养生长与花芽发育同时进行。创造良好条件,防止幼苗徒长或老化,保证幼苗健壮地生长及花芽的正常分化和发育,是幼苗期栽培管理的主要任务。

(3)开花坐果期　从第一花序出现大蕾至坐果为开花坐果期。开花坐果期是以营养生长为主过渡到生殖生长与营养生长同时发展的转折期,直接关系到产品器官的形成和产量,特别是早期产量。此期管理的关键是协调营养生长与生殖生长的矛盾。无限生长型的中、晚熟品种容易营养生长过旺,甚至徒长,引起开花结果的延迟或落花落果。反之有限生长型的早熟品种,在定植后容易出现果坠秧的现象,植株营养体小,果实发育缓慢,产量不高。促进早发根,协调好茎叶生长,注意保花保果是开花坐果期栽培管理的主要任务。

(4)结果期　从第一花序坐果到拉秧为结果期。这一阶段秧果同步生长,营养生长与果实生长高峰相继周期性出现，这种结果峰相的突出或缓和与栽培管理技术关系很大。如果在开花坐果期调节好秧果关系，且肥水管理适当，这一时期不至于出现果坠秧的现象。相反，整枝、打杈及肥水管理不当，还可能出现疯秧的危险，必须注意控制。在结果期中，应该创造良好的条件促进秧、果并旺，周期变化缓和，不断结果，保证早熟丰产。

9.1.1.3 对环境条件的要求

(1)温度　番茄是喜温性蔬菜，生长发育最适宜的温度为 20～25 ℃，低于 15 ℃，开花和授粉受精不良，降至 10 ℃时，植株停止生长，5 ℃以下引起低温危害，致死温度为－2～－1 ℃。温度上升至 30 ℃时，同化作用显著降低，升高至 35 ℃及以上时，会产生生理性干扰，导致落花落果或果实不发育。26 ℃以上的高温能抑制番茄茄红素及其他色素的形成，影响果实正常转色。番茄根系生长最适土温为 20～22 ℃。土温降至 9～10 ℃时根毛停止生长，降至 5 ℃时，根系吸收水分和养分能力受阻。

(2)光照　番茄是喜光性作物，在一定范围内，光照越强，光合作用越旺盛，其光饱和点为 1243.3 $\mu mol/(m^2 \cdot s)$，在栽培中一般应保持 532.9～621.7 $\mu mol/(m^2 \cdot s)$的光照度，才能维持其正常的生长发育。番茄对光周期要求不严格，多数品种属中日性植物，在 11～13 h 的日照下，植株生长健壮，开花较早。

(3)水分　番茄根系发达，吸水力强，对水分的要求属于半耐旱蔬菜。既需要较多的水分，又不必经常大量灌溉。土壤湿度范围以维持土壤最大持水量的 60%～80%为宜。番茄对空气相对湿度的要求以 45%～50%为宜。空气湿度大，不仅阻碍正常授粉，而且在高温高湿条件下病害严重。

(4)土壤及矿质营养　番茄对土壤条件要求不太严格，但以土层深厚、排水良好、富含有机质的肥沃壤土为宜。番茄对土壤通气性要求较高，土壤中含氧量降至 2%时，植株枯死，所以低洼易涝、结构不良的土壤不宜栽培。番茄适于微酸性土壤，pH 以 6～7 为宜。

番茄在生育过程中，需从土壤中吸收大量的营养物质，据艾捷里斯坦资料(1962 年)，生产 5 000 kg 果实，需吸收氧化钾 33 kg，氮 10 kg，磷酸 5 kg。氮肥对茎叶的生长和果实的发育有重要作用。磷酸的吸收量虽不多，但对番茄根系和果实的发育作用显著。钾吸收量最大，钾对糖的合成、运转及提高细胞液浓度，加大细胞的吸水量都有重要作用。番茄吸钙量也很大，缺钙时番茄的叶尖和叶缘萎蔫，生长点坏死，果实发生顶腐病。

9.1.2 类型与品种

9.1.2.1 植物学类型

番茄的植物学分类迄今尚未统一，多将番茄属(*Lycopersicon*)分为普通番茄(*L. esculentum* Mill.)、多毛番茄(*L. hirsutum* Hurmnb. et Boupl.)、秘鲁番茄(*L. mperuvianu* Mill.)、奇士曼尼番茄(*L. cheesmanii* Riley)和细叶番茄(*L. pimpinellifblium* Mill.)等几个复合体种群，其中的每个复合体种群又可分为多个变种。

目前生产上所用番茄品种均属于普通番茄，依据其生育习性及果实特征通常可分为以下 5 个变种。

(1)普通番茄变种(var. *commune* Bailey)　植株茁壮、分枝多、匍匐性，果大、叶多、果形扁圆，果色可分红、粉红、橙、黄等，该变种包括绝大多数的栽培品种。生产上的大多数番茄品种均属于此类型。

(2)直立番茄变种(var. *validum* Bailey)　茎短而粗壮,分枝节短,植株直立,叶小色浓,叶面多卷皱,果柄短,果实与普通栽培番茄相似。因为产量较低,生产中栽培很少。但能直立生长,栽培时无须立支架,便于田间机械化操作是其突出特点。几乎所有的加工番茄均属于此类型。

(3)大叶番茄变种(var. *grandifolium* Bailey)　叶大、叶缘浅裂或全缘,似马铃薯叶。蔓中等匍匐,果实与普通番茄相同。

(4)樱桃番茄变种(var. *cerasijforme* Alef.)　果实小呈圆球形,果径约 2 cm,果色红、橙或黄色,形如樱桃,2 室。植株强壮,茎细长。叶小,色淡绿。

(5)梨形番茄变种(var. *pyriforme* Alef.)　果小,形如洋梨,2 室,果呈红色,生长健壮。叶较小,色浓绿。

9.1.2.2　栽培学类型

从栽培的角度看,番茄有多种类型,如:依据果肉硬度可将其分为软肉型和硬肉型,依据果实用途可分为鲜食型和加工型。目前生产上通常依据植株合轴顶端生长习性将其分为:

(1)有限生长类型　又称"自封顶"类型。这类品种在分化出 2～3 个果穗后,植株新的生长点将直接形成花序进而封顶。这类番茄品种结果比较集中,具有较强的结实力及速熟性,果实发育较快、叶片光合强度较高、生长期较短,适于早熟栽培。代表性品种包括北京早红、青岛早红、早魁、兰优早红、北京早粉、早粉 2 号、早霞、津粉 65、西粉 3 号、东农 704 等。黄果品种:如兰黄 1 号等。

(2)无限生长类型　条件适宜时,植株生长点始终为叶芽而不断分化叶片、侧枝等,植株形成无限生长状态。该类型品种生长期较长,果形较大,多为中、晚熟品种,产量较高。代表性品种有:卡德大红、天津大红、冀番 2 号、大红袍、美国 4 号、粉红甜肉、佳粉 10 号、强丰、中杂 9 号、丽春、毛粉 802、鲁番 3 号等。

9.1.3　栽培季节与茬口安排

中国南、北方地区的自然、气候条件相差悬殊,番茄的栽培季节与茬口大不相同。我国南方地区,番茄在炎热多雨的地区不易越夏,采用春夏和秋冬栽培;北方地区由于无霜期短,而番茄生育期较长,要想提早采收、延长结果期,必须提前在保护设施内育苗,终霜期后再定植于露地。在温室、塑料棚等设施栽培条件下,生长期、结果期均可延长,产量可比露地高几倍。

番茄忌连作,生产上一般需与非茄科类蔬菜实行 3～5 年的轮作。

9.1.4　栽培技术原理与措施

9.1.4.1　春露地番茄栽培技术

1)育苗

培育适龄壮苗是春番茄早熟丰产的重要基础。番茄的适龄壮苗应该是:根系发育好,侧根多呈白色;茎粗壮,节间短,茎高不超过 25 cm;叶呈深绿带紫色,茸毛多,8～9 片叶;第一花序现蕾。定植前应进行秧苗锻炼,逐渐降低苗床温度,特别是夜温。在秧苗锻炼过程中,不要过分控制水分,以保持晴天中午秧苗不明显萎蔫为宜,否则,秧苗易老化。

2)整地与施基肥

创造深厚、疏松、肥沃、排水良好的土壤条件是保证高产的重要措施。为促进番茄根系向纵深发展,必须深耕。冬季休闲的地块,可在上冻前深耕 25～30 cm,翻后不耙,以利土壤风化。深耕应结合增施基肥，一般 667 m^2 施有机肥 5 000～7 500 kg。在施基肥的同时，最好将过磷酸钙与有机肥混合施用，每 667 m^2 30～40 kg。春季整地应及早进行，尤其土壤黏重地块更应抓住有利墒情浅耕或深耙，使土与肥充分混合，土块细碎。

番茄栽培可用平畦或高畦。春季比较干旱的地区或高度密植的早熟栽培以平畦为宜，一般畦宽 1.0～1.5 m、畦长 8～10 m。水源充足的水浇地或低洼易涝地及晚熟品种大架栽培可采用垄作。

3)定植及密度

春番茄露地定植时期，应根据当地气候条件而定。一般应在晚霜过后，日平均气温达 15 ℃及以上，地温稳定在 10 ℃以上时定植。

春番茄的栽植密度取决于品种、整枝方式、生长期长短等多方面因素，早熟品种密植栽培的适宜果穗密度为 20～25 株/m^2，中、晚熟品种搭架栽培的适宜果穗密度为 25～30 株/m^2，掌握这个标准即可推算出栽植的行株距。例如，早熟品种单干整枝留 3 穗果摘心，栽植密度应为 7～8 株/m^2，行株距为 50 cm×(25～28)cm；如果 2 穗果摘心，每平方米至少应栽 10 株，行株距为 50 cm×20 cm 或 33 cm×30 cm；又如搭架番茄单干整枝栽培，每株留 5 层果穗，栽植密度应为 5～6 株/m^2，行株距为(55～60)cm×(33～36)cm。在一定范围内适当增加栽植密度具有一定增产效果。但在增加密度的同时，应注意改善群体结构，改善通风透光条件，行距与株距对产量的影响以行距影响较大，宽行密植、大垄双行、隔畦间作等都是比较科学的密植措施。

4)中耕、追肥及灌水

番茄定植后应及时进行中耕。早中耕、深中耕有利于土温的提高，促进迅速发根与缓苗生长。中耕应连续进行 3～4 次，中耕深度一次比一次浅，垄作或行距大的畦作可适当培土，促进茎基部发生不定根，扩大根群。

番茄需肥量较大，除重施基肥外，还应根据需要追施速效性肥料。第一果穗果实开始膨大时，结合浇水要追施 1 次催秧催果肥。每 667 m^2 可施尿素 15～20 kg，过磷酸钙 20～25 kg 或磷酸二铵 20～30 kg，缺钾时应施硫酸钾 10 kg。也可用 1 000 kg 腐熟人粪尿和 100 kg 草木灰代替化肥施用。以后在第二穗果和第三穗果开始迅速膨大时各追肥 1 次。除土壤追肥外，可在结果盛期辅之以根外追肥，用 0.2%～0.5%的磷酸二氢钾或 0.2%～0.3%的尿素或 2%的过磷酸钙水溶液，喷施叶面，或喷多元复合肥，还可用 50～100 μL/L 硼酸或硫酸锌等微量元素根外喷施。

番茄有一定的耐旱能力，但要获得高产，必须重视水分的供给与调节。定植后 5～7 d 可浇 1 次缓苗水，然后中耕保墒，控制浇水，适当蹲苗。中、晚熟品种开花结果较晚，营养生长较旺，在结果前应控制水分，一般须待第一果穗最大果实直径长到 3 cm 时结束蹲苗。而有限生长型的早熟品种开花结果较早，营养生长较弱，如蹲苗过分反而影响早熟和丰产，因此蹲苗时间应当缩短。一些生长势较弱的早熟品种，也可以不经过蹲苗期，直接进入正常的肥水管理。蹲苗结束后应结合追肥浇催秧催果水。番茄的吸水量到结果盛期达到高峰，这期间 4～6 d 灌水 1 次，使整个结果期保持土壤比较均匀的湿润程度，防止忽干忽湿，减少裂果及顶腐病的发生。番茄对土壤通气条件要求比较严格，雨后应及时排水，防止烂根。

5)植株调整

番茄具有茎叶繁茂、分枝力强、生长发育快、易落花落果等特点，为调节各器官之间的均衡生长，改善光照、营养条件，在栽培过程中应采取一系列植株调整措施，如搭架、绑蔓、整枝、打杈、摘心、保花保果、疏花疏果等。

番茄除少数直立型品种外，均需支架栽培。一般多采用圆锥架(三角圆锥架或四角圆锥架)，比较简单、牢固。搭架番茄栽培可采用人字架、花架或篱式架。圆锥架、人字架及花架可防止果实日烧病及土壤水分蒸发，适用于气候干旱或高温强光季节及地区。篱式架通风透光好，适于多雨、湿度大、日照少的季节或地区应用。

搭架后及时绑蔓，随着植株生长连续多次绑蔓，使茎叶均匀地固定在架上。

番茄的整枝方式多种，各有特点，露地栽培常用的整枝方式有单干整枝、改良单干和双干整枝。单干整枝，只保留主干，侧枝全部摘除。这种方式适于密植，在生长期较短的条件下可获得较高的单位面积产量，缺点是单位面积用苗数多，根系发展受到一定限制，植株容易早衰。为克服上述缺点，可实行改良式单干整枝法，即在单干整枝的基础上，保留第一花序下的一个侧枝，结一穗果摘心。类似这种改良式单干整枝方法多种多样，可根据栽培需要灵活运用。双干整枝，除保留主枝外，再留第一花序下的一个侧枝，其余侧枝全部除去。这种整枝方法，早期产量不如单干整枝，且结果较晚，但比单干整枝根系发育好，植株生长健壮，抗逆性较强，适用于生长期较长、生长势旺盛的中晚熟品种。

在整枝过程中，摘除多余侧枝，即打杈。打杈过晚，消耗养分过多。在植株生长初期，过早打杈则会影响根系的发育，尤其对生长势较弱的早熟品种，应待侧枝长到 3～6 cm 长时，分期分次地摘除。

对无限生长型品种，在生长到一定果穗时，需将植株顶部摘除，称为摘心或打尖，以保证有限的生长期内所结的果实能充分肥大和成熟。摘心应根据栽培方式而定。小架栽培时，留 3～4 层果穗、中架栽培留 4～5 层果穗摘心，大架栽培可根据当地生长期的长短确定留果穗数，于拉秧前 45～50 d 摘心。

对花序中花数过多的品种，或早期发生的畸形花、畸形果应行疏花或疏果，促进果实整齐一致地肥大生长。

番茄栽培原则上不进行摘叶，以保持植株较大的同化面积。只有在结果盛期以后，对基部的病叶、黄叶可陆续摘除，改善通风条件，减少呼吸消耗。

6)保花保果

番茄落花现象比较普遍，造成落花的原因主要有以下两个方面：①营养不良性落花。由于土壤营养及水分不足，植株损伤过重，根系发育不良，整枝打杈不及时，高夜温下养分消耗过多，植株徒长，养分供应不平衡等原因引起落花落果。②生殖发育障碍性落花。温度过低或过高，开花期多雨或过于干旱，都会影响花粉管的伸长及花粉发芽，产生畸形花(如长花柱或短花柱花等)而引起落花。露地春番茄早期落花的主要原因是低温或植伤；中晚熟番茄夏季落花主要原因是高温多湿。

防止落花，必须从根本上加强栽培管理，避免发生以上情况。使用植物生长调节剂，可有效防止落花，而且可刺激果实发育，形成与授粉果实同样大小甚至超过其大小的无籽果实。常用的生长调节剂有：2,4-D(2,4-二氯苯氧乙酸)，使用浓度为 10～20 μL/L，用于蘸花或涂花；PCPA(对氯苯氧乙酸，又称防落素、番茄灵)，使用浓度为 25～30 μL/L，可作喷花处理。

9.1.4.2　设施栽培技术要点

1) 棚室春茬番茄栽培技术

(1)选择适宜品种　棚室春茬番茄应选择早熟或中早熟、耐弱光、耐寒品种或杂交种。

(2)培育适龄壮苗　苗龄的长短依栽培方式、品种及育苗技术水平而异。通常，春季保护地栽培的早熟品种以60～70 d为宜，中熟品种则以70～80 d为宜。生理苗龄以幼苗长至8～9片叶展开，株高25～28 cm，现大花蕾为宜。

(3)提早定植　春茬番茄对早定植特别敏感，甚至早1～2 d都有明显差别，因此，应提倡早定植。提早定植的时间依据棚室内的最低温度来确定，清晨10 cm深的土温达到5 ℃及以上，最低气温不再出现0 ℃条件下要尽量抢早定植。定植应选择阴冷天气刚过，晴暖天气刚开始的上午栽苗。按行株距打孔：一般早熟品种行距40～50 cm，株距25～30 cm，密度为每667 m^2 4 500～6 660株；中晚熟品种行距50～60 cm，株距33～36 cm，密度为每667 m^2 3 100～4 000株。

(4)变温管理　番茄定植后，每天的温度以采用“四段变温”管理为宜。即：把一天的气温分为四段进行管理。午前见光后，应使温度迅速上升至25～28 ℃，以促进植株的光合作用；午后随着光合作用的逐渐减弱，通过通风换气措施，使温度降至20～25 ℃；前半夜为促进叶片中的光合产物运转到其他器官，应使温度保持在14～17 ℃；后半夜为尽量避免呼吸消耗，应使温度降至10～12 ℃，不要低于6 ℃。由于定植初期外界气温低，因此应采取各种保温覆盖措施(覆盖草苫、纸被，张挂天幕，设置小拱棚等)，以提高保护地内的气地温，促进生根、缓苗和植株的正常生长发育。随着外界气温的升高，应逐渐加大放风量，使棚室内温度基本符合“四段变温”管理的要求。

(5)增加光照　在温度允许的情况下，尽量早揭和晚盖多层保温覆盖物，经常清除透明覆盖材料上的污染物。在日光温室的后墙和两侧山墙上，可张挂反光幕(膜)，以增加温室内的光照度。后期要及时打掉下部的病叶、老叶、黄叶，增加群体的通风透光程度，促进果实早日转色成熟。

(6)合理施肥灌水　当第一穗果长至核桃大小时开始施肥灌水。每667 m^2可追尿素12～15 kg、过磷酸钙20 kg或磷酸二氢钾20 kg、硫酸钾10 kg，不可单追尿素。也可使用三料复合肥15～20 kg。第一穗果采收后，可再按上述用量追施1次。每次追肥都应与灌水相结合。灌水次数、灌水量应根据植株长势和天气情况而定，而且要以防病为前提。浇水多易引起多种病害的发生，要注意天气预报，浇水后不能赶上阴天。应选择晴天上午浇水，实行膜下灌水，地膜未覆盖沟不灌水，以防空气湿度过大。

(7)搭架与绑蔓　在番茄定植2周左右，开始搭架，设施内为了有利于通风透光最好用尼龙线吊蔓。

(8)整枝与打杈　设施栽培番茄的整枝方法，对有限生长类型以改良式单干整枝为主；对无限生长类型以单干整枝为主，也有采用连续摘心整枝或多次换头整枝。

连续摘心整枝：是当主枝第一穗花开放后，将紧靠该穗花下部的叶腋中出现的第一侧枝留下，其余侧枝打掉，待主枝上第二穗花出现后，上留2片叶摘心，这时第一侧枝上第一穗花出现，同样将紧靠该穗花下部的叶腋中出现的第二侧枝留下，其余侧枝打掉，待第一侧枝上第二穗花出现后，上留2片叶摘心。以此类推。可根据需要留4～10穗果。

多次换头整枝：是先在主枝上留3穗果后，上留2片叶摘心，待主枝上第二穗果采收结束时，选择植株上部发出的健壮侧枝留1～2个，然后每侧枝上留2～3穗果后再次摘心，待侧枝上1～2穗果采收结果后，再选择植株上部发出的健壮侧枝留1～2个。以此类推。可根据需要留5～10穗果。

(9)保花保果及疏花疏果　在第一花序开花时，为了防止落花落果，用生长素处理，经处理后的植株基本都能坐住果。同时，为了使果实在有限的生长期内能够充分正常发育，形成大小一致的商品果，需进行疏花疏果。一般每穗花序大果型品种留 4 个果，小果型品种留 5 个，其余花或果可全部去掉。

(10)果实催熟　为了促进果实成熟，提早上市，可施用乙烯利催熟。将 40%乙烯利配成 400～800 倍水溶液(500～1 000 μL/L)，然后用软毛刷或粗毛笔将溶液涂在绿熟期的果实上，可提早上市 6～7 d。还可将果实采摘后催熟，将 40%乙烯利加水稀释成 200 倍液(2 000 μL/L)，把番茄放入溶液中浸 1 min，捞出放在 25 ℃左右的密闭条件下催熟，4～6 d 转色变红。

2)棚室秋茬番茄栽培技术要点

棚室秋茬番茄的栽培技术关键是预防病毒病。应选择抗病性强(尤其抗病毒病)、耐热、生长势旺盛的大型果实的无限生长型中晚熟品种。

育苗期的确定，日历苗龄以 25～30 d 为宜。生理苗龄以株高为 15～20 cm，有 3～4 片叶展开为宜。

育苗时要准备防高温防雨苗床。首先选择排水、通风良好的地块作为育苗场所，然后做成比地面高出 10 cm 以上的高畦，并在其上部搭遮阳棚。播种时种子最好直播在营养土块或塑料钵、纸袋、塑料袋等育苗容器中，每钵(袋)播 3～4 粒种子，待出苗后再间除弱小苗，每钵留 1 株。为防止徒长，在幼苗 2～3 片真叶展开时，可用 0.05%～0.1%的矮壮素或 0.15%～0.20%的比久喷洒叶片 2～3 次。苗期要防治蚜虫，还要喷施植病灵或病毒 A，预防病毒病。

定植时仍处于阳光较强、高温多雨季节，故要做好遮阳防雨准备。温室底脚下设围裙，后部开通风口，修补扣好塑料薄膜，棚顶要有遮阳物，形成遮阳棚。大棚及时粘补破损处，棚顶遮阳，四周通风。降雨天把薄膜盖严防雨，形成一个比露地凉爽的优越环境条件。

生育后期，随着温度降低和光照减弱，应以增温、保湿、增光为主。逐渐减少放风，加强保温覆盖，并把塑料薄膜上的遮阳物撤掉，擦拭干净，增加透光率。

秋茬番茄多采用单干整枝，留 3～4 穗果摘心，每穗果留 4～5 个。开花期仍需用生长素蘸花或喷花。当果实长到核桃大小时，每 667 m^2 追施磷酸二铵 20 kg，并随之灌水。每次灌水后都要及时中耕培垄，随着气温下降灌水次数减少，后期可将植株下部叶片打掉，并注意避免空气相对湿度过大和薄膜上的水滴落到植株上。

3)冬季日光温室番茄栽培技术要点

冬季日光温室番茄宜选用无限生长类型的番茄。多在 8 月上旬至 9 月上旬播种育苗，定植密度可稍稀些，管理措施与上述各茬口相似。但要特别做好草苫的揭盖、温、光、水管理，并及时吊蔓、盘蔓，注意保花保果和果实催熟。本茬口翌年 1 月份的管理至为重要。立春后要适当加强通风，灌溉和施肥，温度高时要特别注意防病。

9.1.4.3　主要病虫害

番茄主要的病害有晚疫病、早疫病、病毒病、青枯病、灰霉病、叶霉病、绵腐病等，重要虫害包括红蜘蛛、棉铃虫、白粉虱、蓟马等。

9.1.5　常见问题与对策

番茄果实发育过程的多种生理性病害是栽培中存在的主要问题。常见的生理性病害有畸形果、空洞果、顶腐病、裂果、筋腐病、日烧病等，对产品质量影响很大。

(1)畸形果 畸形果主要产生于花芽分化及发育时期,即在低温、多肥(特别是氮素过多)、水分及光照充足下,生长点部位营养积累过多,正在发育的花芽细胞分裂过旺,心皮数目过多,开花后由于各心皮发育的不均衡而形成多心室的畸形果。畸形果中的顶裂型或横裂型果实,主要是由于花芽发育时不良条件抑制了钙素向花器的运转而造成。另外,因为果实生长先是以纵向生长为主,以后逐渐横向肥大生长,所以,植株在营养不良条件下发育的果实往往是尖顶的畸形果。为防止畸形果的发生,育苗期间温度不宜控制过低,水分及营养必须调节适宜。

(2)空洞果 即果实的果肉不饱满,胎座组织生长不充实,种子腔成为空洞,严重影响果实的重量和品质。受精不良、使用生长调节剂浓度过高等,均容易产生空洞果。此外,在果实生长期间,温度过高,阳光不足,或施用氮肥过多,营养生长过旺,果实碳水化合物积累少等,也会形成空洞果。在栽培中应加强管理,提高环境控制技术,为果实生长创造适宜条件,避免空洞果发生。

(3)顶腐病 又称脐腐病、尻腐病,在果实顶部发生黑褐色的病斑,在阴雨天气或空气湿度大时则发生腐烂,是由于果实缺钙而引起的生理病害。造成果实内缺钙的原因:一是土壤缺钙;二是土壤干燥、土壤溶液浓度过高特别是钾、镁、铵态氮过多,影响植株对钙的吸收;三是在高温干燥条件下,钙在植物体内运转速度缓慢。为防止顶腐病,可多施有机肥,酸性土壤应施用石灰调节,保持适宜的土壤溶液浓度,适当控制铵态氮的用量。尽量避免土温过高及土温的激烈变化。供水要均匀,防止忽干忽湿。在结果期,可用0.5%氯化钙喷新叶及新长出的花序,以补充钙的含量。

(4)裂果 果实发育后期容易出现裂果。裂果现象有环状开裂和放射状开裂。裂果的主要原因是:果实生长前期土壤干旱,果实生长缓慢,遇到降雨或浇大水,果肉组织迅速膨大生长,果皮不能相适应地增长,引起开裂。为防止裂果产生,除注意选择不易裂果的品种外,在栽培管理上,应注意增施有机肥,合理浇水,供水均匀,避免果实受强光直射。

(5)筋腐病 筋腐病是果实肥大生长期的生理病害。从发病症状可分褐变型和白化型两种类型,前者果实内维管束及其周围组织褐变,后者果皮或果壁硬化、发白。两种类型的发病条件相似,是多种不良条件诱发的病害。为防止筋腐病的发生,应创造番茄正常生长的适宜条件,特别应注意肥料的使用,适当增施钾肥,氮肥施用以硝态氮为主等。

(6)日烧病 在夏季高温季节,由于强光直射,果肩部分温度上升,部分组织烫伤、枯死,产生日烧病。日烧病的危害,品种间差异较大。叶面积较小,果实暴露或果皮薄的品种易发病。为防止日烧病,应在结果期避免果实的日灼,最好采用圆锥架或人字架,绑秧时将果穗配置在架内叶荫处。适当增施钾肥可增强其抗性。

9.2 茄 子

茄子是茄科(Solanaveae)茄属以浆果为产品的一年生草本植物,热带多年生。学名 *Solanum melongena* L.,古名伽,落苏、酪酥、昆仑瓜、小菰、紫膨。染色体数 $2n=2x=24$。茄子起源于亚洲东南热带地区,古印度为最早驯化地,至今印度仍有茄子的野生种和近缘种。野生种果实小味苦,经长期栽培驯化,风味改善,果实变大。中世纪传到非洲,13世纪传入欧洲,17世纪传入美洲。18世纪由中国传入日本。中国栽培茄子历史悠久,类型品种繁多,一般认为中国是茄子第二起源地。西晋嵇含撰写的植物学著作《南方草木状》中说，华南一带有茄树，这是中国有关茄子的最早记载。至宋代苏颂撰写的《图经本草》记述当时南北除有紫茄、白茄、水茄外，江南一带还种有藤茄。茄子在全世界都有分布，以亚洲栽培最多，欧洲次之。中国各地均有栽培，为夏季主要蔬菜之一。食用幼嫩浆果，可炒、煮、煎食，干制和盐渍。每 100 g 嫩果含水分 93～94 g，碳水化合物 3.1 g，蛋白质 2.3 g，还含有少量特殊苦味物质茄碱甙 M（$C_{31}H_{51}NO_{12}$），纯品白色结晶状，有降低胆固醇、增强肝脏生理功能的效应。

9.2.1 生物学特性

9.2.1.1 植物学性状

在终年无霜冻的热带地区，茄子生长期长，能够长成多年生的灌木。在北方地区，从春末生长到秋末，初霜时，青枝绿叶、果实累累的植株就会被冻死，成为一年生的草本植物。

(1)根　茄子的根系发达，吸收能力强。其主根在不受损害的情况下，能深入土壤达 1.7 m，横向伸展达 1.2 m。它的主要根群都分布在 35 cm 以内的土层中。茄子根木质化较早，再生能力差，不定根的发生能力也弱，在育苗移栽的时候，必须注意到这一特点，尽量避免伤根，并在栽培技术措施上为其根系发育创造适宜的条件，以促使根系生长健壮。

(2)茎　在幼苗时期是草质的，但生长到成苗以后便逐步木质化，长成粗壮能直立的茎秆。茄子茎秆的木质化程度越高，其直立性越强。

茄子茎的颜色，与果实、叶片的颜色有相关性。一般果实为紫色的品种，其嫩茎及叶柄都带紫色。茄子主茎的分枝能力很强，几乎每个叶腋都能萌芽发生新枝。茄子的分枝习性为"双杈假轴分枝"或称之为"假二杈分枝"。但是，有一部分腋芽不能萌发，即使萌发也长势很弱，在水肥不足的条件下尤其明显。

(3)叶　为互生单叶，叶片肥大。茄子叶面积的大小，因品种和它在植株上着生的节位不同而异。一般低节位的叶片和高节位的叶片都比较小，而自第一次分枝至第三次分枝之间的中部叶位的叶片比较大。茄子的叶形有圆形、长椭圆形和倒卵圆形。一般茄子叶的叶缘都有波浪式钝缺刻，叶面较粗糙而有茸毛，叶脉和叶柄有刺毛。叶色一般为深绿色或紫绿色，叶的中肋与叶柄的颜色与茎相同。

(4)花　花为两性花，紫色或淡紫色，也有白色的，一般为单生，但也有 2～4 朵簇生者。茄子花较大而下垂。茄子花由萼片、花冠、雄蕊、雌蕊四大部分组成。茄子开花时雄蕊成熟，花药筒顶孔开裂，散出花粉。根据花柱头的长短，茄子花可分为长花柱花、中花柱花和短花柱花 3 种类型。

茄子花器官的大小，与营养生长势和品种特性有密切的关系。茄子第一朵花的着生节位高低，与品种的熟性有关。一般早熟的品种，在第 5～6 节就出现第一朵花；晚熟品种出现第一朵花在第 10～15 节位。茄子的花很多，特别是上部花更多，但上部有效花较少。

(5)果实　果实为浆果，心室几乎无空腔。它的胎座特别发达，形成果实的肥嫩海绵组织，用以贮藏养分，这是供人们食用的主要部分。果实的形状有圆球形、倒卵圆形、长条形、扁圆形等。果肉的颜色有白色、绿色和黄白色之分。果皮的颜色有紫色、暗紫色、赤紫色、白色、绿色、青色等。

(6)种子　种子发育较迟，果实在商品成熟期只有柔软的种皮，它不影响食用品质。只有达到植物学成熟期(老熟)，种皮才逐渐硬化，胚乳和胚才逐渐长成，才可以采种。茄子老熟的种子,一般为鲜黄色,形状扁平而圆,表面光滑,粒小而坚硬。

9.2.1.2 生长发育周期与开花结果习性

茄子的生长发育周期可分为发芽期、幼苗期和开花结果期。

(1)发芽期 从种子吸水萌动到第一真叶显露,需要 10~12 d。出苗前要求 25~30 ℃;出苗至真叶显露要求白天为 20 ℃左右,夜间 15 ℃左右。

(2)幼苗期 第一片真叶露出到显蕾,需要 50~60 d。一般情况下,茄子幼苗长到 3~4 片真叶、幼茎粗度达到 0.2 mm 时,就开始花芽分化;长到 5~6 片叶时,就可现蕾。

(3)开花结果期 门茄显蕾后进入开花结果期。茄子开花的早晚,与品种和幼苗生长的环境条件密切相关。幼苗在温度较高和光照较强的条件下生长快,苗龄短,开花早;尤其是在地温较高的情况下,茄子开花较早。相反,在温度较低、光照不足的条件下,幼苗生长慢,苗龄长,则开花晚。茄子茎秆上的每个叶腋几乎都潜伏着一个叶芽,条件适宜时,它们就能萌发成侧枝,并能开花结果。茄子的分枝结果习性很有规律。早熟种 6~8 片叶、晚熟种 8~9 片叶时,顶芽变成花芽,紧接的腋芽抽生两个势力相当的侧枝代替主枝呈丫状延伸生长。以后每隔一定叶位顶芽又形成一花,侧枝以同样方式分枝一次。这样,先后在第 1~4 的分枝叉口的花形成的果实分别被称为门茄、对茄、四门斗、八面风,以后植株向上的分叉和开花数目增加,结果数较难统计,被称为满天星。只要条件适宜,以后仍按同样规律不断自下而上地分枝、开花、结果,其数目的增加都为几何级数的增加。茄子的增产潜力是很大的,只要顺应它的这些习性和规律,尽可能地为它创造适宜的环境条件,满足它生长发育的需要,就完全能够使茄子高产、稳产、优质。

9.2.1.3 对环境条件的要求

茄子的栽培环境条件,主要包括温度、光照、水分、营养等几个方面,而这几个方面又是互相联系、互相影响的。

(1)温度 茄子喜欢较高的温度,害怕寒冷。发芽期以 25~30 ℃为适宜,在苗期,白天以 25~30 ℃为宜,夜间以 18~25 ℃为宜;开花结果期则以 30 ℃左右为适宜。当温度低于 20 ℃,茄子植株就生长缓慢,授粉、受精和果实的生长发育都会受到阻碍。温度低于 15 ℃,则茄子植株生长衰弱,出现落花落果现象。温度低于 10 ℃,就会引起植株新陈代谢的混乱,甚至使植株停止生长。若温度低到 0 ℃以下,就会使植株受到冻害。当温度高于 35 ℃时,又会使植株发生生理障碍,呼吸旺盛,营养消耗大,花器发育不良,果实生长缓慢,严重时会产生僵果。

(2)光照 茄子对光照长度和强度的要求较高。光照延长,则生长旺盛,尤其在苗期,如果在 24 h 光照条件下,则花芽分化快,提早开花。相反,如果光照不足,则花芽分化晚,开花迟,甚至长花柱花减少,中花柱花和短花柱花增多。光照弱时,光合作用能力降低,植株生长弱,产量下降,并且色素难于形成,果实着色不良,特别是紫色品种更为明显。光照强时,则光合作用旺盛,有利于干物质的累积,植株生长迅速,果实品质优良,产量增加。

(3)水分 茄子在高温高湿环境条件下生长良好,对水分的需要量大。首先,它要求生长环境的空气相对湿度要高,以保持植株根系吸收水分与叶面蒸腾之间的平衡。但是,如果空气相对湿度过高,长期超过 80%,就会引起病害发生。其次,茄子对土壤含水量的要求也比较高,一般要不低于 14%,适宜土壤含水量为 14%~18%。但是,茄子对水分的要求,又是随着生育阶段的不同而有所差异,原则上是在门茄“瞪眼”之前需要水分较少,在门茄“瞪眼”之后需要水分较多,对茄收获前后需要水分最多。茄子喜欢水,但又怕水。茄子开花、坐果和产量的大小，与当时的降雨量和空气相对湿度呈负相关。

(4)土壤营养　茄子对土壤的要求不太严格，所以它能够在我国各地被广泛地栽培种植。但是，茄子一般以在含有机质多、疏松肥沃、排水良好的沙质壤土上生长最好，它适于在微酸性与微碱性的土壤(pH 为 6.8～7.3)上种植。茄子所需要的肥料，基本上以氮肥为主，钾肥次之，磷肥最少。茄子植株在生长前期需要磷肥多一些，特别是在幼苗期，如果磷肥供应充足，有促进根系发达、茎叶粗壮、提早花芽分化的作用。所以一般把磷肥作为基肥施用。

9.2.2　类型与品种

茄子按照熟性早晚可分为早熟种、中熟种和晚熟种，按果实皮色分为紫茄、红茄、白茄和绿茄等。按照其栽培生物学习性，我国现有茄子品种通常分为以下 3 种。

植物学上将茄子分为大圆茄、长茄和卵茄 3 个变种，各个变种和主栽品种如下。

(1)圆茄(var. *esculentum* Nees)　植株高大，叶宽而厚，茎高 60～90 cm，有灰毛，圆球形、扁球、倒卵圆形或椭圆球形，单果重 500～2 000 g，花大而单生，与叶对生或近于对生。皮色紫、黑紫、红紫或绿白。不耐湿热，我国北方栽培较多。大多数品种为中、晚熟品种，主要品种有北京五叶茄、九叶茄、大红袍，安阳紫圆茄，山东高唐紫圆茄，洛阳大青茄，西安大圆茄，天津大民茄及郎高等。

(2)长茄(var. *serpentinum* Bailey)　植株中等，叶较小而狭长，果实长棒状或扭曲呈蛇状，长 20～30 cm 或更长，径粗 2.5 cm 或更细，皮薄，肉质柔软，种子少，为南方主栽品种。在北方长茄和圆茄栽培的面积相当。大多为中、早熟品种。我国各地栽培的主要品种有黑龙江科选一号、沈阳柳条青、辽宁盖县长茄、武汉鳝鱼头、成都墨茄、南京紫长茄、杭州红茄、台湾屏东长茄等。

(3)卵茄(var. *depressum* Bailey)　植株较矮小，开展度大，叶小而薄，果实卵圆形或灯泡形，果实有紫色、白色和绿色，大小中等，单果重 100～200 g。抗逆性较强，南北方都有种植。大多为早、中熟品种。主要品种有北京灯泡茄、天津中心茄、孝感白茄、湖南灯泡茄、日本桔真茄等。

茄子的杂种优势明显。杂种一代植株强健，抗逆性强，产量高，一般都比亲本增产 40%～60%。近年来已广泛应用于生产，如黑又亮、鲁茄 1 号、冀茄 2 号、湘茄 2 号、华茄 1 号、鄂茄 1 号、伏龙茄、紫龙茄、杭州红茄、苏崎茄、农友长茄等新品种。

9.2.3　栽培季节与茬口安排

茄子对光周期要求不严，只要温度适合，一年四季均可开花结果。我国台湾、海南、广东、福建南部夏季长，一般无霜期，常年可以露地栽培；云南高原由于低纬度，高海拔的地理地形特点，无高温的夏季，适合茄子栽培季节长，许多地方可以越冬栽培。长江流域四季分明，且有酷热的伏夏和比较寒冷的冬季，茄子的抗热性强，夏季供应时间较长，是许多地方填补秋淡季的重要蔬菜。随着我国市场经济的发展和人民生活水平的提高，消费者要求市场也能四季供应新鲜茄子，需求逐年增加。近几年来，长江流域至黄河流域广大地区利用塑料大棚、中小棚、地膜、日光温室、遮阳网覆盖等技术，基本实现了茄子的周年生产和供应。各地创造和积累了许多分段播种，多层覆盖，精细管理，优质高产的生产经验。许多地方利用南方立体的地形、地貌进行茄子的高山栽培；利用北方丰富的光能，在日光温室内进行茄子秋延后和越冬栽培。

9.2.4　栽培技术原理与措施

栽培茄子的方式一般分为春季早熟栽培、露地栽培、秋季延后栽培和越冬栽培等，现仅就栽培面积较大的春季早熟栽培、秋季延后栽培技术加以阐述。

9.2.4.1　春早熟栽培技术

1)整地施肥

茄子应实行五年轮作，连作时黄萎病等病害严重。茄子栽培应选有机质含量丰富、土层较厚、保水保肥、排水良好的土壤。茄子生长期长，必须深耕与重施基肥。以有机肥为主结合复合肥施足基肥，开沟作畦。一般每公顷施有机肥 75 000 kg、磷肥 375 kg。

2)育苗

(1)播种期　为争取早熟，定植时要求幼苗已显花蕾，因此要早播，保证苗龄 100 d 左右，可以此推算播种期。在华南地区，春茄 9～10 月份播种；长江中、下游地区，10 月份播种；华北地区，12 上旬至 1 月上旬播种；东北地区，2 月下旬至 3 月中旬播种。

(2)播种　用 55 ℃热水浸种 20 min，湿纱布包裹，25～30 ℃催芽，对种子进行变温处理，能提高发芽率和发芽势，2/3 的种子露白时播种。若用干种子播种，可用种子重量的 1%百菌清拌种后均匀散播。播种前搭建好大棚，平整好棚内苗床，铺上 5 cm 厚的营养土，苗床灌足底水，薄撒一层干细土。播种量一般按每 m^2 床面播种 5～8 g 种子，把种子均匀撒播床面，覆盖 0.5～1 cm 细土或砻糠灰，稍加镇压，疏盖稻草，再覆盖地膜，以防压苗，保持湿度，防止板结，提高地温，加快出苗。

(3)苗期管理　出苗前棚内保持昼温 25 ℃以上，夜温 15～18 ℃，5～7 d 出苗。出苗后的温度控制白天 20～25 ℃，晚上 14～16 ℃，超过 28 ℃要及时放风，防止徒长。为促发新根，防止徒长，苗期可间、移苗 1～2 次。2～3 真叶期移入营养钵。定植前 7～10 d 开始低温锻炼。壮苗的标准是茎粗、节间短、有 9～10 片真叶、叶片足大、色浓绿、大部分显蕾。

3)定植

茄子喜温，定植时要求棚温不低于 10 ℃，10 cm 地温不低于 12 ℃，相对稳定 7 d 左右。长江中、下游地区采用大棚＋小拱棚＋地膜覆盖栽培的 11～12 月份定植；小棚加地膜的 3 月上、中旬定植。定植时，选择好寒尾暖头的天气，按照品种特性和栽培方式确定合适的行、株距和密度，挖穴定植。植后要浇定根水，铺地膜的，要求破口尽量小，扶苗出膜要轻巧，盖膜要拉紧铺平，盖上小棚，破口和各层膜都要用泥土压紧，以利保温。

4)田间管理技术

(1)温度、光照调控　茄子不耐寒，定植一周内，要以保温为主，促进还苗。还苗后，白天温度保持在 28 ℃左右，促发新根，夜间 15 ℃以上，晴天棚内温度超过 30 ℃时，特别是高温、高湿时，要及时通风换气。南方春季阴雨天气较多，光照相对不足，晴天或中午温度较高时应抓紧时间，全部或部分揭开草帘和小棚，增加植株的光照时间。天晴，早揭迟盖；天阴，迟揭早盖。使用时间过长、透光不好的膜要及时更换。

(2) 肥水管理　茄子喜肥耐肥。多施氮肥，很少引起徒长。苗期多施磷和钾，可以提早结果。盛果期根据结果和植株缺肥的表现程度，可结合中耕培土，多次追肥。每次每公顷追施 150～225 kg 尿素或有机肥料和复合肥。生长过程中还可根据苗情和植株表现，随时喷洒 1%～2%的磷酸二氢钾，进行根外追施。茄子单叶面积大，结果盛期，蒸腾旺盛，需水量大，要及时灌溉，保持土壤湿润。南方雨水多，茄子也不耐涝，应深沟高畦，以利排水。大暴雨较多、地势较低的地方，应添置排水机械。所以，栽培茄子必须做到旱能浇、涝能排。

(3)落花及其预防　通过整枝摘叶可以达到通风透光，合理田间生产结构，节约养料，减少病害，增加花蕾，提高坐果，改善品质。当"对茄"坐果后，把"门茄"以下侧枝除去；当"四面斗"4～5 cm 大小时，除去"对茄"以下老叶、黄叶、病叶及过密的叶和纤细枝，摘下来的枝、叶要集中烧掉。有些地方在立秋前后重剪主枝，促生新枝，利用残桩复生，作秋延后栽培。

低温、弱光、土壤干旱、营养不足都会引起落花。花器构造上的缺陷是茄子生产中的特殊问题，短花、柱花的花粉不能接触柱头受精而脱落。温度低于 17.5 ℃或高于 40 ℃都会引起花粉管伸长停止，造成落花。2,4-D 和 PCPA 及其制剂可以防止早期低温弱光引起的落花，可根据药剂说明使用。

(4)采收　茄子是多次采收嫩果的蔬菜。及时采收商品成熟的果实对提高产量和品质非常重要。紫色和红色的茄子可根据宿留萼片边沿，尚未形成花色素的白色的宽窄来判断。白色越宽说明果实生长越快，花青素来不及形成，果实嫩；果实宿留萼片边沿，已无白色间隙，已变老，食用价值降低。采收果实以早晨最好，其次是傍晚，不要在中午气温高时采收，以延长市场货架的存放时间。

9.2.4.2　秋延后栽培技术

(1)平茬再生　立秋前后气候炎热，茄子已进入衰老期，茄子的产量和商品性降低。很多地方此时进行秋延后再生栽培。其方法是：选择生长状况良好，长势平衡，无严重病虫害的地块，采取在茄子植株第一分枝以上保留 3 个侧枝，留 8 cm 短截，剪去以上所有枝叶，把剪下的枝叶全部带出园地，集中处理。同时清除园内杂草和病虫害枯枝、残叶，以降低病虫害的发生。剪后一周即有幼芽萌发，抽生新枝，形成新的植株。选择保留健壮、长势和方向好的新枝和饱满的芽，其余的芽全部抹去。一般可萌发 10～20 个芽，只留 4～5 个长成再生果的果枝，追施速效肥料，促进生长和结果。这种再生方法的优点一是省去育苗的烦琐管理；二是利用了现成的发达根系，植株生长健壮；三是能迅速形成结果骨架，提早进入结果盛期。长江中下游地区，前期加盖遮阳网；华北地区，则在 9 月下旬覆盖薄膜，延长采收期。

(2)薄膜覆盖秋延后栽培　长江流域，5～7 月初育苗，6～8 月初定植，9 月下旬覆盖薄膜，8 月上旬至 9 月初始收，采收期可延长至 12 月份。华北地区，一般 7 月上中旬育苗，8 月中下旬定植，采收期为 10 月下旬至 1 月上旬。秋季气温下降时，要及时扣棚。扣棚前，加强肥水管理，保秧壮果；扣棚要逐步扣严，使茄子从露地生长到棚内生长有一个逐渐适应的过程；扣棚后，前期要通风，不使温度过高、湿度过大，有利开花结果。后期加强防寒保温，延长生育期，促进果实成熟，争取丰产。

9.2.4.3　主要病虫害

茄子常见病害有立枯病、绵疫病、黄萎病、褐纹病等，常见虫害包括红蜘蛛、茶黄螨、斑潜蝇等。

9.2.5　常见问题与对策

(1)沤根　以苗期较为常见，成株期也偶有发生。多表现为根部新根难以长出，根皮现褐锈色且呈水渍状腐烂，地上部位萎蔫易拔起。冬季棚室土壤温度较低、湿度较大及光照不足时的成株期也较易发生。沤根的防治措施包括：冬春季育苗期间，应注意保持土壤温度适宜、防止过度浇水；冬春生产的棚室内温度较低时要控制浇水，即便需要灌溉也应采取小水轻浇的方式，并选在晴朗天气的上午或中午浇水，且保证此后至少有 2 d 的晴天。

(2)畸形果　果实难以发育成品种应有的外观特征，如形状不周正、果实变小、僵硬，果脐偏畸或崩裂等。畸形果的产生首先与苗期遭遇低温及寡照环境、肥水过量等导致花芽发育异常有关，还与开花结果期温度偏低、花芽营养过剩、细胞分裂旺盛等有关。防止畸形果主要措施首先在于合理调控苗期温度，避免苗床温度过低导致花芽异常发育，同时在花期注意控制棚室内温度在 25～30 ℃，最高温度不超过 35 ℃；其次是进入结果期后保证田间肥水均衡、足量供给，避免土壤忽干忽湿。

(3)果皮着色不均　果实表皮颜色产生不均匀绿色或紫色斑块，导致整个果皮着色不均。发生的原因主要与棚室内光照强度及光照时间不足有关。防治果皮着色不均的措施首先是应注意选择耐弱光茄子品种，其次是尽可能及时清扫覆盖物尘土及草屑等提高棚室内光照强度，并适当延长光照时间，再次是通过合理调整种植密度、及时整枝、适当疏叶等措施，必要时甚至适当转动果柄让果实充分见光。

9.3 辣　椒

辣椒(*Capsicum annuum* L.)别名：番椒、海椒、秦椒、辣茄等，属茄科一年生草本植物，但个别地区也可做多年生栽培。辣椒起源于中南美洲热带地区的墨西哥、秘鲁等地。1493 年传到欧洲，16 世纪末传入日本，17 世纪传入东南亚各国。相传中国的辣椒一是经丝绸之路传入，在甘肃、陕西等地栽培，故有“秦椒”之称，二是经由东南亚海路进入，在广东、广西、云南等地栽培。我国关于辣椒的最早记载始于明代高濂撰的《遵生八笺》(1591 年)，有“番椒丛生，白花，果俨似秃笔头，味辣，色红，甚可观”等描述。

中南美热带原产的辣椒，在北美经长期栽培和自然、人工选择，演化出果肉变厚、辣味消失、心室腔增多、果型变大的甜椒类型。甜椒传入欧洲的时间比辣椒晚，后传入俄国，近代传入我国。

辣椒在我国各地普遍栽培，类型和品种丰富，为夏秋的重要蔬菜之一。辣椒果实色泽鲜艳，风味好，营养价值很高，维生素 C 的含量尤为丰富。每百克青辣椒含维生素 C 100 mg 以上，红熟辣椒高达 342 mg。干辣椒则富含维生素 A，还含有丰富的辣椒素($C_{18}H_{27}NO_3$)，具芬芳的辛辣味。辣椒除鲜食外，还可腌渍和干制，加工成辣椒干、辣椒粉、辣椒油和辣椒酱等，也是出口创汇的重要农产品之一。

9.3.1 生物学特性

9.3.1.1 植物学特征

辣椒在温带地区为一年生，在亚热带及热带地区可露地越冬，成为多年生草本植物。

(1)根　辣椒的根系不发达，根量少，入土浅，根群一般分布于 15～30 cm 的土层中。根系的再生能力弱，不易发生不定根，不耐旱也不耐涝。

(2)茎　茎直立，基部木质化。茎端顶芽分化出花芽后，以双杈或三杈分枝。辣椒的分枝结果习性可分为无限分枝与有限分枝两种类型：无限分枝型，主茎长到一定叶片数后顶芽分化为花芽，由其下腋芽抽生出 2～3 个侧枝，花(果实)着生在分杈处，各个侧枝又不断依次分枝着花，分枝不断延伸，呈无限性，绝大多数栽培品种均属此类型；有限分枝型，植株矮小，主茎生长到一定叶数后，顶芽分化出簇生的多个花芽，由花簇下面的腋芽抽生出分枝，分枝的叶腋还可抽生副侧枝，在侧枝和副侧枝的顶部形成花簇，然后封顶，以后植株不再分枝，各种簇生椒都属此类型。

(3)叶　叶片为单叶、互生，卵圆形、长卵圆形或披针形。通常甜椒较辣椒叶片稍宽。叶先端渐尖、全缘，叶面光滑，稍有光泽，也有少数品种叶面密生茸毛。

(4)花　完全花，单生、丛生(1～3 朵)或簇生。花冠白色、绿白色或紫白色。一般品种花药与雌蕊柱头等长或柱头稍长，营养不良时易出现短柱花，短柱花常因授粉不良导致落花落果。属常异交作物，天然杂交率约为 10%。

(5)果实及种子　果实为浆果，下垂或朝天生长。因品种不同其果形和大小有很大差异，通常有扁圆、圆球、灯笼、近四方、圆三棱(或多纵沟)、线形、长圆锥、短圆锥、长羊角、短羊角、指形、樱桃等多种形状。青熟果(嫩果、商品成熟果)浅绿色至深绿色，少数为白色、黄色或绛紫色，生理成熟果转为红色、橙黄色或紫红色。果皮多与胎座组织分离，胎座不发达，形成较大的空腔，辣椒种子腔多 2 室，甜椒为 3～6 室或更多。一般大果型甜椒品种不含或微含辣椒素，小果型辣椒则辣椒素含量高，辛辣味浓。

种子近方形、扁平，表面微皱，淡黄色，稍有光泽，千粒重 4.5～8.0 g。

9.3.1.2　生长发育周期

与茄子相似，辣椒的生育周期一般分为发芽期、幼苗期、开花结果期等阶段。

(1)发芽期　自种子播种后 5～8 d 幼苗出土至第 1 片真叶初现(破心)为发芽期，可持续 10～12 d。

(2)幼苗期　自幼苗破心至主茎生长点分化出第 1 个花蕾为幼苗期，生产上可持续 40～50 d。

(3)开花坐果期　从主茎顶端第 1 花芽现蕾至第 1 个花芽坐果的一段时期，可持续 20～30 d。

(4)结果期　自主茎第一花芽坐果至植株拔秧前的一段时期，该时期可持续 40～120 d，因栽培方式而差异较大。

9.3.1.3　对生活条件的要求

(1)温度　辣椒喜温，不耐霜冻，对温度的要求类似于茄子，高于番茄。见茄子一节。

(2)光照　辣椒对光照度的要求中等，光饱和点约为 533.0 $\mu mol/(m^2 \cdot s)$，光补偿点约为 26.6 $\mu mol/(m^2 \cdot s)$，较番茄、茄子低。过强的光照对辣椒生长发育不利，特别是在高温、干旱、强光条件下，根系发育不良，易发生病毒病。过强的光照还易引起果实日烧病。根据这一特点，辣椒密植的效果好，更适于在保护地内栽培。

(3)水分　辣椒既不耐旱，也不耐涝。植株本身需水量不大，但因根系不发达，需经常浇水才能获得丰产。开花坐果期如土壤干旱、水分不足，极易引起落花落果，并影响果实膨大，使果面多皱缩、少光泽，果形弯曲。如土壤水分过多，会引起植株萎蔫，严重时成片死亡。辣椒对空气湿度要求也较严格，空气相对湿度以 60%～80%为宜，过湿易造成病害，过干燥则对授粉受精和坐果不利。

(4)土壤及营养　辣椒栽培以肥沃、富含有机质、保水保肥力强、排水良好、土层深厚的沙壤土为宜。辣椒对营养条件要求较高。氮素不足或过多都会影响营养体的生长及营养分配，导致落花。充足的磷、钾肥有利于提早花芽分化，促进开花及果实膨大，并能使植株健壮，增强抗病力。

9.3.2 类型与品种

世界各地的辣椒品种资源极为丰富，其类型和分类方法多样，如：依据植株顶部生长特点可分为有限生长型和无限生长型，依据果实形状可分为圆椒和长椒，依据果实辣味的有无可分为甜椒和辣椒，依据果实用途可分为青椒和干椒等。

我国生产栽培的辣椒品种也很多，如甜椒类型品种中椒 4 号、中椒 5 号、中椒 7 号、甜杂 6 号、津椒 2 号、冀椒 1 号、早熟 3 号、同丰 37 号、牟农 1 号、海花 3 号、洛椒 1 号、早丰 52 等，半辛辣类型品种鲁椒 1 号、苏椒 1 号、华椒 17、湘研 2 号、洛椒 2 号、湘研 3 号、海丰 3 号、长丰椒、麻辣三道筋等，辛辣类型品种金线香、威阳线辣子、鸡泽羊角辣、望都大羊角椒、湘潭尖椒、咸阳七星椒、南京朝天椒、上海羊角椒、新疆羊角椒、济南羊椒角、天线 3 号、益都羊角椒等。

9.3.3 栽培技术原理与措施

9.3.3.1 青椒露地栽培技术

辣椒喜温、不耐霜冻，露地栽培一般多于冬春季播种育苗，晚霜过后定植，晚夏拉秧，在夏季温度不很高的地区也可越夏直至深秋拉秧。

1)育苗

培育适龄壮苗，是甜椒丰产稳产的基础，不仅有利于早熟，且能促进发秧，减轻病毒病的危害。育苗期一般为 80～90 d。

(1)种子处理　将辣椒种子放在阳光下晒 2～3 d，以促进发芽。然后用 50～55 ℃热水浸种 10～15 min。待水温逐渐降至 30 ℃，继续浸种 6～8 h，冲洗干净，置于 30 ℃处催芽，每天用温水淘洗 1～2 次，经 4～6 d，种子大部“露白”时，即可播种。

(2)播种　播前苗床须浇透水，待水渗下后用撒播法播种，播后覆盖一层厚约 1 cm 的湿润细土。苗床播种量 50～100 g/m^2。

(3)苗期管理　辣椒幼苗生长较缓慢，不易徒长。但要培育壮苗，必须认真调节好温度、光照、湿度等环境条件。幼苗出土前，保持床温 30 ℃左右。子叶展开后，逐渐降低苗床温、湿度，以防止幼苗徒长。白天 18～20 ℃，夜间 12～16 ℃。初生真叶显露后，须提高温度，白天维持 20～25 ℃，夜间 15～18 ℃，并尽量增加光照。幼苗长到具 3～4 片真叶时，为避免幼苗过分拥挤，须分苗到分苗床中继续培育。保持穴距 8～10 cm，每穴 1～2 株。分苗后应提高温度，促进缓苗。缓苗后，白天保持 25～30 ℃，夜间 20 ℃左右。并根据幼苗长势，适当浇水、追肥。定植前 7 d 左右，进行幼苗锻炼，以增强幼苗定植后的抗逆性。定植时幼苗的外部形态，应达到壮苗的标准：株高 20 cm 左右，具 10～12 片(甜椒 8 片)真叶，节间短，叶色深绿，叶片厚，根系发达，须根多，花蕾明显可见。

2)整地施肥

辣椒病害较多，应选择近 2～3 年内未种过茄科蔬菜、排水良好、疏松肥沃的土壤种植。基肥采用撒施与沟(穴)施相结合，基肥的 2/3(腐熟有机肥每 667m^2 5 000～7 500 kg)在耕翻时施入，剩下的 1/3 在整地时施入沟(穴)中。

辣椒不耐湿,南方多雨地区一般采用深沟高畦栽培,畦高 20～25 cm,沟宽 33～40 cm。畦式通常有窄畦与宽畦两种:窄畦宽 1.2～1.6 m,每畦栽 2 行;宽畦宽 2.3～2.7 m。北方多采用垄作,垄距 50～70 cm。

3)定植

在 10 cm 土温稳定在 15℃左右即可定植。每穴栽 1～2 株。栽植密度应根据品种特性、土壤肥力及管理水平确定。植株高、开张度大的品种,密度宜小些,每 667 m^2 3 000～4 000 穴;株型紧凑的品种,株距可小些,每 667 m^2 5 000～6 000 穴。干辣椒类型的一般比长椒型的密些,甜椒类型的比长椒型的稀些。

4)田间管理

定植后要抓好促根发秧,开花结果期要促秧攻果,调节好营养生长与生殖生长的关系,后期要着重于保秧防衰,确保后期产量。

(1)肥水管理　在施足基肥的前提下,及时追肥。追肥一般用腐熟的粪肥,并加入少量速效氮肥。定植缓苗后轻追肥 1 次,以促进发棵。蕾期及开花期适当增加施肥量,但氮肥不可过多,以免营养生长过旺,生殖生长受阻造成落花。盛果期需大量追肥,以保证果实膨大需要,每采收 1 批,即追肥 1 次。辣椒忌涝,水分管理上应掌握“少浇、勤浇”的原则,保持土壤湿润,雨季时须注意田间排水。

(2)中耕培土　辣椒定植缓苗后,须中耕 3～4 次。辣椒早中耕、勤中耕,有利于提高地温,防止土壤板结,促进根系发育。在结果初期封行前,应结合中耕,培土 3 次以上,以利于通风透光,改善土壤温、湿度情况,并防止植株倒伏。

(3)落花、落果、落叶的发生与预防　辣椒的落花、落果与落叶(通称“三落”)现象对产量影响很大。落花率一般可达 40%,落果率达 10%。温度过低或过高、辣椒授粉受精不良是引起落花的主要原因。辣椒春季早期落花的主要原因是低温阴雨,光照不足,影响了授粉受精的正常进行。另外,栽培管理不善,如氮肥施用过多,植株徒长,栽植过密,通风透光不良或氮、磷缺乏等,也会引起落花、落果。土壤水分失调,过热、过干或涝渍,妨碍根系生长,也是引起落果、落叶的生理原因。此外,一些病害,如轮纹病(早疫病)等,也会引起落果。炭疽病、白星病等,都会引起落叶。

防止辣椒落花、落果、落叶的主要农业措施是:选用抗病、抗逆性(耐高温、低温等)较强的优良品种,加强肥水管理,氮、磷、钾配合施肥,氮肥尤其要适量,不能过多或过少。合理密植,保持良好的通风透光条件。春季低温季节,开花后用萘乙酸 50 μL/L 浓度溶液喷花,可有效地防止甜椒落花。

5)采收

辣椒因利用的目的不同,果实采收的标准也不相同。作为鲜食的,一般要采收青果,也可采收红熟果实。而作为干辣椒调味用的,必须在红熟时采收。

9.3.3.2　青椒设施栽培技术

青椒的保护地栽培,以塑料大、中棚和小拱棚较多,在生产上占主导地位,现将塑料大、中棚栽培技术要点介绍如下。

塑料大、中棚栽培大多数选用早熟或中早熟品种,如甜杂 2 号、中椒 2 号、双丰、海花 3 号、同丰 37 号、辽椒 4 号、津椒 2 号等。也有少数选用中晚熟品种的,如茄门、农大 40、冀椒 1 号、辽椒 3 号等。具体选用时还应注意当地消费习惯和市场的需求。近年来,国外的一些品种很受欢迎，如荷兰的红英达、黄欧宝、紫贵人、白公主、法国的天使系列、美国12号和18号、德国3号和6号等。

保护地青椒的苗龄，一般在80～100 d，定植前秧苗达到现大蕾程度。定植棚应选用至少2～3年内未种过茄果类蔬菜的大、中棚。为了提高棚内的地温，春季无前茬的棚应在定植前20 d把棚膜盖好，进行晒地、烤棚、提温。定植时期的确定，应考虑大、中棚的性能。一般单层塑料薄膜覆盖的，以棚内10 cm深的土温稳定通过10～12 ℃，气温稳定在7 ℃及以上方可定植。如果有双层覆盖或棚内设保温幕、小拱棚等多层覆盖的，可以提前10 d左右定植。有外保温的中棚可提早定植。

保护地青椒栽培，比露地栽培生长势旺，植株高大，所以定植密度要适当稀些，过密容易引起落花落果。以大垄双行的栽植形式为好，大垄距可为1 m，垄上行距为40 cm。为了延长收获期，使植株能够均衡生长，宜采用单株栽培，株距可根据品种、栽培需要等情况来定，一般为25 cm左右。定植时为了防止降低土温，可浇埯水，待水渗下后封埯。

定植后的温度管理，一般要掌握白天温度25～30 ℃，夜间18～20 ℃，开花期不能低于15 ℃，温度超过30 ℃要放风降温。定植后，随外界气温的上升，逐渐加大放风量，进入高温季节，把四周薄膜全部揭开，棚顶薄膜可不撤，起遮阳、降温和防热雨的作用。入秋以后，随着外界气温的下降，逐渐减少放风量，后期要加强防寒保温，延迟采收期。在水分管理上，除了定植时浇埯水外，缓苗后如果土壤干旱，可浇1次缓苗水，这次水量可稍大些，然后控水蹲苗。待门椒采收后，则经常保持土壤湿润，一般结果前期7 d左右浇1次水，进入结果盛期4～5 d浇1次水。浇水宜在晴天上午进行，每次浇水量不宜过大。空气相对湿度一般以保持70%为宜，整个生育期要避免棚内湿度过高。门椒采收后，应结合灌水，每667 m^2追施尿素12.5 kg或硫酸铵20～25 kg，盛果期随水追施化肥或人粪尿1～2次。

一般前期不进行整枝，但对生长势强的中晚熟品种，需在门椒开花前后，将门椒以下的叶和枝条除去，以避免植株生长过旺而影响门椒、对椒正常开花坐果。到中后期，为了防止棚内郁闭、通风不良而造成落花落果和病害发生，也为了节省养分以供上部枝条开花结果，一般都须进行整枝，去掉门椒以下的老叶和枝条。如果生长茂密，后期要支架，防止倒伏。

9.3.3.3 干椒栽培技术要点

干辣椒或称辣椒干，是指果实干燥后作为调味用的辣椒，不但国内的需求量很大，而且是重要的外贸副食品之一。多在大田区生产，管理上一直比较粗放，近些年来，不断改进技术，产量有所提高。以下简要介绍主要栽培技术特点。

(1)选用良种　作为干椒生产的品种，应是果实细长，果色深红，株形紧凑，结果多，部位集中，果实红熟快而整齐，果肉含水量小，干椒率高，辣椒素含量高。各特产区都有符合上述条件的优良品种，如鸡泽羊角辣、望都大羊角椒、永城大羊角椒、咸阳线辣子等。

(2)育苗　一般多用冷床或小棚育苗，3月底至4月中旬播种，苗龄50～60 d。育苗技术与甜椒相同。

(3)定植与密度　整地施肥同甜椒栽培，但施基肥量可略少于甜椒。干椒品种一般株形紧凑，适于密植。采用大小行，每穴2～3株，每667 m^2可达12 000～18 000株。丛栽密植不仅增加株数，而且可防止倒伏。

(4)加强管理　干椒肥水管理大体与甜椒相似。但因定植期较晚，地温较高，在定植时应灌透水，几天后再轻灌1次缓苗水，然后精细中耕蹲苗。开花坐果后追肥、灌大水，促进开花结果。干椒栽培要求采收成熟果实,除氮肥外,应重视磷、钾肥的施用。注意雨后排水、松土、促根保秧。果实开始红熟后,应控制用水以至停止灌水,促进果实红熟,防止植株贪青徒长,降低红果产量。红熟期不追肥,尤其忌氮肥,做到控水控肥。

(5)适时采收　商品干椒一般待果实全部成熟一次采收。为了提高红辣椒的产量和质量、降低青果率,也可分次采收,最后一次整株拔下。辣椒干制的方法有两种:一是晒干法,即利用日光暴晒辣椒,自然干燥;二是人工干燥法,即建造烤房,加温烤干辣椒。一般 4 kg 左右鲜椒可制 1 kg 干椒。

9.3.4　常见问题与对策

(1)脐腐病　也称蒂腐病。发病初期可在果实顶部出现水渍状、暗绿色斑点后直径逐渐扩大成 2～3 cm 病斑,病部组织逐渐皱缩、凹陷,病斑及果肉变为黑色。病因与栽培过程中水分供应失调导致果肉缺水、土壤缺钙元素引起脐部细胞生理紊乱、土壤矿质营养失衡限制了钙素的吸收等有关。防治措施包括:加强水分管理,浇水时注意“见干见湿”;基肥多施用有机肥,并注意平衡施肥,避免偏施氮肥及过量施肥而导致土壤钙素竞争性吸收能力降低。

(2)日灼病　又称日烧病。常见于果实向阳面发生大片脱色斑、果肉被灼伤呈现为黄白色。病变后果肉组织呈革质、变薄、坏死。高湿条件下常引起炭疽病及其他腐生菌寄生使被灼的果面覆盖黑色霉状物。脐腐病病因与植株冠层枝叶过少、种植密度过低、土壤缺水、光照过强等有关。防治措施包括:合理密植、整枝,确保冠层叶片可对果实适当遮阳;种植方式以南北行种植对防止病情发生更为有效;高温强光照季节,采取措施适度遮阳;适度培土、壮秧,防止倒伏。

(3)“虎皮病”　指干辣椒近收获期或晾干后,出现的果皮整体或局部褪色的现象。“虎皮病”产生的生理原因在于室外晾晒或贮藏时,光照过强导致色素成分降解,特别是遇夜间湿度大或有露水会进一步导致炭疽病、果腐病等病菌侵染进而褪色加重。防治“虎皮病”的措施:应从生产和加工两方面着手。生产期间首先要注重选用抗炭疽病的品种,并加强炭疽病和果腐病的田间防治以减少病原性侵染引起的病变;其次选用结果、采收相对集中的品种,以减少果实在田间暴露的时间。另外,在果实采收加工过程中要及时采收,避免田间雨淋、着露和暴晒,采收后及时加工干燥等。

9.4　其他茄果类蔬菜

9.4.1　酸浆

酸浆(*Physalis pubesens* L.)别名:洋姑娘、红姑娘、灯笼草、锦灯笼、挂金灯、洛神珠等,属茄科酸浆属一年生草本植物。原产中国,2 000 多年前的《尔雅》中已有记载。酸浆主要以生理成熟的果实供食用,富含维生素 C 和糖分。果实还可加工成果汁、罐头或酿酒等。果实有清热利尿功效,外敷可消炎,全草可配制杀虫剂,也可供观赏。酸浆的适应性强,我国北方种植较多,是一种很有发展前途的半野生蔬菜植物。

9.4.1.1 生物学特性

酸浆株高 30～60 cm，根状茎横走地下。地上茎直立，节间稍膨大，无毛或有细软毛。叶在茎下部者互生，而在茎上部者则呈假对生，长卵形、宽卵形或菱状卵形，顶端渐尖，基部楔形偏斜，全缘、波状或有粗齿，有柔毛；叶柄长 1～3 cm。花单生于叶腋；花萼钟状，有柔花，5 裂，结果时膨大成膀胱状包围果实，具 10 纵肋，膜质；花冠白色，辐射状，外面有短柔毛。浆果球形，橙红色或淡黄色，被膨大的宿萼所包被。种子小扁肾形。

酸浆适宜于各种土壤，适应性强，在 3～42 ℃条件下均能正常生长。用种子育苗繁殖，终霜后定植，夏秋开花结果，直至降霜。

9.4.1.2 栽培技术要点

(1)育苗　冬育春栽在 1～2 月份育苗；春育夏栽在 3～4 月上旬育苗。将种子用 45 ℃左右的温水浸种，在 20～30 ℃条件下催芽，种子露白后播种。苗床土可用有机肥(干粪、草木灰等)配制，播种前一天用 40%乐果 1 000 倍液和 50%托布津 500～800 倍液对苗床进行消毒，整平床面，播种前浇足底水，待水充分渗透后再播种。把种子均匀撒在苗床上，用草木灰或锯木屑、炭灰盖种，以不见种子为宜。床面覆盖塑料薄膜保温保湿，出苗后撤去。床内温度保持 25～30 ℃，超过 30 ℃，要通风降温。出苗后 10 d 左右，用 2 000 倍液乐果混合 1 000 倍液托布津农药喷洒苗床，防治病虫害。当秧苗出现第一朵花时定植于田间。

(2)整地定植　冬闲地可深耕晒垡，种植前整地做成垄或高畦。结合整地施足基肥，每 667 m^2 施有机肥 5 000 kg、过磷酸钙 40 kg 作底肥。多施一些钾肥、草木灰有利于防植株倒伏，提高抗病性和多结果实。露地栽培，应于终霜后定植，株行距(25～28)cm×(65～70)cm，每 667 m^2 3 500～5 000 株。

(3)田间管理　定植缓苗后，及时追施催苗肥，每 667 m^2 穴施或沟施人粪尿 300～500 kg，或碳酸氢铵 20 kg。第二次追肥在第一果实膨大后，为攻秧攻果肥，每 667 m^2 追施碳酸氢铵 30 kg，过磷酸钙 20 kg。每次施肥后，都要配合浇水。进入结果期保持土壤湿润。

及时中耕有利于土壤疏松、提高地温、培育壮株。中耕先浅后深。初花初果后，结合追肥，培土成垄，防止倒伏，并利于灌溉排涝。要根据植株生长情况，进行植株调整。有些酸浆品种茎叶茂盛，分枝匍匐性强，生长发育快，果实重，对于该类品种应根据具体情况进行搭架、绑蔓、整枝、打杈、疏花、疏果等，使果实充分膨大，生长整齐一致，以提高产量和品质。酸浆整枝可采用双干式、三干式或多干式，及时绑蔓，除去侧枝，并在拉秧前 40 d 摘心。摘心后注意打杈枝，防止侧枝丛生。在保果的原则上，要疏去多余部分花和幼果，使养分集中结大果。

成熟果外宿花萼枯黄，果实淡黄色，香味浓郁，成熟果以自落为好，然后捡拾收获。若收获后不及时加工或出售，以带果外宿存花萼贮藏和运输为好。

9.4.2 香瓜茄

香瓜茄(*Solanum muricatum* Aiton)别名：人参果、香瓜梨、香艳梨、香艳茄等，属茄科一年生草本植物。原产于南美洲秘鲁，是当地印第安人长期食用的蔬菜。1785 年传入英国，1882 年引种到美国，目前在欧洲、美洲、大洋洲等地均有栽培。20 世纪 80 年代中后期香瓜茄引入中国，目前主要在部分地区生产种植。香瓜茄果实鲜艳，果肉清香多汁，风味独特，营养丰富，可溶性固形物达 10.6%，具有高蛋白、低糖、低脂肪的特点。富含维生素和各种微量元素，晒、铝和钙的含量也比一般水果蔬菜高。香瓜茄不仅能在露地条件下栽培，而且也适合在设施条件下栽培。当年栽种，当年就可以结果，也可 1 年栽种，多年受益。由于国内和国际市场看好，香瓜茄有着广阔的开发前景。

9.4.2.1　生物学特性

香瓜菇株高 80～100 cm，分枝萌发能力极强，茎秆半木质化，表面有不规则的棱；叶片长卵形，绿色；聚伞花序，花冠白色或淡紫色，每花序有花 10～20 朵、可坐果 1～6 个；果实形状大小不一，有卵形、椭圆形，成熟果实的外皮为浅黄色和紫色花纹相间分布，颜色美丽；每个果实有种子 20～100 粒，种子千粒重 0.8～1.2 g。

在适宜的环境条件下，播种后 7～15 d 可出苗，幼苗期为 2～3 个月。在适温 15～30 ℃、苗高 20～25 cm 时即始花。中国北方地区开花结果的适温期是 6～9 月份，亚热带地区则在 10 月份至翌年 3 月份，处于以上两者之间的地区，前开花结果期在 5 月份至翌年 1 月份，后开花结果期在 9～11 月上旬，温度在 34 ℃以上很难坐果，0 ℃以下的低温，易致植株死亡，故须采取保护措施越冬。第一年播种栽植成功之后，不需每年再用种子繁殖，用枝条和嫩尖繁殖即可。

9.4.2.2　栽培技术要点

1）品种选择

目前可选择的品种不多，主要有长丽、大紫、阿斯卡等。

2）育苗

用种子繁殖育苗，方法同其他茄果类，苗龄 90～120 d。香瓜茄也可用扦插繁殖，选健壮、直立的嫩枝，取植株基部长度为 15 cm 的一段作插条，带叶扦插。不需任何激素，扦插成活率可达 95%及以上。具体方法有两种。

(1)直插法　按照种植的株行距直接扦插到种植地里。

(2)苗床扦插法　将剪好的枝条插于苗床，入土 3～4 cm 深，枝条间距 10 cm×10 cm。扦插后保持床面湿润，每隔 10 d 左右浇 1 次粪水，经 5～7 d 即可生根，30～40 d 可移栽定植。

3)温室消毒

定植前，应对温室进行消毒。其方法是，密闭温室，每 667 m^2 用百菌清等杀菌剂 250 g，加敌敌畏 1 000 g，加锯末混合均匀，在温室内分堆点燃只出烟不出明火。也可用高锰酸钾 1 000 倍液喷洒温室各个部位进行消毒，消毒后密闭 1～2 d 放风。

4)整地施肥

定植前每 667 m^2 施优质腐熟农家肥 6 000～8 000 kg，将基肥的 1/2 普施地面，深翻，使肥土充分混合。按照行距开沟，把其余的基肥，再加上磷酸二铵 30～40 kg，钾肥 20～30 kg 混合后施入沟内，使粪土充分混匀，垄作，垄高 15 cm。也可用高畦栽培，畦宽 60～70 cm，畦高 15～20 cm，沟宽 30～40 cm，在畦中间设滴灌带，上覆盖地膜。

5)定植

当温室 10 cm 地温稳定通过 12 ℃时为定植适宜期。定植密度每 667 m^2 定植 2 500～3 000 株，按照 70～80 cm、40～50 cm 的大小行定植，株距 35～45 cm。

6)定植后的管理

(1)温湿度管理　香瓜茄的生育适温为 15～25 ℃，一般不能超过 28 ℃，夜间最低温度 8 ℃。秋冬茬，扣膜后气温尚高，应及时通风。当日平均气温降到 16 ℃时就要及时覆盖塑料薄膜，10 ℃以下时夜间要加盖草苫等保温。冬春茬的前期要注意增温和保温。天气转暖后，注意通风，防止高温伤苗。当外界气温稳定在 10 ℃以上时，温室可昼夜通风；外界最低气温在 15 ℃以上时，则可逐渐撤掉薄膜。香瓜茄属半耐旱作物，适宜的空气相对湿度为 60%～70%。浇水后视温度情况，应及时放风，以降低湿度。

(2)追肥和浇水　中耕蹲苗至第一穗果实核桃大小时，开始追肥浇水，以促进果实迅速膨大。每 667 m^2 追施硝酸铵或磷酸二铵 20～50 kg。一般每穗果追 1 次肥。开花结果期应叶面喷施磷酸二氢钾、高美施等。进入结果期，需水量加大，应及时浇水，浇水应在上午进行。冬季浇水时，最好提前将水温预热至适温。

(3)整枝打杈　香瓜茄分枝力极强，应搭架栽培，最好采用竹竿或吊架。一般情况下，每株留主枝 2～4 个，种植密度大时留 2 个主枝，密度小时留 3～4 个。及时掰去或修剪多余的枝条，选择好的枝条扦插。

(4)预防落花落果　为提高坐果率和加快果实发育速度，需用生长调节剂处理，方法参照番茄。香瓜茄每个花序花数为 8～10 朵，一般把每个花序先开的 4～5 朵花留下，其余的去掉。应先疏花后蘸花。每个花序留 3～4 个果为宜。

7)采收

香瓜茄幼果为浅绿色，当果实膨大到一定程度，表面上出现紫色条纹时，果实已达七八成熟，各种营养成分达到了最高水平，是采收菜用香瓜茄的适宜时期。作为水果食用则需要等待果皮呈金黄色，并有紫色条纹出现。特殊需要时，成熟的果实可在植株上垂挂 2～3 个月不落，起到吊秧保鲜的作用。香瓜茄短期贮藏的适宜温度为 8～10 ℃，可存放 2 个月以上。

思考题

1. 茄果类蔬菜的生长发育与栽培学共性有哪些？
2. 番茄、茄子及辣椒的分枝方式有什么不同？
3. 番茄的整枝方式有哪些类型？
4. 番茄畸形果有哪些种类？如何预防其发生？
5. 简述番茄早春塑料大棚栽培的关键技术。
6. 简述辣椒的落叶、落花、落果产生的原因及防治方法。
7. 简述茄子嫁接育苗的必要性和关键技术。

10

CHAPTER

白菜类蔬菜栽培

白菜类蔬菜是指十字花科(Cruciferae)中芸薹属(*Brassica*)中以叶球、嫩茎和嫩叶为产品的一类蔬菜，在中国栽培历史悠久，品种资源丰富，分布广阔。白菜类蔬菜符合中国的消费习惯，产量高，易于栽培，耐贮运，供应期长，对中国蔬菜的供应起着重要作用。

白菜类蔬菜主要包括芸薹种(*B. campestris* L.)、甘蓝种(*B. oleracea* L.)、芥菜种(*B. juncea* Coss.)、芥蓝种(*B. alboglabra* Bailey)。芸薹种含有白菜(ssp. *chinensis*(L.) Makino)、结球白菜(ssp. *pekinensis* (Lour) Olsson)和芜菁(ssp. *rapifera* Matzg.)3个亚种。3个亚种在形态上的主要区别是：白菜亚种的叶有明显的叶柄，无明显的叶翅；而大白菜亚种有叶翅而无明显的叶柄；芜菁亚种有明显叶柄，叶深裂或全裂，以肉质根为产品，按农业生物学分类属于根菜类。

白菜亚种又包含普通白菜(var. *communis* Tsen et Lee)、乌塌菜(var. *rosularis* Tsen et Lee)、菜薹(var. *utilis* Tsen et Lee)和薹菜(var. *tai-tsai* Hort)4个变种；结球白菜亚种含有散叶大白菜(var. *dissoluta* Li)、半结球大白菜(var. *infacta* Li)、花心大白菜(var. *laxa* Tsen et Lee)和结球大白菜(var. *cephalata* Tsen et Lee)4个变种。

甘蓝种所含变种包括结球甘蓝(var. *capitata* L.)、羽衣甘蓝(var. *acephala* DC)、皱叶甘蓝(var. *bullata* DC)、抱子甘蓝(var. *gemmifera* Zenk)、球茎甘蓝(var. *caulorapa* DC)、赤球甘蓝(var. *rubra* DC)、花椰菜(var. *botrytis* L.)、青花菜(var. *itatica* P.)。

芥菜也包括叶用芥菜(小叶芥 var. folisa Bailey，大叶芥 var. *rugosa* Bailey 等)、茎用芥菜(var. *tunida* Tsen et Lee syn. *ssatsai* Mao)、籽用芥菜(var. *gracilis* Tsen et Lee (syn. *scelerata* Li))、薹用芥菜(var. *utilis* Li (syn. *scaposus* Li))和根用芥菜(var. *megarrhiza* Tsen et Lee syn. *napiformis* Pall et Bols.)等许多变种。

白菜类蔬菜均喜凉爽气候条件，最适宜生长的温度为月均温15～18 ℃，且对温度的适应性强，既耐寒又耐热，有些耐热品种甚至可以夏季栽培。白菜类蔬菜属二年生草本植物，需低温通过春化阶段及长日照阶段才能完成世代交替。阶段发育所要求的条件不甚严格，春播也能在当年开花结实，如小株采种，叶面积大，蒸腾快，但因根系较浅，利用土壤深层水分的能力不强，因此栽培时要求合理灌溉，保持较高的土壤湿度。精耕细作以促进根系的发展，并加强吸收能力；生长量大，吸收养分较多，要求土壤肥沃，追肥以氮肥为主，氮、磷、钾3要素合理配施对白菜的高产、优质是非常重要的；以种子繁殖，种子发芽能力强，既可以直播，也可以育苗移栽；有共同的病虫害，尤其是病毒病、霜霉病、软腐病三大病害，另外还有白斑病、黑斑病、根肿病等。近几年来，“干烧心”病也很严重。虫害有菜蚜、菜螟等。

10.1 结球白菜

结球白菜(*Brassica campestris* ssp. *pekinensis* Olsson)俗名大白菜、包心菜。原产于中国，栽培历史悠久，周代的《诗经》中即有“葑”的记载，是芜菁、萝卜和芥菜的总称。西晋时嵇含著的《南方草木状》中首次提到了菘，南北朝的《南齐书》已把当时的“菘”称为白菜，直到唐朝的《新修本草》中才提到不结球的散叶白菜，称为“牛肚菘”，到清代的《顺天府志》和《续菜谱》中才有结球白菜的记载，明朝的《学圃杂疏》中有花心结球白菜的记载，称为“黄芽菜”。可见，结球白菜的原始类型大约产生于公元七世纪。目前，有关结球白菜的起源主要有2种学说：一是杂交起源学说(The theory of hybridization origin，李家文，1979)，该学说认为结球白菜、白菜、芜菁同属1个种(*Brassica campestris* L.)，基本染色体组相同，可以互相杂交产生正常的后代，而且结球白菜的许多形态特征又介于白菜和芜菁之间。因此，结球白菜可能是南方的白菜和北方的芜菁天然杂交的产物。用白菜和芜菁进行杂交所得到的杂种具有不结球白菜的特征，可为佐证。曹家树(1994)对结球白菜的分支分析、微观形态鉴定和分子生物学的研究也为该学说提供了有力的证据。二是分化起源学说(The theory of differentiation origin，谭启猛，1979)，该学说认为：结球白菜是由白菜演化而来，是南方的白菜向北方过渡的过程中为了逐步适应北方寒冷的气候条件，内部叶片逐渐向内弯曲抱合，保护其生长锥，以利于在寒冷的冬季能够生存，经长期进化逐步形成了肥大的叶球。这种学说的重要的证据之一是结球白菜在形态、生理、遗传、系统发育等方面都与白菜很相似，而且结球甘蓝是由不结球甘蓝演化而来的也可为佐证。

10.1.1 生物学特性

10.1.1.1 植物学特征

1)根

结球白菜根系较发达，发芽后胚根逐步形成肥大的肉质直根，直径3～6 cm。主根长可达60 cm，侧根发达，多数平行生长，形成发达的网状根系，多分布在30 cm的土层内。

2)茎

营养生长时期茎部短缩肥大，直径4～7 cm。在春播和秋播条件下，短缩茎的长短与冬性强弱负相关，即短缩茎越长冬性越弱；而短缩茎的粗细与单株重正相关，这可作为评价品种冬性强弱和个体产量的参考依据。生殖生长时期，短缩茎顶端抽生花茎，高60～100 cm，下部分枝较长，上部较短，使植株呈圆锥状。花茎淡绿至绿色，表面有蜡粉。

3)叶

结球白菜一生中先后发生下列各类叶，且形态各异。

(1)子叶　2枚对生，肾脏形至倒心脏形，有叶柄，叶面光滑。

(2)基生叶　2枚，对生于茎基部子叶节以上，与子叶垂直排列成十字形。叶片长椭圆形，有明显的叶柄,无叶翅。

(3)中生叶　着生于短缩茎中部,互生,第一个叶环的叶片较小,构成幼苗叶,第二三叶环的叶片较大,构成莲座叶,是叶球形成期的主要同化器官。每个叶环的叶数依品种而异,有2/5(5叶绕茎2周成一个叶环,叶间开展角 $360°\times2\div5=144°$)和3/8的叶环(8叶绕茎3周而成1个叶环,叶间开展角 $360°\times3\div8=135°$)。叶片倒披针形至阔倒圆形,无明显叶柄,有明显叶翅。叶片边缘波状,叶翅边缘锯齿状。

(4)顶生叶　着生于短缩茎的顶端,互生,构成叶球。叶环排列如中生叶,但因拥挤而不规律,外层叶较大,内层渐小,品种之间球叶数目差异较大,一般40～80片。叶球抱合方式主要有褶抱(裥褶),叠抱(叠褶),拧抱(旋拧)3种。

(5)茎生叶　着生于花茎和花枝上,互生,叶腋间发生分枝。花茎基部叶片宽大,似中生叶但较小,上部的叶片渐窄小,表面光滑,有蜡粉,具扁阔叶柄,基部抱茎。

4)花

总状花序,完全花。花萼、花瓣均为4枚,花瓣淡黄色,虫媒花。雄蕊6枚(2枚退化)为"4强雄蕊"。花药2室,纵裂释放花粉。雌蕊1枚,子房上位,2心室,柱头头状。

5)果实与种子

果实为长角荚果。种子授粉受精后30～40 d成熟,成熟时纵裂为两瓣。种子着生于两侧膜胎座上。果实先端陡缩成"果喙",其中无种子。种子球形而微扁、有纵凹纹、无胚乳,千粒重2.5～4.0 g。种皮红褐色至深褐色。

10.1.1.2　生长发育周期

1)营养生长阶段

此阶段主要生长营养器官,后期开始孕育生殖器官的雏体。

(1)发芽期　从播种、出苗到第一片真叶显露,需3～4 d,是种子中的胚长成幼芽的过程,种子吸水膨胀后16 h,胚根由珠孔伸出;24 h后种皮裂开,子叶和胚轴外露;36 h后2个子叶开始露出土面;48 h后胚轴伸出土面。播种后3 d子叶完全展开,同时2个基生叶显露,俗称"破心",这是发芽期结束的临界特征。发芽后4 d胚根长达10 cm,但只有根毛而没有侧根。

(2)幼苗期　从真叶显露至"团棵"为幼苗期,秋播早熟品种需16～18 d,晚熟品种需20～22 d。播种后7～8 d,基生叶生长到与子叶相同大小,并和子叶互相垂直排列成十字形,这一现象称为"拉十字"。接着是植株地上部生长中生叶的第一个叶序而长成幼苗,幼苗叶数依品种而异,或5片或8片。幼苗叶按一定的开展角规则地排列成圆盘状,俗称"开小盘"或"团棵",这是幼苗期结束的临界特征。进入幼苗期后根系发展很快。

(3)莲座期　从团棵到完成莲座叶生长,即长成中生叶第二或第三叶环的叶子,早熟品种为18～20 d,晚熟品种需25～28 d。莲座后期发生新的叶原基并长成幼小的球叶。莲座叶全部长大时,幼小的球叶按褶抱、叠抱或拧抱的方式抱合而出现卷心现象。这是莲座期结束的临界特征。莲座叶发达与否是能否形成硕大叶球的关键。此期根系发展较快,卷心时土面下6～32 cm侧根发达。

(4)结球期　从开始结球到收获,早熟品种25～35 d,晚熟品种40～55 d。此期顶生叶形成叶球,可分为前期:叶球外层的叶子先迅速生长而构成叶球的轮廓,叶球的外貌已经形成,农民俗称"抽桶"或"长框",这是前期结束的临界特征;中期:"充实型"的类型叶球内的叶子迅速生长而充实内部,俗称"灌心",直筒类型的品种内叶不断长出形成叶球;后期:叶球的体积不再增大，只是继续充实内部，这时外叶逐渐衰老，叶缘出现黄色。结球前期根系继续扩大，中、后期停止发展。“抽筒”前在浅土层(20 cm 以上)发生大量侧根和分根，出现所谓“翻根”现象。

(5)休眠期　结球白菜遇到低温时处于被迫休眠状态，依靠叶球贮存的养分和水分生活。在休眠期内继续形成花芽和幼小花蕾，为转入生殖生长进行准备。

2)生殖生长阶段

此阶段生长花茎、花枝、花、果实和种子，繁殖后代。

(1)抽薹期　种株经过休眠后，在次年春初开始生长，花薹开始伸长而进入抽薹期。抽薹前期，花薹伸长缓慢，花薹和花蕾变为绿色，俗称“返青”。返青后花薹伸长迅速，同时花薹上生长茎生叶，由叶腋中发生花枝、花茎和花枝顶端的花蕾同时长大。

(2)开花期　开花到谢花为开花期。本期全株的花先后开放，同时花枝生长迅速，逐步形成 1 次、2 次和 3 次分枝而扩大开花结实的株体。

(3)结荚期　谢花后进入结荚期。这一时期花薹、花枝停止生长，果荚和种子旺盛生长，到果荚枯黄，种子成熟为止。

10.1.1.3　对环境条件的要求

1)温度

结球白菜属半耐寒性蔬菜作物，生长适宜的日平均温度为 12～22 ℃，5 ℃以下停止生长，能耐短期−2 ℃的低温，−5 ℃以下则受冻害。有一定的耐热性，耐热能力因品种而异，有些耐热品种可在夏季栽培。光合适温为 25 ℃。不同变种或类型对温度的要求不同，散叶变种耐寒和耐热性较强，半结球变种耐寒性较强；花心变种则耐热力较强；结球变种对温度的要求较其他变种则相对严格。在不同生态型中，直筒类型及各次级类型对温度有较强的适应性，平头类型次之，卵圆类型适应性较弱。不同生长期对温度有不同的要求。

(1)发芽期　要求较高的温度，种子在 8～10 ℃即能缓慢发芽，但发芽势较弱，在 20～25 ℃发芽迅速而强健，为发芽适温，26～30 ℃时发芽更为迅速，但幼芽虚弱。

(2)幼苗期　对温度的适应性较强，既可耐一定的低温，又可耐高温，但高温下生长不良，易发生病毒病；莲座期：是形成光合器官的主要时期，以 17～22 ℃为宜，莲座叶生长迅速强健；温度过高，莲座叶徒长孱弱，容易发生病害，温度过低则生长缓慢而延迟结球。

(3)结球期　是产品形成期，适宜的温度为 12～22 ℃。一定的温差有利于养分积累和产量的提高。

(4)休眠期　为使呼吸作用及蒸腾作用降低到最小限度，以减少养分和水分的消耗，以 0～2 ℃为最适宜，低于−2 ℃发生冻害，5 ℃以上容易腐烂。

(5)抽薹期、开花期和结荚期　月均温 17～20 ℃为宜，15 ℃以下不能正常开花和授粉、受精，30 ℃以上的高温使植株迅速衰老，不能充分长成种子。在高温时还可能出现畸形花(如花萼、花瓣、雄蕊和雌蕊都成为绿色的变态小叶)，不能结实。

总之，结球白菜在营养生长时期温度宜由高到低，而生殖生长时期则宜由低到高。此外，结球白菜完成营养生长阶段要求一定的积温，由播种到成熟，早熟品种约需 1 496.5 ℃，晚熟品种需 1 900～2 000 ℃，温度较高时，可在较少的天数内得到必需的积温，温度较低，则需较多的日数才能得到必需的积温。因此，春播需要的时间较秋播长。结球白菜属萌动种子春化型，所需低温程度及其持续的时间因品种而异，一般在 3 ℃条件下 15～20 d 就可以通过春化阶段。

2)光照

结球白菜是要求中等光照强度的作物,光合补偿点约为 25 μmol/(m^2 · s),饱和光照强度为 950 μmol/(m^2 · s)。秋季叶片光合速率日变化一般是双峰曲线,峰值分别出现在上午 10 时 30 分和下午 2 时,下午 1 时有一"低谷",即光合"午睡"现象,该现象是由于生理、生化、生态等条件引起叶片光合作用的气孔和非气孔限制造成的。群体光合速率较单个叶片低,光合速率日变化呈平缓的单峰曲线。一般情况下,群体光合不易测出饱和光照强度(图 10-1)。结球白菜光合作用的 CO_2 补偿点为 47 μl/L、CO_2 饱和点为 1 300 μl/L。

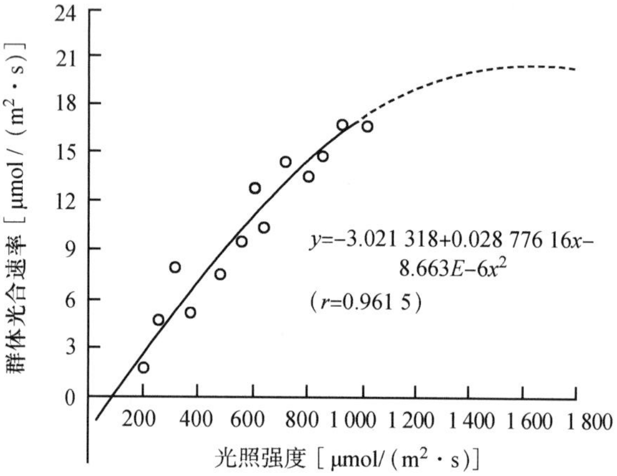

图 10-1　光照强度对大白菜群体光合速率的影响

注:(——)实测模拟曲线;(------)理论模拟曲线;测定时间:1993-10-10,10:00 至 11:00;测定时的环境条件:温度 23.6～25.5 ℃、RH 81.7%～87%。

结球白菜属于长日植物,低温通过春化阶段后,需要在较长的日照条件下通过光照阶段,进而抽薹、开花、结实,完成世代交替。

3)矿质营养

结球白菜以叶球为产品,需氮肥较多。据试验,每生产 1 000 kg 鲜菜约吸收氮 1.861 kg、磷 0.362 kg、钾 2.83 kg、钙 1.61 kg、镁 0.214 kg,其比例为 5 : 1 : 7.8 : 4.5 : 0.6。对微量元素需铁最多,每生产 1 000 kg 鲜菜约需铁 20.84 g、锌 2.21 g、锰 1.41 g、铜 0.19 g。结球初期功能莲座叶内氮、磷、钾含量与结球白菜产量有显著的正相关关系,即莲座叶内的氮、磷、钾含量越高,其产量就越高。

结球白菜各生长期内 3 要素的吸收量不同,大体上与植株干重增长量成正比。吸收动态呈"S"形曲线,由发芽期至莲座期的吸收量约占总吸收量的 10%,而结球期约吸收 90%。生长前期需氮较多,后期则需钾、磷相对较多,生产上要据这一规律进行合理施肥。结球白菜生长期间缺氮时全株叶片淡绿色,严重时叶黄绿色,植株停止生长;缺磷时植株叶色变深,叶小而厚,毛刺变硬,其后叶色变黄,植株矮小;缺钾时外叶边缘先出现黄色,渐向内发展,然后叶缘枯脆易碎,这种现象在结球中后期发生最多;缺铁时心叶显著变黄,株形变小,根系生长受阻;缺钙时心叶边缘不均匀地褪绿,逐渐变黄、变褐直至干边,称为"干烧心"。在生长盛期,缺硼时常在叶柄内侧出现木栓化组织,由褐色变为黑褐色,叶片周边枯死,结球不良。

4)水分

结球白菜叶面积大,角质层薄,蒸腾量大。据测定,在 25 ℃时,中、晚熟品种结球期的蒸腾速率一般为每平方米每秒 13～17 mmol H_2O,每株每小时蒸腾水分约 1.5 kg。各变种及生态型的蒸腾强度有差异,越是进化程度高的类型蒸腾量越大。不同生育期对土壤水分要求不同,幼苗期因气温和地表温度较高,要求土壤相对含水量 90%以上,以降低地温,莲座期要求 80%,而结球期则以 60%～80%为宜,只有满足各期的水分要求才能获得高产。

5)土壤

结球白菜对土壤的适应性较强。但以肥沃、疏松、保水、保肥、透气的沙壤土、壤土及轻黏土为适宜。最适宜的土壤是肥沃而物理性状良好的粉沙壤土、壤土及轻黏壤土。沙黏比为(2∶66)～(3∶29),空气孔隙度约 21%,这种土壤耕作便利,保肥、保水良好,幼苗和莲座叶生长好,结球坚实、产量高、品质好。在一定范围内结球白菜产量与土壤肥力之间呈正相关,即土壤越肥,产量就越高。

10.1.2 类型与品种

10.1.2.1 分类与演化

经过长期的进化、定向培育和选择,结球白菜亚种逐步由顶芽不发达的低级类型进化到顶芽发达的高级类型,形成了以下 4 个变种。

1)散叶变种(var. *dissoluta* Li)

为原始类型,不形成叶球。以中生叶为产品,耐寒和耐热性较强。代表品种有北京仙鹤白、济南白菜等。

2)半结球变种(var. *infacta* Li)

是散叶变种受到较好栽培条件的影响而形成的变种。植株高大直立,顶生叶抱合成叶球,但叶球内部空虚,球顶完全开放呈半结球状态,以叶球及莲座叶为产品,耐寒性较强。代表性品种有山西大毛边、兴城大矬菜等。

3)花心变种(var. *laxa* Tsen et Lee)

是由半结球变种进一步进化而形成的一个变种。植株较矮,球叶的先端向外翻卷,翻卷部分颜色较淡,呈白色、淡黄色或黄色,形成所谓的“花心”,一般都具早熟性,较耐热。多用于秋季早熟栽培和春季栽培。代表性品种有北京翻心白、翻心黄、济南小白心等。

4)结球变种(var. *cephalata* Tsen et Lee)

是由花心变种进一步加强顶生叶抱合形成的高级变种,顶生叶发达,形成坚实的叶球,是目前普遍栽培的变种。顶生叶抱合,叶球顶端近于闭合或完全闭合。因起源地及栽培地的气候条件不同而产生了 3 个基本生态型。

(1)卵圆类型(ecotp. *ocata* Li) 海洋性气候生态型,叶球卵圆形,球形指数(叶球高度÷直径)约为 1.5,球顶尖锐或钝圆,近于闭合。中生叶和顶生叶倒卵圆形至阔倒圆形,褶抱(裥褶)。适宜于气候温和、昼夜温差较小、空气湿润的气候,多分布沿海地区和四川、云南、贵州等温和湿润地区。代表性品种有山东的福山包头、胶县白菜、东北的旅大小根、二牛心等。

(2)平头类型(ecotp. *depressa* Li) 大陆气候生态型,叶球倒圆锥形,上大下小,球形指数接近 1,球顶平坦,完全闭合。顶生叶横倒卵圆,叠抱。能适应气温变化激烈、空气干燥、昼夜温差较大、阳光充足的内陆地区，原来的栽培中心多分布在内陆省市。代表性品种有洛阳包头、太原包头白、冠县包头、菏泽包头等。

上述两个生态型的结球习性属“充实型”，即在结球初期外层的球叶首先抱合成球状，且已接近成熟时的大小，以后心叶不断充实叶球，内叶越多越大，叶球就越结实。

(3)直筒类型(ecotp. *cylindrica* Li)　为海洋性和大陆性交叉气候生态型，对气候的适应性强，在海洋性及大陆性气候区均能生长良好，分布地区很广。叶球细长呈圆筒形，球形指数大于4，球顶近于闭合或尖，第三叶环和顶生叶共同构成叶球，拧抱(旋拧)。其结球方式为“膨大型”或“连心壮”。代表性品种有天津青麻叶、玉田包尖、河头白菜等。上述变种及生态型是结球白菜的基本类型，它们互相杂交还产生了下列次级类型。

①平头直筒类型：为平头和直筒类型的杂交后代。叶球长圆筒形，球形指数约为2，上大下小，球顶钝圆。代表品种有北京大青口、小青口、抱头青等。

②平头卵圆类型：为平头与卵圆类型的杂交后代。叶球短圆筒形，球形指数约为1，顶部平坦，叠抱，球顶闭合。代表性品种有山东即墨县的城阳青等。

③圆筒类型：为卵圆和直筒类型的杂交后代。叶球圆筒形，球形指数约为2，顶部钝圆。代表性品种有黄县包头、莱芜包头等。

④花心直筒类型：为花心变种和直筒类型的杂交后代。叶球细长呈圆筒形，球形指数大于4，顶部花心。代表性品种有德州香把子、泰安的青芽和黄芽等。

⑤花心卵圆类型：为花心变种和卵圆类型的杂种后代。叶球卵圆形，球形指数约1.5，顶部花心。代表品种有肥城花心、藤县狮子头等。

以上变种、生态型和次级类型构成了中国结球白菜的品种系统。其进化过程见图10-2。

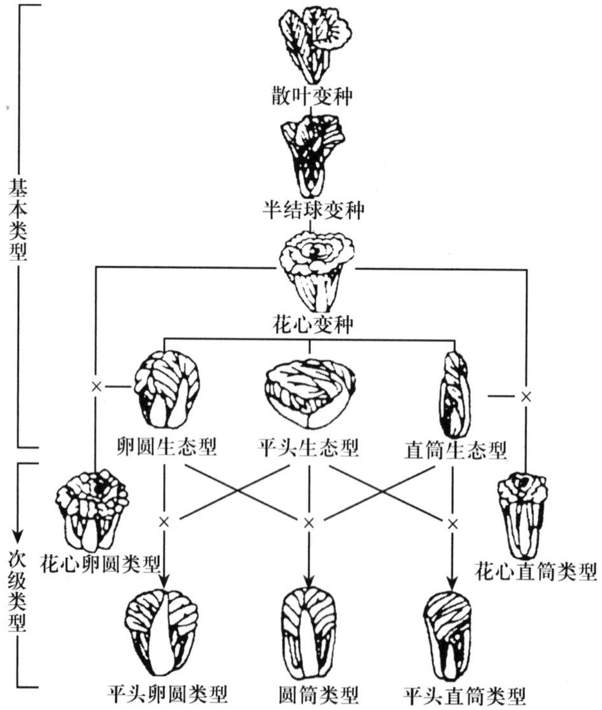

图10-2　大白菜分类和进化过程示意图(李家文，1979)

另外,按栽培季节可将结球白菜分为春、夏和秋冬型。按球叶特点可分为 3 种类型。

①叶数型:球叶数较多而单个叶片较轻,叶的中肋较薄,卵圆品种多属此型。

②叶重型:球叶数较少而单个叶片较重,叶的中肋肥厚,平头品种多属此型。

③中间型:介于叶数和叶重型之间,天津青麻叶、冀东的玉田包尖等直筒类型品种属此型。按叶色将结球白菜分为青帮型、白帮型和青白帮型,主要以叶绿素含量的多少为标准。一般说来,青帮品种比白帮品种抗逆性强,水分少,干物质含量较多,也较耐贮藏。上述分类方法都是相对的,在实际生产上很难完全一一对应。特别是温度生态型更是如此。

10.1.2.2 主要栽培品种及其历史演变

中国结球白菜的栽培品种很多。但散叶变种、半结球变种、花心变种的绝大多数品种已基本不再栽培。现在主要栽培结球变种,其栽培品种也随时间的变迁不断演变。20 世纪五六十年代及其以前,大面积栽培并相互引用的是地方品种,如福山包头、胶县白菜、城阳青、旅大小根、冠县包头、洛阳包头、天津青麻叶、翻心白、大青口等。70 年代除栽培地方品种外,逐步推广杂种 1 代,如青杂早丰、青杂中丰、山东 1～3 号,青槐 169 等。80 年代以后大面积栽培的则主要是杂交 1 代,原有地方品种面积逐渐减小。这一时期育出的杂种 1 代很多,如鲁白 1～14 号以及北京、辽宁、陕西、山西、江苏等地育出的诸多杂种 1 代。从熟性上早、中、晚熟品种配套,从季节上春、夏、秋品种齐全。

10.1.3 栽培季节与茬口安排

目前,结球白菜可以四季栽培,周年供应,但仍以秋冬栽培为主。由于中国幅员辽阔,气候差异很大,秋季播种季节各地相差悬殊,长江以北多在 8 月上中旬播种,沿长江一带多在 8 月中下旬播种,长江以南地区在 8～10 月份均可播种。南宁、拉萨等地区因海拔较高分别在 6 月下旬和 7 月中下旬播种。总之,中国从北到南播种期呈延后的趋势。春季地膜覆盖栽培从南向北可以在 2～4 月份播种。夏季栽培从北向南可以在 4～5 月份播种。结球白菜不宜连作,也不宜与其他十字花科蔬菜轮作,这是预防病虫害的重要措施之一,可以与粮食及其他经济作物轮作。

10.1.4 栽培技术原理与措施

10.1.4.1 秋冬栽培技术

1)品种选择

选择适宜的品种是结球白菜获得高产、稳产的关键,要根据产、供、销等具体情况而定。一是要因地制宜,选择适宜当地气候条件和栽培季节的品种,就中国北方而言适宜栽培的季节差异较大,如陇海线一带生长季节为 100～115 d,宜选用生长期长的中晚熟的各种包头类型,也可选用中早熟的品种,而东北地区的生长季节只有 70～80 d,宜选用早中熟的直筒或半直筒类型;二是要选择品质好、产量高、抗性强的品种,南方应选择抗热、抗病的品种;三是要选择净菜率高的品种。从供销角度上,选择的品种要符合当地的消费习惯,如中原各地喜欢叶数型的叠抱类型,而天津一带喜欢直筒类型等。从消费方面来说,要质地柔嫩、纤维少、风味好、营养价值高的品种。总之,结球白菜品种很多,各地可因地、因时制宜选择符合当地生产和消费的品种。

2)整地与施基肥

栽培结球白菜应选择土层深厚、物理性和化学性良好的土壤,播种前要施基肥,合理整地、作垄。秋季栽培一般进行垄作，垄高 10～15 cm，一般每垄种 1 行。畦长以栽 50～60 株为宜，可在畦的下端设排水沟，以便浇水过多时和大雨后及时排水，这在南方多雨的地区更应注意，这对于防治软腐病是极为重要的。播种前应施用大量的厩肥作为基肥，在耕地前先将 60% 的厩肥均匀撒在田里，耕地时翻入深土层中，耙地前再把 40% 撒在田里，耙入浅土层中，然后作垄。分解缓慢而肥效持久的过磷酸钙作为基肥应同时施用，施用量一般 600～750 kg/hm^2。

3)播种或育苗移栽

结球白菜直播或育苗移栽均可，各地可根据自己的生产习惯和前茬作物的收获期而定。播期早晚与结球白菜产量和品质的关系极为密切，早播生长期长，球大，紧实，产量高。但播期过早由于温度高，病毒病、霜霉病和软腐病 3 大病害接着而来，使产量大幅度下降，病害重的年份甚至绝产。晚播虽然可以减轻或避免病害的发生，由于生长期短，积温不够，叶球小、包心不实，尽管能够获得稳定的产量，但总产和净菜率都较低。因此，结球白菜的适期播种是高产、稳产的重要环节。此外，结球白菜在温度 5 ℃以下时停止生长，因此在入冬后低温期到来较早的年份，晚播的减产更为明显。适宜的播种期需考虑当地的气候特点、使用的品种熟性、土壤质地、土壤肥力、病虫流行情况等而灵活掌握。

直播分条播和穴播两种方法。条播是在高畦顶部的中央划深 0.6～1.0 cm 浅沟，将种子均匀地播在沟中，覆土平沟。穴播是按行、株距所定的位置在垄上作长 5～6 cm、深 10 cm 的浅穴，将种子均匀播在穴中，覆土平穴。条播较为省工，但播种量较多，定苗时株距难以整齐。穴播费工，但播种量小而株距较均匀。播前需先浇水造墒或播种后浇水。播种沟或穴深度要适宜、底部平坦，覆土松细而厚度一致。条播每 667 m^2 用种量约 150 g，穴播 100～125 g。为防日晒，最好在傍晚播种，使幼芽于傍晚出土，经过一夜后再受日晒。出苗后可在沟内浇小水以补充水分和降温。

育苗便于发芽期和幼苗期的管理，而且温度、水分等条件易于控制，也有助于解决早播的问题。但移植较费工，还会延迟生长和较易发生病害等。育苗床应设在排水良好、以非十字花科蔬菜的地块和早熟蔬菜为前茬作物较宜。栽植 1 hm^2 需苗床面积 450～525 m^2，依栽植密度而定。苗床宽度一般为 1～1.5 m。育苗比直播提早 3～5 d。苗床播种可用条播或撒播法。每平方米的苗床用种子 3.0～3.5 g，撒播时应先将苗床浇透水，待水渗下后播种。为使撒播均匀，将种子与 5～6 倍筛过的细土均匀拌和再撒，撒后再覆盖细土 0.8～1.0 cm 厚。最好在播种后支棚覆盖芦帘或用其他方法遮阳和防雨，以防太阳暴晒、雨后土面板结。发芽期应注意水分管理，避免幼苗缺水。幼苗出土后应分次间苗，以防止苗子拥挤形成弱苗。幼苗宜在团棵以前移植。中晚熟品种以 5～6 叶时定植为宜。

4)栽植与合理密植

幼苗育成后应及时移植，移栽前应先在苗床充分浇水，在床土相当湿润而不泥泞时移植，多保存根部所附泥土，移植后容易复原。如用营养土块或切块法育苗效果更好。移植宜在晴天下午或阴天进行，以减轻幼苗萎蔫，栽后要充分浇水。苗床内应保留一定数量的苗，以备将来补苗。

合理密植是结球白菜增产的关键措施之一。合理密植的原则是叶面积的发展能够最大效率地利用所截获的光能。据研究，结球白菜早熟品种的单株叶面积约 1.24 m^2，中晚熟品种约为 1.63 m^2，高产的最适叶面积指数为 5.5，低于此值产量逐渐下降，超过 5.5 生物学产量虽有所增加,但商品菜产量则逐渐下降(图 10-3)。营养面积的空间分布与光能利用有关。

卵圆类型和平头类型品种因莲座叶披张,宜用接近于正方形的营养面积,莲座叶直立的直筒类型品种则可用长方形,后者利于密植。此外,合理密植的程度还取决于品种特性、自然条件和栽培条件,如直筒型的比平头类型和卵圆类型的要密,同一类型不同熟性的品种也不一样,如天津青麻叶,小核桃纹要比大核桃纹密,平头类型和卵圆类型的早熟品种要比中、晚熟品种密。同一品种生长季节短的地区比生长季节长的地区密,肥水不足的地块要比肥水充足的地块密。总之,密植程度要依品种、地区、地块肥力、栽培季节等条件而异。生产上一般早熟品种可掌握在 45 000～52 500 株/hm^2,中熟品种 30 000～37 500 株/hm^2,而大型的晚熟品种可掌握在 24 000～27 000 株/hm^2。

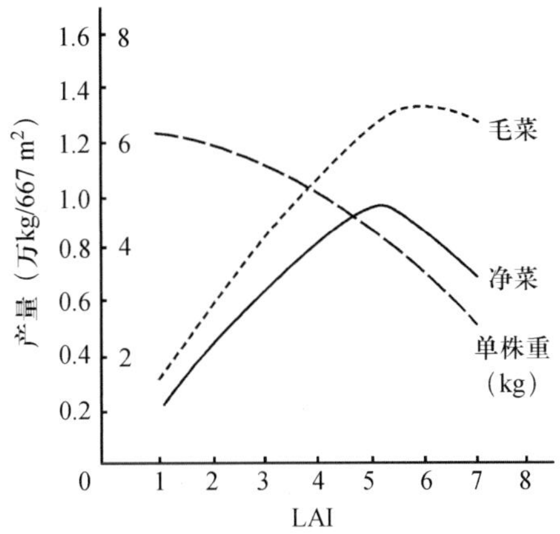

图 10-3 大白菜 LAI 与产量和单株重的关系(张振贤等,1994)

5)田间管理

(1)发芽期　该期生长量很小,但生长速度快,所需营养主要靠种子供给,不需施肥。发芽期需水虽不多,但根系很小,正值高温季节,必须充足供水,以确保苗齐、苗全、苗壮。

(2)幼苗期　此期的管理工作,一是适时间苗,防止幼苗拥挤孱弱,并选留优良的幼苗。第一次匀苗在"拉十字"时,拔除出苗过迟、子叶形状不正常、生长弱小和拥挤的幼苗。条播的保持株距 5～7 cm,穴播每穴留苗 3～4 株。第二次匀苗在 3～4 片叶时,选留叶片形状和颜色与本品种的特征相符、叶柄较短而宽、有明显叶翅的幼苗,淘汰弱小和特性与原品种不符的杂苗。条播每 7～10 cm 留苗 1 株,穴播每穴留苗 2～3 株。每次匀苗以及定苗后都要浇小水使土壤沉落保护根部,并降低地温。如有缺苗现象应在五六叶前进行补苗。直播的应在团棵时定苗。条播按预定株距留苗 1 株,穴播每穴留苗 1 株,选留生长强健,形态正常的苗。播种初期高温多雨,杂草丛生,土面易板结,应及时中耕除草。幼苗初期根群浅,宜浅锄,划破土面达到疏松土表和铲除杂草的目的。定苗后应适当深中耕,促使根系向纵深发展。第三次在莲坐叶覆满地面以前,再浅锄除草,封垄以后杂草逐渐减少,土面蒸发量小,不需再中耕。高畦栽培在中耕时还要在垄的两侧培土,"拉十字"时及时浇小水以补充水分,防止龟裂,保护根系,同时在幼苗期还应浇水降温。

(3)莲座期　此期生长速度较快,生长量逐渐增加,对养分和水分的吸收量增多。充分施肥浇水是保证莲座叶健壮生长和丰产的关键,但同时还要注意防止莲座叶徒长而延迟结球。田间有少数开始团棵时应及时施用"发棵肥",一般施用厩肥 22 500～30 000 kg/hm^2 或磷酸二铵 150～225 kg,以供给氮素促进叶的生长,施磷、钾肥 105～150 kg/hm^2,使三要素平衡以防叶子徒长。发棵肥可施在植株间,在植株边沿以外开 8～10 cm 深的小沟施入肥料,利用根的趋肥性引导根系向外发展。移栽的白菜将肥料施在沟或穴中,与土壤拌和再栽苗。施肥后随即充分浇水,以后在莲座期内采取"见干即浇"浇水原则,即浇水后待土壤表面见干再浇,以保证充分供水,又不至于浇水过多而使植株徒长。

(4)结球期　此期生长量最大,因此需要大量的肥水。在包心前 5～6 d 施用肥效较持久的“结球肥”，特别要增施钾肥。可施碳酸氢铵或磷酸二氢铵 225～375 kg/hm²，过磷酸钙及硫酸钾各 150～225 kg/hm²。为使养分持久而不至于因大量浇水淋溶，最好与充分腐熟的厩肥混合，在行间开深 8～10 cm 沟，将肥料施在沟中，引导根系全面发展，遍布全田。中熟及晚熟品种的结球期较长，还应在抽筒时施用“补充肥”150～225 kg/hm²，于抽筒前施用，抽筒后进入结球中期，正是叶球充实内部的时候，应施“灌心肥”促进“灌心”。抽筒时田间已经封垄，将肥料溶解于水中顺水冲入沟中或畦中。结球期需要大量水分，除在追肥后要大量浇水外，5～6 d 浇大水 1 次，始终保持土壤湿润。为使田间供水均匀，最好采用隔沟（或隔畦）轮流浇水的方法。在收获前 5～7 d 停止浇水，以免叶中水分过多不耐贮藏。用于贮藏的结球白菜在收获前约 10 d 束叶，将外叶扶起，用浸软的麦秆、稻秆或甘薯蔓等材料捆住叶球。束叶可以保护叶球，防止收获前霜冻的损伤及减少收获时的机械损伤，也可使叶球外层的叶片色淡质嫩，收获和贮藏时也较方便。但束叶后外叶光合速率大大降低，不利于叶球的充实，更不能达到促进结球的目的，所以束叶不宜过早。

6）收获与简易贮藏

中晚熟结球白菜生长期越长，叶球越充实，产量也越高，早收因温度高难以贮藏，应尽量延迟收获。但遇到－2 ℃以下的低温将受到冻害。因此，必须在第一次寒冻以前抢收完毕。收菜有“砍菜”和“拔菜”两种方法，砍菜是用刀或铲砍断主根，因伤口大，砍后要晒菜使伤口干燥愈合以减少贮藏中腐烂损失。拔菜是连同主根拔起，伤口较小也易愈合，但要将根部所带泥土晒干脱落后才能入窖。白菜收获时含水较多，蕴藏热量大，收获后需经过晾晒处理，以免入窖后发生高温、高湿而引起腐烂。晾晒是在晴天将白菜整齐地排列在田间，使叶球向北，根部向南先晒 2～3 d，再翻过来晒 2～3 d。以减少外叶所含水分及使根部伤口愈合。晒后再将植株堆砌成两排，根部向内，叶球向外，两排间留 10～15 cm 的空隙通风，继续排除水分和降低体温，待天气寒冷稳定时入窖。

结球白菜的简易贮藏方法有垛藏、埋藏和窖藏。垛藏是在结球白菜晾晒好后，南北向双排垛在避风向阳、地势高燥处，垛时应根朝内，两排相距 15 cm 左右，下面留的要宽些，越向上越窄，最上部不再留空隙，冬季随温度下降逐渐盖上通风口，并用草栅盖上菜垛；埋藏是挖一定深度和宽度的沟，温度低时将晾晒好的结球白菜，根朝上埋在沟内，盖土的厚度以不冻菜为宜；窖藏是将晾晒好的结球白菜，当气温下降时放入建好的窖内。

10.1.4.2 春季栽培技术要点

春季栽培历经春夏之交，日均温 10～22 ℃的温和季节很短，早春低温易通过春化，后期遇到长日容易抽薹，不易结球，结球期正值高温季节植株易腐烂。栽培上应注意以下几点。

（1）选择品种　选择生长期短、耐寒、冬性强的早熟品种，如鲁春白 1 号、小杂 55 号和小杂 56 号、春冠、强势、春优 1 号和春优 2 号等。

（2）整地作畦，施足底肥　春早熟栽培多用畦作，也可垄作。整地前要施足底肥。

（3）适期早播　北方一般断霜前 20 d 左右播种，并覆地膜，用小棚育苗者还可提前。南方温度不是主要限制因素，因根据市场价格确定播期。种植密度一般在 45 000～52 500 株/hm²。

（4）及时进行田间管理　春季生长前期因气温、地温低，再加之覆地膜，跑墒较慢，应减少灌水次数，后期气温升高时再加大灌水量。施肥时间较秋、冬季栽培适当提前。春季病虫害较重，应及时防治。

（5）适时采收　收获时期应根据成熟情况、市场价格分批采收，及早供应市场。

10.1.4.3 夏季栽培技术要点

夏季栽培因温度较高，雨量大，栽培上应注意以下几点。

(1)选择早熟、耐热、抗病、高产的品种，如台湾的夏阳号、北京小杂 50 号、55 号及 56 号、亚蔬 1 号、沈阳快菜及夏丰、青夏 1 号及 3 号、夏优 1 号及 3 号等品种。

(2)夏季栽培应及早灭茬整地，消灭残留害虫，并施基肥。

(3)结球白菜夏季栽培播期并不严格，可根据上市季节而定，在黄河中下游地区 5 月中旬至 7 月下旬都可进行播种。如果育苗最好进行遮阳、降温和防雨措施。密度一般在 45 000～52 500 株/hm^2，个别品种可达到 67 500 株/hm^2。

(4)由于夏季高温，应勤浇水，以降低地表温度，改善田间小气候。夏季大雨过后要及时排水，并进行“涝浇园”。在施足底肥的基础上，要勤施速效氮肥，并适当增施磷钾肥。不要蹲苗，加大肥水，一促到底，这样可增强植株长势，提高植株的抗性。注意中耕锄草和夏季防涝。

(5)夏秋温度高，叶球易腐烂，应适时早收，及时供应市场。

10.1.4.4 主要病虫害

结球白菜的主要病害有：结球白菜霜霉病、结球白菜病毒病、软腐病、结球白菜干烧心病、结球白菜细菌性角斑病、炭疽病、白斑病、结球白菜黑腐病、结球白菜根肿病、白菜白锈病。

结球白菜经常发生的虫害有：菜粉蝶、小菜蛾、菜螟、黄条跳甲、猿叶虫、蚜虫、灯蛾类、甘蓝夜蛾、甜菜夜蛾等。

10.1.5 常见问题与对策

1)干烧心

结球白菜干烧心病在各地都有不同程度的发生，一般发病率在 2%～28%，在贮运期间还会发展，同样造成较大损失。近年来，南方由于菜地污染严重，发病也日趋严重。

结球白菜干烧心在莲座期即可发病，发病时边缘干枯，向内卷、生长受到抑制，包心不紧实；结球初期，球叶边缘出现水渍状，并呈黄色透明，逐渐发展成黄褐色焦叶，向内卷曲，结球后期发病株外表未见异常，剖视其内部叶片可见其黄化，叶脉呈暗褐色，叶内干纸状、叶片组织水渍状，具有发黏的汁液，但不出现软腐，也不发臭，反而有一定的韧性。病健组织间具有明晰的界线。干烧心病影响结球白菜品质，病叶有苦味，不宜食用，且叶球不耐贮藏。结球白菜干烧心的原因主要是土壤通透性差，土壤水分供应不均匀，施用过多的氮肥，使钙氮比例失调，抑制了钙的吸收；钙素在植物体内移动性差，心叶缺钙而不能由外叶转移，造成内叶干枯或天气过热，蒸腾作用过强，根系吸收水分及养分能力下降，也会引起缺钙，导致干烧心发生。

防治措施：一是增施有机肥。增施优质有机肥作基肥，使土壤的有机质含量保持在 2.5%～3%为宜，减少化肥用量，避免使用污水灌溉，从而改善土壤的团粒结构，增强土壤的通透性。二是科学灌溉。应采用小水勤浇的方式，避免大水漫灌，保持土壤不干不涝，每次浇水后及时浇中耕，防止土壤板结。天气干燥时可采用“跑马水”灌溉，雨后及时排除积水。三是合理施用化肥。调整氮肥与磷肥的比例，可把磷肥掺入堆肥，经发酵后施用，增长持效期。增施钙肥如过磷酸钙、硝酸钙和氯化钙，以增加土壤中可溶性钙的含量。四是进行根外追肥。从莲座期开始喷 0.7%氯化钙和 50 mL/L 萘乙酸混合液，或 1%过磷酸钙溶液，共喷 3～5 次。在包心初期，将钙素颗粒剂投入心叶内，也有一定的防干烧心效果。在包心期向心叶撒施含 16%硝酸钙和 0.5%硼的颗粒剂，或喷洒 0.7%硫酸锰，每 1 000 m^2 用 75 kg。五是进行降温处理。气温高时，包心期开始折外叶覆盖叶球，减少白天过量蒸腾作用；夜间沟灌"跑马水"提供足够水分，保证根系正常吸收养分及体内养分的正常运转。

2）未熟抽薹

结球白菜属种子春化型作物，种子萌动后即可接受低温春化而进入生殖生长（即抽薹开花）期，一般种子萌发后，在低于 10～12 ℃的条件下经过 10～12 d 即可通过春化阶段，发生未熟抽薹。特别是春播结球白菜发生先期抽薹的比例较大。其预防措施如下。

①选择优良品种。品种冬性强弱及耐抽薹能力大小是选择品种时的一个重要指标。一般气温偏低，应选择冬性强的品种。

②严守操作规程。农业生产一定要讲科学，不能凭经验办事，因为经验是在一定的环境条件下形成的，当环境发生变化时，经验可能会带来灾难性的后果，因此，一定要严格播期，并搞好肥水管理。

③抑制或促进薹的生长。对已经抽薹的田块，如春结球白菜，如果刚刚现薹，可以采取喷施防薹增粗剂、多效唑等来抑制薹的生长，或用草绳捆扎的办法促使结球，如果菜薹较长时，应该加强培管，促进菜薹生长，因为结球白菜薹鲜嫩味美，可以成为 4～5 月份的堵淡蔬菜品种，从而获得一定的经济效益。

④及时补种下季作物。对于抽薹特别严重的，已无保留价值的田块，及早补种下茬作物，以弥补损失。

10.2 不结球白菜

不结球白菜（*Brassica campestris* ssp. *chinensis* Makino）又名小白菜、青菜、油菜等。原产中国南方，在中国有悠久的栽培历史，据古籍考证认为在汉代（公元前 206 至公元 220）已驯化栽培，是十字花科芸薹属芸薹种不结球白菜亚种、以绿叶为产品的一、二年生草本植物。不结球白菜在中国各地均有栽培，对保障蔬菜周年供应具有重要地位。不结球白菜产品鲜嫩，营养丰富。据测定，每 100 g 可食部分中含水 93～95 g、蛋白质 16 g、脂肪 0.2 g、碳水化合物 2 g、粗纤维 0.7 g、钙 141 mg、磷 29 mg、铁 3.9 mg、胡萝卜素 1.3 mg、硫胺素 0.02 mg、核黄素 0.05 mg、烟酸 0.5 mg、维生素 C 70 mg。

10.2.1 生物学特性

不结球白菜性耐寒，适于冷凉气候。发芽期适宜的温度为 20～25 ℃，生长期适温为 15～20 ℃，－3～－2 ℃能安全越冬，25 ℃以上的高温生长衰弱，易感病毒病。只有少数品种较耐热，可在夏季栽培，适于春、秋栽培的品种较耐寒，栽培期的适宜月平均温度为 10～25 ℃，春季低于 5 ℃时，须设置简易保护设施。不结球白菜萌动的种子及绿体植株均可在低温下通过春化阶段，温度要求 15 ℃以下，适温为 2～10 ℃，经 15～30 d 即完成春化阶段。

不结球白菜以绿叶为产品，产品形成要求较强的光照条件。在较强的光照下，叶色浓绿，株型紧凑，产量高而品质好。虽能够耐一定的弱光，但长期光照不足，会引起徒长，降低产量和品质。不结球白菜属长日照作物，通过春化阶段后，在 12～14 h 的长日照条件和较高的温度（18～30 ℃）下迅速抽薹开花。

不结球白菜根系分布较浅，吸收能力较弱，而叶片柔嫩，蒸腾作用较强，耗水量大，所以需要较高的土壤和空气湿度。发芽期需水量不大，但要求土壤湿润，以促进发芽和幼苗出土。幼苗期叶面积较小，蒸腾耗水少，但根系很弱，吸收能力也弱，需要土壤见干、见湿，供给适当的水分。莲座期叶片多而大，蒸腾作用旺盛，是产品形成期，需水量最大，应保证土壤处在湿润状态。在夏季高温季节栽培时，应保持地面湿润，勤浇水，以降低地温，防止高温灼根和病毒病的发生。

不结球白菜适于疏松、肥沃、保水、保肥的壤土或沙壤土栽培。生长期需氮肥最多，需磷肥较少。氮肥充足，植株生长旺盛，产量高。

10.2.2 类型与品种

我国不结球白菜品种资源极为丰富。基本染色体数 $n=10$，品种之间极易杂交，又分为5个变种，即普通白菜(var. *communis* Tsen et Lee)、乌塌菜(var. *rosularis* Tsen et Lee)、菜薹(var. *utilis* Tsen et Lee)、薹菜(var. *tai tsai* Hort)、分蘖菜(var. *multiceps* Hort)。根据不结球白菜在植物学分类中的地位、生物学特性及栽培特点，可进行以下栽培学分类。

(1)普通白菜类　株型直立或开展，一般产量高、品质好、适应性强，除北方寒冷地区外，适于周年栽培与供应，是不结球白菜中最主要的一类。按其栽培季节，又分为秋冬白菜、春白菜、夏白菜3类。

(2)塌菜类　植株塌地或半塌地，叶色浓绿至墨绿，叶面平滑或皱缩。耐寒力强，江南地区多在晚秋播种育苗，经冬季霜雪后，味甜优美，春节前后供应。按株型分为塌地和半塌地2类。塌地型植株塌地、与地面紧贴，代表品种有常州乌塌菜，上海小八叶、中八叶、大八叶等。半塌地型植株开张角度与地面成45°，如南京瓢儿菜、上海及杭州的塌棵菜、安徽黄心乌等。

(3)分蘖菜类　植株初生塌地，自短缩茎环生塌地基生叶十多片，此后各叶腋产生分蘖，每蘖生叶数片至十多片。每株叶数自数十至百片以上不等。耐寒性强，宜作春菜栽培，但栽培不普遍，主要集中于江苏南通地区。按抽薹早晚分早春种和晚春种两类。早春种晚秋播种，翌春3月份抽薹，抽薹前采收上市，如南通马耳黑菜、如皋毛菜等。晚春种晚秋播种，翌春4月份抽薹，抽薹前采收上市。如南通四月不老、如皋菜藃子等。

(4)薹菜类　秋播时冬春形成肥大的圆锥形直根，除绿叶为主要食用器官外，直根与花薹幼嫩叶均可供食用。薹菜耐寒性及耐碱性较强，在黄淮地区普遍栽培，一般在秋季或早春播种，冬春供应。薹菜不耐热，夏季少有栽培。按抽薹期早晚分为早中熟类型和晚熟类型2类。早中熟类型早秋播种的年内可采收；晚秋播种的翌年3月份抽薹，如徐州燥薹菜、二伏燥薹菜、济南花叶薹菜等。晚熟类型晚秋播种，翌年3月下旬至4月中旬抽薹，如徐州笨薹菜、勺子头薹菜、泰安圆叶薹菜等。

10.2.3 栽培季节与茬口安排

不结球白菜类型，品种繁多，对外界环境适应性广，采收比较灵活，可排开播种，周年供应。在北方地区，则主要是春、秋2季栽培，也可以利用保护地设施进行早春、秋延后栽培和冬季生产。南方地区均为露地栽培，可以周年生产与供应。

10.2.4 栽培技术原理与措施

不结球白菜栽培技术相对较简单，各茬口的栽培技术基本相似，管理环节也大致相同。

(1)整地施肥　秋冬栽培一般进行育苗移栽。育苗畦每 667 m^2 施腐熟的有机肥 1 000～1 500 kg,耕翻整平做成平畦。夏秋之际,遇有高温干旱时,应掌握先抗旱,后耕地,以利土壤疏松。栽培田每 667 m^2 施腐熟的有机肥 3 000 kg,在翻耕时全层深施于土中,作畦一般北方为平畦,南方为高畦,畦宽 1.5～2 m。

(2)播种与育苗　不结球白菜播种应掌握稀播和匀播,撒播后,浅耙并镇压。播种量因栽培季节和生产要求而异,一般每 667 m^2 的播种量为 1.5～2 kg,可移栽 3 500～5 000 m^2。出苗前每天早晚浇 1 次水,保持土壤湿润,播后 2～3 d 即可出苗。出苗后,在 1～2 片真叶时进行第 1 次间苗,间除细弱的苗子。在 3～4 片真叶时进行第 2 次间苗,苗距约 4 cm,间苗后要及时浇水,以利幼苗根系扎入土壤。苗期的肥水管理要根据幼苗的生长情况和天气状况灵活掌握,注意轻浇勤浇。此外,要注意杂草和病虫害的防治,尤其要注意防治蚜虫和病毒病,夏秋季栽培应注意防治菜蛾。

(3)定植　当苗高达 15 cm,具 4～5 片真叶时,可进行定植。苗龄因季节而异,早秋播种,气温高,生长快,苗龄 20～25 d;晚秋播种时,苗龄 30～40 d。定植前 1 d,育苗畦浇水,以便秧苗拔起。起苗时动作要小心,尽量少伤根。栽植深度随季节而异,早秋宜浅栽;晚秋栽植宜深些,可防寒。早秋气温高,生长期短,宜密植,株行距为 20 cm×20 cm;晚秋生长期长,宜稀植,株行距 25 cm×25 cm。定植后应立即浇水,保持土壤湿润,以利成活。

(4)田间管理　田间中耕除草多与施肥结合进行,一般施肥前进行中耕松土,以免肥、水流失。不结球白菜是浅根性蔬菜,根系吸收能力较弱。由于群体密集,生长迅速,故需肥量较大,应不断地补充养分和水分。由于植株生长矮小,茎叶容易接触土面,故在追肥时,忌用有机肥料,防止污染产品,以提高白菜品质。小白菜的追肥,一般从定植后 3～4 d,追施活棵肥,使植株迅速生长。此后,每隔 5～7 d 追肥 1 次,至采收前 10 d 停止追肥,浓度随植株生长由低到高,逐步提高。追肥的用量,视季节不同,一般每 667 m^2 施尿素 10～20 kg。春季施肥要重,可以促进生长,延缓植株抽薹,提高产量;夏季常遇干旱,以水吊肥,才能使植株正常生长;冬季施肥要与防寒相结合,防止植株遭受霜冻。

(5)采收　不结球白菜采收期不严格,视气候条件和消费习惯而定。从四五片叶的幼苗到成长的植株都可陆续采收。秋冬和春季以采收充分成长的植株,能够获得高产和改善品质。采收后,要随即削根,去除老叶,剔除幼小或感病的植株,分级装箱。夏季采收的鸡毛菜、小白菜,要扎成小把,整齐排放在纸箱内,置于阴凉通风的场所,保持绿叶鲜嫩。有条件的地方,可将排放整齐的不结球白菜装入专用的保鲜薄膜包装袋内,袋口敞开,袋的侧面留有小孔换气,用紫外线灭菌,装入纸箱,用冷藏车恒温运输,在超市销售。

10.3 菜　心

菜心(*B. campestris* L. ssp. *chinensis* var. *utilis* Tsen et Lee)又名菜薹,属十字花科芸薹属白菜亚种的菜薹变种,一、二年生草本植物。原产中国,是华南地区的特产蔬菜之一,以嫩茎和嫩叶组成的菜薹为主要食用部位。每 100 g 鲜菜含水分 94～95 g、碳水化合物 0.72～1.08 g、全氮化合物 0.21～0.33 g、维生素 C 34～39 mg 和一些矿物元素。广东、广西栽培历史悠久,品种资源丰富,一年四季均可栽培,在蔬菜生产上占有重要地位。近年已在全国各地引种推广，还有大量销往香港、澳门特区以及东南亚的新加坡等地。

10.3.1 生物学特性

10.3.1.1 植物学特征

根系浅，侧根多，基茎节间短。柔嫩肉质的花茎称为菜薹，作食用器官。单叶、互生，基叶阔卵形至长椭圆形，叶宽 7～13 cm，长 25～35 cm，黄绿至浓绿色，具狭长叶柄，浅绿或绿白色；花茎叶即薹叶，卵形至披针形，叶柄短或不明显，不抱茎。总状花序，完全花，单生，黄色。果实为长角果，含种子 15～20 粒。种子近圆球形，紫褐至黑褐色，千粒重 1.3～1.7 g。

10.3.1.2 生长发育周期

(1)种子发芽期　自种子萌动至 2 枚子叶开展，第一真叶刚露出，一般需 5～7 d。

(2)幼苗期　从第一真叶刚露出至第五真叶开展。一般需 14～18 d。此期根系和叶片都逐渐增加。菜心在幼苗期开始花芽分化。早熟品种的花芽分化多数在 2 真叶，分化发育进程快；中熟品种的分化期与早熟品种相同，但分化发育进程稍慢；晚熟品种的花芽分化多数在 3 真叶，分化发育进程慢。

(3)叶片生长期　自第五真叶展开至植株现蕾。由于幼苗期开始花芽分化，茎端花芽分化后便停止叶原基分化，叶数不再增加，所以此期主要是各叶片的生长和花芽不断分化发育以及根系的发展，一般需 7～21 d。如果播后有适宜温度，提早发育以至提前现蕾，就缩短叶片生长期；如果在幼苗期现蕾，则直接进入菜薹形成期。

(4)菜薹形成期　从植株现蕾至菜薹采收完毕。此期叶片迅速生长，叶面积迅速扩大，菜薹逐渐形成。菜薹的形成主要是薹茎和薹叶的生长。前期以薹叶生长为主，后期薹茎生长占优势。菜薹高度与横径同时增长，以高度增长为主，重量随着菜薹形成不断增加。菜薹形成过程中糖类、氮化物、维生素 C 等物质不断向菜薹运转，使菜薹不断伸长、肥大和积集丰富的营养物质。早、中熟品种从花芽分化至菜薹采收需 20 d 左右，其中现蕾至采收需 14 d 左右，晚熟品种较长；温暖季节较短，冷凉季节较长。

(5)开花结实期　自植株初花至种子成熟，需 50～60 d。在主菜薹形成前后初花，花茎迅速生长。主花茎不断伸长的同时，侧花茎自下而上或先自中部然后从基部至上部发生下一级侧花茎。主花茎生长、侧花茎发生的级数与数量，与植株的长势和气候条件有很大关系。

菜心植株干物质的增长，随着生育过程逐渐增长。发芽期增长量少，幼苗期增多，叶片生长期增长加快，菜薹形成期增长最快。幼苗期和叶片生长期都以叶片生长为主；菜薹形成期，菜薹的生长发育占主要地位。植株重量与菜薹重量，相关系数 $r=0.838\,5$，植株叶面积大小与菜薹重量，相关系数 $r=0.827\,4$，均达到显著的正相关。可见，植株叶片生长良好，形成较大的同化器官，制造充足的有机物质，才可获得优良的菜薹。

10.3.1.3 对环境条件的要求

(1)温度　种子发芽适温 25～30 ℃，20 ℃以下发芽缓慢。幼苗生长的适宜温度 23～28 ℃，低于 20 ℃特别是 15 ℃以下生长慢，提早花芽分化，早、中熟品种尤其如此。菜薹形成期间以 15～25 ℃，特别是 20 ℃左右为宜。这时光合作用强，光合产物积累多，品质佳，产量高。开花结籽需 25～30 ℃，花器发育正常，授粉、受精良好，结籽率高，种子充实。菜心对春化低温要求不严格，在 3～15 ℃，菜心不同熟性品种都能现蕾，但现蕾时间不同。

(2)光照　菜心种子可在黑暗中萌动发芽，发芽后至开花结籽期间需要良好光照，但光照不宜过强，否则对菜薹形成和开花结籽不利。菜心花芽分化受光照长短的影响不大，主要决定于温度的高低。

(3)土壤与矿质营养　菜心对土壤要求不很严格，但肥沃、透气的壤土较适宜。对氮、磷、钾的吸收，以氮最多，钾次之，磷最少，氮与钾的吸收量差别不大，氮、磷、钾的吸收比例为3.5∶1∶3.4。吸收量随生育过程逐步增加。发芽期很少，幼苗期很少，叶片生长期增多，以菜薹形成期最多，占总吸收量的大部分。

10.3.2 类型与品种

按叶色可将菜心分为青叶和黄叶2类；按叶形可分为柳叶和圆叶2类；按栽培季节分为早心、八月心、十月心、十一月心、十二月心和正月心等；还有按生长天数而分为50 d、60 d、70 d和80 d菜心等；按品种的熟性分为3类：早熟类型、中熟类型、晚熟类型。

(1)早熟类型　植株和菜薹较小，腋芽萌发力弱，采收主薹。较耐热，对低温敏感，20 ℃以下温度容易提早抽薹。在广东、广西和海南等地主要栽培期为5～10月份，播种至初收28～50 d。主要品种有四九心、全年心、黄叶早、青柳叶、油青早心、早优1号、50天特青等。

(2)中熟类型　植株和菜薹中等，品质佳。以采收主薹为主，主薹采收后可收侧薹。对低温较敏感。广东、广西和海南等地主要栽培期为9～11月份，播种至初收60～80 d。主要品种有黄叶菜心、青梗菜心、青柳叶心、60天特青等。

(3)晚熟类型　植株和菜薹较大，腋芽萌发力较强，主薹采收后可收侧薹。较耐低温，在15 ℃左右温度可正常抽薹，20 ℃以上抽薹缓慢，质量不佳。广东、广西地区主要栽培期为11月份至翌年3月份，从播种至初收70～90 d。主要品种有青柳叶迟心、迟心2号、迟心29号、70天特青、80天特青、三月青菜心、广西的椰叶晚菜花等。

10.3.3 栽培技术原理与措施

各季节的栽培技术大致相似，基本都经过以下环节。

(1)整地与作畦　菜心在沙壤土和黏土均可生长。畦土要求适当细碎、平整。畦的大小和高低可根据土质、水位和灌溉条件而定。能保持耕作层潮湿，便于浇灌，不会积水便可。

(2)播种育苗与栽植　直播和育苗均可。早、中熟品种的生长期短或较短，多直播；晚熟品种可直播与移植栽培相结合。每公顷播种量3 750～4 500 g，播种前一般不需浸种催芽。宜撒播，播种要均匀。培育嫩壮苗是菜心优质、丰产的关键之一，为了培育嫩壮苗，应根据品种的发育特性，选定栽培季节，选择暖和天时播种，避免播后低温造成冷芽，导致提早花芽分化。及时间苗、移植，保持幼苗的适当营养面积，播后18～25 d，具四五片真叶及时定苗或移植。苗期适当追肥，保持土壤湿润和预防猝倒病、黄条跳甲、菜青虫等病虫危害。定苗或栽植的株行距，因不同品种、栽培季节与采收要求而异。早熟和中熟品种株型较小，株行距10 cm×15 cm，密度为315 000～705 000株/hm^2；晚熟品种株型较大，株行距15 cm×20 cm，180 000～315 000株/hm^2。定植后，随即浇水或薄施定根肥。定植宜浅，栽植深度在子叶之下。

(3)施肥灌溉　整地时每公顷一般施用腐熟禽畜粪(猪粪或鸡粪等)3 750～5 250 kg,生长期内施用 375～450 kg 复合肥,其中苗期施 75～150 kg,其余在菜薹形成期分次施用。施肥量根据土壤肥力、季节和采收情况而有所增减。菜心的根系浅,生长迅速,经常保持耕作层 70%～80%土壤相对湿度,水位保持畦面 20 cm 以下,不能积水。

(4)采收与包装　采收时,一般留 3～4 片基叶割取主薹,随后可利用基部腋芽形成侧薹。例如,菜心黄叶品种,主薹采收约 15 d,主薹采收后期侧薹开始采收,侧薹采收约 30 d,整个采收期约 40 d,侧薹产量占菜薹总产量的 60%左右。因此,采收侧薹可延长采收期和提高产量。但是,只收主薹还是主、侧薹兼收,应根据品种特性、栽培季节与栽培条件等而定。菜薹的采收标准一般是"齐口花",即菜薹与叶长等高并有初花时为适宜采收。按照出口要求,菜薹采收标准有薹高 10 cm、15 cm 不等,薹叶长度为薹高一半或等高。

10.4　叶用芥菜

叶用芥菜(leaf mustard),别名青菜、辣菜、苦菜、春菜。主要以叶片、叶球和叶柄为食用器官,为一、二年生草本植物。叶用芥菜可煮食、炒食或加工成各种风味的咸菜、泡菜等。叶用芥菜类型繁多,品种丰富,是中国栽培最普遍的芥菜类蔬菜,也是适应性最强的一类蔬菜。

10.4.1　生物学特性

10.4.1.1　植物学特征

叶用芥菜为直根系,主根较细,根基部略肥大,根群主要分布在 30 cm 左右的土层中。育苗移栽者,根系分布较浅。直播者,根系入土较深。

叶用芥菜的茎直立,营养生长期为短缩茎,有不明显的节,叶片着生在短缩茎上,有腋芽。生殖生长期,短缩茎的顶端抽生花茎。

叶用芥菜的子叶呈肾脏形,子叶后发生 2 片对生的真叶(称基生叶),与子叶形成十字形,以后的真叶互生在茎上,一般 5 片叶形成 1 个叶环,或 8 片叶形成 2 个叶环。第一叶环及以前的约 7 片叶,统称为本叶。第二叶环至第四叶环的叶面积增长迅速,为产品器官的形成和发育提供同化物质,为主要的功能叶,也是品种定型叶。不同品种叶片有椭圆、卵圆、倒卵圆、披针等叶状,叶全缘或有不同程度的缺刻,锯齿状或波状,或基部有浅裂和深裂,或全叶具有不同深浅的裂片。叶色有绿色、浅绿色、深绿色、黄绿色、绿间紫、紫色或紫红色。叶面平滑或波皱。叶背有蜡粉或茸毛。叶柄或中肋扁平、箭杆状,或在叶柄上有不同羽状的突起,或向内弯曲包心叶球。分蘖芥有许多腋芽。这些均是区分类型和品种的主要标志。

叶用芥菜为复总状花序,完全花,花冠黄色或白色,4 枚花瓣、4 枚雄蕊和 1 枚雌蕊,4 枚花瓣和 4 枚雄蕊均呈十字形排列。花型较白菜和甘蓝的为小。长角果,果荚成熟后易开裂。种子圆形或椭圆形,红褐色或红色,千粒重 1 g 左右。

10.4.1.2 生长发育周期

1)营养生长时期

(1)发芽出土期 自种子萌动开始至2片子叶完全展开,真叶显露。适宜温度为25 ℃,一般需5～6 d时间。

(2)幼苗期 从真叶显露至第一叶环形成,适宜温度为22 ℃左右。温度较高时,生长较快。早秋播种者,一般幼苗期需25～30 d,秋播者幼苗期需30 d左右,晚秋播种者幼苗期则需40～45 d。幼苗期的耐寒性较强,能耐−2～−1 ℃的低温或短期的−3 ℃,因此在南方露地可安全过冬。

(3)莲座期 第一叶环至第二叶环形成。类型及品种不同,叶片数目不完全一致,结球芥在10片左右,其他类型或品种常在16片左右。适宜温度为15～20 ℃,一般需20～30 d。

(4)产品器官形成期 一般形成两三个叶环后,进入产品器官形成期。最适平均温度为10～15 ℃,一般需30～60 d。此时,结球芥开始结球,分蘖芥腋芽开始发生分蘖,以叶柄或中肋供食者也开始加速叶柄或中肋的伸长及增厚。结球芥和分蘖芥进入产品器官形成期,莲座叶基本不再生长,但晚播的结球芥和分蘖芥,产品器官可与莲座叶同时增大。不结球或无分蘖的叶芥品种无明显的莲座期。结球芥类型对高温的适应性较差,10～15 ℃才能生长良好。散叶类型或幼苗供食的分蘖芥,如雪里蕻、南风芥、歪尾大芥菜等生长期较短,耐高温和低温的能力较强,可周年栽培。

2)生殖生长时期

叶芥经过冬季的低温条件后,在翌春温暖长日条件下抽薹、开花、结实。叶芥的冬性较弱,对低温的要求不严格,而对长日照较为敏感。芥菜抽薹开花主要因素可能是光照条件而不是温度因素,如重庆、四川的早芥菜秋播较早,当年就抽薹;三月青、鸡心芥等春播当年就抽薹开花结实。但多数分蘖芥品种和重庆、四川春不老的冬性较强,对低温要求严格,不易抽薹开花。

10.4.1.3 对环境条件的要求

叶芥菜性喜冷凉、湿润气候,较耐寒。适宜生长温度为15～20 ℃,不耐霜冻、炎热。但由于叶芥的类型和品种较多,对温度的适应性也不一致。

叶芥生长较快,水分蒸发量大,而根系入土较浅,要求湿润的环境,不耐干旱,但也不耐涝。要求土壤排水良好,又要保持土壤的湿润。

叶芥菜对土壤的适应性广,喜肥沃而保水性良好的土地,以壤土为宜。

10.4.2 类型与品种

芥菜的类型与品种较多,下面介绍叶用芥菜的11个变种和薹芥菜变种。

(1)大叶芥(var. *rugosa* Bailey) 植株较大,叶片宽大,裂叶较少,叶缘波状或钝锯齿状,叶柄狭长或较宽,叶色深绿、绿或绿色间血丝状条纹,中肋宽大,叶面平滑,无刺毛,无蜡粉。叶片长宽比约2.5∶1,叶柄不到叶长的1/10,中肋宽度小于或等于叶柄宽度。适应性很强,全国各地均有栽培,主要分布在中国南方各省,大面积的栽培主要在福建、重庆、四川、浙江、湖南等地。可鲜食或加工。

(2)小叶芥(var. *foliosa* Bailey) 叶片椭圆形、长椭圆形或倒卵形,长50～74 cm,宽20～27 cm;叶柄长18～34 cm,宽2.2～3.0 cm,横断面呈半圆形。叶片长宽比约1.8∶1,叶柄长接近叶长的4/10,中肋宽度小于叶柄宽度。小叶芥在中国广为栽培,以四川、重庆、福建、云南、贵州、河南等地种植较多。

(3)白花芥(var. *leucanthus* Chen et Yang) 叶片长椭圆形,长 74～81 cm,宽 25～29 cm;叶柄长 27～33 cm,宽 2.6～3.7 cm,横断面呈半圆形。叶片长宽比约 1.7∶1,叶柄长为叶长的 4/10 左右,中肋宽度小于叶柄宽度。开白花,花冠开花直径 2.1～2.2 cm。只分布在四川南部,供鲜食,亦可盐渍或作青饲料。

(4)花叶芥(var. *multisecta* Bailey) 植株丛生,叶缘有深缺刻,基部深裂,叶片细碎。常以叶缘细裂程度而定名。叶片长宽比约 2.5∶1,叶柄长度为叶长的 2/10 左右,中肋宽度小于叶柄宽度。中国南北各省均有栽培,但以浙江、江苏、上海最多。

(5)长柄芥(var. *longepetiolata* Yang et Chen) 叶片阔卵形或扇形,叶缘深裂或全裂,多褶皱,两侧略向内卷,掌状网脉,横断面呈半圆形;中肋裂变成 3～5 个分枝,上面着生阔卵形或圆扇形裂片,呈假复叶状。叶片长宽比约 0.8∶1。叶柄长为叶长 6/10 左右。主要分布重庆、四川。耐肥、耐寒、质地柔嫩、芥辣味淡,鲜食为主,煮食或炒食具浓郁的清香味。

(6)凤尾芥(var. *linearifolia* Sun) 叶片披针形,横断面近圆形。叶片长宽比约 6∶1,叶柄长为叶长的 1/10 左右,中肋宽度小于叶柄宽度。分布在重庆、四川等地。

(7)叶瘤芥(var. *strumata* Tsen et Lee) 植株不分蘖,中等大小,叶近圆形,叶缘有细锯齿,叶柄与中肋发达,叶柄与中肋交界处内侧着生一瘤状突起。主要分布在长江流域部分省市,尤以重庆、四川品种为多。

(8)宽柄芥(var. *latipa* Li) 叶片椭圆形、卵形或倒卵形,横断面呈扁弧形。叶片长宽比约 1.5∶1,叶柄长不到叶长的 1/10,中肋宽与叶宽之比约 2.5∶1。分布在南方各省,主要在重庆、四川。耐肥、耐寒,质地柔嫩,以鲜食为主,芥辣味淡。

(9)卷心芥(var. *involuta* Yang et Chen) 叶片密集生长,阔而平滑,叶柄短而宽,植株叶柄扁宽,心叶外露,折叠包合成卷心状,合抱体结实。可鲜食,也可加工腌渍或作泡菜。主要分布在重庆、四川、湖南、贵州、云南等地,尤以四川品种为多。

(10)结球芥(var. *capitata* Hort) 植株叶片宽大,中肋短而宽,六七叶开始结球,叶球坚实。芥辣味淡,多汁而脆嫩,以加工腌渍或酸菜为主。主要分布在华南各省,尤以广东的澄海、汕头和福建的厦门等地方品种较多。

(11)分蘖芥(var. *multiceps* Tsen et Lee) 分蘖性极强,单株分蘖侧芽数十个,植株丛生,叶片小而狭长,叶倒卵形或鸡啄叶形,叶缘有锯齿或缺裂,叶柄细而圆,叶色有黄绿、绿、紫绿等。叶形变异较大,可分成板叶和散叶 2 种类型。分蘖芥的抗病力较强。味辛辣,适于加工腌渍,腌制后风味鲜美。中国长江中下游地区及北方各省广泛栽培,以浙江、江苏、湖南最多。

(12)薹芥菜(var. *utilis* Li) 花茎或侧薹发达,柔嫩多汁,是主要的食用部分。薹芥在江苏、浙江、河南、广东等省都有栽培,主作鲜食。按花茎和侧薹的多少及肥大程度,可分为单薹和多薹 2 个基本类型。

10.4.3 栽培季节与茬口安排

叶芥菜生长期较短,耐热性较差,适宜在冷凉湿润的秋季栽培,冬性强的品种也可春季栽培。华南、西南和华东地区以秋播为主,一般 9～10 月份播种,冬季或翌春收获。耐热、耐病的早熟品种可提早到 8 月上中旬播种,甚至夏季也能栽培,12 月份到翌年 1 月份收获;耐病力弱，抽薹迟的晚熟品种可延迟到9月下旬至10月上旬播种；春季栽培应选择不易抽薹的品种，一般在4月份播种。在北方多是露地栽培，一般8月份播种，于霜冻前收获。

10.4.4 栽培技术原理与措施

10.4.4.1 播种及育苗

叶芥菜栽培多用育苗移栽，但春、夏季栽培或以幼小植株为食的品种可直播，在病毒病严重的地区，为避免高温而延期播种，也常直播。北方一般也都直播栽培。直播一般为开沟条播，行距25～30 cm，出苗后间苗两三次，苗高15 cm左右，具五六片真叶时定苗，株距10～15 cm。

芥菜种子是蔬菜种子中最小的一类，苗床土要求精细。苗床土以选用近几年未种过十字花科作物的沙壤土为好，然后施足基肥，适当稀播，及时间苗，才能培育出壮苗。为播种均匀，可与细沙或细土混匀而操作，播种后立即覆盖0.5 cm的细土。早秋播种由于高温或阵雨频繁，出苗率较低和幼苗易受病害雨水侵害，播种量可适当增加；晚播播种者，由于气候温和，可适当减少播种量。从播种到出苗，苗床表面须保持湿润，最好用碎草覆盖，出苗后再及时除去覆盖物。苗期一般处在高温期，可用网纱围成小拱棚来防止蚜虫对病毒病的传播，如果温度过高，还可在网纱的小拱棚上再覆盖其他遮阳降温材料。

10.4.4.2 整地与栽植

叶芥菜栽培不宜与十字花科作物连作。栽植或播种前每公顷施腐熟有机肥15 000～30 000 kg、过磷酸钙150～300 kg、草木灰1 000～1 500 kg或钾肥150 kg作基肥。翻犁耙磨平整后即可播种或定植。早秋播种的苗龄约25 d，秋播的苗龄30 d左右，晚秋播的苗龄约40 d。叶芥菜发根缓慢，在移栽时应尽量带土以减少对根的伤害，定植后及时浇水，保持土壤湿润，促进缓苗。一般中晚熟品种行距40～50 cm，株距30～35 cm，每公顷60 000～75 000株。早熟或株型小的品种行距为33～40 cm，株距为25～33 cm，每公顷90 000～105 000株。雪里蕻株行距均为25 cm×33 cm即可。

10.4.4.3 田间管理

长江秋、冬季阴雨天气较多，故除定植较早的在秋旱时适当浇水外，一般不需灌溉，但要注意排水。但在干旱地区栽培要注意浇水。追肥以氮肥为主，但适当配以磷、钾肥，可以使植株生长更健壮，增强抗病性和提高产量与质量，尤其对以肥大的中肋及叶柄为主要产品的品种更应注意配施磷、钾肥。在开始分蘖时进行追肥，15 d后再施肥1次。一般，早秋栽培准备在冬前采收的，由于前期气温较高，生长快，应及早追肥，以免造成脱肥现象；南方晚秋播种的越冬芥菜，幼苗期用肥要轻，否则易受冻害，在入冬前于行间施厩肥，起保暖和提高植株抗寒力的作用，开春后气温回升，及时追肥，促进叶丛生长，避免提早抽薹。在植株生长旺期，追施尿素一两次，每公顷150 kg左右，或腐熟人粪尿7 500～11 250 kg。追肥后及时灌水，促进肥料的充分吸收。加工用的芥菜，在采收前15 d左右，停止追肥并控制水分，避免产品器官含水过多，不耐贮运。

10.4.4.4 采收

南方地区早秋播种的一般11～12月份采收。秋播和晚秋播种的早熟品种在翌年2～3月份采收，晚熟品种在4月份采收。以幼小植株供食的播后30～60 d采收，如金丝芥和银丝芥，定植后40 d可以随时采收。以剥叶为采收方法的品种，待第5～6片叶充分长大和外叶边缘开始发黄时，可每次剥2～3片叶；春季采收的雪里蕻，以开始抽薹、分蘖高17～22 cm为宜。华南、西南和华东以秋播为主，于冬季或翌春收获。在北方露地栽培于霜冻前收获。

10.5 其他白菜类蔬菜

10.5.1 薹菜

薹菜(*B. campetris* L. ssp. *Chinensis* var. *tai-tsai* Hort.)原产中国,主要分布在黄、淮河流域。以嫩叶、叶柄、嫩茎和肉质根为食用器官。

10.5.1.1 生物学特性

薹菜耐寒性强,适应性广,生长适温为 10～20 ℃,低于 10 ℃生长缓慢,温度过高纤维发达,并产生苦味,品质下降。冬性较强,在 2～5 ℃低温下花叶薹菜需 30～50 d、圆叶薹菜约需 45 d 通过春化,13 h 日照抽薹开花。

薹菜主要有圆叶类型和花叶薹菜 2 个品种类型。

10.5.1.2 栽培技术要点

山东、江苏等地栽培薹菜主要分秋冬和早春 2 季,个别地区进行软化栽培。秋季栽培于 8 月中旬至 9 月中旬分期播种,陆续收获。晚播的后期设风障或盖塑料薄膜,冬春季供应。播种时一般撒播或条播,播种量 250～300 g/667 m^2,出苗后间苗 2 次,定苗时株行距为 10～15 cm。冬前适当浇水施肥,但不宜过多,以免徒长。冻前浇水,畦面覆草防寒。翌年 2 月下旬至 3 月上旬浇返青水并适当施肥,叶高 25～30 cm 时连根收获。

早春栽培于 2 月下旬至 3 月上旬分期播种,播后 1 个月内夜间适当防寒,出苗后及时间苗、定苗,苗距 12 cm×12 cm,并及时浇水施肥,一般播种后 50～60 d 开始采收上市。

10.5.2 茎用芥菜

茎用芥菜[*Brassica juncea*(L.) Czern. et Coss]主产于中国南方,尤其是重庆、浙江、四川等省市栽培面积较大。近年来,北方地区,如山东省也有栽培。茎用芥菜以膨大的茎供食,营养丰富,可凉拌、炒食或腌制,其加工产品为榨菜,中国是世界上唯一生产榨菜的国家。

10.5.2.1 生物学特性

茎用芥菜侧根和须根范围较大,主根可入土 30 cm 以上,主要分布在 0～20 cm 的土层内。茎为短缩茎,有不明显的节,上生叶片,并具叶芽。在生长的中后期茎伸长、膨大,并在节间形成瘤状突起,其形状依变种和品种而异。叶片着生在短缩茎上,有多种形状,如全碎叶、半碎叶、椭圆叶、倒卵叶等,有绿、深绿、紫红等多种颜色。花系复总状花序。开花时间为 4～18 时,授粉最佳时间为 10～16 时。自交结实率高,各品种间可杂交。果实为长角果,每果实内有 10～20 粒种子,千粒重 1 g 左右。

茎用芥菜喜冷凉、湿润环境,比较不耐霜冻和炎热。温度对出苗期影响较大。温度高,出苗快。苗期对温度的适应范围较广,较耐热和耐寒。其适宜生长温度为 15～25 ℃。瘤茎膨大适宜的温度为 8～13.6 ℃。花芽分化适宜温度为 20 ℃左右。现蕾、抽薹开花的适宜温度为 20～25 ℃。

茎用芥菜对日照要求不高,但光照时数对其生长发育有一定的影响。在温度较低、日照较短,特别是昼夜温差大的环境下,瘤茎更易膨大,因为此条件有利于养分转运贮藏而形成肥大的肉质茎。日照太长，不利于瘤状茎膨大。温暖的长日条件有利现蕾、抽薹、开花。

茎用芥菜喜湿润环境，对水分总量要求不高，但较严格。根系入土较浅，不耐干旱也不耐涝。要求土壤排水良好，又要保持土壤的湿润。水分太少会影响根系和植株生长，还会使蚜虫增至最多，不利于抑制病毒病，同时也会影响品质。

茎用芥菜对土壤养分要求较高，对氮、磷、钾3要素都有一定的要求。施肥的最佳组合为：氮 386 kg/hm^2、磷 34 kg/hm^2、钾 106 kg/hm^2。虽然需氮量较高，但偏施氮肥易造成徒长和瘤状茎空心。此外，植株的正常发育对其他的必需元素也有一定的要求。

茎用芥菜有茎瘤芥（var. *tumida* Tsen et Lee）、笋子芥（var. *crassicaulis* Chen et Yang）、抱子芥（var. *gemmifera* Lee et Lin）3个变种。

茎用芥菜栽培地块还要注意远离病毒源（十字花科）植物。深耕 25 cm 左右，然后开沟作畦。作畦方式因各地气候土壤条件而异。一般重庆产区作宽 1.2～1.6 m、高 13～16 cm 畦，利于排水，减少软茎腐病。浙江产区雨水较多，可适当提高畦面以利排水。一般畦面都用地膜覆盖，可促进植株生长，增强抗性，降低空心率。

10.5.2.2　栽培技术要点

一般基肥施用量为：腐熟人畜粪 15 000～22 500 kg/hm^2、尿素 150 kg/hm^2、碳酸氢铵 225 kg/hm^2、过磷酸钙 300～450 kg/hm^2、氯化钾 100 kg/hm^2。施磷、钾基肥，可提高植株干物质的积累，从而提高膨大茎的产量和品质。在缺硼地区，应增施 10 kg/hm^2 左右硼砂作基肥。

目前生产上大多数采用育苗而后移栽，也有少数地区用直播。苗床畦宽 1.3～1.5 m，畦长随地形而定，沟宽 18～24 cm，沟深 13～16 cm，每 667 m^2 苗床用种量 0.4～0.5 kg，可定植大田 0.7～1.0 hm^2。出现真叶一两片时间苗 1 次，3～4 片时再间苗 1 次，定植时一般幼苗有五六片叶片，适期播种的苗龄为 30～35 d 较为合适。

一般栽植密度为 4 000～6 000 株/667 m^2，而浙江为 10 000～12 000 株/667 m^2，定植后第一次追肥在长出五六片叶时进行，施用人粪尿时可混入少量尿素（75 kg/hm^2），以促进叶片生长，并为茎的膨大打下基础；第二次追肥在形成十五六片叶时进行，此时茎与叶的生长速度进入高峰，追肥时要增加水粪用量和浓度，同时混入尿素 75 kg/hm^2；第三次追肥在瘤茎进入大量生长期时进行。

采收期是在菜头已充分膨大、刚现绿色花蕾的时候，一般在 2 月上中旬。浙江北部产区一般在 4 月上旬植株开始现蕾时为最佳采收期。

茎用芥菜留种应选择菜头形状良好、具备品种特性、生长健壮、无病虫害、抽薹一致的植株留种。种株一般不移植，移植成活缓慢，易发生软腐病，种子产量减少。茎用芥菜是天然异花授粉作物，留种地应与其他芥菜和品种隔离，以保持品种纯度。

思考题

1. 白菜类蔬菜在生长发育与栽培上有哪些共性？
2. 大白菜有哪几个变种及结球类型？
3. 大白菜生长发育周期分为哪些阶段？其各自特点何在？
4. 秋季栽培的大白菜通常具备哪些特点？

5. 春季大白菜栽培技术要点有哪些?
6. 简述薹菜的分布地区及栽培技术要点。
7. 芥菜的主要变种及其分布有哪些特点?
8. 叶用芥菜、茎用芥菜和根芥菜的主要栽培技术措施有哪些?

11

CHAPTER

甘蓝类蔬菜栽培

甘蓝类蔬菜均属于十字花科芸薹属甘蓝种(*Brassica oleracea* L.),包括结球甘蓝、皱叶甘蓝、红甘蓝、抱子甘蓝、羽衣甘蓝、球茎甘蓝、花椰菜、青花菜和芥蓝等。该类蔬菜均具有肥厚、呈蓝绿色、被蜡粉的叶片,叶脉明显,花及种子较白菜的大。属低温长日照作物,绿体春化型。

甘蓝类蔬菜的食用部位包括叶球、短缩的花薹、球茎和侧芽等,其叶片均具有肥厚、蓝绿色蜡粉明显和波状叶缘等特点。甘蓝类蔬菜对营养的要求是:氮、磷、钾的比例约为 1∶0.3∶1.3,而且是蔬菜中尤为喜钙的作物。当土壤缺钙或生理缺钙时,易出现心叶边缘干枯等缺钙症状,影响产量和品质。

11.1 结球甘蓝

结球甘蓝(*Brassica oleracea* var. *capitata* L.)简称甘蓝,别名包菜、洋白菜、卷心菜、圆白菜、莲花白、茴子白等,是芸薹属甘蓝种中顶芽和腋芽能形成叶球的一个变种,起源于地中海至北海沿岸,由不结球的野生甘蓝演化而来。很早以前,野生甘蓝的某些类型就已被古罗马和希腊人所食用,后逐渐传播到欧洲各国栽培、改良和演化,至 13 世纪欧洲开始出现结球甘蓝类型,16 世纪传入加拿大,17 世纪传入美国,18 世纪传入日本,1690 年前从苏联等国家经陆路传入中国。

结球甘蓝适应性及抗逆性较强,易栽培、产量高、耐贮运。其产品营养丰富,每 100 g 食用部分含水 94.4 g、蛋白质 1.1 g、脂肪 0.2 g、碳水化合物 3.4 g、粗纤维 0.5 g、胡萝卜素 0.02 g、硫胺素(维生素 B_1)0.04 mg、核黄素(维生素 B_2)0.04 mg、烟酸 0.3 mg、抗坏血酸 38～39 mg、钙 32 mg、磷 24 mg、铁 0.3 mg 及其他多种微量元素。球叶质地脆嫩,可炒食、煮食、凉拌、腌渍或干制,外叶可作饲料。结球甘蓝在世界各地普遍种植,是欧、美各国的主要蔬菜,也是中国的主要蔬菜作物之一,在蔬菜的周年供应中占有重要地位。

11.1.1 生物学特性

11.1.1.1 植物学特征

结球甘蓝为圆锥根系,主根基部肥大,能生成许多侧根,在主、侧根上发生须根,形成较密集的吸收根群，其主要根群分布在 30 cm 耕层中，横向伸展半径 80 cm。抗干旱能力不强。断根后再生能力很强，适宜育苗移栽。

结球甘蓝茎可分为营养生长期的短缩茎和生殖生长期的花茎。短缩茎有在叶球外着生外叶的外短缩茎和叶球内着生球叶的内短缩茎（叶球中心柱）之分。内短缩茎越短，叶球抱合越紧密，冬性也较强。植株通过春化后抽生花茎，花茎高大，可生分枝，主侧枝上形成花序。

结球甘蓝叶片在不同时期形态不同，基生叶和幼苗叶具有明显叶柄；莲座叶叶柄逐渐变短，直至无叶柄，开始结球。初生叶较小，倒卵圆形，中晚熟品种的叶柄明显，叶缘有缺刻，随着生长，逐渐长出较大的中生叶，即莲座叶，是主要的同化器官。根据叶的形态可判断品种特征、生长进程，一般在莲座末期出现结球姿态，叶色由黄绿、深绿至蓝绿。叶面光滑，叶肉厚，覆有灰白色蜡粉，可减少水分蒸腾，抗旱和耐热力较强。叶序为 2/5 或是 3/8，有左旋和右旋 2 种。

结球甘蓝花为淡黄色，复总状花序，完全花，萼片、花瓣 4 枚，每株花数 800～2 000 朵，花粉及柱头的生活力以开花当天最强。柱头在开花前 6 d 和开花后 2～3 d 有受精能力，花粉在开花前 2 d 和开花后 1 d 均有生活力，为异花授粉作物，自然杂交率可达 70%，自交常产生不亲和现象。

结球甘蓝果实为长角果，圆柱形，表面光滑，内有隔膜，种子着生在隔膜两侧。授粉后 40～55 d 种子成熟，成熟的种子为红褐色或黑褐色，圆球形，无光泽，千粒重 3.3～4.5 g，在自然条件下，北方干燥地区种子使用年限为 2～3 年。

11.1.1.2 生长发育周期

结球甘蓝为典型的 2 年生草本植物。第一年形成叶球，完成营养生长，经冬季强制休眠后，第二年春、夏季开花结实，完成整个生育周期（图 11-1）。

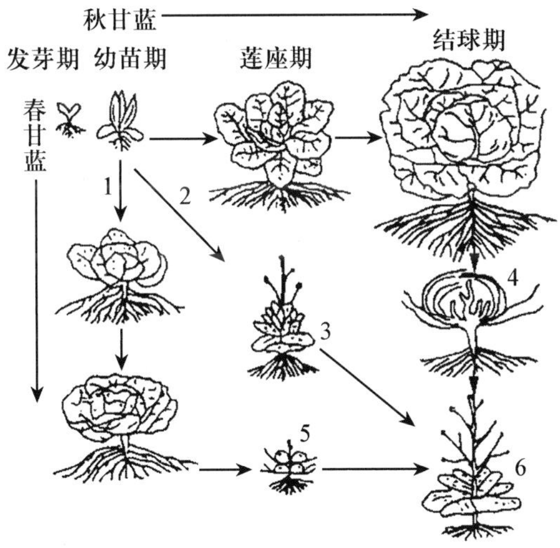

图 11-1 结球甘蓝生长周期示意图（岩间诚，1976）

1. 小苗越冬 2. 人苗越冬（低温花芽分化） 3. 未熟抽薹（高温、长日照） 4. 球内抽薹 5. 侧芽结球（低温越冬） 6. 开花（高温、长日照）

（1）发芽期 从播种到第一对基生叶展开形成十字形为发芽期。发芽期的长短因季节而异，夏、秋季 10～15 d，冬、春季 15～20 d。

(2)幼苗期　从基生叶展开到第一叶环形成并达到团棵。早熟品种 5 片、中晚熟品种 8 片叶展平，夏、秋季育苗需 25～30 d，冬、春季育苗 40～60 d。

(3)莲座期　形成第二叶和第三个叶环，到开始结球。所需天数因品种而异，早熟品种约 25 d，晚熟品种约 35 d。

(4)结球期　从心叶开始包心到叶球形成，早熟品种约需 25 d，晚熟品种需 35～45 d。在正常条件下，叶球经过冬贮休眠，翌春转入生殖生长期，依次进入抽薹期、开花期和结荚期，各期分别历时 25～40 d、30～35 d 和 30～40 d。

11.1.1.3　对环境条件的要求

结球甘蓝对环境条件的适应性比大白菜广，抗性也较强。结球甘蓝喜温和冷凉气候，但对寒冷和高温也有一定的忍耐力。种子在 2～3 ℃时开始发芽，但极为缓慢，地温升高到 8 ℃ 以上幼芽才能出土，18～25 ℃时 2～3 d 就能出苗。幼苗的耐寒力随苗龄增加而提高，刚出土的幼苗耐寒力弱，具有 6～8 片叶的健壮幼苗能耐较长时间－2～－1 ℃及较短期－5～－3 ℃的低温，经低温锻炼的幼苗可耐极短期－10～－8 ℃的严寒；幼苗也能适应 25～30 ℃高温。莲座叶可在 7～25 ℃下生长，温度超过 25 ℃且土壤潮湿时莲座叶易徒长而推迟结球。高温干旱时，叶形狭长，叶片变小，中肋明显突出，呈现船底形，影响结球。结球期的适温为 15～20 ℃，中熟品种在 22 ℃下也能结球，温度过高，呼吸消耗增加，物质积累减少，致使叶片生长不良，不易结球或叶球松散。较大的昼夜温差有利养分积累和叶球充实。球叶生长适温为 13～18 ℃，10 ℃左右仍可缓慢生长，成熟叶球有一定的耐寒力，早熟品种可耐短期－5～－3 ℃，中、晚熟品种能耐短期－8～－5 ℃的低温。抽薹开花期的抗寒力很弱，10 ℃以下影响正常结实，花薹遇－3～－1 ℃的低温受冻。

结球甘蓝的根系分布浅，且叶片大，蒸腾量较大。在 80%～90%的空气相对湿度和 70%～80%的田间最大持水量时生长良好，对土壤湿度的要求比较严格。空气干燥，土壤水分不足时，植株生长缓慢包心延迟，加之温度高时易引起基部老叶干枯脱落，茎秃露、叶球小而疏松，严重时不能结球。结球期更需较多的水分，据对甘蓝根的解剖研究表明，因结球期根中的次生木质部占的比例比次生韧皮部几乎大 2 倍，木质部中的导管数多，口径大，吸水量大，向上运送水分也快。但是如果雨水过多，土壤排水不良，往往使根系因渍水而变褐死亡。

甘蓝为长日照植物，在通过春化前，长日照有利植株生长。甘蓝对光照强度的适应范围广，光饱和点为 1 441.0 $\mu mol/(m^2 \cdot s)$，光补偿点 47.0 $\mu mol/(m^2 \cdot s)$。所以在阴雨天多、光照弱的南方和光照充足的北方都能生长良好。在高温季节，与玉米等高秆作物间作适当遮阳降温，可使夏季甘蓝生长良好，比单作提高产量 20%～30%。

结球甘蓝对土壤适应性较强，从沙壤土到黏壤土都能种植。在中性到微酸性(pH 5.5～5.6)土壤上生长良好。据山西省农业科学院调查，甘蓝在含盐量达 0.75%～1.20%的盐渍土上能正常生长与结球。结球甘蓝是喜肥蔬菜，对土壤营养元素的吸收量比一般蔬菜多。幼苗期和莲座期需氮较多，磷、钾次之；结球期需要磷、钾相对增多。其吸收比例为 $N : P_2O_5 : K_2O = 3 : 1 : 4$。营养不足时，植株生长差，外叶光合作用减弱，叶球发育不良，甚至不能结球。在氮肥充足，磷、钾配比适当时，净菜率较高，偏施氮肥，则净菜率降低。此外，钙、镁、硫也是甘蓝生长和叶球发育的必需营养元素。缺钙易引起球叶边缘枯萎而成干烧心。

11.1.1.4 发育条件和叶球形成

1)生长发育特性

结球甘蓝属低温长日照作物,也是典型的绿体春化型蔬菜,通过春化时要求的条件比较严格,需要一定大小的幼苗和一定时期的低温。甘蓝植株须长到一定大小后才能感应低温,一般早熟品种长到4～6叶,茎粗0.6 cm以上;中、晚熟品种长到6～8叶,茎粗0.8 cm以上方可接受低温,通过春化,最终引起生长点花芽分化。过小的幼苗即使在低温下也不能使RNA产生质变而合成促进花芽分化的成花素。

结球甘蓝通过春化的适宜温度为10 ℃以下,在2～5 ℃完成春化更快,长期在17 ℃及以上时不能通过春化,也不会抽薹开花。不同品种对春化温度的要求有差别,早熟品种所需的温度高些,温度范围也宽些,中晚熟品种则相反。

通过春化所需的低温时间因品种和温度而异,通常早熟品种所需的时间比较短,为30～40 d,中熟品种为40～60 d,晚熟品种为60～90 d。在适宜春化的温度范围内,温度越低,通过春化所需的时间越短。

结球甘蓝春化期间要求足够的连续性低温期,春化过程中如遇高温或夜间高温均能破坏低温感应,中途停止春化,使植株在不同程度上转向营养生长,称春化的"逆转"。以后条件适宜时,该时期的生长点再感应低温,进行春化。因此,在甘蓝采种株上常出现同一株或同一花枝上,部分枝条开花,部分枝条不开花,长出小叶甚至包成小叶球;开花枝上着生的花蕾少,花器发育不健全,易脱落或不易结籽。同时,如果春化期内的温度不够低或低温时间不充足,植株通过春化不充分,抽薹不完全,开花和结籽也少。所以,甘蓝的采种母株必须在适宜春化的温度下经历够长的时期,使其顺利完成春化,以利抽薹开花。

结球甘蓝茎上不同部位的芽对低温的反应也不同,顶芽及茎上部的芽发育年龄老,容易感应低温而形成花芽,下部的芽不易接受低温影响而处于营养生长状态。

凡是对春化诸条件要求严格的品种,称冬性强的品种。对春化条件要求不太严格的品种为冬性弱的品种,生产过程中容易满足其对春化条件的要求,不时出现未熟抽薹现象,应采取有效措施加以预防。

甘蓝开始花芽分化的时间因品种而异,据研究,8月上旬播种的金早生11月中旬开始分化花芽,8～9月份播种的北京早熟翌年1月上旬开始分化花芽。

花芽分化后,长日照可促进抽薹开花,但品种间对光照条件的反应存在差异。尖球形及扁圆形品种对光照要求不严格,而圆球形品种则须经过较长的感光期才抽薹开花。通常每天15～17 h的长日照,可提前开花,而10～12 h的短日照会延迟抽薹、开花。甘蓝各品种的抽薹开花期也迟早不一,杂交制种时应注意这一特性。

2)叶球形成

当结球甘蓝的外叶增长到一定数量,早熟品种15～20片,中熟品种20～30片,晚熟品种30片以上时即开始结球。叶球的球叶数,品种间差异较大,早熟品种30～50片,中熟品种50～70片,晚熟品种70片以上。但决定叶球重量的主要球叶为由外向内的1～4个叶环。

结球是甘蓝在自身演化、人工选择和适应不良环境过程中形成的遗传特性。国内外的学者普遍认为结球主要受光和温度的影响,当叶片受到的光照减弱至阴暗时,叶片趋向竖立生长并向内弯曲,构成结球态势,外叶对内部球叶起着遮光和某种维持叶球形成的作用。同时,因叶子叶背部分的生长素含量多,细胞分裂和生长快,也使叶向内弯曲。生长素含量和植株碳水化合物以及肥水条件对结球有影响。在适宜温度和一定昼夜温差条件下，叶片的横向生长快于纵向生长，叶柄变短直至没有叶柄，叶片基部加厚，形成有利结球的叶形。温度过高时，叶形变狭长，中肋向外突出，不易结球。

叶球是贮藏器官，其养分积累来源于外叶，叶球的充实程度和重量由球叶数和球叶重决定。在正常的栽培条件下，甘蓝长有一定叶数后开始结球，形成产量。但是，如果品种选择不当，育苗后期或定植初期遇有低温等，可促使甘蓝提早抽薹现蕾而不形成叶球，这种在形成叶球产品前就抽薹开花的现象称"先期抽薹"或"未熟抽薹"。

11.1.2 类型与品种

结球甘蓝依叶片特征可分为普通甘蓝、皱叶甘蓝和紫叶甘蓝。皱叶甘蓝叶片绿色，叶面皱缩；紫叶甘蓝的叶球为紫红色。我国主要栽培普通甘蓝。依据叶球形状可分为尖头、圆头和平头 3 种类型。

尖头类型：植株较小，叶球小而呈牛心形，叶片长卵形，中肋粗，内茎长，从定植到叶球收获为 50～70 d，多为早熟或早中熟品种。冬性较强，不易先期抽薹，如大牛心、小牛心、鸡心甘蓝等。

圆头类型：叶球顶部圆形，整个叶球呈圆球形或高桩圆球形。外叶少而生长紧密，叶球紧实，多为中、早熟品种。如金早生、中甘 11 号和 12 号、荷兰 3012、圆春、庆丰及寒光等。

平头类型：叶球顶部扁平，整个叶球扁圆形。从定植到收获 70～120 d，为中、晚熟品种，如黑叶小平头、黄苗、夏光、京丰 1 号和晚丰等。

11.1.3 栽培季节与茬口安排

从对温度条件的适应性看，结球甘蓝是一种耐寒而适应性广的蔬菜。南方地区选用适宜品种，排开播种，可实现周年供应。每年主要有两三茬，一是秋季播种冬季收获，称为秋甘蓝或秋冬甘蓝；二是 10 月中下旬播种，幼苗越冬，翌年 5～6 月份收获，称为春甘蓝；三是夏甘蓝，多在 3～4 月份播种育苗，5～6 月份栽植，8～9 月份收获。北方地区露地和设施生产相结合，可多茬次栽培，分为早春、春、夏、秋、越冬及保护地甘蓝等茬次，可实现周年供应。结球甘蓝还可与玉米、棉花、番茄、豆类、瓜类等间作套种。

11.1.4 栽培技术原理与措施

11.1.4.1 早熟甘蓝栽培

北方地区春季利用不同形式的保护设施栽培甘蓝，以提早收获，这对缓解北方早春淡季蔬菜供应有重要作用，经济效益也较高。春季早熟甘蓝的保护形式有多种，但生产成本较低、早熟效果好、栽培面积较大的是小拱棚栽培，其次是改良地膜和温室栽培。

1)整地与施基肥

整地时施有机基肥 75 000 kg/hm^2、过磷酸钙 750 kg，翻地整平后作畦。宽畦 1～1.4 m，种三四行，小拱棚高 0.5～0.7 m；2 m 宽畦栽 6 行甘蓝，小拱棚高 0.8～1.3 m。

2)播种育苗

小拱棚甘蓝 12 月中下旬至 1 月上中旬在温室、温床或改良阳畦内播种育苗，用冬性强的中甘 11 号和 12 号、8398、荷兰 3012 等。

培育壮苗是早熟丰产的基础。壮苗的标准是:具有 6～8 片叶,下胚轴和节间短,叶片厚,色泽深,茎粗壮,根群发达;定植后缓苗快,对不良环境和病害抵抗能力强。

苗床应配制肥沃而物理性状良好的营养土,浇透水,干籽播种。播种量为 3～4 g/m^2。覆土 0.5～0.8 cm。为防止猝倒病发生,撒种及覆土后分别用 50%多菌灵可湿粉剂或 70%甲基托布津可湿粉剂 8～10 g/m^2 进行土壤消毒。

播种后苗床保持 20～25 ℃;出苗后以白天 15～20 ℃、夜间 5～8 ℃为宜;分苗后白天 20 ℃左右、夜间 10 ℃左右,以利根系生长;缓苗后适当降温,白天 15～20 ℃,夜间 8 ℃以上,以防幼苗感应低温而进行春化,导致先期抽薹。此外,应尽量加强光照,延长光照时间,使幼苗生长健壮。注意通风降湿,防止病害发生及幼苗徒长。

3～4 片叶时进行分苗,扩大秧苗营养面积,以利培育壮苗。分苗株行距 10～12 cm 见方。分苗前 3 d 适当降温、降湿,以增强秧苗抗逆性,分苗应在晴天上午或中午进行。

幼苗长到 6～8 片叶即可定植,起苗前 7～10 d 要进行降温炼苗,以利栽后缓苗和恢复生长。

3)定植

当棚内 10 cm 地温达 5 ℃时定植,穴栽,株距 30～40 cm,栽植密度 75 000～90 000 株/hm^2,穴施尿素 112.5 kg/hm^2 作基肥,栽后立即浇水。

4)田间管理

栽后 1 周左右浇缓苗水,缓苗后选晴天揭膜中耕,以保墒和提高地温,开始包心时再追肥浇水,此后保持土壤湿润。定植后 1 周内不通风,温度低时夜间加盖草席或纸被保温,以后白天棚温保持 18～20 ℃,夜间 10 ℃左右,25 ℃ 以上时通风降温,防止灼苗。

棚内温度高、湿度大时,甘蓝外叶容易徒长,延迟结球,甚至不结球。定植后 25～30 d,少数植株开始包心时撤棚,撤棚前 1～2 d 浇小水,浅锄 1 次。撤棚过迟,包球不紧,产量低,收获也迟。

小拱棚栽培甘蓝,棚内气温和地温升高早而快,低温时间短,营养生长良好,抽薹少,能提早收获 15 d 左右。棚内甘蓝可与西葫芦、甜椒和菜豆等进行隔畦间作,先栽甘蓝,后栽果菜,再用甘蓝畦上的小棚覆盖果菜,一膜两用。

5)采收

叶球充实后应及时收获,收获时宜带 2 片外叶作保护叶,结球不整齐的田块应分期采收上市。

11.1.4.2 春露地甘蓝栽培

栽植春甘蓝的地块多为冬闲地,应提前深翻并施腐熟有机肥 75 000 kg/hm^2 以上,过磷酸钙 750 kg,翻地整平后做成平畦或小高畦,高畦畦面宽 50～60 cm,畦高 15～20 cm。

春甘蓝在长江流域 10 月份播种,华南地区 11～12 月份播种或栽植,幼苗越冬,翌年 5～6 月份收获,历时 7～8 个月。宜选用冬性强的品种。华北大部分地区 1 月底至 2 月初阳畦播种或 2 月上旬温室播种,分苗于阳畦,东北或西北地区 2 月上旬温室播种。

南方宜在冬至前定植,中原地区 3 月上中旬定植,华北北部和东北等地 4 月下旬至 5 月初定植。栽植过早,易遇低温而引起先期抽薹;定植过迟,幼苗在苗床内拥挤,外茎伸长,叶片生长受抑制,定植后缓苗慢。早定植时宜穴栽,浇定植水,晚栽时畦浇或沟灌。栽植密度为早熟品种 80 000 株/hm^2,中晚熟品种 30 000～40 000 株/hm^2。定植前或定植后覆盖地膜,是春甘蓝栽培必备的技术措施。

浇缓苗水后连续中耕 2～3 次，促根系生长，蹲苗 10 d 左右，土壤干燥时浇水。春甘蓝缓苗期间因气温低，根系吸收磷素减少，碳水化合物运转受阻，导致花青素的积累而呈现紫苗现象，一般可持续 15～20 d，紫苗转绿时表明缓苗结束，开始生长新叶。定植锻炼好的壮苗和改进起苗与定植技术可缩短紫苗期。结球初期，外叶和球叶同时生长，需肥水多，小叶球拳头大时浇水追肥，施尿素 300 kg/hm^2 或碳酸氢铵 750 kg/hm^2，以后 1 周左右浇 1 次水，共浇 3～4 次水，必要时结球中期带肥浇水，促进叶球生长和结球紧实。

春甘蓝应早收，叶球基本包实、外层球叶发亮时采收，分 2～4 次收完。

各地露地春甘蓝生产中不时出现先期抽薹现象，造成严重损失。为防止先期抽薹，须特别注意以下几点：选用冬性强的品种或杂种 1 代，北方宜选用中甘 11 号、中甘 12 号、8398、荷兰 3012 等；南方宜选用寒光、晚丰、京丰 1 号、黄苗甘蓝等。避免采用劣质或混杂种子，可减少抽薹。掌握适宜的播种期，过早播种，苗期接受低温时间长是先期抽薹的主要原因，故应适期晚播。育苗期间，幼苗生长前期，苗床温度宜偏低些，防止幼苗生长过快，三四叶以后适当提高床温，促苗快速生长并防止幼苗感受低温影响。适时定植，栽后加强肥水管理，促进营养生长，利用拱棚或改良地膜等保护，生长前期免受低温影响等均可防止先期抽薹。

11.1.4.3　夏甘蓝栽培要点

夏甘蓝生长期正处于高温多雨期，病、虫及杂草危害较重，有时又遇高温干旱，极大地影响夏甘蓝的生长和产量形成，所以夏甘蓝的栽培面积较小。夏甘蓝一般于 3 月下旬至 5 月初分批播种育苗，5～6 月份定植，7～9 月份收获。以增加夏秋淡季蔬菜市场的花色品种。

栽培夏甘蓝首先应选用抗热、耐旱、具一定耐涝能力的中熟品种，如夏光、中甘 8 号、黑叶小平头等。宜选地势高燥、排灌方便、土壤肥沃的田块，夏秋季多雨地区用高垄或高畦，少雨地区用平畦，种植密度为 45 000～52 500 株$/hm^2$。

栽后浇透水，以利缓苗。浇缓苗水时追肥，中耕一两次。小水勤浇，早晨或傍晚浇水，热雨后浇井水，以降低地温，增加土壤含氧量和改善通气性，促进根系生长。结球前期和中期各追肥 1 次，以弥补多雨所造成的养分流失，确保植株生长旺盛。夏季杂草多，须多中耕和防治病虫害。叶球成熟后及时收获，避免裂球和腐烂。

11.1.4.4　秋甘蓝栽培要点

南北各地秋甘蓝播种期、收获期差别较大。长江中下游及北方无霜期较长的地区，6～7 月份播种，9～11 月份收获，华南地区则在 8～9 月份播种，11～12 月份甚至翌年 1～2 月份收获。宜选用早、中熟品种，露地育苗，在适播期内宁可早播而勿迟播，以免结球期遇阴天或降温而影响包心，导致减产。秋甘蓝育苗期间正处高温多雨或高温干旱季节，为确保育成壮苗，苗床应采用遮阳网、防虫网或旧薄膜等遮阳防雨设施。秋甘蓝生长期间，气温、地温逐渐降低，植株根系生长较差，开展度也较小，宜适当增加单位面积株数，通常可比春甘蓝增加 10%～20%。其他管理与秋大白菜相似，但收获期比秋大白菜稍晚。

无霜期短的高寒地区实行 1 年 1 茬制，3 月下旬到 4 月中旬阳畦育苗，5 月下旬至 6 月中旬定植，8～9 月份收获。宜选用大型晚熟甘蓝品种。生长前期主要实行中耕、除草、保墒等措施，促进根系发育，生长中期高温多雨季节，注意防涝、防虫。秋后进入包心期，需加强肥水管理，促进叶球生长。施肥、浇水原则参照一般甘蓝栽培。

11.1.4.5　露地越冬甘蓝栽培要点

近年来,河南、山东、河北南部1月份平均气温在－1 ℃以上的低纬度地区,通过采用抗寒品种及适宜配套技术,可进行甘蓝的越冬栽培。因产品在蔬菜供应淡季3～4月份上市,此茬口无须覆盖,成本低,效益好,发展前景广阔。

甘蓝越冬栽培宜选用抗寒及冬性强的品种如寒光、寒光1号、海丰1号及专用品种越冬甘1号等。7月下旬至8月上旬用遮阳防雨棚播种育苗。播种宁早勿迟,以确保植株在越冬前形成不紧实的叶球,播种过晚,冻害严重。

由于育苗期间正处于高温多雨或高温干旱季节,应切实抓好浇水、排水、遮阳、追肥及病虫草防治等工作,以确保苗全、苗壮。通常采用稀播间苗,一次成苗的方法。若播种过密,可于三四叶时分苗,苗距10～12 cm。幼苗6～8叶时定植,苗龄30～40 d。

越冬甘蓝的适宜定植期为8月下旬至9月上中旬。定植前土壤应施足有机肥及过磷酸钙,耕翻后做成东西向平畦,按株行距(40～45)cm×(50～60)cm栽植。越冬甘蓝可单作,也可与冬小麦间作。定植后应保持土壤湿润,促使甘蓝尽早缓苗。缓苗后随水追施1次促苗肥,然后中耕保墒。到9月下旬至10月上旬气候适宜时,应追发棵肥,施尿素225 kg/hm^2。此后,保持土壤见干、见湿,促进莲座叶及根系的生长。至10月中下旬,越冬甘蓝进入结球初期,需加大肥水供应,追施氮酸钾复合肥450 kg/ hm^2,仍保持土壤见干、见湿。适当控制叶片长势,促进叶片干物质积累,以提高抗寒能力。至11月中下旬,气温下降,甘蓝进入缓慢生长的越冬期,此时植株已包心五六成。应浇封冻水1次,增强植株抗冻性,然后及时中耕保墒,并将植株外叶扶起,用细土进行根部培土,埋至基部叶柄或稍高一些。在土壤封冻前,用地膜(厚度0.01 mm)盖在植株上,四周用土压紧,或搭小拱棚保护越冬。翌年2月中旬土壤解冻,地温回升,甘蓝开始返青时,应及时中耕提高地温。3月上旬选晴天上午浇水,并追尿素225 kg/hm^2。灾害后多中耕、保墒、提温。越冬甘蓝可于2月中下旬至4月上旬根据市场行情,选叶球紧实的植株分批采收,剥去分层冻伤的叶片,即可上市,可产甘蓝叶球37 500 kg/ hm^2。

11.1.4.6　主要病虫害

结球甘蓝的主要病害有霜霉病、黑腐病、病毒病、褐腐病、菌核病、黄叶病、褐点病、环斑病、枯萎病,主要害虫有小菜蛾、夜蛾、菜青虫等。

11.1.5　常见问题与对策

1)裂球

症状是在叶球成熟的后期发生开裂的现象。裂球的方式可于叶球顶部呈线状开裂,或于叶球侧面呈十字交叉状开裂。叶球开裂程度可从外面的几层球叶深达短缩茎不等。甘蓝裂球不仅影响外观品质和降低商品性状,而且因伤口的存在增加了病菌侵染机会,易引起腐烂。裂球与球叶组织脆嫩、细胞柔韧性小直接相关,一旦土壤水分过多引起细胞吸胀即可裂球。

防治裂球的措施包括:选用耐裂型品种,通常尖头品种较圆头、平头品种裂球少;做好田间排灌基础工作,防止田间雨后积水;依据天气预报和土壤墒情适时适量灌水,特别是叶球膨大的中后期应适当控制浇水;适时收获,避免因叶球过熟引致裂球。

2)未熟抽薹

越冬或春早熟栽培的甘蓝在结球之前或叶球未充分膨大、成熟之前就抽薹开花。病因在于春甘蓝植株受低温影响及早通过春化阶段,导致未充分完成结球之前就孕蕾抽薹。与春季大白菜栽培极为相似，甘蓝未熟抽薹现象的产生原因同样与品种、播种期定植苗龄等有关。

防治甘蓝未熟抽薹的措施包括：选用冬性强、耐抽薹的春甘蓝品种种植；合理掌握播种期，通常越冬或春早熟栽培时播种越早、定植时苗龄越大，则抽薹率也越高。

11.2 花椰菜

花椰菜（*Brasica oleracea* var. *botrytis* L.）也称花菜或菜花，起源于地中海至北海沿岸，是由甘蓝演化而来。1490年热拉亚人将花椰菜从黎凡特（Levant）或塞浦路斯引入意大利，在那不勒斯湾周围地区繁殖种植，17世纪传入法国和英国，1822年由英国传至印度，19世纪中叶传入中国南方。花椰菜以花球为产品，风味鲜美、营养丰富，深受消费者欢迎，已成为中国各地广泛栽培的主要蔬菜。

11.2.1 生物学特性

11.2.1.1 植物学特征

花椰菜主根较粗大，须根发达，主要根系多集中于30 cm的土壤耕层内。营养生长期茎短缩，较结球甘蓝粗，在形成花球前，茎上端增粗，暂时贮藏养分，茎上腋芽不萌发，阶段发育完成后抽生花茎，花茎形成若干分枝。

花椰菜叶阔披针形或长卵形，营养生长期具叶柄，并有裂片，叶色浅蓝绿，表面具有蜡粉，显球时心叶自然向内卷曲，可保护花球免受日光直射变色或受霜害，一般20片叶构成莲座叶丛。叶在茎上的排列从第一片真叶着生起为3叶1层、5叶1轮的左旋形式排列，每片叶与茎轴的角度约为45°开张，从第一片真叶至叶球旁的心叶止，可生长30～40片叶，其大小形成两个相反方向梯度。从第一片真叶开始，叶片逐个更新扩大叶面积，近底层的叶片易于脱落，一般只有20余片成长叶形成营养叶簇。花椰菜茎随着叶片的增加逐渐长高达10～20 cm（不计花蕾），茎节上不发生腋芽，但从茎的近根部进行人工裸露刺激，或采收花球后的残株基部均能诱导不定芽的萌发。

花椰菜的花球由肥嫩的花薹、1级肉质花梗、花枝及花蕾短缩聚合而形成。花球表面呈左旋辐射轮纹排列，轮数为5。正常花球呈半球形，表面呈颗粒状，质地细密。花器形成后，花球发展成为养分的贮藏器官。

花球在温度、光照等条件适宜时逐渐松散，花枝顶端继续分化形成正常花蕾，花薹、花枝逐渐发育并伸长，花蕾也逐渐膨大，继而抽薹、开花、结实并形成种子。但花球只有一部分花枝顶端能正常开花，多数干瘪或因其他原因而腐败。花为复总状花序，完全花，花萼绿或黄绿色，花冠淡黄或黄色，4强雄蕊，子房上位。异花授粉，虫媒花。果为长角果，先端喙状，成熟后爆裂，每个角果含十余粒种子，种子千粒重3.0～3.5 g。

11.2.1.2 生长发育周期

发芽期：从种子萌动至子叶展开，温度适宜时需5～7 d；幼苗期：从真叶显露至第一个叶序，即5～8叶展开，夏、秋季约需30 d，冬季约需80 d，早春约需60 d；莲座期：从第二个叶序开始到莲座叶全部展开，所需天数因季节而异，需20～60 d；花球形成期：从花芽分化至花球生长充实，达到花球适宜采收时为花球形成期，此期所经历的天数因品种和栽培季节而异，需要 20～50 d；抽薹期：从花球边缘开始松散、花茎伸长至初花为抽薹期，因品种和当时的气温而异，需要 8～10 d；开花期：从初花到整株花谢为开花期，需要 24～30 d；结荚期：从花谢到角果成熟为结荚期，需要 20～40 d，因品种而异。

11.2.1.3 对环境条件的要求

花椰菜属于半耐寒性蔬菜，喜冷凉气候，生长适温为 12～22 ℃，但不同生育期对温度的要求不同。发芽适温为 25 ℃左右，低限温度为 2～3 ℃；幼苗生长的适温为 20～25 ℃；莲座期生长适温为 15～20 ℃；花球形成期的适温为 17～18 ℃，25 ℃以上花球形成受阻，且花球松散，品质和产量下降，因此在栽培花椰菜时应将花球形成期安排在最适宜的季节。开花结荚期要求的适宜温度基本与花球形成期相同，温度超过 25 ℃或遇低温时花粉丧失生活力，不能正常结实，常形成空荚，干燥时，花蕾易干枯，过湿时又易腐烂。

花椰菜是绿体春化植物，冬性的强弱品种之间差异较大，早熟品种冬性弱，晚熟品种冬性较强，对春化条件要求较严格。一般情况下，当茎径在 6～8 mm，可感应低温而春化。实践证明，早熟品种在适宜植株生长的条件下，花球也能形成及抽薹开花，如 40 d 与 60 d 花椰菜，许多地区均在夏季播种，初秋采收花球，这时的气温在 20～25 ℃。但是如果延至秋播极易产生早花现象。

花椰菜要求中等光照强度，光补偿点为 43.0 $\mu mol/(m^2 \cdot s)$，饱和光照强度为 1 095.0 $\mu mol/(m^2 \cdot s)$，也有耐阴特点。在花球形成时遇到过强的光照，常使颜色变黄，降低产品质量。花椰菜属于低温长日照植物。但日照长短的影响不如低温影响明显，且品种之间有一定的差异。

花椰菜喜湿润的环境，耐旱、耐涝能力较弱。在叶丛和花球形成期要求充足的水分供应，若炎热干燥，则叶子较小，生长不良，会提早显球，影响花球产量和品质。花球形成期如果水分过多，会引起花球松散，花枝霉烂。

花椰菜对土壤的要求严格，在土壤疏松、耕层深厚、有机质含量高、保肥保水的土壤中栽培生长良好。花椰菜需肥较多，前期叶丛形成需氮较多，花球形成期氮、磷、钾需求量都较大。同时，花椰菜对硼、镁等元素有特殊的要求，缺硼时常引起花茎中空或开裂，花球变锈褐色，味苦，缺镁时，叶子变黄。

11.2.2 类型与品种

花椰菜按其花球的形态结构可分为近球形、半圆形和扁圆形，按花球颜色可分为白色、黄色和紫色等类型。

另外，按生育期的长短可将其分为早熟、中熟和晚熟品种类型。

早熟品种大多生长期较短，苗期 25～30 d，定植至采收需 40～60 d。花球重 0.3～1.0 kg。代表性品种有澄海早花、福州 60 日、同安早花菜、上海四季 60 天、法国雪球、日本雪山菜花等。

中熟品种苗期 30 d 左右，定植到采收需 80～90 d，冬性稍强，花球重一般 1.0 kg 以上。代表性品种有荷兰雪球、珍珠 80 天、福建 80 天、申花 2 号及 3 号菜花等。

晚熟品种则植株高大，成熟期较晚，耐寒性和冬性都较强，单个花球重，多在 1.5～2.0 kg 或以上。代表性品种有福建 120 天、中白杂交种、龙丰特大 120 天、洪都 16 号等。

11.2.3 栽培季节与茬口安排

利用花椰菜早、中、晚熟品种花芽分化对低温要求不一样的特性，可排开播种，基本可做到周年供应。南方地区春花椰菜于 11 月下旬至 12 月上旬在阳畦内播种育苗，5 月上旬至 6 月份采收。夏花椰菜分别在 6 月上旬至 6 月下旬采取遮阳网育苗，采收期在 9 月上旬至 10 月上旬。秋花椰菜是各地区主要栽培类型，一般选用生育期在 80～100 d 的中熟品种，80 d 品种在 7 月上旬至 8 月上旬采用遮阳网育苗，8 月上旬至 9 月上旬定植，11～12 月份采收。冬花椰菜 120 d 品种于 6 月下旬至 7 月上旬遮阳网播种育苗，12 月份至翌年 2 月份采收；240 d 品种 7 月下旬播种，9 月上旬至下旬定植，4 月上旬至 5 月上旬采收。

北方地区花椰菜栽培一般分春、秋 2 季，春季多在设施内育苗，3～4 月定植到大田，秋季栽培一般在 6 月中下旬至 7 月上旬播种育苗，寒冷地区可在 5 月下旬至 6 月上中旬播种育苗。

11.2.4 栽培技术原理与措施

花椰菜属于喜凉爽气候的作物，又以花球为产品，必须通过阶段发育才能获得产品，而且花球在高温条件下质量降低，因此花椰菜的栽培季节基本上安排春、秋 2 季。

11.2.4.1 春季栽培技术

花椰菜不同季节对品种的要求严格，春季栽培必须选用春季品种，如错用秋季品种就会发生苗期过早显球，大幅度降低产量和品质。北方春季栽培可选用日本雪山、雪峰、瑞士雪球、耶尔福等中熟品种。南方可以用早熟品种。

春花椰菜栽培可分为小塑料棚栽培和露地栽培，在中原和华北地区小塑料棚栽培一般在 12 月份播种，露地栽培一般在 1 月份播种，南方则于 11 月下旬或 12 月上旬播种育苗。培育壮苗是获得高产的关键，播种后白天/夜间的温度控制在 20～25 ℃/14～15 ℃，出苗后白天/夜间的温度控制在 20 ℃/10 ℃。两三片真叶时选晴天进行分苗，苗子株行距各 10 cm，春花椰菜壮苗的形态特征是：具有七八片真叶，叶片浓绿，肥厚，茎粗壮，节间短，根系发达、完整。

春花椰菜宜选用冬闲地，化冻后结合施肥耕地，要多施厩肥，并掺入 600～750 kg/hm^2 过磷酸钙。花椰菜比较喜钼肥和硼肥，用钼酸铵 750 g/hm^2，硼 750～1 200 g/hm^2，若用硼砂可施 7 500 g/hm^2，与厩肥堆积发酵后施入。施肥后深翻晒垡，整地时耙平，春花椰菜既可垄作，也可以畦作。早、中熟品种多用畦作。

当地温稳定在 6～8 ℃时可将花椰菜定植到小塑料棚或大田，中原地区小塑料棚一般在 3 月上中旬定植，露地多在 3 月下旬至 4 月上旬。南方可在 2 月份露地定植。采用平畦栽培时行距 50～60 cm，株距 40～50 cm，密度为 37 500～45 000 株/hm^2。定植后浇缓苗水，促进缓苗。也可以用小高畦覆盖地膜栽培，定植期可适当提早。

花椰菜缓苗后应勤中耕，以利于在早春提高地温。早熟品种在中耕地两三次后应追肥浇水，促进植株生长，否则缺乏肥水植株生长弱，叶子少而小，叶片发育不良，则花球不大；但中、晚熟品种叶子多，长势旺，应多次中耕，适当蹲苗，促进根系生长，使其形成强大的莲座叶，又不至于徒长，可显著提高产量。

定植缓苗后，每公顷施氮、磷、钾复合肥 300 kg，并浇水。莲座末期或显球初期重施肥，施尿素 450 kg/hm^2，也可以冲入充分腐熟的人粪尿，以后每隔 1 周浇水 1 次，保持土壤湿润，以利于花球生长。有条件的也可以进行叶面喷肥，如钼酸钠或钼酸铵、硼砂等，钼酸钠或钼酸铵喷施质量分数为 0.01%～0.08%，硼砂的质量分数为 0.2%～0.5%，在莲座末期或结球初期每一两周喷 1 次，效果较好。

在花球形成后期，受强光直射后使花球颜色变黄，质地变粗，品质下降。当花球直径为

10 cm 时，将近花球的两三片外叶束住或折覆于花球表面，以防日晒，但应注意不要将叶子折断。

早熟品种花球形成快，20 d 左右便可采收，当花球充分长大，表面致密且圆整坚实，洁白鲜嫩，边缘花枝尚未散开时为采收适期，采收过早影响产量，过晚则影响品质。采收的标准是花球充分长大，表面圆正，边缘尚未散开者为佳。采收时是在花球下带几个叶片割下，这样可以保护花球，以便包装运输。花椰菜的产量因品种和栽培季节、管理水平而异，一般早熟品种每公顷产量 11 300～22 500 kg；中晚熟品种 37 500 kg 左右，高产的达 60 000 kg 及以上。

11.2.4.2 秋季栽培技术

秋季栽培宜选用耐热、抗病的品种，如白峰菜花、荷兰雪球、日本雪山菜花以及福建 60 天等。

华北、中原地区秋花椰菜一般在 7 月上中旬播种育苗，此时正是炎热的夏季，炎热多雨，为防高温、虫害和暴雨，可用遮阳网等材料遮阳防雨育苗。南方地区 7～8 月份播种，多用中、晚熟品种。

秋花椰菜一般栽培 37 500～45 000 株/hm^2，个别品种每公顷可达 52 500 株以上。

秋花椰菜多用早熟品种，易早显花球，为防止花球早现，要采取一定的措施，苗床土要肥沃，播种后及时遮阳，及时间苗，肥水要充足，六七片叶时要适期早栽，切忌大苗晚定植，最好用营养土块育苗，定植时根部不受损伤，不缓苗，生长健壮，能更好地表现品种特性，不发生苗期早显花球。栽后不要蹲苗，肥水猛促，一般定植后 30 d 左右即可显现花球，40～50 d 采收。若定植后莲座叶生长不足，会出现花球长不大的现象。其他管理措施同春花椰菜。

11.2.4.3 主要病虫害

花椰菜生产上常见病害有黑腐病、病毒病、黑斑病、霜霉病，主要害虫有小菜蛾、夜蛾、菜青虫等。

11.2.5 常见问题与对策

花椰菜生产上有时会出现早花、毛花、青花、散花等现象，会严重影响花椰菜的品质和产量。

1)早花

早花也称早结球，是指当植株营养体生长尚未到一定大小时，顶端便显露出小花球。早花的原因与品种冬性强弱、植株生长状况等有关，如春早熟植株营养体尚小但过早地感受低温而诱导了花球过早分化与形成。

防治早花的措施包括：春季栽培一定要选择春季生态型品种或冬性较强的春秋兼用型品种；适期播种，培育壮苗，春早熟栽培时定植后应避免低温时间过长；选择耕层深厚、富含有机质、疏松肥沃的壤土栽培，并施足基肥，促进前期营养器官的生长。莲座期蹲苗后和花球形成期注意及时追肥，浇水要及时。

2)毛花与青花

毛花多是在临近成熟时，花球内的花器发生非顺序性发育进而在花球表面形成的毛状物。如毛花球进一步发育，则可形成绿色的小苞片、萼片或小花蕾等使之呈现为“青花”。引起“毛花与青花”的原因通常与花球发育过程中气温剧烈变化有关。

防治毛花与青花的措施首先是生产上注意选用对温度适应性强的品种；其次是注意调整播种期和定植期，避免田间生长的中后期出现气温剧烈变化的天气状况；最后是注意及时采收，一旦花球成熟应尽早采收。

3)散花

症状表现为花球内花柄伸长、离散,致使花球松散、结构不紧实。散花在花椰菜春季栽培时较为常见,主要原因与结球后期温度过高、苗期干旱或蹲苗过度、采收不及时等有关。

防治散花的主要措施包括:选用适应性强、不易散花的品种;适期播种、定植,使其花球膨大期日均温控制在15~23 ℃的范围内,以避免结球期间的高温影响;定植缓苗后避免过度蹲苗,防止植株早衰;当花球已充分长大、表面平整、边缘尚未散开时及时采收。

4)黄花

黄花主要是影响了花球的外观色泽,以秋季栽培的早熟品种发生较多,症状表现为花球表面颜色由白色变为黄色。原因在于花球受强烈日光照射。

防治黄花发生的主要措施是当花球进入膨大中期后,可将靠近花球的2~3片叶轻轻折弯或摘取外叶,也可将植株中心的几片叶子上端捆扎对花球覆盖。

11.3 青花菜

青花菜(*Brassica oleracea* L. var. *italica* Planch)又名茎椰菜、木立花椰菜、花菜薹、绿花菜、西兰花、意大利芥蓝菜,属十字花科芸薹属甘蓝种中以绿色花球为产品的一、二年生草本植物。青花菜由甘蓝演化而来,系由野生甘蓝演化为花椰菜过程中的一个变种。演化中心在地中海东部沿岸地区,文献记载原产意大利。据米勒《园艺学辞典》记载,1660年有嫩茎花菜和意大利笋菜等名称,与花椰菜名称相混淆。由于形态相似,林奈将青花菜归入花椰菜中,至1829年Switzes才将其从花椰菜中分出。除欧洲作为起源地广泛栽培外,19世纪初传入美国,后传到日本,19世纪末或20世纪初传入我国。青花菜栽培历史虽短,但栽培面积扩大却很迅速,目前栽培地区已遍及亚洲其他地区、非洲和大洋洲,我国各地也均有栽培。

青花菜以花茎和花球为产品,维生素A、维生素C、维生素B_1、维生素B_2、维生素B_5、钙和铁等矿质成分、抗癌物质等营养物质含量丰富,可炒食、做汤,味道鲜美,其鲜菜和速冻加工产品畅销世界。

青花菜的生物学特性与花椰菜基本相同。

11.3.1 类型与品种

目前青花菜品种主要从国外引进,国内育成的品种较少。花球一般为绿色,也有白色和紫色种。按生育期从播种到采收在90~105 d的为早熟品种;生育期在105~120 d的为中、晚熟品种。生产上按栽培季节分春、夏、秋3种类型。

春青花菜早熟,耐寒,冬性强,主要品种有里绿、玉蕾等早熟品种和万绿、上海1号等中熟品种;夏青花菜早熟,耐热,品种有玉蕾、万绿、里绿、王冠等;秋青花菜产量高,品种多,主要有玉蕾、里绿、中青1号、美绿等早熟品种,上海1号和2号、王冠、万绿、绿王、绿岭、山水110、梅绿120、绿带130等中、晚熟品种。

11.3.2 栽培季节与茬口安排

在长江中下游地区,栽培季节一般可分春季、夏季和秋季栽培。春青花菜的播种期,应将结球期尽量放在 0 ℃以上的季节，一般在 1 月中旬至 3 月中旬，采用温床或大棚电热线加温播种育苗，苗龄 30～40 d，地膜或地膜加小拱棚栽培，5～6 月份采收上市。夏季栽培于 3 月上旬至 5 月中旬育苗，4 月上旬至 6 月下旬定植，5 月中旬至 9 月上旬采收。此期栽培病虫害严重，产量较低，最好采取适地栽培，即在高山栽培，用中熟或早熟品种，于 3 月下旬至 5 月中旬播种在海拔 800 m 以上山地，7～9 月份可采收上市。秋季栽培又分早秋栽培和秋季栽培。早秋栽培利用极早熟或早熟品种的耐热、顶花球专用品种，于 6 月上旬至 7 月中旬，采用遮阳网育苗，苗龄 25～35 d，9 月上旬至 11 月份采收；秋季露地栽培播种适期为 7 月中旬至 9 月上旬，遮阳网育苗，8 月下旬至 10 月上旬定植，10 月下旬至翌年 3 月份采收。

11.3.3 栽培技术原理与措施

青花菜抗性和适应性较花椰菜强，育苗方法同结球甘蓝。

栽培青花菜应施足基肥，巧施追肥。基肥每公顷用有机肥 30 000 kg、过磷酸钙 255 kg、硫酸钾 105 kg。高畦栽培，主枝型品种定植株行距为 60 cm×50 cm；侧枝型品种为 65 cm×70 cm。早熟品种春播以株行距 50 cm×45 cm 较好，秋播则以 60 cm×45 cm 较好；中熟品种株行距为 65 cm×(55～65)cm。定植宜浅，浇足水。

青花菜定植成活后，要勤施薄肥促壮苗。缓苗后 10～15 d，施尿素 150 kg/hm^2、磷酸二氢铵 225 kg/hm^2；开始现蕾前，施粪肥 22 000 kg/hm^2 或硫酸铵 225 kg/hm^2，并配合进行一两次根外追施 0.1%硼酸与钼酸铵溶液，以防止花球花茎空心或腐烂。花球形成期增施钾肥，有显著的增产效果。通常在每次采摘花球后施薄肥 1 次，以便收获较大的侧花球和延长收获期，提高产量。整个生育期应保持土壤湿润，特别是花球发育期，雨天要及时排水。

定植后应及时中耕松土，为防止伤根，中耕除草应在定植后 1 个月内完成。一般结合追肥中耕两三次，在追肥前松土除草，追肥后及时培土。

顶花球专用种，在花球采收前，应摘除侧芽，顶、侧花球兼用品种，侧枝抽生较多，一般选留健壮侧枝四五个，抹掉细弱侧枝，可减少养分消耗。另外，在秋季栽培时，日平均气温降至 10 ℃以下，花球不再膨大，为使养分供给主花球生长，也应尽早除去。

青花菜的适宜采收期较短，必须及时采收。采收太早，花蕾尚未充分发育，花球太小，产量低；采收太迟，则花球已松开，球面高低不平，花蕾粒粗松甚至黄色花瓣露出，都会影响青花菜品质与价值，故应花球发育相当大、各小花蕾尚未松开之前采收。供外销的，基部带 7 cm 花茎处用刀割下。每公顷产量春季为 5 250～7 500 kg，秋季为 12 750～15 000 kg。

11.4 芥 蓝

芥蓝(chinese kale)又名白花芥蓝，学名 Brassica albograba Bailey，十字花科芸薹属一、二年生草本植物，是中国的特产蔬菜之一，主要以幼嫩肉质的花薹及其嫩叶供食，质脆嫩，清甜，风味别致，有些地方采收抽薹前的幼嫩植株上市，食用嫩叶。营养丰富，每 100 g 鲜菜中含水分 92～93 g、蛋白质 2.0～2.8 g、碳水化合物 1.0～2.5 g、维生素 C 51～68 mg、钙 176 mg、镁 52 mg、钾 353 mg，可炒食、凉拌或用于做拼盘。

芥蓝主要产区在华南诸省，尤其以广东省为普遍。在上海、昆明、北京、成都和杭州等地也有作为特色蔬菜栽培的。芥蓝在华南地区是秋、冬季的主要蔬菜。生长期较长，产量较高，深受生产者和消费者的欢迎。

11.4.1 生物学特性

11.4.1.1 植物学特征

芥蓝根系浅，有主根和须根，主根不发达，须根多，主要根群分布在10～20 cm表土层，容易发生不定根。根的再生能力较强，耐移植。茎直立，绿色，被蜡粉。茎节间短，茎端花芽分化后，茎和花茎节间伸长。花茎绿色，初生花茎柔嫩肉质，节间较疏，为食用器官，称为菜薹，为主薹。茎腋芽容易活动，其茎端花芽分化后可发育成柔嫩肉质的侧花茎，称侧薹；侧花茎上的腋芽又可抽生下一级的侧花茎，成为下一级的侧薹，如条件适宜可以抽生多级侧花茎，采收多级侧薹。

单叶互生，卵形、椭圆形或近圆形等，叶绿色或浓绿色，叶面光滑或皱缩，被蜡粉，叶缘波状，叶柄圆，青绿色。花茎叶短柄或无柄，长椭圆形至披针形，浓绿色，被蜡粉。总状花序，单花，完全花，萼片4枚，绿色，花瓣白色或黄色，花瓣白色者为白花芥蓝，黄色者为黄花芥蓝。雄蕊6枚，4强。雌蕊1枚，子房上位。异花授粉，虫媒花。植株茎端花芽分化是花茎发育即菜薹分化发育的前提，是菜薹形成的开始。角果，长3～5 cm，成熟时黄褐色，2室，含种子若干。种子近圆形，褐色至黑褐色，千粒重3.5～4.0 g。

11.4.1.2 生长发育特性

芥蓝种子发芽至菜薹形成是芥蓝的商品栽培过程，一般为60～80 d，因品种、栽培季节与栽培条件有所不同。生长发育过程包括：

1)发芽期

种子萌动至2子叶开展、第一片真叶刚露出为种子发芽期，需7～10 d。

2)幼苗期

自第一片真叶露出至第五片真叶展开为幼苗期，经历15～25 d。幼苗期结束时已具有5片展叶，茎端分化四五片小叶和叶原基，主要功能叶为1～3片真叶。当温度适宜时，芥蓝可以在幼苗期便花芽分化，易早抽薹，因此在幼苗期应防止过早低温春化。

3)叶簇生长期

第五片真叶展开至植株现蕾为叶簇生长期，一般需15～25 d。叶片开始迅速生长，第九片真叶已展开，由于移植，子叶和第一二片真叶可能陆续脱落，实际只有七八片展开叶，茎端分化若干片小叶和叶原基便花芽分化。茎短缩，节间密，茎粗增长慢，叶片较大，有明显叶柄。

4)菜薹形成期

植株现蕾至菜薹采收为菜薹形成期，叶片继续生长，同化器官迅速壮大，花芽继续分化发育，花茎逐渐伸长和膨大，最后形成有丰富营养物质、肉质脆嫩的菜薹，从植株茎端现蕾至菜薹采收，为期25～30 d。主菜薹采收之后，植株基叶腋芽又可以发育成新的菜薹，称为侧薹。自主菜薹采收后至侧薹形成达到采收，需35～50 d。如条件适宜，这些侧薹采收后它的基部腋芽又可形成菜薹，因而菜薹的延续采收期较长。菜薹一般主薹较大，侧薹比较细小，但品质较好，次侧薹则更小，质量也不如侧薹。如栽培管理良好，又有适当的气候，侧薹产量比主薹产量高。

5)开花结实期

菜薹初花至新种子成熟为开花结实期，需70～90 d。初花后，主花茎不断伸长和花蕾不断分化发育，并陆续抽生侧花茎。花茎上的花是由上而下陆续开放的，因而角果也是由上而下逐渐成熟。花期约 30 d,自初花至种子成熟需 70～120 d。

为了提高种子质量,应该摘除生长弱和后期抽生的侧花茎,以控制侧花茎的数量,还应摘除花茎顶部的花蕾。该期适宜 25 ℃左右温度,70%～80%的空气相对湿度和适量施肥。

11.4.1.3 对环境条件的要求

1)温度

芥蓝生育温度范围以 15～25 ℃为适宜。种子发芽适于 25～30 ℃,20 ℃以下发芽缓慢。幼苗能适应较高或较低温度,在 28 ℃以上或 10 ℃以下的低温仍能继续生长,但生长缓慢。一般是在幼苗期进行花芽分化,花芽分化期的迟早与品种及播种期有关。一般来说在 20 ℃以上,温度越高花芽分化越慢,15～20 ℃花芽分化较快,15 ℃以下也延迟花芽分化。叶的生长以 20 ℃左右为宜,而菜薹的形成则适于 15 ℃左右,喜较大的昼夜温差,30 ℃以上高温菜薹发育不良,15 ℃以下发育缓慢,但有些较耐热的早熟品种在 30 ℃以上仍能正常发育。在开花结实期则需要稍高温度。

2)光照

芥蓝属长日性植物,但日照稍短,对芥蓝的发育没有明显的影响。芥蓝叶片生长和菜薹发育均需要有良好日照,日照充足,营养生长健壮,菜薹质量好,开花结实良好;光照不足,不仅影响菜薹生长,菜薹纤细、质量差,而且容易感染病害。

3)水分

芥蓝喜湿润但不耐涝。保持充足的水分供应是芥蓝优质、丰产栽培的重要措施,如水分供应充足时,即使空气湿度较低也能生长良好;相反如果土壤水分不足、空气又干燥,则茎叶生长会明显受阻,但水分过多易造成土壤通气不良,影响根系的发育甚至停止生长,所以在雨水较多的地区,应注意排水和降低地下水位。

4)土壤营养

芥蓝对土壤的适应性较强,一般的土壤都能种植,但以土壤肥沃、土层深厚、松软、排灌条件较好、有机质含量丰富、保水保肥能力强的沙壤土或壤土种植为宜,土壤的酸碱度以中性或微酸性较好。芥蓝株型中等,单位面积株数多,吸收养分较多,具耐肥特点。菜薹形成期既是产品器官形成又是同化器官旺盛生长的时期,因而也是需要养分和水分最多的时期。芥蓝对氮、磷、钾的吸收量以钾、氮较多,两者差异不大,磷较少,钙的吸收量比氮、钾少而比磷、镁多,镁的吸收量最少。1 株芥蓝约吸收氮 673 mg、磷 126 mg、钾 699 mg、钙 430 mg、镁 119 mg,菜薹形成期的吸收量占总吸收量的 80%以上。氮、磷、钾的吸收比例因生长期而不同,发芽期为(4～5)∶1∶(3～7),幼苗期为(5～7)∶1∶(5～10),花芽分化期为(4～6)∶1∶(6～7),菜薹形成期为(3～5)∶1∶5.5。钾肥有利于菜薹的形成和质量的提高。

11.4.2 类型与品种

芥蓝依据其花色可分为白花芥蓝和黄花芥蓝 2 种。黄花芥蓝只有少量栽培,白花芥蓝的栽培品种多。依据其生育期可分为早熟种、中熟种与晚熟种。早熟品种有:早花芥蓝、柳叶早芥蓝、尖叶夏芥蓝 1 号及 2 号等;中熟品种有:中花芥蓝、中花 13 号芥蓝、福建芥蓝、荷塘芥蓝等;晚熟品种有:塘阁迟芥蓝、望岗迟芥蓝、迟花芥蓝等。

11.4.3 栽培季节与茬口安排

芥蓝性喜温和,不甚耐热。华南地区主要在秋、冬栽培,9～10 月份播种,11 月份至翌年 2 月份收获。近年来，早熟品种采用遮阳网进行抗热防雨覆盖可提早到5～8月份播种，晚熟品种延迟至初冬播种，基本实现周年生产和供应。在长江流域芥蓝的播种期以夏末、秋初为宜。华北等地分春、秋两季，春季在1～3月份设施育苗，4～6月份收获；秋季5～8月份播种，8～10月份收获。

11.4.4 栽培技术原理与措施

1)播种育苗

芥蓝可直播，也可育苗，但芥蓝根系再生能力强，多进行育苗移植。育苗方法与结球甘蓝相同，苗龄以25～35 d达到5片真叶为宜。芥蓝容易混杂，育苗期间注意去杂去劣。在华南7～8月份高温季节育苗，须采用遮阳网抗热防雨覆盖育苗，出苗后即揭开遮阳网。

2)整地与定植

芥蓝对土壤的适应性广，以保水、保肥能力强、排灌方便的壤土为宜。整地前深耕晒白，耙细，施腐熟有机肥1 000～1 500 kg/667 m^2、过磷酸钙25 kg/667 m^2，与土壤充分混匀后耙平起畦，畦宽1.5～1.7 m(包括沟)，畦面略呈龟背形。

芥蓝的定植密度，应根据品种、栽培季节与管理水平而定，早芥蓝以15～16 cm的密度为宜；中芥蓝为20～22 cm；而迟芥蓝的株型较大，则应稀些，一般为25～30 cm见方。

3)田间管理

(1)遮阳网覆盖　夏秋季栽培芥蓝，为避免高温、暴雨对幼苗的伤害，多采用遮阳网覆盖。播种出苗或移植后，在畦面搭高为80～100 cm的小平棚，覆盖遮阳网。6～8月份可全期覆盖，9月份定植的可在定植后覆盖15～25 d。覆盖效果以银灰色遮阳网较好。

(2)施肥　施肥应基肥与追肥并重。基肥为腐熟有机肥和磷肥，在整地时施入。追肥施用三元复合肥30～45 kg/667 m^2。定植后，幼苗恢复生长即行追肥，一般在定植后3～4 d进行，施复合肥5～10 kg/667 m^2。植株现蕾以后的菜薹形成期间是芥蓝最需要肥水的时期，这个时期的肥水供应，对菜薹品质和产量有很大影响。在大部分植株主薹采收时，为促进侧薹的生长，应连续重施追肥2～3次或进行培肥。可以增施畜粪，每667 m^2用腐熟猪、牛粪750～1 000 kg或复合肥15～20 kg，在株行间施入，这样可以延长采收期，提高产量。

(3)灌溉　定植后必须浇足定根水，促发新根，使迅速恢复生长，生长期间经常浇水，保持80%～90%的土壤相对湿度。芥蓝叶面积较大，如叶片鲜绿，油润，蜡粉较少，是水分充足、生长良好的标志；叶面积较小，叶色淡，蜡粉多，是缺水的表现，应及时灌溉。

4)采收

芥蓝的采收期，因品种与栽培季节的差异而不同。腋芽萌发力强的品种，能陆续形成侧薹，采收期较长。腋芽萌发力弱的品种，侧薹少，采收期较短。但是腋芽的萌发力，因栽培季节的差异而不同。芥蓝适于采收侧薹，为兼顾主薹与侧薹的质量与产量，主薹采收时以在保留基部有3～4片鲜叶的节上采收为宜。

芥蓝的采收标准，一般是“齐口花”，即菜薹达到初花并与基叶等高时为宜。菜薹产量一般1 250～1 750 kg/667 m^2，早芥蓝产量1 500～2 000 kg/667 m^2，迟芥蓝株型大，产量也较高，可达1 750～2 250 kg/667 m^2。

5)主要病虫害

青花菜主要虫害有斜纹夜蛾、小菜蛾、蚜虫、菜青虫、蓟马、烟粉虱等，主要病害有根肿病、黑腐病、黑斑病、菌核病、霜霉病、炭疽病、软腐病、病毒病等。

11.5 其他甘蓝类蔬菜

11.5.1 球茎甘蓝

球茎甘蓝(*B. oleracea* L. var. *caulorapa* D C.)又叫苤蓝，以肥大的肉质球茎为产品，含丰富的蛋白质、碳水化合物、维生素及矿物质，可鲜食，也可加工腌制，产品耐贮耐运，供应期长。球茎甘蓝原产地中海沿岸，16 世纪传入中国，现全国各地均有栽培，北方栽培面积较大。

11.5.1.1 生物学特性

球茎甘蓝的球茎颜色有紫色、绿色和绿白色，以绿色为主。依球茎的大小，可分为大型种和小型种 2 个品种类型。小型种(早熟类型)植株矮小，叶片较少而小，球茎单重 0.5～1.0 kg，生长迅速，定植后 50～60 d 即可收获，适于春夏季栽培。主要品种有：北京早白、天津小缨子、二路缨子、济南小叶子、山西小籽、成都金毛根、广州的细叶芥蓝头等；大型种(晚熟类型)植株长势强，叶片多而大，球茎重 1.0～1.5 kg，生长期长，定植后 80～100 d 收获，产量高，多在秋季栽培，高寒地区春种秋收。主要品种有：笨苤蓝、大同松根、太谷玉蔓菁、陕西大苤蓝等。

球茎甘蓝为二年生草本植物，主根自球茎底部中央入土，主根上分生须根，入土较浅。幼茎为短缩茎，生长一定数量叶片(早熟品种 8 片，即 1 个叶环；中熟品种 16 片，即 2 个叶环；晚熟品种 24～32 片，即 3～4 个叶环)后短缩茎膨大形成肥大的球状或扁圆形球茎。叶片稀疏，椭圆形或倒卵圆形，深绿或紫色，叶面有蜡粉，叶柄细长。

11.5.1.2 栽培技术要点

北方地区春、夏、秋季均可栽培，春季 1 月下旬至 2 月上旬阳畦播种，3 月下旬至 4 月上旬定植，5 月中下旬开始收获。夏季 5～6 月份播种，8～9 月份收获。秋季 6 月下旬至 7 月上中旬播种，8 月上旬定植，10 月份收获。

早熟品种的株行距为 20～30 cm，中、晚熟品种为 40～50 cm。定植深度以与子叶齐平为宜。定植后适时中耕、蹲苗。球茎开始膨大时，要均匀供应肥水，以免造成球茎开裂而影响品质。球茎膨大中后期，早熟品种球茎横径 4 cm 及以上，晚熟品种球茎横径 6～7 cm 时，加大追肥浇水，以后半月左右浇 1 水。肉质茎充分膨大后收获。一般早熟品种产量 1 500～2 000 kg/667 m^2，中、晚熟品种 3 500～4 000 kg/667 m^2。

11.5.2 抱子甘蓝

抱子甘蓝(*B. oleracea* var *gemmifera* Zenk)，别名芽甘蓝、子持甘蓝。为十字花科芸薹属甘蓝种中腋芽能形成小叶球的变种，为二年生植物，以小叶球供食用。抱子甘蓝由甘蓝进化而来。自 19 世纪始，逐渐成为欧洲、北美洲国家的重要蔬菜之一，在英国、德国、法国等国家种植面积较大。中国南方有些省有小面积种植，国内各大城市及台湾地区有少量栽培。

11.5.2.1 生物学特性

抱子甘蓝主根不发达，须根多，主要分布在30 cm深土层内，有一定的抗旱、耐涝能力。茎直立高大，粗4～7 cm，株高50～100 cm。顶芽和侧芽均发达，顶芽开展生长，形成同化叶，叶稍狭，叶缘上卷。叶柄较长，勺子形，有皱纹，叶色深绿。叶数在40片以上。腋芽能形成许多小叶球，扁平状，长约4 cm，直径2～5 cm。小叶球外部叶深绿色，叶柄明显，内部叶浅绿色，叶柄不明显。每株能形成的叶球数25～40个。一般第一年形成小叶球，通过低温春化后，第二年抽薹开花，结籽。花为总状花序，异花授粉，果实为角果，种子圆球形，黑褐色无光泽，千粒重约3 g。

抱子甘蓝喜冷凉，耐霜冻，不耐高温，生长发育适温为12～20 ℃，种子发芽适温18～22 ℃，幼苗抗霜和耐高温，能忍受−15 ℃低温和35 ℃高温。结球期适温为10～15 ℃，23 ℃以上不利于叶球形成，但也有较耐高温的品种。小叶球的形成需充足的阳光、较短的日照和适当的肥水条件。秋季冷凉条件下，特别适合小叶球的形成，遇高温小叶球易腐烂，会开裂，品质降低。对土壤适应性广，适宜在土层深厚、有机质丰富、pH 6.0～6.8的沙壤土或黏壤土栽培。抱子甘蓝不耐干旱，需经常灌水，保持土壤湿润，但不能积水。抱子甘蓝抽薹开花需要较长的长日照。

抱子甘蓝根据茎的高矮分为高、矮2种类型。矮生种茎高50 cm左右，较早熟，其叶腋处着生的小球比较密集；高者茎100 cm以上。按叶球大小可分为大抱子甘蓝和小抱子甘蓝2种。大抱子甘蓝小叶球直径大于4 cm，产量较高，品质较差。小抱子甘蓝小叶球直径2～4 cm，产量稍低，品质较好。

目前栽培的品种有：早生子持、吉斯暨卢、增田子持、斯马谢等。

11.5.2.2 栽培技术要点

一般分春、秋2季进行露地栽培，多育苗移栽。秋季6～7月份播种，苗距6 cm×6 cm，保持土壤湿润。一般苗龄35～45 d。春季一般在1月份阳畦育苗。

宜选用沙壤土或黏壤土，定植前施腐熟有机肥30 000～45 000 kg/hm^2、磷肥300 kg作基肥。翻耕，做成宽1.2 m的高畦。

苗龄45 d左右，当幼苗具有五六片真叶时定植，定植株行距为(50～70)cm×70 cm，根据品种特性，矮生的可密些，高生的稀些。每公顷种植30 000～45 000株。

定植后浇足定根水，5～7 d后浇缓苗水。茎叶生长期经常灌溉，保持土壤湿润。雨后注意排水。结球期适当浇水，注意湿度不能太大。定植15 d，缓苗后追施第一次化肥，每公顷施尿素或复合肥150 kg，以利植株恢复生长。莲座叶期追施第二次化肥，每公顷施复合肥225 kg，促进植株营养生长快。结球期追施第三次化肥，每公顷施复合肥300 kg，促进叶球的发育和膨大。第四次在叶球采收期进行，每公顷施复合肥300 kg。因为每株有25～40个叶球，当下部叶球陆续采收后，上部叶球不断形成，需要养分和水分供应，此时追肥有利于提高产量。生长期间结合中耕进行培土，防止植株倒伏。

抱子甘蓝植株比较高大，叶数多，每个腋芽都能形成叶球，特别是高生中熟种，生长势强，易形成头重脚轻，造成倒伏，一次植株长到40 cm高时，根据品种不同选择适宜长度的竹竿插直立架，上部用绳扎绑好，防止倒伏。植株基部结球不良的腋芽及病叶要及时摘除，减少养分消化，有利于通风透光。叶球发育膨大时，叶柄会压迫叶球，使叶球形状不正，影响外观，因此在叶球膨大后除保留上部的新叶外，要自下而上逐渐剪去老叶。

当叶腋间的小叶球基本形成以后，将植株的顶芽摘除，使养分集中向产品器官输送，促进叶腋间的小球迅速膨大，总产增加。这种方法对生长季节比较短的地方尤为有利。

早熟品种定植后 90～110 d、中熟种 120 d、晚熟品种 120～150 d 收获。在生长过程中，沿着茎自下而上陆续形成小叶球，所以总是下部的叶球先成熟，故采收也是从下而上陆续采收、多次采收。一般当叶球长到 2.5～3.8 cm 时，开始采收。采收不能太晚，否则叶球开裂，质地变硬，失去风味。每株可采收小叶球 40 个以上，重 1～1.5 kg。

采收的方法是用刀沿茎，将小球割下。品质好的小叶球颜色亮绿，紧实。小叶球很容易腐烂，采收后要很快预冷(0 ℃)，然后分级包装上市。抱子甘蓝在 0 ℃左右，湿度 95%～98%条件下可贮藏 6～8 周。

11.5.3 羽衣甘蓝

羽衣甘蓝(collard)(*B. cleracea* L. var *acephalad* C.)别名绿叶甘蓝、牡丹菜，十字花科芸薹属甘蓝种，采收卷曲的羽状嫩叶的变种，为二年生草本植物，是栽培甘蓝的原始种形态，在欧洲种植最早、最普遍。羽衣甘蓝类型丰富，有些类型适于作饲料，有的则适于观赏，有些适于食用。羽衣甘蓝是甘蓝类蔬菜中最耐寒，也是较耐高温的蔬菜，所以栽培较容易，供应期较长。

羽衣甘蓝营养丰富，每 100 g 嫩叶含维生素 C 153.6～220 mg、胡萝卜素 0.484 mg、还原糖 1.68 mg、粗蛋白 4.11 mg、纤维 1.27 mg、钾 367 mg、钠 21.7 mg、镁 30.1 mg、钙 108 mg、磷 86.6 mg、铁 1.66 mg。其嫩叶可炒食、凉拌、做汤，风味清鲜。耐贮藏，但贮藏后太粗糙而不适于生食。新鲜脆嫩叶片或小枝很适于生食或做汤。卷缩叶片在作色拉时起点缀作用，很美观。熟食时同样有甘蓝类蔬菜的风味。

11.5.3.1 生物学特性

羽衣甘蓝株高 30～40 cm，第一年为营养生长期，茎短缩，坚硬，密生叶片。第二年开花后花茎高达 120 cm，直立无分枝。主根粗大，根系发达，主要分布在 30 cm 的耕层内。叶为长椭圆形，较厚，被有蜡粉，卷皱多，叶缘羽状分裂，裂片互相覆盖而似皱褶，叶片长约 20 cm。叶柄较长，约占全叶长的 1/3。叶的颜色因品种而异，有紫红、鲜红或红中间绿，可作观赏作物栽培，作为食用栽培的多为绿色。总状花序，异花授粉。果实角果，扁圆柱形，种子圆形，褐色，千粒重约 4 g。长江流域花期在 4 月份。

喜冷凉温和的气候，耐寒、耐热能力均很强，可忍耐－6～－4 ℃的低温和 35 ℃的高温，种子发芽适温为 18～25 ℃，生长适温 20～25 ℃。高温季节收获的叶片纤维多，质地较坚硬，风味差。较耐阴，但阳光充足叶片生长快，品质好。长日照植物。对土壤适应性强，以排灌良好，耕层深厚，土质疏松肥沃，有机质丰富，pH 5.5～6.8 的沙壤土和黏壤土最宜，土壤钙含量高，植株生长旺盛。喜土壤湿润，但不耐涝，雨季要注意排水。

目前羽衣甘蓝主要有 2 个品种类型：一是卷叶品种类型，具有卷皱的蓝绿色叶片，植株较矮，早熟；二是细叶品种类型，植株较高，展开度较大，皱褶不多，叶灰绿色。一般认为卷叶类型品种适于食用，而细叶品种适于作饲料。据叶片的颜色可分为红紫叶和白绿叶两大类：红紫叶类的心叶紫红、淡紫红，茎部紫红色，种子红褐色；白绿叶类的心叶呈白绿色或绿色，茎部绿色，种子黄褐色。

目前栽培的品种均从国外引进，代表品种有：沃特斯、穆斯特、阿培特、科仑内、温特博等。

11.5.3.2 栽培技术要点

华南宜秋季播种露地栽培，冬、春收获。长江流域春季栽培，可于 1 月下旬至 2 月上旬设施育苗，3 月上旬定植。秋季栽培，可在 7～8 月份育苗，注意降温防台风。

苗床选择土壤肥沃、排灌方便的沙壤土，施腐熟有机肥与土混匀后，作畦，浇透水后播种，播后覆盖细土 1～1.3 cm。1 hm^2 苗床播种 9 kg，可供 3～4 hm^2 大田栽培。苗期保持苗床湿润，幼苗五六片真叶时即可定植。

整地前每公顷施腐熟有机肥 30 000 kg，整成高畦，畦宽 110 cm。幼苗五六片叶时带土移栽。一般种双行，株距 45～50 cm，每公顷种植 45 000 株左右。定植后浇足定根水。

定植后及时浇水，保持土壤湿润，雨后及时排水防涝。每次采收后追施尿素 75～150 kg/hm^2，并保持土壤湿润，可连续收获，直至植株不能正常生长为止。

一般移栽后 25～35 d，外叶 10～20 片时就能开始陆续采收嫩叶，采收部位以心部已展开的 15～20 cm 嫩叶为宜，每次每株可收 3～5 片，留下未成熟的嫩叶，3～5 d 成长后再采收。一般每隔 10～15 d 采收 1 次。采收宜在露水干后进行。数日后将植株下层成熟老叶去除，促进内叶继续不断地发生。产品品质以冬季及早春气温冷凉季节为好，秋冬季稍经霜冻后风味更好，夏季则风味较差，纤维多。

思考题

1. 甘蓝类蔬菜的生长发育与栽培学共性有哪些?
2. 简述春季甘蓝栽培技术规程。
3. 花椰菜秋季栽培技术与春季栽培技术有何异同处?
4. 结球甘蓝和花椰菜常见生理性病害有哪些?

12

CHAPTER

根菜类蔬菜栽培

根菜类蔬菜是指由直根膨大而形成肉质根的一类蔬菜，包括：十字花科的萝卜、根用芥菜、芜菁、芜菁甘蓝和辣根；伞形科的胡萝卜、美国防风和根芹菜；菊科的牛蒡、菊牛蒡和婆罗门参；藜科的根甜菜。其中萝卜和胡萝卜栽培面积最大，其次为根用芥菜、芜菁甘蓝及芜菁。根菜类蔬菜多为温带原产的二年生草本植物，阶段发育特性明显，少数为一年生或多年生草本植物。

12.1 萝 卜

萝卜（*Raphanus sativus* L.）别名芦菔、莱菔，是十字花科萝卜属的一、二年生草本植物，以肥大的肉质直根为产品器官。起源于中国，自古盛行栽培。早在2 500年前的《诗经》中就有“采菲采葑”的记载，其中“菲”就是萝卜，实际栽培时间远远早于此。据资料推测，中国古人食用萝卜可能有六七千年的历史。目前，萝卜已成为世界性蔬菜之一，欧美国家以小型萝卜为主，亚洲国家以大型萝卜为主，其中以中国和日本栽培最为普遍。萝卜营养丰富，每100 g鲜萝卜含干物质5～13 g，其中粗蛋白1.6～2.5 g、糖1.5～6.4 g、纤维素0.8～1.7 g、维生素C 8.3～29 mg、矿物质0.8～1.18 g，还含有淀粉酶、芥辣油等物质，具有助消化、杀菌、祛痰、止泻、利尿等功效，是日常生活中很好的药膳蔬菜。萝卜的用途广泛，除生食外，还可熟食，煎、烹、炒、炸均可。此外，还能用于干制、盐渍等加工业。

12.1.1 生物特性学

12.1.1.1 植物学特性

（1）根 小型萝卜的主根深入土层10～20 cm，侧根水平分布的范围为6～15 cm。大型萝卜主根深入土层可达130 cm，侧根水平分布范围可达100 cm，但大部分根系分布在20～45 cm深的土层中。萝卜出苗后子叶展开时，侧根就开始生长，播种后40～50 d，主根可深入土层100 cm左右。

萝卜肉质根主要由下胚轴及部分胚根膨大而成，由根头、根颈部和真根3部分组成。根头部为短缩的茎部，由幼苗子叶着生部位以上的上胚轴发育而成，上面着生芽和叶。根颈部由幼苗的下胚轴发育而成，为肉质部的主要部分，此部分无叶着生。真根部由幼苗的胚根发育而成，其上生有许多侧根。肉质直根的形状、大小、颜色等因品种而异。根形有长圆筒形、长圆锥形、圆形、扁圆形等；大小差异较大，通常为 200～500 g，小的仅几克或十几克，大的可达 5～10 kg；外皮颜色有白、绿、红、紫等，也有皮色上下不一致的类型；萝卜的肉色多为白色，也有青绿、紫红等。

(2)茎　营养生长期为短缩茎，节间密集，叶片簇生其上。生殖生长时茎伸长成为花茎。

(3)叶　在营养生长期，叶丛生于短缩茎上。叶有全缘叶(板叶)和裂刻叶(花叶)之分。叶色有绿、浅绿及深绿。叶柄和叶脉的色泽与肉质根的皮色或肉色有关，一般为绿色、粉红色及紫色等。叶丛伸展的方式有直立、半直立和平展 3 类。

(4)花　复总状花序，完全花，花瓣 4 片，花冠成十字形，有白色、粉红色、紫色等；花萼 4 片，绿色；雄蕊 6 枚，4 长 2 短(4 强雄蕊)，基部有蜜腺，异花授粉，虫媒花。开花的顺序是自下向上，先主枝后侧枝，全株开花期 30～35 d，每朵花开放期为 3～5 d。

(5)果实和种子　果实为长角果，每个果实内有种子 3～8 粒，成熟时不易开裂，故采种时可以整株收获晾干。种子为不规则的圆球形，种皮浅黄色至暗褐色。一般肉质根白色或绿色的品种，种皮颜色较深，红色品种的种皮色较浅。种子千粒重 7～16 g，种子发芽力通常可保持 3～5 年，但生产上宜用当年新种子。

12.1.1.2　对环境条件的要求

(1)温度　萝卜为半耐寒性蔬菜。种子在 3～5 ℃时就可以发芽，发芽适温为 20～25 ℃。幼苗期适应的温度范围较广。肉质根生长的温度范围为 6～20 ℃，适宜温度为 18～20 ℃。萝卜营养生长期的温度以由高到低为好，前期温度高，出苗快，形成繁茂的叶丛，为肉质根的生长打好基础；后期温度逐渐降低，有利于光合产物的积累。当温度逐渐低至 6 ℃以下时，植株生长缓慢，肉质根膨大渐趋停止，即至采收期。温度低于－2～－1 ℃，肉质根会受冻，因此，肉质根露出地面的品种，要在寒冷到来之前及时采收，以免受冻。一般种子萌动后就能感受低温(2～4 ℃)，大多数品种经 15～20 d 可完成春化阶段，故幼苗期低温环境，极易造成先期抽薹。春化温度在不同类型品种间差异较大，一些冬性强的品种在 1～8 ℃，经过 30 d 仍然不能通过春化阶段。通常，北方品种的冬性较强，南方品种冬性较弱。在抽薹期，地温稳定在 5～10 ℃即可开始生长。开花、结果适宜的温度为 16～22 ℃。

(2)光照　萝卜生长过程中要求充足的光照，有利于光合作用的进行，加速叶片的分化和叶面积的扩大，从而使光合产物增加，有利于光合产物在肉质根中的积累，肉质根膨大快，产量高。萝卜是长日照植物，12 h 以上的长日照条件下有利于通过春化的种株开花、结果。

(3)水分　萝卜生长过程中对水分的要求比较严格，是影响产量和品质的重要因素。在发芽期和幼苗期要求保持地表湿润。此期应小水勤浇，秋初供应水分，还有降低地表温度的作用。萝卜生长盛期叶片较大，蒸腾作用旺盛，根系的吸收能力不强，不耐干旱，要求土壤保持湿润状态，土壤含水量以田间最大持水量的 65%～80%为宜，空气相对湿度以 80%～90%为宜。土壤水分不足，空气湿度过低，肉质根膨大受阻，表皮粗糙，品质下降。但是，土壤水分过多，则通气不良，不利于根系的生长与吸收，肉质根皮孔变大，表皮粗糙，侧根着生处形成不规则的突起，商品品质下降。肉质根膨大期，如土壤干湿不匀，干旱时肉质根韧皮部和周皮层细胞木栓化、角质化；水分多时，肉质根木质部的薄壁细胞迅速膨大，而韧皮部和周皮层的细胞不能相应膨大，易造成裂根。

(4)土壤　萝卜对土壤的适应性较广，但为了获得优质、高产的产品，以土层深厚、保水和排水良好、富含有机质、疏松透气的沙壤土最好。土质黏重，萝卜表皮不光洁；耕土层过浅、坚实或含有石砾、杂物、废塑料等时，易发生歧根。土壤 pH 以 6～7 为宜。

(5)养分　萝卜对营养元素的吸收量以钾最多，其次为氮，再次为磷，整个生育期间对 3 要素吸收的比例大约是氮∶磷∶钾＝10∶3∶11。萝卜生长对氮的反应十分敏感，幼苗期缺氮对肉质根膨大的影响最大；若后期氮素过量，会使产量降低。幼苗期至叶生长盛期所吸收的氮素主要供给叶片生长，制造和积累更多的光合产物，为肉质根的生长和膨大准备养料和能量。因此，生育前期的氮肥是非常重要的，假如幼苗期和叶片生长盛期缺氮，即使是以后施用氮肥也无法弥补前期缺氮所造成的不良影响。萝卜对磷不敏感，在含量比较低的土壤上也能正常生长，但磷可提高萝卜肉质根中可溶性固形物和抗坏血酸的含量。萝卜对钾需求量最大，钾可以促进细胞分裂和膨大，促进维管束的发育。因此，钾肥充足时，可促进肉质根膨大而提高产量。此外，钾还可使肉质根组织致密，含糖量提高。

12.1.1.3　生长发育周期

萝卜为二年生草本植物，其生长发育过程可分为营养生长和生殖生长 2 个时期。一般第一年为营养生长期，形成肥大的肉质根，冬季感受低温后，第二年进入生殖生长期。

1)营养生长期

萝卜的营养生长期，是从播种后种子萌动、出苗，到肉质根肥大的整个过程。

(1)发芽期　从种子萌动到第一对基生叶露心为发芽期，此期通常为 5～7 d。此期所需营养主要依靠种子内贮藏的养分供给，因此种子的质量、贮藏条件、贮藏年限、土壤温度、通气状况、水分、播种深度等都会影响种子的发芽率与出苗率。

(2)幼苗期　从第一对基生叶露心到第五至第七片莲座叶展开为幼苗期，在适宜的条件下需 15～20 d。此期地上部叶片分化加速，叶面积不断扩大。幼苗初期，肉质根主要是伸长生长，当幼苗具有五六片叶时逐渐进行加粗生长。由于次生生长，根的中柱开始膨大，向外增加压力，造成初生皮层的破裂，俗称“破肚”(图 12-1)，这种现象的出现表明肉质根开始进入加粗生长阶段。破肚一般历时 5～7 d，破肚结束是幼苗期结束的标志。

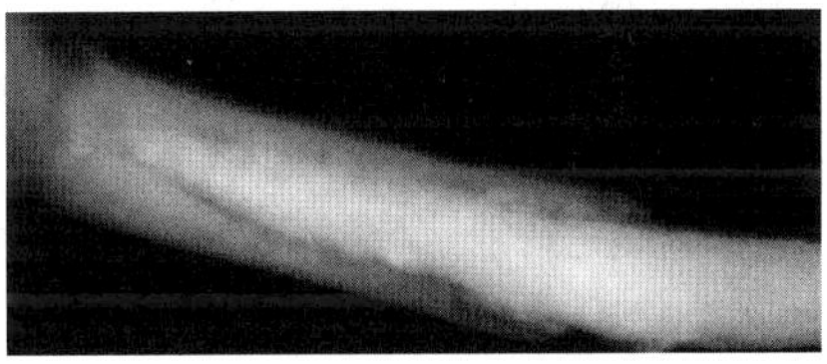

图 12-1　萝卜“破肚”

(3)叶生长盛期　又称莲座期，肉质根膨大前期，是从“破肚”到“露肩”之间的时期，一般需 20～30 d。“露肩”是指肉质根的根头部开始膨大、加粗。此期叶丛旺盛生长，莲座叶叶数不断增加，叶面积迅速扩大，同化产物增加，根系吸收肥水能力加强，肉质根迅速伸长和膨大，植株的生长量比幼苗期大为增加。但此期地上部的生长量仍超过地下部。

(4)肉质根生长盛期　是指从“露肩”到收获，需 30～40 d。此期肉质根的生长最为迅速，叶片的生长速度逐渐减慢，而达到稳定状态，大量的同化产物运输到肉质根内贮藏起来，肉质根迅速膨大，且生长量超过地上部。

(5)休眠期　秋、冬季栽培的萝卜在肉质根形成后，因气候转冷被迫进入休眠期。

2)生殖生长期

秋冬栽培的萝卜，在秋季肉质根形成后，到冬季感受自然低温，通过春化阶段。但是由于此时气温逐渐降低,日照变短,未能抽生花薹。在北方寒冷地区经过冬季贮藏,第二年早春种植于田间,在长日照、温暖的气候条件下,抽薹开花结实。南方温暖地区,在冬初收获后可将种株栽植于田间越冬,到春暖后即可抽薹开花。萝卜从现蕾至开花,需 10～30 d,花期的变化较大,一般约 30 d,长者或可达 50 d。开花至种子成熟需 40～50 d。

12.1.2 类型与品种

中国萝卜品种资源非常丰富,分类方法很多。按肉质根的形状可分为长形、圆形、扁圆形等;按春化特性可分为春性、弱冬性、冬性系统和强冬性系统;按用途可分为菜用、加工用和水果用;按生育期可分为早熟、中熟和晚熟。目前,生产上主要依据其生态适应性分为秋冬萝卜、冬春萝卜、春夏萝卜、夏秋萝卜和四季萝卜 5 种类型。

1)秋冬萝卜

秋冬萝卜是目前栽培面积最大的栽培类型。一般于夏末秋初播种,秋末冬初收获,生长期 60～120 d。这类萝卜生长季节的气候条件适宜,因而产量高、品质好、用途多、采收迟、耐贮藏。又分为:

(1)菜用萝卜　代表品种有薛城长红、徐州大红袍、扬州大头红、浙江的浙大长、宜兴的太湖长白、广东的九车头、湖北的黄州萝卜、广西的牛腿白萝卜等;

(2)水果萝卜　代表品种有北京的心里美、山东的潍县青、扬州的西瓜红、徐州的大青萝卜、天津的卫青萝卜等;

(3)加工用萝卜　代表品种有新闸红萝卜、如皋鸭蛋头萝卜等。

2)冬春萝卜

主要生长在长江以南及四川等冬季不太寒冷的地区,晚秋初冬播种,露地越冬,翌年 2～3 月份收获。这类萝卜耐寒性强,对春化的要求严格,抽薹迟,不易空心,在解决早春蔬菜淡季问题上是很宝贵的类型。代表品种有杭州的大缨洋红萝卜、成都和武汉的春不老萝卜等。

3)春夏萝卜

3～4 月份播种,5～6 月份收获,生育期 45～70 d。可解决 5 月份蔬菜供应的小淡季。该类型多属中型品种,产量不高,供应期短,生长期间有可能通过阶段发育而引起先期抽薹。生产上宜选用晚抽薹的品种。代表品种有南京泡里红、南京五月红、广东的扒齿萝卜、北京的六缨水萝卜、武汉的醉仙桃、甘肃的白水荸荠、红天鹅蛋等。

4)夏秋萝卜

夏季播种,秋季收获,生长期为 40～70 d。夏秋期间正是蔬菜的收获淡季,夏秋萝卜正好调节这一淡季的均衡供应。夏秋期间正值高温酷暑,有台风暴雨,病虫严重,必须加强田间管理和选用耐热的品种才能收到较好的效果。代表品种有广州的蜡烛红、马耳、火车头、短叶 13、杭州的小钩白、南京的中秋红、北京的热白萝卜等。

5)四季萝卜

这类萝卜都是扁圆或长形的小萝卜,生长期很短,既耐寒也耐热,适应性强,抽薹晚,品质好,但产量较低。在露地除严寒酷暑季节外,随时皆可播种,但在秋冬期间因有较多的优质、高产品种,故很少栽培。常在早春用保护地栽培,或春季在露地栽培,以供春末夏初的需要。四季萝卜代表品种有南京洋花萝卜、上海小红萝卜、济南算盘子、浙江的萧山一点红等。

12.1.3 栽培季节与茬口安排

在南方地区一年四季均可露地栽培，全年供应，但以秋、冬季栽培最为适宜，产量高，品质好。在北方地区，以秋季种植为主，初冬收获、贮藏，供应冬季和早春市场；也有在夏季栽培以及利用保护设施的春早熟栽培和越冬栽培。

萝卜宜与非十字花科蔬菜轮作，否则易发生病害。秋萝卜最好的前茬是葱蒜类、茄果类及瓜类蔬菜，因这些前茬作物施肥量大，土壤比较肥沃，尤其是葱蒜类蔬菜栽培后在土壤中留下的硫化丙烯等杀菌物质，能减少萝卜栽培中许多土传病害的发生。秋萝卜较次的茬口是马铃薯、玉米、麦子等春作物，这些作物腾地早，有比较充足的时间晒垡整地。

12.1.4 栽培技术原理与措施

1）整地、施肥与作畦

栽培萝卜的土壤应早耕，深耕有利于萝卜产品器官的形成。耕后充分打碎耙平，拾净砖瓦、石块等杂物，以利萝卜肉质根在土壤中的生长。萝卜应以基肥为主、追肥为辅。基肥应以腐熟的厩肥为主，并配合施用部分磷、钾肥。一般以每 667 m^2 施腐熟厩肥 2 500～3 000 kg、草木灰 50～100 kg、过磷酸钙 25～30 kg，基肥占总施肥量的 70%，追肥占 30%。作畦的方式因品种、土质、地势和当地气候条件不同而异。中小型萝卜或在排水良好的地方可用平畦；中型和大型萝卜，或在多雨地区、地下水位较高及排水不良的地方宜作高畦或高垄。一般大面积栽培的中型萝卜畦高 20～25 cm，畦宽 1～2m，沟宽约 40 cm。

2）播种

应根据市场的需要及各品种的生物学特性确定萝卜的播种期，尽量把萝卜的产品器官形成期安排在适宜生长的季节里，以达到高产、优质的目的。因此，应在秋季播种较适宜，使幼苗能在 20～25 ℃的较高温度下生长，幼苗生长越充分，根吸收器官和叶片同化器官长得越好，就能积累更多的营养物质，为后期肉质部的生长打下良好的基础。在生长后期为了减少呼吸作用对同化物质的消耗，最好有较低的温度条件，使肉质根贮藏更多的养分。但播种期不宜过早，否则幼苗生长期易受高温暴雨侵袭，病虫危害也较严重，导致幼苗生长不良。北方地区秋萝卜的播种一般在 7 月下旬；南方则可在 8～9 月份。露地栽培春萝卜因前期温度低，幼苗容易通过春化，造成未熟抽薹。因此，栽培春萝卜一定要选用春萝卜类型，以免失败。由于萝卜属于萌动的种子春化型，春季极易发生未熟抽薹，适期播种十分重要，一般 10 cm 地温稳定在 8 ℃以上，夜间最低温度 5 ℃以上时才能播种。

播种方法多采用穴播。播种前先按照行距 40～50 cm、株距 30～40 cm 开穴，浇足底水，待水渗入土壤后按穴播种，每穴播干种子 2～3 粒，每一穴内的种子应散开一些以免出苗后幼苗拥挤。播后覆细土 1～2 cm 厚。每 667 m^2 用种量 400～500 g。中型萝卜如新闸红也可采用条播，播种前按行距 20～25 cm、株距 15～20 cm 开浅沟、浇足底水，待水渗入土壤后沟内播种，播后覆土 1～2 cm 厚，每 667 m^2 用种量 600～1 200 g。

为保证播种后田间出苗的整齐度，也可采用“种子带”播种方法，即利用特制的编织机械，将萝卜种子按照预先设定的株距包裹于宽 15～26 mm、可降解的种子线中形成种子带，继而通过人工或者机械方式将种子带埋放于深度 1～2 cm 土中。种子线播种方式适宜规模化萝卜播种和生产方式，可有效降低播种成本、保证田间出苗状况。

3)田间管理

播种后须适时、适度地进行间苗、浇水、追肥、中耕、除草、病虫防治及摘除黄叶等一系列的工作。

(1)间苗　当幼苗拥挤时应分次间苗,以保证全苗壮苗。一般在第一片真叶展开时,进行第一次间苗,拔除细弱苗、病苗、畸形苗,每穴可留苗 2～3 株;第二次间苗一般在萝卜“破肚”时进行,选留具有原品种特征特性的健壮苗 1 株,即为定苗,拔除其余生长较弱的苗。

(2)浇水　萝卜的叶面大而根系软弱,故耐旱能力较差,需适时、适量地供给足够的水分,尤其在根部发育时,必须根据生长情况,进行合理的浇水。发芽期要充分浇水,保证土壤含水量在田间最大持水量的 80%以上,促使出苗快而整齐。幼苗期要少浇勤浇,在“破肚”前的一段时间内要少浇,促使根系向土层深处发展,这一时期土壤含水量应在田间最大持水量的 60%左右。叶部生长盛期,叶片发育较快,既要保证有足够的水分,但也不能过多,应掌握“地不干不浇,地发白才浇”的原则。根部生长盛期是保证萝卜优质丰产的关键,一般以土壤含水量为田间最大持水量的 70%～80%、空气湿度 80%～90%为宜。根部生长后期适当浇水可防止萝卜空心,提高萝卜品质和耐贮藏性。在萝卜生长期内,雨水多时应注意开沟排水,防止根系受渍而腐烂。

(3)追肥　萝卜的幼苗期和叶生长盛期需要的氮素比磷、钾多。肉质根生长盛期,进入养分贮藏积累期,则磷、钾肥需要量增多,尤以钾肥为最多。秋冬萝卜生长期长,需要分期追肥。第一次追肥是在幼苗第二片真叶展开时进行,这时大型萝卜进行第一次间苗,可在间苗后进行轻松土,随即用稀薄的厩肥汁水追肥;第二次追肥是在定苗后进行;第三次追肥在萝卜“破肚”时进行。中、小型萝卜经 3 次追肥后迅速膨大,可不再追肥。大型萝卜生长期长,待萝卜生长到“露肩”时,每 667 m^2 再追施硫酸铵 10～20 kg,至肉质根盛长期再追施草木灰或钾肥 1 次。草木灰应在浇水后撒在行间,每 667 m^2 撒施 100～150 kg。大型萝卜在“露肩”后每周喷 1 次 2%的过磷酸钙,有显著的增产效果。

(4)中耕、除草、培土　大、中型萝卜行株距大,生长期较长,常因雨水或浇水而导致土壤板结,需要多次中耕、除草,以增加土壤的透气性。萝卜的中耕宜先深后浅,先近后远,直至封行后停止中耕。封行后若有杂草需及时拔除。结合中耕除草进行培土,尤其是露身的大型萝卜,培土可以防寒,防止萝卜倒伏、弯曲,以提高萝卜质量。生长期长的大型萝卜,到中后期须经常摘除黄叶、病叶,以利通风透气,减少病虫害。

(5)采收　萝卜的采收期因品种不同而异,一般在肉质根已充分膨大,根的基部圆起来(俗称圆腚),叶色转淡,由绿变黄时便应及时采收。

初冬采收作为鲜食用的萝卜,可用刀切除叶丛,洗净后上市供应。作为贮藏用的萝卜,采收时可用刀将叶丛连同顶芽一起切除,以免贮藏期间发芽空心。萝卜的产量因品种类型和栽培技术而异。秋冬大型萝卜一般每 667 m^2 产量为 3 000～4 000 kg,高产的可达 5 000 kg 及以上;中型萝卜产量一般在 2 500～3 000 kg。

(6)主要病虫害　萝卜病害主要有霜霉病、黑斑病、黑腐病、病毒病、根肿病,虫害主要有蚜虫、白粉虱、菜螟、菜青虫、小菜蛾、甜菜夜蛾、小地老虎、黄条跳甲等。

12.1.5　常见问题与对策

1)糠心

症状表现为肉质根整体出现水分缺失、肉质松软、口感欠佳,严重时肉质根中部甚至形成中空。糠心的环节及原因一是田间生长期间肉质根膨大的中后期的水分补给不足、不及时；二是采后储藏期间温度过高、时间过长导致肉质根细胞失水过多。

防治糠心的主要措施包括：肉质根生长盛期必须保证田间土壤湿润、防止忽干忽湿；肉质根膨大的中后期适当增施钾肥及硼肥，确保养分供应平衡；萝卜储藏过程中温度控制在1～3 ℃、相对湿度保持在90%～95%，采用窖藏或土埋方式有利于避免糠心问题的出现；储藏温度较高、湿度较低时避免长时间存放。

2)裂根

症状表现为根部表皮出现大小及深浅不一、纵横交错的裂缝，其深度有时可达肉质根中部。裂根的原因与田间土壤墒情变化大、浇水不均等有关。

防治裂根的措施包括：选用耐裂根品种；合理控制灌溉次数、频率和灌溉总量，特别是肉质根膨大的中后期田间土壤湿度保持在90%有利于肉质根生长均衡、形状匀称。

3)叉根

症状表现为肉质根部尖端出现了多个大小或数量不一的分叉，或形成多根的现象。叉根的病因主要与根部断裂或土壤质地、耕作质量等有关。

防治叉根的措施包括：萝卜需采用直播方式，不宜育苗移栽，因幼苗移栽大多会伤及主根进而导致根部分叉；选择耕层深厚的沙壤土或轻沙土土质种植萝卜有利于其根部生长，避免在土壤质地黏重、板结、透气性差的地块种植；土壤翻耕要求精细、均匀，避免土壤中出现导致根部生长机械受阻的坚硬土块、石栎、砖块等耕作质量问题；土壤施肥管理精细，施肥过多或有机肥未充分发酵，导致幼苗烧根。

12.2　胡萝卜

胡萝卜(*Daucus carota* var. *sativa* Hoffm.)别名红萝卜、红根、黄萝卜、丁香萝卜等。是伞形花科的一、二年生草本植物，以肥大的肉质直根为食用器官。原产亚洲西部，栽培历史在2 000年以上。10世纪从伊朗传入欧洲大陆，驯化发展成为短圆锥橘黄色欧洲生态型。15世纪英国已有栽培，16世纪传入美国。中国于元代初期即13世纪末经伊朗传入，发展成为中国长圆根形生态型。中国南北方都有栽培。在广大北方地区，特别是高寒地区，由于其栽培方法简单、病虫害少、适应性强、耐贮藏而大量栽培，是冬季主要的冬贮蔬菜之一。

胡萝卜营养价值很高。据测定，每100 g鲜胡萝卜中含蛋白质1.1 g、脂肪0.2 g、碳水化合物6.4 g、钙37 mg、磷36 mg、铁0.7 mg、钾341 mg、钠47 mg、维生素C 12 mg、胡萝卜素135 mg。胡萝卜食用方式多种多样，可以鲜食、炒食、煮食、蒸食，也可加工腌制、干制、蜜制、罐藏和制饮料。随着人们生活水平的提高，外贸、旅游事业的发展，胡萝卜的栽培面积还将继续扩大，是一种很有发展前途的蔬菜。

12.2.1　生物学特性

12.2.1.1　植物学特征

(1)根　根系发达，是深根性蔬菜，最大根长可达16 m。根系由肥大的肉质根、侧根、根毛3部分组成。肉质根由下胚轴和直根组成，外层为韧皮部，肥厚而发达，为主要的可食部分，大部分营养贮藏其中。根的中柱为次生木质部，含养分较少。肉质根上着生 4 列纤细侧根。肉质根的形状有长圆柱形、长圆锥形、短圆锥形等。根色有紫红、橘红、粉红、黄、白、青绿等。红色种含有大量的胡萝卜素，黄色种次之，白色种最少。

(2)茎　在营养生长期为短缩茎，着生在肉质根的顶端，其上着生叶丛。通过阶段发育后，在短缩茎上抽生花薹，即花茎。花茎上发生分枝，即侧枝，侧枝上着生花枝。

(3)叶　叶片丛生于短缩茎上，为 3 回羽状复叶。叶柄细长，叶色浓绿，叶面积较小，叶面密生茸毛。

(4)花、果实　复伞形花序，每个花序常有上千朵的小花，花期约 1 个月。完全花，白色或淡黄色，虫媒花。果实为双悬果，成熟时分裂为二，一般以双悬果作为播种材料。单果椭圆形，革质，纵棱上密生刺毛。单果内有种子，种胚小，常发育不良或无胚。一般发芽率低，仅 70% 左右。

12.2.1.2　生长发育周期

在秋播条件下胡萝卜为二年生，第一年是营养生长期，一般为 90～140 d。肉质根经过贮藏，在冬季感受自然低温后通过春化阶段；第二年早春定植后在长日照下通过光照阶段，进入生殖生长期。整个生育过程可分成以下几个时期。

(1)发芽期　从种子萌发到第一片真叶露心，持续时间为 8～15 d。

(2)幼苗期　从第一片真叶展开到第六片真叶展开，持续时间约 25 d。

(3)莲座叶生长期　从第六片真叶展开后到肉质根开始膨大，持续时间约 30 d。

(4)肉质根膨大期　从肉质根开始膨大到收获，持续时间为 50～60 d。

(5)贮藏越冬期　收获后入窖贮藏。

(6)抽薹开花期　翌春定植于采种田，开始抽薹、开花、结果。

12.2.1.3　对环境条件的要求

(1)温度　胡萝卜为半耐寒性蔬菜，耐寒能力比萝卜强。4～5 ℃时可以发芽，但发芽很慢，发芽适温为 18～25 ℃，经 10 d 左右出苗。幼苗能耐 −3～−2 ℃的低温，耐高温的能力较萝卜强，所以胡萝卜在秋季播种可比萝卜早 10 多天。胡萝卜肉质根膨大期的适温为昼温 18～23 ℃、夜温 13～18 ℃，温度过高或过低均不利于胡萝卜肉质根的膨大，尤其是在高温下形成的肉质根品质差、肉质粗糙。肉质根中胡萝卜素形成的适温为 15～21 ℃，开花与种子成熟期适温为 25 ℃。胡萝卜基本上是一种绿体春化型蔬菜，植株长到一定大小后(具有 15～20 片叶)，在 2～6 ℃的低温条件下，需经 40～100 d 才能通过春化阶段。因此，胡萝卜春季栽培中先期抽薹的现象较萝卜少。

(2)光照　充足的光照可使胡萝卜叶面积增加，光合作用增强，延迟叶片衰老，促进肉质根膨大，提高产量。如果胡萝卜栽种于光照不足处，或种植过密、杂草过多时，由于植株得不到充足的光照，造成产量下降，品质变劣。胡萝卜是长日照植物，通过春化阶段后，需在 14 h 以上的长日照条件下通过光照阶段，才能抽薹开花。

(3)水分　胡萝卜根系发达，吸水力强，叶片蒸发水分较少，耐旱力比萝卜强。生长期间要根据植株各生长阶段的需水情况，适当供水，特别是在种子发芽期、肉质根旺盛生长期，需要较高的土壤湿度。种株抽薹开花期和种子灌浆期需保持较均匀的土壤湿度，如土壤水分不足，会影响种子产量。到种子成熟阶段，又需要较低的土壤湿度。

(4)土壤和养分　胡萝卜适宜栽种于土层深厚、土质疏松、排水良好、孔隙度高的沙壤土或壤土上，适宜的土壤 pH 为 6～8。如土壤坚硬、通气性差、酸性强，易使肉质根皮孔突起，外皮粗糙，品质差，产量低。

12.2.2 类型与品种

胡萝卜品种按肉质根的颜色可分为红、黄、紫 3 类。按肉质根的形状可分为长圆柱形、短圆柱形、短圆锥形、长圆锥形 4 类。按其用途可分为生食、熟食、加工、饲料用 4 类。

(1)鲜食型　肉质根外形美观，色泽鲜艳，肉质细而脆，汁多味甜，心柱较细，韧皮部肥厚。代表品种有烟台五寸、常熟支塘胡萝卜、西安红胡萝卜、扬州三红、老魁等。

(2)熟食型　肉质根脆、水分多，味较淡，品质中等。代表品种有南京红、上海长红、北京黄胡萝卜等。

(3)加工型　柱与韧皮部色泽较一致，心柱横径为肉质根横径的 1/3 以下。代表品种有新黑田 5 寸、扬州红 1 号、卡罗斯、金时等。

(4)饲料型　肉质根较粗，水分含量中等，味较淡。代表品种有扬州黄干、广州麦村金笋、济南钻子头胡萝卜等。

12.2.3 栽培季节与茬口安排

我国胡萝卜一般分春、秋 2 季栽培，以秋季为主。少数地区有春、夏、秋 3 季栽培。秋胡萝卜一般于 7～8 月份播种，11～12 月份收获。春胡萝卜一般于 2 月份播种，5～7 月份收获。夏胡萝卜主要在北方或高山气温较低的地区栽培，其播种期可比秋胡萝卜提前 15～20 d。秋胡萝卜的前茬为春甘蓝、春花菜、菜豆、茄子、番茄、春马铃薯和瓜类等蔬菜，后茬可栽越冬的不结球白菜、芥菜、春马铃薯和瓜类等蔬菜。春胡萝卜的前茬可为不结球白菜、芥菜、秋甘蓝、菠菜等越冬蔬菜；后茬可栽大白菜、甘蓝、菠菜、秋番茄、秋四季豆、秋黄瓜等各种秋冬蔬菜。

12.2.4 栽培技术原理与措施

春胡萝卜一般于春季播种，夏季收获。由于这一茬口外界气温先低后高，不符合胡萝卜生长发育对环境条件的要求，容易发生未熟抽薹，再加之生长期短，产量较低。目前，春胡萝卜的栽培面积不大，但如果管理得好也能获得较好的经济效益，须采取一定的技术措施。首先，应选择耐低温、冬性强、不易抽薹的品种，如三寸、五寸、黄胡萝卜等品种；其次，要合理安排播种期，当外界平均气温稳定在 6～8 ℃时应及早播种，有条件的可进行简易保护栽培；再次，要对种子行处理，以提高发芽率和出苗速度；最后，要进行垄作，有利于提高地温，也可以进行畦播。在管理上前期以增温、保湿为主，后期可加大肥水管理。

秋胡萝卜于夏末、初秋播种，初冬收获。因前期处于初秋高温多雨季节，适于叶丛生长发育。后期肉质膨大期处于晚秋、初冬季节，天气凉爽，适于肉质根膨大。因此，胡萝卜生长旺盛，产量高，品质好。收获后天气渐冷，适宜入窖贮藏。因此，这种栽培方式在我国非常普遍，是主要的栽培方式。

(1)整地与施基肥　耕地时每 667 m^2 施腐熟的厩肥 3 000～4 000 kg、草木灰 100～200 kg、过磷酸钙 10～15 kg 作基肥。一定要深翻 25～30 cm，表土要耙细、耙平，拣净石块、砖头、塑料等杂物。一般用平畦，畦宽 1.2～1.5 m。

(2)播种　胡萝卜是以双悬果作为播种材料，其中许多果实种胚发育不全，加上胡萝卜的果皮革质、上有刺毛及油腺，种子的发芽率较低，尤其是陈种子发芽更差。所以，播种时须选用新种子，搓去刺毛，再经浸种催芽处理，然后播种。浸种催芽的方法如下：将种子放入 30～40 ℃的温水中浸 3～4 h，捞出后放在湿布包中，置于 20～25 ℃下催芽，保持种子湿润，并定期翻动，使温度、湿度均匀，当大部分种子露白时，即可播种。播种方法有撒播与条播 2 种，撒播每 667 m^2 用种量为 0.75 kg。若用带毛种子播种，每 667 m^2 需种子 1～1.5 kg，由于带毛种子黏成团不易播匀，通常可以将种子拌入 3～4 倍的细土后再撒播。播完后覆土 1～2 cm，再轻轻地镇压 1 次。条播按行距 17 cm 开沟，沟深 3～4 cm，先沿沟浇底水造墒，待水渗入土壤后将种子播入，覆土 1～2 cm。

(3)田间管理　及时间苗，条播或撒播都要间苗 2 次，在幼苗两三片真叶时进行第一次间苗，间距 3 cm，并在行间进行浅中耕、除草、松土，促使幼苗生长。在幼苗具有四五片真叶时，进行第二次间苗，保持株距 10～17 cm，并进行中耕除草 1 次。早熟品种、小型肉质根品种适当密些；反之则稀些。一般追肥 2 次，第一次追肥在幼苗具有三四片真叶时进行，每 667 m^2 可追施硫酸铵 2.5～4 kg、过磷酸钙 3～3.5 kg、钾肥 1.5～2 kg。第一次追肥后 20～25 d 进行第二次追肥，每 667 m^2 施用硫酸铵 7.5 kg、过磷酸钙 3～3.5 kg、氯化钾 3～3.5 kg。胡萝卜的叶面积小，蒸腾量小，根系发达，吸收力强，比萝卜抗旱耐瘠。但在夏、秋干旱时，特别是在肉质根膨大时，要适量浇水，保持田间持水量在 70%左右，才能获得优质、高产。若供水不足，根部瘦小粗糙；供水不匀，肉质根易开裂。

(4)采收　胡萝卜的肉质根达到采收成熟期时，一般表现为心叶呈黄绿色，外叶稍有枯黄，直根肥大的，地面会出现裂纹，有的根头稍露出地面。采收分机械和人工采收，大面积机械收获的胡萝卜一般先用圆盘切刀齐地平面割去叶片，后将叶片收集以后，再用深耕犁耕出，用人工拣拾或由联合收割机挖掘后，经传送带边传送边筛去泥土，送入跟随的卡车运走。经洗净、分级、包装后上市。栽培面积小时可进行人工收获。

(5)主要病虫害　胡萝卜主要病害有软腐病、黑腐病、黑斑病、白粉病、菌核病、花叶病毒病等，主要虫害有蚜虫、蝼蛄、地老虎、白粉虱等。

此外，与萝卜生产相似，胡萝卜生产过程中也经常出现叉根、裂根等根部畸形现象。

12.3　根用芥菜

根芥菜(*Brassica juncea* var. *megarrhiza* Tsen. et Lee)，别名大头菜、疙瘩菜、大芥菜。原产中国，各地均有种植，主要分布在云南、贵州、四川、湖北、广东、江苏、浙江、山东、辽宁等省。其肉质根和嫩叶为食用部分，因其膨大肉质根含有大量的硫代葡萄糖苷，辛辣味极浓，腌渍或酱制加工后味道鲜美、清香脆嫩、味美爽口、风味独特，是佐餐佳品，所以食用多以加工为主。如江苏常州、吴江和浙江湖州的五香大头菜，云南的玫瑰大头菜等，深受消费者的欢迎，也是远销东南亚各地的出口蔬菜之一。

12.3.1　生物学特性

12.3.1.1　植物学特性

根芥菜的叶、茎、花、果和籽都与其他芥菜的变种相同。根芥菜的根为直根系，根群主要分布在 30 cm 土层中，上、下胚轴和胚根分别发育成为根头、根茎和真根，3 部分组成膨大的肉质根。

12.3.1.2 生长发育周期

根芥菜生长期分为发芽期、叶丛生长期、肉质根膨大期和生殖生长期。

12.3.1.3 对环境条件的要求

根芥性喜冷凉，属于耐寒性较强的蔬菜。根芥菜种子发芽、叶丛生长均要求月平均温度为 20 ℃左右，在 24～27 ℃的高温季节，叶片也能正常生长。根芥菜播种后旬均温 26 ℃左右 2 d 即出苗。幼苗期的适宜旬均温为 20～25 ℃，25 d 左右发生 5 片真叶。而后叶片旺盛生长，形成叶丛，根部迅速增大。最适合于叶片生长的旬均温为 15～20 ℃，最适合于肉质根膨大的旬均温为 10～18 ℃。早中熟品种根部膨大期持续约 80 d，晚熟品种 100 d 以上。在肉质根膨大期，月平均温度 10～12 ℃为宜，秋高气爽，光照充足，昼夜温差较大，有利于光合作用进行，促进根部养分积累和转化，肉质根膨大加快，品质也佳。肉质根较耐霜冻，－1 ℃的低温不受冻。其萌动的种子就能感受低温，而且对低温的要求也不严格，完成春化阶段，呈半休眠状态，翌年在长日照和适温下抽薹、开花、结果；如果当年秋、冬季气温偏高，不利于肉质根膨大，就常发生先期抽薹现象；春播根芥，如遇春寒，当年也能抽薹、开花、结果。

12.3.2 类型与品种

根芥的类型较多，依叶型可分为板叶和花叶 2 类；依肉质根形态，可分为圆锥、圆柱、扁圆和荷包等类型。主要品种有：济南疙瘩菜、山东光头辣疙瘩、湖北襄樊大头菜、浙江嘉兴大头菜、浙江慈溪半花叶种、广州荷塘冲菜、湖北和安徽的花叶大头菜、昆明的油菜叶大头菜和芝麻叶芥菜、四川内江的红缨子大头菜、成都大头菜等。

12.3.3 栽培季节与茬口安排

根芥菜为秋季露地栽培的蔬菜，播种过早，易发生先期抽薹和病毒病；播种过迟，生长前期温度偏低，生长迟缓，植株不能充分长成，块根也小，易受冻害。东北、西北在 7 月上中旬播种，10 月上中旬收获；华北和淮北地区在 7 月下旬至 8 月上旬播种，10 月下旬至 11 月中旬收获；长江流域和四川、云南等地，在 8 月下旬至 9 月上旬播种，一般在 12 月份收获，也有翌年 2 月份收获的；华南地区在 9～10 月份播种，翌年收获。

12.3.4 栽培技术原理与措施

(1)整地施肥　根芥菜栽培管理较为粗放。种植需要有机质丰富、保水保肥力强的壤土；保水保肥力差的沙土，易使肉质根木质化，质量低劣。直播的肉质根劣根少，形状整齐，产量也高，生产上以直播为主。栽培田的土壤精细，也可减少劣根的发生率。基肥可用腐熟的有机肥、过磷酸钙、草木灰和氯化钾等。

(2)播种与田间管理　北方适宜垄栽，南方适宜高畦栽培。直播有穴播和条播，出苗后间苗一两次，幼苗有五六片真叶时进行定苗，定植密度视品种而有差异，一般行距 40 cm，株距 25～35 cm。根芥菜生长需肥以氮肥为主，钾肥次之，磷肥比例最少。除施基肥外，还需追施定植肥，20 d 后再追肥 1 次，促进肉质根膨大。生长前期，需要较高的土壤和空气湿度；生长后期，较干燥的环境利于肉质根的糖分积累，品质提高。

(3)采收　根部成熟后,应及早采收,否则容易使肉质根纤维化,品质变劣。成熟标准是:植株基部叶片发黄,叶腋间发生侧芽,叶片卷缩,根头略发黄。

12.4　其他根菜类

12.4.1　牛蒡

牛蒡(*Arctium lappa* L.)别名牛菜、东洋萝卜等,是菊科牛蒡属中能形成肉质根的二年生草本植物。

12.4.1.1　生物学特性

原产于亚洲,中国自东北到西南均有野生牛蒡分布。牛蒡直根肉质,圆柱形,长 40～100 cm,直径 2～3.5 cm。性喜温暖湿润,较耐热,地上部分不耐寒,地下部分冬季在－20 ℃仍可安全越冬,种子发芽适温 20～25 ℃,种子有需光特性,吸水后置于光照条件下能促进发芽。牛蒡属绿体春化型蔬菜,主根直径达 1 cm 以上时感受 5 ℃左右低温通过春化阶段,在 12 h 以上的长日照下通过光照阶段。牛蒡是深根性蔬菜,要求土壤深厚肥沃、质地疏松、排水良好,忌连作,适宜的土壤 pH 为 6.5～7.5。

按肉质根的长度,可分为长根种和短根种 2 类。长根种肉质根长圆锥形,一般长 70～100 cm,植株高,叶片大,生长势强,一般为中晚熟,生长期 150～190 d,代表品种有滝野川、柳州理想、砂川、山田早生等。短根种肉质根长纺锤形,两头尖,中间粗,长度一般为 30～35 cm,适于加工制罐,植株矮小,叶片也较小,一般为早熟种,生长期 90 d 左右,代表品种有大浦、梅田等。

12.4.1.2　栽培技术要点

栽培季节主要为春、秋两季,春早熟栽培于 2～3 月份播种,5～7 月份可收获;一般 4～5 月份播种,10～11 月份收获;秋播于 9～10 月份播种,翌年 4～8 月份收获。牛蒡种子休眠期长,常用催芽后的种子播种,催芽的方法是将吸胀的种子用湿布包好放置冰箱中,用 5～10 ℃的低温处理 24～48 h 取出,置于 20 ℃下催芽,种子露白时即可播种,不宜移栽,均用直播,常用条播或穴播,用小高垄栽培,行距 45 cm,株距 30 cm。播种后 100～120 d 为采收适期,每 667 m^2 的产量春播的为 1 000～1 500 kg,秋播的为 1 500～2 000 kg。

12.4.2　辣根

辣根(*Cochlearia armoracia* L.)别名西洋山嵛菜、山葵萝卜、马萝卜等。为十字花科辣根属中以肉质根为产品器官的多年生宿根性草本植物。

12.4.2.1　生物学特性

性喜冷凉,生长适温为 10～20 ℃,较耐寒,叶片在 0 ℃以下枯死,根部在－10 ℃时仍能在土中安全越冬,夏季气温在 28 ℃以上时生长不良。对水分要求适中,较耐旱而不耐湿,如土壤水分过多易烂根。土壤以疏松、肥沃、深厚的沙壤土为好。对养分的要求以氮、钾肥为主,磷肥适量配合。栽培品种不多,主要有英国辣根和日本辣根 2 种。

12.4.2.2　栽培技术要点

一般采用无性繁殖,秋冬采收辣根时,选取根色黄白、无病虫害、直径为 1～2 cm 的主根或支根作种根，随即将种根剪成10～15 cm的根段，上口剪平，下口剪成45°角的斜面，并在剪口蘸石灰消毒即可种植。如秋冬不栽，可用沙藏，留待翌春种植。长江流域及以南地区春、秋两季均可定植，但以春季为多，定植前土壤要深翻晒垡并施足基肥。春季一般在3月上中旬定植，秋季在11月中旬定植，行距50 cm，株距25～30 cm。定植后25～35 d出苗，出苗后及时中耕、除草，并结合培土，使植株周围形成小土垄，以防露根和倒伏。一般需追2次肥，第一次在齐苗后追施，第二次在立秋后，天气转凉时进行。生长期间若天气多雨，则应注意排水防涝；若高温干旱天气，则要早上浇水，增湿降温，保持土壤湿润。辣根地上部叶片枯萎而土壤尚未上冻时为采收适期，长江流域一般在11月中旬进行，每667m^2的产量约1 000 kg。

12.4.3 美洲防风

美洲防风(*Pastinaca sativa* L.)别名芹菜萝卜、蒲芹萝卜。为伞形科欧洲防风属中以肥大肉质根为产品器官的二年生草本植物。

12.4.3.1 生物学特性

株高约60 cm，2回羽状复叶，叶柄较长，基部略带紫色，小叶卵形，色深绿，叶缘浅裂。肉质根长圆锥形，近似胡萝卜，长约40 cm，皮色浅黄，肉白色。初夏抽薹开花，伞形花序，花冠白色，子房下位，2室，双悬果，成熟时不易分离，果实椭圆形，扁平，灰色，上有果棱5条。性喜冷凉，耐寒力较强，江淮流域肉质根能在露地安全越冬，气温在0 ℃以下时，地上部冻死，但翌年早春根部又可萌芽生长。生长发育的适温为20～25 ℃，以22 ℃为最适温度。美洲防风为喜光植物，在光照充足条件下生长旺盛，肉质根营养物质积累多，产量高，品质好。耐旱不耐湿，宜选地势高燥、排水良好的地块种植，土壤以深厚、肥沃的沙壤土为宜。

12.4.3.2 栽培技术要点

春、秋2季均可栽培。春播在2月下旬至3月下旬播种，6月下旬开始采收，并持续至翌年3月下旬结束。秋播在8月下旬至9月上旬播种，12月下旬至翌年3月采收。播前土壤要深耕晒垡，施足基肥，做成连沟宽150 cm的高畦，一般用撒播，每667m^2需种子(双悬果)0.5～0.7 kg。当有2～3片真叶时进行第一次间苗，苗距5 cm；当苗高达12 cm时进行第二次间苗，苗距15 cm；当幼苗有4～5片真叶时定苗，苗距20 cm。间苗结合拔草，中耕、松土结合追肥。第一次追肥在第二次间苗后进行，以后根据植株的长势，适当进行追肥。多雨季节应及时开沟排水；多日无雨应及时浇水。早春播种的美洲防风可在6月下旬开始采收，此时产量较低，每667 m^2仅收500 kg；8～10月份采收，产量较高，品质好，每667 m^2可收750～1 000 kg；若推迟到翌春3月份收获，产量最高，每667 m^2可达1 500 kg，但肉质粗老，品质较差。秋播的在12月上旬至翌年3月份收获，每667 m^2可收1 000 kg。

因叶片中含有呋喃骈香豆精($C_{11}H_6O_3$)，昆虫对其有忌避作用，故很少有虫害。但叶片中的呋喃骈香豆精在夜间能溶于叶片上的露水中，这种露水触及人的皮肤易发生皮炎甚至皮肤溃烂，故采收美洲防风应在露水干后进行。

12.4.4 芜菁

芜菁(*Brassica campestris* L. ssp. *rapifera* Matzg)别名蔓菁、圆根、盘菜，是十字花科芸薹属芸薹种芜菁亚种能形成肉质根的二年生草本植物。

12.4.4.1　生物学特性

肉质根的解剖结构与萝卜相同。肉质根的皮有白色、淡黄色和紫红色，形状有扁圆形、圆形和圆锥形，肉白色或淡金黄色。叶柄有叶翼，叶面多刺毛，叶形有裂叶和板叶两种。在营养生长期茎短缩，通过阶段发育后抽薹开花，总状无限花序，花瓣黄色。长角果，种子近圆形，褐色。芜菁种子在 2～3 ℃时即可发芽，幼苗可耐 2～3 ℃的低温，成株可耐轻霜，肉质根膨大期最适宜的温度是 15～18 ℃，较大的昼夜温差有利于肉质根的膨大。芜菁喜湿润的沙质壤土，较耐酸，土壤 pH 达 5.5 时生长仍然良好。

根据肉质根的形状，芜菁可分为圆形和圆锥形两类。圆形品种生长期较短，早熟，肉质根较小，代表品种有焦作芜菁、紫芜菁和温州盘菜等；圆锥形品种生长期较长，晚熟，肉质根个体较大，代表品种有猪尾巴芜菁、菜籽芜菁等。

12.4.4.2　栽培技术要点

芜菁肉质根的生长需要冷凉的气候，因此我国各地一般都在秋季栽培。江淮流域一般在 8 月上旬至下旬播种，最迟不晚于 9 月上旬。在此以北适当提早，在此以南适当延迟。播种前土壤需深耕晒垡，施足基肥。芜菁可直播或育苗移栽，直播时大型品种行距 33～50 cm、株距 22～25 cm；小型品种行距 26～33 cm，株距 17～20 cm；育苗时苗龄为 20～28 d。在施足基肥的基础上，芜菁需进行 2 次追肥，第 1 次在定苗或定植成活后进行，以氮肥为主；第 2 次在肉质根生长的前期施入，以磷、钾肥为主。定植后 80～90 d 可陆续采收上市，每 667 m^2 的产量为 3 000～4 000 kg。

12.4.5　芜菁甘蓝

芜菁甘蓝（*Brassica napobrassica* Mill.）别名洋蔓菁、洋大头菜。是十字花科芸薹属中能形成肉质根的栽培种，为二年生草本植物，以肥大的肉质根为产品器官。

12.4.5.1　生物学特性

起源于瑞典或地中海沿岸。芜菁甘蓝适应性广，抗逆力强，易栽培，产量高。可以煮食、炒食、腌渍，还可作饲料。直根系，肉质根的真根部分占的比例较大，食用部分主要为次生木质部薄壁细胞组织。肉质根圆球形或纺锤形，皮白色，出土部分带紫红色，肉白色。营养生长期间茎短缩。叶为羽状裂叶，蓝绿色，叶肉厚，叶面有白色蜡粉，叶柄半圆形。总状无限花序，完全花。长角果，成熟时种荚开裂，种子深褐色。性喜冷凉气候，幼苗期耐高温，成株耐寒性强，产品器官形成的适温是 13～18 ℃，要求较强的光照。按肉质根顶部的色泽，可分为绿顶种和紫顶种 2 类。绿顶种代表品种有武汉土苤蓝、南京芜菁甘蓝等；紫顶种有上海芜菁甘蓝、云南芜菁甘蓝、河北坝上紫皮等。

12.4.5.2　栽培技术要点

主要栽培季节为秋、冬季。播种前土壤要深耕晒垡，施足基肥。长江流域一般都在 8 月上中旬播种育苗，11 月下旬至 12 月上旬收获，北方播种较早，南方播种较晚。可直播或育苗移栽，直播行距 40～66 cm，株距 26～33 cm；育苗时苗龄为 20～40 d，秧苗具 4～5 片真叶时定植，行株距与直播相同。在施足基肥的基础上，生长前期追肥 3～4 次。定苗或定植后 100 d 左右可采收，每 667 m^2 的产量为 4 000～5 000 kg。

12.4.6　根甜菜

根甜菜（*Beta vulgaris* L. var. *rapacea* Koch.）别名红菜头、紫菜头等。是藜科甜菜属甜

菜种的一个变种，能形成肥大肉质根，为二年生草本植物。

12.4.6.1 生物学特性

为深根性植物，第一年长成莲座叶丛与肉质根。叶大，具长而粗的叶柄，叶片、叶脉、叶柄及肉质根皆为紫红色。肉质根形状有球形、扁圆形、卵形、纺锤形和圆锥形等，以扁圆形的品质为好。肉质根的内部结构除次生木质部及次生韧皮部外，还有副形成层，分生发达的木质部及韧皮部。第一年营养生长，第二年5月份抽生花茎。穗状花序由疏松的小穗状花序组成圆锥花序，小穗状花序轮生3～5朵两性花。花小，淡绿色。子房在成熟时木质化而形成单一种子的褐色果实，由3～5个单果连生成复果球，通常用复果球播种。单果内种子肾形，棕色，有胚乳。风媒花，采种时须隔离。甜菜为耐寒性蔬菜，性喜冷凉，种子能在4～5 ℃时发芽，但发芽缓慢，发芽适温为25 ℃，生长适温为12～26 ℃，幼苗能耐−2～−1 ℃、成株可耐−5～−4 ℃的低温，在5～8 ℃时，经15 d左右完成春化阶段，开花结实的适温为20～25 ℃。对土壤的适应性较强，但以沙壤土最好，适宜的土壤pH为5.8～7.0。对营养元素的需要，生长初期以氮肥为主，后期需钾较多，对磷的要求比较稳定。

我国目前栽培的根甜菜品种多数从国外引种，常用品种有绯红之球、底特律红以及波尔多系列。

12.4.6.2 栽培技术要点

根甜菜耐寒又耐热，可以秋播，也可以春播，播种前土壤需深翻晒垡，施足基肥。秋播可在7～8月份进行，一般行育苗移栽；春播在3～4月份进行，一般行直播，也可育苗移栽。直播时，通常用条播，行距40～50 cm，定苗时株距10～17 cm。封行前需中耕、除草、追肥2～3次。播种后70～90 d可开始采收，每667 m^2的产量约1 500 kg。

12.4.7 婆罗门参

婆罗门参（*Tragopogon porrifolius* L.）别名西洋牛蒡，是菊科婆罗门属中以肥大肉质根为产品器官的二年生草本植物。

12.4.7.1 生物学特性

原产于欧洲南部、希腊及意大利一带，欧美栽培较多，我国栽培尚少。肉质根长圆锥形，和牛蒡相似，长约33 cm，直径3.5 cm，外表黄白色、光滑，肉质白色。叶片暗绿色，叶窄、扁平而细长，叶切伤后流出乳白色汁液。翌春抽薹开花，薹高1～1.5 m，头状花序，丛生紫色小花。种子狭长，两端尖，种皮粗糙、黄褐色，千粒重为8～8.5 g，种子寿命仅1～2年。春天气温在13 ℃以上时就能出苗，叶片生长期能耐较高的气温，25～28 ℃时地上部生长茂盛。下半年温度逐渐下降，10～22 ℃时肉质根生长较快。肉质根要求土层深厚、疏松、肥沃的沙壤土，排灌方便，对钾肥的需要量较多。

按肉质根的形状，可分为长根种和短根种2类。我国栽培面积尚少，常用的品种均从国外引进，例如Mammoth Sandwich Island和Salsifies Blane等。

12.4.7.2 栽培技术要点

江淮流域春季4月份播种，11月份叶片枯死后采收。播前土壤需深翻晒垡，施足基肥。多行直播，行距50～60 cm，每667 m^2需种子0.75 kg。苗高7～10 cm时开始间苗，先后进行3次，最后按20～30 cm株距定苗。封行前要中耕、除草、培土2～3次，追肥宜在生长前期进行，一般追肥2～3次。11月份叶片枯黄时进行采收，每667 m^2的产量为700～1 000 kg。

思考题

1. 简述萝卜栽培技术要点。
2. 萝卜的品种类型有哪些?
3. 萝卜畸形根的症状表现及其防治措施有哪些?
4. 春萝卜栽培注意事项有哪些?
5. 简述胡萝卜栽培技术要点。
6. 胡萝卜的品种类型有哪些?
7. 简述根芥对环境条件的要求和栽培季节的关系。

13

CHAPTER

葱蒜类蔬菜栽培

葱蒜类蔬菜属百合科(Liliaceae)葱属(*Allium*)的二年生或多年生草本植物,均具有特殊辛辣气味,种类包括韭菜、大蒜、大葱、洋葱、分葱、韭葱、薤等,北方以栽培大葱为主,南方则以各种分葱为多,而韭菜、大蒜及洋葱在我国南北各地均栽培普遍。葱蒜类蔬菜原产大陆性气候区,适应性强、抗旱、耐热,在我国南部的亚热带地区和东北的高寒地区均可栽培。韭菜、大蒜及大葱在北方大部分地区可自然越冬,即便严寒季节也可实现设施栽培。葱蒜类蔬菜产品大多耐贮运,对改善我国居民蔬菜周年均衡供应发挥着重要保障作用。

13.1 韭 菜

韭菜(*Allium tuberosum* Rottl. ex Spr.)属百合科多年生宿根草本植物,别名草钟乳、起阳草、懒人菜,原产中国,主要在我国和少数亚洲国家栽培。韭菜主要以青葱碧绿或娇艳鲜黄的嫩叶为产品,也可食用柔嫩的花茎或花器。韭菜营养丰富,每 100 g 鲜韭中含水分 91～93 g、碳水化合物 3.2～4 g、蛋白质 2.1～2.4 g、脂肪 0.5 g、维生素 C 39 mg,并含其他维生素、矿物盐和挥发性硫化物。

13.1.1 生物学特性

13.1.1.1 植物学特征

(1)根　弦线状肉质须根,根系分布浅,根毛少,吸收水分和养分的能力较弱。韭菜根系的寿命较短,只有 1～2 年,随着植株新的分蘖不断形成而发生新根,老根随之干枯死亡,生长期间新老根系的更替现象,称为“换根”。韭菜根系除具有吸收功能外兼有贮藏功能。

(2)茎　分营养茎和花茎(花薹)2 种。一、二年生韭菜的营养茎呈扁圆锥体,称“茎盘”。随着韭菜年龄的增长和逐年分蘖,营养茎形成杈状分枝,称为“根状茎”,并以年均 1.40～1.57 cm 的速度向地表延伸,韭菜根状茎的生长年限为 2～3 年。营养茎是韭菜植株养分的重要贮存器官,同时也是新根、新叶和蘖芽生长的分生组织。花茎也叫韭薹,高 30～40 cm,三棱形,鲜嫩时采收是高档的商品菜。

(3)叶　分叶身和叶鞘两部分，单株有效叶数经常保持 5～9 片。叶身扁平、狭长、带状，表面覆有蜡粉，属耐旱叶型。叶鞘长一般为 5～20 cm，圆筒状，多层叶鞘抱合成圆柱形或扁圆柱形的假茎。在不见光的黑暗条件下，叶片和叶鞘黄化，组织柔嫩，故可采取遮光、培土、铺粪等措施生产韭黄。

韭菜叶的分生带在叶鞘基部，收割后可继续生长。根据这一特性，韭菜在一年内可多次收割。

(4)花、果实和种子　伞形花序着生在花薹(花茎)的顶端，未开放以前，由总苞包裹着，每一总苞有小花 20～50 朵。两性花，异花授粉，虫媒花。果实为蒴果，三棱形，内分 3 室，每室有种子 2 粒，成熟时易脱落。种子盾形，腹面较平，背面凸出，脐面突出，种子银黑色，皱纹多而细密，蜡质层较厚而坚硬，不易透水，故发芽缓慢。种子休眠期极短，千粒重 4～6 g，寿命 1～2 年，播种宜选用当年新籽。

13.1.1.2　生长发育周期

韭菜一个栽培周期短则 4～5 年，长则 10 余年。当年播种的韭菜，一般只有营养生长阶段。二年生以上的韭菜，营养生长与生殖生长交替进行，并表现一定的重叠性。

1)营养生长时期

从种子萌动到花芽分化为营养生长时期，按其生长顺序可划分为发芽期、幼苗期、营养生长盛期和越冬休眠期。

(1)发芽期　从种子萌动到第一片真叶出现，持续时间为 10～20 d。具有发芽期长和弓形出土的特点。

(2)幼苗期　从第一片真叶出现到长出第五片真叶、株高 18～20 cm，持续时间为 80～120 d。该时期的管理重点是除草，并结合灌水追肥 2～3 次，促进幼苗茁壮生长。

(3)营养生长盛期　从长出第五片真叶(或从定植)到花芽分化，为营养生长盛期。加强此期肥水管理是促进分蘖、加大群体、增加植株物质积累、增强越冬能力的关键措施。

(4)越冬休眠期　初冬当月平均温度降到 2 ℃以下时，叶片和叶鞘中的营养物质开始回流，贮存到叶鞘基部、根状茎和根系中，叶片逐渐枯萎，植株进入休眠状态，休眠期一般为 15～20 d。

2)生殖生长时期

韭菜属绿体春化型作物，需要在有一定生长量的基础上，经低温和长日照后在夏季才能进行花芽分化。因此，北方地区 4 月份播种的韭菜，当年很少抽薹开花，直到翌年 5 月份分化花芽，7 月份至 8 月份抽薹开花，9 月份种子成熟。第二年之后，只要满足低温和长日照条件，每年均能抽薹开花。

3)多年生的特点

韭菜由于吸收器官的不断更新，使得韭菜植株的寿命不断延长，一般韭菜播种或定植 1 次，能连续收获多年。在我国南方可周年生产，四季常青。北方春、秋 2 季为生长收获旺季，夏季“歇伏”，冬季地上部枯萎以地下根茎越冬，翌春返青生长。

13.1.1.3　对环境条件的要求

(1)温度　韭菜耐寒，不耐高温。叶片能忍受－5～－4 ℃的低温，在－7～－6 ℃时，叶片才枯萎。根茎在土壤保护下，当气温降至－40 ℃时耐寒品种也能安全越冬。种子发芽适温为 15～18 ℃。幼苗期生长温度要求在 12 ℃以上。茎叶生长的适温范围为 12～23 ℃，气温超过 24 ℃时，植株生长缓慢，品质差。抽薹开花期对温度要求偏高，一般为 20～26 ℃。

(2)水分　韭菜生育期间要求较低的空气湿度，一般为60%～70%，并且需要较高的土壤湿度，一般为80%～90%。韭菜发芽期要求较高的土壤湿度。幼苗期生长缓慢，需水较少。旺盛生长期，尤其是收割期应保证充足的水分。

(3)光照　韭菜生长发育期间要求中等强度的光照，具有较强的耐阴性。光饱和点为715.0 μmol/(m^2·s)，光补偿点为21.7 μmol/(m^2·s)。属于长日照植物，通过春化的植株在长日照条件下通过光照阶段，抽薹开花结实也要求较长的日照时数。

(4)土壤和营养　韭菜对土壤的适应性较强，黏土、壤土或沙壤土均可栽培。韭菜对盐碱土壤有一定适应能力，成株能在含盐0.25%的土壤上正常生长。但因根系较小，吸收能力较弱，最好选择土层深厚、富含有机质、保水保肥能力强的肥沃壤土。

韭菜耐肥力强，对贫瘠土壤也有一定的适应性。每生产1 000 kg韭菜产品，吸收氮1.5～1.8 kg、磷0.5～0.6 kg、钾1.7～2.0 kg。栽培时要求基肥充足，春、秋2季要分期追肥，以氮肥为主，配施磷钾肥。

13.1.1.4　分蘖、跳根与产量形成

(1)分蘖　韭菜分蘖属于营养生长范畴，是其更新复壮的主要方式，其过程是从靠近生长点的上位叶腋处分生腋芽，分蘖初期腋芽与原有植株同包被在叶鞘中，随着腋芽生长增粗，叶鞘胀破，腋芽发育成独立的新蘖株。春播一年生韭菜，当植株长出5～6片叶时就可发生分蘖，以后逐年进行，每年分蘖1～3次，以春、秋2季为主，每次分蘖1～3个。

韭菜分蘖能力的强弱与品种、植株年龄和植株的营养状况有关，也受施肥水平、繁殖方式和环境条件的影响。

(2)跳根　跳根是由于不断分蘖所致。由于分蘖是在靠近生长点的上位叶腋处发生，新形成的分蘖必然位于原来植株茎盘的上部，当腋芽发育成新的植株时，便从新植株茎盘的边缘长出新的须根，因而新的须根必然出现在原有根系的上方，随着分蘖有层次的上移，生根位置不断上升，使新的根系逐渐接近地表，这种现象称为"跳根"。韭菜每年跳根高度取决于分蘖次数和收割次数。每年收割4～5次，其跳根高度1.5～2.0 cm，这可作为确定每年培土厚度的依据。

跳根容易使根状茎和根系裸露，加快根系衰亡，致使韭菜长势削弱，植株寿命缩短，出现散撮和倒伏现象，产量和品质降低。因此，韭菜生长期间应分期培土。

(3)用根与养根的关系　韭菜叶既是同化器官(源)，又是产品器官(库)。根和根茎既是养分的贮藏器官(库)，又是叶收割后新叶再生初期的养分输出器官(源)。因此，只有合理利用叶的同化功能适时向根和根茎积累养分(养根)，才能利用根和根茎中贮藏的养分在收割后生长新叶，形成产量(用根)。在韭菜生产上，养根与收割的关系既是矛盾的，又是统一的。养根是手段，是通过控制收割茬次和拉开收割间隔期等措施，保留或增加根和根茎中的物质积累，为持续高产稳产、延长植株寿命打下基础。收割是栽培的目的，是从植株和田间携走营养的过程，其结果将引起营养消耗，降低植株长势，尤其是收割次数过多，留茬过低，必将使产量逐年降低，引起植株早衰。因此，应根据植株长势强弱科学确定每年收割次数，正确处理养根与收割、用根与养根的关系。

13.1.2　类型与品种

我国韭菜类型和品种丰富，按食用器官可分为叶韭、花韭、叶花兼用韭和根韭4种类型。

(1)叶韭　叶片宽厚、柔嫩,抽薹率低,分蘖性弱,以食叶为主。

(2)花韭　叶片短小、质地粗硬,分蘖力强,抽薹率高,以采食花薹为主。

(3)叶花兼用韭　目前栽培的大部分韭菜品种多为叶花兼用韭。其叶片肥嫩,花薹发育良好,均可食用。按叶片宽窄又可分为宽叶韭和窄叶韭。其中,宽叶韭叶片宽厚,色浅,柔嫩,产量高,但香味略淡,易倒伏。代表品种有:寿光独根红、汉中冬韭、791 雪韭、平韭 2 号、嘉兴雪韭等。窄叶韭则叶片窄长,色深,纤维多,香味浓,直立性强,不易倒伏,耐寒。

(4)根韭　根韭(*Allium hookeri* Thwaites. Enum)为葱属的另一个种。叶片生长繁茂,根系粗壮肉质化,花薹肥嫩,但很少形成种子,行无性繁殖。以食根为主,可加工腌制或煮食,花薹可炒食。

13.1.3　栽培季节与茬口安排

韭菜耐寒性强,适应性广,中国北方春、夏、秋 3 季可露地生产青韭,晚秋、早春和冬季可利用保护地生产青韭或韭黄,南方一年四季均可露地生产韭菜。

韭菜前茬可选择非葱蒜类蔬菜或作物,后茬也可种植非葱蒜类蔬菜和作物。

13.1.4　栽培技术原理与措施

13.1.4.1　露地栽培技术

1)品种选择

应根据当地气候、栽培方式、消费习惯等选择适宜品种。窄叶韭直立性强,不易倒伏,耐寒、耐旱、耐瘠薄性强,适于高寒多风、土壤肥力低、灌溉条件差的地区。宽叶韭要求高肥水条件,较易倒伏,适于土质肥沃、灌溉方便的地块。

2)整地施肥作畦

韭菜 1 次栽植后,多年不再翻耕。因此,在施足基肥的基础上,进行 1 次深耕,并以行距宽而株距密的方式进行作畦整地。

3)直播或育苗移栽

韭菜可直播或育苗移栽,生产上应依据具体情况而定。

(1)浸种催芽　韭菜可干籽播种或浸种催芽后播种。春播气温较低,蒸发量小,多用干籽播种。初夏播种气温升高,蒸发量大,为使种子乘墒萌芽出土,以浸种催芽后播种为宜。

(2)播种　从春季土壤解冻到冬季土壤结冻前 60～65 d 可随时播种,露地直播每 667 m^2 需用种子 1.5～2 kg。北方以春、秋播为宜,南方播期范围更宽,高寒地区以春播为宜。各地播期确定的原则是尽量将发芽期和幼苗期安排在 15～18 ℃的适宜条件下。

(3)育苗　育苗床播种密度一般为 4～6 kg/667 m^2,苗床面积与大田定植面积之比为 1∶10。韭菜从播种到定植需 80～120 d。苗期管理的原则是前期促、后期控,主要措施有中耕除草、施肥灌水和防虫等。

(4)定植　定植时期应根据播种时期和秧苗大小而定,并错开高温高湿季节。春分至清明播种的,夏至后定植;谷雨至立夏播种的,大暑前后定植;秋播的翌年清明后定植。苗高 18～20 cm 是定植的适宜苗龄。定植密度应根据栽培方式和品种的分蘖能力来确定,沟栽一般行距 30～40 cm、穴距 15～20 cm,每穴 20～30 株。畦栽一般行距 15～20 cm、穴距 10～15 cm,每穴 6～8 株。定植深度以叶片和叶梢连接处不埋入土中为宜。

4)田间管理

韭菜田间管理分定植当年和第二年及其以后2个阶段进行。

(1)定植当年的管理　定植当年着重养根壮棵，一般不收割，以利越冬，为生长发育和高产稳产奠定基础。

①浇水追肥：定植时浇足定植水，雨季排水防涝，防止烂根死秧。入秋后天气转凉，气温14～24 ℃是最适宜生长的季节，一般每隔7～10 d浇水1次，并结合追肥2～3次，每667 m^2追施尿素10～15 kg。寒露以后，生长速度减慢，叶片中的养分逐渐向小鳞茎、根茎和根系中回流，应控制浇水，防止植株贪青。在北方地区，入冬以后韭菜因低温而被迫进入休眠，为确保韭菜地下根茎免受冻害和翌年春季返青生长，在土壤夜冻日融时浇足冻水。

②中耕除草：韭菜田易发生草荒，尤其在高温雨季。一般应在蹲苗前中耕1次，中耕深度2～4 cm，雨季连续中耕2～3次。结合中耕，及时清除田间杂草。

(2)定植第二年及其以后的管理　韭菜定植后第二年开始收割，应以培根壮棵为中心，合理解决收割与养根、前茬与后茬、当年与翌年的关系。其管理技术与定植当年大同小异。

①春季管理：返青前清除地上部枯叶杂草，耧平畦面，整理畦埂，使植株基部充分接受阳光，提高地温，促进萌芽。返青后，及时浇返青水，并追施尿素15～20 kg/667 m^2。早春气温低，浇水时间和浇水量应控制。浇水后应深锄保墒，提高土壤通透性和地温。

韭菜耐肥性强，每次收割后，待伤口愈合，新叶长出3～4 cm时进行追肥。追肥应以速效氮肥和腐熟人粪尿为主，做到"刀刀追肥，因墒浇水，及时中耕"，促进韭菜快速生长。沟栽韭菜，除一般管理外，还可剔根、紧撮、客土、培土等。

②夏季管理：韭菜不耐高温强光，夏季长势减弱，呈现"歇伏"现象，叶部组织纤维增加，组织老化，品质显著降低，一般停止收割，以养根壮棵为中心。具体措施是控制追肥，减少浇水，及时除草，防止倒伏烂秧，雨后排水防涝。

③秋季管理：秋季天气凉爽，光照充足，昼夜温差大，是第二旺盛生长期，也是积累营养的重要时期，应加强肥水管理和病虫害防治。从处暑至秋分，根据植株长势收割1～2次，每次收割后及时追肥灌水。停止收割后，促使叶部营养向根茎转移，为翌年返青生长奠定物质基础。

韭菜于8～9月份抽薹开花结实，除采种田外应及时采摘幼嫩花薹，减少营养消耗。

④冬季管理：北方地区土壤封冻前及时灌冻水，高寒地区可适当地面覆盖，保护根株越冬。

5)采收

适时收割是韭菜优质、高产和高效益的关键。收割过早，不仅影响当茬产量，也减少体内营养积累，导致下茬减产。适宜的收割标准是：株高30～35 cm，单株5～6叶，每茬生长期在25 d以上，回秧(回劲)前40 d停止收割。春韭从返青到第一刀约需40 d，第二刀需25～30 d，第三刀需20～25 d。

每年收割次数，应根据植株长势、土壤肥力和市场需要而定。华北、东北多在春季收割3～4次，秋季收割1次或不割。收割时留茬高度要适当，一般在根茎离地4 cm左右收割，刀口处呈黄色为宜。正如农谚所说："扬刀一寸，强于上茬粪"。收割时间以晴天早晨最好，避免中午或阴天收割。

13.1.4.2 设施栽培技术

韭菜设施栽培通常是在当地日均温度低于10 ℃的季节，利用各种保护设施进行韭菜栽培的一种生产方式。设施栽培根据生产上市季节，可分为秋冬连续生产、冬春生产和早春生产，分别在元旦前、元旦至春节期间和 3～4 月份供应。

1)品种选择

设施韭菜品种选择总体要求是分蘖力强、生长迅速、耐寒、丰产、优质。冬春和早春生产是在韭菜休眠后进行，适宜的品种有天津大黄苗、汉中冬韭、马蔺韭、791 韭菜、山东独根红等。秋冬连续生产是在秋末韭菜尚在旺盛生长时，收割后覆盖棚膜，应选择耐寒性强、不休眠或休眠期短(10～15 d)的品种，如嘉兴雪韭、791、四川犀浦韭等。

2)栽培方式与技术要点

韭菜设施栽培的主要方式有温室和塑料薄膜拱棚，均采用育苗移栽。

(1)根株培养　于 10 cm 地温稳定在 10～15 ℃时露地播种育苗，适宜播期 3 月中旬至 5 月中旬，在 7 月中下旬将幼苗定植于温室或塑料拱棚内。

(2)棚室覆盖与温度管理　于深秋韭菜休眠前对棚室进行覆盖，力争不经休眠而继续生长，11～12 月份即可上市供应，收割 2～3 次后可视外界气候情况调整覆盖情况。韭菜生长期间棚室内温度控制在 18～28 ℃，温度过低应加盖草苫防寒，超过 30 ℃则需及时通风降温，防止叶尖干枯。

(3)中耕与培土　韭菜根株定植后浅中耕 2～3 次以提高地温、促进萌芽生长。沟栽韭菜在株高 10 cm 时第一次培土、株高 20 cm 时第二次培土，以软化叶鞘、防止倒伏。第二、第三刀韭菜生长加快，培土次数、间隔天数减少。平畦栽培时通常不培土。

(4)水肥管理　严冬和早春应尽量控制浇水和追肥，主要依靠根系和鳞茎中贮存的营养和扣膜前所浇冻水和追肥生长。在底肥和定植水充足的情况下，前两次收割前通常无须浇水和追肥。若第二刀收割后，植株生长缓慢，叶色发黄缺肥、缺水，可适量追肥浇水，并及时中耕和放风，降低湿度。

(5)收获　棚室覆盖后经 45～60 d 即可收割第一刀，第二刀生长期约 30 d，第三刀生长期 20～25 d。温室栽培一般收割 3 次后可撤除薄膜作为露地韭菜栽培可再收割 1～2 次，之后养根壮苗。

13.1.4.3　软化栽培技术

韭菜软化栽培是指在遮光条件下，依靠韭菜根茎中贮藏的养分，促使新生出来的叶鞘及叶片不见阳光，成为白色或淡黄色“韭黄”的栽培方式，包括囤韭、培土、瓦罐遮盖和草棚覆盖等多种软化栽培形式。

(1)囤韭软化法　土壤封冻前将韭根起出后挖坑贮藏，11 月底在日光温室内囤栽，利用韭菜根茎内贮藏的营养物质，采用培土或遮光等方法生产韭黄。

(2)培土软化法　在秋冬季或春季每隔 20 d 左右对根部培土 1 次，共培 3～4 次。

(3)瓦罐遮盖软化法　采用高 35 cm、罐口直径 20 cm、底径 15 cm 等规格的瓦罐遮盖在宽行丛植的韭菜畦面上对韭菜遮光覆盖，夏季经过 7～8 d、秋季经 10～15 d 即可收割一茬。

(4)草棚覆盖软化法　当韭白 15～18 cm 高时，在其叶片分杈上割去韭叶，然后用草苫或草垫等覆盖遮阳软化。草棚软化一般在 3～4 月份和 10～11 月份进行最适宜。

13.1.4.4　主要病虫害

韭菜的虫害主要有韭菜迟眼蕈蚊(韭蛆)、蓟马、蚜虫、葱须鳞蛾、潜叶蝇等；病害主要有灰霉病、疫病、菌核病、白粉病、锈病、病毒病、白绢病、软腐病等。

13.1.5 常见问题与对策

除因病虫害侵染导致叶片干枯、腐烂等问题外，还可因管理问题出现生理性病害。

(1)痞黄病　症状表现同分蘖中的单株或全株叶片全部变黄，俗称黄撮子或黄条。病因在于韭菜收割刀口过深、过于频繁或水肥不足、土质条件差等导致根部营养物质供应不足。防治痞黄病的措施包括：合理掌握韭菜收割技术，避免收割间隔过短、留茬过短而抑制根系生长；注意浇水，露地韭菜浇冻水过早或收割后浇水不及时，易导致症状加重；土质黏重或施肥过多可导致痞黄发生严重。

(2)塌秧病　症状表现为自根茎处呈现整株倒伏现象。其病因在于夏天连续降雨天或田间灌溉量过大导致土壤透气性严重降低使根系发育不良甚至沤根。防治措施包括：高温雨季遇降雨天气，应注意田间及时排水；设施栽培时，避免大水漫灌。

13.2 大　葱

大葱(*Allium fistulosum* L.)起源于中国西部和俄罗斯西伯利亚地区，由野生葱在中国驯化和选择而来。葱类在中国栽培历史长达 3 000 余年，也是世界上大葱主要栽培国家，分布广泛，遍及全国城乡，以北方栽培更为普遍，并形成了许多知名产区。

大葱主要使用其鲜嫩的叶身和假茎。叶片和假茎柔嫩洁白，营养丰富，气味芳香，含有较多的糖类、蛋白质、矿物质和维生素，是营养价值较高的一种蔬菜。此外，大葱体内也含有一种称为“蒜素”的辛辣物质，具有辛辣芳香气味，能增进食欲，开胃消食。大葱还具有较强的杀菌作用，可以预防感冒，并有通乳、利尿、治疗便秘等作用。常食大葱能减少胆固醇在血管壁上的积累。大葱还具有破坏纤维蛋白，避免或减弱血栓发生的医疗功效。大葱除熟食外还可生食，各种菜肴多以大葱为调味品。

13.2.1 生物学特性

大葱属于典型的二年生耐寒类蔬菜，生育周期长。营养生长期要求凉爽的气候、肥沃而湿润的土壤、中等强度的光照。植株经过低温和长日照条件分化花芽、抽薹开花形成种子。

13.2.1.1 植物学特征

(1)根　大葱的根为浅根性须根系，呈白色弦线状。发根能力强，播种出芽后先扎出主根，后发次生根，再出现分支根。次生根发生在茎节部，随着茎盘的长大，不断发生新根。大葱有根 100～200 条，长 30～45 cm，主要分布在 30 cm 以上的耕层中，其中 84%～93%密布在植株 15～30 cm 的半径周围。

(2)茎　营养生长期大葱的茎为地下茎，短缩成扁球形，黄白色，叶片呈同心圆环状着生在地下茎上。茎下部密生须根，连通根叶的输导组织。大葱的茎有顶端优势，很少分蘖。通过春化后，生长点停止分化叶片，形成花薹。

(3)叶　大葱的叶由叶身和叶鞘组成。叶鞘圆管形，层层包围，环生在茎盘上。每个新叶均在前片叶鞘内伸长，抱合生长，组成假茎，即葱白。幼叶刚刚伸出叶鞘时黄绿色，实心；成龄叶深绿色，管状，中空，表层披有白色蜡状物，具有耐旱生态特点。假茎的大小、形状及是否发生分蘖是区分品种和类型的主要依据。假茎在地下部分呈白色，地上部分淡绿色。

(4)花　大葱进入生殖生长期，于春、夏季抽生花薹，先端着生圆头状伞形花序。花薹的粗度和高度因品种和营养情况而异，一般是粗壮中空，直径 3～5 cm、高 40～60 cm。叶鞘以上部分深绿色。花为伞形花序，开放前有膜状总苞，内有小花 300～500 朵。两性花，萼片、花瓣各 3 个，雄蕊 6 枚，雌蕊 1 枚。柱头成熟时高于花药，成熟时间晚于花药 1～2 d。子房上位，3 心室，倒卵形，每室结 2 籽。异花授粉，虫媒花，风也可传粉。每株约产种子 300～350 粒，种子千粒重为 3～5 g。

(5)果实和种子　大葱为蒴果，内含种子 6 枚。幼嫩果绿色，成熟后果实开裂，种子易脱落。种子呈盾形，内侧有棱，种皮黑色，坚硬，不易透水，千粒重 2.4～3.4 g。种子寿命较短，常温贮藏下，仅为 1～2 年。生产上宜采用当年新籽。

13.2.1.2　生长发育周期

大葱生育周期的长短因播种期不同而异，春播的需 15～16 个月，而秋播的长达 22 个月之久。根据不同时期的生育特点，可将其生育周期划分为以下几个时期。

(1)发芽期　从播种到第一片真叶长出为发芽期。在适宜发芽的条件下，这一时期需 14 d 左右。此期在管理上应根据大葱的出土特点，采取保苗措施，促使幼苗顺利出土。

(2)幼苗期　从第一片真叶长出到定植为幼苗期。春播幼苗期 3 个月左右，秋播幼苗期长达 8～9 个月，包括幼苗生长前期、休眠期和幼苗生长盛期。从第一片真叶长出到越冬为幼苗生长前期，需 40～50 d。从越冬到翌年春返青为休眠期，休眠期长短因各地寒冬长短而异。从返青到定植为幼苗生长盛期，是培养壮苗的关键时期。

(3)葱白形成期　从定植到收获为葱白形成期。定植后一般需 10 d 左右的缓苗期。在北方，缓苗后即开始旺盛生长，而在南方缓苗后即进入平均气温 25 ℃以上的高温季节，需 40～50 d 的缓苗越夏期。白露前后为大葱最适生长季节，是葱白形成盛期，假茎也伸长和增粗，是肥水管理及培土的关键时期。

(4)休眠期　大葱长至冬季，在低温条件下大葱被迫进入休眠状态。直到翌年春暖时节萌发新叶和抽生花薹。

(5)开花结籽期　从花芽分化到种子成熟。在休眠期感受低温而通过春化阶段。当高温长日来临时，种株抽生花薹，开花结籽，完成整个生育周期。此期要求天气晴朗，光照充足。

13.2.1.3　对环境条件的要求

大葱属耐寒且适应性广的蔬菜。不同生长时期对温度的要求不同。种子在 4～5 ℃即可萌芽，13～20 ℃下发芽迅速，7～10 d 即可萌发出土。种株生长适温 20～25 ℃。一定大小的大葱幼苗在 2～5 ℃的低温下，经过 60～70 d 完成春化过程。一般越冬幼苗以具有 3 片真叶、株高不超过 10 cm 左右为宜。

大葱植株耐旱力很强，但根系较弱，要获得高产，仍需较高的土壤湿度。在旺盛生长期间，要求 70%～80%的土壤湿度。大葱喜干燥的气候，空气湿度过大，容易发生病害，一般适宜的空气相对湿度为 60%～70%。

大葱对光照强度要求偏低，适于密植。春、秋 2 季气候凉爽，日照充足，有利于叶片生长。诱导大葱花芽分化及抽薹要求长日照。

大葱适于在排水良好、土层深厚肥沃的壤土中生长。沙壤土便于插葱、松土和培土，通气性良好，易获得高产。大葱要求的 pH 范围是 5.9～7.4。大葱生长前期要求较多的氮肥，生长后期需要较多磷肥、钾肥。

13.2.2 类型与品种

葱类蔬菜包括普通大葱、分葱、胡葱和楼葱4种类型。分葱、楼葱都是普通大葱的变种。普通大葱和楼葱以食用葱白为主，在北方栽培普遍；而分葱则多食用嫩叶，南方栽培较多。

1)普通大葱

植株高大，分蘖力弱，以叶鞘和叶身为产品器官，种子繁殖。按其假茎高度又可分为长葱白类型、短葱白类型2种类型。

(1)长葱白类型 植株高大，葱白长一般在30 cm以上，直径1～2.5 cm，洁白、脆嫩、味甜。辣味较淡，生食、熟食品味均佳。晚熟，不易分蘖和抽薹，耐贮运，产量高。代表品种有：章丘大葱、北京高脚白、五时齐大葱等。

(2)短葱白类型 植株矮而粗壮，株高60 cm左右，葱白长20～25 cm，直径3～5 cm，葱白质密，味甜稍辣，品质好，生、熟食均可。耐寒、耐冷但不耐涝。如鸡腿葱、对叶葱等。

2)分葱

植株矮小，假茎细而短，叶色浓绿，葱白部白色，分蘖力强，一穴植3株者，能增殖30余株。但不能结种子，以分株法繁殖。葱叶辣味淡，品质好。南方各省栽培较多，如上海分葱。

3)胡葱

胡葱又名火葱，叶与大葱相似呈圆筒状，但较大葱细而短。分蘖性强，能形成鳞茎。鳞茎长3 cm左右，倾斜、长卵形。数个鳞茎密生聚集，基部相连，结合部分挤成棱角形，外皮赤褐色，耐贮藏。能开花，不易结籽，用鳞茎繁殖，每个母鳞茎可产生10～20个子鳞茎。青叶可食，但以鳞茎腌渍为主。中国南方栽培较多。

4)楼葱

楼葱又名龙爪葱，植株直立，叶长30～100 cm，葱白长20～30 cm。它的特点是在抽生的花薹上发生多数鳞茎，部分小鳞茎萌发又生成小鳞茎，这样重叠如楼，可用小鳞茎繁殖。分蘖性强，耐寒耐旱，唯品质不佳，主要分布在东北各地。如陕北的楼葱。

13.2.3 栽培季节与茬口安排

大葱以露地生产为主，分为秋播、春播和夏播。近年来，随着保护地不断发展，大葱可以周年生产，主要是用拱棚进行大葱保护地栽培。

(1)秋播栽培 第一年秋季9月下旬播种，以幼苗越冬，翌年夏天6月上旬定植，冬前收获，窖藏或露地越冬。定植时的秧苗可于5月上旬至6月下旬作为小葱上市；也可在立夏前后采用平畦丛栽或缩小行株距栽成沟葱作秋葱供应，或越冬后作为早春羊角葱供应。

(2)春播栽培 早春土壤解冻后播种，炎夏来临前作为小葱供应。或定植后当年收获干葱或沟葱。也可作为越冬羊角葱或留种的种葱。

(3)夏播栽培 多在7月下旬到8月上旬播种，故又称伏葱。当年越冬时植株较大，易完成春化过程，翌春萌发早而且很快抽薹开花。一般在羊角葱之后上市。

(4)保护地栽培 保护地栽培的大葱一般以青葱(小葱)供应市场。可于春秋两季育苗。春季育苗一般在2～3月份利用大棚育苗，苗龄50～60 d，3月下旬至4月下旬定植拱棚内。秋季播种，北方地区一般在9～10月份即可。

13.2.4 栽培技术原理与措施

13.2.4.1 露地栽培技术

1)播种育苗

大葱栽培多行育苗移栽,用种量 1～3 kg/667 m^2。播种方法有撒播和条播 2 种。墒情不足时先浇足底水,然后播种覆土,覆土厚 1.5 cm 左右。也可按 15 cm 行距开深 1.5～2 cm 的浅沟,种子均匀播于沟内,然后耧平畦面。

从播种到出苗应经常保持床面湿润,防止床土板结。并结合浇水于出苗后追尿素 5 kg/667 m^2。秋播育苗,冬前生长期间浇水 1～2 次,土壤即将封冻时浇封冻水。高寒地区浇水最好覆盖 1～2 cm 厚的马粪或碎草,保护幼苗安全越冬。春季育苗,采用地膜覆盖,效果很好,苗出齐后及时撤除。返青后适时浇返青水,浇水不能过早,以免降低地温。结合浇水进行追肥,定植前共追肥 2～3 次,每次追硫酸铵 10 kg/667 m^2 左右。定植前 10 d 停止浇水,进行幼苗锻炼,以利缓苗。

2)定植

大葱适宜与农作物轮作,可选用小麦、春甘蓝及越冬菜等为前茬。前作收后及时翻耕晒土,沟距可根据葱白的长度而定。如章丘大葱的葱白长 50～60 cm,沟深约 20 cm,沟底集中施入腐熟有机肥 500 kg/667 m^2。

大葱定植期一般为 6 月上旬至 7 月上旬之间,以早期定植为好,定植时秧苗以高 35～40 cm,粗茎 1～1.5 cm 为宜。

定植前将葱苗按秧苗大、小分级定植。大苗稀植,小苗密植。一般行距 70～80 cm,株距 5～6 cm,每 667 m^2 可栽植 2 万～3 万株,需秧苗 250～300 kg。大葱定植方法可分为插葱法和摆葱法 2 种。插葱法按浇水先后可分为湿插和干插 2 种。前者先在沟内浇水,待水渗下后立即插葱,插葱后应保留插孔,使空气流通;后者先将葱秧插植于沟内,再将葱株两边的松土踏实,随后渗透水。插葱的深度以不埋没葱心为度,过深不易发苗,过浅影响葱白长度。摆葱法定植是将叶片靠在沟壁的一侧,摆放整齐后,根部土不超过葱心,栽后踩实。摆葱法有利缓苗,但易使葱白弯曲,影响产品外观品质。

3)田间管理

(1)浇水与中耕　大葱定植后,进入夏季,植株及根系生理机能减弱,缓苗很慢。因此,促进根系生长是此时的管理关键。如天气不十分干旱,一般不宜多浇水,应加强中耕除草,疏松表土,蓄水保墒,促进根系发育。遇大雨注意排水,以防止葱沟积水而导致烂根、黄叶和死苗。

立秋后,昼夜温差加大,进入生长盛期,同时随着气温下降,应增加浇水,浇水应在早、晚进行,以后随着植株的旺盛生长而逐渐增加浇水次数,保持地面湿润,收获前一周停止浇水。

(2)培土与追肥　大葱假茎的伸长是叶鞘基部部分生带细胞的分化和叶鞘细胞伸长的结果,而叶鞘细胞的分生和延长,要求黑暗细润的条件,并以营养物质的流入和贮存为基础。因此在肥水充足供应的同时,进行培土是软化叶鞘和增加葱白长度的重要措施,一般在缓苗后,结合中耕除草进行少量的覆土,雨季来临前,把栽植沟填平,立秋以后进行培土,以后每隔半个月培土 1 次。培土需在露水干后、土壤凉爽时进行。如土温过高,湿度过大,易引起假茎腐烂。在第 1～2 次培土时,植株生长缓慢,培土应较浅;第 3～4 次培土时,植株生长迅速,培土厚度均以叶身和叶鞘交界处为宜,切不可埋没心叶。

追肥一般在立秋后开始，结合灌水培土进行，追肥以氮肥为主，适当增施磷肥、钾肥。每 667 m^2 可追施硫铵 10～15 kg 或有机肥 1 000～1 500 kg，9 月上旬以后，气候凉爽，植株开始旺盛生长，葱白增长速度急剧加快，要重施追肥，每 667 m^2 追施复合肥 30 kg。每次追肥后，应及时灌水。

4）收获与包装

大葱的收获期因地区气候差异而有早晚。一般当外叶生长基本停止，叶色变黄绿，在土壤封冻前 15～20 d 收获适期。如山东章丘大葱为 11 月上旬至 11 月下旬收获。收获后，抖去泥土，适当晾晒，束成小捆，于阳光充足和干燥地方进行晾晒，待叶身和外层叶鞘干时，贮于冷凉干燥的地方，以随时供应市场。

13.2.4.2　设施栽培技术

大葱设施栽培主要是利用塑料拱棚从事春提前栽培，以弥补北方地区早春市场供应不足及露地鲜葱上市晚的局面。其栽培技术要点如下：

（1）适时播种　北方地区一般 9 月上中旬播种。掌握好冬前幼苗生长期 40～50 d，具有 2 叶 1 心、茎粗 0.4～0.5 cm、株高 10 cm 左右这一原则。适当调节播种时期，以免播期太晚造成苗子受冻或播期太早发生先期抽薹现象。

（2）田间管理　防止幼苗过大和徒长。在土壤上冻前可浇 1 次冻水，并在畦北面架设风障，高寒地区应在畦面上覆盖马粪、草木灰等，以利于幼苗安全越冬。为便于早春覆盖，中小拱棚的骨架也应在土壤封冻前插好，四周挖好铺塑料薄膜的沟。

（3）适期覆盖薄膜　2 月上旬选无风的晴天中午将拱棚覆盖塑料薄膜，薄膜底角四周埋入沟中并培土压实。夜间可加盖草苫保温，使棚内白天温度保持在 15～20 ℃，夜间不低于 8 ℃。

（4）拱棚覆盖后管理　扣膜后表土化冻，应结合中耕，清除枯叶，以利于提高地温。幼苗返青时，结合浇返青水，每 667 m^2 施尿素约 10 kg 并中耕，促进幼苗生长。随着气温升高，葱苗生长加快，应根据土壤墒情，适当浇水。棚内气温达 30 ℃及以上时，要进行放风。在 3 月上中旬苗高在 25～30 cm 时即可收获上市。

13.2.4.3　主要病虫害

大葱病害主要有紫斑病、霜霉病、灰霉病、锈病、黑斑病、疫病、软腐病等，虫害主要有甜菜夜蛾、葱蓟马、潜叶蝇、葱蛆、红蜘蛛等。

13.2.5　常见问题与对策

大葱生产过程中经常发生先期抽薹问题，其症状是大葱未充分长大即可完成抽薹开花。由于大葱幼苗生长至一定大小时，在 2～5 ℃低温下经 60～70 d 即可完成春化过程，故早春栽培或越冬幼苗播种过早在翌春极易发生未熟抽薹。一般幼苗越冬前以具有 3 片真叶、株高不超过 10cm 为宜，在山东等地以秋分后播种 5～10 d 为宜。另外，生产上选用当年的新种子，也可有效避免抽薹；土壤过分干旱，幼苗老化则会导致先期抽薹现象加重。

13.3　大　蒜

大蒜（*Allium sativum* L.）别名胡蒜、蒜，古名葫等，为百合科（Liliaceae）葱属（*Allium*）一、二年生草本植物。染色体数 $2n=2x=16$。

关于大蒜起源问题，至今尚未明确。18 世纪中期 Linne 推论大蒜原产于意大利西西里岛。19 世纪初 Kuntn 认为大蒜原产于埃及。1935 年 Vavilov 认为大蒜原产于中亚细亚，后有学者推论大蒜原产地在哈萨克和吉尔吉斯南部，大蒜最早在古埃及和希腊等地中海沿岸国家作为栽培植物，起初仅作药用，防瘟治病，渐次作为食用。公元前 113 年汉武帝时代，张骞从西域引入陕西关中地区，以后遍及全国。9 世纪初日本由中国引种繁殖，16 世纪前半期扩展到欧洲、非洲和南美洲。18 世纪后半期北美洲才开始栽培。现在大蒜已遍布全世界，成为栽培较广的蔬菜之一。

大蒜的幼苗、花茎和鳞茎，都可食用，且营养价值较高。除露地栽培外，还可进行保护地栽培。大蒜鳞茎用途更广，不但用以佐餐，还能做各种腌渍品、调料和大蒜粉等。大蒜可降低血液中胆固醇含量，防治动脉硬化，其化学成分中的蒜素(Allicin)有很强的抑菌和杀菌性能。因此，大蒜被广泛应用于医药、化工及食品工业等方面。

13.3.1 生物学特性

13.3.1.1 植物学特征

(1)根　大蒜属须根作物。发根部位在短缩茎周围，外侧最多，内侧较少(图 13-1)。最长根可达 50 cm 及以上，但主要根群分布在 5～25 cm 深的土层中，横展范围约 30 cm。成龄植株发根数 70～110 条。其生态特点表现为喜湿、耐肥、怕旱。

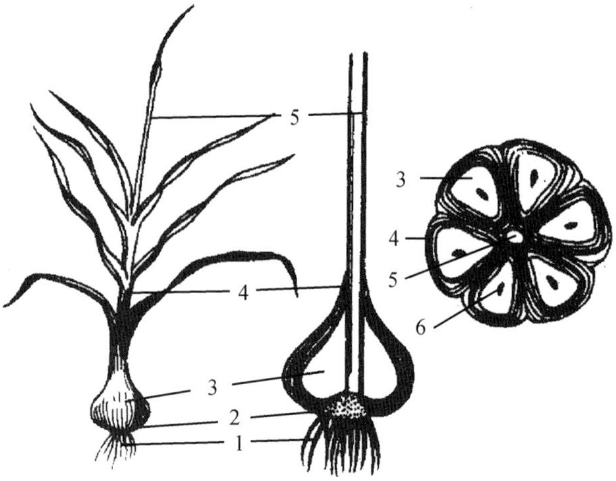

图 13-1　大蒜各器官形态图(仿葛晓光，1986)

1. 须根　2. 茎盘　3. 鳞茎　4. 叶鞘　5. 花薹　6. 芽孔

(2)茎　大蒜为不规则的盘状短缩茎，随着植株生长而增大，成株茎高约 1 cm，直径 2 cm，节间极短。营养生长时期，茎基部生根，顶端分化叶原始体。生殖生长时期，顶生花芽，同时花茎基部周围叶腋间形成侧芽，即鳞芽，也叫蒜瓣。当鳞茎成熟时，短缩茎组织逐渐老化干枯。

(3)叶　大蒜叶包括叶身和叶鞘 2 部分。叶鞘管状，叶身未展出前呈褶叠状，展出后扁平而狭长，为平行叶脉，叶互生，开展度 35～45 cm。

叶鞘相互套合形成假茎，具有支撑和营养运输功能。一般假茎高度可达 50 cm，横径 1.5～3 cm；叶身长 55～65 cm，宽 2.5～4 cm。

(4)花茎　即蒜薹，花茎为圆柱形，长 60～100 cm。花茎顶部有上尖下粗的总苞，似尾状，当花茎抽出叶鞘时，农民叫“甩尾”。总苞开裂后现出伞形花序，花梗基部着生小鳞茎，也叫气生鳞茎。花与小鳞茎混生，小鳞茎生长，抑制花的发育，因而花器中途凋萎。每一花序可生长小鳞茎数十个，其形态结构与蒜瓣基本相同，可作为播种材料。

(5)鳞茎　大蒜鳞茎也叫蒜头。包括鳞芽、叶鞘和短缩茎3部分，是鳞芽的集合体，也是大蒜的主要产品器官。

鳞芽也称蒜瓣，在植物形态学上是短缩茎上的侧芽，由2层鳞片和1个幼芽所构成。外层为保护鳞片(保护叶)，内层为贮藏鳞片(贮藏叶)，肉质肥厚，为鳞芽的主要部分，其中包藏1个幼芽，顶端有发芽孔。保护鳞片在鳞茎膨大期，由于养分转移，逐渐干缩成膜状，包裹贮藏鳞片。鳞芽着生位置，大瓣品种多集中于花茎周围，最内1～2片叶腋间，一般每个叶腋间发生2～3个鳞芽，中间为主芽，两侧为副芽，主副芽均能发育肥大，两组鳞芽排成一轮，形成4～6瓣的鳞茎。有的品种排成两轮，外轮7～10瓣，内轮3～5瓣。小瓣品种则分布于花茎周围最内1～5层，每个叶腋间着生2～4个鳞芽，一般4～5组鳞芽，内外交错排列，形成近20瓣的鳞茎。鳞茎形状因品种而异，有圆球、扁圆球或圆锥形等。鳞芽多近似半月形，独头蒜形如圆球，其结构与一般鳞芽相同(图13-2)。

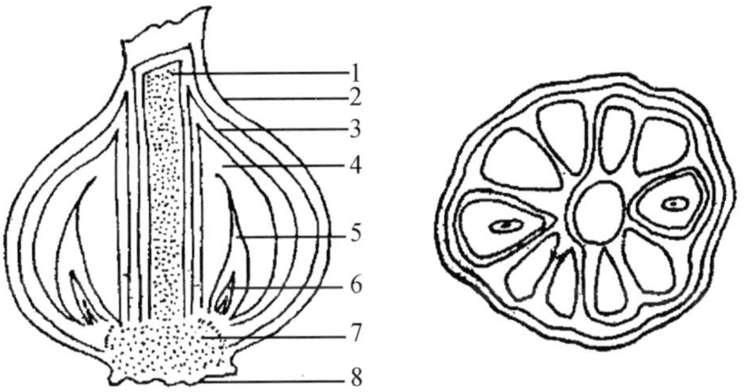

图13-2　大蒜鳞茎的构造(李春圃，1981)

1. 花茎　2. 叶鞘　3. 保护叶　4. 贮藏叶　5. 发芽叶　6. 直叶　7. 茎盘　8. 根原基

13.3.1.2　生长发育特性

大蒜生育周期的长短，因播种季节不同而异，春播大蒜生育周期较短，仅90～110 d；秋播大蒜包括漫长的越冬期，生育期为220～280 d。其生育进程，先后经过萌芽期、幼苗期、花芽和鳞芽分化期、蒜薹伸长期、鳞茎膨大期以及休眠期。

(1)萌芽期　解除休眠后的大蒜，从播种到初生叶由出叶孔长出并伸出地面展开为萌芽期。春播大蒜需7～10 d，秋播大蒜因休眠和高温的影响需10～15 d。大蒜在贮藏后期鳞芽苗端已分化4～5片幼叶。萌芽期根量多至30余条，此期的根以纵向生长为主。萌芽期以种瓣内的贮藏营养为能量来源，所以全株干重比蒜瓣干重略有减少。

(2)幼苗期　从初生叶展开到鳞芽及花芽开始分化为幼苗期。春播大约需30 d，秋播150～210 d。此期根系由纵向生长转入横向生长，并开始发生少量侧根，根系增长速度达高峰。展开叶数约占总叶数50%，叶面积约占总叶面积40%。同时叶原基分化结束，花芽和鳞芽开始分化。

(3)花芽和鳞芽分化期　从花芽和鳞芽开始分化到分化结束，为花芽和鳞芽分化期，所需时间约10 d。植株长到7～8片真叶时，植株生长点分化花芽原基，同时，在内层叶腋形成鳞芽。叶面积约为总叶面积的1/2,根系生长势增强,为蒜薹和蒜头生长创造物质基础。

(4)蒜薹伸长期　从花芽分化至蒜薹形成和采收为蒜薹伸长期,也是鳞茎膨大前期。需30～35 d。全部叶片展出,叶面积达最大值。老根系开始衰亡,新根大量发生。由于地上部叶片和蒜薹迅速生长,全株增重最快,占总重的50%以上,是大蒜肥水管理的关键时期。

有些品种由于遗传性与环境因素的影响,花芽分化后,花茎不发育或发育不完全,不能形成正常的蒜薹。

(5)鳞茎膨大期　从鳞茎分化结束到鳞茎形成并收获为鳞茎膨大期。需50～60 d,其中前30 d与蒜薹伸长期重叠进行,所以在蒜薹收获前,鳞茎生长较为缓慢。采薹以后,顶端优势解除,叶身的养分向鳞芽转移,促进鳞茎加速生长,在提薹后10多天内鳞茎增重可占全重的40%～50%,直至收获前才逐渐缓慢下来,叶片也逐渐干枯衰亡。

(6)休眠期　大蒜鳞茎形成后进入休眠状态,苗端和根际生长点均停止生长活动,即大蒜的生理性自然休眠。生理休眠时间因品种而异,休眠越早的品种,休眠期越长,反之,休眠期短,通常为20～75 d。生理休眠结束后,因环境条件不适,大蒜进入强迫休眠阶段。控制大蒜发芽条件,延长强迫休眠时间,是大蒜鳞茎贮藏的主要手段。通常28 ℃以上的高温可强迫大蒜鳞茎休眠,−3 ℃低温贮存可较长时间(1～2年)抑制发芽。2～5 ℃较低温度维持30～40 d可解除大蒜鳞茎的生理休眠。

13.3.1.3　对环境条件的要求

(1)温度　大蒜喜好冷凉,其适应温度范围为−5～26 ℃。大蒜鳞茎及蒜薹分化形成前,须经0.25～5 ℃低温诱导20～60 d,因品种而异。大蒜通过休眠后,在3～5 ℃时即可萌芽发根。茎叶生长适温为12～16 ℃。蒜薹和鳞茎发育适温为20～25 ℃,当超过26 ℃时,植株生理失调,茎叶逐渐干枯,地下鳞茎也将停止生长。在冬季月平均温−5 ℃以下的地区,秋播大蒜不能自然越冬。

(2)光照　完成春化的大蒜在13 h以上的长日照及较高的温度条件下才开始花芽和鳞芽分化。在短日照而冷凉的环境下,只适于假茎及叶的生长,鳞芽形成将受到抑制。春播大蒜要尽量早播种,延长营养生长时期,提高产量。秋栽青蒜,适当早播,延长短日照时期,可提高产量。

(3)水分　大蒜为浅根系作物,喜湿怕旱。在播种前后对土壤湿度要求较高,花茎伸长期和鳞茎膨大期,是大蒜生长发育的旺盛阶段,要求土壤保持湿润状态。接近成熟期要降低土壤湿度,以免因高湿、高温、缺氧引起烂脖(假茎基部)散瓣,蒜皮变黑,降低品质。

(4)土壤营养　大蒜对土壤种类要求不严,但富含有机质、疏松透气、保水排水性能强的肥沃壤土或轻黏壤土,更适于鳞茎生长发育,蒜头大而整齐。沙质土栽培大蒜,辣味浓,质地松,不耐贮藏。适宜土壤pH为5.5～6.0,过酸根端变粗,过早停止伸长,过碱则种瓣易烂,小头和独瓣蒜增多,降低产量。

大蒜对矿质营养的要求较高,形成1 t产品需从土壤中吸收14.83 kg N、3.53 kg P_2O_5、13.42 kg K_2O,吸收比例为4.2∶1∶3.8。据刘世琦试验,在中等肥力土壤中大蒜的氮(N)、磷(P_2O_5)、钾(K_2O)的最佳施用量为388.95 kg/hm^2、291.75 kg/hm^2及357.75 kg/hm^2。

13.3.2　类型与品种

我国的大蒜品种繁多,习惯上依鳞茎外皮颜色和蒜瓣大小划分不同类型。按鳞茎外皮颜色可分为紫皮蒜和白皮蒜;按鳞茎大小可分为大瓣蒜和小瓣蒜;按叶形及质地分为宽叶蒜、狭叶蒜和硬叶蒜。

(1)白皮类型　白皮蒜中有大瓣和小瓣2种,大瓣种每头5～8瓣,单头重30～80 g,小瓣种每头数十瓣以上。叶数较多,假茎较高,蒜头大,辣味淡,成熟晚,适于腌渍或青蒜和蒜黄栽培。代表品种有:山东苍山大蒜、山东金乡白蒜、江苏太仓白蒜、西藏拉萨白皮大蒜等。

(2)紫皮类型　蒜头因品种不同,有大有小,但瓣数都少,一般每头4～8瓣。辣味浓郁,品质优良,多分布于华北、东北、西北、西南各地,耐寒性差,适于春播。代表品种有:苏联大蒜、四川二水早、陕西蔡家坡紫皮蒜、河北定州市紫皮蒜、云南云顶早蒜等。

另外,南欧蒜或称大头蒜(*Allium ampeloprasum* L.)在形态上及栽培上类似于普通大蒜。但它的蒜头及蒜瓣特别大,能抽薹开花,但不能形成种子。花序上不着生气生鳞茎。每一蒜头有5～10瓣不等,而且鳞茎基部着生许多小鳞茎,可作为繁殖材料用。

13.3.3 栽培季节与茬口安排

大蒜的栽培季节随南北各地气候而异,在北纬39°以北地区,冬季严寒,露地越冬困难,宜早春播种;北纬35°～39°地区,可根据当地气温及覆盖栽培与否,确定春播或秋播。一般在冬季月平均温度低于−5 ℃的地区,以春播为主。北纬38°以南地区均为秋播。我国不同地区大蒜的栽培季节可参考表13-1。

在适于秋播的地区,秋播比春播产量高。秋播一般在日平均温度为20～22 ℃时进行。播种过早,冬前幼苗大,抗寒能力减弱,播种过迟,冬前幼苗小,抗寒力弱,不利越冬,降低产量,甚至形成独头蒜。一般以越冬前长出4～5叶为宜。春播应在日平均温达3～6 ℃时进行。春播过晚,气温增高,植株不能完成春化作用,结果不抽薹也不分瓣而形成独头蒜。

表13-1　大蒜的栽培季节

地区	春播		秋播	
	播种期	收获期	播种期	收获期
北　京	3月上旬	6月中旬	9月中、下旬	5月下旬至6月上旬
济　南	3月上旬	6月上旬	9月下旬至10月上旬	5月下旬至6月上旬
西　安	—	—	8月下旬至9月上旬	5月下旬
太　原	3月中旬	6月下旬至7月上旬	—	—
沈　阳	3月下旬	7月上、中旬	—	—
哈尔滨	4月上旬	7月中旬	—	—
乌鲁木齐	—	—	10月中、下旬	7月中、下旬
呼和浩特	3月中、下旬	7月中旬	—	—
成　都	—	—	8月中、下旬	4～5月

大蒜设施栽培必须在幼苗长到一定大小并接受足够低温完成春化后进行,还应经足够长的日照处理,才能分化花芽及鳞芽进而形成蒜薹和鳞茎。设施栽培生产青蒜和蒜黄较为普遍。

13.3.4 栽培技术原理与措施

1)整地与施基肥

大蒜忌连作或与其他葱属植物重茬。大蒜施肥量大,吸肥量少,土壤残留肥较多,而且其根系分泌的杀菌素,可防治后作各种病害,所以大蒜是各种作物的良好前茬。

秋播大蒜前茬收后立即清地,精耕细耙,整平作畦。可作成畦面宽 1.9 m,畦背宽 25 cm,高 15 cm。春播大蒜要在冬前深翻细耙,作畦或打垄,封冻前灌水,保持底墒。畦向以南北向最好。畦的面积,以排灌便利、提高土地利用率为原则,畦长不限。

大蒜根系浅,吸肥力弱,对基肥质量要求较高,一次施入优质的腐熟有机肥 45～75 m^3/hm^2,再结合施用硫酸钾复合肥 1 125～1 500 kg/hm^2。

2)播种

(1)种蒜选择与处理　种瓣应在收获时根据品种形态特征,先在田间选株、选头,播种前再次选瓣,挑出洁白肥大、无病无伤的蒜瓣作为播种材料。种瓣大小与蒜头重量呈直线相关,方程为:$Y=17.9+2.64x(r=0.985)$,其中 Y 为蒜头重量(g),x 为种瓣重(g)。选种瓣时以单瓣重 4～6 g 为宜,过大(8 g 以上)易发生二次生长。种蒜带皮播种可减少损伤种瓣。播种前可用营养液及杀菌剂浸种。

(2)播种密度　合理密植是提高大蒜产量与品质的重要条件,密度过大,鳞茎小,蒜薹细;过于稀植,易发生二次生长。大蒜播种密度因品种及生产目的而异,以蒜薹为主要产品的,密度为每公顷 60 万～90 万株;生产出口蒜头的品种,以每公顷 37.5 株左右为宜。

(3)播种方法　大蒜播种方法有 2 种,早春地寒宜开沟灌水,栽蒜后覆土,称湿播。秋季气候适宜,多打孔或开浅沟栽蒜,镇压后浇水,称干播。栽植行向以南北向为宜。大蒜深栽,出苗晚,假茎粗,鳞茎小,适宜深度为瓣上覆土 1～2 cm 为宜。播种时,将蒜瓣背腹连线与行向平行,以便叶片分布均匀,提高光能利用率。

3)地膜覆盖及化学除草

地膜覆盖可明显改善土壤小气候,使 5 cm 土温提高 2～4 ℃,土壤含水量提高 1%～2%,土壤结构性、通气性能良好,土壤保肥保水能力增强,并可有效控制杂草及防治葱蝇危害,极大促进植株生长发育,还可提早成熟 7～15 d,产量提高 30%～50%。

覆盖大蒜的地膜多为聚乙烯透明膜,厚度 0.004～0.006 mm。平畦覆盖可用 2～4 m 宽幅地膜,高畦以选用 95 cm 宽地膜为好。播种后 3～5 d,浇 1 次小水,待水渗下喷施 33%除草通或乙草胺乳油 1.5～2.25 kg/hm^2,对水 1 500 kg,并覆盖地膜,要求使地膜平展紧贴地面,四周地膜压入土中。

4)田间管理

大蒜播后 7～10 d 即可出土,此时应用小铁钩及时破膜引苗,使蒜苗顺利顶出地膜。如果底墒不足不能及时出土,可浇 1 次小水,促进发根出苗。无地膜的田块,要中耕松土,提高地温,促根催苗,如为碱地也能防止返碱,还可清除杂草,避免土壤板结。

幼苗期是大蒜营养器官分化和建成的时期,也是田间管理的关键时期。幼苗前期要适当控制灌水,以保墒为主,促进根系发展,防止徒长。秋播大蒜在临冬前灌大水 1 次,提高土壤湿度。越冬期间,要保护好地膜,确保幼苗安全越冬。翌春返青后于 3 月下旬前后浇水并追施尿素 225～300 kg/hm^2、硫酸钾 150 kg/hm^2。还要用辛硫磷灌根,防治蒜蛆;喷施克露、普力克或多菌灵等防治大蒜叶枯病等。

花茎伸长期，分化的叶全部展出，根系扩展到最大范围，地下鳞茎也开始膨大，对水肥吸收量显著增多。土壤相对含水量保持80%左右为宜。在总苞露尖前，结合灌水适量追肥，养叶催薹。采收蒜薹前应停止灌水，提高蒜薹韧性，减少断薹率。

蒜薹收后茎叶不再增长，大量养分向贮藏器官运转，鳞芽生长加速，鳞茎也随之不断膨大。此期应保持土壤湿润，并适量追施速效氮钾肥料。南方应注意田间排水。收获前5 d要停止灌水，降低土壤湿度，提高鳞茎品质和耐贮运性。

5)采收与包装

(1)产品收获

①蒜薹：花芽分化后40～45 d，总苞下部变白，蒜薹顶部开始弯曲，为收薹适期的标志，早则降低产量，晚则老化，品质变劣，并影响鳞茎生长发育。抽蒜薹时间宜晴天下午，植株体内膨压下降，假茎松软，蒜薹韧性增强，容易抽。一般每公顷产蒜薹6～9 t。

②蒜头：蒜薹收后15～18 d，叶片约1/2变黄，鳞茎已充分肥大，为蒜头收获适期。收蒜时宜选择晴天，收后在田间晾晒，并切除根须，为防雨淋，可将收刨后的大蒜编辫或绑把挂晒，直至短缩茎及残留蒜薹干透为止。以免贮藏时发霉腐烂。一般秋播大蒜每公顷产18～30 t，春播大蒜15 t。

(2)产品出口标准与包装　出口蒜头可分为直径5 cm、6 cm、6.5 cm及7.0 cm以上等级别，越大价格越高。鳞茎充分干燥，外皮洁白，切根完全，蒜头及蒜瓣无霉变，假茎长约2 cm，剥除蒜头外层苞皮，保留2～3层完好苞皮，无泥土，蒜瓣不得变色或糖化，鳞茎无损伤，无病虫害，无农药残留污染等。包装可用纸箱或尼龙网袋。

(3)产品贮藏方法　处于生理休眠状态并充分干燥的大蒜鳞茎，若在−3 ℃下恒温恒湿贮藏1年以上，品质变化不明显。蒜薹采用0 ℃恒温气调(气体组成CO_2 2%～5%、O_2 2%～5%为宜)贮存，可保鲜存放8～12个月。

6)主要病虫害

大蒜的病害有大蒜叶枯病、大蒜紫斑病、大蒜灰霉病、大蒜锈病、大蒜白腐病、大蒜细菌性软腐病及大蒜花叶病毒病等。虫害主要有葱地种蝇(别名蒜蛆、葱蝇、葱蛆)、葱蓟马、蚜虫等。

13.3.5 常见问题与对策

1)二次生长

大蒜初级植株上内层或外层叶腋中分化的鳞茎或气生鳞茎因延迟进入休眠而继续分化和生长叶片，形成次级植株，甚至产生次级蒜薹和次级鳞茎的现象，称为大蒜的二次生长。据程智慧观察，大蒜二次生长可分为发生在外层叶腋的外层型(SG_o)、发生在内层叶腋的内层型(SG_i)及气生鳞茎型(图13-3)。

图13-3　大蒜二次生长
(陆帼一，2007)

二次生长发生的原因较为复杂，种性、种瓣过大(＞10 g)、北方秋播过早(8月上旬)或过晚(10月下旬后)、过度稀植、春季过早追氮、浇水、地膜覆盖、三月气温偏高、偏施过多氮肥均可诱发二次生长。

2)洋葱型大蒜

洋葱型大蒜为大蒜鳞茎异常生理变态所形成的类似洋葱鳞茎结构的大蒜,该鳞茎主要由肥厚的叶鞘基部及鳞芽的外层鳞片加厚所构成,无肉质鳞片或肉质鳞片极不发达(如黄豆大)可形成蒜薹或无薹分化,无任何食用价值。该鳞茎经日晒后,肥厚苞片和鳞片脱水成膜状,整个鳞茎用手捏时感觉松软,并收缩,故被形象地称为"面包蒜"或"气蒜"。

据刘世琦研究发现,土壤黏重、地下水位高、土壤长期含水量过高、过量偏施氮和磷等都可诱发洋葱型大蒜的形成。另外,诱发二次生长的因素也可促使洋葱型大蒜的形成。

3)管状叶

当大蒜植株叶片发生异常时,常出现叶身不开展的鞘状管叶,形似葱叶,横切面为环状,无明显出叶孔或仅在顶端有很小的出叶口,使内层叶片及蒜薹不能正常伸出,蜷曲在管叶内。

管叶多发生在靠近蒜薹的第 2～5 叶位上。主要由于种蒜低温(5 ℃)贮藏、种瓣较小、播种过时及土壤水分含量较低等因素所致。对发生管叶的植株,若能及时将管叶划开,则蒜薹和鳞茎的生长与正常植株差异不显著。

4)独瓣蒜

大蒜播种过晚、种瓣过小、水分及营养状况不良、环境温度过高(最低温>10 ℃)等极易形成独瓣蒜。

独瓣蒜作为大蒜的一种异常生理现象,对大蒜生产也有可利用之处。独瓣蒜方便食用和加工利用,在一些地区(如云南)可生产出直径 4～6 cm 的独瓣蒜,深受国内外消费者的欢迎。

5)种性退化

种性退化是大蒜生产上普遍存在的问题。退化主要表现为植株矮小,假茎变细弱,叶色变淡,鳞茎变小,小鳞芽增多或产生独瓣蒜,二次生长率增高,产量逐年下降。退化的原因首先与其繁殖方式有关。大蒜为无性繁殖作物,在长期的无性繁殖过程中,会遭受大蒜花叶病毒(GMV)等 10 多种病毒的侵染,极大地干扰了大蒜正常生理代谢活动。此外,栽培条件也是导致大蒜退化的重要因子。土壤贫瘠、肥水不足、高度密植、采薹过迟、假茎损伤、选种不严等管理措施均可引起其种性退化。

大蒜种性复壮的措施首先是可以利用鳞芽芽尖 0.2～0.9 mm 长的生长锥进行组织培养,可诱导形成脱毒大蒜植株,经快速繁殖后形成无毒鳞茎;其次是通过气生鳞茎繁殖种蒜、异地换种及改善栽培措施,也可明显改善生长势及抗病性及丰产性。

13.4 洋 葱

洋葱(*Allium cepa* L.)属百合科葱属二年生草本植物,别名葱头、圆葱。起源于中亚,在伊朗、阿富汗北部均有野生种分布,近东和地中海沿岸为第二原产地。约在 20 世纪初传入中国,各地均有栽培。

洋葱以肥大的肉质鳞茎为产品,营养丰富,每 100 g 鳞茎中含水分 88.3 g、蛋白质 1.80 g、碳水化合物 8.0 g、维生素 C 8.0 mg,并含磷、铁、钙等矿物质及具有特殊辛香味的挥发性硫化物。可炒食、生食或调味,也可加工成脱水菜。洋葱耐寒、喜湿,适应性强;高产、耐贮,供应期长;对调剂淡季供应具有重要意义。目前,洋葱生产中存在的主要问题是先期抽薹,影响产量和品质。

13.4.1 生物学特性

13.4.1.1 植物学特征

(1)根 弦状须根，着生于茎盘下部，无主根，分根性弱，无根毛，吸收能力和耐旱力较弱。根系入土深度和横展直径 30～40 cm，主要根群集中在 20 cm 的表土层，属浅根性蔬菜。

(2)茎 营养生长时期茎短缩成圆锥体，称“茎盘”。茎盘下部为茎踵，鳞茎成熟后茎踵硬化。

(3)叶 由叶身和叶鞘 2 部分组成。叶身暗绿色，表面覆有蜡粉，管状、中空，直立生长，稍弯曲，腹部凹陷，属耐旱叶型。叶鞘是营养物质贮藏器官，生长后期叶鞘基部积累营养而逐渐肥厚，形成开放性肉质鳞片。叶鞘的层数和薄厚，直接影响鳞茎的大小。所以，提高洋葱产量的前提是创造适于叶部生长的良好条件。

(4)鳞茎 由多层鳞片、鳞芽及短缩的茎盘组成，也是营养物质贮藏器官和产品器官，属植物学枝条和叶的变态器官。由叶鞘肥厚的部分称开放性肉质鳞片，由鳞芽(侧芽)上幼叶肥大的部分称闭合式肉质鳞片。

(5)花 通过阶段发育的洋葱可抽薹开花。花薹管状、中空，高 80～140 cm，顶端着生伞形花序。花序外有总苞包被，内生小花 200～300 朵。花被 6 枚，白色至淡绿色。两性花，雄蕊 6 枚，分 2 轮排列；花柱 1 枚，柱头尖而不膨大，子房 3 室，每室有胚珠 2 个。异花授粉作物，虫媒花。

(6)果实和种子 蒴果，每果含种子 6 粒。种子表皮黑色，盾形，有棱角，外皮坚硬多皱，腹部平坦，脐部凹陷很深，千粒重 2.8～3.7 g，使用寿命通常为 1～2 年。

13.4.1.2 生长发育周期

洋葱为二年生蔬菜，生长发育过程分营养生长和生殖生长 2 个时期。

1)营养生长时期

从播种到分化花芽为营养生长时期，又可分以下几个时期。

(1)发芽期 从种子萌动到第一真叶显露为发芽期，约 15 d。在 5 ℃以下发芽缓慢，12 ℃以上发芽较快。在适宜发芽条件下播后 7～8 d 出土。根据子叶弓形出土特点，覆土不宜过厚，并保持发芽期土壤湿润。

(2)幼苗期 从第一片真叶显露到长出四五片真叶为幼苗期。秋播冬前定植，幼苗期 180～210 d(包括冬前 40～60 d，越冬期 110～120 d，春季返青期 30 d 左右)；春播春栽，幼苗期约 60d。幼苗期生长缓慢，生长量小，对水分和肥力消耗量不大。定植的适宜苗龄是单株重 5～6 g，假茎粗 0.5～0.6 cm，株高 12～15 cm。具有三四片真叶。过大易先期抽薹，过小降低植株越冬抗寒能力。

(3)叶生长盛期 从四五片真叶至植株保持八九片功能叶，叶鞘基部开始增厚为叶生长盛期，40～60 d。在根系迅速生长的基础上，植株进入发叶盛期，叶数增加，叶面积扩大。随着叶片旺盛生长，叶鞘基部逐渐增厚，鳞茎缓慢膨大。

(4)鳞茎膨大期 从叶鞘基部开始增厚到鳞茎成熟为鳞茎膨大期，需 30～40 d。鳞茎形成以养分的输入和积累为物质基础，并以高温和长日照为必要的环境条件。随着气温升高，日照时间加长，叶部生长受到抑制，叶身和叶鞘上端的营养物质向叶鞘基部和鳞芽中输送，并贮于叶鞘基部和鳞芽之中，鳞茎迅速膨大。叶身和根系由缓慢生长而趋于停滞。叶身开始枯黄，假茎松软，鳞茎外层叶鞘因养分内移而呈膜状。

(5)休眠期　收获后进入生理休眠期，有 60～90 d。休眠是洋葱对高温、强光、干旱等不良环境的一种适应。休眠期越长，耐贮性越强。

2)生殖生长时期

从开始花芽分化到形成种子为生殖生长时期(240～300 d)，包括花芽分化期、抽薹开花期和种子形成期。收获后的鳞茎在贮藏期间或定植以后，逐步满足春化低温而分化花芽，翌春在长日照和较高温度下，抽薹开花，形成种子。一般每个鳞茎可抽生 2～5 个花薹。

13.4.1.3　对环境条件的要求

(1)温度　洋葱为耐寒性蔬菜，种子和鳞茎在 3～5 ℃低温下可缓慢萌芽，但在 12 ℃以上发芽迅速；幼苗生长适温为 12～20 ℃，外叶可忍受－7～－6 ℃的低温，植株在土壤保护下可忍耐严寒。根系在土壤 10 cm 处旬平均地温达 5 ℃时开始生长，10～15 ℃时生长加快，24～25 ℃生长减缓。鳞茎膨大期适温为 20～26 ℃，超过 26 ℃生长受到抑制而进入休眠。洋葱在满足长日条件后，在 10～15.5 ℃的低温下鳞茎不能肥大，而在 15.5～21 ℃鳞茎才开始膨大，并以 21～27 ℃高温下鳞茎生长最好。洋葱为绿体春化作物，植株必须达到一定生理苗龄后才能感受低温通过春化。诱导花芽分化所需低温程度和持续时间因品种生态型不同而异。多数品种在 2～5 ℃低温下需 60～70 d。其中，南方型品种在相同低温条件下只需 40～60 d，而北方型品种则需 100～130 d。抽薹开花要求较高的温度。

(2)光照　洋葱生育期间要求中等强度光照，饱和光照强度为 912 $\mu mol/(m^2 \cdot s)$。长日照是诱导抽薹开花和鳞茎形成的必要条件。延长日照时间可促进叶身和叶鞘上端的营养物质下移，加速鳞茎的发育和成熟。鳞茎形成对日照时数的要求因品种而异，短的只有 11.5 h，长的可达 16 h。在同一地区，不论春播或秋播、早栽或晚栽，高温长日季节来临都要进入鳞茎形成期，这就是洋葱晚播或晚栽减产的主要原因。

(3)水分　洋葱叶部耐旱，适于 60%～70%的空气相对湿度，空气湿度大易诱发病害。根系浅，吸水力弱，要求较高的土壤湿度，特别是叶部生长期和鳞茎膨大期。幼苗越冬前、早春返青后、鳞茎收获前均应控制浇水。鳞茎为耐旱性器官，土壤干旱可促进鳞茎提早形成。鳞茎贮藏要求低温、干燥的环境条件。

(4)土壤和营养　洋葱适宜于肥沃、疏松、保水力强的中性土壤，黏重土壤不利于发根和鳞茎膨大。可适应轻度盐碱，但幼苗期对盐碱反应敏感，在盐碱地育苗易黄叶或死苗。洋葱喜肥，但绝对需肥量居中。每生产 1 000 kg 鳞茎，吸收氮 2.0～2.4 kg、磷 0.7～0.9 kg、钾 3.7～4.1 kg，吸收氮、磷、钾的比例为 1.6∶1∶2.4。幼苗期以氮肥为主，鳞茎膨大期增施钾肥，磷肥宜在幼苗期施用。

13.4.2　类型与品种

洋葱通常按其鳞茎形成特性分为普通洋葱(*Allium cepa* L.)、分蘖洋葱(*A. cepa* L. var. *multiplcans* Bailey)和顶球洋葱(*A. cepa* L. var. *viviparum* Metz.)3 个类型。

1)普通洋葱

普通洋葱是生产上用的主要类型。每株形成 1 个鳞茎，个体大，品质佳，以种子繁殖。较耐寒，鳞茎休眠期较短，贮藏期间易萌芽。按鳞茎皮色又可分为红皮洋葱、黄皮洋葱和白皮洋葱。

(1)红皮洋葱　鳞茎圆球形或扁圆形,外皮紫红至粉红,肉质微红。含水量稍高,辛辣味较强,丰产,耐贮性稍差,多为中、晚熟品种。优良品种有北京紫皮、上海红皮、西安高桩红皮、大同紫球、哈密红皮、解州红皮、济宁红皮、唐山红水桃等。

(2)黄皮洋葱　鳞茎扁圆、圆球或椭圆形,外皮铜黄或淡黄色,味甜而辛辣,品质佳,耐贮藏,产量稍低,多为中、晚熟品种。优良品种有天津荸荠扁、东北黄玉葱、南京黄皮、熊岳圆葱、天津大水桃、朔县黄皮、黄魁等。

(3)白皮洋葱　鳞茎较小,多为扁圆形,外皮白绿至微绿,肉质柔嫩,品质佳,宜作脱水菜。产量低,抗病力弱,多为早熟品种。优良品种有哈密白皮等。

2)分蘖洋葱

分蘖洋葱每株蘖生几个至十几个大小不规则的鳞茎。铜黄色,品质差,产量低,耐贮藏。植株抗寒性极强,适于严寒地区栽培。很少开花结实,用分蘖小鳞茎繁殖。

3)顶球洋葱

顶球洋葱通常不开花结实,在花茎上形成七八个至十余个气生鳞茎。用气生鳞茎繁殖,无须育苗,直接栽植即可。耐贮性和耐寒性强,适于严寒地区栽培。

13.4.3 栽培季节和茬口安排

洋葱的栽培季节各地差异较大,但都要求将叶生长盛期安排在凉爽季节,将鳞茎形成期安排在温度较高和日照较长的季节。江南及长江和黄河流域以秋播为主,翌年 5 月下旬至 6 月上旬收获。华北平原多在白露前播种,夏至前后收获。长城以北地区冬季严寒,多秋播,幼苗窖藏越冬,早春定植;或春季设施育苗露地定植。

洋葱忌重茬,不宜与葱蒜类蔬菜连作,前茬为非葱蒜类蔬菜即可。洋葱植株低矮,直立,需光性中等,适于间作套种,如在洋葱畦埂可套种蚕豆、早熟苤蓝、莴笋等蔬菜。

13.4.4 栽培技术原理与措施

1)育苗

洋葱苗期生长缓慢,占地时间长,一般均育苗移栽。以露地秋播育苗应用最普遍,早春冷床、温床、拱棚、温室育苗多用于高寒地区。

(1)品种选择:疏松、肥沃、保水力强的土壤,播前浅耕细耙,施足底肥,做成平畦。撒播,苗床播种量 4～5 kg/667 m^2,苗床与生产田的比例为 1∶(8～10)。

(2)苗期管理:苗期管理的中心是培育适龄壮苗,防止秧苗过大导致先期抽薹,避免幼苗过小或徒长降低越冬能力。幼苗出土后,适当控制浇水,若基肥不足可适量追肥 1～2 次。苗期除草两三次,并注意防治葱蝇。秋播春栽秧苗露地越冬的寒冷地区,冬前可加设风障,浇灌冻水或覆盖马粪、圈肥,保护秧苗安全越冬。

2)定植

(1)定植时期　洋葱的定植时期分秋栽和春栽。秋栽,冬前根系基本恢复,返青后叶部生长快,幼苗生长期长,产量高于春栽。定植期严格受温度控制。江南秋栽;鲁、豫、冀中南、陕南、晋临汾以南以秋栽为主;长城以北地区冬季严寒,以春栽为主。

(2)整地施基肥与地膜覆盖　定植前耕翻土地,施足基肥,每 667 m^2 施圈肥 5 000～

6 000 kg,过磷酸钙 25～35 kg。使土肥充分混合,平整做成宽 1.5～2.0 m、长度适中的畦,喷施 33%除草通 100～125 g/667 m^2,并覆盖 0.005 mm 地膜。

(3)定植方法　栽前严格选苗分级,淘汰病苗、矮化苗、徒长苗、分蘖苗和有抽薹危险的大苗以及径粗小于 0.5 cm 的弱小苗。然后按苗的大小分级,分畦栽植。

洋葱适于浅栽,最适栽植深度 2～3 cm。栽植过深,地上部生长过旺,鳞茎不易膨大,且易呈畸形;栽植过浅,根系生长不良,植株易倒伏,冬季易受冻害,鳞茎外露易开裂或日晒变绿。沙质土壤可稍深,黏重土壤应稍浅;秋栽可稍深,春栽略浅。可在地膜上打孔栽植。

(4)定植密度　栽植密度应考虑品种熟性、生育期长短、土壤肥力和水肥条件,同时要正确处理总产量与单株产量的关系。一般冬前定植的洋葱,以每 667 m^2 栽 25 000～30 000 株为宜,春栽密度可适度增加。

3)田间管理

(1)浇水　秋栽洋葱在冬前应适当控制浇水,以中耕保墒为主。土壤结冻前灌冻水。冬寒地区在浇足冻水的基础上,畦面覆盖马粪、圈肥护根防寒,保护植株安全越冬。翌春返青后及时浇返青水。早春浇水不宜过勤,水量要小,保持土壤见干见湿。进入叶生长盛期,生长量和蒸腾量增加,应加强水分管理;鳞茎开始膨大前 7～10 d 浇水后蹲苗 7～10 d,促进营养物质向叶鞘基部和鳞芽转移。从鳞茎开始膨大到临近收获,植株生长量增大,气温升高,是肥水管理的关键时期,浇水宜勤,保持土壤湿润。鳞茎临近成熟时,叶部和根系生理机能减退,应逐步减少浇水,收获前 5～7 d 停止浇水,减少鳞茎水分含量,提高耐贮性。

(2)追肥　返青时结合浇返青水,追施复合肥 30 kg/667 m^2,促进返青发棵。进入叶片生长盛期,追施尿素 15～20 kg/ 667 m^2。鳞茎开始膨大时为追肥的关键时期,每 667 m^2 施尿素 25～30 kg、硫酸钾 15～20 kg。鳞茎膨大盛期再根据需要适量追肥,保证鳞茎持续膨大。春栽洋葱的追肥时期,分别在缓苗后、叶生长盛期、鳞茎膨大始期和鳞茎膨大期进行,以叶生长盛期和鳞茎膨大始期为主。如果洋葱定植后进行 2 次追肥,以栽后 30 d 和 50 d 增产效果最大。

(3)除草　从缓苗到鳞茎开始膨大期,应特别注意防除杂草,促进根系发育。

4)采收

洋葱鳞茎成熟的标志是,约 2/3 的植株假茎松软,地上部倒伏,基部 1～2 片叶枯黄,第 3、第 4 叶尚带绿色,鳞茎外层鳞片变干。早收减产,迟收遇雨,鳞茎外皮破裂,不耐贮藏。收获宜在晴天进行,收后就地晾晒 2～3 d,晒叶不晒头,促进后熟,使表皮干燥,而后上市或贮藏。

5)主要病虫害

洋葱病害主要有灰霉病、紫斑病、霜霉病、锈病、黑斑病等;虫害主要有甜菜夜蛾、葱蓟马、潜叶蝇、红蜘蛛、葱蛆等。

13.4.5　常见问题与对策

与大葱相似,洋葱也可能发生先期抽薹等生理性障碍问题,此外,洋葱还可发生分球、裂球和大脖子葱等问题,严重影响葱头产量和品质。

(1)分球　分球的症状是在主葱头的旁边形成一个较小的葱球。导致洋葱分球的原因与品种纯度、苗期管理等有关。防治措施首先是选用品种纯度高的洋葱品种;其次是培育适龄壮苗,定植时注意淘汰徒长苗、分孽苗及大苗,如定植苗龄过大、徒长或产生分孽等则易于产生分球现象。

(2)裂球　症状表现为在葱球膨大的后期纵向开裂，其病因与葱球膨大的中后期土壤墒情变化剧烈有关。如生长前期持续干旱导致葱球表皮细胞老化，如后期突遇降雨或大量灌水，葱球内容细胞组织吸水膨胀则极易出现开裂。生产上可通过及时采收、葱头膨大的中后期注意保持土壤墒情变化均匀等措施加以防控。

(3)大脖子葱　症状表现为葱头接近成熟时，体积不能达到品种应有的大小，且地上部假茎粗、叶片多、不易倒苗。“大脖子葱”的病因主要与氮肥施用过多导致成熟期延迟有关，故生产上应控制平衡施肥问题，特别是葱头膨大的中后期应注意增施磷、钾肥。

13.5 其他葱蒜类蔬菜

13.5.1 韭葱

韭葱(*Allium porrum* L.)别名扁葱、扁叶葱、西班牙大蒜、洋蒜苗等。原产欧洲中南部，欧洲不少国家在古希腊，古罗马时已有栽培。20 世纪 30 年代传入中国。我国部分地区有零星栽培，因其叶身扁平似蒜，而假茎洁白如葱，故名韭葱。假茎和叶生食、炒食或煮烧皆宜，风味犹如大葱。我国有些地区作为蒜苗的代用品栽培，以绿叶供食，虽然品质、食味不及蒜苗，但能在青蒜苗未上市的季节供应，而且因用种子繁殖，成本较低，经济效益颇高。

韭葱营养丰富。每 100 g 食用部分含有蛋白质 1.5 g、脂肪 0.3 g、糖类 5.4 g、钙 50 mg、磷 35 mg、维生素 A 95 国际单位、维生素 C 12 mg。目前在欧美各国盛行栽培。近年来在我国的发展前景较好，正在从华南地区向华东、华中和各大城市郊区扩大引种和栽培。

13.5.1.1 生物学特性

弦状根。茎短缩成鳞茎盘。单叶互生，扁平肥厚，被蜡粉，成长植株的叶宽 1～2 cm，长 40～50 cm，呈长带形，叶鞘多层抱合成假茎，基部稍肥大，但不形成鳞茎。抽生的花茎断面为圆形、实心，基部粗 1 cm，高 80 cm 左右，伞形花序，外有总苞，开花时总苞破裂，有淡紫色小花 800～1 000 朵，小花丛生成球，种子有棱，黑色，千粒重 2.8 g 左右，种子生活力弱，须用当年种子进行播种繁殖。

韭葱既耐寒又耐热，生长势强，能经受 38 ℃的高温和 −10 ℃的低温，白天的生长适温为 18～22 ℃、夜温 12～13 ℃。韭葱属绿体春化型作物，幼苗长到一定大小，在 5～8 ℃下通过春化，开始花芽分化，18～20 ℃长日照下抽薹开花。绿叶生长期仍属耐阴蔬菜，对土壤适应性广，但由于根系吸肥力弱，宜选疏松肥沃、有机质丰富的壤土为最理想。

13.5.1.2 栽培技术要点

韭葱可分为以采收嫩苗为目的和采收成株的假茎为目的 2 种栽培方式。

以采收嫩苗为目的的栽培方式，主要在春、夏季 3～6 月份分期分批播种育苗，生长期 40～60 d，苗高 30～40 cm 时，即可采收上市供应，其供应期在 5～9 月份，正值大蒜苗尚未上市季节，作为蒜苗代用品供应。

以采收成株葱白为目的的栽培方式，多在春季 3～4 月份播种育苗，6～8 月份定植，11～2 月份收获假茎。或者秋季 10 月份播种育苗，12～2 月份定植，5～6 月份采收假茎供食。

播种前半个月深耕晒垡，施基肥每 667 m^2 1 500～2 000 kg 腐熟堆厩肥，翻入地下，整地作畦，一般作成宽 1.3 m 的高畦，每 100 m^2 需播种子 300～400 g。

播后 7～8 d 幼苗出土，及时间苗、追肥、灌水。以采嫩苗为目的的，苗高 20 cm 时即可按行株距(15～20)cm×(10～15)cm 定植。加强田间管理，适时浇水、中耕除草、追肥，苗高 30～40 cm 即可陆续采收嫩苗上市供应。

在 7～8 月份高温季节作嫩苗栽培的，应在遮阳网覆盖下栽培为宜，以采收成株软化葱白为目的的栽培方式，苗一定要达到高 30 cm、假茎粗 1 cm 时才能定植。春播的 6～8 月份、秋播的 12 月份至翌年 2 月份定植。定植大田要按 60～70 cm 行距作成高畦或高垄，在上面开沟宽 15 cm，深 10～12 cm，沟底先施腐熟厩肥，草木灰作底肥，按株距 10～15 cm 定植幼苗，施稀薄的液肥作定根肥。成活后看苗的长势，每隔半月或 1 月施复合肥 1 次，每 667 m^2 施 30～40 kg，经常保持土壤湿润。

韭葱一般以软化叶鞘部供食，通常行多次培土软化，每次培土均结合施肥进行，培土高度以齐叶身与叶鞘分叉处为准。

韭葱如行嫩苗栽培，则周年均可生产与供应。软化栽培主要收获期在冬、春季，产量高，品质好，南方四川等地作嫩苗栽培的，冬、春采收绿叶，其后采收花薹供食，产量甚高。

13.5.2 薤

薤(*Allium chinese* G. Don.)别名荞头、落荞、荔子、荔头等。百合科葱属能形成小鳞茎的多年生宿根草本作物。可作为二年生蔬菜栽培，原产中国。湖北、湖南、江西、广西、贵州、浙江等地栽培较多，适应性强，容易栽培。小鳞茎主要作盐渍、蜜渍等用，具特殊辛香味，可周年供食，质嫩可口。在中医土有治盗汗、止带、安胎，还有促进食欲、助消化、解油腻、健脾开胃、温中通阴、舒筋益气、通神安魂、散瘀止痛等疗效。是出口日本、东南亚等国家和地区的重要酱菜。在南方农村产业结构调整中占有重要地位。嫩叶嫩鳞茎也可炒食，香黏可口。每 100 g 鳞茎含有水分 87.9 g、糖类 8 g、蛋白质 1.6 g，还含有丰富的维生素和矿物质。

13.5.2.1 生物学特性

图 13-4 荞头植株

须根弦状，6～17 条，具盘状短缩茎。叶丛生，叶呈多角形中空状，横切面三角形，叶暗绿色稍带蜡粉，细长柔软易倒伏。植株在成长过程中发生分蘖，每分蘖有 3～8 片叶子，叶鞘基部膨大成地下小鳞茎。一个鳞茎种植后，可分蘖产生 10～20 个小鳞茎，小鳞茎呈纺锤形，径粗 1～2 cm，色白或淡紫，鳞茎主要供腌渍(图 13-4)。花薹圆柱状，实心，伞形花序，有花 10～25 朵，花紫色或白色，栽培品种多为四倍体，不结种子。用鳞茎繁殖。

性喜清凉，湿润气候下生长，生长适温为 15～20 ℃，在春、夏季长日照条件下形成鳞茎。气温超过 25 ℃即行休眠。植株生长较耐弱光，可作为果桑园间作物，但忌连作，以选土层疏松、地力肥沃、排水优良的土壤栽培为宜。

主要有大叶种、细叶种和长柄种。

(1)大叶种　又名南薤，鳞茎大而圆，叶较大，分蘖力较弱，每鳞茎分蘖仅 5～6 个，叶易倒伏，鳞茎供食。

(2)细叶种　又名紫皮薤、黑皮薤。叶细小,分蘖力强,每个鳞茎分蘖15～20个,但鳞茎小,叶长30 cm左右,易倒伏,叶和鳞茎皆可食用。

(3)长柄种　称"白鸡腿",分蘖力较强,每一鳞茎分蘖10～15个,薤柄长,形似鸡腿,白而柔软,品质优良,叶直立,产量高。

著名的地方品种有湖北梁子湖畔荞头、江西新建区荞头、云南开远甜荞头等。

13.5.2.2　栽培技术要点

荞头均为露地栽培,一般在9月份前后种植,以幼苗越冬,叶和鳞茎兼食的品种,至翌年2～4月份可陆续采收供食,以采收鳞茎为目的的,在翌年6月份叶子开始枯黄时采收。留种的可一直长到9月份播种前采收,也可以当地上部分枯萎后掘起,整株扎成束,挂在阴凉通风处,到9月份下种。

选地最好选未种过荞头的田块,耕翻施肥,作畦宽1.5～2 m的高畦。

播种前选大小适中、形状符合该品种特征的鳞茎,剪去地上部残叶,切断须根(仅留2 cm长),然后在整好的高畦上,按行距20～25 cm开与畦面垂直的浅沟,将薤种按15 cm左右的株距排入沟中的一侧,每穴点排2～3个种薤(鳞茎),然后再开第二条浅沟,进行下种,这时将第二沟的土覆盖在第一条播和沟上,盖以薄土,以稍露薤柄顶端为宜,播后用稻草覆盖畦面保墒,7～10 d出苗。

出苗后、越冬前和春季是茎叶生长盛期,各追肥1次,前期可用10%～20%人畜粪尿,中后期每667 m^2施复合肥30 kg,促进叶和鳞茎的生长。

生长期间及时中耕除草,在鳞茎膨大期还要结合中耕适当培土。

采收叶和小鳞茎兼用品种的,可在1～4月份陆续采收,收鳞茎供腌渍的可在5月下旬以后收获,一般667 m^2产量为1 000 kg左右。

13.5.3　小葱

葱类在分类上主要有大葱、分葱、胡葱及香葱以及它们的变种。其中大葱,以北方栽培为主。而在南方则以小葱(分葱、香葱)栽培居多,且大多为零星栽培作调味用。但在城市郊区及农村都非常普遍。小葱种类通常包括分葱、香葱、胡葱和楼子葱等。

(1)分葱(*Allium fistulosum* var. *caespeitosum* Makino)　为葱的一个变种,植株较小,分蘖力强。鳞茎不特别膨大。虽开花但不易结实,多用分株繁殖。但也有些品种能结籽,用种子繁殖的。由于生长季节的不同,可分为春葱、夏葱、冬葱等。作春葱栽培的,能开花结实,如杭州的春葱、福建的霉葱等。而另一类品种,不能开花结实,而鳞茎稍微膨大,可做繁殖用。

(2)香葱(*A. schoenopprasum* L.)　也称细香葱,植株密生成丛状,有很小的鳞茎。植株较小,有的开花而不结籽,但也有开花结籽的。分株繁殖。作调味用。

(3)胡葱(*A. ascalonicum* L.)　也称火葱、蒜头葱、瓣子葱。叶与分葱相似,有大、小2种,为圆筒状而中空。鳞茎发达簇生,这是胡葱最大的特点。夏季地上部枯死,以鳞茎越夏。每一鳞茎近半圆球形,分蘖力强,以鳞茎繁殖。一个鳞茎栽植后,可以生成10～20个鳞茎,能开花,但不易结籽。其青叶可食,但以鳞茎作腌渍为主,南方栽培较多。

(4)楼子葱(*A. fistulosum* var. *viviparum* Makino)　花薹抽伸到30～50 cm后,不开花结籽,而着生许多小鳞茎(气生鳞茎),并萌发成小葱,继续伸长20 cm后,其顶部又生小鳞茎,这样重叠如楼状,故称楼子葱。也有称为龙爪葱、羊角葱的。小鳞茎可作繁殖用,有时作观赏用，而作为食用栽培的很少。如四川的观音葱。

13.5.3.1 生物学特性

小葱在生产上往往以其生长季节分为夏葱、冬葱、四季葱等。小葱的一个主要特性是能够分蘖。在播种的当年，苗高 15 cm 左右时，即可开始分蘖。第一次分蘖后，经过一段时期，可以发生第二次分蘖，以后依次为第三、第四次分蘖成为丛生状。每次分蘖的方向，往往与母株的分蘖方向垂直，而分蘖的数目常以倍数增加。由于小葱类型的使用部分大多是叶片(叶身和叶鞘，即葱白部分)，所以分蘖越多，产量越高。具体分蘖的多少与气温及施肥水平关系很大。分蘖的时期以春、秋 2 季为主，尤其是春、夏间，气温高，分蘖旺盛，土壤肥沃，水分充足，分蘖力强，产量高。但是实际上，分蘖不能无限制的进行下去。因为分蘖到一定程度以后，互相拥挤，地下部分和地上部分都受到限制，会逐渐衰老，需要重新分株繁殖。

小葱中有的分蘖力弱，能开花结实，结籽后即行枯死，要用种子繁殖。有的葱类分蘖力强而能形成鳞茎(如胡葱)，形成鳞茎后，地上部枯萎，用鳞茎重新栽植繁殖。至于分葱类型中，有开花结籽的，开花结籽后枯死；也有不开花结籽的，可以继续用分株繁殖。

能形成鳞茎的种类(如胡葱)，它的鳞茎的形成，要求有长日照的环境，于 5～6 月份(长江一带)收获。但它们的开花，也要求有长的日照。长的日照不仅可以促进鳞茎的形成，同时也促进开花。至于抽薹，则需要通过一段低温春化时期，而且是属于绿体春化类型。这些都是葱蒜类蔬菜生长发育的共同特点。

13.5.3.2 栽培技术要点

小葱中的夏葱能在 5～8 月份炎热的夏季生长；冬葱以秋季生长为主，不耐寒冷；而四季葱、小葱等则一年四季均可栽培，但以 4～5 月份栽培的品质较好。

1)繁殖方式与栽培过程

(1)不开花结籽的小葱　该类小葱大多以分株繁殖方式生产种植。一类是江南一带的所谓“冬葱”，于 8 月中旬分株栽培，用丛植，每丛 3～4 株，可栽 8 000～9 000 丛/667 m^2。到 10 月中旬可开始采收。冬葱不耐寒，遇霜则地上部分枯萎。所以要在霜冻前采收完毕，以地下部分越冬，到翌年春暖时又发生新叶，于 4～5 月份又可采收，不抽薹。到 5 月间，叶鞘基部稍微膨大，而地上叶部枯萎，可以全株拔起。晒干后，挂藏越夏。到了 8 月份又重新栽植。产量 1 500～2 000 kg/667 m^2。

还有一类不开花的小葱为四季葱，能耐寒但不耐热，可以四季栽培。一年可以有 4 个分株繁殖时期：第一个时期是在 8 月中旬栽植，每丛 3～4 株，每株可以分蘖 8～10 株。可作软化栽培。在 11 月中下旬培土软化至翌年 1～2 月份采收。第二个时期是在 11 月下旬分株栽培，不培土，至翌年 3～4 月份采收。第三个时期是在 3 月下旬分株栽植，至 5 月下旬采收。第四个时期是在 5 月下旬分株栽植，至 7 月中旬采收。此时气温高，生长慢，产量较低。

(2)开花而不结籽的小葱　分蘖力很强，能开花而不结籽，繁殖方法主要也是用分株。对环境的适应性广，四季均可繁殖。栽培过程与前一类差不多，但通常不培土，植株较小，株行距也较小，产量低。

(3)开花结籽的小葱　以种子繁殖，也可用分株繁殖，种子播种的时期可以是春季，也可以是秋季。春播的，3 月中旬播种育苗，苗期约两个月。到 5 月上旬至下旬栽植，可单株栽植，每株能分蘖 20 个以上，从 6～9 月份分次采收。秋播的，可在 8 月份直播，自 10 月份至翌年清明前，陆续采收，清明前后，抽薹开花。

还有一类称为小葱的,用种子繁殖,也可用分株繁殖,分蘖力不很强,喜冷凉的气候。但在江南一带,夏天也能生长。这种小葱播种时,要用当年采收的新种子,于 5 月份播种。播后 2 个月可以开始采收,一年可以收割 8～10 次,其中以 3 月份所收的一次产量最高。这样,一次用种子繁殖后,可以延续收割 3 年。3 年以后,因土壤坚实,根系及分蘖过密,必须掘起重新播种繁殖。

2)栽培技术

(1)品种选用　应选择对长日照不敏感的品种,湖北地区多选细香葱、四季葱等品种栽培。

(2)茬口安排　可实行一年 4 茬,根据市场和生产情况休闲 1 茬。春茬 1 月份移栽,3～4 月中、下旬收获;夏茬 4 月下旬至 6 月初移栽,5～7 月底收获;秋茬 8～9 月下旬移栽,9 月下旬至 11 月收获;冬茬 10 月下旬至 11 月份移栽,1 月下旬至 2 月份收获。

(3)栽培方式　冬茬生产可采用小棚和中棚等保护设施(小棚跨度 1～2 m、高度低于 1 m,中棚跨度 3～6 m、高度 1.5～2 m)。其他季节均行露地栽培。

(4)整地和施肥　精耕细耙,每 667 m^2 施腐熟人畜粪肥 2 000～2 500 kg、饼肥 80～100 kg、复合肥 30～35 kg,定植前施肥,土肥混合均匀。采用深沟窄厢种植,畦面宽 2.0～2.5 m,沟宽 40 cm,沟深 15～20 cm。

(5)分株移栽　先在苗床浇透水,然后从上茬留种田中选取健壮、无病虫害植株作种,按幼苗大小分级,剔除病苗、弱苗、伤苗。移栽前将母株挖起,将根部过长的根须剪掉,用手将株丛拔开,拔开的分株应有茎盘与根须。移栽的株距 10～12 cm,行距 13～15 cm。春葱、秋葱可适当稀植,每穴栽 4～5 株,深 2.5～3.0 cm,栽后及时浇好活棵水。用种量 500～600 kg/667 m^2。

(6) 田间管理

①浇水:定植当天浇定根水,7～10 d 后浇 1 次覆苗水,成活后,可在晴天早晨 8 时左右灌跑马水。

②除草:移栽后的第二天,可用除草剂进行封闭除草,除草剂可用拉索 150～200 mL/667 m^2 或二甲戊乐灵乳油(施田补)100～120 mL/667 m^2。

③追肥:葱株活棵后及时追施薄粪水或施尿素 5 kg/667 m^2 作促蘖肥。由于分蘖吸收肥水的能力较弱,不耐浓肥与旱、涝,肥水必须少施、勤施。一般 12～15 d 追施 1 次,每次掌握尿素 5～8 kg/667 m^2,氯化钾 4～5 kg/667 m^2。施肥与浇水相结合,保持土壤湿润。收获前 15～20 d 增施氮肥,正常亩用尿素 15 kg/667 m^2,同时喷施宝、壮三秋等生化制剂,以促植株嫩绿。

④盖棚:当气温低于 10 ℃可加盖棚膜,湖北地区扣棚时间一般在 10 月中下旬。棚内温度白天保持在 18～23 ℃,夜间 12～15 ℃。当气温高于这个域值或棚内湿度过大时要打开两头薄膜通风换气降温降湿,换气一般在上午 10 时至下午 4 时进行。

(7)病虫害防治　常见虫害主要有斜纹夜蛾、棉铃虫、葱蓟马、潜叶蝇和地蛆、脐蜡等。常见病害主要有霜霉病、紫斑病、锈病、软腐病等。应按照"预防为主,综合防治"的植保方针,优先采用农业防治、物理防治和生物防治方法,科学合理地利用化学防治技术,达到生产无公害食品的目的。

(8)采收　小葱栽后 2 个月左右,株丛繁茂,达到采收标准时即可采收。采收前 1 d 在田间适量浇些水,将起好的葱株洗尽泥土,除去枯、黄、病叶,根据质量分期分批上市。小香葱春、夏、秋、冬各茬产量分别可达 4 000 kg/667 m^2、2 500 kg/667 m^2、3 000 kg/667 m^2 及 2 500 kg/667 m^2。

思考题

1. 简述韭菜的分蘖与跳根特性。
2. 简述设施韭菜栽培的关键技术。
3. 简述大葱培土的原理与技术。
4. 简述保护地大葱栽培的技术要点。
5. 简述大蒜异常生长发生原因及防止技术。
6. 简述大蒜优质高产关键技术要点。
7. 简述洋葱先期抽薹原因及其防止技术。
8. 简述洋葱优质高产栽培关键技术。

14

CHAPTER

绿叶类蔬菜栽培

绿叶蔬菜是指主要以柔嫩叶片、叶柄和嫩茎为食用部分的一类蔬菜。绿叶蔬菜分布于15科合计40多种，其中我国有13科21种，资源丰富。尽管叶菜类蔬菜种类繁多、亲缘关系较远，但其生长发育及栽培技术也存在诸多相似性。

按对环境条件要求不同，绿叶蔬菜总体可分为2类：一类喜冷凉的气候，较耐寒。主要有菠菜、茼蒿、叶甜菜、芹菜、芫荽、茴香、莴苣、金花菜、冬寒菜、菊苣、荠菜等。生长适温为15～20 ℃，能耐短期的霜冻，尤以菠菜耐寒力最强。在中国大部分地区稍加保护即可安全越冬，对解决秋冬和早春蔬菜供应具有重要意义。另一类则喜温暖而不耐寒，如苋菜、蕹菜、落葵、番杏、紫苏、紫背天葵、罗勒等。生长适温20～25 ℃，10 ℃以下停止生长，遇霜冻即枯死。

多数绿叶蔬菜(除莴苣、芹菜等)植株矮小，生长期短。采收期不严格，适于排开播种及间套、混作。在增加复种指数、提高单位面积产量等方面具有重要作用。绿叶蔬菜根系较浅，生长快，单位面积上株数较多，因此对土壤和肥水条件要求较高。应选择结构良好、保水保肥力强的土壤。施肥要勤施薄施，以保证绿叶蔬菜不断快速生长的需要。

喜冷凉的绿叶类菜通常属低温长日照作物，但菠菜、莴苣等多数绿叶菜的花芽分化并不需要经过严格的低温条件，可其抽薹开花对长日照却较敏感，长日下伴以适温即迅速抽薹开花，影响叶片生长，降低产品质量。而短日照伴以冷凉条件，则促进叶片生长，产量高，品质好。因此，露地条件下春、秋均可栽培，适当保护也可冬、夏栽培。喜欢温暖的绿叶菜属高温短日照作物，生长发育在很大程度上受日照长短的影响。春播花器官出现晚，收获期长；秋播时，因日照渐短，花器官出现早，收获期较短。避免早期花芽分化，防止未熟抽薹，促进营养器官充分肥大是绿叶蔬菜栽培的技术关键。

绿叶蔬菜富含各种维生素和矿物质，营养价值较高。但其产品柔嫩多汁，不耐贮运，宜在城近郊区就地生产，就近供应。温度不适时，短期贮藏，抗坏血酸及含糖量降低，营养和风味下降，品质变劣。

14.1 芹 菜

芹菜(*Apium graveolens* L.)别名芹、旱芹、药芹等，属伞形科芹属中形成肥嫩叶柄的一、二年生草本植物。芹菜原产地中海沿岸，瑞典至阿尔及利亚、埃及以及西亚的高加索等沼泽地带都有野生芹菜分布。2 000 年以前古希腊人最早栽培，后由高加索传入中国。芹菜含有较丰富的矿物盐类、维生素和芹菜油等挥发性芳香物质，有促进食欲、降低血压、健脑和清肠利便之功效。可生食、炒食或腌渍。世界各地普遍栽培。在我国栽培历史悠久，南北各地分布很广。由于芹菜适应性强，结合设施保护，已可做到周年生产，为春、秋、冬 3 季的主要蔬菜，在绿叶菜中占有重要地位。

14.1.1 生物学特性

14.1.1.1 植物学特征

芹菜为浅根性蔬菜，主要分布在 10～20 cm 土层，横向分布 30 cm 左右。但主根可深入土中并贮藏养分而肥大，主根被切断后可发生侧根，宜育苗移栽。营养生长期茎短缩，叶片着生于短缩茎基部，叶为二回羽状奇数复叶，小复叶 2～3 对，小叶卵圆形 3 裂，边缘锯齿状，叶面积较少。叶柄发达是主要食用部分。长 30～100 cm，有由维管束构成的纵棱，各维管束之间充满薄壁细胞，维管束韧皮部外侧是厚壁组织。在叶柄表皮下有发达的厚角组织(图 14-1)。优良品种的维管束厚壁组织及厚角组织不发达，纤维少，品质好。在维管束附近的薄壁细胞中分布油腺，分泌特殊香气的挥发油。茎端抽生花薹后发生多数分枝，高 60～90 cm，为复伞形花序。花小，白色，花冠 5 枚，离瓣。虫媒花，异花授粉(也能自花授粉结实)。双悬果，圆球形，结种子 1～2 粒，成熟时沿中缝开裂，果实内也含挥发油，外皮革质，透水差。种子褐色，椭圆形，千粒重 0.4 g。

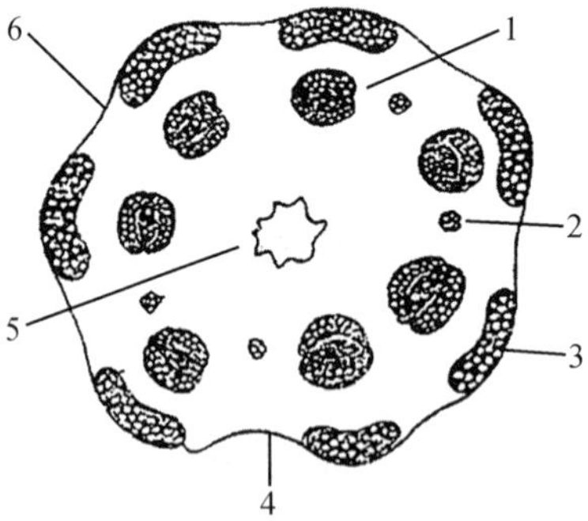

图 14-1 实心芹菜叶柄横断面

1. 维管束 2. 厚壁组织 3. 厚角组织 4. 腹沟 5. 髓腔 6. 棱沟

14.1.1.2 生长发育周期

芹菜的生育周期可分为营养生长时期和生殖生长时期两阶段。

1)营养生长时期

(1)发芽期 种子萌动到子叶展开，15～20 ℃下需 10～15 d。

(2)幼苗期 子叶展开至4～5片真叶形成,20 ℃左右时需45～60 d。

(3)叶丛生长初期 从4～5片真叶到8～9片真叶,株高30～40 cm,适温18～24 ℃下,需30～40 d。

(4)叶丛生长盛期 从8～9叶到11～12叶,叶柄迅速肥大,生长量占植株总生长量的70%～80%。12～22 ℃温度下,需30～60 d。

(5)休眠期 采种株在低温下越冬(或冬藏),被迫休眠。

2)生殖生长时期

营养苗端在2～5 ℃下开始转化为生殖苗端。翌春在长日照和15～20 ℃下抽薹,并开花结实。

14.1.1.3 对环境条件的要求

(1)温度 芹菜喜冷凉,适宜温和气候。营养生长适温为15～20 ℃,20 ℃以上生长不良,品质下降。种子发芽最低温为4 ℃,适宜发芽温度为15～20 ℃,7～10 d出芽。幼苗可耐－5～－4 ℃低温,成株可耐－10～－7 ℃低温。长江中下游多地可安全越冬。

(2)日照 芹菜要求低温通过春化阶段,在长日照下通过光照阶段而抽薹开花。芹菜不能在萌动的种子中通过春化阶段,而必须在一定大小的幼苗才能接受低温。芹菜的植株年龄越大,低温处理(8 ℃下4周)对开花的促进作用也越大(Power等,1950)。同时还证明,芹菜的日历年龄比低温处理时植株的大小,对抽薹开花的影响更为重要。一般芹菜幼苗在2～5 ℃下,经过10～20 d即可完成春化。因此,春播过早,易先期抽薹。

(3)土壤及营养 芹菜适宜富含有机质,保水保肥力强的壤土或黏壤土。据加藤彻(1975)的研究,芹菜生长发育须施用完全肥料,初期和后期缺氮、初期缺磷和后期缺钾对产量影响最大。缺氮不但使生育受阻,且叶柄易老化空心;缺磷抑制叶柄伸长;缺钾影响养分运输,使叶柄薄壁细胞中贮藏养分减少,抑制叶柄加粗生长。本芹每生产1000 g鲜重,三要素吸收量为:氮0.4 g、磷0.14 g、钾0.6 g,N∶P∶K为3∶1∶4。此外,缺硼或温度过高、过低,土壤干燥等原因使硼素的吸收受到抑制时,叶柄常发生“劈裂”,初期叶缘现褐色斑点,后叶柄维管束有褐色条纹而开裂。可每公顷7.5～11.25 kg硼砂防止。

14.1.2 类型与品种

依据叶柄颜色可将芹菜分为红芹、白梗和青芹3种。青芹类型品种较为常见,植株较高大,叶片较大、绿色,叶柄较粗、基部横径可达1.5 cm,香味浓郁,产量高,适宜软化栽培。红芹和白芹则大多植株矮小,叶片较细、淡绿色,叶柄细小、红色或浅黄白色、多空心,也有少数实心,香味浓郁。

按叶柄充实与否可将芹菜分为实心和空心2种。实心芹的叶肥粗,柄髓腔小、腹沟窄而深,采收后不易开裂,多具有高产、耐贮的特点。空心芹的叶柄髓腔较大、腹沟宽而浅、采收后易开裂。空心芹大多春季易抽薹,但耐热性较强、耐寒性差,宜春栽。

生产上主要依据芹菜的生长发育特征和栽培习性将其分为中国芹菜(又名本芹)和西芹(又名洋芹)2大类型。

(1)中国芹菜 在我国分布很广,许多地方品种均属于此类型,特点是生育期较短,挥发性药香味浓郁。植株长势弱、叶片小、叶柄细长、多数中空,以炒食为主。代表性品种有:早青芹(早黄心)、晚青芹(黄慢心)、白庙芹菜、北京大糙皮、天津白芹、北京细皮白(磁儿白)、成都草白芹、广州白芹、洋白芹等。

(2)西芹　该类型品种特点是生育期较长，植株高大、长势强、宜稀植，单株产量高。叶柄宽厚，基部宽可达 3.0 cm、棱明显、实心、纤维少、脆嫩，宜生食，但挥发性药香味较淡。多数品种耐热、耐寒和抗病好。我国目前栽培的品种大多由意大利、荷兰、法国、美国等国家引入。代表性品种包括由意大利引进的冬芹、夏芹，由美国引进的佛罗里达 683、犹他芹(Utah52-75、Utah52-70R)以及由日本引进的康乃尔芹等。

14.1.3　栽培季节与茬口安排

依据芹菜喜冷凉的特性，其旺盛生长期应安排在冷凉季节里，故露地以秋播为主，也可在春季栽培。利用芹菜生长速度快、采收期要求不严格、苗期对高温低温的适应性强的特性，通过设施与露地生产相结合，可实现多茬栽培、周年供应的市场效果。

1)露地栽培主要茬次

(1)秋茬　夏季直播或育苗，在秋季冷凉时节生长，生长期 120 d 左右。长江流域秋播可从 7 月上旬至 10 月上旬，收获期为 9 月份至翌年 3～4 月份。北方地区多在冬前收获，软化栽培的可延迟至 12 月份；假植贮藏的可供应至翌年 1～2 月上旬。

(2)春夏茬　终霜前 70～80 d 设施育苗，终霜前 20～30 d 定植，春、夏 15～20 ℃下生长 70～90 d，高温季节来临采收。南方地区春播以 3 月份为播种适期，过早容易抽薹，迟则影响产量和品质。

(3)早秋茬(半夏芹菜)　春季 4 月下旬至 5 月上旬播种，幼苗度过炎夏，8～9 月份收获。

(4)越冬茬　华北、西北中、南部地区，冬季平均最低温高于－5 ℃，可以幼苗露地越冬；华北、西北北部－10 ℃左右地区，设风障和地面覆草或草帘保护越冬；东北和内蒙古大部分、西北北部冬季温度低于－12 ℃，不能露地越冬，可用秋季芹菜的根株贮藏越冬，翌春解冬后栽植。

2)设施栽培主要茬次

设施栽培以春提前、秋延后为主，而且各地多以夏、秋在露地育苗，然后在设施内定植，从秋冬到翌年初夏分期收获。主要茬次分为：

(1)塑料大中棚秋延后茬　7 月播种，9 月定植，11 月下旬至 12 月下旬收获。

(2)改良阳畦秋延后茬　7 月中旬至 8 月上旬播种，9 月上旬至 10 月上旬定植，12 月下旬至 2 月下旬收获。

(3)日光温室冬茬　7 月底至 8 月底播种，9 月下旬至 10 月中旬定植，12 月上旬至 3 月上旬收获。

(4)塑料大棚春早熟茬　定植期较露地提早一个月左右，华北地区 2 月上旬定植，4 月中旬至 5 月份收获。

14.1.4　栽培技术原理与措施

14.1.4.1　秋露地栽培

1)整地施肥

芹菜对土壤要求较严，宜选择壤土或黏壤土。沙土和沙壤土易缺水、缺肥使叶柄发生空心现象。结合整地施肥作畦，普施腐熟有机肥。同时，每公顷施标准氮肥 300 kg、磷肥 375 kg、钾肥 225 kg。既防止生长后期脱肥,又促进芹菜快速生长。芹菜一般平畦栽培,畦宽 1 m 左右,畦长不限。

2)播种与育苗

芹菜既可直播,也可育苗移栽。成都、武汉早秋栽培芹菜,因炎热移栽不易成活,常用直播法。为节约用地,不误农时,多数地区以育苗为主。为保证出苗,做到苗全、苗齐、苗壮、应抓好以下环节。

(1)种子处理　秋芹菜播种时因温度高,出苗慢而且参差不齐,播种前应进行低温浸种催芽。一般先置于 50 ℃温水中浸泡 15～20 min,捞出后清水浸种 12～24 h,搓洗种子并晾至阴凉处(15～20 ℃)催芽,3～4 d 后约 80%种子出芽后播种。也可将种子与湿润的河沙混合后置冷凉处催芽,或在冰箱中冰冻处理催芽。

(2)精细播种　苗床宜选择在阴凉处,或套种在瓜架、豆架之下,利用瓜、豆遮阳。也可将芹菜种子与少量小白菜或四季萝卜混播,后者生长较快,用以遮阳。播时种子要掺适量沙子,以利播种均匀。播后立刻覆细土 0.5 cm,注意厚薄一致,以保证出苗整齐。同时在畦面覆盖苇箔、高粱秆或麦秸、稻草等,形成花荫以降温、保湿、防雨打。一般每公顷苗床用种量为 22.5 kg 左右,可供 5～8 hm^2 定植之用。

(3)加强出苗前后管理　出苗前要经常保持土壤湿润,播后第二天即浇第一水,以后视表土发干板结应浇水。出苗后逐步撤去覆盖物。最好选择阴天或午后撤,并先浇清水,降低苗床温度,以防幼苗晒伤。因芹菜根系弱,不耐干旱,出苗后仍要勤浇、浅浇、匀浇,保持土壤湿润。但也不可浇水过多,以免根系分布在表面不易下扎而遇高温后受伤。雨季要及时排除畦面上积水,雷阵雨后要及时浇井水降温,防止死苗。另外,及时间苗 2～3 次,防止幼苗徒长,注意防治杂草及病虫害。幼苗 3～4 片真叶时随浇水施 1 次速效性氮肥,每公顷 300 kg,随水施入。中国芹菜苗龄 40～50 d,4～5 片真叶时定植;西芹 50～60 d,8～9 片叶时定植。

3)栽植

秋芹菜前茬多接番茄、黄瓜、菜豆等。应根据各地气候特点,适期定植。定植过早,温度高,幼苗缓苗慢。栽植前,苗床浇透水,连根带土挖出。取苗时将主根于 4 cm 左右铲断,在此范围内可发生大量侧根和须根。若主根留得过长,不但不会多发根而且定植时主根易弯在土中,影响侧根发生,延迟缓苗。芹菜幼苗栽植前应按大小分类,分别栽植,使苗子生长整齐。定植深度以埋住根颈为度,太深浇水后心叶易被泥浆埋住,造成缺苗。

合理密植是芹菜优质高产的关键,原则上应充分发挥群体的增产潜力,但又不使单株生育受抑制。具体栽植密度应根据品种特性及栽植方式决定。中国芹菜较西芹密,植株开展度小而矮的品种应密些。平畦穴栽一般株行距为(12～15)cm×(13～15)cm,每穴 2～3 株或单株栽植,株行距 10 cm×10 cm。培土软化的芹菜多沟栽,穴距 10～13 cm、每穴 3～4 株。

4)田间管理

芹菜根系浅,浇水应勤浇、匀浇。苗期和后期需肥较多,初期需磷最多,后期需钾最多。西芹每公顷从土壤中吸收氮 330 kg、磷 85 kg 和钾 70 kg。因此,肥水管理是芹菜田间管理的主要技术环节,其又可分以下 3 个时期。

(1)缓苗期　从定植到缓苗需 15～20 d,应勤浇、浅浇,保持土壤湿润,并降低地温。

(2)蹲苗期　缓苗后气温逐渐降低,植株开始生长,但生长量不大,需水量不多,应短期控水,促使发根,防止徒长。此时水过大、过勤,仅外部 6～7 片叶迅速生长,而心叶生长受到抑制,单株重小,总产量低,且易发生病害。因此,应在缓苗后浅中耕,进行蹲苗锻炼。蹲苗时间长短,视当地土质而定。蹲苗后一般地皮现干,就应及时浇水,防止蹲苗过度。蹲苗期需 10～15 d。

(3)营养生长旺盛期　日均气温 14～20 ℃是芹菜生长最适宜的温度,此期也是芹菜生长最快的时期,约 30 d。以后温度继续下降,生长速度减慢,到立冬前后生长停止,全期共 50～60 d。此期是产量形成和增长的关键时期,应加强肥水供应,确保芹菜高产优质。蹲苗结束后立即追施速效氮肥,以后连续追施 2～3 次速效氮肥,并注意磷钾肥配合应用。要不间断均匀供水,保持土壤湿润。水分不足、缺乏氮肥都影响细胞的活性,使叶柄输导组织的薄壁细胞破裂,出现空心现象。土壤干燥还易使硼素吸收受到抑制,叶柄常发生“劈裂”,可每公顷施用 7.5～10.5 kg 硼砂防止。西芹需钙量较大,缺钙易烂心,生长中期可用叶面喷洒 1.5%过磷酸钙浸出液。北方地区一般霜降后浇水可适当减少,否则地温过低,叶柄不易肥大。收获前 20 d 左右用 20 mg/L 的赤霉素处理,结合肥水管理,可促进生长,提高产量。准备贮藏的芹菜,收获前 7～10 d 停止浇水。

西芹单株较大,生长期间须及时培土,并摘去分蘖苗,提高叶柄品质。培土软化的芹菜,当植株高 25 cm 左右,天气转凉后开始培土,气温过高时培土易发生病害,导致植株腐烂。培土前要浇足水以保证培土后植株旺盛生长所需。培土在天干、地干、苗干时进行,阴雨天叶面有水时培土易造成植株腐烂,应选择晴天下午没有露水时培土。土要细碎,勿使土粒落入心叶之间,以免引起腐烂。一般培土 3～4 次,每次培土厚度以不埋住心叶为度,总厚度 18～20 cm。若沟栽行距较宽,培土厚度 25～30 cm。培土软化的芹菜,叶柄洁白柔嫩,味道鲜美。

5)采收

秋芹菜可根据需要陆续采收上市。采收后假植贮藏、冷藏的应掌握在不受冻的原则上适当延迟收获。采收较早温度尚高,贮藏时易出现脱水、发热变黄、腐烂等现象。一般应在−4 ℃以上采收完毕。

14.1.4.2　设施秋延后栽培

塑料拱棚秋延后芹菜前期露地育苗,中后期在棚内生长。温度下降时,可拉二道幕或加盖防寒设备,提高保温性能,促进芹菜快速生长。当棚内最低气温 2～5 ℃时应及时采收,以免产品受冻。其栽培关键如下。

1)播种育苗

华北、东北地区均于 7 月上中旬播种。先整好苗床,播种前浇足底水,播种量每公顷 22.5 kg 左右。育苗方法与秋芹菜相同。与中国芹菜不同,西芹生育期长,应适当早播,且幼苗生长快,一般分苗须 2～3 次。第一次在播后 25～30 d,3 叶期进行;第二次隔 20～25 d,5～6 叶时;再经 25 d 左右即可定植。

2)定植

芹菜定植有单株、双株和丛栽,定植方法与密度因品种、地力、栽培季节、肥水条件等不同。设施栽培芹菜多采用小沟单株条栽,株行距 10 cm×12 cm,每公顷保苗 82.5 万株。西芹单株大,产量高,株行距 30 cm×60 cm,每公顷 5.5 万株左右。

3)田间管理

(1)温度管理　秋延后栽培,环境温度由高向低变化,定植初期可按自然温度管理,中后期防寒保温尤为重要。当外界最低气温降至 15 ℃及以下,如东北地区 9 月上旬、华北地区 9 月下旬,需扣棚保温。初始大棚两侧薄膜不全放下,使芹菜对大棚环境有一逐步适应过程。

当外界最低气温降至 6～8 ℃时，放下底脚。此期仍应注意白天通风换气，防止棚内高温高湿。棚温保持在白天 20～22 ℃、夜间 13～18 ℃、土温 15～20 ℃。以后视情况逐渐减少通风量，缩短通风时间。低温时期可在大棚四周围 1 米高草帘，或每畦加扣小拱棚，夜间覆盖草苫保温。

(2)肥水管理　要根据芹菜生育进程和产量构成因素，合理追肥灌水。大棚秋芹菜肥水管理应以促为主，促控结合。扣棚前浇 1 次透水，追施速效氮肥或粪稀，并增施磷、钾肥，以增强植株抗寒性。扣棚后到放下底脚前再追氮肥 1 次。浇水以畦面湿润为度，轻浇、勤浇水。中后期减少浇水，以免降低土温和增加棚内湿度。

4)收获

由于塑料棚保温性有限，因此应注意棚温变化，适期收获。秋延后芹菜在白天棚温 7～10 ℃、夜温 2 ℃、地温 12 ℃以下，即产生冷害。根据种植方式，市场需求等，分大株、中小株和掰收叶柄等收获方式。整株收获时，注意勿伤叶柄，择除黄叶、烂叶，整理成束或打捆上市。短期贮藏，一般带 3～4 cm 短根收获，捆好，根朝下，于棚内假植贮藏，分期上市。掰收叶柄者不可过早、过晚，以免影响下茬或下部叶老化，影响心叶生长。通常外叶 70 cm 时采收较宜，可分批 2～3 次采收外叶，分期供应。

5)主要病虫害

芹菜主要病害有斑枯病、叶斑病、软腐病、菌核病、灰霉病、根结线虫病等，主要虫害有蚜虫、斑潜蝇、蓟马、甜菜夜蛾等。

14.1.5　常见问题与对策

除因病虫害侵染导致的侵染性病害外，芹菜还常发生以下生理性病害问题。

1)烧心

也称“烂心”，该症状常于植株 11～12 片叶形成后才会出现，初期表现为心叶叶脉间变褐，后叶缘细胞逐渐死亡或呈黑褐色腐烂状。发病原因主要与高温、干旱、施肥过多等造成植株生理性缺钙有关，且夏季栽培的芹菜更易发生。

防治措施：合理施肥，避免土壤养分含量过高，避免 K^+、Na^+ 过多与 Ca^{2+} 形成竞争性吸收而导致生理性缺钙；生长的中后期合理控制温度和灌溉，避免温度过高及土壤缺水；发病初期及时喷洒 0.5%硝酸钙水溶液。

2)空心

症状表现为叶柄内髓腔初期从基部向上扩展逐渐出现白色、絮状木栓化组织，后逐渐在叶柄中部形成空隙。空心是植株生理老化的具体表现，其病因与土壤质地、温度及水肥管理不适等有关。

防治措施：选择保水、保肥好的壤土或沙壤土种植芹菜，避免在漏水、漏肥严重的沙土地从事生产；定植前施足腐熟有机肥，生长中期后适时追肥、灌溉充足，避免脱水、脱肥；设施生产时合理调控环境温度，避免过高或过低。

3)叶柄开裂

症状表现为叶柄自基部开裂，严重时根茎基部会连同开裂，不仅影响商品的品质，而且导致病原菌侵染，诱发霉烂。叶柄开裂多与低温、干旱条件下叶柄组织生长受到严重抑制相关。

防治措施：合理调控温、湿度，避免生长前期土壤干旱导致细胞提早老化；生长中后期，叶面喷施 0.1%～0.3%硼砂水溶液。

14.2 莴苣

莴苣(*Lactuca sativa* L.)又称千金菜,属菊科(Compositae)莴苣属能形成叶球或嫩茎的一、二年生草本植物。原产地中海沿岸,由野生种(*L. scariola* L.)演变而来。经栽培驯化其茎叶上的主刺消失、莴苣素减少、苦味变淡。欧洲在16～17世纪有皱叶莴苣和紫莴苣的记载,1492年传到南美。莴苣后来在中国又逐步演化出茎用类型(莴笋)。世界各国普遍栽培叶用莴苣,中国南北则以茎用莴苣栽培较早,面积最大。叶用莴苣最初多分布于华南、台湾地区,是20世纪80年代,在北京及沿海一带、南北各地栽培的重要绿叶蔬菜。

莴苣内有乳状液,含橡胶、甘露醇、蛋白质、莴苣素($C_{11}H_{14}O_4$ 或 $C_{12}H_{36}O_7$)及一些矿物质。莴苣素有苦味,具催眠镇痛之用或可提炼制药。叶用莴苣又称生菜,是肯德基、麦当劳等快餐及西餐上的佳品,要求周年均衡供应。而茎用莴苣可生食、熟食、腌渍及干制。江苏省邳州市的薹干菜(莴笋的干制品)、陕西省潼关的酱笋等,在国内外久负盛名。

14.2.1 生物学特性

14.2.1.1 植物学特征

莴苣属直根系,根系浅,须根发达,主要根群分布在地表20～30 cm土层。茎短缩,抽薹后形成肉质茎。莴笋的食用部分由茎和花茎2部分构成。随植株生长,短缩茎逐渐伸长和加粗,茎端分化花芽后,花茎伸长的同时,茎加粗生长,形成肥大的肉质嫩茎。叶互生,有披针形、椭圆形、侧卵圆形等。叶绿色、黄绿、紫色等,叶面平展或皱缩,叶缘波状或浅裂。外叶开展,心叶松散或抱合成叶球。花序为圆锥形头状花序,花托扁平。花浅黄色,每一花序有20朵花左右。子房单室。瘦果,银白或黑褐色附有冠毛,自花授粉,有时借昆虫也可异花授粉。千粒重8～12 g。

14.2.1.2 生长发育周期

(1)发芽期　从种子萌动至子叶展开,真叶显露即"露心",需8～10 d。

(2)幼苗期　"露心"至第一个叶环的叶片展开,俗称"团棵"。直播的需17～27 d;育苗移植的需30 d左右。

(3)莲座期　从"团棵"至第二叶序完全展开,结球莴笋心叶开始卷抱或莴笋嫩茎开始伸长和加粗,需15～30 d。此期叶面积扩大是结球莴苣和莴笋产品器官生长的基础。

(4)产品器官形成期　结球莴苣从"团棵"后边扩展外叶,边卷抱心叶,至莲座期心叶已有球的雏形。进入结球期,莲座叶继续扩展,心叶加速卷抱形成肥大的叶球。因此,与大白菜,甘蓝等不同,结球莴苣莲座期与结球期间的界限不是很明显。视品种、栽培条件不同,此期约需30 d。

莴笋进入莲座期后,短缩茎开始肥大,但相对生长率不高,为茎肥大初期。此后茎与叶生长齐头并进,茎迅速膨大,叶面积继续扩展,达生长最高峰后二者同时下降,开始下降后10 d左右达到适宜采收期。

(5)开花结果期　从抽薹开花到果实成熟,一般开花后15 d左右瘦果成熟。

14.2.1.3 对环境条件的要求

1)温度与光照

莴苣种子发芽的最低温为4 ℃,但需时较长,发芽的适宜温度为15～20 ℃,4～5 d发芽,30 ℃以上发芽受阻,所以高温季节播种须低温处理。

莴苣不同生长时期所要求的温度不同。幼苗期对温度的适应性较强。莴苣幼苗可耐-5～6 ℃的低温,但成株耐寒力减弱。幼苗生长适温为12～20 ℃,日均温24.2 ℃时生长仍很旺盛,29 ℃时生长缓慢,高温常使幼苗茎部受灼伤而倒苗。茎叶生长期最适宜的温度为24 ℃及以上,特别是夜温持续在19 ℃以上,呼吸强度大,消耗养分多,易引起未熟抽薹,而夜温较低(9～15 ℃),昼夜温差较大,有利于茎部肥大。但遇0 ℃以下低温,茎部则受冻。开花结实要求较高的温度,在22.3～28.8 ℃范围内,温度越高,开花到种子成熟所需的时间越短,低于15 ℃开花结实受影响。

结球莴苣对温度的适应性较莴笋弱,既不耐寒又不耐热。同一地区,莴笋幼苗或露地越冬,而结球莴苣则不能。结球期适温范围更窄,为17～18 ℃,21 ℃以上不易形成叶球或因叶球内温度过高引起心叶坏死腐烂。不结球莴苣对温度的适应范围介于莴笋与结球莴苣之间。

莴笋花芽分化(图14-2)所需条件主要与温度和日长相关。涉谷茂(1951～1952、1957)研究发现,从春季到秋季不论何时播种,当年均可分化花芽,说明花芽分化不需低温,而是受积温的影响,但不同品种及同一品种的不同播期,积温有差异。花芽分化后温度越高抽薹越快。刘日新等(1959)将催芽的莴苣种子置于3～5 ℃温度下,处理36～48 h,而早、中、晚熟三个类型的品种无论经过低温春化或未经春化的植株在较长的自然日照下(13.9～14.2 h)比在短日照(10 h)下抽薹显著提早,在24 h的长日照下,不论在低温(15 ℃)或者高温(35 ℃)下生长的植株都提早开花,但在高温长日照下比在低温长日下抽薹更早,故认为莴苣在发育上呈长日照反应,在长日照下发育速度随温度的升高而加快,早熟品种最敏感,中熟品种次之,晚熟品种反应迟钝。此外,另有人将莴苣称为“高温感应型”。

2)水分

莴苣不同生长期需水量不同。幼苗期供水均匀,间干间湿,防止幼苗老化或徒长;莲座期应适当控制水分,促进功能叶生长,为结球或嫩茎肥大奠定物质基础;结球期或茎部肥大期水分要充足,此期缺水则叶球小或嫩茎瘦弱,产量低,味苦涩。特别是后期水分要均匀,不可过多、过少,以免生长不均衡,导致裂球或裂茎,引起软腐病和菌核病的发生。

3)土壤及营养

莴苣宜选择有机质丰富、保水保肥力强、通透性良好的黏壤土或壤土。土壤瘠薄,缺乏有机质,叶面积扩展受阻,结球莴苣叶球小、不充实、品质差,莴笋茎瘦小而木质化。莴苣喜微酸性土壤,适宜土壤pH为6.0左右,pH在5以下和7以上时生育不良,但莴笋适宜pH范围较宽。

莴苣不同生长期对氮、磷、钾三要素的反应不同。氮、磷对外叶生长的影响最大,任何时期缺氮都会抑制莴苣叶片分化,使叶数减少,尤以幼苗期缺氮影响最为显著;幼苗期缺磷,叶数少,特别是根系生长不良,植株矮小;何时缺钾对叶片分化影响都不大,但可影响叶重。结球莴苣叶球肥大初期至盛期缺氮,对叶球生育有明显抑制作用;而结球期缺钾,会显著减产。此期必须保持适当的氮/钾平衡,若氮过多,外叶生长过旺,叶球细长而轻,呈徒长状态;适当增加钾

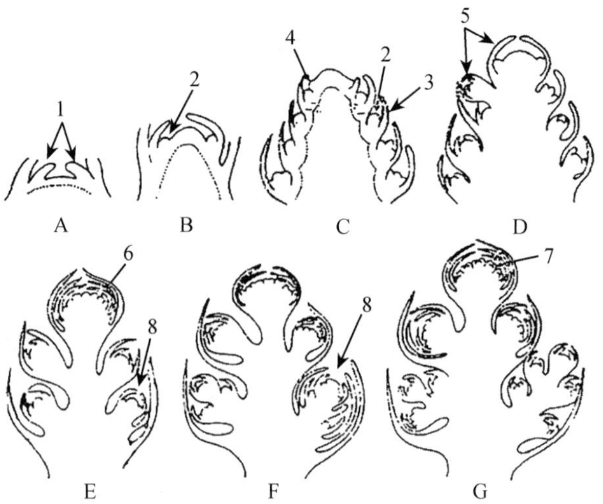

图 14-2　莴笋的花芽分化(陆帼一,2007)

A. 未分化花芽　B. 花芽分化期　C. 顶花序分化苞叶原基　D. 顶花序及其下方侧花序继续分化苞叶
E. 顶花序出现单花原基，侧花茎原基分化为侧花茎　F. 顶花序单花原基继续分化
G. 单花原基出现花瓣突起　1. 叶原基　2. 侧花茎原基　3. 叶
4. 顶花序苞叶原基　5. 苞叶　6. 花原基　7. 花瓣　8. 侧花茎

素，促进物质由外叶向叶球转移，提高叶球重和商品率。据山崎(1978)分析，每 1 000 kg 结球莴苣，吸收氮 1.6 kg、磷 0.88 kg、钾 4.0 kg、钙 0.81 kg、镁 1.52 kg。结球莴苣较大白菜、甘蓝等叶球类蔬菜养分吸收率高，且在蔬菜中是为数不多的喜氨态氮蔬菜。但由于其需钙量大，随着氮、钾肥的大量施入，加之持续低温干燥条件，影响钙素正常吸收，导致钙缺乏症，特别在结球期极易发生缘腐病，可叶面喷洒氯化钙和硝酸钙防治。

14.2.2　类型与品种

莴苣按产品器官不同分为叶用莴苣和茎用莴苣 2 大类。

14.2.2.1　叶用莴苣

依据叶用莴苣的植物学特征，叶用莴苣又可分为下述 3 个变种。

(1)长叶莴苣(var. *longifolia* Lam)　又称直立莴苣、散叶莴苣。叶全缘或锯齿状，外叶直立，不结球或结成圆筒形或圆锥形松散的叶球。以欧美栽培较多，代表性品种有牛利生菜、登峰生菜等。

(2)皱叶莴苣(var. *crispa* L.)　也称散叶或丛生莴苣，叶片深裂，且叶面皱缩明显，有松散叶球或不结球类型，代表性品种有软尾生菜、鸡冠生菜等。

(3)结球莴苣(var. *capitata* L.)　该变种叶全缘，有锯齿或深裂，叶面平滑或皱缩，可形成明显的叶球，叶球圆、扁圆或圆锥形，依据叶片质地又可分为脆叶、软叶 2 种类型。代表性品种有青白口(团叶生菜)、广州结球生菜(青生菜)、大湖 659、皇帝、恺撒等。

14.2.2.2　茎用莴苣

茎用莴苣(*Lactuca sativa* L. var. *angustanalrish*)也称为莴笋，通常按叶片形状可分为尖叶和圆叶 2 个类型。此外，依茎的色泽又可分为白笋(外皮绿白)、青笋(外皮浅绿)和紫皮笋(紫绿色)等，按株高状况可分为高桩型和非高桩型。

（1）尖叶型　植株叶簇较小，叶片披针形，先端尖，叶面平滑或略有皱缩，绿色或紫色。节间较稀，茎棒状，上细下粗。较晚熟，幼苗耐热性较强，适秋季或越冬栽培。代表性品种有柳叶笋、上海大尖叶、白皮香早种、尖叶子等。

（2）圆叶型　植株叶簇较大，叶长倒卵形，顶部稍圆，叶面微皱，叶色淡绿。节间较密，茎粗大，中下部较粗，两端渐细。较早熟，耐寒性强，耐热性较差，品质好，多作越冬栽培。代表性品种有北京鲫瓜笋、成都挂丝红、上海大圆叶、南京紫皮香、孝感莴笋等。

14.2.3 栽培季节与茬口安排

莴笋适应性较强，许多地方已基本做到排开播种，周年供应。但主要栽培季节为春、秋2季，其中又以春莴笋为主。冬季寒冷的地区可在冬季设施育苗，春季定植；江南地区冬季温暖，秋冬定植，以较大的植株露地越冬，早春上市。秋笋则在7～8月份高温季节播种，冬季来临收获。各地莴笋栽培季节见表14-1。

表14-1　不同地区莴笋的排开播种

莴笋类型	代表性地区	播种期	定植期	收获期
春莴笋	上海	9月下旬至10月上旬	10月下旬至11月下旬	3月下旬至4月上旬
	长沙	10月上旬至翌年1月	11月下旬至翌年2月上旬	3月下旬至5月上旬
	贵阳	9月下旬至10月上旬	11月份	3～4月份
	四川	10月份至翌年1月份	11月下旬至翌年3月上旬	3～5月份
	西安、济南、郑州	9月上旬至9月中旬	10月下旬至11月上旬	4月下旬至5月中旬
	北京、保定、太原	9月下旬至10月上旬	3月上旬至3月下旬	5月中旬至6月中旬
	银川、兰州	12月中下旬	3月下旬至4月上旬	6月上旬至6月中旬
	呼和浩特、乌鲁木齐	2月上旬至2月下旬	4月中旬至4月下旬	6月上旬至6月中旬
夏莴笋	上海	1月下旬至2月上旬	3月下旬至4月上旬	5～6月份
	长沙	2月份	3月下旬	5月份
	四川	3～5月下旬	5～6月份	6～7月份
	西安、太原、兰州、银川	2月下旬至3月下旬	4月下旬至5月上旬	6月下旬至7月下旬
秋莴笋	上海	8月上旬	8月下旬至9月上旬	9月下旬至10月下旬
	长沙	8月下旬	9月份	10月上旬至11月上旬
	贵阳	7月中旬至7月下旬	8月中旬至8月下旬	9月下旬至10月上旬
	四川	6月下旬至7月份	7～8月份	9～10月上旬
	北京、太原、西安、郑州	7月下旬至8月上旬	8月下旬至9月上旬	10月下旬至11月上旬
	乌鲁木齐	7月上旬至7月下旬		10月下旬
	呼和浩特	6月下旬	7月下旬	9月下旬

叶用莴苣因耐寒耐热性都不如莴笋，主要栽培季节为春、秋2季。华南区从10月份至翌年2月份播种，9月份至翌年4月份供应。华北区春茬2～4月份播种育苗，5～6月份收获；秋茬7月下旬至8月下旬播种育苗，10～11月份收获，结合贮藏可供应至翌年1～2月份。应用日光温室、阳畦、塑料棚等设施配套，除7～9月份外，基本上已做到周年供应。

14.2.4 栽培技术原理与措施

14.2.4.1 越冬春莴笋栽培

一般秋季播种育苗，初冬或早春定植，春季收获。春莴笋应尽早上市，以弥补春季蔬菜供应不足，但目前生产上存在上市晚、死苗及"窜"的问题，针对这些问题，栽培上应注意以下技术环节。

1)整地施肥

深耕晒土，精细整地，防止土块过大、过多，造成越冬苗受冻死亡。干旱缺肥，莴笋嫩茎易"窜"。因此，首先应施足基肥，结合整地作平畦或东西向高垄。将莴笋栽在垄沟的南侧，土温较高，可减少受冻死苗，并较平畦提早7～10 d上市。

2)育苗

莴笋幼苗细弱，定植后恢复生长慢，冬前生长势弱，抗病力差是造成死苗和"窜"的主要原因之一。因此，培育壮苗非常重要。首先应适期播种，露地可以越冬的地区9～10月份播种。各地的具体播期应掌握在播种后40～50 d，定植时幼苗4～6片真叶，可保证冬季安全越冬，翌春返青后根系及叶簇在较低的温度下充分生长，积累较多的干物质，在高温长日来临前茎部充分肥大。播种过早，温度高，幼苗易徒长，冬前苗过大已抽薹，生长点裸露在外，发生"窜"的现象。若播种太晚，苗小越冬易受冻害，同时，营养生长不足，茎部肥大受限制，产量低，质量差。因此，严格选择播期是培育壮苗的关键环节。其次，应掌握适宜的播种量，每公顷苗床播种11.25 kg左右，苗床面积与定植面积之比约1∶20。宜采用湿播法，出苗后间苗1～2次，苗距保持4～5 cm。苗期适当控制灌水，使叶片肥厚、平展，防止徒长，以利培育适龄壮苗。

3)定植

冬季露地可以越冬的地区，尽可能在冬前定植。因冬前定植根系发育好，翌春生长快，可提早上市，产量也高。越冬有困难的地区，早春土壤解冻后尽早定植。若定植太晚，苗太大或徒长，易未熟抽薹。定植起苗时，须带6～7 cm长的主根，主根留得太短，栽后须根发得少不易缓苗；留得太长，栽苗时根系弯曲在土中，新根也发不好，影响幼苗生长。株行距保持在30～40 cm。一般冬栽深度比春栽稍深，过浅易受冻，过深不易发苗，应将根颈部分埋入土中，将土压紧、压实，使根部与土壤密接，防止土壤缝隙过大受冻。

4)田间管理

春莴笋存在越冬死苗和"窜"的突出问题，特别是针对莴笋三窜即"旱了窜，涝了窜，饿了窜"，须加强管理。

(1)越冬期管理　越冬期以控为主，保证安全越冬。因莴笋主根被切断后很易发生大量侧根，栽后容易成活。秋末冬初定植时，温度较低，趁墒好时栽苗，可不浇水或少浇水。此时温度及土壤湿度较宜，缓苗快，又不会因栽苗后土壤湿度过大苗子徒长。缓苗后施速效氮肥，促进叶片分化和叶面积扩大。深中耕后控制浇水，进行蹲苗，促进根系扩展，并形成发达的莲座叶。

切忌冬前浇水过多，幼苗徒长，遭受冻害，且翌年易未热抽薹。结合中耕培土护根，地结冻前可用马粪、圈粪，枯草，树叶等覆盖保护根颈免受冻害。

(2)返青后管理　此期管理的中心问题是处理好叶片生长与茎部肥大间的关系。返青翌始，叶片生长占优势，要以控为主。少浇水，多中耕，可随水施1次粪稀，保墒提温，促进叶面积扩展，为茎部肥大积累营养物质。当莴笋第一叶环5或8枚叶片展开，即"团棵"时，叶片迅速生长，呈莲座状应施1次速效性氮肥；第二个叶环形成，莲座叶已充分肥大，心叶与莲座叶平头时茎部开始肥大，应浇水并施速效性氮、钾肥，及时由"控"转为"促"。这一水非常重要，可谓由控转促的分水岭。浇早了，一是叶片徒长，养分难以积累，茎易"窜"；二是浇水后幼苗发嫩若遇降温，幼苗易感染霜霉病。相反，若浇水过晚，控制过度，抑制叶片生长，同化面积缩小，茎部同样不能肥大，且长期干旱后加大肥水，茎部易裂口。茎部肥大期，肥水需求量增加，地面见干见湿，水分务求均匀，追肥也要少吃多餐，以免茎部裂口，影响产量和品质。由此看来，只有灵活运用浇水、追肥、中耕等技术措施，促控结合，才能调节好叶片生长与茎部生长之间的关系。春季定植的可按照类似原则，结合春季气候特点进行管理。

5)采收

莴笋主茎顶端与最高叶片的叶尖相平时(俗称"平口")为收获适期，这时茎部已充分肥大，品质脆嫩。如收获太晚，花茎伸长，纤维增多，肉质变硬甚至中空，品质降低。

6)主要病虫害

莴苣生产中主要病害有霜霉病、菌核病、软腐病、灰霉病等，主要虫害有蚜虫、白粉虱、蓟马、斑潜蝇、小地老虎等。

14.2.4.2　秋莴笋栽培

秋莴笋夏季播种，正值高温季节，种子发芽困难，不易全苗，幼苗徒长，花芽分化早，抽薹迅速。因此，培育壮苗及防止未熟抽薹是栽培成败的关键，其要点如下：

(1)品种选择　选择对高温长日反应迟钝的中、晚熟品种，如南京紫皮香、柳叶莴笋、上海大圆叶晚种、武汉竹竿青、重庆万年椿、成都二青皮及二白皮密节巴等。

(2)培育壮苗　播前须低温浸种催芽。种子用凉水浸泡5～6 h，15～18 ℃下见光催芽，2～3 d胚根露出后播种。一般秋莴笋从播种到收获需70～80 d，茎叶生长适温期是秋季旬平均气温下降到21 ℃左右的40～50 d。所以旬均温21～22 ℃前30 d播种较宜。播种过早，高温长日时间长，生殖生长速度超过营养生长，茎部未膨大即抽薹；播种太晚，生长期短，产量低。据此，华北区多7月下旬至8月上旬播种。华中、华东区多8月中下旬播种。播种后尽量创造温和湿润条件，可搭建荫棚、瓜架下套种等。为防止高温出苗率低，适当增加播种量，每亩苗床播种1.0～1.5 kg，保持苗床湿润，及时间苗，防止徒长和未熟抽薹。

(3)定植　苗龄25～30 d，4～5片真叶时定植。苗龄过长，幼苗徒长容易"窜"。定植前严格选苗，淘汰徒长苗、弱势苗及病残苗。定植密度较春莴笋稍大。

(4)田间管理　定植后浅浇、勤浇直至缓苗，缓苗后施速效氮肥，以后适当减少浇水，深中耕，促进根系扩展。"团棵"时第二次追肥，以速效氮为主，加快叶片分化和叶面积扩大。封垄前，茎部开始膨大。以后视情况再追施1～2次肥，应肥水均匀，防止茎部裂口，降低产量和品质。

14.2.4.3　结球莴苣栽培要点

(1)整地施肥　选择有机质丰富、疏松保水的肥沃壤土或沙壤土栽培，每667 m^2施有机肥 5 000 kg，深翻 20～25 cm，整地作畦，畦宽 1 m 左右，南方也可作成小高畦，地膜覆盖栽培。

(2)播种育苗　采用当年种子，15～20 ℃清水浸种 3～4 h 后，搓洗，控水后，20 ℃下催芽 2～3 d，75%露出胚根后播种。也可用细胞激动素 100 mg/L 溶液浸种 3 min，或赤霉素 5 mg/L 溶液浸种 6～7 h，催芽效果更好。

结球莴苣种子小，要求播种精细，苗床用种量为 3～5 g/m^2。播后保持 20～25 ℃，3～5 d 齐苗。幼苗 2 叶 1 心时分苗，苗距 8～10 cm，以扩大营养面积，充分接受光照，促进叶原基分化。一般苗床温度白天 18～20 ℃、夜间 12～14 ℃为宜。幼苗 4～5 叶时即可定植。

(3)栽植　按行距 40～45 cm、株距 25～35 cm 穴栽。栽植前苗床提前浇水，起苗时切大坨带土。栽植深度以埋住土坨为度，若过深埋入菜心，缓苗慢并易患软腐病。

(4)田间管理　定植后，前期结合浇水分期追肥，并中耕松土，使土壤见干见湿，促进根系扩展及莲座叶生长。中后期防止莲座叶早衰，促进球叶迅速抱合生长，形成坚实叶球。一般在 6～7 叶期、10 叶期和包心初期，结合浇水追施速效氮、钾肥。结球期肥水要均匀，以免引起叶球开裂或球叶开张生长。结球后期适当控制浇水，以免引起软腐和裂球。采收前停止浇水，以利收后贮运。

(5)采收　叶球紧实及时采收，过早采收影响产量；过迟采收叶球内茎伸长，叶球变松，降低品质。特别是春茬结球莴苣花薹伸长迅速，采收稍迟，就会降低质量，更应引起注意。

14.2.5　常见问题与对策

1)莴笋裂茎

多发生在肉质茎形成的后期，症状表现为肉质茎的中下部出现纵向开裂的伤口。病因与品种遗传、水肥管理不当、采收不及时等有关。

防治裂茎的措施：首先是选择适宜品种。通常紫叶莴笋因其含水量大、产量高而易于产生裂茎，而绿叶莴笋相对裂口较轻；其次是强化水肥管理。田间水肥供应不均、忽旱忽涝，则后期裂茎多；再次是肉质茎膨大的中后期适当增施微量元素硼肥，以强大细胞韧性有利于防裂；最后是注意及时采收。收获期过晚，则易于造成裂口出现。

2)莴笋空心

症状表现为莴笋的肉质茎的中部出现空心、裂腔等现象。莴笋空心的病因与品种选用、环境条件、水肥管理不当等有关。

防治肉质茎空心的措施：依据栽培季节环境特点选用适宜品种，如果将适宜秋季种植的品种用作夏季种植时则溢出造成空心；注意平衡施肥，特别是肉质茎膨大的中后期应适当增施 P、K 肥；注意田间灌溉均匀，防止土壤忽干忽湿和蹲苗过度等；注意适期采收，避免采收过晚。

3)结球生菜烧心(边)

结球生菜烧心(边)也称为生菜顶烧病、干烧心等。症状表现多以内层球叶的叶尖及叶缘处出现水浸状小斑，病斑逐渐扩大、焦枯、变褐，导致叶缘类似于“灼伤”状。温度高、湿度大时，病部易受病源侵染、腐烂。引起生菜烧心(边)的原因与前期徒长、结球缺水干旱、选择品种不当等有关。

防治生菜烧心(边)的措施：依据栽培季节环境特点选用适应性强的品种；培育壮苗，防止苗期徒长；结球期灌溉宜小水勤浇，防止忽干忽湿；底肥注重增施有机肥，结球中后期适当增施 P、K 肥；结球中后期，叶面适当喷施有机钙或微量元素含钙肥。

14.3 菠 菜

菠菜(*Spinacia oleracea* L.)又名波斯草、赤根菜,属藜科(Chenopodiaceae)菠菜属以绿叶为主要产品器官的一、二年生草本植物。原产亚洲西部的伊朗,有2 000年以上栽培历史,7世纪传入中国,明朝李时珍的《本草纲目》中称之为“波斯草”,栽培历史悠久,我国南北各地普遍栽培。菠菜富含维生素和钙、铁等矿物质,含蛋白质也较高,是营养丰富的蔬菜。但其含有草酸,食用过多,会影响人体对钙的吸收。菠菜凉拌、炒食或做汤,是主要绿叶菜之一。

14.3.1 生物学特性

14.3.1.1 植物学特征

菠菜直根发达,红色,味甜可食。侧根不发达,不适移植。主要根群分布在25～30 cm耕层内。抽薹前叶片簇生于短缩茎,单性花,少数有两性花。雌雄异株(少数为雌雄同株)。雄花无花瓣,花萼4～5裂,雄蕊数与花萼数同。花药纵裂,花粉黄色,风媒花;雌花无花瓣,雌蕊1枚,花萼2～4裂,包被子房。果实为胞果,内有1粒种子,被坚硬的革质花被包裹。花被发育有2～4个刺,成为有刺种子。若刺不发达,即为无刺种子。菠菜播种用“种子”实为果实。

菠菜植株的性型分为4种类型。

(1)绝对雄株　植株较矮小,基生叶较小。茎生叶不发达或成鳞片状。复总状花序,只生雄花,抽薹早,花期短,为低产株型。

(2)营养雄株　花茎上也仅生雄花,但基生叶较前种大而多,雄花簇生于花茎叶腋,花茎顶部叶片较发达,抽薹较晚,花期长,与雌株花期接近,属高产株型。

(3)雌株　植株高大,基生叶较肥大。雌花簇生于花茎叶腋,抽薹较雄株晚,为高产株型。

(4)雌雄同株　在同一株上着生雌花和雄花。基生叶和茎叶均发达,也属高产株型。抽薹晚,花期与雌株相近。依雌花和雄花比例有几种情况;雄花较多;雌花较多;雌雄花数几乎相等;早期发生雌花,后期发生少数雄花。

14.3.1.2 生长发育周期

菠菜生长发育过程可分为营养生长和生殖生长2个阶段。

(1)营养生长阶段　自种子播种到植株开始花序分化前的阶段,持续时间35～70 d,因品种、播种期及气候条件等而异。种子萌发子叶出土后,先是苗端不断分化叶原基,进一步形成真叶,之后叶数增加,叶面积扩大,叶重增长。出苗后1～2周内,子叶面积和重量以每周2～3倍的速度增长,但真叶增长很慢。2片真叶展开后,叶数、叶重和叶面积迅速增长。经一定时期苗端分化花原基后,叶片数不再增加,但叶面积和叶重继续增加。花序分化时的叶数因播期而异,少的6～7片,多的20余片。

(2)生殖生长阶段　花序分化到种子成熟。菠菜在长日条件下能够进行花芽分化的温度范围很广。花序分化到抽薹的天数,因播期不同而有很大差异,短的8～9 d、长的140多天。这一时期的长短关系到采收期的长短和产量的高低。

14.3.1.3 对环境条件的要求

(1)温度　菠菜在绿叶蔬菜中耐寒力最强,成株在冬季最低气温为－10 ℃左右的地区,可以露地安全越冬。耐寒力强的品种具有4～6片真叶的植株可短期忍耐－30 ℃的低温，但1～2片真叶的小苗和将要抽薹的成株抗寒力较差。菠菜在4 ℃的低温下即可缓慢发芽，最适温为15～20 ℃，在此温度下4 d发芽。温度过高，发芽率降低，发芽时间加长。日平均气温在23 ℃以下时，苗端分化叶原基的速度随温度的下降而减慢；在20～25 ℃时叶片增长最快，超过25 ℃则下降。

(2)日照　菠菜是典型的长日照蔬菜，夏播菠菜未经受低温同样可以花芽分化。这说明低温并非菠菜花芽分化必不可少的条件，菠菜花芽分化适应的温度范围很广，如法国菠菜在自然条件下，日照为10～14.8 h，日均温0.2～24.9 ℃均可分化为花芽。菠菜花芽分化后，花器的发育、抽薹及开花随温度升高及日照加长而加速。

(3)水分　菠菜适宜空气湿度为80%～90%，土壤湿度为70%～80%。空气干燥，叶片生长后速度减慢，叶组织老化，品质差。尤其在高温长日季节，水分不足，营养器官发育不良，而生殖器官(花茎)发育占优势，加速了抽薹开花。

(4)土壤及营养　菠菜宜在沙壤土、黏壤土上生长，适宜土壤pH为5.5～7，耐酸力较弱，pH在5.5以下时发芽后生长缓慢，严重时叶色变黄，无光泽，硬化，不伸展。这是酸性土壤中铝等有害离子呈可溶解态，使菠菜中毒所致。可用石灰、草木灰或石灰质肥料调节。

菠菜需要氮、磷、钾完全肥料，在三要素俱全的基础上，增施氮肥，叶片生长旺盛，产量高，品质好；缺氮时植株矮小，叶片发黄，易未熟抽薹。菠菜对硼比较敏感，缺硼时心叶卷曲，缺绿，植株小，可结合施肥加入硼砂或叶面喷洒，防止缺硼现象。

14.3.2　类型与品种

菠菜通常依据叶片形状可分为尖叶类型(代表性品种有：双城尖叶、菠杂10号、青岛菠菜、铁线梗、大叶乌绍兴菠菜等品种)和圆叶类型(代表性品种有：上海圆叶菠菜、广东圆叶菠菜、东北圆叶菠菜、法国菠菜、春不老菠菜、大圆叶等)。

此外，依据菠菜果实表皮刺的有无可分为有刺类型和无刺类型；依据其生态适应性又可分为春夏菠菜、秋冬菠菜和越冬菠菜。

14.3.3　栽培季节与茬口安排

菠菜适应性较强，植株无严格的采收标准，采用不同品种合理搭配，基本上已做到排开播种，周年供应，但主要为春播、秋播2大季节。

(1)春菠菜　早春播种，春末收获。各地播期不一，以当地日均气温4～5 ℃播种为宜。北方地区当土壤表层4～6 cm解冻后便开始播种，5～6月份收获；华北及华中地区2～3月份播种，4～5月份收获。长江流域2～4月份播种，但以3月中旬为播种适期，播后30～50 d采收。

(2)秋菠菜　夏季或早秋播种，秋季收获。东北、内蒙古、新疆等地7月下旬至8月上旬播种，9月下旬至10月中旬收获；华北地区在整个8月份均可播种，9月中旬至10月下旬收获。长江流域在8月下旬至9月上旬播种，播后30～40 d分批采收，秋菠菜播种后因温度有利于叶原基的分化，基生叶数量多(25片左右)，同时生长期日均温约20 ℃，最适宜叶面积扩展和叶重增长。加之播后30 d左右花芽分化，其后温度渐低，日照缩短，抽薹很慢，因此秋菠菜在全年各茬次中产量最高，品质最好。

(3)越冬菠菜　秋季播种，以幼苗越冬，翌春收获，对解决蔬菜春淡季有重要作用。当地日平均气温达 17～19 ℃时为播种适期。长江流域选用晚熟和不易抽薹的品种于 10 月下旬至 11 月上旬播种，翌春收获；华北地区于 9 月中下旬播种，翌年 3 月下旬至 4 月下旬收获。

(4)埋头菠菜　埋头菠菜是以萌动种子在露地越冬，翌春发芽生长，继越冬菠菜之后供应。播期应选择播种后不久土壤即封冻。播种过早，冬前种子发芽出土，幼苗过小难以越冬；播种太晚，土壤已封冻，播种质量差，翌春出苗不齐缺苗多。一般当日均气温下降至 3～4 ℃时播种较宜。据此，华北、西北及东北地区 11～12 月份播种，翌年 4 月下旬至 5 月底收获。

(5)夏菠菜　春末播种，夏季收获。一般 5～6 月份播种，7～8 月份收获。此期已处于高温长日照，叶原基分化虽快，但花芽分化及抽薹也快，是全年叶片生长期最短的一茬。同时温度高，叶面积扩展慢，叶重小，产量低，品质差。

14.3.4　栽培技术原理与措施

14.3.4.1　越冬菠菜栽培技术

越冬菠菜在各茬次中栽培面积最大，技术性最强。生产上主要存在减少越冬死苗、提早上市期、延迟抽薹开花及提高产量、改善品质等问题。需围绕上述核心关键，采取针对性措施。

1)整地施肥

越冬菠菜宜选择保水保肥力强的“夜潮土”，其地下水位高、土壤湿润、冬季地温变化幅度小，早春幼苗返青后可以少浇水，地温升高较快，利于幼苗越冬及早春返青后迅速生长。要深耕细耙，精细整地，保证土壤细碎，以防地块“透风”，造成越冬死苗。一般中国北方多采用平畦栽培，南方多采用高畦。

越冬菠菜生长期达 180 d 左右，要施足基肥，保证根系发育良好，提高幼苗耐寒力，降低越冬死苗率。同时营养充足返青后营养生长快于生殖生长，能延迟抽薹，提高产量。在三要素俱全的前提下，应以氮肥为主。每生产 1 000 kg 菠菜，吸收三要素量为氮 400 g、磷 200 g、钾 300～500 g。

2)适期播种

越冬菠菜应选用抗寒力强的品种，并用秋播采种的种子。菠菜幼苗冬季停止生长时，有 5～6 片真叶，主根长 10 cm 左右就可以安全越冬。播种过晚，冬季停止生长时只有 1～2 片小叶和短而小的根系，经冬季土壤冻融交替易干枯死亡；播种过早，冬前已达采收状态，越冬时外叶枯黄，抗寒力降低，死苗率提高，且返青迟缓，早春根系吸水速度低于叶面蒸腾耗水，外叶继续干枯，影响产量。因此，适期播种尤为重要。东北地区 9 月初、华北地区 9 月中下旬播种较宜。

越冬菠菜播种量较大，每公顷 60～180 kg。播种方法有撒播和条播 2 种。冬季较暖、越冬较安全的地区多用撒播，播后浇水，或浸种湿播。东北、华北北部等冬季严寒，越冬易死苗的地区多采用条播。行距 10～15 cm，播种深度 2～3 cm，播后浇水。条播种子覆土较厚，且深浅一致，较撒播法更利于培养生长健壮，抗寒能力较强的幼苗。此外，冬季寒冷地区或播种期稍晚时，可适当加大播种量以提高安全系数，每公顷为 150～180 kg。

3)田间管理

(1)冬前幼苗生长期　此期依地区不同为 50～60 d。管理的重点是培养抗寒力强，能安全越冬，翌春能旺盛生长的壮苗。播种后必须保证出苗所需水分；出苗后在不影响幼苗正常生长的前提下，适当控制浇水，促进根系扩展；2 片真叶后，可随浇水追施速效氮肥，以满足幼苗快速生长所需。

(2)越冬期　管理的中心工作是防寒保温保墒,防止越冬死苗。首先地封冻前设立风障,可防寒保温,提早采收。但不可立风障过早,以免蚜虫聚集,传播病毒病。其次适时适量浇"冻水",是越冬菠菜栽培的关键。"冻水"浇得过早,幼苗继续生长,细胞中积累的营养物质不足,细胞液浓度低,抗寒力降低并易发生冻害。加之此时温度尚高,土壤不结冰,水分被蒸发,起不到冬季防寒作用,而且由于土壤裂缝,根部透风更易受冻害。因此,冬季土壤墒情差,翌春需提早浇水,势必降低地温,影响幼苗生长,同时浇水后,幼苗开始生长,耐寒力降低,遇早春降温又容易受冻。"冻水"若浇得过晚,水不易下渗,在地表形成不透气的冰层,幼苗易发生因窒息腐烂死亡的现象。浇"冻水"的具体时间因地区、气候及土壤条件等而异。我国农民的经验是:"不冻不消浇早了,光冻不消浇晚了,夜冻日消浇正好"。据此华北地区在立冬至冬至前后浇"冻水"。除掌握浇"冻水"时期外,浇"冻水"量也必须适当。浇少了土壤水分未达到饱和状态,地面易裂缝,根部受冻;浇多了,水渗不完,地面结冰,易发生冻害,且春季解冻后,地温回升慢,延迟返青期。应掌握水分充足但在短时间内可渗完为原则,沙壤土浇"冻水"后,若气温回升并持续时间较长时,应再补浇 1 次"冻水";黏壤土浇"冻水"后土壤易龟裂,可在浇水后清晨结冰时盖一层细土或干粪,防止龟裂并保墒。

(3)返青采收期　指越冬后植株恢复生长至开始采收的时期。冬末春来,土壤开始解冻,地温缓慢回升,菠菜心叶开始生长时,应选择气候趋于稳定,浇水后连续有几天晴天,耕土层已解冻,表土已干燥,菠菜心叶暗绿无光泽时浇"返青水"。浇这一水的时期和量很重要。浇早了浇多了,土壤下层尚未解冻,水不易下渗,地温下降,植株生长缓慢。浇水后植株已开始生长,耐寒力降低,若遇到春寒,土壤冻融交替,使根系局部受损,严重时甚至主根腐烂全株死亡。相反浇晚了,不能满足菠菜旺盛生长所需,同样不能增产增收。一般辽宁中北部在 4 月上旬、北京 3 月中下旬、西安 2 月上中旬左右浇"返青水"较宜。

东北、华北及西北北部地区早春时有大雪,应注意尽快清除积雪。因为此时地尚未化冻,雪融化后水分难以下渗,畦面积水或结冰,根系呼吸受到抑制,主根腐烂甚至全株死亡。昼夜温度变化使雪水冻融交替,土壤耸动,损伤根系,造成死苗。返青后,结合浇水,追施 2～3 次速效肥,肥水齐攻,加速营养生长,抑制抽薹,提高产量,提早采收。

4)采收

越冬菠菜无严格的采收标准,可视植株大小、栽培条件、市场供求等灵活掌握。既可 1 次采收完毕,也可分 2～3 次采收,分期供应。

5)主要病虫害

菠菜生长期间易发生病毒病、炭疽病、霜霉病、潜叶蝇、蚜虫、甜菜夜蛾等病虫害。

14.3.4.2　夏菠菜栽培技术要点

夏菠菜整个生长期温度由低到高,日照加长,不利于叶片分化和生长,栽培难度大,要解决好苗齐苗全、加速叶片生长等问题,主要技术关键如下。

(1)选用适宜品种　要求品种抗旱及耐热性强、生长迅速,如绍兴尖叶菠菜,广东圆叶菠菜等。

(2)低温浸种催芽　菠菜是用木桩敲破种皮进行破籽催芽的。夏菠菜宜低温浸种 10～12 h,置于 15～20 ℃下催芽。3～4 d 胚根露出后浇底水播种。

(3)加强苗期管理　夏菠菜宜高畦栽培。湿播法播种,每公顷 60～75 kg。播后可用稻草、苇帘等覆盖以降低土温，减少水分蒸发。出苗前尽量不浇水，以免土壤板结或浇水时冲散覆土，种子外露。出苗后采用喷灌，以水降低气温和地温。明渠浇灌，水量要小，水流宜缓。尽量在清晨和傍晚浇水为宜。广州郊区采用畦间开深沟，沟内保持一定深度的水层，既排灌方便，又能降低土温，不失为一种抵御高温的好方法。

(4)强化肥水管理　夏菠菜生长期短，须加强肥水管理，2～3 片真叶后施速效氮肥。因温度高，宜多次少餐，忌过多使用人粪尿及氨态氮肥，以免引起氨害。

14.4 蕹　菜

蕹菜(*Ipomoea aquatica* Forsk.)别名空心菜、藤藤菜、竹叶菜、通菜等，属旋花科(Convolvulaceae)甘薯属一年生或多年生草本植物。以嫩茎、叶为产品，可炒食或做汤，营养丰富，品味优美。蕹菜原产中国、印度，广泛分布于热带亚洲地区。中国自古栽培，西晋嵇含著《南方草木状》称蕹菜为"奇蔬"。华南、西南栽培最多，台湾地区、华中、华东次之，目前华北、东北等地区也普遍栽培。

14.4.1 生物学特性

14.4.1.1 植物学特性

蕹菜种子繁殖者主根深入土层 25 cm，无性繁殖的茎上所生不定根长达 35 cm，根再生能力强。旱生类型茎节短，茎扁圆或近圆，中空，浓绿至浅绿；水生类型茎节较长，节上易生不定根，适宜扦插繁殖。子叶对生，马蹄形，真叶互生，叶柄长，叶长卵形，基部叶心脏形或披针形，全缘，叶面光滑，浓绿或浅绿，具叶柄。花腋生，花冠漏斗状，完全花，白色或浅紫色。蒴果卵形，内有种子 2～4 粒，种子近圆形，皮厚，坚硬，黑褐色，千粒重 32～37 g。

14.4.1.2 生长发育周期

蕹菜生育周期持续时间因产地环境和栽培季节而存在明显的差异，整个生育过程可分为以下 4 个阶段。

(1)萌芽期　自种子萌动至 2 片子叶完全展开。出苗过程中幼苗主要依赖于种子自身的贮藏养分生长，当种子出土、子叶展开变绿后逐渐转为外源性营养。

(2)幼苗期　子叶展开至主茎开始分枝时为止。幼苗依据自身的光合产物和同化物生长从事根茎叶等营养器官的生长，但生长速度缓慢。

(3)发棵期　自茎开始产生分枝到茎顶端初现花蕾为止。本时期茎节明显伸长，株高显著增加，属植株的营养生长最旺盛时期，也是产量形成的主要时期。

(4)开花结实期　自茎顶端初现花蕾至种子成熟止。植株生长中心逐渐转向以生殖生长为主，完成开花和结实。

14.4.1.3 对环境条件的要求

(1)温度　种子 15 ℃左右开始发芽；子叶展开至 4～5 片真叶为幼苗期，适温为 20～25 ℃；蔓叶生长适温为 25～35 ℃，能耐 35～40 ℃高温，15 ℃以下蔓叶生长缓慢，10 ℃以下蔓叶停止生长。蕹菜性喜高温，不耐霜冻，遇霜茎叶即枯死。

(2)光照　蕹菜喜日照充足，但对光照条件要求不严格。开花结籽要求短日照和充足光照。不同类型及品种，对短日照的反应不同。子蕹适应范围广，南方一般在 8～9 月份开始开花结籽，而在北方日照过长之地，则不易开花结实。藤蕹对短日照要求严格，长江流域，甚至广州也不能开花结籽，大多无性繁殖。

(3)水分　蕹菜喜较高的空气湿度及土壤湿度。空气干燥，藤蔓纤维多，不堪食用，产量降低，品质变劣。

(4)土壤及营养　对土壤要求不严格，但喜肥喜水，宜选择黏重、保水保肥力强的土壤。蕹菜生长迅速，需肥量大，耐肥力强，尤其对氮肥需求量大。

14.4.2　类型与品种

蕹菜依其结实与否分为子蕹与藤蕹 2 种类型；按对水的适应性又分为旱蕹和水蕹。旱蕹品种适于旱地栽培，味较浓，质地致密，产量较低。水蕹适于浅水或深水栽培(有些品种也可在旱地栽培)，茎叶较粗大，质脆嫩，产量较高。

14.4.2.1　子蕹

子蕹用种子繁殖，也可用无性繁殖。生长势旺盛，茎较粗，叶片大，叶色浅绿，夏秋开花结籽，是主要栽培类型，依据其花色又可分为以下 2 类。

(1)白花子蕹　花白色，茎秆绿白色，叶长卵形，基部为心脏形。适应范围广，品质脆嫩，产量高，栽培面积大。代表性品种有广州的早熟大骨青、大鸡白、白壳、剑叶，杭州的白花子蕹等。

(2)紫花子蕹　茎秆、叶背、叶脉、叶柄、花萼等均带紫色，花呈淡紫色。湖南、湖北、广西等地农家品种资源较多。

14.4.2.2　藤蕹

一般很少开花结籽，需扦插繁殖。品质较子蕹好，生育期更长，产量更高。以水田或沼泽栽培居多，也可旱地栽培。代表性品种有广州的细通菜、丝蕹，四川的大蕹菜，广西的博白小叶尖等。

14.4.3　栽培季节与茬口安排

蕹菜一般春暖开始播种及栽苗，多次采摘，陆续供应。繁殖方法及地区不同，播种期也不同。采用设施栽培提早育苗，可延长生长期和采收期。一般播后 40 d 即可采收，既可密播间拔采收，又可连续采收嫩梢。按繁殖方法不同又分为以下 2 种类型。

(1)种子繁殖类型　长江中下游地区露地栽培 4～7 月份可分期播种，尽量早播；四川地区 3 月中下旬即可播种；广州冬季温暖，早熟品种 1 月份播种，中晚熟品种 2～3 月份播种，排开种植，延长供应期；华北地区 4 月下旬、东北地区 5 月中旬可露地直播。

(2)无性繁殖类型　无性繁殖可用藤蔓育苗或直接栽插。四川地区 2 月份温床催芽，3 月份露地育苗，4 月下旬定植于露地；湖南 4 月下旬扦插繁殖；广西地区较温暖，可提前至 3 月下旬扦插，当 6～7 月份植株衰老时再扦插 1 次，可连续采收至 10～11 月份。

14.4.4　栽培技术原理与措施

1)整地施肥

蕹菜栽植方式不同，选地整地方式也各异。旱地栽植的宜选择湿润而肥沃的低洼地，精细整地作畦；水田栽植的宜选择排灌方便、向阳、肥沃、烂泥层浅的地块，深犁、细耙、整平，施足堆肥或人粪尿并土肥混匀;浮水栽植要充分利用烂泥厚而肥沃的深水塘或河浜栽培。

2)播种和育苗

蕹菜早春播种的常采用密播间拔采收的方法,可撒播或条播,用种量每公顷 225～300 kg。随播种期延迟,播种量减至 75～150 kg,间拔次数减少。一般早播的多撒播,迟播的可条播。条播要先在畦面上横划出一条条深 2～3 cm 的小沟,沟距 15 cm 左右,然后将种子均匀播于沟内。播后可用细齿浅耙,使泥土盖严种子,保温保湿,以利发芽。

为提早定植,蕹菜也常采用设施育苗。由于种子皮厚而硬,早春气温低,出芽缓慢,遇低温多雨天气,易烂种,因此播前一天可浸种催芽,先用 40～45 ℃的温水浸种 2 h,然后用布袋或麻包袋包好保持湿度催芽播种。齐苗后,在无风晴天中午温度较高时棚室放小风,并适当通风保温,减少烂根倒苗。苗期视情况可追施粪稀水 1～2 次,苗高 15～18 cm 时即可定植。

无性繁殖的也有育苗和直播 2 种方法。重庆市多用藤蔓育苗,一般在 2 月中下旬开窖取出种藤,先在 25 ℃左右的温床催芽。苗高 10～15 cm 时扦插于背风向阳、泥脚浅的水田,以进一步扩大繁殖系数,然后再扦插于本田。1 hm^2 育苗用水田可种 1 000 hm^2 本田。湖南长沙常采用直接扦插法,将去年留好的藤蔓直接栽于本田,待新发出的侧枝长达 30～35 cm 时即可压蔓,以使其再生新根,促发新苗。以后经常压蔓,直至布满全田,分期采收上市。与重庆、长沙等地不同,湖南其他地方多利用前一年的宿根长出新侧芽定植于旱地。

3)栽植

蕹菜栽植方式常见以下 3 种。

(1)旱地栽培　旱地栽培可在苗高 15～20 cm 时按株行距各 15 cm 左右定植。

(2)水田栽植　水田栽植可将高 20 cm 左右扦插苗按苗距 25 cm 左右,斜插入土 2～3 节,叶露出水面,以利生根。若用子蕹育苗移植水田,则按株行距 20～25 cm 定植,注意将根小心地植入水田,不可硬压入泥,以免断根或根系弯曲,造成缓苗困难或死苗。

(3)浮水栽植　将大小一致的蕹菜种秧按 15～20 cm 距离编在辫形藤篾或稻草绳、棕绳上,漂浮于水面,两端固定在塘边的木桩上,并留有余地,以便因水面升降而上下浮动。为便于采收,绳间行距设置为大小行,大行 100 cm,小行 33 cm。此法栽植蕹菜嫩梢肥美,品质好。但因施肥不便,产量不高。

4)田间管理

蕹菜的管理原则是早栽植、多施肥、勤采摘。旱地栽培蕹菜应经常保持土壤呈湿润状态。直播出苗,移栽或扦插成活后,结合中耕除草,每公顷施 22 500～30 000 kg 人粪尿,以后每隔 5～7 d 浇 1 次清水,2 次清水加 1 次粪稀水。直播者 45～60 d 即可采收,扦插的 35～40 d 可采收嫩梢。每次采收后 2～3 d 伤口愈合,追施 1 次粪稀水,促进分枝生长,提高产量,改善品质。蕹菜封垄前气温低时要进行中耕除草,封垄后及时拔除田间杂草。进入夏季,要勤浇水,浇大水,并结合追施氮、磷、钾复合肥。

水田栽培蕹菜,定植后温度尚低,应维持 3～4 cm 的浅水,提高地温,加速生长;进入旺盛生长期,气温升高,生长加快,藤叶茂密,蒸腾作用强,水分消耗大,宜维持 10 cm 左右深水层,以满足蕹菜对水分的要求,同时还可降低过高的土温。施肥以氮肥为主,每采收 1 次必须及时追肥,以补充营养。否则脱肥,不但影响产量,而且降低品质。追肥应根据生长期先淡后浓,最大浓度为 40%～50%。

5)采收

种子直播的蕹菜,主蔓基部能同时抽生 2 个侧蔓,第一次采摘时应将主蔓齐基部摘下,留 2 个侧蔓生长。扦插的蕹菜第一次采摘留基部 2～3 节,基部叶节不能留得过多,否则嫩梢细弱,品质差,应使其从叶腋间抽生分枝,经 7～10 d 分枝长 28～30 cm 时又留 2～3 节采摘上部嫩梢,如此不断采摘至霜降。

6)主要病虫害

主要病害有白锈病、轮纹病、炭疽病、叶斑病、病毒病、猝倒病和立枯病等,主要虫害有甘薯麦蛾、斜纹夜蛾、蜗牛、蚱蜢、红蜘蛛、菜青虫、蚜虫等。

14.5 其他叶类蔬菜

14.5.1 芫荽

芫荽(*Coriandrum sativum* L.)别名香菜、胡荽、香荽等,属伞形花科(Umbelliferae)芫荽属一年生草本植物。芫荽是我国的传统蔬菜,以叶及嫩茎、根为菜肴或调料,原产地中海沿岸,汉武帝时张骞出使西域于公元前 119 年引入中国,《齐民要术》(公元 533—544 年)中已有栽培技术及腌制方法的记载。现在我国南北方栽培很普遍。芫荽具有特殊的味道,是重要的香辛蔬菜之一,可作为调味品或腌渍之用,也可装饰拼盘。果实入药有祛风、健胃及祛痰之功效。芫荽中胡萝卜素含量在蔬菜中居首位,钙和铁含量也很高。

14.5.1.1 生物学特性

芫荽主根较粗大,根出叶丛生,1～3 回羽状全裂单叶,叶柄绿色或淡紫色。复伞形花序,花白色,花瓣及雄蕊各 5 枚,子房下位。双悬果,内有 2 粒种子,千粒重 2～3 g。

芫荽喜冷凉,生长适温 15～18 ℃,超过 20 ℃生长缓慢,30 ℃以上停止生长。芫荽耐寒性很强,能耐－12～－1 ℃低温。属长日性作物,12 h 以上的长日照能促进发育。对土壤要求不是很严格,但在保水性强、有机质含量高的土壤中生长良好。

芫荽有大叶品种和小叶品种。大叶品种植株较高,叶片大,缺刻少而浅,产量较高,代表性品种有山东大叶香菜、阳原秋香菜等;小叶品种植株较矮,叶片小,缺刻深,耐寒,适应性强,但产量稍低,代表性品种有北京芫荽、宜昌紫花芫荽等。

14.5.1.2 栽培技术要点

芫荽耐寒性比芹菜强,其他生活条件与芹菜相近。芫荽的适应性较强,营养生长期的植株既可度过酷暑,也能在简易覆盖条件下,经过长时期的严寒。中国南方可成株露地越冬,北方可长时间贮藏。一年内可排开播种,但露地主要栽培季节为春、秋 2 季,设施保护下可周年供应。华北地区秋播在 7 月中下旬至 8 月份播种,9 月下旬开始收获直到入冬;越冬栽培 9～11 月初播种,翌年 3 月中下旬至 5 月份分期收获;春播在 3～4 月份播种,5～6 月份收获。东北地区 4～8 月份可随时播种。长江流域秋播在 8～11 月份陆续播种,春播于 3～4 月份进行,40～50 d 即可采收。

芫荽多直播,播前结合整地施足有机肥,耙平后作平畦。播种用果实先搓开,使种子分离,种子处理法同芹菜。平畦条播者开沟深约 2 cm,播后覆土镇压浇水;撒播者先搂平畦面,充分灌水，待水渗透后，畦面撒一层薄土，然后播种覆土。每公顷播种量为 22.5～30 kg。播后保持土壤湿润，7～8 d 幼苗出土，苗高 3～4 cm 中耕除草，及时间苗，株行距 6～8 cm。芫荽生长期短，生长快，追肥宜早，一般苗高 2 cm 左右随水追施速效氮肥提苗速长。若追稀粪，注意操作不当易烧心。植株封地后，加大浇水量，同时追肥 1～2 次。播种后 50～60 d，最大叶长 30～40 cm 时收获。

芫荽越冬栽培又称根茬香菜，北方地区加设风障，封冻前结合灌冬水追施人粪尿 1～2 次，并在畦面覆盖干草、碎马粪等，既可安全越冬又能提早收获。南方不加防寒设备即可露地越冬。春芫荽不宜播种过早，以免早期抽薹。秋芫荽除正常收获供应外，也可采收后假植贮藏，供应冬季和翌春市场。

14.5.2 茼蒿

茼蒿（*Chrysanthemum coronarium* L.）又名蓬蒿、春菊、蒿子秆等，属菊科（Compositae）菊属一、二年生草本植物。以嫩茎叶为食的栽培种，有特殊气味，营养丰富，且有清血、养心、降压、润肺、清痰之功效。茼蒿原产地中海，中国已有 900 年的栽培历史，南北各地均普遍栽培。

14.5.2.1 生物学特性

茼蒿浅根系，须根多。茎直立，营养生长期茎高 20～30 cm；春季抽薹开花，茎高 60～90 cm。根出叶，无叶柄，叶厚肉多，叶互生，2 回羽状深裂。头状花序，花黄色。瘦果，褐色，千粒重 1.8～2 g。

茼蒿喜冷凉，不耐高温。在 10～30 ℃温度范围内均能生长，以 17～20 ℃最适，12 ℃以下生长缓慢，29 ℃以上生长不良。种子 10 ℃时即能发芽，以 15～20 ℃最宜。对土壤要求不严格，但以湿润的沙壤土、pH 5.5～6.8 最好。

依叶的大小茼蒿可分大叶茼蒿和小叶茼蒿 2 类。大叶茼蒿又称为板叶茼蒿或圆叶茼蒿，叶片大而肥厚，缺刻少而浅，呈匙形，绿色，有蜡粉。茎短，节密而粗，淡绿色，质地柔嫩，纤维少，品质好。较耐热，但耐寒性稍差，生长慢，成熟略晚，如上海圆叶茼蒿、大圆叶等。小叶茼蒿又称花叶茼蒿、细叶茼蒿。株高 18～20 cm，叶狭小，叶片长椭圆形，缺刻多而深，3 回羽状深裂，绿色，叶肉较薄，叶呈匙形，香味浓，嫩枝细，生长快，品质较差。抗寒性强，但不太耐热，成熟稍早。主要品种有上海细叶茼蒿、北京蒿子秆等。

14.5.2.2 栽培技术要点

北京地区春、夏、秋均可露地栽培，但夏季栽培产量低，品质差，种植少。春播一般在 3～4 月份播种；秋播在 8～9 月份可分期播种。冬季可进行设施栽培，南方除炎夏外，冬、春、秋都可栽培。尤以秋播生长期长，产量高。长江流域春播从 2 月下旬到 4 月上旬，秋播从 8 月下旬到 10 月下旬，其中 9 月下旬栽培最宜。10 月下旬播种的可在翌年早春收获。广州地区从当年 9 月份至翌年 1～2 月份可随时播种，一般由播种到采收需 30～70 d。

茼蒿多直播。分为平畦撒播和条播，条播行距 10 cm 左右用种量为每公顷 22.5～30 kg。撒播每公顷播种量高达 60～75 kg。适当密播，生长快，产量高。茼蒿植株小，生长期短，适宜与其他蔬菜间、套作。如春季与茄果类、瓜类套作，或秋季白菜、萝卜等套作，能充分利用土地和空间，提高复种指数，增产增收。

秋茼蒿播种后，出土前每天浇水，保持土壤湿润。播种后 6～7 d 可出齐苗。1～2 片叶时间苗，行株距 4～5 cm，生长期间始终保持土壤湿润。春茼蒿幼苗刚出土后要适当控水，以防猝倒病发生。株高 10 cm 左右，分期追施速效性氮肥。幼苗出土后 35～45 d，苗高 14～16 cm，可选大株分期分批采收。若采收嫩梢，每次采收后需浇水追肥，促使侧枝再生。春茼蒿容易抽薹，应在抽薹前及时采收。

14.5.3 番杏

番杏(*Tetragonia expansa* Murray.)别名夏菠菜、洋菠菜、新西兰菠菜等，属番杏科(Ficoidaceae)番杏属一年生半蔓性草本植物。以肥厚多汁的嫩茎叶供食，凉拌、炒食、做汤皆宜。味淡清香。因含一定量的单宁，食用前须先经开水煮透去涩后再食用。番杏原产澳大利亚、东南亚和智利等地。中国于 1946 年在南京引种栽培，生长良好，现南北各地均有栽培。

14.5.3.1 生物学特性

根系发达，直根深入土中。茎横切圆形，绿色，半蔓性，初期直立生长，后期匍匐地面蔓生。叶三角形，互生，绿色，叶面密布银色细粉，每一叶腋都能抽生侧枝。夏秋间叶腋着生黄色花，不具花瓣，花被钟状 4 裂，坚果、菱角形，每果含种子数粒，千粒重 83～100 g。

番杏既耐高温，又能忍受一定的低温。适应性强，在强、弱光下都能生长良好。但干旱环境下生长不良，质量降低。宜选择肥沃的壤土和沙壤土。生长期间以氮肥为主，其次是钾肥、磷肥。

14.5.3.2 栽培技术要点

(1)整地施肥　番杏整地、施基肥和作畦等，可参照普通菠菜。但番杏生长期长，应重施基肥，除施足腐熟有机肥外，最好每公顷施入草木灰 750 kg。

(2)精细播种　番杏虽可育苗移栽，但根系再生能力弱，定植后缓苗慢，故一般多直播。同菠菜类似，播种材料也为果实，果实坚硬渗水性差，若不经处理，发芽时间太长。播前 25～30 ℃温水浸泡 24 h。以点播法为主，株行距 30 cm×50 cm，开 2～3 cm 深的穴，每公顷播种 5～6 粒，播后浇透水，加盖稻草保湿保温。

(3)肥水及其他管理　出苗后做好间苗、中耕、除草、浇水、施肥等工作。每次采收后，及时浇水，保持土壤湿润。每采收 1 次，追施尿素每公顷 75～90 kg。视土壤、天气及植株状况，生长期再追肥 2～3 次。

(4)采收　随植株生长，可陆续采收嫩梢。当苗 4～5 片真叶时，即可间拔采收；采收与豌豆尖采收相类似。夏、秋季节在肥水充足条件下，10～15 d 可采摘 1 次，一直可采收到霜降。注意每次采收后应及时追肥浇水。

14.5.4 落葵

落葵(*Basella* sp.)别名木耳菜、软浆叶、软姜子、藤菜、胭脂菜、豆腐菜等，属落葵科(Basellaceae)落葵属一年生蔓生、缠绕性草本植物。落葵原产中国和印度，非洲栽培也较多。中国早在 2 000 年前的《尔雅》中即有落葵的记载，现南北各地皆有栽培。落葵以嫩茎叶供食用，可炒食或做汤，质地滑嫩多汁，也是南方地区夏季供应的重要绿叶蔬菜之一。

14.5.4.1 生物学特性

落葵根系发达，具缠绕性的肉质茎，分枝性强，绿色或淡紫色。单叶互生，叶近圆形或卵圆形，先端钝或微凹、肉质、光滑、绿或紫红色。穗状花序，腋生，两性花。白色或紫红色。果圆形或卵形，老熟后紫红色，内含种子 1 粒，种皮紫黑色，千粒重 25 g 左右。

落葵喜温暖，耐高温高湿。种子在15 ℃以上开始发芽，最适发芽温度为28 ℃。生育适温25～30 ℃，15 ℃以下生长不良，在夏季高温多雨季节生长良好，不耐寒，遇霜枯死。属短日照作物，喜光又耐弱光。适宜肥沃疏松 pH 4.7～7 的沙壤土。

落葵分为青梗落葵（*B. alba* Linn.）和红梗落葵（*B. rubra* Linn.）2 种。青梗落葵也称白花落葵，茎、叶绿色，花白色。红梗落葵又称红花落葵、红落葵等，茎、叶、花均为紫红色。落葵品种较少，各地栽培品种基本类似。

14.5.4.2 栽培技术要点

落葵自春季至初夏均可陆续播种，但以春播为主。采用温室、大棚等保温设施栽培，播种期可提早到2～3月份或推迟到10～11月份，基本可做到周年生产，均衡供应。落葵根据采收食用部位不同，又分为支架栽培采叶为主和无支架栽培采收嫩梢为主2种方式。

落葵可撒播或条播，每公顷用种量为90～135 kg。春播干种子发芽慢，可在25～30 ℃水中浸种24～36 h，30 ℃下催芽后播种；夏播3～5 d即出芽，不必浸种。播种后盖堆肥或细土，并重施种肥。出苗后要及时中耕除草，保持土壤湿润。每次采收后要及时追肥，宜前轻、中多、后重。

落葵苗高28～30 cm时，即可基部留3～4片叶，采收嫩梢，可连续采收3～5次。生长旺盛期选留4～6个强壮侧芽成梢，中后期及早抹去花茎幼蕾，保证梢肥茎壮，产量高，品质好。连续采收嫩叶的，当苗高33 cm左右时搭人字架或网形架，及时引蔓攀缘，陆续采收。

14.5.5 苋菜

苋菜（*Amaranthus mangostanus* L.）别名苋、米苋，属苋科（Amaranthaceae）苋属中的一年生草本植物。炒食或做汤，全株可入药。苋菜以嫩梢为产品，钙含量排在荠菜、榨菜之后的第3位，铁含量也较菠菜高1倍，是营养与保健俱佳的蔬菜。世界各地均有苋属植物的分布，中国有苋属的13个种，但少数栽培种主要分布于中国和印度。中国自古栽培苋菜，现南北各地均有分布。

14.5.5.1 生物学特性

苋菜根较发达，分布深广。茎肥大而质脆，高80～200 cm，分枝少。叶互生，全缘，先端尖或钝圆，有披针形、长卵形或卵圆形，叶平滑或皱缩，长4～10 cm，宽2～7 cm，有绿色、黄绿、紫红或绿色与紫红色嵌镶。穗状花序，花极小，顶生或腋生，花被片膜质，3片。雄蕊3枚，雌蕊柱头2～3个。种子圆形，紫黑色有光泽，种子极小，千粒重0.7 g。

苋菜喜温暖，较耐热，不耐寒冷。生长适温23～27 ℃，20 ℃以下生长缓慢，10 ℃以下种子发芽困难。属短日性蔬菜，在高温短日照条件下，易抽薹开花。苋菜不择土壤，但以偏碱性土壤生长较好。具有一定的抗旱能力，不耐涝，对空气湿度要求不严。

苋菜依叶片颜色不同可分为以下3种类型。

（1）绿苋　叶绿或黄绿色，耐热性强，质地较硬。代表性品种有广州的高脚尖叶、柳叶矮脚圆叶、犁头叶、大芙蓉，杭州的尖叶青、白米苋，南京的木耳苋菜、秋不老等。

（2）红苋　叶片紫红色，耐热性中等，质地较软。代表性品种有重庆的大红袍、广州的红苋及昆明的红苋菜等。

（3）彩色苋　叶缘绿色，叶的中心或叶部有红色、紫红色斑块，叶脉附近紫红色，耐热性较差，质地软。代表性品种有上海的尖叶、红米苋及广州的尖叶花红等。

14.5.5.2 栽培技术要点

苋菜春、秋均可栽培，春播抽蕾开花较迟，品质柔嫩；夏秋播较易抽薹开花，品质粗老。长江中下游春播为 3 月下旬至 8 月上旬，5 月上旬至 7 月上旬收获；秋播 7 月下旬至 8 月上旬，8 月下旬至 9 月下旬收获。华南地区 2～8 月份播种，4～9 月份收获。华北及西北地区 4 月下旬至 9 月上旬播种，5 月下旬至 10 月上旬采收。此外苋菜作为设施栽培中良好的间作蔬菜，在各地广为栽培。

栽培苋菜宜选地势平坦、排灌方便、杂草少的地块。精细整地作畦，撒播。每公顷用种量 15～60 kg，随播种时温度提高而减少。播种至出苗，春季 8～12 d，夏秋季 4～6 d。幼苗 2 片真叶时第一次追肥，12～15 d 后第二次追肥，第一次采收后第三次追肥，以后每采 1 次，均施以氮肥为主的稀薄液肥。苗期注意浇水、间苗和除草，播种后 40～45 d，苗高 10～12 cm，5～6 片叶时即可陆续间拔采收。

14.5.6 紫苏

紫苏[*Perilla frutescens* (L.) Britt.]别名荏、赤苏等，属唇形科(Libiatae)紫苏属一年生草本植物。紫苏茎叶中的挥发油成分丰富，内含紫苏醛、紫苏醇、薄荷酮、薄荷醇、丁香油酚及白苏烯酮等，具特异芳香和杀菌防腐作用。主要以嫩叶为蔬菜产品，可生食或做汤；嫩梢可腌渍，根、茎、花萼及果实均可入药，有散寒、理气及解鱼蟹毒的作用。紫苏的汁液可供糕点、梅酱等食品染色之用，是天然色素原料，为很有发展前景的生食、配料、装饰和外销蔬菜。紫苏原产中国，主要分布在东南亚各国，中国华北、华中、华南、西南及台湾地区有野生或栽培种。

14.5.6.1 生物学特性

须根系，株高 100 cm 左右，茎断面四棱形，密生细柔毛。叶交互相对着生，绿紫或紫色，卵圆或广卵圆形，顶端锐尖，基部圆形或广楔形，边缘粗锯齿状，密生细毛，叶柄长 3～5 cm。总状花序，顶生或腋生，花萼钟状，花冠管状，紫或淡红色。坚果，灰褐色，近球形或卵形，千粒重为 0.89 g。

紫苏喜温暖湿润气候，8 ℃以上即能发芽，适宜发芽温度 18～23 ℃，开花期适温为 26～28 ℃。属短日照蔬菜，秋季开花结实。产品器官形成时不耐干旱，空气过于干燥，茎叶粗硬，纤维多，品质差。对土壤适应性较广，土壤宜保持湿润，肥料以氮肥为主。

紫苏包括皱叶紫苏变种(var. *crispa* Deane，又称回回苏、鸡冠紫苏)和尖叶紫苏变种(var. *acuta* (Thunb) Kudo，又名野生紫苏)。各地以皱叶紫苏栽培较多，除食用外，还具有观赏价值。此外，依叶色不同，紫苏可分为赤紫苏、皱叶紫苏和青紫苏；依熟性可分为早、中、晚熟；按利用方式分芽紫苏、叶紫苏和穗紫苏。

14.5.6.2 栽培技术要点

露地栽培一般 3～4 月份育苗，4～5 月份定植，6～9 月份采收，至抽薹为止。设施栽培春提前至 1～2 月份播种育苗，2～3 月份定植，4～6 月份供应；秋延后至 8～9 月份播种，9～10 月份定植，11 月份至翌年 1 月份供应。

精细整地，撒播，每公顷需种量 10 kg 左右。播后踏实，不覆土，喷水后盖地膜，出水后及时揭膜。间苗 2 次，定苗株行距为 25～30 cm。生长期间适当浇水，追速效氮肥 2～3 次。幼苗供食，播后 30～35 d 采收；陆续采收叶片的，播后 40～50 d 开始采摘。

14.5.7 薄荷

薄荷(*Mentha arvensis* L. var. *piperascens* Holmen)别名蕃荷菜,为唇形科(Labiatae)薄荷属多年生宿根草本植物。以嫩梢供食用,具解热、除腥去膻等功效。茎叶的薄荷油($G_0H_{20}O$)具浓烈清凉香味,其主要成分为占70%~90%的薄荷醇及占10%~20%的薄荷酮及薄荷霜($C_{16}H_{18}O$)、樟脑萜、柠檬萜等。薄荷还兼具发汗、祛风、清暑、化痰、止痛、止呕吐及杀菌等功效,可入药或可作为口香糖、冰棒、牙膏、香皂等的添加剂而广为应用。薄荷原产于北温带,俄罗斯、日本、英国、美国分布较多,中国各地均有栽培。

14.5.7.1 生物学特性

植株高40~100 cm,茎四棱,地上茎赤色或青色,地下匍匐茎白色。叶对生,呈卵形或长卵形,叶缘锯齿状。茎及叶柄倒生茸毛。花浅紫色,极小,唇形,集生于叶腋。有雄蕊4枚、雌蕊1枚。种子极小、黄色。菜用薄荷因常采嫩尖,一般不开花结籽。

薄荷耐热又耐寒,喜湿却不耐涝。性较耐阴,宜种植于背阴处或果园间作。对土壤要求不严,但要高产应选择肥沃的沙质壤土或冲积土,肥料以氮为主,磷、钾次之。

薄荷分为长花梗和短花梗2个类型。长花梗类型花梗很长,常高出全株之上,欧美栽培较多,主要品种有绿薄荷、姬薄荷、西洋薄荷等。短花梗类型花梗极短,轮伞花序,中国栽培较多,主要品种有赤茎圆叶、青茎圆叶及青茎柳叶等。

14.5.7.2 栽培技术要点

薄荷一般在无霜冻的季节都可栽培,露地栽植1次可收2~3年,保护设施条件下周年均可生产。薄荷既可用种子繁殖,又可用根茎繁殖、插枝繁殖、分株繁殖等无性繁殖方式。其中尤以分株繁殖法简便易行而广为应用。

选择无病虫害的健壮母株,其匍匐茎与地面紧密接触,待茎节处产生不定根后,将每一节剪开,每一分株即一株幼苗。按株行距35 cm×50 cm栽植,每穴1株。栽后保持土壤湿润,及时中耕除草。花期要避免旱、涝,以防薄荷油产量下降。一般当主茎高20 cm左右时,开始采收嫩茎叶,每次采摘后都要追肥,促进新枝梢发生。南方地区一年四季均可采摘,而以4~8月份产量最高,品质最佳。北方地区应用设施栽培,也可周年生产,均衡供应。

思考题

1. 绿叶类蔬菜包括哪些种类?其生长发育与栽培学共性有哪些?
2. 日光温室秋冬茬芹菜育苗时应注意哪些问题?
3. 莴苣有哪些类型?各有何特点?
4. 莴苣秋季栽培的技术要求有哪些?
5. 露地越冬菠菜栽培技术要点有哪些?
6. 莴岂、芹菜常见生理性病害有哪些?
7. 芫荽、茼蒿、落葵、番杏等栽培技术要点有哪些?

15

CHAPTER

豆类蔬菜栽培

豆类蔬菜均为豆科(Leguminosae)一、二年生草本植物，主要包括菜豆属(菜豆、多花菜豆、大莱豆、小莱豆)、豇豆属(长豇豆、矮豇豆)、豌豆属(豌豆)、蚕豆属(蚕豆)、扁豆属(扁豆)、刀豆属(直立刀豆)、大豆属(毛豆)、藜豆属(藜豆)和四棱豆属(四棱豆)等。豆类蔬菜的栽培遍及世界各地，亚洲的种植面积最大。在中国的栽培历史悠久，种类多，分布广。北方普遍栽培的主要有菜豆和豇豆，其次为豌豆、蚕豆、毛豆和扁豆。其他豆类多分布于南方。豆类蔬菜的露地栽培和保护地栽培对蔬菜的周年均衡供应发挥了重要作用。

豆类蔬菜以嫩豆荚和鲜豆粒供食用，风味鲜美独特，营养价值高，富含矿物质和维生素、蛋白质、脂肪和糖类。产品还可以速冻冷藏、制罐头、腌制、脱水干制等。豆类蔬菜还可利用种子生产芽菜，如传统的豆芽菜(绿豆芽、黄豆芽、蚕豆芽)及芽苗菜(豌豆苗、豌豆尖)等。

15.1 菜　豆

菜豆(*Phaseolus vulgaris* L.)又名芸豆、豆角、四季豆、玉豆、京豆等，属豆科菜豆属一年生草本植物。其矮生品种又叫矮生菜豆、地芸豆、地油豆等，蔓生品种又叫蔓生菜豆、架芸豆、架豆，是我国主要的栽培豆类之一，嫩荚及老熟种子均含有丰富的营养，可供食用，也可做成罐头。蔓生种栽培面积最大，城郊蔬菜基地多是其中的软荚种，主食嫩豆荚，菜用；粮区多是其中的硬荚种，主食豆粒，供菜食、做杂粮及饼馅之用。矮生种栽培面积小，供应期短，主要在城市近郊分布，对增加淡季蔬菜有一定作用。

15.1.1 生物学特性

15.1.1.1 植物学性状

(1)根　菜豆根系发达，分布深而广，水肥吸收能力较强，具有一定的耐旱能力。苗期菜豆根部生长速度较地上部快，分布幅度也较地上部广。子叶拱土时，主根便生出多条侧根；株高15～20 cm时，主根已有大量侧根，扩展半径可达60 cm，但多分布在表层土壤。菜豆根部有根瘤共生，可固定空气中的游离氮素，供植株生长。但根瘤菌长得慢而少，因此生产上前期需增施氮肥。菜豆须根少，再生能力弱，不耐移栽，故当菜豆育苗移栽时，最好采用营养钵、纸筒等护根育苗措施，以提高定植成活率。

(2)茎　菜豆的茎为草质茎，较为细弱。依照其生长习性，可分为有限生长和无限生长2类。无限生长类型在环境条件适宜时，茎可伸展达3 m、50～60节，自4～5节开始节间伸长，蔓性，呈左旋缠绕，侧枝发生少。有限生长类型主茎直立，高40～50 cm，茎节间短，主茎伸展4～8节后，开花封顶，每节均可抽生侧枝，至数节后，开花封顶，不再继续生长。但在异地引种时，由于光照等原因导致有限生长类型菜豆的蔓性可能会发生变化。

(3)叶　菜豆的叶分为子叶和真叶2种。子叶主要贮藏养分供幼苗生长之需，待养分消耗完，子叶干缩脱落。菜豆属子叶出土蔬菜，故播种后覆土不宜太厚，否则不易出苗。子叶出土后一般为绿色，少数品种为紫红色，或底色绿上有其他颜色的条纹。第一对真叶心脏形，单叶对生。第三片真叶以后为3片小叶组成的复叶，互生；小叶心脏形或阔卵形，个别的为宽披针形；在叶柄基部有2片舌状小托叶。

(4)花　花为蝶形花冠，总状花序，属雌雄同花的两性花。颜色有白、黄白、淡红和不同程度的紫色。为典型的自花授粉作物，天然杂交率极低。栽培时不需严格的隔离。花梗自叶腋处抽生，每花梗着花2～4对，排列成总状花序。

(5)荚　菜豆的荚果条形，直或弯曲，长10～20 cm。嫩荚绿、淡绿、紫红或紫红花斑等色，成熟时黄白至黄褐色，每荚含种子14～15粒。荚壁由外表皮、外果皮、中果皮、内果皮、内表皮组成。外表皮与外果皮联合生长不易分开。内果皮系由多层薄壁细胞组成，为嫩荚的主要食用部分。中果皮随着荚的成熟，细胞壁增厚而逐渐硬化。优良的荚用种，中果皮不硬化，内果皮肥厚，横切面近圆形。这也成为选择优良荚用菜豆的一个标准。

(6)种子　种子俗称豆粒，为无胚乳种子，形状、颜色和大小因品种而异。千粒重在300～800 g。种子寿命3～6年，生产上宜使用1～2年的新种子。

15.1.1.2　生长发育周期

(1)发芽期　从种子萌动至基生叶展开。发芽期分为发芽初期和转换期2个阶段。种子萌动后，幼根伸长、幼芽出现，下胚轴伸长至幼苗出土，这时全部养分都来自种子中的子叶，这一阶段为发芽初期。发芽期内各器官主要利用子叶贮藏的营养物质进行生长。随着幼苗生长和重量的增加，子叶内养分逐渐减少，待其养分完全消耗，子叶枯萎脱落，发芽期即结束。发芽期通常需持续10～12 d。

(2)幼苗期　从第一对真叶出现至第4～5片复叶展开(蔓生种至抽蔓前)。植株以营养生长为主，但同时花芽开始分化和发育。基生叶对幼苗生育有明显影响。基生叶受损，生长势减弱，对以后的生长也不利。幼苗期根系已开始木栓化，且已有根瘤发生。此期需20～25 d。

(3)抽蔓期　自第4～5片复叶展开至植株现蕾为抽蔓期。此期内植株生长最为迅速，节间明显伸长，并孕育花蕾。初期根瘤氮同化能力差，应施肥养蔓，但也要防止茎蔓生长过旺影响结实。此期需8～10 d。

(4)开花结荚期　从植株开花结荚到植株拉秧前的时期。该期内植株茎蔓生长与开花结荚同时进行，营养生长与生殖生长对养分竞争的矛盾最为突出，需加强养分和水分管理及良好的环境条件调控。该阶段持续时间为40～60 d。

15.1.1.3　对环境条件的要求

(1)温度　菜豆为喜温蔬菜，不耐高温和霜冻。发芽期要求适宜温度20～30 ℃，35 ℃以上和8℃以下不易发芽。幼苗生长适宜气温为15～25℃,低于13℃严重影响地上部生长,0℃受冻,高于28℃,茎叶生长明显不良,叶数减少、叶色变淡。根生长的最适地温20～25℃,地温13℃以下,幼苗不长,根少而短,基本不着生根瘤。花芽发育的适宜气温为20～25℃,若低于15℃或高于27℃(特别是连续高温和高夜温)时,花蕾发育不完全,导致落花现象。开花结荚期的适温为18～25℃,低于15℃或高于30℃均发生落花、落荚现象。

(2)光照　菜豆喜光。弱光下,植株易徒长且同化能力大幅度降低。开花结荚期若遇弱光,花蕾数、开花数和结荚数明显减少,而落蕾数增多。开花结荚期露地栽培的菜豆如遇连续2个阴天就会落花明显增加。由光照减弱造成的减产比低温的影响更为明显。因此,设施栽培需保证光照充足。

中国栽培的菜豆品种多为中光性菜豆,对日照长短要求不严格,可四季栽培。适当缩短日照时数,可使开花期提早、结荚数增多。但日照时间减少至6 h以下,开花数、结荚数和结荚率会显著降低。为使菜豆提前开花,可通过覆盖等遮阳措施适当缩短设施内的光照时间,但不能少于6 h,否则会影响产量。

(3)水分　菜豆怕涝,较耐旱。适宜土壤相对湿度为60%～70%。菜豆根系比较发达,侧根多,可从土层深层吸收水分,从而表现一定的耐旱能力。菜豆根系生长和根瘤菌活动需氧量高,表现不耐涝特性。土壤湿度过大,下部叶片黄化提早落叶,落花、落荚增加,产量大幅度下降。田间积水2 h,叶片即发生萎蔫;积水6 h,根系腐烂,植株死亡。因此设施内应通过灌、排措施控制好土壤的湿度。

菜豆在开花结荚期对空气湿度要求较严格,表现喜湿怕旱不耐高湿的特性,其适宜的空气相对湿度为60%～75%。开花时,如遇土壤干旱和空气干燥,开花数和豆荚数减少,产量降低;如遇大雨,空气湿度过高,常引起落花。结荚期高温干旱,会使嫩荚生长很慢,中果皮硬化,内果皮变薄,空腔增大,严重影响产量和品质,还易遭受蚜虫和病毒病等危害。干旱季节灌水,使土壤相对湿度达70%,有利于植株生长、根瘤形成和产量增加。土壤水分和空气湿度过大,都易引起菜豆炭疽病、疫病、根腐病流行。开花结荚期可通过喷水、通风等措施调节设施内空气相对湿度,并与控制土壤相对湿度相结合,以确保菜豆的产量与品质。

(4)土壤和营养　菜豆对土壤条件的要求较高,适于有机质多、土层深厚、排水良好的壤土或沙质壤土。黏重土、低洼湿地影响根系的吸收机能,且易发生炭疽病,甚至引起落叶而减产。菜豆适宜的pH为6.2～7.0,耐盐碱能力较弱。

菜豆根系较深,根系较发达,吸收肥水能力较强,一生中从土壤中吸收钾最多,其次为氮和钙,磷最少。在根瘤形成后,大部分氮是由根瘤菌固定空气中的氮来提供的。不过,生长初期菜豆即开始大量迅速吸收氮素,因为此时根瘤尚不发达,固氮能力还较弱。因此,氮肥宜早施,生产上可少量施用速效氮肥作种肥和提苗肥。提早追施氮肥,可以促进发秧,减少落花,增加结荚数。蔓生菜豆结荚期长,需肥量大,而且结荚中后期根瘤数量和固氮活性迅速下降,因此结荚期须追施氮肥,以防早衰。

菜豆对磷素的吸收量小于钾和氮,微量元素硼和钼对菜豆的生育和根瘤菌活动都有良好作用。幼苗期和伸蔓期,可通过叶面喷洒0.1%～0.2%硼砂或0.05%～0.1%钼酸铵补充硼或钼的不足,有利于提高菜豆产量和品质。施用有机肥可明显增加菜豆株高、叶面积和产量。

15.1.2 类型与品种

我国菜豆品种资源极为丰富，同名异物或同物异名的现象较多；依据菜豆的生长习性可分为蔓生种、半蔓生种和矮生种；依据豆荚纤维化的情况又可分为软荚种(菜用型)和硬荚种(粮用型)。

(1)蔓生种　茎蔓无限生长，节间长，长势强，4～6 节开始抽蔓。花由下而上开放，每株开花数为 80～200 朵，结荚期长，产量高，成熟期较晚，从播种至始收需 50～80 d，但收获期长，品质比较好。代表性品种有豆 9 号、津芸 2 号、双阳大花皮、红豆宽、红花皮和黄家雀蛋、78-209、长荚 988、扬白 313 等。

(2)矮生种　植株矮小，株高 30～50 cm，茎直立，基部节间短，仅 2～3 cm，上部节间稍长，主枝 4～8 节后开花封顶，属有限生长类型。开花和成熟早，从播种至始收 40～60 d，收获期短而比较集中，采收迟豆荚容易老化，且该类品种产量较低，豆荚的品质较差。代表性品种有 81-6、优胜者、供给者、江户川等。

(3)半蔓生种　半蔓生种的生长性介于蔓生和矮生之间，品种少，栽培不多。

15.1.3 栽培季节与茬口安排

菜豆在中国南北各地春、秋 2 季均可进行露地栽培，并以春播为主。北方地区利用改良地膜覆盖、小拱棚、大中拱棚以及节能日光温室等保护设施，可以进行菜豆的春提前和秋延后栽培，对菜豆的周年均衡供应起着重要作用。

菜豆忌重茬，宜和非豆科蔬菜实行 2～3 年轮作。适宜前茬为大白菜、甘蓝、黄瓜、西葫芦、马铃薯等，矮生菜豆可与玉米及多种蔬菜间作，棚室栽种的可与黄瓜、番茄、辣椒等间作。

15.1.4 栽培技术原理与措施

15.1.4.1 露地栽培

1)整地施肥

应选择排水良好、肥沃、疏松的轮作地。矮生和蔓生早熟品种宜选用沙壤土，晚熟蔓生品种可选用轻黏壤土。土壤的 pH 以微酸到中性为好，含水量以田间持水量为 60%～70%为宜。翻耕土地深度不少于 30 cm，北方多在秋收后深翻晾土。播前整细耙平，易积水需排涝地块常作深沟高畦，少雨应保墒的地区多采用平畦栽培。整地作畦的同时，施入腐熟的堆肥、厩肥作基肥，基肥中不宜过多用氮肥，防止烂种。一般用厩肥 15～35 t/hm^2 或堆肥 75 t/hm^2、混合过磷酸钙 450 kg/hm^2、草木灰 750 kg/hm^2。

2)播种

(1)播种时期　菜豆性喜温和、怕冷、不耐热。我国除无霜期很短的高寒地区为夏播秋收外，其余各地多在春、秋 2 季播种，并以春播为主。露地栽培的播期，东北在 4 月下旬至 5 月下旬；西北在 4 月上旬至 4 月下旬；华北在 4 月中旬至 5 月上旬；华东在 3 月下旬至 4 月上旬。

(2)播种方法　露地栽培菜豆以直播方式为主，也可育苗移栽；直播省工，不损伤根系，植株抗逆性好，可获得较高产量。蔓生种的行距多为 60～70 cm，株距 18～25 cm，每穴播 3～5 粒，最后留苗 2 株，密度 12 万～15 万株/hm^2，用种量为 35～45 kg/hm^2。矮生种行距多为 40～50 cm，株距 24～30 cm，每穴 3～4 粒，留苗 2 株，保苗 25 万～35 万株/hm^2，用种量为 50～60 kg/hm^2。

(3)种子精选与处理　选粒大、饱满、有光泽、无病虫、无机械损伤的种子,菜豆种子可带多种病菌,常用1%福尔马林液浸种30 min,再用清水反复冲洗;也可用种子重量的0.3%的福美双拌种;若用500～1 000倍甲基托布津液浸种15 min,可防止灰霉病。另外可用0.1%～1%的硫酸铜或0.01%～0.03%的钼酸铵浸种,可促进根瘤菌的形成,提高前期产量。菜豆种子的饱和水分为自身重量的100%～110%,较长时间的浸种,种内非活性物质外渗,影响发芽,造成烂种,生产中多不浸种或短时间浸种。播种前晒种2～3 d,不仅发芽整齐,还有防低温烂种的作用。

3)田间管理

(1)发芽期　播种后5～7 d出土,育苗移栽的,待种子弯背出土时,及时降温降湿,进行锻炼,以提高幼苗的抗寒性。注意防治地下害虫。

(2)幼苗期　幼苗在发芽期供生长的能量主要来自子叶贮藏的养分,子叶展开后便开始进行光合作用,养分逐渐转向自养。若子叶脱落早,基生叶受损,不仅影响到苗期的生长,而且采收期要推迟,产量低,因此田间要注意保护好幼苗的子叶和基生叶。

菜豆的幼苗在3～4片真叶,约7 cm高时便开始进行花芽分化。早春矮生种在播种后20～25 d,蔓生种约25 d。推迟播种,气温升高,花芽分化的时间缩短,花芽分化的同时,营养生长加速。及时追肥,尤其是氮肥,可使花芽分化的数量增加,且节位下降。但过多施氮肥(或磷钾肥不足),植株茎叶组织柔嫩,易染病害。田间追肥应视幼苗长势而定。直播的在第一片真叶长出时,可少量施1次人畜粪水,若幼苗长势过弱,再追肥2～3次,注意防止浓度过大烧伤幼苗。追肥时,最好加入硫酸钾及过磷酸钙浸出液。田中无地膜覆盖的,在追肥后或雨后应进行中耕除草,保持土壤疏松。

(3)开花结荚期　春季从播种到开花,矮生种35～40 d,蔓生种45～55 d,此时期是植株进行旺盛的营养生长和生殖生长阶段。

蔓生种在主蔓20～30 cm时要及时搭架。方法有“人”字架、倒“人”字架、三脚架、四脚架等。“人”字架通风透气好,生产中常采用,矮生种不需搭架。

(4)初花期　根据植株长势追肥,长势旺的可以不追肥;长势弱的,应连续追肥2～3次,N、P、K肥配合施用。结荚以后需要加大追肥量,每隔10 d追1次N、P、K齐全的肥料,矮生种追1～2次,蔓生种追3～5次。第一次追肥氮肥宜轻,以增加根瘤菌的固氮作用。也可用0.5%的磷酸二氢钾液和0.5%的尿素液混合作根外追肥。开花后喷施0.1%的硼砂、0.03%的钼酸铵,连续2～3次,可显著提高产量。

(5)后期管理　蔓生种在开花结荚后期,植株衰老。应及时摘除老叶、老枝、病叶,并及时追肥,防治病虫害,使植株萌发新的侧枝,恢复生长,继续开花结果,以延长采收期,增加产量。

4)采收

适时采收。作嫩荚食用的,果荚充分伸长,荚壁未变粗硬前,一般蔓生种在花后10～15 d,矮生种在花后7～10 d采收。作加工用时,一般在花后5～7 d采收。食用种子的,则在花后20～30 d,让种子充分长成、老熟。初收期每隔2～3 d采收1次,盛收期1～2 d采收1次。矮生种可采收15～20 d,蔓生种则可采收30～45 d,甚至更长。

15.1.4.2　设施栽培

1)品种选择

冬春设施栽培菜豆时生产上多选用较耐低温,对光照要求不严,抗病、丰产、品质优良的早、中熟蔓生菜豆品种，也可选用耐低温、早熟、丰产的矮生菜豆品种。

设施秋延后栽培菜豆根据设施类型来选择品种，多选用蔓生品种。应用大棚生产的可选用生育期较短的早、中熟品种；应用温室等保温性能好的设施生产的则可选用生育期相对长一些的中、晚熟蔓生菜豆品种。

2)整地施肥

整地施底肥后作畦，低温季节栽培作小高畦，畦高 15～20 cm，行距 50～60 cm；高温季节栽培也可作平畦，一般平畦宽 70～80 cm。

3)播种育苗

原则上根据上市需要和品种生育期长短确定播种期。以东北高寒地区两季的播种期为基准（即日光温室冬春茬播种期在 2 月上旬，秋冬茬的播种期为 8 月下旬；塑料大棚春茬播种期为 3 月中旬，秋冬茬的播种期为 8 月下旬），从北向南，抢早栽培的播期提前，而延后栽培的播期则拖后。

冬春季设施直播菜豆时应开沟引水，或在播种前 2～7 d 浇透水，特别是盖地膜前 7～10 d 要浇水，以利种子吸水，顺利出苗。播种时开沟或开穴，深 3～5 cm，按穴距 25～30 cm 点籽，覆土后适当镇压，使种子与土壤充分接触，以利种子吸水发芽。每穴点籽 3～4 粒，每 667 m^2 用种量为 4～6 kg。幼苗出土后，每穴留 2～3 株。为了提早上市，春茬栽培时也可采用纸筒或营养土方等护根法育苗。定植苗龄不宜过大，以不超过 25 d(3 叶龄)为宜；定植前 4～5 d 放风炼苗，夜温降至 8～12 ℃；定植密度与直播栽培相同。定植后浇定植水，水量宜小，以利地温加升和缓苗。

秋茬设施栽培菜豆时，多采用直播的方式，行距 50～60 cm，株距 30 cm。播种之后，正值高温季节，应将大棚四周的围裙卷起，只留顶部薄膜，起到凉棚和防雨的作用。菜豆幼苗出土后，应立即中耕，以促进根系生长。根据土壤墒情，可浇 1 次齐苗水，同时在第一真叶出现到 3 出复叶长出前，进行间苗、补苗，每穴留 2 株。秧苗不全时，应及时补栽或补种。蔓生菜豆从播种一直到抽蔓都应控制水分。

4)田间管理

在设施冬春茬菜豆定植初期，由于外界温度很低，管理上应以保温为主，密闭设施不通风，以促进缓苗。缓苗后，适当降温，以防止秧苗徒长，并及时中耕松土，促进根系生长，同时还要培垄，以利于植株基部产生侧枝。一直到开花后停止中耕，防止损伤根系。开始抽蔓时，适当提高设施内的温度。进入开花结荚期，注意控制温度，不使温度过高，以免引起落花。当外界最低气温达 15 ℃以上时，昼夜通风。菜豆植株开花前一般不浇大水，不追肥，干旱时适量浇水，以控秧促根。当第一花序上的豆荚长到 3～5 cm 时，开始追肥浇水，每隔 5～7 d 浇 1 次水，并隔 1 次水追施化肥。结荚后期，由于土壤蒸发量大，可根据植株的生长情况酌情浇水。菜豆植株抽蔓后，要及时做好吊蔓或插架工作。在菜豆植株生育后期要及时摘除收荚后节位以下的病叶、老叶和黄叶，改善通风透光状况，以减少落花落荚，尤其是密植矮生菜豆。

设施内秋茬菜豆栽培矮生菜豆，从幼苗到现蕾，要控秧促根，同样在现蕾后停止中耕。菜豆开花结荚后，要加强肥水管理，每 7～10 d 浇 1 次水，共浇水 4～5 次，每浇 2 次水追肥 1 次，共追肥 2～3 次，以促进嫩荚迅速生长。苗期，外界气温较高，因此管理上要注意通风降温，防止高温高湿引起植株徒长。生产后期平均气温降低 15 ℃以下时，应注意保温，每天只白天适量通风，夜晚闭严。以后随着气候的变化，逐渐减少通风直至不通风，并适当减少浇水次数，同时停止施肥。还可四周围草帘，并在突然降温时，立即进行防寒。如果温度过低可临时加温，尽量使生长期延长。秧苗要顶棚时及时摘心，促进豆荚膨大，以便及时采收。

5)采收

蔓生菜豆播种后 60～80 d 采收，采收期 60～70 d，深冬栽培采收期可达 2～5 个月。一般嫩荚采收在花后 10～15 d，即达上市标准。采收过早，产量低；采收过晚，嫩荚易老化，且赘秧、落花落荚现象严重。一般结荚前期和后期 2～4 d 采收 1 次，结荚盛期 1～2 d 采收 1 次。

6)主要病虫害

菜豆主要病害有细菌性疫病、炭疽病、锈病等，主要虫害有豆荚螟、蚜虫、螨类等。

15.2 豇　豆

豇豆(*Vigna unguiculata* W.)又名豆角、长豆角、带豆、裙带豆等，属豆科豇豆属一年生草本植物。起源于热带，但其原产地是非洲还是亚洲尚难定论。汉代(公元 2 世纪)从印度传入中国，在中国栽培历史久长，栽培面积大，分布于中国南北各地。北方豇豆多于夏秋季节收获上市，是调剂八、九月份淡季的重要蔬菜。

15.2.1　生物学特性

15.2.1.1　植物学特征

豇豆为深根性蔬菜，主根明显、侧根稀疏。主根入土达 80 cm，根群主要分布在 15～18 cm 深的耕层内。根系生长比菜豆弱。植株有蔓生、半蔓生和矮生 3 种类型，以蔓生豇豆为多。蔓的长短与成熟性相关，早熟品种蔓短节少，晚熟品种蔓长节多。矮生豇豆株高 35～50 cm，分枝多；蔓生豇豆主蔓长 250～300 cm，分枝少，但也有分枝较多的品种。叶分子叶、基生叶和 3 出复叶(少数为掌状复叶)。叶片光滑较厚，较耐旱。总状花序，着生四五对花，常成对结荚。花黄色或淡紫红色。矮生豇豆第一花序着生在第 5 节前后，蔓生豇豆在第 9 节以后。果荚细长直条形。荚长 40～80 cm。种子长肾形或弯月形，红褐色、白色或黑色。

15.2.1.2　生长发育周期

豇豆的生长发育过程包括发芽期、幼苗期、抽蔓期和开花结荚期。其中大部分时间是营养生长和生殖生长同时进行。开花坐荚以前以营养生长为中心，坐荚以后以生殖生长为中心，开花期是从营养生长向生殖生长转折的时期。生长前期豇豆比其他豆类更容易出现因营养生长过盛而影响开花结荚的现象。结荚前应控水防徒长，保证生长中心的正常转移；结荚期易发生因生殖生长过盛而造成植株早衰或“伏歇”的现象，应保证肥水供应，防止脱肥，延长盛果期。蔓生豇豆的生育期为 110～140 d，矮生豇豆为 90～110 d。其中，春播从播种至出苗为 5～8 d，从播种至开花为 40～65 d，从开花至嫩荚采收为 12～15 d，所以从播种至始收需 55～80 d，采收期为 30～60 d；夏秋播种生育期提前，从播种至始收提前 5～10 d，为 45～55 d。

15.2.1.3　对环境条件的要求

(1)温度　豇豆喜温耐热不耐霜冻。种子发芽的最低温度 10～12 ℃，适温 25～30 ℃。植株生长适温 20～25 ℃，15 ℃以下生长缓慢，10 ℃以下生长停止，5 ℃以下受寒害，0 ℃时茎叶受冻枯死。开花结荚适温 25～30 ℃，35 ℃以上的高温下仍能正常结荚。

(2)光照 豇豆多数品种属中光性，对日照长短要求不严格。但短日照下能降低第一花序节位，开花结荚增多。少数品种，如江苏的毛芋豇，为短日型。豇豆喜光，开花结荚期间要求日照充足。若光线不足，落花落荚严重。但矮生品种和半蔓生品种较耐阴，适于与高秆作物间作、套作。

(3)水分 豇豆根系较深，吸水力强，叶面蒸腾量小，因而比较耐旱。发芽期和幼苗期不宜过湿，以免降低发芽率、徒长或沤根死苗。结荚期要求适当的水分。遇连阴雨天气，不利于根系生长和根瘤菌活动及授粉、受精，常引起落花、落荚。干旱缺水也同样引起落花、落荚。

(4)土壤营养 豇豆对土壤适应性广，以中性偏酸(pH 6.2～7.0)土壤最好。过于黏重土壤或低洼地，不利于根系和根瘤菌的发育。豇豆植株生长旺盛，生育期长，需肥量较多，但不耐肥。在施足基肥的基础上，还应少量多次追肥，防止脱肥造成早衰或“伏歇”现象。幼苗期因根瘤尚未充分发育，根瘤固氮能力较弱，故必须供给一定数量的氮肥。但应配合施用磷钾肥，防止偏施氮肥造成茎叶徒长。伸蔓期和初花期根瘤成熟，固氮活性强，一般不施氮肥，以免影响根瘤菌固氮活性。开花结荚后，需肥量大，植株吸收氮磷钾元素迅速增加，此时根瘤虽然成熟，但根瘤数量及其固氮活性会随生育进程而迅速下降，仍应适量施入氮肥。增施磷肥，可以促进植株生长和根瘤活动，豆荚充实，产量增加。增施钾肥，可提高豆荚产量和品质。

15.2.2 类型与品种

栽培豇豆分菜用和粮用2类。菜用豇豆的嫩荚肉质肥厚脆嫩，供菜食。粮用豇豆果荚皮薄，纤维多而硬，不能食用，以种子作粮用。菜用豇豆依果荚颜色分为青绿色、绿白色和深红色。菜用豇豆依茎的生长习性可分为蔓生、半蔓生和矮生3种类型。其中，半蔓生品种在中国极少有栽培。

(1)蔓生型 蔓生品种在中国栽培普遍。代表性地方品种有：四川的红嘴燕、山东的青丰豇豆、陕西的罗裙带、铁线青、长身白、盘豇豆等。近年来选育的新品种有：之豇28-2、上海33～47号、龙豇特早30、龙豇844、湘豇1号、湘豇2号、扬豇12号、扬豇40号、春夏豇豆王、皖青512、宁豇1～3号、双丰1号、秋丰等。

(2)矮生型 矮生品种在中国栽培较少。代表性品种有河南及安徽的五月鲜、皖青512、无支架豇豆、V902、方选矮豇等。

15.2.3 栽培季节与茬口安排

北方春、夏、秋均可进行露地栽培，春季播种期比菜豆晚几天。北方单主作地区1年栽培1茬，春、夏播种，夏、秋收获。北方双主作地区分春、秋2季栽培，也可1年栽培1茬。春季早熟栽培于4月中下旬直播或定植，7月中旬始收；秋茬于6月中下旬直播，8月上旬至9月中旬始收。春季可利用小拱棚短期覆盖栽培，一般2月下旬至3月上旬阳畦播种育苗，3月下旬至4月上旬定植，5月下旬始收。北方地区还可利用大棚进行春提前、秋延后和春夏秋一大茬栽培。大棚秋延后豇豆于6月下旬至7月上旬直播，8月上中旬始收，10月下旬至11月中旬拉秧。华南地区常在生长期内分期播种，以延长供应期。广州等地2～8月份均可播种，5～11月份陆续采收。南京、上海、杭州等地6～7月份播种，供应晚夏和早秋季节。

豇豆前茬多为冬闲地或春早熟菜地。蔓生品种可与大蒜、早甘蓝、地芸豆套种，或与早熟茄子隔畦间作，也可借用春露地早熟黄瓜架点播秋豇豆。矮生豇豆因有一定的耐阴能力，可与玉米等作物间作。

15.2.4 栽培技术原理与措施

1)整地施肥作畦

整地前施足有机肥和磷钾肥对豇豆非常重要,既可避免炎夏雨季追肥困难易发生脱肥的问题,又可促进茎叶生长、增加花序数目、延长盛果期。一般每 667 m^2 施腐熟有机肥 1 000～2 500 kg、20～30 kg 过磷酸钙、50 kg 草木灰,或用三元复合肥 15～20 kg,也可用 15 kg 磷酸二氢铵和 15 kg 硫酸钾。豇豆不如菜豆耐肥,若前茬作物施肥较多,可酌情减少基肥施用量。

北方多为平畦栽培,多雨地区也可垄作。一般作畦宽 120～130 cm,每畦播种 2 行,穴距 20～33 cm。南方为高畦,以利排水,畦宽 130 cm,沟深 25～30 cm。

2)直播或育苗移栽

(1)直播　春季播种期可比菜豆晚 1～2 周,一般在地温稳定在 10～12 ℃时即可播种。播种深度约 3 cm,每穴 3～4 粒,每 667 m^2 用种量 3～4 kg。春季和初夏播种不宜太密,而秋季因生长期短,开花结荚早,可适当密植。

(2)育苗移栽　豇豆根系再生能力差,应采取护根法育苗,同时苗龄不宜过大,以生理苗龄 3～4 片真叶、日历苗龄 20～25 d 为宜。

播种前精选种子,选用籽粒饱满、色泽新鲜、无霉烂虫蛀的种子。用 90 ℃左右的热水烫种 0.5 min,杀死病原菌和虫卵,随后迅速加入凉水降温,用清水浸泡 4 h 左右,捞出后播种。利用阳畦、小拱棚或日光温室,采用口径 8～10 cm 的塑料钵、纸钵或营养土方进行护根育苗。播种前浇足底水。每钵点籽 3～4 粒,覆土 3 cm 厚。播后盖膜保温促进出苗。齐苗后放风降温,保持苗床温 20～25 ℃。定植前 7 d 撤去覆盖物炼苗。选晴天定植,浇定植水,5～7 d 后浇缓苗水。

3)田间管理

坐荚前,豇豆易出现营养生长过盛的问题;坐荚后,营养生长和生殖生长矛盾更加剧烈,既要大量连续开花结荚,又要继续发根长叶和爬蔓,为连续开花结荚奠定基础,如果处理不好两者的关系,很容易出现“伏歇”或早衰现象。因此,调节营养生长和生殖生长的平衡关系是豇豆丰产的关键。生产管理上,主要掌握先控后促的原则,通过水肥供应、整枝摘心、及时采收等措施,进行综合调节,防止徒长、早衰和落花落荚,减缓“伏歇”现象。

(1)浇水追肥　坐荚前以控水、中耕保墒为主,进行适当蹲苗,促进发根和茎叶稳步健壮生长。浇定植水和缓苗水后加强中耕;现蕾时浇小水,浇水后中耕;初花期不浇水;第一花序坐荚后开始追肥浇水,促进果荚生长;结荚期要保证水肥供应,经常保证畦面湿润,每隔 1～2 水追 1 次肥,防止脱肥早衰。每次追肥量为每 667 m^2 尿素 5～7.5 kg。磷钾肥主要在基肥时施入,结荚盛期可结合氮肥追施磷钾肥 1～2 次,追肥量为每 667 m^2 三元复合肥 5～7.5 kg,或磷酸二氢铵 5 kg 加硫酸钾 5 kg。基肥和追肥增施磷钾肥,具有防止偏施氮肥造成徒长的作用。雨涝季节要注意排水,热雨后要及时压清水。结荚期叶面喷洒 0.3%磷酸二氢钾、0.1%硼砂和 0.1%钼酸铵,或叶面肥两三次,增产作用显著。

(2)插架引蔓与植株调整　主蔓抽生很快,当植株五六片叶时就要及时插架,人工引蔓上架。架形多为“人”字架,架要牢固,防止暴风雨季节趴架。引蔓均匀上架,有利于通风透光。引蔓宜在晴天中午或下午进行。及时整枝、抹芽、摘心可以节约养分,改善群体通风透光性能,是调节秧果平衡关系的有效措施。主蔓第一花序以下的侧芽要及早彻底抹去，以保证主蔓粗壮。主蔓第一花序以上各节位的侧枝都应在早期留 2～3 叶摘心，促进侧枝形成第一花序。主蔓满架后及时摘心，促进下部侧枝开花结荚。矮生豇豆一般在植株出现侧枝时留 2～3 叶摘心，可显著提高坐荚率。

4)采收

豇豆在开花后 12～15 d 为嫩荚采收适期。采收要及时，初果期和后期一般 2～3 d 采收 1 次，盛果期应每天采收。采收过晚或漏采，不仅赘秧消耗养分，而且荚肉变松发泡，颜色变白，商品品质和食用品质大幅度降低。采收时要保护花序，不要损伤花序上其他花蕾，更不能连同花序柄一起摘下。豇豆嫩荚产量一般为 2 000～3 000 kg/667 m^2，高产的可达 4 000 kg/667 m^2 及以上。

5)主要病虫害

豇豆主要病害有疫病、锈病、炭疽病、斑枯病、煤霉病、白粉病等，主要虫害有豆野螟、豆荚螟、蚜虫等。

15.3 豌　豆

豌豆(*Pisum sativum* L.)属于豆科蝶形花亚科豌豆属一年生冷季豆类植物，其豆粒、豆荚、幼苗及嫩梢均可食用，因营养丰富、口感宜人而深受市场欢迎。原产地中海沿岸和中亚细亚，是世界重要栽培作物之一，苏联、中国、印度等栽培普遍。西汉时传入中国，现中国各地均有栽培，以四川省栽培面积最大，约占全国的 1/3。甘肃、陕西、内蒙古、新疆等地也有栽培。

15.3.1　生物学特性

15.3.1.1　植物学特征

主根较发达、侧根较稀疏。根瘤发达，常数个聚生。耐瘠薄能力强。茎中空，分矮生、蔓生和半蔓生 3 种。羽状复叶，顶端小叶变成卷须，有攀缘性。叶柄基部有托叶抱茎。子叶不出土。茎、托叶及小叶表面被有蜡质。矮生品种多属下位分枝型，主茎 1～3 节处发生分枝；蔓生品种则属上位分枝型，10 节左右才分枝。总状花序。早熟品种始花节位在第 5～10 节，中熟品种在第 11～14 节，晚熟品种在 15 节以上。每个花序有花 1～3 朵，花冠白色或紫红色。多数品种每个花序结荚 1～2 个，矮生品种或小粒品种每花序花数较多，结荚数也多。豆荚稍扁平或近圆筒形。荚果有硬荚和软荚之分。硬荚类型内果皮在种子膨大前随着纤维素含量增加开始硬化，逐渐成革质状。软荚类型的果荚纤维发育迟，嫩荚和嫩粒均可鲜食。每荚有种子 2～4 粒，最多七八粒。软荚类型种子为皱粒，硬荚类型(粮用和菜用)为圆粒(表面光滑)。

15.3.1.2　生育周期

蔓生品种的生育周期包括种子发芽期、幼苗期、抽蔓期和开花结荚期。各期历时分别为 10 d、10～15 d、20～30 d、80～90 d。幼苗期根系生长较缓慢，花芽开始分化时达到高峰期，开花前根系长势迅速减弱，豆荚发育时稍有增强，结荚期趋于停止。幼苗期和抽蔓期，茎蔓开始伸长并陆续发生侧枝。开花结荚期，茎蔓继续生长。

15.3.1.3　对环境条件的要求

(1)温度　豌豆为半耐寒性蔬菜，喜凉爽湿润气候，不耐炎热干燥，耐寒能力较强，圆粒品种比皱粒品种耐寒能力更强。圆粒品种的种子在 1～2 ℃时开始发芽，皱粒品种在 3～5 ℃时开始发芽。种子发芽适温为 18～20 ℃，在 4 ℃时 48 d 才发芽，而在 18 ℃时 3～4 d 就可发芽。幼苗能忍耐 −5～−4 ℃的低温。茎叶生长适温为 15～20 ℃。苗期温度稍低，可提早花芽分化，温度高特别是夜温高，花芽分化节位升高。开花结荚期适温为 15～18 ℃。0 ℃时花粉就能发芽，但花粉管伸长很慢；5 ℃时发芽率高，伸长也快；20 ℃左右时伸长最好。开花期如遇短时间 0 ℃低温，开花数减少，但已开放的花基本上能结荚。0 ℃以下的低温下，花和嫩荚易受冻害。25 ℃以上的高温下，生长不良，受精率低，结荚少，夜高温影响尤甚。采收期间温度高，成熟快，但产量和品质降低。荚果成熟阶段要求 18～20 ℃。

(2)光照　多数品种为长日照植物，但不同品种对日照长短的敏感程度不同。研究表明，北方品种对日照长短的反应比南方品种敏感；红花品种比白花品种敏感；晚熟品种比早、中熟品种敏感。因此，从北方往南方引种时，应引早、中熟品种，切不可引晚熟品种。豌豆还有不少品种对日照长短不敏感。

(3)水分　适宜的土壤相对湿度为 70%左右，适宜的空气相对湿度为 60%左右。豌豆的耐旱能力不如菜豆、豇豆、扁豆等。空气干燥，开花就减少。土壤干旱加上空气干燥，花朵迅速凋萎，大量落花落蕾。因此，开花期遇干热风会发生严重落花问题。土壤干旱，嫩荚停止生长，空荚和瘪荚增多。豌豆不耐湿，播种后水多，容易烂种；生长期内排水不良，容易烂根，且易发生白粉病。

(4)土壤与营养　对土壤要求不严，但以保水力强、排水容易、富含腐殖质的壤土、黏壤土和沙壤土较适宜。根系和根瘤菌生长的适宜 pH 为 6.7～7.3；pH 大于 8 时，影响根瘤生长；pH 低于 6.5 时，固氮能力降低，植株矮小瘦弱、叶片小而黄并且从下往上脱落。

豌豆吸收氮素最多，钾次之，磷最少。据测定，每生产 1 t 鲜豆粒，需氮 16.5 kg、磷 6 kg、钾 12.0 kg，其比例为 2.7∶1∶2。幼苗期应供应一定量的氮肥，以促使幼苗健壮生长和根瘤形成。磷肥能促进根瘤生长、分枝和籽粒发育，豌豆进入开花期对磷素的吸收迅速增加，花后 15～16 d 达到高峰。植株对钾的需求量在开花后迅速增加，至花后 31～32 d 达到高峰，后期需钾量下降也比磷的慢。

15.3.2　类型与品种

栽培豌豆通常可分为粮用豌豆(var. *arvense* Poir.)、菜用豌豆(var. *hortense* Poir.)和软荚豌豆(var. *macrocarpon* Ser.)3 个变种。粮用豌豆又名寒豆、雪豆、麦豆等，硬荚(剥壳型荚)，种皮光滑，颜色较深；菜用豌豆则是由粮用豌豆演化而来，以鲜豆粒供作产品，可用于速冻和制罐，也可采收嫩梢供食用，常称为食苗豌豆或豌豆尖、龙须菜等，其嫩梢鲜嫩、肥厚、质地柔滑、营养丰富、风味极佳；软荚豌豆又名荷兰豆，是由菜用豌豆演化而成，荚软(糖型荚)、纤维少，成熟时不开裂，种皮皱缩，颜色较浅，幼荚鲜嫩香甜、口感清脆、营养丰富，可作鲜菜食用，也可速冻或制罐。豌豆嫩芽苗(芽菜)已被广泛食用，其品质鲜嫩、风味独特、营养丰富。豌豆的茎叶是上好的绿肥和青饲料。

此外，豌豆按植株生长习性还可分为矮生、半蔓生和蔓生。矮生品种株高 15～80 cm，半蔓生品种为 80～160 cm，蔓生品种为 160～200 cm；依果荚纤维组织发达程度可分硬荚种和软荚种 2 种。硬荚种的荚壁内果皮有厚膜组织，成熟时此膜干燥收缩，荚果开裂，食用其鲜嫩籽粒。软荚种的果荚薄壁组织发达，嫩荚嫩粒均可食用；依种子外形分为圆粒型和皱粒型 2 种。

其中，皱粒型豌豆成熟时糖分和水分较多，品质好；依种皮颜色可分为绿色、黄色、白色、褐色和紫色等；依成熟期可分为早熟、中熟、晚熟品种；依用途可分为菜用、粮用和饲用，其中菜用品种依食用部位又可分食荚(嫩荚)、食苗(嫩梢)、食嫩籽粒和芽菜(嫩芽)类型。

目前，食荚豌豆都是专用型品种，属于软荚变种，而部分粮用豌豆品种也可采收嫩豆粒供菜食。食苗豌豆也有部分专用品种。虽然粮用、菜用品种均可采收嫩梢，但综合产量、品质等性状，仍以食苗豌豆专用品种为最好。而从降低成本看，则以粮用品种更为适宜。芽用豌豆品种通常以小粒(千粒重 150 g 左右)光滑品种为宜，代表性品种有食荚大菜豌 1 号、内软 1 号、甜脆、京引 8625、溶糖等；蔓生嫩荚品种有晋软 1 号、中山青、法国大荚、白花小蔓、松岛 30 号等；半蔓生嫩荚品种有草原 21 号、延引软荚、子宝 30 日、乙女 2 号等；食用嫩籽粒品种有小青荚、甜丰豌豆、中豌 2 号、中豌 5 号及中豌 6 号、晋硬 1 号等；嫩梢用品种有豌豆苗、无须豆尖 1 号豌豆、灰豌豆等；芽苗菜用品种有青豌豆、麻豌豆、中豌 4 号、小灰豌豆、白玉豌豆等。

15.3.3 栽培季节与茬口安排

南方各省大多露地栽培，秋播春收，少数地方(如成都)还可夏秋播种而冬季收获；在华北地区大多春播夏收，也可夏播秋收；西北和东北大部分地区仅能春夏播种夏秋收获。北方地区可利用日光温室或塑料拱棚进行豌豆春提前、秋延后栽培和冬茬栽培。华北地区日光温室秋冬茬一般在 8 月中下旬播种，10 月下旬至 12 月中旬采收嫩荚；冬茬一般在 10 月上中旬播种，12 月下旬至翌年 2 月上中旬采收嫩荚；冬春茬一般在 11 月中旬至 12 月下旬播种，翌年 2 月上旬至 4 月份采收嫩荚。华北地区塑料大棚春提前栽培一般在 1 月份播种，2 月中下旬定植，4 月下旬至 6 月上中旬采收嫩荚；秋延后栽培一般在 7 月中下旬播种，8 月份定植，9 月中旬至 11 月份中采收嫩荚；冬茬一般在 10 月中下旬直播，翌春 4 月上中旬采收。

南方各省大多以水稻为前、后作。北方春播地区多为冬闲地，后茬为夏甘蓝或夏茄子等。豌豆忌连作，应实行 4～5 年甚至 8 年的轮作。连作减产的主要原因，一方面是根系分泌有毒物质；另一方面是根分泌的有机酸累积影响根瘤菌生长发育；再一方面是连作病虫危害加重。

15.3.4 栽培技术原理与措施

(1)整地播种　春播的应在冬前深耕，以便早春土壤化冻后及早播种。一般每 667 m^2 施腐熟粪肥 2 000～3 000 kg、过磷酸钙 20～30 kg 或复合肥 30～40 kg。多数地方采用平畦栽培，低洼多湿地可垄栽。条播或穴播。一般行距 20～30 cm，株距 3～6 cm 或穴距 8～10 cm，每穴两三粒。播前精选种子，用种量 10～15 kg/667 m^2。株型较大的品种一般行距 50～60 cm，穴距 20～23 cm，每穴两三粒，用种量 4～5 kg/667 m^2。播种后踩紧以利种子与土壤充分接触吸水并保墒，盖土厚度 4～6 cm。

(2)田间管理　春播豌豆在出苗后浅松土两三次，以提高地温促根生长，使叶片肥厚。秋、冬播种的在苗高 6 cm 左右追施 1 次肥水，冬前结合中耕进行 1 次培土，以保温防冻，翌年春再松土提高地温促发根，发秧。现蕾开花前浇小水，并追施速效性氮肥，促进茎叶生长和分枝，并可防止花期干旱。开花期不浇水，中耕保墒防止发生徒长。待基部荚果已坐住开始浇水，并追施磷钾肥，以利增加花数、荚数和种子粒数。结荚盛期保持土壤湿润，促进荚果发育。待荚果数目稳定，植株生长减缓时，减少水量，防止倒伏。大风天气不浇水，防止倒伏。蔓生品种，生长期较长，一般应在采收期间再追施 1 次氮钾肥，以防止早衰，延长采收期，提高产量。蔓生和半蔓生品种，在株高 30 cm 左右应支架。豌豆茎蔓嫩而密，宜用矮棚式架或立架。

(3)采收　软荚豌豆在花后 7～10 d，荚已充分长大，豆粒尚未发育，为采收适期。嫩荚采收期可达 20～40 d，产量 800～2 000 kg/667 m^2。食用嫩豆粒的硬荚豌豆在开花后 15 d 左右，种子已充实，而种皮尚未变硬前采收。如采收过迟，豆粒中的糖分和维生素 C 减少，淀粉增多，可溶性氮减少，不溶性蛋白氮增加，品质变劣。嫩豆粒的青荚产量为 400～900 kg/667 m^2。食苗豌豆的嫩梢一般在播种后 30 d 左右，苗高 16～18 cm，有 8～10 片叶时收割，以后每隔 10～20 d 收割 1 次，可收 4～8 次。嫩梢产量 700～2 000 kg/667 m^2。

(4)主要病虫害　豌豆容易发生褐斑病、褐纹病、花叶病、白粉病等病害；也容易受豌豆象、斑潜蝇、蚜虫等危害。可参考其他豆类蔬菜进行病虫害防治。

15.4　其他豆类蔬菜

15.4.1　毛豆

毛豆[*Glycine max* (Linn.) Merrill]又名菜用大豆、枝豆等，属豆科大豆属的一年生草本植物，特指豆荚鼓粒后期至尚未转色前食青荚的大豆类型。原产中国，至今约有 5 000 年的栽培历史。中国大豆最早传入朝鲜和日本，18 世纪后期才引入美国，现已遍及世界各地。中国各地都有栽培，以长江流域各省和西南地区最多。

1)生物学特性

直根粗壮，根系发达，主根入土深 60～80 cm，深者达 1 m 左右。侧根横展 40～50 cm 后向下生长，根系呈钟罩状。根系产生根瘤菌可以固氮。茎强韧，为不规则的棱角状，主茎高 30～150 cm，分枝 4～6 个，少数品种分枝一两个或 10 个以上。子叶出土，初生真叶为对生，以后为 3 出复叶，互生。小叶卵圆形、披针形或尖长形，叶面生茸毛。毛豆花较小，无香味。花冠白色、淡紫色或紫色，以淡紫色和紫色较多。短总状花序，生花 8～18 朵，每序花结荚 2～8 个，自花授粉。荚形为直或弯的镰刀形，侧面扁平，先端尖，荚面生茸毛。每荚种子有圆形、肾形、扁圆或长圆形，表面光滑或有皱纹。种子粒色有黄、青、黑褐及斑纹等，发芽年限 2 年。

生育过程经历发芽期、幼苗期、开花结荚期和灌浆鼓粒期。多数品种在出苗后 20～30 d，展开两三片复叶时开始花芽分化，花芽分化 25～30 d 后开花。毛豆荚粒的发育可分 3 个时期：开花后 20 d 内为豆荚生长期，开花后 20～45 d 为种子膨大期，开花后 45 d 到生理成熟期为干物质、脂肪和蛋白质的积累期。

毛豆为喜温性蔬菜，种子发芽的最低温度为 6～8 ℃，适宜温度为 15～25 ℃。幼苗能耐短时间－5～－4 ℃的低温，低于－5 ℃时受冻。真叶展开后耐寒力减弱。生育期的适温为 20～25 ℃，低于 14 ℃时生长发育缓慢。花芽分化的适温 20 ℃左右，最低 11 ℃。开花结荚期适温 22～28 ℃，13 ℃以下不开花。生长后期对温度反应敏感。毛豆为短日照植物，对日照长短的反应，因品种而有所不同。南方早熟品种，如五月拔和成都的白水豆等对短日照要求不严，春、秋 2 季可种。晚熟种和北方的无限生长型品种多属短日型。北方品种南移，往往提早开花，但产量较低。南方品种北引时容易出现茎叶茂盛，植株高大，延迟开花，甚至不能开花结荚。毛豆对土壤条件要求不严，但以富含有机物和钙质、排水良好的微酸性到微碱性(pH 6.5～7.0)

的土壤较好。对磷、钾肥反应敏感。磷肥可促使根瘤菌的活动，增加植株分枝数，减少落花，提早成熟。缺钾时叶片变黄，严重时全株枯死。毛豆是需水较多的蔬菜，田间持水量为75%时生长最适宜。从始花期到盛花期为植株生长旺盛期，需水较多，干旱或多雨均易引起落蕾落花。结荚到鼓粒期，土壤水分充足，则豆荚和豆粒生长发育良好。种子成熟前要求较高的气温、适当的干燥和光照充足的环境。

生产上分为早、中和晚熟种3类。①早熟种生育期在90 d以内，植株较矮小，分枝少，叶小，产量较低，品质一般，对短日照要求不严，能在夏季长日下开花结荚，适宜春播夏收。如特早4号、日本晴3号、春绿、宁蔬60、合丰35、95-1等。②中熟种生育期90～120 d，豆粒大小中等，品质尚佳。如绿宝石、长丰九号、科兴6号和早选3号等。③晚熟种生育期120～170 d，植株高大，分枝多，籽粒大，产量高，品质优，对日照反应敏感，秋季短日照下开花结荚好，适于秋播，春播时枝叶茂盛，易徒长，不易开花结荚。如五里香毛豆、大青豆、八月枯、9月拔和绿宝珠等。

2)栽培技术要点

长江流域毛豆的栽培季节在4～9月份，7～9月份上市，晚熟品种可供应到10月份。宁、沪、杭一带早熟栽培一般在2月下旬至3月中旬阳畦育苗，3月下旬至4月上旬露地定植，6月份始收。华北大部分地区以春末夏初播种，秋季采收为主，也可春季进行早熟栽培；华北南部无霜期较长的地区可夏季播种；东北和西北地区夏播秋收，1年栽培1次，以春夏季和夏秋季栽培为主。

(1)春夏季栽培　春季及早精细整地。每公顷施有机肥30 000～37 500 kg、过磷酸钙375～450 kg、草木灰1 500～2 250 kg。做成平畦或地膜畦垄。当地温为8～10 ℃时播种，行距30～35 cm，穴距15～20 cm；条播时株距5～8 cm，深播3 cm左右。出现复叶后间苗，留双苗，如有缺株，尽早补栽。苗期控制浇水，中耕2次，提高地温。开花前结合中耕进行培土。结荚期浇水两三次，保持土壤相对湿度达70%～80%。盛花期后1周左右摘去无限生长型植株主茎1～2 cm顶尖，控制株高，提高结荚率，防止植株徒长和倒伏。有限生长型品种在初花期摘心，生长势弱时可不摘心。各类品种在开花后30～50 d、荚壳由绿变黄绿、鼓粒明显、豆粒仍保持绿色、豆粒四周尚带种衣时采收。

(2)夏秋季栽培　6月中旬至7月初在麦茬等收获后播种夏秋毛豆。在适期范围内尽早播种，以延长生长期。以中、晚熟品种为主，迟播时用早熟品种。施基肥后整地耙平，平畦或垄种，开沟浇水播种，行距40～50 cm，穴距20～30 cm；条播时株距10 cm。生长期间中耕除草2次，干旱时浇水，并酌情适量追肥，促苗生长，尽早形成良好的营养体，为丰产打好基础。初花时浇水、追肥，以后适时浇水保持土壤湿润，使花荚发育良好。开花后40～45 d，豆粒长足后收获。

15.4.2 蚕豆

蚕豆(*Vicia faba* L.)又名胡豆、罗汉豆、寒豆等，属豆科(Leguminosae)蝶形花亚科巢菜属(*Vicia* L.)一年生草本植物。原产近东平原，西汉时传入中国，是世界上重要的食用豆类蔬菜之一。以嫩籽粒、水发干豆粒、蚕豆芽或干豆粒加工成的粉皮、凉粉或粉丝等供菜食。

1)生物学特性

蚕豆根系粗壮强大，入土深度80～150 cm，伸展度50～80 cm。茎直立，方形，中空，分枝力强，基部可生出2～5个分枝，上部一般不分枝。叶为羽状复叶，由1～3对小叶组成。总状花序，始花在主茎第四五节。每花序有花3～7朵，花朵大，紫白色或白色。为自花授粉蔬菜，异交率高达30%左右。荚果扁圆筒形，向上生长，成熟荚呈黑色。种子扁平方圆形，呈黄白、红褐色或淡绿色。种子生命力强，可保持5～6年。

生育过程经历为：出苗期，从种子萌动至茎叶露出地面2 cm，经8～14 d；分枝期，从出苗到长出两三个分枝；现蕾期，从分枝到主茎顶端已长出花蕾并被两三片心叶遮盖；开花结荚期，从始花到豆粒开始充实；鼓粒成熟期，从子粒充实鼓起到变硬采收。

蚕豆为半耐寒性蔬菜，喜温和凉爽湿润气候。种子在3～4 ℃下开始发芽，发芽适温为16 ℃。植株生长适温为16～20 ℃。现蕾期适温15～20 ℃，1 ℃时花蕾受冻。开花结荚期和鼓粒期的适温为16～20 ℃。开花期遇10 ℃以下低温，开花很少；遇25 ℃以上的高温干旱，落花多，产量低，品质差。蚕豆为长日照植物，对日照长短的反应与豌豆类似，也有不少品种对日照长短要求不严格。蚕豆适宜在有机质多、保水保肥力强、排水良好的黏质壤土栽培。

依其豆粒大小可分为3个类型。①大粒种：种子宽而扁，长2～2.5 cm，千粒重1 250～2 500 g。叶片较大，早熟性好，品质佳，但抗旱能力较差。菜粮兼用，以菜用为主。优良品种有大朋一寸、早生615、多福大粒、慈溪大粒I号、凤豆13号、临蚕5号、启豆5号等。②中粒种：种子扁椭圆形，千粒重为900～1 200 g。可作粮用或制作副食品。优良品种有凤豆5号、香珠豆、阔板青、崇礼、崇礼1号、昆明白皮、阿坝大金白、胜利等。③小粒种：种子小，长1.5～1.8 cm，千粒重650～800 g。对气候适应性强，产量高，但品质差，主要作饲料和绿肥作物。常用品种有启豆2号、青海13号、小粒青、白胡豆、襄阳大脚板、上虞田鸡青、成胡10号和11号等。

2)栽培技术要点

蚕豆多露地栽培，北方大部分地区多是春播夏秋收获。在冬季不太严寒的地区，可以秋播翌年春末夏初收获。播种期多在10月下旬至11月上旬，以长有两三个复叶的幼苗越冬最好。蚕豆忌连作，应与非豆科植物实行3～5年轮作，也可与大田作物间作、混作、套种或利用畦埂地边种植。春播应冬前深耕，一般每667 m^2施腐熟粪肥2 000～3 000 kg、过磷酸钙20～30 kg或复合肥30～40 kg。播前精选种子。多数地方采用平畦栽培，低洼多湿地可垄栽。多行条播或穴播。秋冬播种的蚕豆，在苗高6 cm左右追施1次肥水，冬前结合中耕进行1次培土，以保温防冻。现蕾开花前浇小水，并追施氮肥，促进茎叶生长和分枝，并可防止花期干旱。开花期不浇水，中耕保墒防止发生徒长。待基部荚果已坐住开始浇水，并追施磷钾肥，以利增加花数、荚数和种子粒数。结荚盛期保持土壤湿润，促进荚果发育。蚕豆食用青豆粒的，在植株中下部荚果表面出现光泽、种子增长而未硬化前分3～4次采收。若采收过迟，豆粒中糖分和维生素C明显减少，淀粉增加，品质变劣。干豆粒在植株中下部荚果变黑褐色且干燥时采收。

15.4.3 扁豆

扁豆(*Dolichos lablab* L.)别名鹊豆、眉豆、沿篱豆，属豆科扁豆属一年生蔓生草本植物。原产亚洲和非洲热带地区，中国于汉晋时引入扁豆。扁豆以嫩荚为主要食用器官，产品在夏秋蔬菜淡季时收获。嫩荚还可腌制、酱渍或干制，成熟豆粒可煮食和做馅等。

1)生物学特性

扁豆主根深1 m左右，侧根多，主要根群分布在20～30 cm耕层内。茎有蔓生和矮生2类。茎基初生2枚单叶，以后为3出复叶，小叶卵圆形。总状花序，花轴长3～10个。豆荚扁平，肥大，柔嫩，有香味。每荚有种子3～5粒。种子为厚的扁椭圆形，分白、黑、茶褐和赤褐等色。种子发芽年限为2～4年。

扁豆喜温怕寒,种子发芽的最低温为 8～10 ℃,适温为 22～25 ℃。生育适温 25～30 ℃,能耐 35 ℃左右高温。扁豆为短日照蔬菜,大多数品种在秋季有利于开花结荚。对土壤要求不严,以排水良好的沙壤土为好。

扁豆有蔓生型和矮生型 2 类。蔓生种的蔓长 3～4 m 或更长,缠绕生长,能抽生分枝,如苏扁 1 号、苏扁 2 号、紫边扁豆、翠绿 1 号、猪血扁、大青芸豆等。矮生种的茎高 33～66 cm,属有限生长型,开花结荚早,如由日本引入的矮生鹊豆。依扁豆的荚色可分成白扁豆、青扁豆和紫扁豆 3 个类型。

2)栽培技术要点

早熟栽培扁豆,可在 2 月中旬至 3 月中旬日光温室或阳畦育苗,3 月中旬至 4 月上旬定植小棚,6 月下旬始收,越夏延秋,直到霜前。秋、冬温室扁豆主要供节日市场,9 月中旬前后育苗,3 叶左右定植。

以露地栽培为主。晚霜过后直播或定植,一般行距 50～60 cm,穴距 40～50 cm,每穴留两三苗。苗期中耕除草两三次,抽蔓后中耕、插架。坐荚后施肥、浇水,防止干旱引起落花落荚。连续摘心 2～4 次,使植株呈低矮的丛状生长,提早开花结荚。扁豆嫩荚的成熟标准不严,适收期幅度较宽,一般在谢花后 7～15 d、豆荚已充分长大、豆粒初显时采收。

15.4.4 刀豆

刀豆(*Canavalia glabiata* DC.)别名大刀豆、关刀豆,挟剑豆、刀把豆,因其豆荚形似刀而得名,属豆科蝶形花亚科菜豆族刀豆属一年生草本植物。在冬季温暖的南方地区,也可多年生栽培。刀豆在中国已有 400 多年的栽培历史。刀豆的嫩荚质地脆嫩,肉厚味鲜,既可作鲜菜炒食,也可腌制酱菜和泡菜,还可剥取成熟的种子煮食。

1)生物学特性

根系较发达。第一对基生叶为心脏形单叶,以后为 3 出复叶,叶柄短。总状花序,每花序开花 10～20 朵,花大,白色和紫色。荚果绿色。每荚有种子 10 粒左右,种子椭圆形,白色或红色,千粒重约为 1 320 g。

刀豆喜温怕寒。对土壤适应性强,但以沙壤土或黏壤土为宜。黏壤土栽培的果荚柔嫩,品质好。

按生长习性分为蔓型和矮型 2 类。①蔓型刀豆:原产于印度。蔓粗壮,生长期长,为晚熟种。在第七八片叶后,从叶腋处抽生总状花序。②矮型刀豆:又称洋刀豆,原产于南美洲。植株高 67～100 cm。花白色。荚较短。较早熟。

2)栽培技术要点

露地栽培须在终霜后播种,初霜来临前收完。刀豆在长江流域一般在 5 月上中旬直播。畦宽 130～150 cm,每畦 2 行。刀豆种子肥大,播种前先浸种 24 h。播种深度 5 cm 为宜。育苗宜在 2 片基生叶展开时定植大田。其他管理参照菜豆进行。一般 8～11 月份嫩荚长 11～20 cm 时采收。

15.4.5 四棱豆

四棱豆(*Psophocarpus tetragonolobus* DC.)又名翼豆、四角豆、翅豆、热带大豆、阳桃豆等,属豆科四棱豆属一年生或多年生攀缘性草本植物。起源于热带非洲和东南亚,至今已有

400年以上的栽培历史。中国南方沿海地区100多年前就已栽培四棱豆。四棱豆嫩荚切片烹调似菜豆，并可盐渍和做酱菜等。

1)生物学特性

根系发达，侧根横展达50 cm，主要根群分布在10～20 cm耕层内。根瘤多，固氮力强。茎绿色，也有紫绿或紫色茎。茎蔓生型，高3～4 m，分枝力强，须支架栽培。3出复叶，小叶卵圆形、三角形或卵披针形等。总状花序，生花2～10朵。花较大，花冠白色或淡蓝色。荚果呈带棱的长方形4棱体，棱缘翼状，有疏锯齿，故称四棱豆。每一花序结荚一两个，荚绿色或紫色，长10～30 cm，每荚有种子5～20粒。种子小，球形，坚硬而带光泽。

四棱豆喜温暖湿润环境，不耐霜冻。种子发芽适温25～30 ℃，15 ℃以下和35 ℃以上发芽不良。开花结荚的适宜温度为25 ℃左右，温度过高或过低均易落花。短日照蔬菜，生长初期和晚熟品种对日照长短反应敏感。开花结荚需充足的光照和水分。比较耐瘠薄土壤，不耐水涝。

栽培种内有印尼品系和巴布亚新几内亚品系。印尼品系为多年生植物，茎叶绿色，花紫、白或淡蓝色。成熟较晚，少数品种较早熟，在低纬度地区全年播种，均能开花。豆荚长18～20 cm。巴布亚新几内亚品系为一年生植物，成熟早，茎叶和荚均具花青素。荚长6～26 cm，表面粗糙，种子和块根产量较低。对光周期不敏感，春播和夏播均能开花结荚。

2)栽培技术要点

1年栽培1茬。可单作，可与甘薯、西瓜、幼年果树等间作。可用种子直播，也可用茎蔓和块根作为繁殖材料。种子种皮坚硬，吸水缓慢，不易发芽。播前晒种1～2 d，温水浸种1～2 d，晾干种皮后播。用砂纸擦破不吸胀种子的种皮，再浸种20 h，在25～28 ℃下催芽后播。多在4～5月份播种，出苗后日均气温15 ℃及以上，以利生长。生长期短的品种，6月中旬前播种。出苗后查苗、补苗。初期1个月内生长缓慢，间苗和浅锄除草一两次。七八叶时定苗，选留1壮苗。30～40 d后生长迅速，抽蔓后深中耕一两次，促根系生长和根瘤形成。支三脚架或四方架，引蔓上架，使蔓叶在架上分布均匀。现蕾时浇水、追肥。坐荚后再加肥水。开花结荚期经常浇水保持土壤湿润。每采收两三次追肥1次，促荚果生长。四棱豆开花结荚期枝叶生长仍旺，地下块根也逐渐肥大，各生长中心间竞争养分激烈，须合理地整枝，减少养分消耗，提高结荚率。主蔓高2 m左右，进入开花期后摘心，促生有效分枝。结荚中期疏去过密的二三级分枝和生长过旺的叶片，以利通风透光。结合中耕进行培土，高度15～20 cm，以利地下块根的形成和膨大。开花后12～15 d，豆荚绿色、柔嫩、豆粒未膨大前采收。5～7 d收1次。采收过迟纤维增多，品质下降。落叶后收地下块根。

思考题

1. 豆类蔬菜生长发育和栽培学异同处有哪些？
2. 简要分析豆类蔬菜根瘤形成特性及其与栽培技术的关系。
3. 豆类蔬菜为何多行干籽直播？若育苗应注意哪些问题？
4. 豆类蔬菜栽培中很容易落花落荚，说明其原因及对策。
5. 简述日光温室菜豆深冬栽培技术要点。
6. 简述豇豆产生“伏歇”的原因与对策。

16

CHAPTER

薯芋类蔬菜栽培

薯芋类蔬菜是以富含碳水化合物的地下器官，如块茎、块根、根茎和球茎等为产品的一类蔬菜，包括马铃薯、姜、山药、芋、草石蚕、葛、豆薯、魔芋、菊芋等，其中马铃薯、姜、山药、芋等在我国普遍栽培。薯芋类产品耐贮运，可以周年供应，调节蔬菜的淡旺季。

薯芋类蔬菜除豆薯用种子繁殖外，其他都是利用营养器官进行无性繁殖，需种量大，繁殖系数低。种块在栽培过程及贮藏期间易感病和种性退化。因此，须建立完善的留种、保种制度。另外，无性器官作繁殖材料，多是先萌芽、后生根，发芽期很长，播种前须催芽。

薯芋类蔬菜的产品器官都位于地下，要求土壤富含有机质、疏松透气、排水良好，并严防地下病虫害。产品器官形成盛期，要求阳光充足和较大的昼夜温差，以利于物质积累。

16.1 马铃薯

马铃薯(*Solanun tuberosum* L.)属茄科(Solanaceae)茄属(*Genus Solanum*)马铃薯亚属[*Subgenus Potatoes*(G. Don)D'Arcy]马铃薯组(*Section Petota* Dumortier)，或因起源别名称为荷兰薯、爪哇薯、爱尔兰薯；或缘其形被称为土豆、地豆、土卵、地蛋、山药蛋；或因区别于山芋(甘薯)而又名番芋、番人芋、羊芋、洋山芋、阳芋、洋芋等，还有地区称其为黄独等。普通马铃薯是马铃薯亚组中能形成地下块茎的一年生草本四倍体作物。马铃薯有多种倍性，包括二倍体、三倍体、四倍体、五倍体、六倍体等。奇数倍性的多倍体通常是不育的，但可以通过块茎繁殖、生长。

马铃薯是一种粮菜兼用作物，在中国主要作为蔬菜栽培，起源于秘鲁和玻利维亚的安第斯山区，迄今已有 8 000 年栽培历史。哥伦布发现新大陆后陆续传播到世界各地，17 世纪末传入中国。马铃薯以地下块茎为产品，块茎含水量 75%～85%，含淀粉 17.5%、糖 1.0%、粗蛋白 2.0%左右，以及多种维生素和矿质元素。

16.1.1 生物学特征

16.1.1.1 植物学特征

1)根

马铃薯根系为须根系，是在种薯萌芽后芽长 3～4 cm 时，，从芽的基部发生出来，构成主要吸收根系，称初生根或芽眼根。以后随着芽的伸长，在芽的叶节上与发生匍匐茎的同时，发生 3～5 条根，长 20 cm 左右，围绕着匍匐茎称匍匐根。初生根先水平生长至约 30 cm，然后垂直向下深达 60～70 cm；匍匐根主要是水平生长。

2)茎

马铃薯的茎分地上和地下 2 部分。地上茎绿色或附有紫色素，主茎以花芽封顶而结束，代之而起的是花下 2 个侧枝，形成双叉式分枝。各叶腋中都能发生侧芽，形成枝条。早熟品种分枝力弱，一般从主茎中部发生 1～4 枝；晚熟品种分枝多而长，一般从主茎基部发生。株势强弱反映种薯质量、栽培条件、技术合理程度等。茎横切面为多棱形，在棱角处沿着茎的伸长方向有附着物，波状或直形，叫茎翼，茎翼由叶柄基部两侧组织向下延伸形成，是鉴别品种的标志。因品种不同，茎的节间有长短之分；植株有直立、披散、微倾等状态。

地下茎包括主茎的地下部分、匍匐茎和块茎。主茎地下部分可明显见到 8 个节，少数品种 6 个节。节上着生退化鳞片叶，叶腋中形成匍匐茎。匍匐茎尖端的 12 或 16 个节间短缩膨大而形成块茎，与匍匐茎相连的一端叫薯尾或脐部，另一端叫薯顶。块茎具有茎的各种特性，表面分布着很多芽眼，每个芽眼里有 1 个主芽和 2 个副芽。副芽一般保持休眠态，只有当主芽受到伤害才萌发。芽眼在块茎上的排列顺序和叶序相同，呈 2/5、3/8 和 5/13 的螺旋状排列，一般为 2 个叶序环。薯顶芽眼分布较密，发芽势较强，这种现象叫顶芽优势。生产上利用整薯播种，以及切块时采用从薯顶至薯尾的纵切法，可以充分发挥顶芽优势的作用。顶芽优势因品种而有强弱之分，随着种薯长期贮藏可以消失，利用这一特点，可以进行育芽分栽。

块茎表面还布满着许多皮孔，是与外界进行气体交换的孔道。土壤过湿、不透气，皮孔外面就会发生由许多薄壁细胞堆砌而成的白色疙瘩，影响块茎的商品质量，也为土壤病菌的侵染开了方便之门。

块茎结构从外到里由周皮和薯肉 2 部分组成。周皮由 10 层左右的矩形木栓化细胞组成，隔水、隔气、隔热，保护着薯肉。薯肉依次由皮层、维管束环和髓部的薄壁细胞组成，内含大量淀粉和蛋白质颗粒。

3)叶

马铃薯最先出土的叶为单叶，心脏形或倒心脏形，全缘，叫初生叶。以后发生的叶为奇数羽状复叶。顶端叶片单生，顶生小叶之下有 4～5 对侧生小叶。小叶柄上和小叶之间中肋上着生裂片叶。大部分品种主茎叶由 2 个叶环，即 16 片复叶组成，加上顶部 2 个侧枝上的复叶，构成马铃薯的主要同化系统，早、中熟品种的产量大部分靠它们形成。

叶片表面密生茸毛，一种披针形，另一种顶部头状。它们有收集空气中水汽的效应，有些品种具有抗害虫的作用。复叶叶柄基部与主茎相连处着生的裂片叶叫托叶，具小叶形或镰刀形或中间形，可作为识别品种的特征。

4)花

伞形或聚伞形花序，花序着生枝顶。早熟品种第一序花盛开，中、晚熟品种第二序花开放，恰与地下块茎开始旺盛膨大吻合，是结薯期的重要形态指标。

5)果实和种子

果为浆果，球形或椭圆形。种子细小肾形。在中国西南山区或高纬度地区，马铃薯的生育期有 150 d 以上的地方，可以利用种子繁殖种薯或直接投入生产。种子一般不带病毒，但因种子后代遗传性不稳，性状分离大，特别是结薯性的分离，因此在生产中用种子繁殖的较少。

马铃薯大多数品种的花花而不实，少数品种可结果。为减少花器官对块茎产量的影响，应在蕾期将花摘除。

16.1.1.2 生长发育周期

马铃薯在生长过程中顺序而有规律地经过 5 个时期 3 段生长的变化，这是采取合理技术措施的根据。

1)发芽期

从种薯解除休眠，幼芽从眼处开始萌发、抽生直至幼苗出土为发芽期，进行主茎第一段的生长。

马铃薯第一段生长主要长成主茎地下部分 6～8 节，即第一段茎轴。在第一段茎轴基部贴近种薯芽眼的几个茎节发生初生根，形成主要的吸收根系。每节发生或分化匍匐茎，是结薯部位。各匍匐茎侧下方发生 3～5 条匍匐根，为块茎提供水分和营养。同时，主茎的第二段及第三段茎轴、叶片、侧枝及花芽开始分化。这个时期的生长中心是芽轴的伸长和根系的生长，需要的营养和水分主要靠种薯供给(图 16-1)。

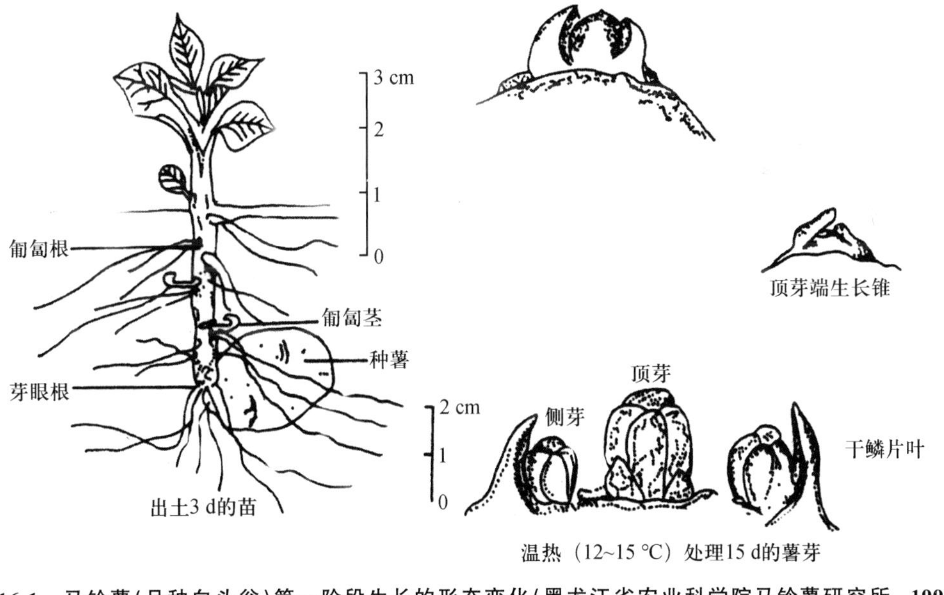

图 16-1 马铃薯(品种白头翁)第一阶段生长的形态变化(黑龙江省农业科学院马铃薯研究所，1994)

第一段生长是马铃薯建立根系、发苗、结薯和第二段、第三段进一步发展的基础，其生长过程的快慢与好坏，关系到马铃薯的产量和品质。这一段的生长首先受种薯是否通过休眠和种薯生理年龄的影响。其次取决于种薯的营养成分及其含量和是否携带病害。最后取决于发芽过程中需要的环境条件，即是否具备足够的土壤墒情、充足的氧气和适宜的温度。发芽期所需时间因品种特性、种薯贮藏条件、栽培季节和栽培技术水平等的不同而异，短的 1 个月左右，长的达数月之久。因此，发芽期管理的关键在于把种薯中的养分、水分、内源激素等充分调动起来，加强茎轴、根系和叶等原基的分化和生长。

2)幼苗期

从出苗到主茎第一叶序环的叶片展开为幼苗期，需 15～20 d。以第八叶或第六叶平展为此期结束的形态标志，俗称团棵，此后进行主轴第二段生长。

幼苗期根系继续扩展，匍匐茎先端开始膨大，块茎雏形初具。与此同时，第三段茎叶继续分化并生长，顶端第一花序开始孕育花蕾，其下侧枝叶开始发生。

幼苗期的生长中心是茎叶，生长量不大，茎叶干重只占总干重的 3%～4%，但幼苗期是承上启下的一段，一生的同化系统和产品器官都在此期分化建立，是进一步发棵和产量形成的基础。此期各项农艺措施的主要目标在于促根、壮苗，保证根系、茎叶和块茎的协调分化与生长。

3)发棵期

从团棵到主茎形成第二叶序环的叶片为发棵期，需 30 d 左右。封顶叶(第十六叶或第十二叶)展平，主茎进行第三段生长。早熟品种第一花序开花并发生第一对顶生侧枝；晚熟品种第二花序开花并发生第二对侧枝。

发棵期主茎节间急剧伸长，株高达到总株高 50%左右，主茎叶已全部形成功能叶，分枝叶也相继扩大，早熟品种叶面积达到总叶面积的 80%及以上；晚熟品种达到 50%及以上。与此同时，根系继续扩大，块茎逐渐膨大至直径 3～4 cm，干重达到植株总重的 50%左右。发棵期还是以建立强大同化系统为中心，并逐步转向块茎生长为特点，各项农艺措施都应围绕这一生长特点来进行。

马铃薯从发棵期由以茎叶生长为主，转到以块茎生长为主的结薯期，有一个转折阶段。早熟品种大致从现蕾到第一花序开花；晚熟品种大致从第一花序始花到第二花序盛花前后。在转折阶段存在着制造养分(根、茎、叶的同化作用)、消耗养分(新生根、茎、叶的生长)和积累养分(块茎的生长)3 个相互联系、相互促进和制约的过程，从而影响到这一阶段进程的快慢，以致影响生物学产量和经济产量的比例和块茎的适期形成。这除了受品种遗传特性、种薯生理年龄等内因决定外，在栽培过程中对环境条件，如温度、光照、水分、肥料、气体等的合理调控发挥着重要作用。在这方面中国农民有着丰富的经验，一般在此期前段采取以肥水促进茎叶生长、形成强大同化体系，继而进行深中耕并结合大培土的控秧、促根措施，使上述 3 个过程协调进行，促进生长中心由茎叶迅速转向块茎旺盛生长。

4)结薯期

第三段主茎生长完成后，侧生茎叶开始生长，茎叶和块茎的干物质量达到平衡时，便进入以块茎生长为主的结薯期。结薯初期茎叶缓慢生长，叶面积逐渐达到最大值。继而植株叶片开始从基部向上逐渐枯黄，甚至脱落，叶面积迅速下降。但块茎的体积和重量保持迅速增长趋势，直至收获。

结薯期块茎为植株养分的分配中心。所以结薯期的关键农艺措施在于尽力保持根、茎、叶不衰，有强盛的同化力，以及加速同化产物向块茎运输和积累。

结薯期长短因品种、气候条件、栽培季节、病虫害和农艺措施等而变化很大，多在 30～50 d，产量的 80%左右是在此期形成的。

5)休眠期

马铃薯块茎的休眠在栽培上是从茎叶衰败后或收获时开始。休眠期的长短按收获到芽眼萌发幼芽的天数计算，因温度和品种而异。马铃薯块茎的休眠属生理性自然休眠，此期即使给予块茎适宜的温度、水分和气体条件也不能发芽。

16.1.1.3 对环境条件的要求

1)温度

块茎解除休眠后,5 ℃下即可发芽,但发芽速度缓慢,适温为 13～18 ℃,在 27 ℃下发芽最快,但芽条细弱、发根少。茎的生长以 18 ℃最适,6～9 ℃极缓慢,高温易引起徒长。叶片生长适温为 16 ℃。花器官发育对夜温敏感,12 ℃形成花芽但不开花,18 ℃大量开花。最适宜块茎生长的土温为 15～18 ℃,但夜间气温比土温对块茎的影响更大。如在土温 20～30 ℃下,夜间气温 12 ℃形成块茎;而夜气温 23 ℃则无块茎。

马铃薯光合产物积累最多的温度范围为 12～25.5 ℃。光合产物累积与呼吸消耗的平衡点为 40 ℃。

2)光照

第一段生长要求黑暗,光照能抑制芽的伸长,使组织硬化和产生色素。但在第二段与第三段生长期,较强光照会使植株维持较高的光合能力,有利于器官建成和产量形成。据测定(张振贤等,1997),马铃薯的光补偿点和光饱和点分别为 37.2 $\mu mol/(m^2 \cdot s)$和 1 143.0 $\mu mol/(m^2 \cdot s)$。

日照长短不影响匍匐茎的发生,但块茎的形成与生长与日照长短密切相关,短日照对块茎的形成有明显的促进作用。日照长短与温度有互作效应,高温不利块茎形成,但能被短日所逆转。高温短日下,块茎产量往往比高温长日下高;高温弱光和长日则使茎叶徒长,块茎几乎不能形成。

短日下花芽分化较早,但在开花前败育,继续形成则需长日照、强光和适当的高温。由于花在短日下分化较早,因此,其株高要比长日下的植株矮,但叶/茎较大。

综上所述,马铃薯幼苗期短日、强光和适当高温,有利于促根壮苗和提早结薯;发棵期长日、强光和适当高温,有利于建立强大的同化系统;结薯期短日、强光与较大的昼夜温差,有利于同化产物向块茎的运转,促使块茎高产。

3)水分

马铃薯叶片水势为－350 kPa 时气孔关闭,－500 kPa 时停止生长。土壤水分临界亏缺值约为 25 mm,土壤含水量低于临界亏缺值时,叶片气孔缩小或关闭,生理活动不能正常进行。当田间被植株冠层覆盖时,每天蒸腾水分 1～2 mm 或每天 20 000～100 000 L/hm^2。

不同生长时期对水分的要求不同。发芽期仅凭块茎内贮备的水分便能正常生长,待幼芽发生后,需根系从土壤中吸收水分后才能正常出苗。此期土壤相对含水量不低于 40%～50%。但中原二季作区秋作播种后,必须经常浇水降低土温才能正常出苗。幼苗期适宜的土壤相对含水量为 50%～60%,低于 40%则茎叶生长不良;发棵前期为 80%,后期缓降到 60%,适当控制茎叶生长以利于适时进入结薯期;结薯期对水分亏缺最为敏感,尤其是结薯前期,若停止供水,直到降至土壤相对含水量 30%时再供水,则减产达 50%。结薯期最适宜的土壤相对含水量为 80%～85%,接近收获时缓降到 50%～60%,以促进块茎周皮老化而利于收获。

4)矿质养分

马铃薯喜有机肥,追肥只供提苗与发棵。吸收最多的矿质养分为氮、磷、钾,其次是钙、镁、硫,还需微量的铁、硼、钼、锌、锰等。同薯 8 号品种每生产 1 t 鲜薯需吸收氮(4.38±0.36) kg、磷(0.79±0.04) kg、钾(6.55±1.70) kg。

各生长时期对氮、磷、钾的分配量不同,幼苗期很少,仅分别占全生育期总量的 19%、18%

和 17%，几乎全部分配到茎叶；发棵期猛增，分别占总量的 56%、49%和 49%，主要分配向茎叶，占 67%，其次是块茎占 33%；结薯期分配量分别占总量的 25%、34%和 34%，以块茎为主，占 72%，而茎叶只占 28%。

马铃薯对钙、镁、硫的吸收动态、分配状况与氮、磷、钾的趋势相同，不同的是分配方向主要是茎、叶、根，块茎分配比例较少。每生产 1 t 块茎，吸收的氧化钙和氧化镁分别为 6.8 kg 和 3.2 kg。马铃薯对微量元素的吸收很少，每生产 20 t 块茎，吸收的铜 44 g、锰 42 g、钼 0.74 g、锌 99 g。

马铃薯吸收的矿质养分主要是氮、磷、钾，除由土壤供给外，主要靠基肥和追肥补给。是否需要追肥可由主茎下第四片叶柄的营养水平而加以判断。幼苗期、发棵期和结薯期叶柄中的硝态氮应分别达到 15 000 μg/ g、10 000 μg/ g 和 50 000 μg/ g(干重)左右；磷酸态磷应分别达到 20 000 μg/ kg、14 000 μg/ kg 和 10 000 μg/ kg（干重）；氧化钾发棵期应达到 14%，结薯期 10%（干重）。

5)土壤和气体

马铃薯喜微酸性土壤，pH 以 5.6～6.0 为宜；要求疏松透气的沙壤土，若土面板结则根系生长不良，往往出现植株矮小、叶片卷曲、分枝细弱，最终影响块茎形成和膨大。

马铃薯良繁体系如图 16-2 所示。

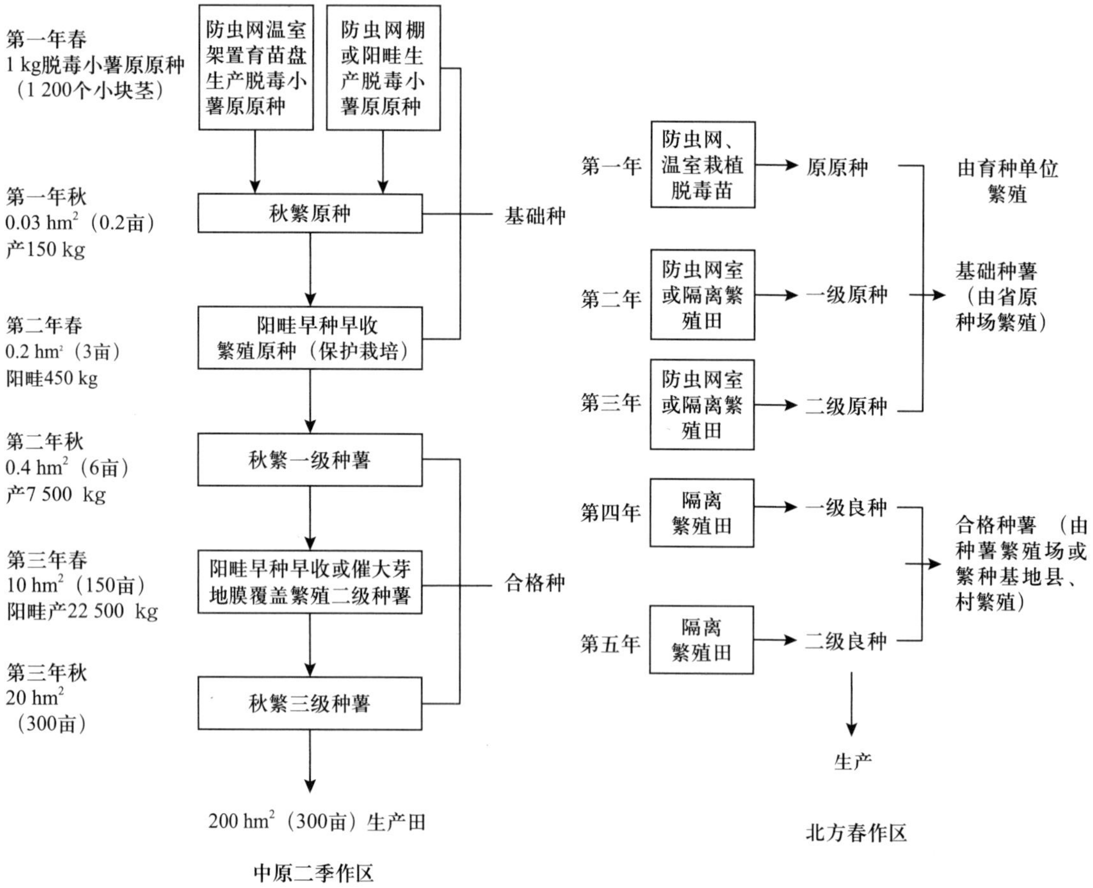

图 16-2　马铃薯以脱毒薯为基础的良繁体系(黑龙江省农业科学院马铃薯研究所，1994)

16.1.2　类型与品种

目前栽培的马铃薯有 2 个亚种，即 *ssp. tuberosum* 和 *ssp. andigena*，二者同为四倍体 $2n=4x=48$。中国栽培的是前一个亚种。按照块茎成熟期，马铃薯可分为早熟品种、中熟品种和晚熟品种。早熟品种出苗后 50～60 d 成熟，中熟品种 80～90 d，晚熟品种 100 d 以上。高产和贮藏栽培应选用中、晚熟品种。提早供应、二季作和间套栽培则应选早熟矮秧品种。不同地理纬度和海拔高度的地区栽培马铃薯时，也应慎重选择品种。一般在高纬度(北纬 42°以上)和高原(海拔 800 m 以上)地区宜选择中、晚熟品种；江淮流域宜选择中、早熟品种；华南冬作区以早熟品种为宜。

根据马铃薯块茎的休眠期和休眠强度还可分为无休眠期的品种；休眠期短的品种，块茎在 20～25 ℃条件收后 1 个月左右通过休眠；休眠期中等的品种，收后 2 个月左右通过休眠；休眠期长的品种，收后 3 个月以上通过休眠。二季作区通常宜选用休眠强度弱和休眠期短的品种。

16.1.3　栽培季节与茬口安排

1)栽培季节

确定马铃薯栽培季节的总原则是把结薯期安排在温度最适宜的时间，即土温 16～18 ℃，气温白天 24～28 ℃和夜间 16～18 ℃。马铃薯一、二季作地区春季露地栽培应在土温稳定在 5～7 ℃，或以当地断霜日为准向前推 35～45 d 作为播种适期。二季作地区夏季高温多雨，马铃薯不能正常生长，应分春、秋 2 茬栽培，秋薯露地栽培季节确定的原则是以当地能使马铃薯枯萎死亡的严霜期为准，向前推 50～70 d 为临界出苗期，再据种薯播种后出苗所需天数，确定播种期。华南三季作区秋季 7 月份播种，12 月份收获；冬季 10 月份播种，翌年 3 月份收获；春季 12 月份播种，翌年 4 月份收获。

近年来，华北和江浙地区马铃薯设施栽培面积逐渐扩大，主要利用地膜覆盖、拱棚、阳畦、日光温室等保护设施进行马铃薯春季早熟栽培。地膜覆盖可比当地露地栽培提前 10～15 d 播种；小拱棚提前 15～20 d 播种；大、中拱棚内加小拱棚和地膜多层覆盖可比露地栽培提前 30～60 d 播种；阳畦可提前 45～50 d 播种；日光温室可于 10 月下旬至 12 月份随时播种，比露地栽培提前 3～4 个月。

2)茬口安排

马铃薯喜轮作，春薯以秋季收获早的作物或葱蒜类、胡萝卜、黄瓜等为前茬较好。马铃薯与茄果类蔬菜有共同的病虫害，因此忌与之轮作。大白菜软腐病重，浇水多，收期晚，后茬地板结，若种植马铃薯，发棵缓慢，长势不强，易烂薯死苗。

马铃薯植株矮小，早熟，喜冷凉，所以可与各种高秆、生长期长的喜温作物如玉米、棉花、瓜类、茄子、中幼年果树等进行间作套种。间作套种时应重点考虑以下几个方面。

①选好马铃薯品种和与之间作套种的作物种类。马铃薯宜选用早熟矮秧品种；其他作物或选比马铃薯更喜冷凉和速生者，如小白菜、小萝卜等，以便在春薯出苗前后的间作，或者选比马铃薯喜热且植株高大、生长期长者，如茄子、南瓜、玉米等。

②解决好争肥水、争光线和管理冲突以及不方便的矛盾。可利用宽幅或宽带实行多行或小窄行进行间套栽培，使 2 种作物互不干扰。一般采用 2 行马铃薯间套 2 行其他作物的方式。

③要使 2 种作物共生期尽量缩短，并使产品器官形成盛期错开。

④应适当增加肥水和加强管理。

16.1.4 栽培技术原理与措施

16.1.4.1 春薯栽培技术

1)整地施基肥

马铃薯根系和块茎的生长都需要较多的氧气。因此,要求土壤耕作层深厚、疏松透气、土地平整,浇水后下水头不能积水。土壤最好在冬前深耕,春播前耙松整平,或者在土地解冻后立即深耕细耙,使土壤松软,肥效完全而持久。马铃薯最宜用有机肥,特别是骡马粪,有改善种性和减轻疮痂病的作用。如基肥充足,可结合耕地把基肥的 1/2 或 1/3 翻入耕作层,1 hm^2 施用量按优质厩肥计为 15 000～300 000 kg。其余的基肥在开播种沟时集中沟施。如基肥不足,应全部沟施以发挥其肥效。

播种前还应沟施无机肥作为种肥,每公顷施尿素 37.5～75 kg、钙镁磷肥 150～220 kg、草木灰 375～750 kg。这对发芽期种薯中的养分迅速转化并供给幼芽和幼根的生长有很大的促进作用。结合施用种肥,应拌适量农药以防治地下害虫。

2)种薯处理和育苗

为提早出苗及苗齐苗壮,对没有通过休眠的种薯须进行处理,这对 2 季作区尤为重要。一般春作多用整薯和切块播种,有时为了接早春绿叶蔬菜茬,或为了节约种薯,可先进行育苗。

(1)暖种晒种　于播种前 30～40 d 进行。第一步暖种催芽:要求黑暗和 20 ℃左右的条件,使种薯内各种酶类,如淀粉酶、蛋白质分解酶等活动起来,分解养分,供给芽眼迅速萌发和生长,需 10～15 d,当顶部芽长达 1 cm 左右时结束。第二步晒种壮芽:为避免幼芽黄化徒长和栽种时碰断,将暖芽后的种薯放于散射光或较弱的阳光下晒,保持 15 ℃左右的低温,让芽绿化粗壮,约需 20 d。在此过程中幼芽伸长停止,却不断地发生叶原基和形成叶片,同时形成匍匐茎和根原基,使发育提早。晒种能限制顶芽而促进侧芽生长,使薯块上各部位芽的大小基本一致。

(2)浸种催芽　赤霉素浸种浓度,切块用 0.5 μL/L,整薯用 10 μL/L。浸种 10 min 后可立即播种。硫脲用 1/300～1/200 水溶液。暖种晒种后的种薯,如果中下部芽很小,不到 2 mm 时,为促使出苗快,可于切块后用 0.1～0.2 μL/L 低浓度赤霉素液浸泡切块 10 min。

(3)育苗　断霜前 20 d 须对种薯进行晾晒。将切块密集排列于冷床进行种薯育苗。种薯单芽切块,种薯不足时,可将 1 个芽眼对破为 2。播后覆土 3～4 cm;土温保持 15～20 ℃。栽植前 8～10 ℃低温下锻炼幼苗 3～5 d。如用长期贮存而早已通过休眠的种薯,可将整薯密集排列于苗床,覆土 7～10 cm。待苗高 20 cm 以上时,起出种薯,扒取带 3 条根的苗栽植。种薯可再用于培养第二批苗或直接种于大田。

3)播种与栽植

春马铃薯栽培多采用直播,整薯或切块均可用作种薯。整薯有利于控制细菌病害,而切块有利于节约种薯。切块应切成立体三角形,每块重 25 g 左右,切块方法如图 16-3 所示。暖晒过的种薯可选芽切块;未暖晒的种薯,中小型薯采取纵切法以利用顶芽优势;大薯则按芽眼切。切刀要锋利,靠着芽切以利发根出芽。切第一刀前后,都应检视种薯是否带病。切了带病的种薯,立即用 70%的酒精对切刀进行消毒。每 500 g 种薯切 20 块左右。

北部垄作区播种马铃薯一般将种薯置于垄沟内,然后用犁破垄覆土;或用犁开沟后播种薯,再盖一犁土。中原地区播种要求细致,先开 10 cm 深的沟,施适量拌有农药的种肥后,再将

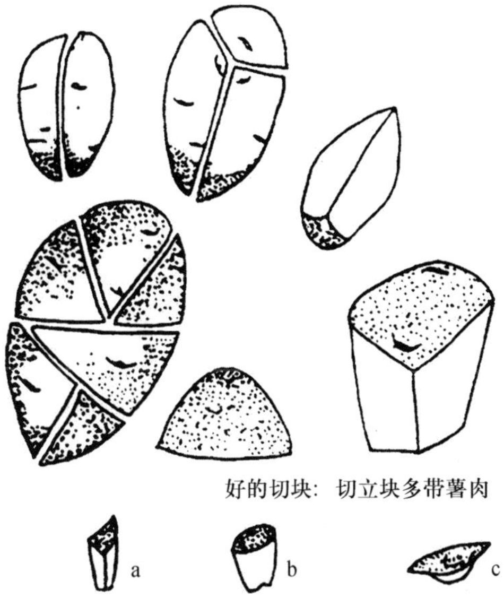

图 16-3 种薯切块法(黑龙江省农业科学院马铃薯研究所,1994)

不好的切块:a. 切小块 b. 挖芽眼 c. 切薄片

种薯播于沟内。冬季干旱年份,若土壤墒情不足,应在播前造墒,或于播种时小水轻浇栽种沟。因为马铃薯播种后 25～30 d 才出苗,若土壤湿度小,幼苗和根系就会停止生长。因此,播后 15～20 d 应检视土壤墒情,如墒情不足,可以补水,但水后一定要中耕。

马铃薯种植密度应根据成苗数而定。欲使马铃薯高产,必须使总叶面积大而分布合理,而适宜的种植密度是实现这一目的的根本保证。山东省马铃薯的适宜种植密度为行距 70 cm、株距 30～35 cm,一穴双株,每公顷种植 78 360～93 750 株。虽然单位面积株数较高,但由于穴距较大,解决了密植与植株间相互争光的矛盾,其叶面积指数在结薯初期即达到 3 以上。比过去一般每公顷栽植 57 000～70 500 株的密度增产 24.1%～38.7%。播种后盖土深度 10 cm 左右,过浅表土落干,不能扎根影响出苗。

秧苗栽植,采用开沟贴苗法,盖土至初生叶处。然后浇透水 1～2 次,浇后随即中耕松土,促进根系生长。在浇第二水时结合追肥,以后分次追肥提苗发棵。

抱窝栽植,是用整薯播种,通过提高单株产量而获高产,生产上已有成功经验。其技术要点:①选用高产抗病品种。②整薯进行暖种晒种,培养苗壮大芽和一薯多芽,以促使早结薯和多结薯,并充分利用顶部芽的生长优势。③适期早种,利用朝阳坡或薄膜覆盖早种。④深翻土地,集中沟施有机肥和氮磷钾全量的种肥。⑤分次培土,形成高而宽阔的大垄,以保证根系发达和块茎膨大对土壤氧气的要求。⑥根据马铃薯生长规律进行相适应的管理。

确定抱窝栽植密度的原则,在于充分发挥个体的产量潜力,使每窝块茎数多而大,从而取得群体的最高产量。影响单窝块数和块茎大小的因素主要是每窝的发苗数或茎数,这也是确定密度的重要依据。合理的密度应以品种、生长日数和土壤肥力等条件而异。具体播种薯数,可根据单位面积应具有的总茎数和种薯平均发苗数来确定。一般小秧棵的总茎数在 135 000 个/hm^2 左右,大秧棵在 82 500 个/hm^2 左右。设每窝为 5 茎,则每公顷需播薯数小秧棵为 27 000 个,大秧棵为 16 500 个。

4)田间管理

春薯田间管理的要点在于贯彻一个“早”字,满足一个“气”字,围绕土、肥、水进行重点管理。

(1)发芽期　出苗前的土壤墒情已在播种前造好,发芽期的管理就在于始终保持土壤疏松透气,雨后应及时耙破土地表层。

(2)幼苗期　从出苗到团棵应紧紧配合马铃薯苗期短、生长快这一特点,力求早施速效氮肥,适宜施用量为纯氮 37.5～75 kg/hm^2。结合施肥及时浇水和中耕,以促进发根和发棵。第一遍中耕后深锄垄沟,耕破垄的底部表面,使垄内有气而不伤根;垄的中上部则以浅锄为宜,除尽杂草即可。

(3)发棵期　从团棵到开花,浇水与中耕紧密结合,土壤不旱则不浇,而只进行中耕保墒。结合中耕逐步浅培土,直到植株拔高即将封垄时才进行大培土。培土时应注意不埋没主茎的功能叶。发棵期的追肥应慎重,需要补肥时可在发棵早期或结薯初期进行。若发棵中期追肥或虽早施而肥料迟效,则会引起秧棵过旺而延迟结薯。发棵到结薯的转折期,如果秧势太盛,控制不住,可以喷矮壮素(1/500)或比久等植物生长延缓剂。

(4)结薯期　开花后进入块茎迅速膨大期,土壤应始终保持湿润状态,尤其是开花期的头三水更关键,可谓“头水紧、二水跟、三水浇了有收成”。结薯前对缺水有三个敏感阶段,早熟品种在初花、盛花及终花期;中晚熟品种在盛花、终花及花后 1 周内。如果在这三个阶段依次分别停止浇水 9 d,等到土壤水分降至饱和持水量的 30%时再浇水,则分别减产 50%、35%、31%。结薯后期对于块茎易感腐烂病的品种,留种田应少浇水或停止浇水,不能大水漫灌。结薯期需肥较多,可在结薯前期施用氮磷钾复合肥 450～750 kg/hm^2;开花前后可以结合喷药防病,进行根外追肥,如 0.2%～0.5%的尿素、磷酸二氢钾等。

5)收获

北部及高原地区,于轻霜到来前后收获;中原地区春薯应在雨季和高温临近时及早收获。进入雨季遭受雨淋的时间越长、雨量越大,贮存期间烂薯率就越高。黄河以北宜在 6 月中下旬收获,黄河以南及江淮北岸则在 6 月上中旬收获为宜。

收获应选晴天、土壤适当干爽时进行。收获时要避免薯块损伤,受伤的薯块须经过愈伤过程才能存放。愈伤条件是温度 20 ℃,空气相对湿度 90%。在此条件下摊晾薯块 48 h 便可。

6)主要病虫害

马铃薯主要病害有早疫病、晚疫病、病毒病、环腐病、黑胫病等,主要虫害有蚜虫、二十八星瓢虫、块茎蛾、蓟马、地老虎、蛴螬、蝼蛄等。

16.1.4.2　秋薯栽培技术要点

2 季作区秋薯播种正处高温季节,很易烂块死苗,造成缺苗断垄,最好选用已通过休眠的小整薯作为种薯。若块茎尚处于休眠状态,播前还须催好芽,播后注意加强田间管理,方可保证栽培成功。

1)种薯处理

若播种前种薯尚未通过休眠,必须采取适当措施打破休眠,方可催芽播种。目前多用赤霉素打破马铃薯种薯休眠,处理方法如下。

(1)切块处理法　首先仔细挑选种薯,然后选择风雨后的凉爽晴朗天气,气温在 27 ℃以下的清晨或傍晚,于阴凉通风场所进行切块。

种薯应边切块、边浸种、边晾干,否则切块成堆会因呼吸生热,切伤面易感染空气中存在的酵母菌,使切伤面发黏,浸种后不易晾干。这样就为病菌入侵切块大开方便之门,从而造成烂块死苗。浸种用的赤霉素浓度因品种、种薯贮藏天数、催芽或直播、土质等而稍有差别,但一般用 0.5~1.0 μL/L 为宜。

切块浸泡时间 10~15 min。浸毕捞出后摊放在晾席上,切面朝上晾干。晾席务选有风阴凉、没有阳光的地方放置,使切面在 0.5~2 h 内晾干。切块晾干后,即可置土床上分层催芽。床应设在通风阴凉避雨处,床宽 1 m,长根据种薯量的大小而定。床土以沙壤土、壤土最适宜,透气保墒。床土应在催芽前 1 d 准备好,湿度达到手握成团,丢下散开。床上过湿易引起烂块,过干不能发芽。切忌种薯切块上床前后喷水。

切块在催芽床上每铺满一层,盖 1.5~2 cm 厚的湿润细土,共 3~5 层。最上层和床四周盖土厚度 5~6 cm,以防床土干燥。

切块上床后 6~8 d,芽长达 3.3 cm 时,扒出切块,堆放在原地经散射光照射,让芽绿化变硬。如此锻炼幼芽 1~3 d 及以上,即可播种。

(2)整薯处理法 利用整薯播种是当前控制细菌病害所致的烂块死苗最有效的措施,整薯有完整的周皮保护,不容易吸收赤霉素,因此应使药液浓度大、处理时间长。品种不同,休眠程度不同,处理措施有差别。休眠期短的品种或者芽已萌动的种薯,可用 2~5 μL/L 赤霉素液浸种 0.5~1 h。捞出后随即直播于湿润土壤中,应注意避免薯皮干燥和土壤干燥,因干燥会使赤霉素的作用失效。

休眠期较长的品种可用 10~15 μL/L 赤霉素液浸种 0.5~1 h,捞出后随即堆积在阴凉通风避雨处,薯堆上面盖以湿润细土 6~7 cm,再加盖薄草帘或席保墒。催成大芽后经绿化锻炼再播种。整薯发芽较切块慢和不整齐,一般分 3 批完成,共需 20 d 左右。

少数品种整薯用赤霉素水溶液浸泡无效,因为赤霉素进入整薯必须以水为媒介,整薯有周皮包被,水分很难进入,要使赤霉素经薯皮进入,可用亲水保水性较强的甘油作引子(花生油也同样有效)。一般用甘油赤霉素水溶液涂抹法或喷雾法:所用赤霉素浓度 50 μL/L 或 100 μ L/L,配制时甘油与水的比例为 1∶4。在种薯收获后 20 d,用棉花球蘸药液涂抹薯顶部芽眼,或用喷雾器将药液喷布在芽眼周围。处理后或仍旧置筐中贮藏,临到播种时重复处理 1 次再播种;或直接播于湿润土壤中。借助甘油可使赤霉素在薯面能长期维持水浸状态,逐渐渗入,发挥药效。

2)播种

秋薯播种期应严格掌握,播种过早,天气炎热,不易出苗,经常造成烂块死苗;播种过晚,生长期不足,严重影响产量。华北地区一般在大暑前后视天气状况而定。气温高时,适当晚播;天气凉爽,可适当早播。

播种的技术要点是保证土壤具备发芽所需的凉爽、湿润、疏松条件。应平地浅播,厚培土,起大垄,即在整耙平的土壤上按行距开沟,深 3~5 cm,沟内施种肥与土壤混合,然后按株距播种,培土起垄。由种薯至垄顶覆土厚 10~12 cm,使种薯在垄的阴坡 2/3 处(在垄底以上),以防降雨时,垄沟底积水泡种、烂种。晴天时于清晨早播,播种后及时覆土,使种薯处于冷凉湿润土壤中。气温高时停止播种,避免用晒热的土壤培土,造成种薯腐烂。

3)合理密植

秋薯生长量远小于春薯,同一品种的株高和匍匐茎的长度也远较春薯短。因此,应适当增加密度。经孙慧生(1989)试验,在地力较好的田块,以行株距 70 cm×15 cm,每 667 m^2 保苗 6 350 株,每株平均 2 个主茎,每 667m^2 茎数为 12 700 个最好。

4)加强田间管理

秋薯生长受短日照、温度低的影响,不存在徒长问题。在管理上要采取一切措施促进植株的快速生长,使其在尽可能短的时间内形成较强的同化群体。因此,追肥应早,以氮肥为主,浇水中耕要及时,保持土壤疏松湿润。结薯盛期时,气温、地温均较低,土壤水分蒸发不大,只要保持土壤湿润,不需浇水过多,以免土壤板结,影响块茎膨大。秋薯的生育期应尽量延迟,直到老叶全部霜死,再行收获。

16.1.4.3 春设施栽培技术要点

1)设施类型与栽培季节

目前用于马铃薯栽培的保护设施主要有日光温室、大拱棚 3 膜覆盖、中拱棚双膜覆盖、小拱棚双膜覆盖和阳畦栽培。日光温室生产可于 10 月下旬至 12 月份随时播种。大拱棚 3 膜覆盖即大拱棚内增加 1 层小拱棚和地膜,形成 3 层覆盖,1 月上中旬播种为宜。中拱棚是指高度在 1.5 m 左右,同时覆盖 4～6 垄马铃薯的塑料棚。一般采用双膜覆盖,即 1 层棚膜和 1 层地膜。中拱棚双膜覆盖的增温和保温效果不如大拱棚 3 膜覆盖的好,因此,其播种期可延后至 2 月初。小拱棚一般只能覆盖 2～3 垄马铃薯。由于小拱棚内体积小,储存的热量少,所以保温效果又次于中拱棚,播种时间一般在 2 月中下旬。阳畦的采光效果好,且夜间可增加保温覆盖物,所以其保温性能较好,可于 1 月中旬前后播种。

2)品种选择

应选择生长期短的早熟品种,如鲁引 1 号、东农 303 等,一般播种后 95～100 d 即可收获。由于播种时间早,所以在选用种薯时应注意种薯是否通过了休眠。当地秋季收获的块茎因贮藏时间短可能尚未通过休眠,因此用北方 1 季作区在 8 月底至 9 月上旬收获的脱毒种薯较好。

3)种薯处理

种薯处理包括以下几方面的内容:①严格选择种薯,剔除病、烂块茎。②将挑选好的种薯摊放在散射光下晾晒 4～5 h。③药剂处理,以杀死块茎表面携带的病原菌。药剂处理的方法是:用 500 倍甲霜灵锰锌及农用链霉素溶液浸泡种薯 10 min,捞出后控干药液并稍加晾晒。也可先把块茎摊开,然后用喷雾器向块茎上喷药,可减少病菌的交叉感染。种薯处理后再切块。也可先切块,然后用上述药液处理,但药液浓度应为 600 倍。④为促进发芽,可用 0.5～1.0 μL/L 的赤霉素溶液浸泡 10～15 min。⑤暖种催芽和晒种壮芽,方法同上。

4)扣棚增温

整地后扣塑料薄膜,同时喷洒杀虫剂和杀菌剂闷棚,以消灭病菌和害虫。

5)播种

设施内要求施足基肥,基肥以腐熟的有机肥为主,辅以磷肥。有机肥施用量为 75 000 kg/hm^2、过磷酸钙 750 kg/hm^2。播种时施用尿素 300 kg/hm^2、碳酸氢铵 225 kg/hm^2、硫酸钾 750 kg/hm^2。有机肥和 1/2 的磷肥于整地时撒施,剩余部分与其他化肥均于播种时开沟集中施用。

设施栽培马铃薯种植密度以 82 500～90 000 株/hm^2 为宜。实行单垄双行种植,即在 90 cm 的条带内种植 2 行,两行之间的距离为 15～20 cm,株距 24～27 cm。播种时按上述行距开 5～7 cm 的浅沟,施入肥料并与土壤混匀,浇足底水后将种薯平放,培土 8～12 cm,最后整平垄面，覆盖地膜。

6)田间管理

(1)出苗前管理　出苗前的管理原则是促进早出苗，因此，出苗前不通风、不揭膜。保持棚（室）内温室白天 22～25 ℃、夜间 15～18 ℃。只要播种时浇足了底水，出苗前一般不需浇水。

(2)出苗后管理　出苗后的管理重点是调控设施内的温度和湿度。棚（室）温度白天保持在 18～25 ℃，超过 25 ℃时及时通风；夜间保持在 15～18 ℃，不要低于 12 ℃；土壤温度应控制在 15～20 ℃。出全苗后浇第一水，株高 20～25 cm 时浇第二水，现蕾时浇第三水，以后保持土壤湿润状态，收获前 10 d 停止浇水。一般情况下不需要追肥，但若底肥不足，在苗齐 15 d 后每隔 20 d 追施尿素 7.5～15 kg/hm^2 或叶面喷施 0.2%磷酸二氢钾。块茎膨大期培土 2 次，以防薯块露在垄面变绿。为防止植株徒长，在地上茎叶开始封行时叶面喷施 50～100 μL/L 的多效唑，使养分向地下茎输送，促进块茎膨大。

16.1.5　常见问题与对策

1)种薯退化

马铃薯因块茎无性繁殖，可导致植株长势逐年衰弱、矮化、分枝变少、结薯变小，产量逐年下降甚至绝产等种性退化现象。退化的原因较多，但主要是由于病毒通过块茎逐代传递，毒量增加，最终导致种性退化，此为病理性退化。病毒侵染程度及危害程度受环境条件影响。高温有利于病毒侵染，并提高其在寄主细胞内代谢活动。另外，高温还能加速块茎芽的生长锥细胞衰老，并导致种性的退化，此称为生理性退化。

防止退化的措施：①冷凉季节保种：在高纬度及海拔 800～1 000 m 及以上的地区用夏播保种或中原 2 季作区用秋播保种，以使种薯形成避开高温的影响。②冬季或早春利用低夜温条件复壮种薯，使其避开高温与蚜虫的影响。③茎尖脱毒技术及良繁体系复壮：利用茎尖生长锥进行组织培养，可以脱除病毒，目前已成为控制马铃薯种性退化最主要的技术措施。

2)块茎绿皮

症状表现为块茎采收后表皮变绿，商品性降低。病因是植株生育期间培土不及时或培土过浅，块茎膨大后表皮外露见光而导致薯皮变绿，或块茎在贮藏过程中见光导致绿皮。

防止块茎绿皮的措施：在马铃薯生长过程中及时中耕培土；在薯块贮藏过程中避免散射光长时间对块茎的照射。

3)空心薯

症状表现为块茎中部形成星形放射状或扁口形空心。空心薯很少腐烂，但商品价值严重降低。病因与块茎中后期膨大速度过快、种植密度过稀、施肥不均衡等有关。

防止空心薯的措施：合理密植；块茎膨大的中后期追肥时注意平衡施肥、适当增施钾肥；合理控制土壤湿度，避免忽干忽湿，特别中期控制块茎过速膨大。

4)黑心薯

症状表现为块茎中心部出现由蓝色至黑色的不规则花纹，严重时大半或整个薯块变黑。黑心薯的病因与块茎内部缺氧有关。

防止黑心薯的措施：避免在土壤板结、透气性差的地块种植马铃薯；薯块贮藏过程中避免过于密封，或薯堆存放过大、过多，保持薯块堆内一定程度的通风透气性；贮藏过程中避免温度过高，否则可导致症状加剧。

16.2 姜

姜(*Zingber officinale* Rosc.)古名薑,别名生姜、黄姜,属姜科(Zingiberaceae)姜属多年生宿根性草本植物,以地下肥大的肉质根茎为食用器官。原产中国及东南亚热带地区。中国自古栽培,《论语》中有"不撤姜食"之句,栽培历史有 2 000 余年。姜在公元 1 世纪传入欧洲,16 世纪末传入美洲。目前广泛分布于热带与亚热带地区。中国除东北及西北高寒地区外,均有种植。

姜营养丰富,每 100 g 鲜姜中含干物质 13.2～15.5 g、可溶性糖 3.1～6.1 g、淀粉 3.0～5.6 g、蛋白质 0.9～2.0 g、氨基酸 0.80～1.0 g、纤维素 0.9～1.5 g、维生素 C 2.5～6.5 mg、挥发油 0.17～0.25 mL。除此之外,姜中还含有其他多种维生素和矿物盐及姜辣素($C_{17}H_{24}O_4$)、姜油酮($C_{11}H_{14}O_3$)、姜烯酚($C_{17}H_{24}O_{13}$)、姜醇($C_{15}H_{26}O$)等。具有特殊的香辣味,可做香辛调料,有去腥、去膻、增鲜、添香、清口之功效,是我国人民普遍采用的香辛调味蔬菜。姜还可以加工成姜干、姜粉、姜汁、姜酒、糖渍姜、酱渍姜等多种产品。醋酸盐水泡制的姜芽,是我国出口创汇的主要蔬菜产品之一。医药上,姜是很好的中药材,具有健胃、祛寒、发汗、解毒、防暑、镇吐等作用。

16.2.1 生物学特性

16.2.1.1 植物学特征

1)根

姜为浅根系作物,其根系主要分布于 30 cm 深土层内。姜根系分纤维根和肉质根,纤维根由种姜幼芽基部所生,称为初生根,随苗的生长纤维根逐渐增加,并不断发生侧根,形成姜的主要吸收根系,故又称吸收根。进入旺盛生长期后从姜母和子姜的茎节上发出若干条短而粗的肉质根,兼有吸收与支持功能,可食用。姜根系不发达,分枝较少,吸收能力较弱,因此对土壤、肥力、水分等条件要求比较严格。

2)茎

生姜的茎包括地上茎和地下茎。地上茎直立,为叶鞘所包被。茎端完全由嫩叶和叶鞘构成,因而地上真茎仅有茎高的 1/2 左右。地下茎即根茎,是姜的主要食用器官,由若干分枝基部膨大而成。种姜发芽出苗后所长出的第一个姜苗,称为主茎或主枝。主茎长到一定程度后,其基部膨大形成初生根茎,俗称"姜母"。初生根茎上的腋芽萌发长出地面形成侧枝,称一次侧枝或一次分枝。一次分枝基部膨大后形成一次姜球,称为"子姜"。子姜上的腋芽再抽生侧枝,即为二次分枝,其基部膨大形成二次姜球,称为"孙姜"。如此继续发生第三、第四次分枝和姜球,直至收获(图 16-4)。一般北方可发生 3～4 次姜球,南方可发生 4～5 次。最后萌发的腋芽,往往由于天气渐冷而未能抽出地上茎,养分积累形成姜球,称为"闷芽子"。这样,由一块种姜发生的所有姜球有规律地排列在一起,便形成一个完整的根茎。

我国南方春季播种较早,而秋季初霜期到来较晚,田间生长期较北方长,故第三次姜球可以得到较充分的发育,对产量形成所起的作用较大;而北方地区因无霜期较短而影响第三次姜球的充分发育,从而其对产量形成所起的作用减小。

播种用的根茎,即种姜,播种后只以 10%～20%的贮藏养分供给新生器官的生长,新株形

图 16-4 姜的根茎(赵德婉,1990)

成后,新生茎叶部分养分还回流补偿给种姜,姜收获后,种姜仍有商品与食用价值,故有“姜够本”之说。

根茎由外及里依次为周皮层、皮层薄壁组织、类内皮层及髓部薄壁组织。皮层又分内外 2 层,外层维管束淀粉含量很少,内层则很多。根茎中的机械组织,即姜丝,系由维管束加厚形成。姜越老,木质化程度越重。根茎的食用部分大多为薄壁细胞组织。

3)叶

姜叶为披针形,绿色,叶长 18～24 cm,宽 2～3 cm,叶片互生,在茎上排成 2 列。叶片下部具有不闭合的叶鞘,叶鞘狭长,抱茎,具有支持叶片和保护地上茎的作用。在叶片与叶鞘相连处有 1 对突出的膜状物,称“叶舌”,叶舌内侧即为出叶孔,新生叶片从出叶孔抽出。

4)花

穗状花序,长 5～7.5 cm,由迭生苞片组成,苞片边缘黄色。每个苞片都包被着单生的绿色或紫色小花,但栽培中极少开花,即使开花也不结实。

16.2.1.2 生长发育周期

姜生长过程分为发芽期、幼苗期、旺盛生长期和根茎休眠期 4 个时期(图 16-5)。

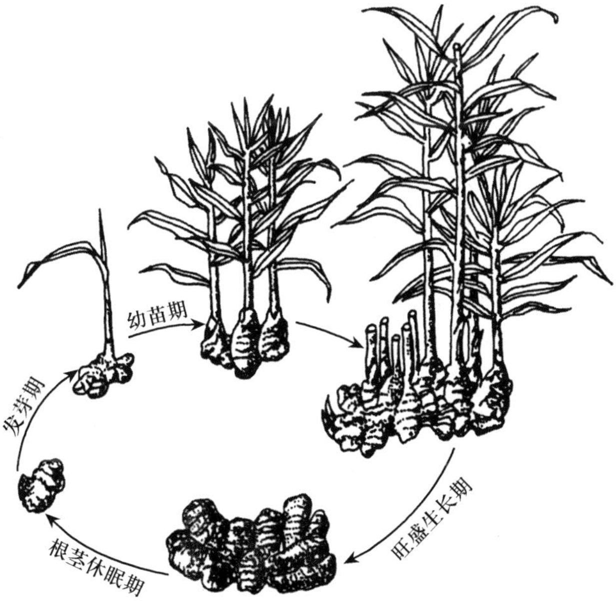

图 16-5 姜的生长周期(赵德婉,1990)

1)发芽期

自种姜萌芽开始至第一片姜叶展开,历时 40～50 d,主要依靠种姜贮藏的养分供其发芽和生根、出苗。发芽期生长量很小,仅占全生育期生长量的 0.24%,但此期是以后器官发生、植株生长和产量形成的重要基础。因此应严格选种,科学催芽,创造适宜条件,以保证苗全苗壮。

2)幼苗期

自第一叶展开至具有 2 个较大的分枝,俗称"三马杈"时期,历时 65～75 d。此期生长所需的养分主要来源于自身的同化作用,但生长量较少,仅占全生育期的 7.83%。主茎是幼苗期的生长中心。幼苗期管理应着重提高地温,促进发根,培育壮苗,为后期的旺盛生长奠定基础。

3)旺盛生长期

从"三马杈"至收获为姜的旺盛生长期,需 70～80 d。此期是产品形成的主要时期,生长量占全生育期的 91%以上。赵德婉等(1987)对 ^{14}C 同化物流向的研究表明,盛长前期(莱芜片姜 4～6 枚分枝),生长中心已由茎叶转至根茎。这一时期应加强肥水管理,前期促进发棵,形成强大的同化系统;后期防止早衰,保证较长的同化时间和较强的同化能力,结合浇水、施肥、培土等措施,以最大限度提高产量。

4)根茎休眠期

姜不耐低温,遇霜枯死,根茎被迫进入休眠。姜收获后,贮藏期间应保持 11～13 ℃和相对湿度 85%～95%的条件,使其生理活动微弱,减少养分消耗,防止受冻与姜块失水干缩。待翌春气温回升时,进入下一个生育周期。

16.2.1.3　对环境条件的要求

1)温度

姜起源于热带地区,喜温不耐寒,15 ℃以上才开始发芽,低于 20 ℃发芽缓慢,幼芽生长以 22～25 ℃为宜,30 ℃以上发芽快,但幼芽细弱。幼苗期和发棵期,保持 22～28 ℃对茎叶生长最为适宜。根茎膨大盛期光合作用最适温度为 25 ℃,因需要积累大量养分,要求保持一定的昼夜温差,白天 25 ℃、夜间 17～18 ℃较为适宜。气温降至 15 ℃以下时,姜苗便停止生长,应及时收获。姜各生长时期需一定的积温,莱芜姜全生育期约需活动积温 3 660 ℃,15 ℃以上有效积温 1 215 ℃。

2)光照

姜光合作用光补偿点为 20～30 $\mu mol/(m^2 \cdot s)$,光饱和点为 660～820 $\mu mol/(m^2 \cdot s)$。姜不同生长时期对光强的要求不同。发芽期要求黑暗,幼苗期要求中等强度光照,旺盛生长期生长量大,保持 600～800 $\mu mol/(m^2 \cdot s)$光照强度,有利于光合产物的制造和积累。姜对日照长短要求不严格,无论长日、短日或自然光条件下均可形成根茎,但自然光条件下最好。

3)水分

姜的根系不发达,且分布较浅,吸水能力弱,且叶片保护组织差,水分蒸发快,因此不耐干旱。干旱条件下,姜植株矮小,光合减弱,产量降低;而且根茎纤维增多,品质变劣。但是,姜也不耐涝,土壤积水,姜生长发育受阻并容易引发姜腐烂病,可能导致大幅度减产。因此,合理供水是姜正常生长并获得高产的重要保证。

不同生长时期,姜对水分要求不同。幼苗期植株生长慢,生长量小,本身需水量不多,但苗期处于高温干旱季节,地面蒸发快;同时,幼苗期植株水分代谢旺盛,蒸腾作用强,抗旱能力弱,因此,此时不可缺水,否则,姜苗生长受抑,造成植株矮小,叶片光合能力弱,影响后期根茎形成。苗期除经常供水外，需进行遮阳或地面覆草，以减少地面与茎叶水分的蒸腾，缓和水分的供需矛盾。旺盛生长期生长速率加快，生长量大增，植株对水分的需要量增加，尤其在根茎膨大期，应使土壤始终保持湿润，田间持水量维持在70%～80%。

4)矿质养分

姜对氮、磷、钾三要素的吸收量最多，作用最大。姜对养分的吸收动态与其植株鲜重的增长动态相一致。幼苗期生长量小，吸收量也少，"三马杈"以后生长量逐渐加大，吸收量也同步增加。幼苗期对氮、磷、钾的吸收量占全生育期总吸收量的12.25%，旺盛生长期占87.75%。据研究（徐坤，1994)每生产1 000 kg根茎，需从土壤中吸收氮6.34 kg、五氧化二磷0.75 kg、氧化钾9.27 kg。

5)土壤

姜对土壤要求不严格，有广泛的适应性，但在土层深厚、土质疏松肥沃、有机质丰富、通气良好、便于排水、pH为5～7的土壤上栽培易获高产。

16.2.2　类型与品种

我国姜种质资源比较丰富，南北各地均有栽培，地方品种很多，如莱芜大姜、广州肉姜、铜陵白姜、城固黄姜、河南张良姜、福建红芽姜等，它们都是在当地的自然条件下经过长期的栽培驯化和培育选择而来。据调查，不同地方品种之间的特性有较大差异，其植株大小、根茎含水量、粗纤维含量及功能性成分含量差异显著，根茎100～4 000 g，皮色有金黄色、黄色、白色、茶色、淡红色、紫色等，肉色有金黄色、黄色、黄白色、白色、乌青色等。

16.2.3　栽栽培季节与茬口安排

姜易感姜瘟病，有条件最好进行2～3年的轮作，而以农作物为前茬较好。姜生长前期生长量小且需遮阳，因此宜与其他作物间套作。如在麦茬地间套，剪去麦穗，利用麦秆挡光。也可与春马铃薯、架豆等间套作。

姜不耐霜，地温稳定在15 ℃以上才能播种，霜降收获。在适宜的栽培季节内适期早播为好。广东、广西等地冬季无霜，全年气候温暖，1～4月份均可播种；长江流域各省露地栽培一般于4月下旬至5月上旬播种；而华北地区多在5月上中旬播种；东北、西北等高寒地区无霜期短，露地条件不适于种植姜。如果采用地膜覆盖，播种期可提前30 d左右，因田间生育期延长，可显著提高产量。

16.2.4　栽培技术原理与措施

1)种姜处理

为解除根茎休眠，播前需对种姜进行处理，分晒姜与困姜、选种、催芽3步进行。

(1)晒姜与困姜　播前约1个月，旬平均气温10 ℃左右，便可取出贮藏的姜种，先用水冲净泥土，然后摆放在草苫或干燥的地面上晾晒1～2 d，即晒姜。傍晚收进屋里，以防发生冷害。晒姜时要注意适度。中午若光照较强，可用席子遮阳，以免姜块失水过度而干缩。种姜经晾晒后，可使姜的体温明显提高，有利于促进种姜体内养分分解，加速发芽。晒姜还能减少姜块含水量，防止姜种在催芽过程中腐烂。晒姜还有利于鉴别病姜，因带病姜块晾晒前症状不明显，而晾晒后，病姜表现为失水干缩，表面变褐等。

晾晒之后，将种姜置室内堆放 3～4 d，盖以苫谓之“困姜”。一般晒姜和困姜交替 2～3 次，种姜便开始发芽。

(2)选种　晒姜、困姜过程中和催芽前需进行严格选种。应选择姜块肥大、色泽鲜亮、肉质新鲜、不干缩、不腐烂、未受冻、质地硬、无病虫危害的健壮姜块作姜种，淘汰掉瘦弱、发软和肉质变褐的姜块。

(3)催芽　姜催芽方法有多种，全国各地大不一样，如山东莱芜多采用催芽池，腾州用席篓、竹篓；浙江用熏姜灶，铜陵用姜阁催芽。随着北方地区保护设施的增加，现在还有用阳畦、大棚、温室等保护设施催芽。但无论哪一种方法，控制好催芽过程中的温度和湿度是培育壮芽的关键。据试验，在 22～25 ℃条件下催芽 20～25 d 即可达到播种要求，且幼芽饱满粗壮；若温度高于 28 ℃，虽然发芽较快，但姜芽往往瘦弱细长；而低于 20 ℃，则发芽缓慢，可能影响播种。空气相对湿度以 80%～85%为宜。

芽的大小及其健壮程度对姜产量的影响相当明显(徐坤等，1991)，大芽前期生长较快，但中后期易早衰；小芽前期生长缓慢，但中后期生育旺盛，容易获得高产。幼芽大小适度标准为芽长 0.5～2.0 cm、粗 0.5～1.0 cm，形态上要求幼芽洁白鲜亮，芽身肥壮，顶部钝圆，芽基部仅见根的突起而尚未发根。

2)整地施基肥

姜根系不发达，吸收能力差，既不耐旱，又不耐涝，因而应选择土层深厚、有机质丰富，保水保肥、能灌能排、松软透气、呈微酸性反应的肥沃壤土。有条件的地方最好实行 3 年以上轮作。发生过姜瘟病的田块，3～4 年内不宜种姜。

前茬作物收获后，进行秋耕，深翻 25～30 cm，冬季经雨雪风化，冻融交替，可改善土壤物理性质。翌年解冻后，细耙 1～2 次，并施优质圈肥 75 000～120 000 kg/hm^2、过磷酸钙 750～1 125 kg/hm^2，然后将地面整平耙细。

北方多采用起垄沟种，即按东西或南北方向开沟起垄，沟距 50～65 cm，沟深 20 cm 左右。北方姜区有集中施饼肥或豆子的习惯，即将粉碎好的饼肥或煮烂并发酵好的豆子集中施入沟中，用量为每公顷施饼肥 1 125～1 500 kg 或豆子 750～1 125 kg，另施硫酸铵 225 kg、过磷酸钙 375 kg 和硫酸钾 150 kg，或直接施入氮磷钾复合肥 375 kg。然后将肥料和土壤混匀，以防灌水时冲走。

3)播种

(1)掰姜种　姜块大小对姜生长和产量影响很大，在一定范围内，种块越大，出苗越早，姜苗生长越旺，产量也越高；若种块过小，则出苗迟，幼苗弱，单株产量低，商品性差，经济效益低。当然种姜也不是越大越好，若种块太大，用种量增加，一次性投资太大。因此，以 50～75 g 为宜。掰姜时要求每块姜种上只留 1～2 个短壮芽，其余的芽全部去除，以保证养分集中供应，达到及早出苗和苗全苗壮之目的。结合掰姜进行选种，淘汰断面发褐的病姜。

(2)种植密度　种植密度与平均单株根茎重的乘积构成了姜的产量。其中种植密度是构成产量的基础，也是影响产量的主导因素。合理的种植密度因品种、种块大小、土壤肥力等因素而变化。试验证明，在中等肥力水平土壤上，种植莱芜大姜，每公顷播种 82 500～90 000 株，行距 55～65 cm，株距 20 cm 为宜；莱芜片姜则以每公顷播种 105 000～120 000 株，行距 50～55 cm，株距 17～19 cm 为宜。

(3)播种方法　选晴暖天气进行播种。姜发芽慢，出苗时间长，而出苗前为了防止地表板结和地温过低影响幼苗出土，一般不浇水。因此播种前必须浇足底水以保证幼芽顺利出土。浇底水一般在沟内施足肥后，播种前 1 h 左右进行。浇水量既要充足，又不可湿透垄面，否则不便下地操作。底水渗下后，按一定株距将姜种排放沟中。排放姜种有两种方法，一是平播法：即将姜块水平放入沟内，使幼芽方向保持一致，若东西沟向，幼芽一律向南或东南；南北沟向则幼芽一律向西。放好姜种后用手轻轻按入泥中，使姜芽与沟面相平即可。二是竖播法：即将姜块竖直插入泥中，无论什么沟向，芽一律向上。种姜播下后应立即覆土，以防烈日晒伤幼芽。覆土厚度 4～5 cm。如采用地膜覆盖，可将地膜起小拱，拱高 10～15 cm，1 幅地膜盖 2 沟。

4)遮阳

姜属于中光性植物，不耐高温，而其苗期正处于炎热的夏季，阳光强烈，气温、地温很高。若无遮阳与降温保湿措施，姜苗矮小，生长不良，从而导致减产，因此苗期必须进行遮阳或增加其他降温保湿措施。其主要作用是减弱光强，降低生长环境中的气温、土温，从而减少水分蒸发，使姜苗在良好的小气候下生长。

北方传统的遮阳方式是插姜草或称"插影草"，即用谷草插成稀疏的花篱。每公顷用谷草约 6 000 kg。在没有谷草的地方也可用玉米秸代替。山区可就地取材，如山东莱芜用柞树枝代替谷草。1995 年以后，打孔黑膜、遮阳网等材料也逐渐用于生产，均有较好的遮阳效果。近年来试验证明，用地面覆草或黑地膜代替传统的地上遮阳方式具有良好的效果。具有方法是：

(1)覆草　姜播种后，在姜沟表面均匀地覆盖一层 3～5 cm 厚的麦秸或其他秸秆，每公顷用麦秸 3 000～4 500 kg。

(2)覆盖黑色地膜　露地栽培在播种后将双层黑色地膜拉紧覆在沟两侧的垄上，若采用地膜覆盖栽培，则于 5 月初生姜出苗前将一层黑色地膜覆在原来的透明地膜上，将地膜塞紧，使沟底与膜的距离保持 15 cm 左右，1 幅地膜盖 2 行。

5)肥水管理

姜播种时必须浇透底水，为保证顺利发芽，出苗 70%以前一般不再浇水。但应视土质及墒情灵活掌握。沙质土壤，易发生干旱，应酌情补水。出苗后第一水应浇得适时，过晚则姜芽受旱，芽尖易干枯。第一水过后 2～3 d 可再浇 1 水，然后中耕保墒，促进姜苗壮旺成长。幼苗期生长缓慢，生长量少，需水不多，但由于根系弱小，又正值炎热夏季，不可缺水，以早晚小水勤浇为宜。若遇雨涝，应及时排水。进入旺盛生长期后，需水量加大，应保证水分供应充足，一般每 4～6 d 浇 1 水，使土壤保持湿润状态。收获前 3～4 d 浇 1 水，以便收获时姜块可带潮湿泥土，有利于下窖贮藏。

姜除重施基肥外，还要按需肥特点进行追肥。发芽期幼苗生长量小，主要依靠种姜的养分生长，从土壤中吸收的很少，故不需追肥。幼苗期很长，尽管需肥不多，但为使幼苗生育健壮，在苗高 30 cm 左右具 1～2 个分枝时，进行第一次追肥，称"壮苗肥"，每公顷施硫酸铵 150～225 kg，也可用其他速效氮肥。"三马杈"后生长量与吸肥量陡增，此期应结合拔姜草进行第二次追肥，又称"大追肥"，这次追肥对丰产起关键作用。每公顷可施豆饼 1 050～1 200 kg 或优质厩肥 45 000 kg，另加复合肥或硫酸铵 225～300 kg，追肥可于姜苗北侧距植株 15～20 cm 处开沟施入，然后覆土封沟。当姜苗具 6～8 个分枝时，正值旺盛生长时期，再补充追肥 1 次，以速效化肥为主，每公顷可追硫酸铵或复合肥 300～375 kg。

6)中耕除草与培土

姜幼苗期长、生长缓慢，又正值高温雨季，杂草丛生，若管理不及时易造成草荒，引起减产。

目前普遍推广化学除草，可用除草醚 10～15 kg/ hm^2，加水 1 500 kg，于播种后趁土壤潮湿均匀喷在姜沟及周围地面，保持地面湿润，杀草效果可达 85%以上。也可将同量除草醚与过筛的半干半湿的细土 225～375 kg 混匀，配成毒土堆放 10～14 h，于播后均匀撒在姜沟周围地面。

姜为浅根作物，不宜多次深中耕，多在出苗后结合浇水浅中耕 1～2 次，既可松土保墒，又能清除杂草。

姜根茎生长于土壤中，要求黑暗和湿润，因此在姜生长过程中须进行多次培土，为根茎生长创造良好的环境。一般于立秋前后结合拔除姜草和大追肥进行第一次培土，变沟为垄。以后结合浇水，进行第二次、第三次培土，逐渐把垄面加厚加宽。

7)收获

姜的收获可分为收种姜、收嫩姜与收鲜姜 3 种。

姜与其他作物不同，种姜发芽长出新植株后，地上茎叶的同化物质有少部分回流到种姜，因此，收获时种姜内部组织保持完好，不干缩，不腐烂，鲜重、干重基本不变。种姜可以与鲜姜一起收，也可以提前在幼苗后期收获(俗称"扒老姜")，其方法是拨开姜株北侧的表土，在种姜与新姜粘连处轻轻折断，随后取出种姜并封沟，但注意勿振动姜苗及伤根。"扒老姜"可提前收姜，也便于开沟施肥。但姜瘟病严重地块，病菌易随"扒老姜"留下的伤口侵入，造成病害的流行，所以，不宜提前(扒老姜)。

收嫩姜是在根茎生长盛期，趁姜块鲜嫩时进行，主要是作为加工原料。此时根茎纤维少，组织幼嫩，辛辣味淡。

初霜之前 2～3 d，茎叶尚未霜枯时，是鲜姜的收获适期，收前 3～4 d 先浇 1 水，收鲜姜时，先用锹或镢头将整株刨出，轻轻抖落根茎上的泥土，将茎秆自茎基部折下或用刀削除，清除须根和肉质根，随即入窖贮藏，无须晾晒。

8)主要病虫害

生姜病害主要有姜茎腐病、姜瘟病、炭疽病、根腐病、南方根结线虫病及病毒病等，主要虫害有姜螟、甜菜叶蛾、姜蛆等。

16.3 山　药

山药(*Dioscorea opposita* Thunb.)又名大薯、薯芋等，属薯芋科(Dioscoreaceae)薯芋属(*Dioscorea*)多年生缠绕性藤本植物，起源于亚、非及欧洲的热带及亚热带地区，中国是山药重要的原产地驯化中心。

山药地下块茎为主要食用器官，耐贮运，营养丰富，是菜药两用作物，为中国大众化的滋补食品。每 100 g 鲜山药含水分 76.7～82.6 g、碳水化合物 14.4～19.9 g、蛋白质 1.5～1.9 g，还含有副肾皮素、多种维生素及矿质元素。

山药在中国栽培历史悠久，《山海经》(公元前 770～前 256 年)中就有山药分布的记载。唐代《四时纂要》(公元 800～905 年)中有关于山药用切段栽培及制粉方法的记述。目前山药在中国南北方广为栽培。

16.3.1 生物学特性

1)植物学特征

山药茎草质蔓性,须支架栽培。叶卵形而先端三角锐尖,叶腋间可着生气生块茎,椭圆形,俗称“零余子”,可供繁殖,用来更新山药“栽子”。雌雄异株,花序穗状,2～4 对腋生,花小,白或黄色,结蒴果具 3 翅,翅半月形。

长山药块茎长圆柱形,具明显的垂直向地生长习性,上端较细,先端具一隐芽和茎的斑痕,通常用来作种栽植,称山药栽子(图 16-6)。块茎的中上部至下部较粗,供作食用;当栽子不足时,也可切成小段栽植,称“山药段子”。段子栽后才发生不定芽,所以出苗要比山药栽子晚半月以上,产量少 10%左右。为提早出苗,可将段子先在温暖处用沙培育芽后栽植;或用 1%硫脲或 0.4%氯乙醇处理,有促进发芽的效果。块茎尖端在生长期间始终为新生组织,所以色泽洁白或淡黄而形尖锐,并具有深黄色根冠状附属物,为栓皮质保护组织。块茎停止生长后,尖端逐渐变成钝圆,并呈现浅棕色(图 16-6)。

2)生长发育周期

山药从芽萌发到茎收获,可分为以下 4 个时期。

(1)发芽期　从山药栽子的休眠芽萌发到出苗为发芽期,约需 35 d,而山药段子从不定芽开始形成、萌发到出苗则要历时 50 d 之久。在发芽过程中,由芽顶向上抽生芽条,由芽基部向下发生块茎。与此同时,于芽基内部从各个分散着的维管束外围细胞发生根原基,继而根原基穿出表皮,逐渐形成主要吸收根系(图 16-7)。当块茎长为 1～3 cm 时,芽便破土而出。

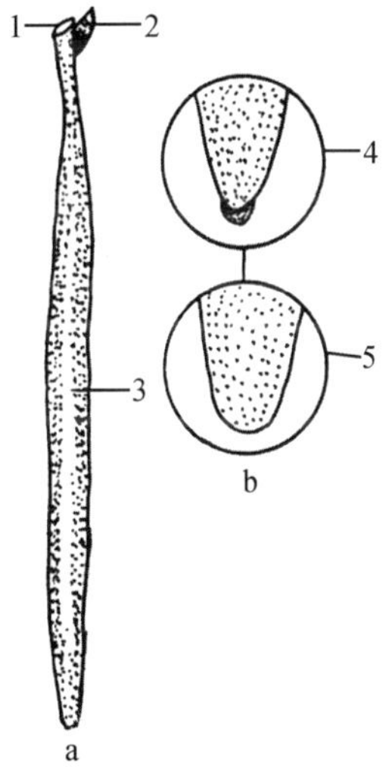

图 16-6　山药块茎,表示尖端由尖头变圆头而停止生长(山东农业大学主编,《蔬菜栽培学》,2000)

a:1. 茎痕　2. 隐芽　3. 山药

b:4. 正在生长的块茎尖端

5. 成熟的块茎先端示圆头状

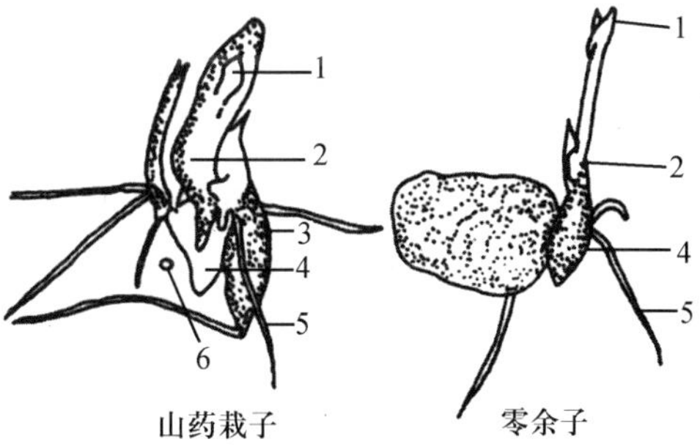

图 16-7　山药的萌发(蒋先明,1996)

1. 茎　2. 茎部　3. 茎痕　4. 块茎　5. 根　6. 根痕

(2)甩条发棵期　芽出土后迅速伸长，10 d 后达 1 m，开始展放幼叶，甩条发棵期，直到显蕾并开始发生气生块茎为止。与此同时，芽基部的主要吸收根系继续向土层深处伸展，块茎周围也不断发生不定侧根。此期历时约 60 d，以茎叶生长为主，块茎生长量极微。

(3)块茎生长盛期　从显蕾到茎叶生长基本稳定，约需 60 d。此期茎叶与块茎的生长都很旺盛。但生长中心在块茎，块茎干重的 85%以上是在此期形成的。

(4)休眠期　茎叶因霜衰败，块茎进入休眠状态。

3)对环境条件的要求

茎叶喜高温、干燥，畏霜冻，生长的最适温度为 25～28 ℃。块茎极耐寒，在土壤冻结的条件下也能露地越冬。块茎的生长在 20～24 ℃最快，20 ℃以下缓慢。发芽的适宜温度 25 ℃。

山药耐阴，但块茎积累养分仍需强光。以排水良好的深厚肥沃沙壤土最为适宜，块茎皮光形正。黏土易使块茎须多、根痕大、形不正，易生扁头和分杈。

山药喜有机肥，但粪肥必须充分腐熟并与土壤掺和均匀，否则块茎先端的柔嫩组织一旦触及生粪和粪团，会引起分杈，甚至因脱水而发生坏死。生长前期宜供给速效氮肥，以利茎叶生长；生长中后期除适当供给氮肥以保持茎叶不衰老外，还需增施磷、钾肥以利块茎膨大。

在发芽期土壤应保持湿润、疏松透气，以利于山药发芽和扎根。出苗后块茎生长前期不要浇水太多，以免影响根系深入土层和块茎形成。块茎生长盛期不能缺水。

16.3.2　类型与品种

目前我国栽培的山药通常分为 2 个种，即普通山药(*Dioscorea batatas* Decne，$2n=2x=40$)和田薯(*Dioscorea alata* L.，$2n=3x=30$，$2n=8x=80$)。

1)普通山药

普通山药又名家山药，茎圆而无棱翼，由 *D. japonica* 进化而来。按块茎形状分有以下 3 个变种。①扁块种：块茎扁，形似脚掌，适合在浅土层及多湿黏重土壤栽培，如江西上高脚板薯、四川重庆脚板苕芋。②圆筒种：块茎短圆棒形或不规则团块状，主要分布于江南。如浙江黄岩薯药、台湾圆薯等。③长柱种：块茎长 30～100 cm，横径 3～10 cm。主要分布在华北地区。要求深厚土层和沙质壤土。驰名品种有河南慢山药、山东济宁米山药、河北武骘山药等。

2)田薯

田薯又名大薯，茎多角形而具棱翼，从有亲缘关系的野生类型 *D. hamiltonii* 和 *D. persimilis* 选育而成。粤、桂、闽、台等地栽培。依块茎形状也有以下 3 个变种。①扁块种：如广东葵薯及耙薯、福建银杏薯、江西南城脚薯、江西广丰大板薯等。②圆筒种：如台湾白圆薯、广州早白薯及大白薯、广西苍梧大薯等。③长柱种：如广州黎洞薯、台湾长白薯及长赤薯、江西广丰千金薯等。

16.3.3　栽培季节与茬口安排

山药的栽培季节从早春终霜前栽植开始，直到秋末冬初霜降时结束。栽培方式分纯作和间套作 2 种。间套作应用普遍，而纯作较少。春季可与速生绿叶菜类、甘蓝类、小麦、豆类等间套；夏季可套作茄果类、瓜类；秋季可套作耐寒性蔬菜。为减轻病虫灾害，宜行 2～3 年轮作。

16.3.4 栽培技术原理与措施

1)播种材料与繁殖方法

山药的播种材料主要有山药栽子、山药段子和零余子。山药最初的种薯来自零余子。第一年秋,选大型零余子沙藏过冬;翌春,于终霜前半个月条播露地,或先在苗床沙培催芽后栽植。生长期间的管理与一般生产田相同,秋后收取块茎供来年作种。用零余子繁殖的种薯生活力较旺,可用来更换老山药栽子,一般 3~4 年更新 1 次。

山药块茎易生不定芽,可以切块繁殖。扁块种多半只有块茎的尖端能够发芽,所以切块时要采取纵切法,切块重约 100 g。长柱种块茎的任何部位都能发芽,可按 10~15 cm 长切段繁殖,叫山药段子。长柱种块茎在其顶端有一隐芽,所以常截取这一段供作种用,俗称山药栽子,山药栽子能比切段提早出苗 20 d 左右,因此产量可提高约 10%。

2)整地作畦和播种

山药块茎的生长深入土层之下,应进行局部深翻或开沟。纯作按 1 m 距开沟,沟宽 25 cm、深 0.5~1 m,因品种而异;间作按 2 m 或 3 m 开沟。沟土最好于冬前翻耕,早春随着土壤解冻而填土入沟。最后按 1 m 宽作成畦以备栽植。北方都用平畦,南方都起高垄。

播种方法:一般采用单行条播,先于畦中央开 10 cm 深沟,然后按株距 15~20 cm 将山药栽子或段子平放沟中。栽毕盖土,厚 8~10 cm。零余子繁殖时按 1 m 畦条播 2 行,行距 50 cm,株距 8~10 cm。

3)田间管理

山药茎条细长脆嫩,易遭风折断,出苗后需及时支架扶蔓。常用"人"字架、三脚架和四脚架,架高 1.5 m 左右。

出苗后,遇切块或切段萌生数苗者,应及早疏去弱苗,保留 1~2 个强健苗。主茎基部的侧枝妨碍通风透光,应予摘去。在零余子大量形成期间,为避免养分过多消耗,可及早摘去一部分。

播种后支架前都可施有机肥,也可结合施用速效氮肥。发棵期追肥 1~2 次,保证发棵需要。显蕾时,茎叶和块茎开始进入旺盛生长,要重施氮、磷、钾完全肥 1 次。中耕除草结合浇水进行追肥,中耕宜浅,近植株处的杂草要用手拔除,以免损伤根系。块茎生长盛期遇旱应注意浇水,始终保持土壤湿润,遇雨涝天气应及时排水。

4)收获

茎叶经初霜枯黄时便可收获,南方冬季土壤不冻结,可留存地里随用随收。

5)主要病虫害

山药田间生长期间病虫害很少发生,但山药重茬或种植年限较长时,经常发生南方根结线虫病、炭疽病、褐斑病、枯萎病和斑纹病等病害,主要虫害有叶蜂、蛴螬等。

16.4 芋

芋[*Colocasia esculenta* (L.) Schoot]又名芋头、青芋、芋艿、毛芋,属天南星科(Araceae)芋属(*Colocasia*)多年生块茎植物,常作一年生作物栽培。芋以地下球茎为产品,原产中国、印度和马来西亚半岛的热带沼泽地区,现在世界广为栽培,但以中国、日本及太平洋诸国栽培最盛。中国以华南及长江流域栽培较多,华北地区栽培较少,但近年来栽培面积呈扩大趋势。

中国有关芋的最早记载是公元前 4 世纪的《管子》,西汉《胜之书》中详细记述了种芋的方法。可见,芋在中国有 2 400 多年的栽培历史。

芋营养价值较高,每 100 g 食用球茎含水分 71～86.3 g、碳水化合物 10～25 g、蛋白质 1～3 g 等,还含有较高的维生素和矿质元素。由于块茎中富含碳水化合物,因此芋属菜粮兼用作物。芋的肥大叶柄及叶片也是良好的饲料。芋很耐贮运,在解决蔬菜周年供应上有一定作用。芋病害少,栽培技术较马铃薯、姜简单,深受栽培者欢迎。

16.4.1 生物学特性

1)植物学特征

(1)根　根为白色肉质,着生于母芋与子芋下部节上,根毛较少。这是在水生环境下的一种特殊适应。不耐干旱,吸水力弱。

(2)茎　地下球茎,有圆、卵圆、椭圆等各种形状。球茎节上有棕色鳞片毛为叶鞘痕迹,茎上具叶痕环,节上均有腋芽,能发育成新的球茎,有的品种发育成匍匐茎,其顶端膨大形成球茎。球茎的解剖结构是由基本组织薄壁细胞构成,有皮层和髓部,其中分散有维管束。导管很大,与叶片导管相连,直抵气孔、水孔附近,这是在沼泽地系统发育的结果。球茎生食涩味浓,煮后消失。

(3)叶　叶片阔,互生,长 25～90 cm,宽 20～60 cm,多为盾形,也有卵形或呈箭头形,先端尖。叶表面乳突密集,可蓄空气,形成气垫,使水滴形成圆珠,不会沾湿叶面。叶柄呈现绿、紫色,因品种而异。长 40～180 cm,直立或披展,下部膨大成鞘,抱茎,中部有槽。叶片与叶柄有明显的气腔,木质部不发达,叶片大而脆弱,叶柄长而中空,不耐风害。

(4)花与果　佛焰花序,包于佛焰包中。温带很少开花。果为浆果。

2)球茎生长习性

球茎播种后,其顶芽基部首先生根,顶端不断抽生新叶,新叶出土后形成新的植株。随植株生长,顶芽基部形成短缩茎,逐渐膨大而成为球茎,称为“母芋”。母芋每伸长 1 节,地面上就长出 1 个叶片,供给植株光合营养。当地上部光合产物丰富时,母芋中下部的腋芽会膨大而形成小的球茎,称为“子芋”。在适宜条件下,子芋形似母芋又形成新的小球茎,称为“孙芋”。如此而曾孙芋、玄孙芋等。

从上述芋头分球规律可见,适宜的生长期越长,芋头分球越多,叶数及叶面积也越大,因此可获得单株的最高产量,再通过合理密植,可获得单位面积的最高产量。而球茎的发生与叶的发生和生长有紧密关系。但各地生长期的长短不同,有着各自的叶面积指数。所以,也不应让芋头长期分球发叶,而要有一定的控制。培土、除蘖就是控制叶面积、促进球茎膨大的重要技术措施。

3)生长时期及生活条件

芋一生可分为发芽期、幼苗期、发棵期和球茎膨大期。

芋属喜温蔬菜,生长适温 25～30 ℃,20 ℃以下生长缓慢。球茎 13～15 ℃才开始发芽。不同类型的芋对温度要求不同,多子芋对低温适应能力较强,而魁芋要求高温,因此华北以多子芋栽培较多。

芋对光强要求不严，光补偿点 40 μmol/(m^2 · s)、饱和点 1 200 μmol/(m^2 · s)。短日照可促进球茎形成。

芋喜湿，不耐干旱，生长期内不可缺水。氮、钾充足时易获高产。栽培芋宜选有机质丰富、保水力强、土层深厚的壤土或黏土，pH 5.5～7.0 为宜。

16.4.2 类型与品种

芋的植物学分类一直存在争议，目前我国栽培的芋按用途可为叶柄芋和球茎芋 2 个变种。

1)叶柄芋变种(var. *petiolatus* Chang)

以无涩味的叶柄为产品，球茎不发达或品质低劣无食用价值，植株较矮小。代表性品种有广东红柄水芋、云南元红弯根芋等水芋类型品种，以及浙江香柄芋、四川武隆叶菜芋等旱芋类型品种。

2)球茎芋变种(var. *cormosus* Chang)

以肥大的球茎为产品，依母芋、子芋发达程度及子芋着生习性又分以下 3 种类型。

(1)多子芋　分蘖性强，子芋多且易于和母芋分离，早熟高产。多子芋又分水芋和旱芋 2 种生态型。其中水芋为多年生草本植物，耐长期渍水。叶片长度为 6～14 cm，肉穗花序长 1.5～3 cm。根茎呈圆柱状，较粗壮，代表品种如奉化红梗水芋和绿梗水芋、福建的四季槟榔芋、金沙芋、虎掌芋等；旱芋不耐长期渍水，多作一年生栽培。叶片长度为 20～50 cm，肉穗花序长约 10cm。根茎处分布着许多小球茎，代表品种如山东莱阳毛芋头、鲁芋 1 号、扬芋 2 号、汀芋 1 号、鄂芋 1 号、鄂芋 2 号、苏芋 1 号、苏芋 2 号、苏芋 3 号、泰芋 1 号、泰芋 2 号、扬芋 1 号、扬芋 2 号、金华红芽芋等。

(2)多头芋　植株矮小，分蘖性强。子芋和母芋结合紧密成一大块，不易分离。如四川嘉定莲花芋、上海狗蹄芋、广东狗爪芋等。

(3)魁芋　植株高大，以食母芋为主，重可达 2 kg。子芋少而小，仅供繁殖用。分布于福建、广东、台湾等地，尤以广西的荔浦芋头最为著名。

16.4.3 栽培季节与茬口安排

芋为喜温蔬菜，不耐霜冻，因此各地栽培宜于终霜后播种，初霜前收获。芋忌连作，连作 2 年减产 20%～30%，应进行 3 年以上的轮作，对前茬要求不严。

16.4.4 栽培技术原理与措施

1)整地施肥

芋地应深翻晒垡，使土壤松软气足、含热量多。结合整地，每公顷施有机厩肥 30 000～37 000 kg，也可将其中的一半用于沟施。

2)种芋选择与育苗

种芋应球茎形状完整、顶芽充实、粗壮饱满。应从无病田块的健壮植株上选母芋中部的子芋作种。种芋一般以 20 个/kg 为宜。多头芋因母芋、子芋、孙芋难以区分，可切成若干块播种。用种量依品种、种芋大小、栽培密度等而不同，为 750～3 000 kg/hm^2。为促进发芽，种芋可晒 2～3 d。

芋生长期较长，为取得高产，最好在终霜前 20～30 d 在冷床内催芽育苗。冷床内温度保持 20～25 ℃及适当的湿度。当芽长 4 cm 以上,露地终霜已过时及早定植。

3)定植

芋耐阴性强,适于密植。如采用多子芋,栽植密度为 60 000～75 000 株/hm^2,行距 80 cm,株距 20 cm。开 12～14 cm 深的沟,芽朝上栽植,然后覆土盖种芋,以微露芽为准。过浅影响发根,过深幼芽出土难度大。

4)田间管理

(1)追肥　芋喜肥,生长期又长,应分次追肥。可在第一片叶展开时,追施尿素 300 kg/hm^2 作为提苗肥,4～5 叶时施饼肥 750 kg/hm^2 和复合肥 450～600 kg/hm^2;封垄前再施复合肥 600～750 kg/hm^2。

(2)浇水　芋忌土壤干燥,遇旱则黄叶、枯叶。土壤过湿也不利于根系生长。播种前浇足底水,出苗前不浇水,否则地旱土硬,影响发根和出苗。遇雨则应中耕松土。幼苗期土壤应见干见湿;发棵期和球茎膨大期每 5～7 d 浇一水。雨季则应注意排水。

(3)中耕培土　幼苗期结束时,中耕并使栽植沟成为平地。以后每 20 d 培土 1 次,厚约 7 cm,共 2 次。培土目的在于抑制子芋、孙芋的顶芽萌发及生长,减少养分消耗;利于不定根发生,增强根系抗旱、吸收能力;避免球茎露出地面,遭受日晒雨淋和不适温度、湿度的影响,从而影响芋头的生长。所以农谚说:"芋头不培,等于不种"。

结合中耕培土,根据单株和群体叶面积分布密度,尽早把多余的侧芽除掉,以免消耗养分和限制子芋生长。

5)收获

芋头应在霜降前后根枯叶黄球茎充分成熟时收获。为了提早供应,也可适当早收,但产量大为降低。收时注意勿伤芋头,挖出后除掉败叶,但不要将子芋摘下。晾晒 1～2 d 后于贮藏窖或壕沟内用干土层积堆藏。堆顶部盖以隔热的谷糠、麦穰等,最后封土 35 cm 左右。贮藏期内应使堆内温度稳定在 10～15 ℃。选植株健壮、芋形正常、充分成熟、组织充实的芋头作种,并应早停水让组织老化。单独贮藏。

16.5　其他薯芋类蔬菜

16.5.1　豆薯

豆薯(*Pachyrhizus erosus* Urb.)别名沙葛、地瓜、凉薯等,是豆科豆薯属以地下块根为产品一年生或多年生草质藤本植物。块根可炒食或生食,耐贮运,可调节蔬菜供应。原产热带美洲,中国西南、华南栽培较多。

16.5.1.1　生物学特性

豆薯具发达直根系,耐旱,耐瘠力强。主根上端变态为膨大的肉质块根。茎蔓性。3 出复叶,互生。总状花序,蝶形花。荚果,嫩荚有毛不堪食用。每荚种子 8～10 粒,千粒重 200～250 g。

生育期为 120～150 d,可分为早熟和晚熟品种。早熟品种有贵州黄平地瓜、四川遂宁地瓜等。晚熟品种有广东湛江大葛薯、台湾圆锥形种等。

播种至收获分 4 个时期:发芽期,播种至第一真叶展平,30 ℃下发芽迅速;幼苗期,第一真叶展平至6～7片真叶;发棵期,茎叶迅速生长且块根开始形成;结薯期,以块根膨大生长为主,块根形成至采收需60 d以上。

16.5.1.2 栽培技术要点

25～30 ℃下催芽,生长季节短的地区可采用育苗移栽。早熟品种一般在20节左右摘心,晚熟品种不摘心,但须及时除掉侧蔓和花序。基肥用腐熟的有机肥,幼苗期追施少量氮肥,块根形成时增加追肥量和供水量,追肥应注意磷、钾肥配合。留种时,早熟品种选中上部,晚熟品种选中部开花结的种子。

16.5.2 菊芋

菊芋(*Helianthus tuberosus* L.)别名洋姜、鬼子姜,菊科向日葵属以地下块茎为产品。块茎中富含菊糖,多炒食或盐渍加工,还可制果糖和酒精,对糖尿病有辅助疗效。

菊芋原产北美,中国有零星栽培。根系极发达。根茎处生许多匍匐茎,先端肥大为梨形或不规则瘤状的块茎。株高达3 m,多分枝,茎具刚毛。叶卵形,互生。头状花序,黄色。花多不能结实,以块茎繁殖。

16.5.2.1 生物学特性

菊芋株高可达1～3 cm,茎直立,分枝较多。茎部覆白色短刚毛。叶卵圆形或卵状椭圆形,长10～16 cm、宽3～6 cm,叶基部宽楔形或圆形,前端细尖,叶边缘呈锯齿状。叶表面粗糙,背面被茸毛,叶对生或互生。花序头状,单生于枝端,外围为舌状花,舌片黄色、长1.7～3 cm;中心为管状花,花冠黄色,长6 mm。每花序可形成2～4粒瘦果。瘦果小、楔形,上端有2～4个有毛的锥状扁芒。根系发达,根先端肥大成块茎,块茎形状不规则,多呈瘤状,突起部分有芽孢。

菊芋耐寒,块茎在6～7 ℃萌动发芽,8～10 ℃出苗,幼苗能耐1～2 ℃低温,18～22 ℃和日照12 h有利于块茎形成。块茎在－30～－25 ℃的冻土层中能安全越冬。

16.5.2.2 栽培技术要点

春季解冻后,选20～25 g重的块茎播种,株行距为0.5 m,深度7～10 cm,播后30 d出苗。齐苗后追肥浇水,中耕除草并培土成低垄。块茎膨大时摘顶并勤浇水,促进块茎膨大,霜后收获。采收时可将小块茎留在土中,待翌年萌发出苗,并及时间苗、补栽。

16.5.3 草石蚕

草石蚕(*Stachys sieboldii* Miq.)别名宝塔菜、地牯牛、地蚕、银条、罗汉菜、甘露子、土蛹、土虫草等,均以其地下块茎的形状而得名。草石蚕属唇形科水苏属多年生草本植物,以地下块茎为产品。块茎肉质脆嫩,可制蜜饯、酱渍、腌制品。

草石蚕原产中国北部,《农政全书》(1639)中有栽培利用的记载。目前全国各地有零星种植。浅根系。茎方形、四棱、直立,高50～60 cm,有的高达1.5 m。茎基部生有匍匐茎,先端膨大成块茎。叶卵形至长椭圆形,对生,叶柄短或无叶柄。穗状花序,花冠白或浅紫色,虫媒传粉。小坚果,含种1粒,多以块茎为繁殖材料。

16.5.3.1 生物学特性

草石蚕根长10 cm左右,多数分布在10～25 cm表土层内。

株高30～110 cm,叶片卵形或长椭圆状卵形,鳞状、对生,长3～12 cm、宽1～3 cm,两面着生短硬毛，叶缘钝锯齿状，叶柄长 1～3 cm，叶腋生分枝。

地上茎方形直立，四棱、覆倒生的长刺毛，基部各茎节可着生不定根，且地上茎的近地面处易生侧枝。

花淡红紫色、轮生，每轮有花 3～6 朵，假穗状花序，花冠唇形，淡粉色至紫红色，上唇直立、下唇 3 裂，夏秋开花。果实为小坚果，含种子 1 粒，黑褐色，卵形。北方多在 6～8 月份开花，地上茎自顶端叶腋先后开花，随后地下抽出匍匐茎，地上部分生长逐渐缓慢。夏末秋初，匍匐茎先端长出白色嫩芽，先端数节开始膨大，同化养分积累，在根部形成蚕蛹状的块茎，粗 0.55～1.55 cm、长 3～12 cm。8～9 月份结果，可结出小米粒大的种子。

16.5.3.2 栽培技术要点

草石蚕喜温，不耐寒，须终霜后播种。选土层深厚、排水良好的土壤，行距 60 cm、穴距 15 cm，每穴栽种块茎 1～2 块，每公顷需块茎 225～375 kg。约需 3 d 出苗，茎高 6～10 cm 时，浇水、追肥、中耕除草，并浅培土。进入旺盛生长期，如天气干旱可结合追肥浇水 1～2 次，夏季炎热期不能缺水。块茎形成和膨大期，每公顷追施 150 kg 硫酸铵。秋末茎叶萎缩后可随时采收。块茎小不易收净，翌年萌发成新株，经选苗可移栽种植。采收时选大小适中的块茎作种，于室外用湿沙土层积越冬，翌年种植。

思考题

1. 请比较分析薯芋类蔬菜生物学与栽培学共性。
2. 简述马铃薯种薯处理的方法与作用机理。
3. 简述马铃薯退化的原因及复壮措施。
4. 播种姜时应满足哪些条件？
5. 简述山药的栽培技术要点。
6. 比较姜的根茎和芋的球茎形成过程。
7. 芋头培土有哪些作用？

17

CHAPTER

多年生类蔬菜栽培

多年生蔬菜是指播种或栽植1次、连续生长和采收2年以上的草本和木本植物。主要种类有草莓、香椿、竹笋、石刁柏、金针菜、百合、苜蓿、朝鲜蓟、辣根、枸杞、蘘荷等。露地生产条件下,多年生草本蔬菜地上部冬季枯死,地下部根、根状茎、鳞茎、球茎等器官宿存于土壤中休眠,翌年气候条件适宜时重新萌芽、生长、发育。多年生木本蔬菜有常绿的竹笋和冬季落叶的香椿,根系发达,适应性广,对土壤、水分、营养等条件要求不严格。以无性繁殖为主,能结籽的种类也可种子繁殖。

17.1 香　椿

香椿(*Toona sinensis* Roem.)属楝科(Meliaceae)香椿属(*Toona*)落叶乔木。起源于中国,主要分布在黄河和长江流域之间。传统的香椿主要作为林木栽培,附带采摘嫩芽作蔬菜。20世纪80年代,山东等地采用设施假植技术大幅度提升了香椿菜用的生产效益。香椿以嫩芽为食用器官,馥郁芳香,营养丰富,可炒食或腌渍。

17.1.1 生物学特性

1)植物学特征

香椿根系发达。一年生苗木的侧根粗大,主要分布在25 cm耕层内,成年树根可达10～30 m。顶端优势极强,一年生实生苗一般高度为0.6～1.4 m。顶芽达4 cm后,邻近的侧芽才萌动。顶芽采摘后,侧芽长速方可加快。食用香椿嫩芽由一年生枝顶芽和侧芽刚萌发出来的新梢和嫩叶组成。子叶椭圆形,初生叶对生,多为3对小叶。真叶互生,偶数羽状复叶。枝条顶端由鳞片包裹,内含很短的嫩茎和未展开的嫩叶。春季枝条顶端萌发,嫩叶生长展开,初为棕红色,渐长成绿色。聚伞形或圆锥形花序,顶生或腋生。两性花、花萼短小、花瓣5枚,5枚发育正常的雄蕊和5枚退化的雄蕊互生,子房5室、卵形,每室有胚珠2枚。5～6月份开花。蒴果,5心室。成熟果实由5角状的中轴开裂。种子椭圆形,扁平,有膜质长翅,红褐色,千粒重10～15 g。

2)生长发育周期

香椿为落叶乔木。实生香椿树栽植后2～3年即可开始采摘椿芽,5～6年为营养生长期,7～10年可开花结实。菜用香椿因连年多次采收嫩梢,摘除顶芽,树势弱,一般不开花。保留顶芽的香椿树,5月下旬至6月中旬开花,10月中下旬种子成熟。

露地种植的香椿树每年3月份春芽萌动,4月份采摘椿芽,6～8月份为迅速生长期,10月下旬落叶后进入休眠期。温室种植时多在露地培育苗木,待休眠后温室假植,1～3月份采摘椿芽。

3)对环境条件的要求

(1)温度　种子发芽适温20～25 ℃。日均温8～10 ℃时顶芽萌发;12 ℃时嫩叶展开,但生长缓慢;15 ℃时春芽抽生加快,易木质化,品质降低。枝叶生长适温16～25 ℃,最适温为20～25 ℃。气温低于10 ℃或高于35 ℃,枝叶停止生长。成龄大树耐寒能力强,能耐－27～－20 ℃低温。一年生实生苗木,若木质化程度低,耐寒性差,在－10 ℃主干被冻死。

(2)光照　香椿喜光,但忌强光。一年生实生苗光补偿点为19.5 $\mu mol/(m^2 \cdot s)$,光饱和点为532.9 $\mu mol/(m^2 \cdot s)$,光照过强[>710.0 $\mu mol/(m^2 \cdot s)$],光合速率迅速下降。

(3)水分　香椿喜湿、耐旱、怕涝。幼苗期最适土壤湿度为85%左右。土壤干旱,生长缓慢。土壤渍水,呈徒长症状,易发生根腐病。雨后应及时排水防涝。

(4)土壤　成龄苗木喜土层深厚肥沃的石灰质土壤。瘠薄的沙石山地或黏重的土壤上均能生长,但生长缓慢。幼龄苗木以轻壤土或沙质壤土为圃地较为适宜。土壤pH 5.5～8.0。

17.1.2　类型与品种

香椿依芽苞和幼叶颜色分为红香椿和绿香椿2类。其中,红香椿树皮灰褐色,初出幼芽绛红色,有光泽,香味浓郁,纤维少,脂肪多,品质佳,代表品种有红油椿和黑油椿;绿香椿树皮绿褐色,椿芽嫩绿色,香味淡,油质较少,品质稍差,代表品种有青油椿和薹椿。

17.1.3　栽培技术原理与措施

1)实生苗木繁育

宜用阳畦或塑料小棚提早播种培育大苗,也可露地育苗。苗床深翻整平,每公顷施入腐熟有机肥60 000～75 000 kg、磷钾肥750 kg。平畦,宽1.0～1.5 m。播种前浸种催芽,先搓去种翅,10%甲醛浸种20 min,清水冲洗干净,再清水浸种12～24 h,20～25 ℃下催芽3～5 d,有30%以上种子出芽即可播种。

播种期为3～4月份。开沟2～3 cm深,行距30～40 cm,条播种子,覆土2～3 cm。播种量约22.5 kg/hm^2。

保护地育苗保持昼温20～25 ℃、夜温15 ℃左右。出苗后间苗2～3次,保持苗距5～6 cm。苗高10～15 cm时分苗。分苗行距30 cm、株距20 cm。香椿幼苗喜湿、耐旱、怕涝,应勤浇小水,见湿、见干。雨季注意排水防涝。移栽后,6～8月份是幼苗迅速生长期,结合浇水追施化肥2～3次,每次尿素150～250 kg/hm^2,配合适量磷、钾肥。立秋以后,减少浇水并停止追施氮肥。

为培育适合日光温室株高不超过1.0 m的矮化苗木,株高60 cm左右时喷15%多效唑200～400倍液2～3次。

2)温室假植栽培

(1)栽植　日光温室生产多采用假植栽培,较费工,但产量高,效益好。入冬落叶后,1～5 ℃下 15～20 d 通过生理休眠后起苗。整地施入腐熟有机肥和磷酸二氢铵,作宽 1.2～1.5 m 的平畦。按株行距 5 cm×20 cm、深度 20～30 cm 栽苗,每公顷 750 000～900 000 株。栽后踩实,浇透水。

(2)温度、湿度管理　温室移植扣膜后,保持白天 18～24 ℃,夜间不低于 10 ℃,促进萌芽和椿芽生长。若室内湿度过大,可在中午放顶风排湿。

(3)水肥管理　定植时浇足水。萌芽期中午向枝干喷水补充水分。第一次采收后,随浇水追施尿素 200～300 kg/hm^2。如果采收期长,还可再追肥 1～2 次。

(4)采收　从栽植至萌芽约需 40 d,萌芽至采收需 7～12 d。为春节上市时达产量高峰,应保证扣膜后有 60～70 d 的生长期。一般芽长 15～20 cm 时采收。采收用剪刀剪芽,以免损伤树体,破坏隐芽的再生能力。顶芽整芽采收,侧芽留一两片羽状复叶。一般 7～10 d 采收 1 次。至清明节停止采芽,将根株栽入露地进行平茬,培养翌年用的苗木。

3)露地栽培

将苗木露地栽植,按每公顷 90 000～100 000 株密度定植。露地越冬,翌春即可采收。华北地区可采收至 6 月上旬。采收结束后,立即修剪整形。其他管理同前。

4)主要病虫害

香椿主要病害有白粉病、叶锈病,主要虫害有云斑天牛、芳香木蠹蛾等。

17.2　竹　笋

竹笋别名笋,系竹子地下茎(竹鞭)或竿基部萌发膨大而成的幼芽或嫩茎的总称。竹属于禾本科(Gramineae)竹亚科(Bambusoideae)多年生常绿植物。竹子起源于中国,400 多个属 500 多个种分布于全国各地,以珠江和长江流域最多,秦岭以北雨量少、气温低,仅有少数矮小竹类生长。其中笋用竹 200 多种。

竹笋富含蛋白质、氨基酸、脂肪、糖类、钙、磷、铁、胡萝卜素和维生素 B_1、维生素 B_2、维生素 C 等,故享有“寒士山珍”“素菜中第一品”等美誉。

17.2.1　生物学特性

17.2.1.1　植物学特征与生长周期

按照竹子地下茎(竹鞭)生长状态通常分为 3 种类型:①单轴型的散生型。地下茎横向生长力强,地上茎形成单竿的散生型。②合轴型的丛生型。地下茎几乎没有横向伸长,新生地上茎均在母体基部的节间上产生,众多植株丛生合抱在一起。③中间类型,两者兼有的混生型。以前 2 种生态型为主。

1) 散生型竹笋的植物学性状

此类竹占笋用竹中绝大部分,主要是刚竹属的毛竹、早竹、哺鸡竹等。

(1)根　分竹根和鞭根。竹竿基节上形成的垂直向下生长须根为竹根。竹根不产生侧根,根端有纤维状根毛,是吸收器官。着生在地下茎(竹鞭)节上的须根为鞭根,分布广,是重要的

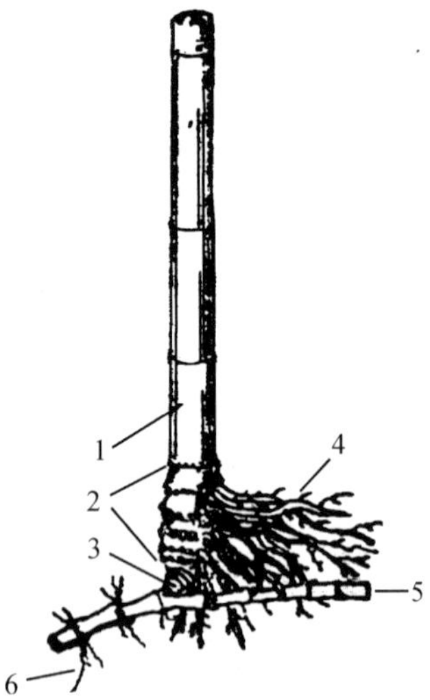

图 17-1　散生竹的生长状态

1. 茎　2. 竿基　3. 竿柄　4. 竹根　5. 竹鞭　6. 鞭根

吸收器官。

(2)茎　分地下茎和地上茎。地下茎由竿基、竿柄和竹鞭等组成(图 17-1)。地上茎为竿茎,直立,圆锥形。中空,有节,节上有 2 环,2 环间着生芽,形成竹枝。竿基是竹竿基部入土的部分。竿柄是竿下端与竹鞭联结的部分,节密生,有 10 多节,光滑,坚硬不生根。

鞭是与竿柄相连的地下茎,也称竹鞭。竹鞭具节,节上可分生新的竹鞭和鞭根,也能形成笋芽。竹鞭在土中呈波浪形起伏伸展。竹鞭先端部分称鞭梢,有坚硬鞭箨包裹着,有强大的穿透力。鞭梢肉质柔嫩,可食用,称为鞭笋,其余的称鞭身。新竹鞭每年发生。

(3)枝　由箨环与竿环节间的侧芽发育成枝。每节生 2 枝,大的为主枝,小的为次生枝,枝条中空有节,每节生小枝,小枝上生叶。

(4)叶　叶片着生在小枝上,互生成 2 行。竹叶分叶鞘与叶片 2 部分。叶鞘与叶片间的内侧边缘有舌状突起称叶舌,叶鞘顶部两侧有耳状物称叶耳。一般竹的叶片每年脱落 1 次,而毛竹在新竹形成新叶 1 年后脱落 1 次,翌年及以后发生的竹叶则过 2 年脱落 1 次。

(5)花与果实　竹子性成熟后开花结果,然后枯亡。总状花序,结颖果。种子可作繁殖材料。

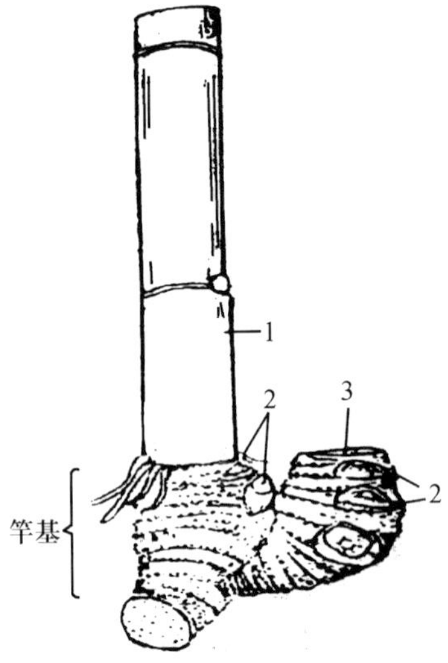

图 17-2　从生竹的生长状态

1. 茎　2. 大芽　3. 笋基部

2)丛生竹的植物学性状

由竿基和竿柄组成地下茎。母竹竿茎的宽一侧可形成 6～8 个分蘖节,易产生笋芽,称"笋目"。笋目由下到上称头目、2 目、3 目……笋芽先横向生长形成竿柄,然后向上生长形成竿基,出土后形成笋,再成竹。竹叶一般 1 年脱落 1 次,新竹叶片生长时,由于顶端优势,叶片的发生上部快,下部枝叶延续数年还可抽枝长叶(图 17-2)。

17.2.1.2　对环境条件的要求

(1)温度　竹类要求温暖、湿润环境,要求年平均温度 12～22 ℃,其中毛竹年平均温度 14～20 ℃、夏季平均温度 30 ℃以下、冬季平均温度 4 ℃以上。丛生竹年平均温度 18～20 ℃以上,1 月份平均温度 8～10 ℃,0 ℃左右受冻害。早竹类温度与毛竹相近,但部分早竹在温度不到 10 ℃就可以出笋,而毛竹需 10 ℃以上。哺鸡竹出笋要求 15 ℃左右。丛生竹出笋需要温度更高,一般要到 6 月份以后才能出笋。

(2)水分　竹枝叶繁茂,鞭根入土较浅,不耐干旱。毛竹、早竹类分布在年降水量 1 000～2 000 mm 地区;麻竹、绿竹则分布在年降雨量 400 mm 以上地区。地下竹鞭根系发达,要求地下水位低的地方才能生长良好。

(3)土壤与营养　需要土层深 50 cm 以上、质地疏松、肥沃、pH 4.5～7 的土壤。土层薄、沙砾多、土质过黏都不适宜竹的生长。多施有机质含量高的肥料,特别是早竹类要求肥沃的土壤。

17.2.2　类型与品种

竹笋种类繁多,按地下茎类可分为散生竹笋和混生竹笋;按采收季节分为冬季采摘的冬笋、春季采摘的春笋以及夏季采摘的鞭笋。其中以冬笋的质量最佳,春笋次之,鞭笋最差。

尽管中国的竹子种类丰富,但品质优良的笋用竹种类仅有 30 余种,其中包括:

(1)散生型种类　包括刚竹属的毛竹、早竹、早园竹、淡竹、灰竹、黄甜竹、雷竹、哺鸡竹、石竹等;方竹属的方竹、金佛山方竹等。

(2)丛生型种类　包括牡竹属的龙竹、版纳甜竹等;慈竹属的绿竹、吊丝球竹、麻竹等。

(3)混生型种类　包括筇竹属的筇竹等。

17.2.3　栽培季节与茬口安排

长江流域毛竹适宜的移栽时期为 11 月份至翌年 2 月份,以 1 月份之前为好;较寒冷的地区可在春季移栽;侧枝扦插以 7 月份偶枝基部生出气生根为宜。

17.2.4　栽培技术原理与措施

1)竹林的繁殖

营养器官繁殖为主,有母竹移植、竹竿压条、竹蔸移植、移鞭、枝条扦插,也可用种子有性繁殖。散生竹用母竹移植,丛生竹用分株或竹竿压条。

(1)母竹移植　操作简易,易成活,成林早,但繁殖系数低。选择土层深厚、微酸性、地下水位低、排灌方便的缓坡地或平地,种前 1～2 个月深耕去石砾、杂树、杂草,平整,施有机肥。

长江中下游以南地区,自 11 月份至翌年 2 月份均可移栽,也可在 5 月下旬至 6 月初种植;长江以北春季和盛夏前 1 个月移种。

新植毛竹园每公顷移植种竹 300～375 株。定植前按行距开长 1.5 m、宽 1 m、深约 0.5 m 的定植穴,选择胸径 3～6 cm 的一年生或者当年生母竹。挖母竹时不能扭伤竿柄,留笋芽芽尖朝竿柄方向的"来鞭"30～50 cm、笋芽芽尖方向离竿柄之后的"去鞭"60～100 cm。去竹梢头,留 5～6 盘竹枝,在切口包上竹箨。定植穴内施充分腐熟的有机肥,上铺约 10 cm 熟土,种植母竹,使竹鞭充分舒展,分层填实土,浇透水,铺高出土面 3～5 cm 的松土。定植后遇干旱应筑蓄水沟,连续浇水 3～4 d,1 周后填平土层。打好木桩固定母竹,以防风害。

当年的新植早竹在 5 月下旬或翌年早春成活率都较高。种植密度每公顷 750～1 200 株,母竹胸径 2～3 cm,留"来鞭"10 cm、"去鞭"30～50 cm,有机肥的施入量可比毛竹增加 30%～35%,其他移植方法与毛竹种植相近。

(2)压条育苗　主要用于丛生竹的繁殖。2～4 月份选择一、二年生、枝条上隐芽饱满的竹压条。竹竿基部后外侧开 1 条水平直沟,宽、深各为 15～20 cm,长度与压条相等。沟底用细沙土与腐熟有机肥拌匀施入。在竹竿基部背面砍 1 个深度为竹竿直径 2/3 左右的缺口,将竹竿沿直沟缓缓压倒。20 节左右削去竹梢,只保留最后一节枝叶。覆 2～5 cm 熟土,后一节枝叶露出土面。浇水后竹竿上覆草。常浇水保湿。约经 3 个月,隐芽可长笋和生根。翌春挖起压条,逐节锯断成独立的竹苗。

2)竹林管理

目前毛竹可分用材林、笋用林和笋林兼用林 3 种。生产上以兼用林为多。

毛竹的母竹定植以后保持土壤湿润,保证母竹成活。成活后及时除草施肥,促进发鞭。第一年能产笋的,每株留竹 1～2 株,做好松土、施肥、防治病虫害等工作;第二年产笋时留 2～3 株竹,使新竹分布均匀,3 年后使笋用林每公顷有 3 000～3 750 株的立竹量,兼用林有 5 250 株以上的立竹量。

早竹林的管理与毛竹林相近,3 年后使立竹量每公顷 9 000～11 250 株,成林后每公顷 12 000～15 000 株。丛生竹的建园应保持每公顷有 600～750 丛的立竹量。

3)采收

毛竹秋季竹鞭的笋芽发育早而肥大,直径 7 cm、长 12 cm 以上的,可在春节前采收,称冬笋。春季笋芽露头而采收的为春笋,笋体露出土面 10～15 cm 可采收。夏末初秋,采收竹鞭的生长顶端称鞭笋,一般只能少量采收。毛笋每公顷产量一般为 11 250～15 000 kg。

早竹笋只能采收春笋,出土 5～10 cm 采收为宜,产量每公顷 7 500～11 250 kg,覆盖精细管理的产量每公顷 37 500 kg 以上。

丛生竹主要采收基部嫩芽,方法是将土扒开,使笋裸露后用笋刀割除。收笋时选分蘖节下 1～3 对笋目留下。丛生竹采收技术性要求高,采收时期也最长,一般在 6～11 月份,每公顷产量 7 500～15 000 kg。

4)主要病虫害

竹主要虫害有竹螟、竹蝗、竹斑蛾、笋夜蛾、笋蝇、竹象虫等,主要病害有枯梢病和水枯病等。

17.2.5 常见问题及对策

(1)开花　竹类开花后植株死亡。选择不同竹源的竹同植一块竹林上,避免整林开花。种植种子繁殖的幼竹,可明显延缓开花。精细管理竹林,避免干旱、涝灾、贫瘠、异常高低温、病虫害侵入等影响生长而提早衰老或开花。

(2)大、小年　竹林中出笋多的年份为大年,出笋少的年份为小年。由于大年笋多成竹多,消耗母体养分也多,影响竹叶的生长和地下茎的发鞭,使第二年竹笋明显减少,这种隔年交替的现象为大、小年。合理施用肥水、适时调整植株,促进营养生长,使枝、叶、鞭中有足够的养分积累。大年多疏笋少育竹,多砍老竹;小年留笋多养竹,少砍老竹,能使大、小年不明显。可在一片竹林中调节一半是小年竹,另一半是大年竹,即使是大、小年的交替,但在整体上表现不明显。

(3)退笋　竹笋不能成竹的现象为退笋。退笋是由于营养不足、笋体互相竞争而产生的。合理选留竹笋,如在产笋高峰期后,选择生长强健的笋体,笋体分布均匀,可减少退笋的发生。出笋期间温度过低、水分不足或者雨水过多、肥料缺乏、病虫害发生等也会发生退笋。

17.3 石刁柏

石刁柏(*Asparagus officinalis* L.)别名芦笋、龙须菜等,属百合科(Liliaceae)天门冬属(*Asparagus*)多年生宿根草本植物,起源于地中海沿岸和小亚细亚一带。20 世纪初传入中国,

20 世纪 80 年代才开始大量种植并加工出口。

石刁柏以嫩茎为食用器官。幼茎出土前采收的产品为白芦笋,用于制罐;幼茎出土后见光呈绿色的产品称为绿芦笋,主要供鲜食。芦笋中含有丰富的天门冬酰胺、芦笋苷和结晶体及多种甾体皂苷物质、组蛋白、叶酸等成分,对癌症、高血压、心脏病、疲劳症等均有一定疗效。

17.3.1 生物学特性

17.3.1.1 植物学特征

须根系,由肉质贮藏根和须状吸收根组成。肉质根由地下根状茎节发生,多数分布在地表 30 cm 的土层内,寿命长,每年可不断向前延伸,可达 2 m 长,6 cm 粗,起固定和贮藏养分作用。肉质根上发生须状吸收根。须状吸收根的寿命短,每年更新。茎分地下根状茎和地上茎。根状茎为极短缩的变态茎,多水平生长。根状茎上有许多节,节间极短,节上的芽有鳞片(退化叶)覆盖,顶部鳞芽聚生形成鳞芽群。根状茎顶部鳞芽群的鳞芽萌发,形成嫩茎或地上植株。较老的根状茎还有休眠芽(潜伏芽),可在根状茎被切断或营养条件发生变化时发育。地上茎为肉质茎,其嫩茎为产品器官。任其自然生长可高达 2.0 m。雌株比雄株高大,但发生鳞茎或嫩茎的数量少。雄株虽然矮小,但嫩茎数量多。地上茎多次分枝,分枝上着生绿色的针形细枝,称为拟叶。叶退化为三角鳞片状,着生在茎节上。

石刁柏雌雄异株,群体中两者比例约为 1∶1,偶有两性花。虫媒花,花小,钟形,萼片及花瓣各 6 枚。雄花花冠淡黄色,雄蕊 6 枚。雌花绿白色,雌蕊 1 枚。浆果圆球形,幼果绿色,成熟后红色。子房 3 室,每室一两粒种子。种子黑色坚硬,千粒重约 20 g。种子寿命 4～5 年。生产上宜用 1～2 年的新种子。

17.3.1.2 生长发育周期

石刁柏为多年生植物,可连续生长 10～20 年。生长过程分为:幼苗期,从种子发芽到定植,一般为几个月至 1 年;幼株期,从定植至开始采收,主要形成地下茎,2～3 年;成株期,开始采收后,产量逐年增加,5～6 年后进入盛采期;衰老期,10～12 年后,植株逐渐衰老,产量下降。

种子发芽后,胚根向下生长,形成细小的次级侧根;向上抽生第一条地上茎,根颈处有极短缩的地下茎。地下茎水平生长的同时,向上抽生地上茎,向下发生肉质根。肉质根上长出纤细吸收根。随着年龄的增加,地下茎不断发生分枝。成株期,在北方一年内要经过鳞茎萌动生长、嫩茎采收、采收后地上部生长、开花结籽、养分累积和休眠越冬几个阶段。采收期 2.5～3 个月。

17.3.1.3 对环境条件的要求

(1)温度　对温度适应性很强。种子发芽始温 5 ℃,适温 25～30 ℃。春季地温 5 ℃以上,鳞芽开始萌动;10 ℃以上嫩茎开始伸长,15～17 ℃最适于嫩茎生长,25～30 ℃以上嫩茎伸长最快,但基部及外皮易纤维化、笋尖鳞片易松散、茎细味苦;35～37 ℃植株生长受抑制,进入夏眠。15 ℃以下植株生长缓慢,嫩茎发生数量少;5～6 ℃为生长的最低温度;晚秋初冬遇霜地上部枯萎进入冬眠。休眠期地下部可在－37～－20 ℃冻土中越冬。

(2)光照　石刁柏需要光照充足。光饱和点为 710.0 $\mu mol/(m^2 \cdot s)$。

(3)水分　石刁柏根系分布广而深,地上部叶片退化蒸腾弱,耐旱能力较强。但是采笋期需充足的水分供应。干旱易导致嫩茎细弱,生长芽回缩,减产严重。地上部生长期间充足的水分供应,植株茂盛。适宜的土壤湿度为 80％～90％,极不耐涝。

(4)土壤营养　石刁柏对土壤的适应性广,但宜选用富含有机质、疏松通气、土层深厚、地下水位低、排水良好的壤土或沙壤土。适宜的土壤 pH 为 6.0～6.7。能耐含盐量不超过 0.2%的盐碱。矿质营养以氮钾为多，需磷较少，还需较多的钙。每 667 m^2 产 400 kg 嫩茎时，全年需吸收氮 6.8 kg、磷 1.75 kg、钾 5.94 kg、钙 5.34 kg。

17.3.2 类型与品种

石刁柏依其采收方式可分为白芦笋和绿芦笋。嫩茎经培土软化后形成的嫩梢为白芦笋，未经培土软化则嫩茎为绿色称之为绿芦笋；按嫩茎抽生早晚可分为早熟、中熟和晚熟种 3 类。

目前，中国栽培的石刁柏品种大多引自国外，主要品种有：玛丽华盛顿 500（又名加利福尼亚 500）、加州 711、加州 309、日本瑞洋、鲁石刁柏 1 号、荷兰的 531465 和 53137、德国全雄、加州 72、富兰克林、爱达丽等。

17.3.3 栽培技术原理与措施

1）育苗

多用种子繁殖，通常保护地育苗。北方地区若第一年露地育苗，第二年定植，到第三年才始收。保护地育苗可比露地播种期提早 30～40 d，即 2 月下旬至 3 月上中旬阳畦或小拱棚育苗，当年定植，第二年即可试采。

选择透气良好的沙质壤土，施足底肥，作平畦。在 10 cm 地温达到 10 ℃以上时播种。

石刁柏种皮厚而坚硬，28～30 ℃温水中浸泡 3～5 d，每天换水 1～2 次。催芽温度 25～30 ℃、10～15 d。约有 50%种子出芽时播种。播种前浇足底水，按株行距 10 cm 见方点籽，覆土 2～3 cm，盖地膜保湿增温，出苗时及时撤地膜。每 300 m^2 用种约 1 500 g，可供 1.0～1.5 hm^2 本田栽植。苗期追施速效性肥料 2～3 次，勤中耕松土除草，及时防治病虫害。

2）定植

苗高 25～30 cm、3～4 条地上茎、约 15 条地下茎、根长 20～25 cm、苗龄 70 d 左右定植为宜。河南、山东等地多在 6 月中下旬至 7 月上旬定植，天津、河北等地多在 7 月中旬定植。

一般开沟定植。绿芦笋栽培沟距 1.2～1.5 m。定植沟南北走向，深 30 cm、宽 40 cm。沟底每公顷施入腐熟有机肥 40～60 m^3、三元复合肥 400～750 kg。每沟栽植 1 行，株距 30 cm，22 000～27 000 株/hm^2。栽植深度以地下茎着生鳞芽处距地表 15 cm 为宜。覆土 5～8 cm，并稍镇压。定植沟两边的余土以后分次填入。栽植后立即浇水，以利缓苗。

3）幼株期管理

定植缓苗后，保持土壤湿润，雨涝时要及时排涝。适时中耕除草。定植沟要根据苗情及时填土。雨季到来之前，应填平定植沟。填土时结合追肥 2～4 次，最后一次施肥应在断霜前 2 个月。秋末初冬地上部枯萎，可割掉烧毁清园。封冻前浇足冻水。

定植后第二年，植株抽生的地上茎增多，但一般不采收嫩茎。生长健壮时，第二年才可少量采收嫩茎。第二年株丛发展较快，施肥量增加。春季萌芽前在植株两侧 30～40 cm 处，每公顷沟施有机肥 20～30 m^3、过磷酸钙 25 kg、氯化钾 10 kg。夏、秋季节追施 2～3 次速效性肥料。

4）成株期管理

采收期长短取决于上一年养分的累积，加强肥水、中耕、培垄、植株调整等管理。春季采笋期间，嫩茎生长主要来自地下部贮藏养分。吸肥量最多的时期是茎叶形成期，在嫩茎采收结束后追肥效果显著。嫩茎采收结束前 2 周左右追施速效性肥料，如尿素 80～120 kg/hm^2。嫩茎采收结束后结合放垄,每公顷施入有机肥 50～75 m^3、三元复合肥 500～750 kg。秋季旺盛生长期追施速效性氮肥和钾肥。霜降前 2 个月停止追肥,以免贪青生长,影响下一年嫩茎产量。

为使绿笋嫩茎粗壮,应使地下茎上面保持 15 cm 深的土层。华北地区多在 3 月中旬至 4 月上旬、10 cm 地温达 10 ℃以上时嫩茎开始抽生,及时浇水。采笋期间保持土壤水分充足,则嫩茎抽生快而粗壮、组织柔嫩、品质好。地上部枝叶生长期间,保证水分充足供应,促使同化功能旺盛,为下一年嫩茎丰产奠定基础。土壤上冻前浇足冻水,防止冬旱。浇水和雨后及时中耕松土。夏季高温雨季重点是防治病虫害、除草、排涝,为防止暴风雨袭击造成倒伏,还要架设铁丝防护,夏季不宜施过多氮肥。花茎抽生后不留种的,应及时摘除。株丛中拥挤的老、弱、病枝应及时去除,以利通风透光。

5)采收

绿芦笋在定植后第二年即可开始采收少量嫩茎。当嫩茎高 21～24 cm 时齐地表割下。劣质嫩茎必须及早割下,以免消耗地下茎贮藏养分降低产量。

采收持续期和产量,依植株年龄、性别、长势、气候、土质、田间管理水平等情况而异。当出笋数量减少并且变细弱时,必须停止采收。采收持续期过长,则绿色茎枝的生长期缩短,造成下一年产量降低,而且植株易衰老和发生病害。定植后第 4～12 年为盛采期,第 13 年后植株趋于衰老,产量逐渐降低。若管理良好,可延长到 15～20 年。

6)主要病虫害

石刁柏易发生茎枯病、褐斑病、立枯病、菌核病等,虫害主要有地老虎、蛴螬、蝼蛄等。

17.3.4 常见问题及对策

1)苦味笋

一般在高温、干旱;土壤水分过多或渍水;氮素过多而磷、钾肥相对较少;或土壤黏重、板结,以及土壤偏酸等情况下,嫩茎苦味就重。嫩茎受病虫危害及机械损伤,都会使苦味增加。选用苦味少品种、注意肥水管理、施用氮磷钾复合肥、增施腐熟有机肥等,可以提高嫩茎中含糖量,减少苦味。

2)硬化笋

嫩茎的硬化即指老化。一般老龄株或衰弱株的嫩茎易纤维木质化。高温干旱、氮肥缺乏、采收不及时、贮运时间过长水分散失、病虫危害都易造成嫩茎硬化。应加强植株营养,避免病虫危害,使植株健壮生长;采笋期间要保持土壤湿润,使嫩茎生长正常,质地脆嫩。

3)开裂笋

嫩茎在生长期间土壤忽干、忽湿,或采收期施用氮肥过多,温度突然升高,会造成嫩茎开裂。要针对发生原因采取对策。

4)空心笋

由于偏施氮肥,致使嫩茎细胞膨大过快,从肉质根输送的养分相对不足,导致嫩茎空心。注意平衡施肥,施用氮磷钾完全肥料,使地上部茎叶生长健壮,积累较多的营养物质贮藏在肉质根中,供翌年春季嫩茎抽生。

5)锈斑笋

嫩茎上产生锈斑,是由于土壤过湿或排水不良或采收前施入未腐熟的厩肥,致使土壤中致病的镰刀菌大量发生而侵染嫩茎所致。防止对策：注意开沟排水、避免土壤过湿、肥料应充分腐熟。

6)嫩茎鳞片松散

诱因有高温干旱、鳞茎内养分贮藏不足、植株衰老等。秋季应加强肥水管理，促使植株生长健壮，有充足的养分贮藏在肉质根中；采笋期间要保证水肥供应；要选用不易松散的优良品种。

17.4 金 针 菜

金针菜(*Hemerocallis* sp.)别名黄花菜，属百合科(Liliaceae)萱草属(*Hemerocallis*)多年生宿根草本植物，包括黄花菜(*H. flava* L.)、黄花(*H. citrina* Bar.)、萱草(*H. fulva* L.)和红萱(*H. minor* Mill)。金针菜起源于亚洲和欧洲的温带地区。中国栽培历史悠久，陕西大荔、甘肃庆阳、湖南邵东、江苏宿迁为中国著名的4大产区。金针菜以花蕾为食用器官，味道鲜美，营养丰富，可鲜食，但主要食用干制品。

17.4.1 生物学特性

1)植物学特征

金针菜须根系发达，多分布在20～50 cm土层，最深可达130～170 cm。着生在根状茎节上，分肉质根和纤细根。肉质根又分为条状和块状。条状肉质根圆柱状，具贮藏和吸收功能。块状肉质根短粗肥大呈纺锤状，具贮藏功能。纤细根着生在肉质根上，细长且分根多，具吸收功能。茎分短缩茎和花茎。短缩茎每年生长呈分杈形的根状茎。花茎从根状茎的顶端叶丛中央抽出，有4～8个花枝，构成聚伞花序。叶对生，叶鞘抱合成假茎，叶片狭长成丛。每株有15～20片叶。叶长60～100 cm、宽1.5～3 cm。每1假茎及其叶丛称为1片，即短缩茎上的1个蘖株。花蕾黄色或黄绿色，每个花枝着生花蕾约10个。每株花薹可相继形成花蕾30～60个，健壮株60～120个。多数品种花蕾在傍晚开放，花被6枚，分内、外2层。雄蕊6枚，雌蕊1枚，子房3室。开花到种子成熟1.5～2个月。蒴果，内含种子数粒至20多粒。种子黑色，坚硬，千粒重16～20 g。

2)生长发育

金针菜为多年生宿根性植物，历经幼苗期、幼株期、成株期和衰老期。栽植后1～2年，植株较少开花；栽植后3～4年始收，可连续采收7～8年；采收10～15年后，株丛衰老，花蕾减少，采收期缩短。长江流域每年有2次发叶期。第一次在2～3月份，为春苗，8～9月份花蕾采完后枯黄。割掉黄叶和枯薹后，发生第二次新叶，为秋苗，至霜降时枯黄。地下部能耐低温，可露地越冬。秋苗期是金针菜恢复生长和累积营养的重要阶段。秋苗健壮、数量多，次年抽薹数增加、产量提高。秋末，具有12～20片功能叶的分蘖株开始花芽分化，不久即进入休眠；第二年早春花芽继续发育，4月中旬发育加快，抽薹现蕾。5月下旬抽出花茎，6月上旬可采收花蕾。6月下旬至7月上旬为采收盛期。7月下旬采收结束。花薹抽生早晚、高度、着生花蕾多少及持续时间等都依栽培条件而异。早熟品种可采摘约30 d；中、晚熟品种可采摘60 d以上。

春季从短缩茎的新生节上发生5～10条条状肉质根。随着短缩茎逐年向上发展，发生新根的部位也逐年提高，即有“跳根”的特性。一般每年发生1节短缩茎，地下逐年形成根状茎。每年随短缩茎生长点附近腋芽的活动而发生分蘖，根状茎逐渐伸长并分杈。秋苗生长期间，纤细根大量发生，寿命2～3年。植株衰老、管理不善、养分不足、土壤板结、通气不良等，易发生块状肉质根。

3)对环境条件的要求

(1)温度　地上部不耐寒，遇霜即枯死。短缩茎和根部耐寒能力强，可耐－10 ℃以下的低温。旬平均温度达5 ℃以上时幼芽开始出土。叶丛生长适温14～20 ℃。抽薹开花期20～25 ℃。

(2)光照　能在相对光强17%～100%正常生长。阳光充足时，植株生长更茂盛。盛花期光照充足，花蕾多而肥大。阴雨天多易落蕾。

(3)水分　根系发达，肉质根含水较多，耐旱力颇强。抽薹前需水量小，抽薹期要求土壤湿润。盛蕾期需水量大，此时供水充足，则花蕾发生多、花蕾肥大、花蕾开放时间也提早。采蕾期土壤干旱易落蕾，采收期缩短、产量降低。土壤积水，会严重影响根系生长。

(4)土壤营养　金针菜对土壤适应性很广，但在土质疏松、土层深厚的土壤中根系发育良好。能耐瘠薄，在肥沃的壤土上植株生长旺盛、产量高。应深翻和多施有机肥，不可偏施氮肥，以防叶丛过嫩易发病害。

17.4.2　类型与品种

中国各地优良的金针菜品种很多。主要有湖南邵东的荆州花、陕西大荔的沙苑金针菜，还有河南淮阳的陈州花、甘肃的庆阳花、山西大同花、河南商丘的大青条、浙江缙云的青顶花、江苏宿迁的大乌嘴、湖南邵东的茶子花、湖南祁东的白花和猛子花、四川渠县花、四川巴中的黄花菜等。

17.4.3　栽培技术原理与措施

1)种苗繁殖

金针菜可分株繁殖、种子繁殖、芽块繁殖和组织培养繁殖。

(1)分株繁殖　一般第一年秋季栽植，第二年就可收获。但繁殖系数低。分株繁殖有2种方法：①采挖部分分蘖株繁殖。选生长旺盛、花蕾多、品质好、无病虫的健壮株丛，从每株丛一侧连根挖出1/4～1/3的分蘖株作种苗，剪除衰老的根和块状肉质根，将长条肉质根适当剪短即可栽植。几年后再从老株丛的另一侧挖掘分蘖株。分株繁殖多在花蕾采摘后到秋苗抽生前进行，也可于春苗抽生前进行。②母株丛全部挖出分栽繁殖。一般是结合生产田植株的更新复壮进行。

(2)种子繁殖　实生苗长势强，栽培容易，但栽植后进入盛花期需时较长。仅适于结籽能力较强的品种。

选择健壮植株，盛花期在每个花茎上选留3～5个粗壮的花蕾，开花结果。蒴果成熟顶端稍开裂时采收脱粒。一般在秋季或春季播种。25～30 ℃温水浸种24 h后播种。平畦宽1.3～1.7 m。按行距17～20 cm开3 cm的浅沟，每隔1～2 cm点播1粒种子。出苗期要浇水保持畦面湿润，防止表土板结。用种量37.5 kg/hm^2，可育成750 000～900 000株苗。

(3)芽块繁殖　金针菜的根状茎有顶芽、侧芽，每节上还有隐芽，可切块繁殖。选用6～

9 年生母株根状茎，剥去叶鞘，切成长 1 cm、带 1 个芽，并 3～5 条、3～6 cm 长的肉质根的芽块。密度 750 000～1 050 000 株/hm^2。苗期 2 个月。芽块繁殖春、秋季均可进行，但秋季更适宜。

(4)组织培养繁殖　叶片、花药、花薹等外植体培养成试管苗。此法繁殖系数高，但仍处于研究阶段。

2)栽植

栽前应施足底肥，深翻 30 cm 以上，作平畦。春、秋为栽植适宜时期。秋栽在花蕾采摘结束后到秋苗萌发前。栽后当年可发秋苗，抽生新根，累积养分。春栽在秋苗落叶枯萎后到翌年春苗发生前，当年抽薹少。多采用宽窄行栽植，宽行距 80～100 cm，窄行距 50～60 cm，穴距 30～40 cm，每穴 2～4 株。穴深约 25 cm，口径约 30 cm。也可按行距 80 cm、穴距 40～50 cm 栽植。或按行距 45～50 cm、株距 30～40 cm，单株栽植。栽植密度大或穴内株数多，分蘖增加快，花茎多，产量高，但需更新年限短。开穴后再施入有机肥和磷钾肥，肥土混匀。栽植深度 10～17 cm。栽植过深，分蘖发生慢，进入盛产期晚；栽植过浅，虽能提早进入盛产期，但根系入土浅、植株矮小、易早衰。栽植后浇透水。

3)田间管理

(1)春苗管理　春苗萌发前进行深中耕，抽薹前浅中耕 2～3 次。春苗培育期一般追肥 3 次：第一次在春苗萌发前，腐熟有机肥撒施翻入土壤，为粗苗肥；第二次追肥在花薹抽生初期，为催薹肥；第三次追肥在开始采蕾 10 d 后，即将进入盛采期时进行，为催蕾肥。追肥以速效氮肥为主，配合磷、钾肥。

金针菜耐旱性强，但适量浇水可促进植株生长。一般春苗萌发前保持土壤见湿见干，抽薹时要增加浇水量和次数，直到采收盛期保持土壤湿润。采收末期逐渐减少浇水量。采收结束后尽量少浇水。

(2)秋苗管理　花蕾采收结束后，割去枯薹和老叶，翻耕行间土壤 30 cm 以上。深翻后在秋苗未抽生前追施 1 次有机肥，秋苗枯死后施 1 次土杂肥。生长 3～4 年以上的植株培土，防止根茎外露，提高分蘖能力，促进发根。冬前浇冻水。

4)采收

金针菜的花蕾在接近开放前为采收适期。一般在花开前 1～2 h 前采摘完毕。此时采收，产量高、品质好。采收过早，产量低而且蒸制后带黑色；采收过晚，花蕾已开放，干制品质极差。雨天花蕾生长较快，采摘应比晴天适当提前。

5)主要病虫害

金针菜主要病害有锈病、叶枯病、叶斑病、茎枯病、炭疽病、根腐病等，主要虫害有蓟马、红蜘蛛、蛴螬、蚜虫、金针虫、瓢虫等。

17.4.4　常见生长发育障碍

一般栽植 10 年后因分蘖株过多，株丛松散，根系上升或外露，植株生活力衰退，抽薹迟，花薹矮，分枝少，花蕾少而瘦，产量和品质下降，应进行更新。更新方法分局部更新和全部更新。局部更新是每年挖去 1/3～1/2 蘖株(可用于繁殖)，留下的株丛加强管理，当年仍有一定产量，经 2～3 年可完全更新复壮；全部更新是挖出严重衰老的株丛，经分株选健壮的苗株重新栽植，第二年可收获。

17.5　其他多年生类蔬菜

17.5.1　百合

食用百合是指以食用其鳞茎为主要目的的一类百合，通常具有鳞片肥厚饱满、色泽洁白、质地细腻、口味清甜、营养丰富等特点，种类包括百合科（Liliaceae）百合属（*Lilium*）中能形成肥厚鳞茎的多个栽培种，均属多年生宿根草本植物。原产亚洲的东部地区。中国各地均有栽培，主要产区有湖南邵阳、山东莱阳、浙江湖州、甘肃兰州、江西万载、江苏宜兴和南京等地。百合鳞茎洁白肥厚，营养十分丰富。百合还可以制干和加工成百合粉。

17.5.1.1　生物学特性

须根，分肉质根和纤维状根。肉质根着生于鳞茎盘底部，也称“种子根”和“下盘根”。肉质根有几十条，分布在地表 40～50 cm，寿命 2～3 年。纤维状根着生于地上茎基部，为不定根或“上盘根”或“罩根”，在茎上轮生四五层，形状纤细，长 7～13 cm，分布在土壤表层，每年与茎干同时枯死。茎分短缩茎和地上茎。短缩茎盘状，着生鳞片构成鳞茎。鳞茎呈扁球形或椭圆形。鳞片层层叠合包裹，数十片抱合成 1 个小鳞茎，为仔鳞茎，俗称“囊”。1 个大母鳞茎，一般有 3～10 个“囊”。鳞茎能连续生长 2 年至多年，贮藏养分。短缩茎的顶芽抽生地上茎，不分枝，直立坚硬。有的品种在地上茎叶腋间，产生紫黑色、圆柱形气生鳞茎，称为珠芽，俗称“百合籽”；有的品种在土中茎上长出次生的小鳞茎，称为“籽球”。珠芽、籽球由芽所形成，可用于播种繁殖。叶披针形和条形，全缘，叶脉平行。叶片互生，少数品种轮生。花单生或排列成总状花序，喇叭形、钟形，开放后向外翻卷，橘红色、粉红色、黄色和白色。蒴果，长椭圆形，内有数百粒种子。种子近圆形、薄片状，黄褐色，千粒重 2.08～3.4 g。

百合的生育周期包括以下 5 个阶段。

1)播种越冬期

8 月下旬至 10 月中下旬播种，仔鳞茎在土中越冬，翌年 3 月中下旬出苗。仔鳞茎底盘先萌发下盘根，中心鳞片腋芽开始缓慢生长，分化叶片。

2)幼苗期

出苗到珠芽分化。3 月中下旬，萌芽出土，约 15 d 苗高 10 cm 以上，地上茎入土部分长出上盘根，苗茎基部分化新的仔鳞茎芽。地上茎高 30～40 cm 时，叶腋内出现珠芽。

3)珠芽期

珠芽分化到珠芽成熟。仔鳞茎大、地上苗茎粗壮，出生珠芽的叶位高；反之则低。一般地，珠芽着生在第 40～50 片叶的叶腋间。若地上茎顶芽打掉，珠芽生长速度加快，约经 1 个月珠芽成熟，自然脱落。此期地下新的仔鳞茎生长加快、膨大，老仔鳞茎的鳞片分裂突出，形成新的鳞茎。

4)现蕾开花期

剥开顶心可看见蓓蕾直到开花。6 月上旬现蕾，7 月下旬开花终止。此期地下新的鳞茎体迅速肥大。

5)成熟收获期

秋季地上茎叶全部枯死时可收获。留种的百合可晚收 10 d 左右。

地下鳞茎较耐寒，土中能耐−10 ℃低温，地上茎不耐霜冻。早春地温 3 ℃时心芽萌动，8 ℃以上新苗出土。生长适温 15～25 ℃，鳞茎肥大期适温 23～25 ℃，开花期 24 ℃以上，高于 30 ℃时生长不良，33 ℃以上植株黄萎，甚至枯死。百合喜干燥，怕水涝。百合对空气湿度不敏感，以干燥气候为宜。在土层深厚、肥沃疏松的沙质壤土中，百合鳞茎肥大、色泽白。黏质土中，鳞茎紧密、个体小。适宜弱酸性到中性土壤。

百合属在世界上有 100 多种，中国有 60 多种。作为蔬菜的主要是卷丹(*Lilium tigrinum* Ker-Gavle)、川百合(*Lilium davidd* Duchartrin Elues)、兰州百合(*Lilium davidd* var. *willmottiae* Raffil)、龙牙百合(*Lilium brownii* Brown ex Mile var. *viridulum* Ker.)。可供食用的尚有山丹、小卷丹、天香百合和白花百合等。

17.5.1.2 栽培技术要点

1)培育种球

种球为当年生小鳞茎("籽球")，重 50～100 g。

(1)珠芽培育　产生株芽的品种，夏季珠芽成熟时采收，9～10 月份条播于苗床。行距 12～15 cm、株距 4～6 cm。覆土厚约 3 cm，盖草。第二年出苗时揭除盖草，施追肥。秋季地上部枯萎后掘起鳞茎栽植，行距 30 cm、株距 9～12 cm，覆土厚约 6 cm。第三年秋季收获时，部分鳞茎达到种球标准，较小的鳞茎，须再培育 1 年。寒冷地区宜春播，将秋季采得的珠芽混沙贮藏，室内过冬。

(2)小鳞茎培育　产生小鳞茎的品种，收集小鳞茎播种。经 1 年培育，有部分达到种球标准。较小的鳞茎再培育。

(3)鳞片培育　秋季采收充分成熟的鳞茎，用利刀将鳞片自基部切下，8～9 月份插入沙壤土苗床中。插植后 15～20 d，鳞片下端的切口处发生很小的鳞茎，其下生根。翌春小鳞茎发芽，秋季采收直径约 1 cm 的小鳞茎。收后可参照珠芽法培育成种球。自鳞片扦插到育成种球约需 3 年。

(4)种子培育　秋季采成熟的种子播于冷床。种子在冬季发根，翌春出苗早、生长快。若翌年春播，则出苗较迟，出苗率降低。秋季形成很小的鳞茎，须培育 4～5 年才可作为种球。

百合的叶、根、茎段、花柱、珠芽和鳞茎盘等器官，经组织培养后也可培育成种球。

2)整地栽植

(1)种球选择和整地　种球大小影响产量，为降低成本，以中等种球为适宜。选具有原品种特性、无病虫害、鳞片无污点、茎盘不霉烂的鳞茎作种。种球收获后不宜立即栽植，室内铺开种球，厚不过 65 cm，上面盖草，晾种 7 d 左右，让百合表层水分有所蒸发，有利发根和出苗。播种前要剪去底出根。百合须轮作 2 年以上，连作时鳞茎小而色变黄，产量低，品质差。

(2)施基肥　百合是耐肥作物。每公顷施厩肥 24 000～40 000 kg、发酵饼肥 1 000 kg、氮肥 200 kg、钙镁磷肥 400 kg、硫酸钾 1 000 kg。基肥不能与种球直接接触。平畦或高垄。

3)栽植

百合栽植期南方在处暑至秋分，北方在冻土前和早春解冻时。按 20～30 cm 行距、开深 10～12 cm 沟栽种球，株距 20 cm，盖土 3～6 cm。高畦栽植时，畦肩栽 2 行，株距 15～20 cm。种源充足时，适当密植可增产。一般每公顷用种球 200～300 kg。

4)田间管理

百合在 9～10 月份栽植，仔鳞茎在土中越冬，翌年清明前后出苗。入冬后畦面撒施腐熟有机肥。春季出苗前，铺适量有机肥或复合肥，松土、培土。早春地面可盖地膜或稻草，出苗时破膜或去稻草。苗高 20 cm 时施追肥。收珠芽和打顶后，如百合叶色变淡，追 1 次稀肥或叶部喷 0.2%磷酸二氢钾液或 0.1%钼酸铵液。百合比较耐旱，浇水不宜过多，鳞茎肥大期浇水 2～3 次。5 月上旬植株叶腋间出现珠芽，开始形成新鳞茎。应适当控制营养生长，促进鳞茎迅速肥大。株高 40～50 cm 时选晴天打顶。易生珠芽的百合，出现珠芽后，若不留种应及早摘除。现蕾后及时摘去花蕾。夏季高温时，地面可盖麦草等以降低地温并保墒。

5)采收与留种

百合的鳞茎连续培育数年，达到一定大小后采收供食用。秋季地上部完全枯萎，鳞茎已充分成熟，宜在晴天掘起鳞茎，避免多照阳光引起鳞茎变色。用小鳞茎作种时，应于生长期在田间选生育好、无病虫害的植株做标记。茎叶枯后收鳞茎时，选取产量高并具有品种特征的小鳞茎供繁殖用。用珠芽繁殖的，选生长良好的植株，待珠芽成熟将要脱落时采集作种。

17.5.2 苜蓿

苜蓿(*Medicago sativa* L.)别名草头、金花菜，属豆科一二年生草本植物。原产印度，我国自古就有栽培。苜蓿在南方各省区为主要的绿肥作物之一，但在江浙一带作为百姓喜食的叶菜广泛种植。苜蓿通过排开播种，基本上可周年种植。

17.5.2.1 生物学特性

主根粗而长，主要分布于 15～20 cm 的表土层内。茎直立或斜卧，多分枝，高 8～12 cm，开展度 10～12 cm。3 出复叶，小叶片，长卵形，叶端稍凹，叶长 1 cm、宽 1 cm，色绿，叶柄细长。花序总状腋生，小花密生一起，花梗较短，花冠蓝紫色或紫色。荚果螺旋状卷曲 1～3 圈，表面无毛。荚果内有 3～5 粒肾状形种子，色黄，千粒重 2.8 g。

苜蓿喜冷凉气候，耐寒性较强，生长适温为 12～17 ℃，在 17 ℃以上和 1 ℃以下植株生长缓慢，在−5 ℃的短期低温下，叶片受冻，气温回升，植株又可萌芽生长。对土壤适应性较强，但以富含有机质、保水保肥的中性黏土为宜。

17.5.2.2 栽培技术要点

分春季和秋季栽培，以秋季栽培为多。秋季栽培从 7 月下旬至 9 月下旬播种，8 月中旬至翌年 3 月下旬采收上市。春季栽培从 2 月下旬至 6 月上旬播种，4 月上旬至 7 月下旬采收。

(1)整地　苜蓿为浅根性作物，耕翻深度以 15～18 cm 为宜，每 667 m^2 施有机肥 2 000 kg 作基肥，整平耙细后作畦。畦高 20 cm、宽 1.5 m。

(2)播种　播种前先用清水将带壳的螺旋状荚果淘洗，淘汰瘪籽和坏籽，用 50～55 ℃的温水浸种，不断搅拌，待水温降至 25 ℃后浸种 8 h。宜用条播。开小浅沟(有 3～4 cm)，行距为 7～8 cm，播后用齿耙整平畦面，轻轻镇压。晚秋早春播种每 667 m^2 需种量 10 kg 左右，早秋晚春每 667 m^2 需种 20～30 kg。

(3)田间管理　播种后，每天早、晚各浇水 1 次，出苗后每天浇 1 次水，7 d 后可停止浇水。大雨或雨水多时，注意排涝。当植株有 2 片真叶时追肥，每 667 m^2 施氮肥 5 kg 或充分腐熟的饼肥 30～50 kg 或优质土肥 1 000～1 500 kg，撒施行间，浇水。以后每采收 1 次，追肥 1 次。由于菜用苜蓿采收嫩茎叶，因此病害发生较轻。主要虫害有蚜虫、地老虎等。

(4)采收　植株 3～4 cm 高时即可采收，采收嫩茎叶时，要将茎叶留得短而整齐，采收掌握“低”和“平”的原则，以便后茬采收。早秋播种约 25 d 开始采收，早春播种 5 月上旬开始采收。

17.5.3 朝鲜蓟

朝鲜蓟(*Cynara scolymus* L.)别名菊蓟,属菊科菜蓟属中以花蕾供食的多年生草本植物。原产于地中海沿岸,目前法国、意大利、西班牙栽培较多。19 世纪从法国传入中国,目前上海、云南等地有少量栽培。供食部分为花蕾总苞和花托部位,可炒食、制酱、做汤或加工成罐头。茎叶经软化后可煮食,味清淡。

17.5.3.1 生物学特性

根系发达。成株高 1～1.5 m,羽状裂叶,大而肥厚,披针形,密被白色茸毛,多刺,一般长叶 18 枚左右,地上茎粗 4～5 cm,分枝 1～3 个,6～7 月份顶端生出肥嫩花蕾,以主茎花蕾最大。每株通常结蕾 3～8 个,紫色或绿色,花蕾外有 80～120 个苞片,60%以上的外层苞片木质化,内层 40%的苞片较嫩。1 个花蕾可食部分 15～50 g。种子扁椭圆形,横断面三棱形,棕褐色,千粒重 44 g。地上部每年生长后腐烂枯死,又从根部发生侧枝而更新。

朝鲜蓟喜冬暖夏凉气候,耐轻霜,忌干热,地上部遇冻害致死,地下部耐低温。炎夏高温会使花蕾开放而减少可食部分比例。宜选肥沃疏松、排水良好、持水力强的壤土或黏壤土。生长期畦沟积水易引起烂根。抽花茎现蕾期忌干旱,要求阳光充足。

生产上常见类型分为法国和意大利种 2 个类型。又可依苞片颜色分为紫色、绿色和紫绿相间色;按花蕾形状又分为鸡心形、球形、平顶圆形 3 类。

17.5.3.2 栽培技术要点

朝鲜蓟采用种子或分株繁殖。种子繁殖的,南方温暖地区 9 月份播种,苗高 10 cm 以上、4～6 片真叶移植到大田。长江流域可保护地育苗,4～5 月份定植,也可直播。南部温暖地区,分株繁殖宜在 9～10 月份选健壮母株掘取其分蘖,大的分蘖苗连根直接定植于大田,小的分蘖苗按 15 cm 见方栽在苗床培育,翌春 3 月份带土定植于大田。南方秋季分株繁殖或育苗繁殖的,翌年春季 4～5 月份抽薹、现花蕾,5～6 月份采收花蕾。长江流域冬春育苗,5 月份定植者至翌年春现蕾收获。一般定植后第 2～3 年为盛产期,连续收获 4～5 年后更新。

选择灌排水良好肥沃土地,施腐熟厩肥 2 000 kg/667 m^2,翻耕整地成宽 1 m 的高畦(连沟),每畦栽 1 行,株距 80～100 cm,每 667 m^2 栽 600～800 株。阴天带土移栽,深 20～25 cm,浇足定根水。3 月份追施尿素 10 kg/667 m^2,5 月份花蕾肥大期第二次追施尿素 5～8 kg/667 m^2。开始抽花茎到花蕾收获结束,如遇天旱及时浇水,以免影响花蕾肥大;雨水多时要注意排水,防积水烂根。中耕除草。冬季寒冷地区还要注意培土防寒,或覆以草木灰防冻。一般 5 月上旬开始采收花蕾,陆续收到 6 月下旬。总苞开放前 1～2 d 为采收适期。每株可抽花茎 10 条左右,共收 15～30 个花蕾,产量约 1 000 kg/667 m^2。4～5 月份现蕾时摘顶,可促进两三级分枝增加,增加花蕾数量和产量。

花蕾萼片青绿有光泽、基部外层萼片欲开未开、仍较紧密时采收。优良花蕾每 3～4 kg 可加工成 1 kg 可食部分。采收完毕,将表土扒开,在距土面以下 10 cm 处割断花茎残桩,将土盖平。将割下的茎叶覆盖于土表,以降地温,有利于老根萌芽、蘖芽粗壮。若齐土面割去茎叶,抽生蘖芽多,但细弱,翌年产量低。

10 月上旬每株选留最粗壮分蘖 1 个,其余清除或繁殖用。每 667 m^2 分蘖苗可栽 5×667 m^2。冬前根际盖土防冻,土层宜厚。

思考题

1. 简述香椿实生苗木培育技术要点。
2. 日光温室的香椿培育实生苗木为什么要进行矮化？常用的矮化方法有几种？
3. 简述竹笋常用的繁殖方法及其技术要点。
4. 如何掌握竹笋的收获标准？
5. 石刁柏生产中常表现哪些笋茎异常现象？其原因与对策如何？
6. 简述金针菜的栽培技术要点。
7. 简述百合的种球培育技术要点。

18

CHAPTER

水生类蔬菜栽培

水生蔬菜(Aquatic Vegetable)指适合于长期或短期水渍环境生长的蔬菜种类，主要种类有莲藕、茭白、芋头、荸荠、蕹菜、慈姑、菱角、芡实、水芹、豆瓣菜、莼菜、蒲菜及蒌蒿等。除豆瓣菜外，大多数种类的水生蔬菜皆起源于我国或以我国为起源地之一，可视为我国的特产蔬菜。

我国地域辽阔、湿地资源丰富，加之水生蔬菜适应性强、产量高、营养丰富、供应期长等原因，使得我国水生蔬菜不仅栽培利用历史悠久，而且栽培面积、总产量均居世界前列。我国水生蔬菜主要分布在北纬32°～20°、东经101°～123°的广大区域内，包括淮河、长江、钱塘江、闽江、珠江和澜沧江等江河流域，其中在洞庭湖、鄱阳湖、太湖、巢湖、洪泽湖等大型湖泊周围尤为集中。而淮河流域以北，则仅在气候较为温和、水源较为充足的局部地区，如陕西的关中地区、山东的黄河沿岸等有少量种植。

18.1 莲 藕

莲藕(*Nelumbo nucifera* Gaertn.)简称莲，别名莲菜、荷藕等，属睡莲科莲属中能形成肥嫩根状茎的栽培种，为多年生水生草本植物。莲藕起源于中国和印度。目前，我国各地普遍栽培，世界上作为蔬菜栽培的还有日本、印度、东南亚各国、独联体南部国家及非洲各国。欧洲、美洲一般作观赏植物。我国莲藕主产区在长江流域及黄淮流域。莲藕的主要食用器官为根状茎的藕和莲子，每100 g藕含水分77.9～89 g、淀粉约20 g、维生素C 25～55 mg以及棉籽糖、水苏糖、果糖、蔗糖及多酚化合物等，可炒食、腌制咸藕、蜜饯糖藕或加工成藕粉。每100 g莲子含蛋白质16.6～17 g、碳水化合物(主要是淀粉)61.8～66.8 g及磷等，可鲜食或加工。

18.1.1 生物学特性

18.1.1.1 植物学特征

莲植物形态见图18-1。

1)根

根为须状不定根，成束环生在根状茎节部的四周，每个茎节环生6束不定根，每束10～25条，平

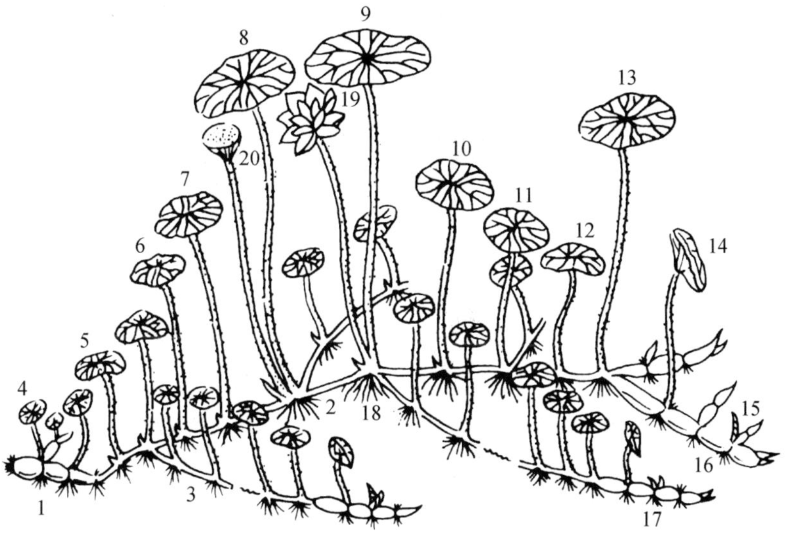

图 18-1 莲藕的生长发育过程

1. 种藕 2. 主藕鞭 3. 侧藕鞭 4. 水中叶 5. 浮叶 6～9. 上升阶梯叶群 10～12. 下降阶梯叶群 13. 后栋叶 14. 终止叶 15. 叶芽 16. 主鞭所结新藕 17. 侧鞭所结新藕 18. 须根 19. 荷花 20. 莲蓬

均根长 10～15 cm。幼根为白色或淡红色，老化后变为黄褐色或黑褐色。

2)茎

茎为根状茎，又称莲鞭或藕鞭。莲鞭的分枝性较强，每节都可抽生分枝，即侧鞭，侧鞭的节上又能再生分枝。节间一般长 20～50 cm，茎横切面有 4～5 个通气孔。莲鞭一般多在 10～13 节开始膨大而形成新藕，也有在 20 节形成新藕的。藕按其着生的主次，有主藕、子藕、孙藕。主藕由主茎膨大而成，从主藕的节部长出的小藕称子藕，从子藕的节部长出的小藕称为孙藕。藕是莲的贮藏器官，又是繁殖器官。

新藕多由 3～6 节组成，其先端 1 节较短，称为藕头，中间的 2～4 节较长而肥大称为藕身，最后 1 节最长而细，称为尾梢。藕头上着生顶芽，顶芽外披鳞片，里面有 1 个包裹着叶鞘的叶芽和花芽的混合芽及短缩的根状茎。短缩的根状茎的顶端又有 1 个被芽鞘包裹着的新的顶芽，每一轮顶芽都重复前面的结构。藕的皮色有白色和黄白色，散生着淡褐色的皮孔。藕的中间有许多纵直的孔道，与莲鞭、叶柄中的孔道相通。

3)叶

通称荷叶，由叶柄和叶片组成。叶片圆盘形，全缘，绿色，顶生。从种藕上发生的叶片很小，荷梗(即叶柄)细软不能直立，沉入水中，称为荷钱叶或钱叶。抽生莲鞭后发生的第一、第二片叶浮于水面，也不能直立，称为浮叶，随后生出的叶，则随着气温上升，叶面积越来越大，直径 60～80 cm，荷梗粗硬，其上侧生刚刺，挺立水面上，称为立叶，并越来越高，一般高出土面 60～120 cm，形成上升阶梯的叶群。当叶群上升至一定高度以后，即停留在一般高度上，随后发生的叶片，一片比一片小，荷梗越来越短，便形成下降阶梯的叶群。新叶初生时卷合，然后张开，故见卷叶，便可找到藕头生长的地方。结藕前的 1 片立叶最高大，荷梗最粗硬，称为后栋叶。故植株出现后栋叶时，标志着地下茎开始结藕。最后 1 片叶为卷叶，叶色最深，叶片厚实，称为终止叶。主鞭自立叶开始到终止叶的叶数，因品种和栽培季节而不同，一般有 10～16 片。侧鞭开始一两片为浮叶，以后发生立叶，情况与主鞭相似。

4)花

通称荷花。花单生，白或淡红色，两性花。萼片四五片，花瓣 15～25 片，长椭圆形。雄蕊 100～400 枚，花丝较长，群生于花托下，淡黄色，花药顶生卵形附属物。雌蕊柱头顶生，花柱极短，子房上位，心皮多数，散生，陷入肉质花托内。花一般自清晨开始开放，到下午 3 时左右闭合，花期 3～4 d。

5)果实和种子

花谢后，留下倒圆锥形的大花托，即为莲蓬。每一心皮形成 1 个椭圆形坚果，即莲籽。莲籽内含 1 种子，即莲子。自开花至莲子成熟需 40～50 d，一般荷花盛开，表示藕已进入生长盛期。果实成熟后，外有黑色硬壳，俗称莲乌或石莲子，去壳即见有紫红种皮的莲子。果实于成熟前与花托相连，当果实成熟后莲蓬向下弯曲，种脐与花托脱离，果实自然落入水中。

18.1.1.2　生长发育周期

从种藕萌芽至新藕成熟可分为萌芽生长期、茎叶生长期和结藕期。

1)萌芽生长期

本阶段从种藕萌芽开始到立叶发生为止。当平均气温上升到 15 ℃时，莲开始萌动，此期长出的叶片全部为浮叶。气温达 21 ℃，植株抽生立叶。在长江中下游地区，一般在 3 月下旬或 4 月上旬，莲开始萌动长出浮叶，4 月下旬抽生立叶。在华南及西南的云南地区，3 月上旬，莲就开始萌动生长，而华北的河南、山东等地在 4 月下旬或 5 月上旬才开始萌动生长。东北地区要到 6 月上旬才开始萌动。莲的物候期还与品种有较大关系。一般而言，莲的萌动期也就是莲藕定植的最佳时期。定植 5～7 d 后抽生第一片浮叶，抽生 3～4 片浮叶后开始抽生立叶。田间水越深，浮叶抽生越多；水浅，浮叶抽生少。生长前期植株的营养来源，主要依靠种藕贮存的养分。须根发生以后，藕鞭各节生根、生叶，吸收土中营养，进入旺盛生长。

2)茎叶生长期

从植株抽立叶至出现后栋叶为止。此时期是莲营养生长的旺盛时期，同时也伴随开花结实的生殖生长过程。长江中下游流域一般为 5 月上中旬至 7 月上旬或 8 月上旬。这一时期的典型特征是立叶数的大量增加，平均 7 d 左右根状茎生长一节，并抽生一个叶片，同时根状茎的每一节又可抽生出新的分枝，从而形成一个庞大的分枝系统。与此同时，植株开始现蕾开花，7～8 月份达盛花期。开花的时间和开花的多少因品种而不同，一般子莲比藕莲开花早，持续时间长。此时期为植株营养生长之主要时期，既要求根、莲鞭旺盛生长，为植株吸收、制造和积累养分建成强大的营养系统，但也不宜生长过旺，以防疯长贪青，延迟结藕。

3)结藕期

后栋叶出现到藕成熟，为产品器官形成期。一般进入盛花以后和抽生后栋叶开始植株进入结藕期。植株各部分的营养物质除一部分输向果实外，大部分则向顶端部分迅速集中，逐渐肥胖和充实成为藕。结藕时间因品种、生长条件而有较大的差异。从嫩藕开始形成到采收，约经 20 d。立秋以后，气温下降，植株同化养分逐渐向地下茎累积，藕身逐渐充实长圆，淀粉含量也逐渐增加。寒露霜降以后，植株完全停止生长，叶、花、藕鞭逐渐枯死腐烂，以地下新藕越冬。

18.1.1.3 对环境条件的要求

莲藕的生长发育需要温暖、无风而阳光充足的气候条件，最喜土层深厚、有机质含量丰富的土壤和较稳定的水位。

1)温度

莲藕喜温暖，一般要求温度 15 ℃以上才能萌芽生长；茎叶生长旺盛期生长适宜温度 25～35 ℃；结藕初期也要求较高的温度，以利藕身的膨大；后期则要求较大的昼夜温差，白天气温 25～30 ℃，夜晚降到 15 ℃左右，以利于养分的积累和藕体的充实；休眠期要求保持 5～10 cm 水位，否则藕体易受冻腐烂。

2)光照

莲藕为喜光植物，生长和发育都要求光照充足，不耐遮阳。莲藕对日照长短要求不严，一般长日照有利于茎、叶生长，短日照有利于结藕。前期光照充足，有利于茎、叶的生长；后期光照充足有利于开花结果和藕身的充实。

3)水分

莲藕在整个生育过程中均不能缺水。萌芽生长期要求水位以 5～10 cm 为宜，进入茎叶旺盛生长期，随着植株叶柄的长高，要求水位逐步加深，宜 10～20 cm，以后随着植株的开花结果和结藕，水位宜逐渐落浅，以利于藕体的膨大。进入休眠越冬，只需保持浅水。结藕期间水位过深结藕延迟，藕身细瘦。整个生长期间，水位变化宜平缓，切忌暴涨猛落。

4)土壤

莲藕对土质要求不严，在较大范围内都能生长，以富含有机质的壤土或黏壤土为最适。要求土壤有机质含量在 1.5%以上，土壤 pH 6.5 左右。一般子莲类型的品种，对氮、磷的要求较多；而藕莲类型的品种，则氮、钾的需要量较多。

18.1.2 类型与品种

按主要栽培目的和产品器官的利用价值可将莲藕分为藕莲、子莲和花莲 3 个类型。另外根据适宜水位分为深水藕(深水莲)、浅水藕(浅水莲)。

1)藕莲(菜藕)

以收获肥大的根状茎为目的。一般根状茎粗 3 cm 以上，开花或不开花。依适应水位可分浅水藕与深水藕。

浅水藕适于沤田浅塘或稻田栽培。水位多在 30 cm 以下，多属早、中熟品种，如鄂莲 1 号和 3 号、苏州花藕、苏州慢荷、扬藕 1 号、浙湖 1 号、武植 2 号、鄂莲 4 号和 5 号、海南洲藕、湖南泡子、杭州花藕、南京花香藕、湖北鸭蛋头等。

深水藕相对于浅水藕而言，能适应池塘或湖荡栽培，水位宜 30～100 cm，夏季水深达 1.65 m 也可栽种。本类品种多为晚熟品种。藕入土深，宜土层较厚、深水的湖荡种植，如美仁红、小暗红、广东丝藕等。

2)子莲

以食用莲子为主，花常单瓣，有红花及白花 2 种，结实多，莲子大，藕细小而硬，肉稍带灰色，品质差。子莲也有浅水莲和深水莲之分。深水莲适应较深水层，一般要求水位 30～50 cm，最深可达 1.5 m。适于深水湖荡种植的优良品种有寸二莲、吴江青莲子、鄱阳红花等。浅水莲一般要求水位 10～20 cm，最深不超过 50 cm，一般多在水田栽培，多次采收，品质好。

优良品种有湘莲、建莲、太空 1 号、赣莲 85-4、赣莲 85-5 等。

3)花莲

莲花极美,供观赏及药用,很少结实,藕细质劣。优良品种有千瓣莲、红千叶、白万万、小舞妃等。

18.1.3 栽培季节与茬口安排

莲藕要求在炎热多雨的季节生长,一般都在当地日平均气温稳定在 15 ℃以上,水田地温稳定在 12 ℃以上时种植。长江中下游地区露地栽培多在 4 月上中旬至 5 月上旬进行,7 月份开始采收,一直可收到翌年 4 月份。湖荡水深,地温较低,必须待水温转暖,并已稳定时栽植为宜。华南各省无霜期长,栽植时期可适当提前 1 个月,华北地区则延迟 20 d 左右。

中国莲藕的栽培制度分田藕与塘藕 2 种。田藕即利用稻田及地势较低洼的沤田栽植。塘藕则为浅水湖荡栽植。长期以来,莲藕栽培以露地为主。近年来,随着早熟品种的选育、节水农业技术以及蔬菜设施栽培技术的提高和完善,早熟保护地栽培日益普遍,如湖北武汉地区采用塑料大棚种植莲藕,种植期可提前到 3 月中旬,采用早熟品种,采收期可提前到 5 月下旬至 6 月上中旬,因生产效益好栽培面积正在迅速扩大。

1)田藕茬口安排

(1)藕—稻—菜轮茬　为湖北地区的主要栽培方式。前茬为早藕,中茬为晚稻,后茬为蔬菜,前面两茬都需采用早熟品种。长江中下游地区 4 月上旬排种,7 月上中旬采收。一般每公顷产量为 11 250～15 000 kg。早藕收获后,抢栽双季晚稻,晚稻收获后,种植 1 季蔬菜,翌年 2～3 月份收获。

(2)2 藕 1 禾(稻)　为华南的栽培形式,第一茬早藕,在 3 月中旬定植,6 月中旬采收,一般每公顷产量为 15 000～22 500 kg。翻秋藕即利用新藕在 6 月中旬定植,7 月底 8 月初采收,一般每公顷产量为 7 500～10 500 kg。第三茬为晚稻。

(3)藕与水生蔬菜轮茬　一般在地势较低洼的沤田,常与慈姑、荸荠、茭白、水芹等轮茬。藕应选用浅水早、中熟品种。如江苏苏州、常熟等地常采用这种栽培形式。

2)塘藕茬口安排

(1)藕与蒲轮作　江苏宝应的湖荡地区采用此种形式。藕之前茬为蒲草,栽蒲 5 年以上产量逐渐降低,蒲草收刈之后将蒲根翻入土中沤烂,当地称为“翻蕻”。藕栽数年以后,再栽蒲草。

(2)藕鱼兼作　在地势低洼夏季容易积水的藕池适于此种栽培形式。藕种一般用中、晚熟品种,在 4 月中旬至 5 月初栽植,5 月下旬将鱼苗放入藕池内,在 10 月份或在冬至前挖藕时同时起鱼。河南开封、商丘一带高速公路两边常采用此种栽培方式。

18.1.4 栽培技术原理与措施

1)品种选择与种藕繁殖

设施栽培宜选择鄂莲 1 号和 3 号、武植 2 号等早熟品种。一般选择整藕或较大的子藕作种,如用子藕作种,则子藕必须粗壮,至少有 2 节以上充分成熟的藕身,顶芽完整。水田栽培宜选择产量高、优质、病虫害抗性较强的品种,如 3537、太空 6 号、新鄂连 7 号等。

种藕既可以通过有性繁殖,也可以通过无性繁殖方式进行繁殖。

(1)有性繁殖　用莲的种子培育成实生苗的方法即为有性繁殖。该方法是先将莲子凹入的一端果皮破孔，然后在20～30 ℃的水中浸种催芽。浸种催芽的过程中要经常换水，待长出4叶1鞭后，便可定植大田。实生苗前期生长较慢，当年形成的商品藕较小，并且由于莲是杂合体，株间整齐度较差。该繁殖方法多在育种中加以应用。

(2)无性繁殖　通过营养体进行繁殖的方式，该方法能保持品种的纯合一致。生产中常用整藕繁殖，即采用整支莲藕作种定植，而用子藕作种是一种较经济的留种方法。另外带有顶芽的藕头、带腋芽的藕节以及顶芽带节切段都可以用于繁殖。田间补苗时可用带叶的莲鞭进行扦插。试管藕繁殖也是一种重要方式。通过快繁技术，在试管内诱导形成试管藕，育苗后直接定植到大田进行繁殖。或先用试管藕在保护地内水培繁殖成0.25 kg重的微型藕，再用微型藕定植大田。该繁殖方法可用于繁殖无毒苗。

2)藕田准备

(1)设施藕池　设施栽培莲藕可用的覆盖设施有地膜、小棚、中棚和大棚等几种，以棚宽3～3.5 m、棚高1.5～1.7 m、长30 m左右的中棚为宜。

在整地翻耕前施基肥，一般每公顷施绿肥75 000 kg左右或充分腐熟的鸡粪30 000～45 000 kg、莲藕专用配方BB肥1 500 kg。当外界气温稳定在10 ℃左右时(江汉平原约在3月上旬)整地建棚，选择南北走向建棚有利于通风和受光。棚间距以1 m为宜，过宽后期难以封行，浪费土地；过窄不便操作。选择晴天覆膜，每公顷需覆薄膜1 200～1 500 kg。棚两边的膜需深扎泥土中，为了防风，每隔1 m要拉压膜线系牢。

栽培藕池的节水设施分为2种类型：一种是混凝土砖墙池(硬池)；另一种是塑料薄膜池(软池)。混凝土砖墙池其保水、供水效果好，使用寿命长，一次性投资大。塑料薄膜池一次性投资较小，使用寿命短，一般3年左右。池的形状以长方形为宜，池底压平压实，在池底及四周铺混凝土或薄膜，保证池子不漏水不渗水。池壁要留排水口，以便排水。莲藕池应在栽藕前1个月建成。

(2)水田藕池　选择保水蓄肥的水塘或低洼田建设藕池，土质以黏壤土为好。种植前对土壤充分翻耕，并加固周边田埂。随后每667 m^2 施加绿肥2 500～3 000 kg、饼肥150 kg、硫酸钾10～15 kg、生石灰100 kg等作基肥，并根据土壤营养状况适当增施过磷酸钙10 kg/667 m^2 和磷酸二铵5 kg。

3)栽植与排藕

种藕一般于临栽前挖起。排种密度和用种量因环境条件、品种及供应时期而不同。一般早熟品种比晚熟品种密，田藕比塘藕密，早采比迟采密。排藕量以藕头数计算。武汉排种早藕，每公顷栽种12 750～13 500个藕头，晚藕6 000～7 500个藕头。栽植距离早藕为行距2 m，株距1 m，每公顷栽种4 500穴，需种藕3 750～4 500 kg。如用子藕则每穴排2支。排藕时先按规定行株距及藕鞭走向将藕排在塘面，然后将藕头埋入泥中10～13 cm深，尾梢节梢翘在水面上，以接受阳光，增加温度，促进萌芽。排藕方式很多，有朝一个方向的，也有几行相对排列的，各株间以三角形的对空排列较好，这样可使莲鞭分布均匀，避免拥挤。栽植时要求四周边行藕头一律向田内，以免莲鞭伸出埂外。

4)藕田管理

温度调控是保护地栽培能否成功的关键。要根据外界气温的变化，通过棚门的开闭、水位调节以满足莲藕不同生长发育时期所需的温度。从定植到萌发(第一片叶展开)期间，棚门要密闭；从萌发到2片立叶期间，外界气温变化较大，要防低温冻苗和高温烧苗，棚门要晚开早关，先开南边，温度高时再开北边，使棚内温度保持在25～35 ℃，最高不超过40 ℃。水位以

2～3 cm 为宜。从 2 片立叶到莲藕开始膨大，要经常通风换气，当气温稳定在 30 ℃时，可拆除大棚，此时水位渐渐提高到 10 cm 左右，封行后，再降低水位 3～5 cm，以利于莲藕膨大。大风发生时，可灌深水稳住风浪，保护荷叶，大风过后即排水，保持原来水位。

在荷叶封行前，应结合施肥进行耘草，耘草时应在卷叶的两侧进行。定植后 1 个月左右，浮叶渐枯萎，应摘去，使阳光透入水中提高地温。藕莲以采藕为目的，如有花蕾发生应将花梗曲折（为防雨水侵入不可折断）以免开花结籽消耗养分。

莲藕喜肥，肥料一般以基肥为主，基肥约占全期施肥量 70%，追肥约占全期肥量 30%，排种密、采收早，施肥多。保护地栽藕一般追肥 2 次。第一次为提苗肥，在第一片立叶展开时，每公顷施 150 kg 尿素；第二次在封行前，主鞭长 4～5 片立叶时，每公顷施复合肥 300 kg。如 2 次追肥后生长仍不旺盛，15 d 后即在夏至前再追肥 1 次，夏至后停止追肥。施肥不可在烈日的中午进行，施肥前宜放浅田水，然后再灌至原来的深度，并及时浇水冲洗荷叶上残存的肥料。

5）采收与留种

采收方法有 2 种：一是挖大留小，分次采收。采收时，先将田间灌 5～10 cm 深水，选未展开的立叶，用手探摸藕的大小，如达到采收标准，挖出主藕，子藕和莲鞭留在田中，让其继续生长。收后将折断的莲叶清理出田，每公顷追施复合肥 375 kg。到 7 月下旬，每公顷还可再收获 22 500 kg。二是一次性收获。当终止叶出现后，其叶背微呈红色，基部立叶叶缘开始枯黄时，藕已成熟。在挖藕前 10 d 左右，将藕田排干，用铁锹挖取。

留种应在露地藕田选择生长良好、符合本品种特征特性的田块，每公顷留种田可供 10～15 hm^2 用种量。种藕必须留田越冬，长江以北地区，冬季气温常降到 −5 ℃以下，冬季留种田必须保持 5～10 cm 浅水，防止种藕受冻。到春季临栽植之前，可根据水面冒出的钱荷来找藕，随挖、随选、随栽。种藕采挖时，应对皮色、芽色、藕头与藕条形状等与所繁品种有异的藕支及感病藕支予以剔除。种藕除选择具有本品种特征的整藕外，还应注意子藕整齐，朝一个方向生长，尾梢藕节及莲鞭粗壮。

6）贮藏及运输

藕挖出后不耐贮藏，冷天可贮 1 个月，早秋和晚春仅可贮藏 10～15 d。贮藏的藕要求老熟、藕节完整、藕身带泥无损，藕节折断处，用泥封处。贮藏或运输时不可堆放太厚太紧，其上薄盖荷叶及水草，经常浇水，保持冷凉湿润，避免受闷发热霉烂。

7）主要病虫害

莲藕的主要病害有腐败病、褐纹病、花叶病毒病、炭疽病、烂叶病、叶疫病、紫褐斑病、小菌核叶腐病、棒孢褐斑病、黑根病、根腐病、绵腐病等，虫害主要有莲缢管蚜、莲藕潜叶摇蚊、斜纹夜蛾、食根金花虫等，应及时防治。

18.1.5 常见问题与对策

藕田杂草防治、病虫害防治、采收机械化、远距离运输中的保鲜技术等都是莲藕生产中的主要限制因素。莲藕生产中存在的另一个主要问题是环境污染。植藕田块水源、土壤甚至空气往往被工业“三废”和生活垃圾污染，威胁着莲藕产品的品质，部分种植者在栽培管理技术上也基本仍按传统进行，无公害生产意识不强，这也是水生蔬菜种植要共同面对的问题。应进一步重视莲藕无公害生产的宣传和管理工作，科学规划莲藕产业的发展，引导种植者按照莲藕无公害操作规程进行管理，促进莲藕生产的持续稳定发展。

18.2 茭　白

茭白(*Zizania caduciflora* Hand. Mazz)又名茭笋、茭瓜、菰首、蒿芭等,属禾本科菰属多年生宿根水生草本植物,原产中国及东南亚,由同种植物“菰”演变而来。菰在中国古代作谷物利用。公元前3～2世纪,菰开始向茭白演变。茭白在中国主要分布在长江流域以南各地,长江流域以北仅山东、河北、河南及陕西诸省有少量栽培。品种资源及栽培经验以太湖区域和武汉地区最为丰富,无锡、杭州、武汉的茭白远近驰名。

茭白以变态的肉质嫩茎供食用,是植株受菰黑粉菌寄生后,茎尖受病菌分泌物吲哚乙酸刺激,畸形膨大而成。茭白肉质茎含水88.95%～93.27%、蛋白质1.0%～1.6%、脂肪0.3%、碳水化合物1.8%～5.7%、粗纤维0.7%～1.1%,以及维生素C和矿物质等。特别是还含有谷氨酸、天冬氨酸等18种氨基酸,包括人体必需的几种氨基酸,营养丰富,风味鲜美,被喻为“江南三大名菜”之一。

18.2.1 生物学特性

1)植物学特征

茭白植株形态特征见图18-2,其主要植物学特征如下。

(1)根　为须根且发达,在分蘖节和根状茎的各节上环节抽生,长20～70 cm,粗2～3 mm,主要分布在地表30 cm的土层内。

(2)茎　茎分为地上茎和根状茎。在营养生长期,地上茎呈短缩状,部分埋入土中,有多节,节上发生两三次分蘖,形成多蘖株丛,称“茭墩”。在温度和光照适宜时,菰黑粉菌大量繁殖,分泌吲哚乙酸类细胞分裂素,刺激花茎先端数节膨大和增粗,形成肥嫩的肉质茎。肉质茎长25～35 cm,横径3～5 cm,横断面椭圆或近圆形。肉质茎即食用器官,其形状、颜色、光滑度、紧密度、大小等性状,是区别品种的主要特征。根状茎从地上茎基部的节上发生,在土中匍匐生长,其顶芽和侧芽可转向地上萌发生长,成为分株即“游茭”,3～5株丛生或单生。

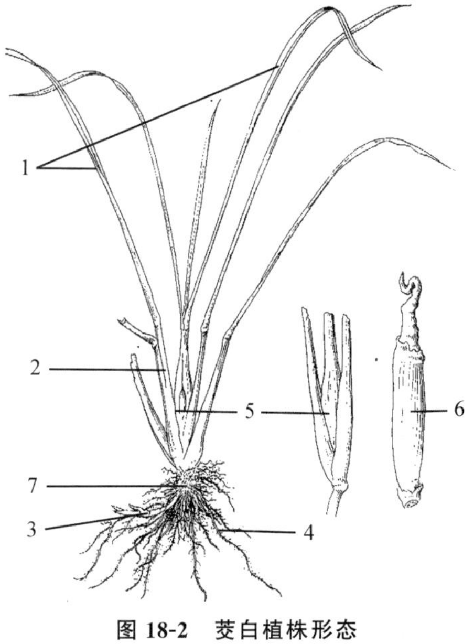

图18-2　茭白植株形态

1. 叶片　2. 叶鞘　3. 根状茎　4. 根　5. 壳茭　6. 肉质茎　7. 地上茎(短缩茎)

(3)叶　叶着生在短缩茎上,由叶鞘和叶片组成。叶片长披针形,长1.0～1.6 m,宽3～4 cm,浅绿色。叶鞘长25～45 cm,相互抱合,形成“假茎”。肉质茎在假茎内膨大,始终保持洁白,故名“茭白”。将叶鞘剥去,净留食用部分通称“茭肉”或“玉子”。叶片和叶鞘连接处的外侧叫叶颈,俗称“茭白眼”。栽培茭叶颈通常淡黄色,野生茭通常紫红色。在叶片和叶鞘相接处的内侧有一三角形膜状突起物,称叶舌,它可防止水、昆虫和病菌孢子落入叶鞘内。

(4)花和果　野生栽培茭的雄茭能在 5～8 月份抽穗开花，圆锥花序，长 50～70 cm，能形成种子，种子为颖果，圆柱形，长约 10 mm，成熟后为黑褐色。栽培茭白雄茭能开花，但不能形成种子。

2)生长发育周期

茭白一般不开花结实，以分株或分蘖方式无性繁殖。生育过程经历萌芽期、分蘖期、孕茭期和休眠期。

(1)萌芽期　从越冬母株基部茎节和地下根状茎先端的休眠芽萌发、出苗至长出 4 片叶，需 25～40 d。萌芽始温 5 ℃，适温 15～20 ℃，并需 2～4 cm 的浅水层。

(2)分蘖期　从新苗出现定型叶开始，到大部分新苗分别成长为株高已稳定并在各株基部抽生一两次分蘖为止。本期经历的时间，因茭白类型和栽培年度有差异。一熟茭经历 130～150 d；两熟茭栽植的当年(秋茭采收年)需 150～170 d，而在第二年(夏茭采收年)时间较短，为 60～80 d。

(3)孕茭期　从茎拔节至肉质茎充实膨大的过程，需 40～50 d。主茎先孕茭，其后有效分蘖陆续孕茭。孕茭需有一定的叶数，同时要有菰黑粉菌侵染寄生，才能开始拔节伸长，最后使外面包被的叶鞘中部被肉质茎挤开，形成裂缝，达采收成熟。孕茭的持续时间受气候条件和品种特性的影响较大。孕茭还需充足的氮肥，适量的磷、钾肥及一定的水层。充足的阳光和短日照均有利于孕茭。一般单支肉质茎孕茭需 8～17 d，全田植株孕茭持续 30～60 d。

植株体内如果无黑粉菌，茭白茎不会膨大，甚至到夏秋可抽薹开花、结实。这种茭称为“雄茭”。如茭白在孕茭期黑粉菌产生厚垣孢子，肉质茎内产生不同程度的黑点，有的肉质茎全被厚垣孢子占满，成为一包黑灰，不能食用，这种茭白称为“灰茭”。正常茭在生长过程中，不断会有雄茭和灰茭植株分离出来。栽培上每年都要进行严格的选种，才能保持其种性。

秋茭孕茭结束后，天气转冷，地上部迅速枯黄，地下部进入休眠期越冬。

(4)休眠期　从植株叶片全部枯死，以地上茎中下部和地下根状茎先端的休眠芽越冬开始，至翌春休眠芽开始萌发为止，需 80～150 d。一般在气温 5 ℃以下时进入休眠，翌春气温上升到 5 ℃以上时开始萌发。

3)对环境条件的要求

(1)光照　对日照反应的不同决定了能否在春夏之交的 5～6 月份孕茭，也就是茭白的两大类型双季茭白和单季茭白的区别所在。双季茭白对日照长短要求不严格，单季茭白只能在短日照条件即秋季孕茭。因此，单季茭白向低纬度或低海拔地区引种时，一般表现为早熟。

(2)温度　茭白在休眠期内能耐－5 ℃的低温，萌芽温度在 5～7 ℃，分蘖适温在 20～30 ℃，孕茭适温 18～25 ℃，低于 10 ℃或高于 30 ℃均不能正常孕茭。昼夜温差大，利于肉质茎的营养积累。茭白孕茭对温度的反应比较稳定，而与生育期的积温无关。

对单季茭白而言，其孕茭除需短日照外，温度决定不同品种的熟性。对双季茭白而言，对日照不敏感，温度为其孕茭的决定因素，且不同品种孕茭适温不同，如苏州地区的多数品种孕茭适温为 18～21 ℃，而无锡地区的品种孕茭适温为 22～26 ℃。因此，双季茭白由高温地区向低温地区引种或由低海拔地区向高海拔地区引种，都会提早孕茭。

双季茭白中的同一品种在夏、秋两季的孕茭期的温度是一致的，一般而言，双季茭白夏茭早熟，则秋茭迟熟，而秋茭早熟的，则夏茭迟熟。

18.2.2 类型与品种

栽培茭白按采收季节可分为一熟茭和两熟茭 2 个类群。一熟茭多在北方栽培，两熟茭多在南方栽培，相互引种时应先试种后再大面积种植。

一熟茭又称单季茭，只能在秋季短日照才能孕茭，在春季栽培，秋季采收 1 次，可连续采收 3～4 年。一熟茭上市一般均比二熟茭的秋茭早，多在 8～9 月份上市，对水肥条件要求不高。一熟茭可分长薹管品种群和短薹管品种群。代表品种有一点红、寒头茭、象牙茭、蒋墅茭等。

两熟茭又称双季茭，对日照长短要求不严，在初夏和秋季都能孕茭，栽植当年秋季采收 1 次，称秋茭；翌年初夏再收 1 次，称夏茭，对水肥条件要求较高。代表品种有鄂茭 2 号、刘潭茭、广益茭、苏州小蜡台和杭州梭子茭等。

18.2.3 栽培季节与茬口安排

茭白喜温，以分蘖和分株进行无性繁殖，不耐寒冷和高温干旱，栽培地区的无霜期需 150 d 以上。长江中下游地区，一熟茭一般在 4 月份定植；两熟茭可分春栽和夏秋栽两种，春栽常在 4 月中下旬进行，夏秋栽在 7 月下旬至 8 月上旬进行。其中秋茭早熟的品种多行春栽，秋茭晚熟品种可行夏秋栽。北方多在春末晚霜后分株栽植。

茭白应实行轮作，低洼水田常与莲藕、慈姑、荸荠、水芹、蒲草等轮作；在地势较高的水田可与水稻轮作。只要旱田保水性能好、灌溉方便，茭白也可与旱生蔬菜轮作或间套作。

18.2.4 栽培技术原理与措施

1)整地施基肥

茭白生长期长，植株庞大，需要大量肥料。应选择土壤肥沃、含有机质 5%以上、排灌方便的田块。一般施用农家肥料，如人畜粪或绿肥作基肥，每公顷施 45 000～52 500 kg。稻田则更应多施，并充分沤烂，做到田平、泥烂、肥足，以保证连续采收几季。

2)寄秧育苗

寄秧育苗是近年来茭白栽培技术的重要改进，即在秋季选出优良母株丛（茭墩内无灰茭、雄茭，结茭整齐一致、薹管较低）挖起，先在茭秧田中寄植一定时间，然后再分苗定植于大田的方法。采用这种方法可促进茭白早熟，提高种苗纯度和质量，便于茬口安排。寄秧田要求土地平整、排灌方便，可以是水田或旱地。寄秧田与大田的比例为 1∶20。寄秧一般在 12 月中旬到翌年 1 月中旬进行，此时母株丛正处于休眠期，移栽时不易造成损伤。茭白寄秧的种墩地上部应齐泥割去，栽植时顶部与田土表面持平。寄秧密度以株距 15 cm、行距 50 cm 为宜。

3)栽植

一熟茭多为春栽，二熟茭常可分为春栽和夏秋栽。

(1)春栽　一熟茭所有品种和二熟茭的晚熟品种都适于春栽。长江中下游地区一般于 4 月中下旬，茭苗高 30 cm 左右，当地日平均气温达 15 ℃以上时即可栽植。从寄秧田或留种田连泥将母株丛挖出，用利刀顺着分蘖着生的方向纵切，分成若干小墩，尽量不伤及分蘖和新根。每小墩要求带有薹管，并有健全分蘖苗 3～5 株，随挖、随分、随栽。如从外地引种，运输过程中应注意保温。如栽时茭苗植株过高，可于栽前割去叶尖，留株高 30 cm 左右，以减少水分蒸发和防止栽后遇风动摇。一般株距 50 cm、行距 100 cm。栽植深度以所带老薹管与田面相平为度。宜在阴天或傍晚时进行。

(2)夏秋栽　湖北和江苏等地秋茭晚熟的二熟茭品种常作为早熟莲藕的后作。茭秧在 4 月份于藕田四周或秧田育苗，7 月下旬至 8 月上旬栽插。栽前先打去基部老叶，然后起苗墩，用手将苗墩的分蘖顺势一一扒开，每株带一两个分蘖苗，剪去叶梢 50 cm 左右。栽植方法同春栽。株距 40～50 cm，行距 25～30 cm，每公顷栽 60 000 穴。

4)田间管理

(1)两熟茭的秋茭和一熟茭的田间管理

①水深管理：茭白在不同的生育时期，对灌水的深度要求不同。水层管理的原则是“浅水栽插、深水活棵、浅水分蘖、中后期逐渐加深水层、采收期深浅结合、湿润越冬”。萌芽生长期及分蘖前期宜保持 3～5 cm 浅水层，以利于地温升高，促进分蘖和发根。每墩平均分蘖数达到 18 株左右时，将水层逐渐加深到 10 cm 左右，以控制无效分蘖的发生。7～8 月份高温阶段，水层要加深到 15 cm 左右，以降温并控制后期分蘖的形成，促进孕茭。每次追肥前宜放浅田水，施肥后待肥料吸入土中再灌水。暴雨后，要注意及时排水，最高水位不能超过“茭白眼”，防止薹管的拔高。秋茭采收期间，进行间歇灌溉，平时灌水深度 20 cm 左右，当天在采收完毕后，降低水层至 1～2 cm，第二天再将水层恢复到 20 cm，以便根系能获得较多的氧气。

②追肥：茭田追肥掌握前促、中控、后促的原则。结合水层管理，促进前期有效分蘖，控制后期无效分蘖，促进孕茭，提高产量和品质。一般在栽植活棵后，每公顷追施尿素 75～120 kg 或粪肥 15 000 kg，称为“提苗肥”；第二次追肥在分蘖初期进行，一般于 5 月上旬，每公顷追施尿素 225～300 kg 或粪肥 30 000 kg，以促进分蘖形成和分蘖的快速生长，称为“分蘖肥”；第三次追肥应在全田有 20%～30%的株丛开始“扁秆”，即刚进入孕茭期时进行，一般每公顷追施尿素 300 kg、硫酸钾 225 kg，称为“催茭肥”。夏秋栽植的新茭田，当年生长期短，一般只在栽植后 10～15 d 追肥 1 次，每公顷施腐熟粪肥 22 500～30 000 kg。

摘黄叶、割枯叶、壅根及疏墩：茭白生长期一般需中耕 3～4 次。从定植成活或翌年萌芽开始，到封行时为止，每隔 10～15 d 耘耥 1 次。7～8 月份，应摘除植株黄叶 2～3 次，以利通风，促进孕茭。秋茭采收以后，地上部经霜冻枯死，老墩于翌年惊蛰萌芽之前，将地上枯叶齐泥割去，留下地下根株。

(2)两熟茭的夏茭田间管理：老茭墩根系密集，分蘖拥挤，4 月上中旬，分蘖高 30 cm 左右时，进行疏苗，将细小密集的分蘖除去，每 2～2.5 cm^2 留 1 个强壮分蘖，同时在茭墩根际压泥壅根，使分蘖散开，改善营养状况。

春季萌芽初期，苗高 15～20 cm 时，对生长拥挤的株丛应进行疏苗 2 次，使每墩的苗数控制在 20 株左右，使苗向四周散开生长，苗距保持在 6 cm 左右。在疏苗的同时，进行分墩补苗，从株丛大、出苗多的茭墩上挖出具有 6～8 株苗的小墩，填补缺穴，使全田密度均匀，生长一致。

二熟茭的夏茭生育期短，因此必须尽早追肥，才能满足生长和孕茭的需要。除了在萌芽前施 1 次较重的有机肥外，在萌芽后 15～20 d 要再追施 1 次较重的有机肥。每公顷施粪肥或厩肥 30 000 kg 左右，夏茭追肥应以有机肥为主，否则会引起茭肉品质变差。

5)采收

秋茭在秋分到寒露间采收，一熟茭较二熟茭采收早，春栽比秋栽的采收早。早期采收，3 d

采1次;后期气温低,茭白老化较慢,4～5 d采收1次。夏茭于立夏到夏至采收,采收时气温较高,露出水面容易发青,可3～4 d采收1次。采收时,秋茭应于薹管处拧断,夏茭则连根拔起,削去薹管,留叶鞘30 cm,切去叶片,然后包装。茭白最好鲜收鲜销,如运销外地,应将水壳放置阴凉处,可贮存1周。

6)主要病虫害

茭白主要病害有胡麻叶斑病、纹枯病和茭白瘟病等,主要虫害有长绿飞虱、大螟、二化螟等。

18.2.5 常见问题与对策

茭白生产是茭白植株与黑粉菌相互作用的结果,任何一方的改变都会改变茭白的种性。必须坚持年年选种,才能保持优良品种的特性。同一块田中连续种植茭白会导致病源菌的种类和数量的累积,加重病虫害的发生危害。因此应在茭白连续种植两季后进行水旱轮作或水稻轮作。

18.3 荸 荠

荸荠(*Eleocharis tuberosa*(Roxb.)Roem. et Schult.)别名地栗、马蹄、乌芋、凫茈,属莎草科荸荠属多年生浅水性草本植物。原产中国南部和印度,在我国栽培历史悠久。2 000年前的《尔雅》中称之为"芍,凫茈"。长江流域以南各省均有栽培,广西桂林、浙江余杭、江苏高邮和苏州、福建福州、湖北孝感和团风等地为著名产区;长江以北的山东、河北有少量栽培。朝鲜、日本、越南、印度、美国也有栽培。

荸荠以球茎供食用,富含多种营养成分,每100 g新鲜球茎含水分72.67～88.39 g、蛋白质0.24～0.61 g、淀粉4.35～20.72 g、可溶性糖2.70～4.04 g及其他营养成分。荸荠可生食、炒食、煮食,也可加工制罐和提取淀粉,有健胃、祛痰、解热防治腹泻等功效。

18.3.1 生物学特性

1)植物学特征

荸荠植株形态见图18-3。

(1)根　为须根系,球茎基部茎节发生细长须根,入土20～30 cm,无根毛。

(2)茎　荸荠以球茎繁殖,在适宜的温、湿度条件下,球茎抽生不明显的短缩茎,顶芽及侧芽向地上抽生1丛叶状茎,基部侧芽向土中抽生匍匐茎。叶状茎管状、直立、中空,内具多数有筛孔的隔膜,高1 m左右。匍匐茎有分株型匍匐茎(能形成分株)和结球型匍匐茎(形成球茎)2种。球茎扁圆形,表面光滑,老熟后呈深栗色或枣红色,有环节3～5圈。

(3)叶　叶片退化成膜状鳞片,着生于叶状茎的基部及球茎上部数节,包被主、侧芽。

(4)花　穗状花序,褐色,小花呈螺旋状,外包萼片,雄蕊3枚,雌蕊1枚,子房上位,柱头3裂。

(5)果实和种子　果实为小坚果,近球形,果皮革质,内含种子1粒,灰褐色,不易发芽,生产上不用种子繁殖。

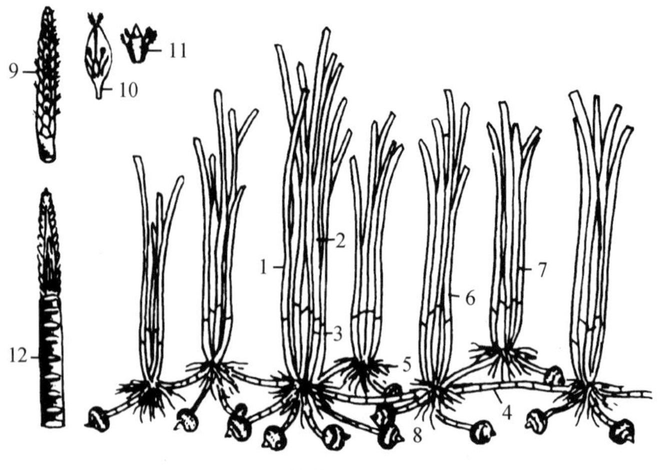

图 18-3　荸荠植株生长状态

1. 母株丛　2. 叶状茎　3. 退化叶　4. 匍匐茎　5. 根　6. 第一次分枝
7. 第二次分枝　8. 球茎　9. 花穗　10. 花　11. 种子　12. 横隔膜

2)生长发育周期

荸荠的生育周期可分为萌芽期、分蘖分株期和结球期 3 个阶段。

(1)萌芽期　从母球顶芽萌动至抽生叶状茎高 10～15 cm 止。球茎萌动后,抽生短缩茎,其向上抽生叶状茎,向下长须根,形成幼苗,需 20～30 d。

(2)分蘖分株期　从分蘖、分株开始至开始抽生结球型根状茎止。球茎萌发形成的新苗,在抽生叶状茎的同时不断分蘖,形成母株。母株侧芽向四周抽生匍匐茎三四条,匍匐茎顶芽萌生叶状茎,形成分株。如此方式分蘖、分株,需 120～150 d。

(3)结球期　从开始抽生结球型匍匐茎至球茎充分成熟止。秋季气温开始降低,日照变短,分蘖、分株基本停止,地上茎绿色加深,自分株中心抽出花茎,开花结果。同时,地下匍匐茎先端开始形成球茎,此后,随气温不断下降,地上叶状茎逐渐由上向下枯黄,球茎逐渐充实,皮色由白色变为红黑色,达到充分成熟,随即进入休眠,此期约需 70 d。

3)对环境条件的要求

(1)温度　土中越冬球茎在地温 5 ℃时顶芽始萌动,春季气温 10～15 ℃时绝大部分球茎萌芽。冬前挖贮的球茎,15～20 ℃下催芽 1 周即萌发。15～20 ℃时幼苗分蘖、分株缓慢,25～30 ℃时分株最快。秋季气温 10～15 ℃范围内,低温有利于球茎形成。结球需较大的昼夜温差。5 ℃以下,地上茎枯萎。

(2)光照　萌芽及幼苗生长期以消耗球茎贮藏养分为主,要防止阳光暴晒。在分蘖、分株期,植株主要进行营养生长,待贮藏养分耗尽后,植株已生根和抽生叶状茎,此时植株的养分供给主要依靠叶状茎光合作用所制造的养分,因此,此时须有较强光照。高温、长日照有利于分蘖和形成分株,短日照条件有利于荸荠球茎的形成。

(3)土壤　荸荠适宜在表土松软肥沃、底土较紧实的壤土和黏壤土中生长,耕层深 20 cm 为宜,并要求富含有机质。对土壤酸碱度要求不严,但以微酸到中性为好。结球前期需要较多的氮、磷肥;结球期需要较多的钾肥。一般情况下,整个生育期内田间均应保持一定水层,即使搁田也应保持土壤湿润。

18.3.2 类型与品种

荸荠按其顶芽尖钝和脐洼(靠匍匐茎端)深浅可分为平脐和凹脐2种类型。

1)平脐类型

该类型品种球茎顶芽尖,球茎较小,球茎的脐部与四周底部基本相平,含淀粉多,肉质粗,适于熟食或加工淀粉,一般为早、中熟品种,如苏荠、高邮荸荠、广州水马蹄、宣州大红袍等。

2)凹脐类型

该类型品种球茎顶芽钝,球茎较大,球茎的脐部比四周底部有较深的凹陷,含水分多,含淀粉少,肉质甜嫩,渣少,适于生食及加工罐头,一般为中、晚熟品种,如杭荠、桂林马蹄、孝感荸荠等。

18.3.3 栽培季节与茬口安排

荸荠喜温暖,需在无霜期生长。长江中下游地区多在4月上旬至7月初育苗,在立秋前移栽,使植物能在夏季高温、长日照条件下发生分蘖和分株,在入秋后低温、短日照条件下结球,容易获得高产。其中,4月上中旬催芽育苗,5月中旬至6月上旬移栽大田的称为早水荸荠;5月底至6月中下旬催芽育苗,7月上旬移栽大田的称为伏水荸荠;7月上旬至7月下旬催芽育苗,7月下旬至8月份移栽大田的称为晚水荸荠。长江中下游地区大多种植早水荸荠和伏水荸荠;华南地区气温较高,生育期长,一般多种植晚水荸荠。北方多进行育苗,于晚霜后定植。荸荠一般需实行2~3年的轮作。

18.3.4 栽培技术原理与措施

1)整地与施基肥

荸荠定植前,对大田进行耕耙,同时施基肥。早水荸荠因生长期长,以施有机肥为主;晚水荸荠生长期较短,要争取在短期内发棵分株,以速效肥为主,并适当加大施肥量。一般每公顷施厩肥22 500~30 000 kg和粪肥15 000~30 000 kg。

2)催芽育苗

根据轮作安排,可以春季或夏季育苗。

(1)春季育苗　一般于4月上中旬育苗。因春季气温较低,出苗慢,应在栽植前45 d催芽育苗。种荸荠于3月中旬前挖起,于室内或露地旱秧田进行催芽。顶芽15 cm左右高,并有三四个侧芽萌发时,即可假植水田。行距20~26 cm,株距16~20 cm,栽植深度以将短缩茎上的根系栽没为度。

(2)夏季育苗　前作如为双季早稻,荸荠则于8月初定植,应于6月下旬至7月初育苗。夏季气温高,育苗快,25~30 d。种荸荠在春分挖起后,先行堆藏,育苗前取出。此时堆积的种荸荠略有干缩,顶芽已萌发细弱的叶状茎,因此,在催芽前先将顶芽尖端摘去0.5 cm左右,以利吸水萌芽。然后浸种一两昼夜,待种荸荠浸胖后再催芽育苗。夏季气温高,浸种后1 d种荸荠已萌芽,发芽后,即可将种荠排列于水秧田。

3)定植

在淮河、长江流域,早栽荸荠苗龄50~70 d都可栽植。栽植时,将母株上的分株和分蘖自匍匍茎中部切断,去梢,留 45 cm 高的叶状茎栽入田中。每穴 1 株或具有 3～5 根叶状茎的分株 1 丛,带球茎的秧苗入土约 9 cm 深。行距 50～60 cm,株距 25～30 cm。晚栽荸荠苗龄 25～30 d。华南地区虽然都是晚栽,但秋季气温高,分蘖和分株依然较多,栽植株、行距都应适当加大。

4)田间管理

荸荠从定植到开始结球,可发生分株三四次。田间操作都应在一两次分株期间进行。每次除草之后,追肥 1 次。开始分株时,每公顷施尿素 225 kg、过磷酸钙 225 kg、硫酸钾 150 kg。追肥时,先放干田水,均匀撒施,施后 1～2 d 还水。开始结球时,每公顷施过磷酸钙 150 kg、硫酸钾 150 kg。

荸荠在不同的生育时期,对灌水的深度要求不同。早水荸荠栽植初期,气温较低,田间宜保持 2～3 cm 浅水,以利于地温升高,促进分蘖和发根;在分蘖、分株时期,应逐渐加深水层至 7～10 cm。晚水荸荠栽植时正值高温伏旱季节,栽后宜加深水层至 6～8 cm,以后加深到 10 cm 左右,以利生长和发棵;进入结球期,水层应落浅到 3～5 cm,最后保持 1～2 cm 浅水过冬。

5)采收

荸荠到冬季地上部分枯死,球茎进入休眠期,即可开始采收。早期采收的球茎质嫩、味淡、皮薄、色浅,不耐贮藏;冬至前后采收的球茎色红、味甜、皮厚,较耐贮藏。采收时,一般于采收前 1 d 排干田水。选皮色深、脐部深、芽粗短的球茎带泥摊置阴凉处,至八成干时撒上细干土,即可窖藏或堆藏。

6)主要病虫害防治

荸荠主要病害有秆枯病,俗称"荸荠瘟",虫害主要是白禾螟,俗称"荸荠钻心虫"等。

18.3.5 常见问题与对策

荸荠在生产上多以球茎进行无性繁殖,种性易退化,应重视良种繁育。荸荠的病害严重,制约荸荠种植的产量和质量,应注意病害防治,同时实行水旱轮作。

18.4 其他水生类蔬菜

18.4.1 菱

菱(*Trapa bispinosa* Roxb.)别名菱角、龙角、水栗等,属菱科菱属的一年生水生草本植物。原产中国,在世界上广泛分布。我国长江流域及其以南各省、自治区均有栽培,分布较广,栽培历史悠久,每年全国种植面积在 4 000 hm^2 以上,其中以江苏省的苏州、无锡,浙江省的杭州、嘉兴,安徽的巢湖周围地区和湖北省的孝感、嘉鱼等地种植面积较大。

18.4.1.1 生物学特性

菱的植株形态见图 18-4。菱的根有土中根和水中根 2 种。土中根从植株茎蔓基部向地下抽生,为细长的弦线状须根,长达 30～50 cm;水中根是从水中茎蔓的各节上左右对称地抽生的 2 条短小的根须。茎蔓生,生长水中,长达 5 m,茎上部常可发生分枝。叶有水中叶和出水叶 2 种。水中叶狭长,互生,无叶柄,又称"菊状叶";出水叶菱形到近三角形,具长柄,中部膨大,组织疏松,内贮空气,托叶浮出水面,通称"浮器",出水叶轮生,形成叶盘,称"菱盘",为主要光合作用器官。花腋生于菱盘内，出水开放。花小，乳白色或粉红色，雌、雄同花，萼片、花瓣、雄蕊各4枚，雌蕊1枚。果实为坚果，通称“菱角”，果皮坚硬，绿色或紫红色，内含种子1粒，呈倒钝三角形，种皮膜质，具大、小子叶各1枚，大子叶富含淀粉，是养分的主要贮藏器官。

图 18-4 菱的植株生长状态

1. 种菱 2. 发芽茎 3. 弓形幼根 4. 初生根 5. 主茎 6. 次生土中根 7. 水中叶状根 8. 菱盘 9. 叶柄浮囊 10. 1次分枝 11. 2次分枝

菱为种子繁殖，从种子发芽到菱角成熟在一年内完成，其生育过程可划分为萌芽期、菱盘形成期、开花结果期3个时期。从种子萌芽开始，到植株主茎蔓出水，形成第一个菱盘为萌芽期，需40～50 d。本阶段主要依靠种子的大子叶供应营养，到后期叶片出水后即自行吸收和制造养分。从植株出水开始，到主茎和分枝分别形成菱盘并进入开花期为菱盘形成期，需60～70 d，此期生长加快，主茎菱盘不断抽生新叶，叶面积增大。同时主茎上抽生分枝，形成新的菱盘。水肥充足和环境条件适宜时，分枝上不能再生分枝，每株分枝总数可达20个。菱花从菱盘叶腋中由下向上抽生，隔数叶着生1朵。花伸出水面开放，授粉、受精后1 d即凋萎，花梗向下弯入水中，发育为果实，此期为开花结果期，需90～100 d。本阶段以开花结果为主，为形成产量的主要时期，枝叶一般不再长，植株吸收和制造的养分绝大部分都是输送到果实中。果实成熟后，脱落并留存水下泥中，休眠过冬。

菱喜温暖湿润，不耐霜冻，必须在无霜期生长。种子在14 ℃以上和充分潮湿的条件下开始萌芽；植株生长、分枝和形成菱盘，以20～30 ℃为宜；开花结果则以25～30 ℃为宜。菱要无霜期达到210 d以上才能完成全部生育过程，故须在淮河和长江流域以南地区种植。菱要求光照充足，不耐遮阳，长日照有利于营养生长，短日照有利于开花结果。萌芽期水位宜浅，以20～50 cm为最适，随着植株的成长和茎蔓的伸长，水位可逐渐加深到1～3 m，水位应逐渐加深或落浅，不耐猛长暴落。菱主要依靠土中根吸收养分，故要求水下土壤肥沃，液淤泥层达20 cm以上，氮、磷、钾三要素并重，植株才能生长健壮，多结果。

菱在植物学上分为两角菱和四角菱。但经过长时期的栽培驯化，现在中国各地栽培的菱在形态上可分为3类：两角菱，如扒菱、红菱等；四角菱，如馄饨菱、水红菱等；无角菱，如南湖菱。

18.4.1.2 栽培技术要点

中国长江流域以南地区于春季或冬末水温稳定在10 ℃以上时即可播种。根据水位深浅，可分别采用直播和育苗移栽。在1.5 m以下的水面，种菱多为直播。长江中下游地区常在清明前后进行。在广州地区，早熟品种在11月份、晚熟品种在翌年1～2月份播种。一般采用条播法，播种行距2.0～2.5 m，株距20 cm左右，每公顷用种量为300～375 kg。播前尽量清除水中的杂草和杂物,有条件的还可每公顷施入腐熟有机肥 30 000～45 000 kg。凡水深在 2 m 以上,直播出苗困难或苗纤细瘦弱,应育苗后移栽。播后 60～70 d 菱苗开始分盘时为移栽适期。起苗移栽时将其茎蔓逐段提拉出水,数株一束,用草绳结扎基部并保湿,栽插时用长柄铁杈叉住苗束绳头,插入水底泥中固定,行、株距各 2～3 m。

大面积深水种菱时,直播菱塘于菱苗出水后,移栽菱塘于定植后,及早建扎菱岸,在菱塘外围打竹(木)桩,桩间距 20～30 m,露出水面约 30 cm,桩间拉草绳,以防风浪冲击,同时阻挡杂草漂到菱群内。一般在植株主茎菱盘形成并出现分枝时,每公顷追施尿素 150～225 kg。将肥料加入 10 倍量的河泥中,拌匀,做成泥团,施入水下泥中。后期植株开始开花结果时,叶面喷施磷、钾肥,每隔 10～15 d 喷 1 次,共喷 2～3 次,常用 0.2%的磷酸二氢钾溶液于傍晚喷施。

菱的采收期因用途而异,鲜食的应收嫩果,熟食和加工制粉的应收老熟果,均应在脱落之前采收。收后应立即进行洗涤,装筐运销。如短暂贮放,可浸泡清水中。初收期一般每隔 3～4 d 采收 1 次,盛收期每 2～3 d 采收 1 次,共采收 7～10 次。

菱的主要害虫有菱萤叶甲和菱紫叶蝉,主要病害有菱白绢病和褐斑病,应及时防治。

18.4.2 莼菜

莼菜(*Brasenia schreberi* Gmel.)又叫马蹄菜、湖菜、蓴菜等,属睡莲科莼菜属多年生宿根水生草本植物。莼菜原产中国,我国栽培历史 1 800 多年,主产区在浙江杭州的西湖、江苏的太湖、上海青浦、浙江萧山、湖北利川、四川雷波等地。莼菜的嫩茎和嫩叶供食用。嫩茎和嫩叶外附透明胶质,作汤入口润滑,极具风味。

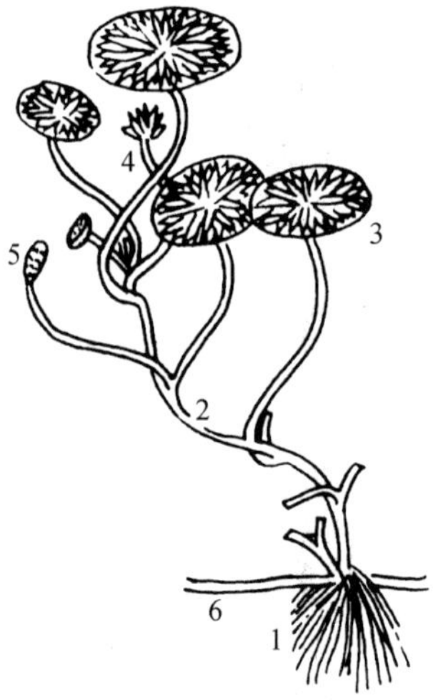

图 18-5 莼菜植株全形

1. 根 2. 茎 3. 叶 4. 花 5. 果实 6. 地下茎

18.4.2.1 生物学特性

莼菜的植株形态见图 18-5。莼菜的根为须根,簇生于地下匍匐茎、叶柄基部茎节的两侧,主要分布于 10～15 cm 的土层内。茎分匍匐茎和水中茎 2 种。匍匐茎在土中水平伸长,茎上有节,每节位上都生有水中茎,水中茎成长后,又从基部抽生新的地下匍匐茎。水中茎常丛生于匍匐茎各节上,4～6 枝 1 丛。水中茎上还生有分枝,上部带有卷叶的嫩梢,被透明的胶质所包被,为供食用的产品器官。叶在水中茎上互生、长大平展,叶椭圆形,全缘,正面绿色,背面浅绿色或外缘和叶脉浅红色至暗红色,因品种而异。水中茎各节的叶腋中抽生花梗,伸出水面开花。两性花,有暗红色或淡绿色 2 种。开花后花梗下弯,没入水中,结为果实,内有种子 1～2 粒,淡黄色或褐色,椭圆形。种子发芽力一般较弱,生产上不用种子繁殖。植株开花结果后,部分水中茎的顶端形成休眠的冬芽,进入冬季,水中茎大部分枯死,冬芽脱离母株,落入泥中,第二年春季萌芽生长,形成新株。

莼菜是喜光植物,充足的阳光有利于莼菜生长。适宜生长温度为 15～30 ℃,最适温度为 20～30 ℃,35 ℃以上生长缓慢。15 ℃以下停止生长,霜后进入休眠。莼菜最适宜在微酸性土壤上生长,pH 5.5～6.6,要求土壤肥沃,富含有机质,淤泥厚度以 20～30 cm 为佳,尤以围垦活水的低荡田最适宜。全年不能断水,对水质的要求较高。水质是莼菜生长及其产品质量的重要制约因素，以含矿物质的活水和无污染的水为宜，死水、污水容易滋生藻类，造成叶烂病多，胶质减少，产量低，质量差，甚至引起植株死亡。

莼菜可分为两大类型：一种为红色品种，另一种为绿色品种。二者的主要区别在于前者的花冠、叶背、嫩梢和卷叶均为暗红色；后者的花冠淡绿色，叶背仅叶缘暗红色，嫩梢和卷叶绿色。生产上红色类型比绿色类型栽培更为普遍。主要栽培品种有太湖莼菜、西湖莼菜、利川莼菜、富阳莼菜、苏州绿叶莼菜、雷波莼菜等。

18.4.2.2 栽培技术要点

每年当气温达到 15 ℃左右时，挖取泥中越冬的地下茎，选粗壮和皮色纯白的茎段，切成长 15～20 cm、具五六节位的插条，按株、行距各 50～60 cm、深 5 cm 插入土中，15 d 左右即可成活。在栽植前应施入腐熟饼肥作基肥。莼菜栽植时应保持 10～20 cm 浅水，最深不宜超过 30 cm，出苗后加深到 30～40 cm，进入夏季，气温过高，水位也应逐渐加深到 60～70 cm，以便降温，最好保持水分缓慢流动。生长期间，如见茎、叶瘦小或发黄，卷叶胶质很少时，应立即追施氮肥。休眠期保持深水以防冻，一般水位为 50～60 cm。栽植后，可采收 3～4 年。一般在 7 月中旬，当莼菜叶片基本盖满水面时开始采摘，每隔 6～7 d 采收 1 次，一般每公顷产量可达 6 000 kg。

莼菜常见的病害有叶腐病和腐败病，虫害有莼菜卷叶螟、椎实螺、扁螺、水稻食根金花虫和菱叶甲等。

18.4.3 水芹

水芹（*Oenanthe stolonifera*（Roxb.）Wall.）别名水芹菜、水蕲、水英等，属伞形花科多年生水生宿根草本植物。原产中国、印度和印度尼西亚，主要分布于中国长江流域及日本、印度等地。目前中国水芹的产区主要分布于长江流域及其以南各省、自治区，其中江苏、浙江、湖北、江西、安徽、云南、贵州和广东等省的生产面积较大。水芹以其嫩茎和叶柄供食用，多作炒菜，其味鲜美，并有一种比较温馨的清香。

18.4.3.1 生物学特性

水芹的植株形态见图 18-6。水芹根为白而细长的须根，从直立茎和匍匐茎的各节上长出。茎中空，有棱角。叶为奇数 2 回羽状复叶，互生，小叶对生，具长叶柄，基部包茎，叶绿色，叶缘锯齿圆钝而细。花序茎上顶生或侧生，为复伞形花序。花小，白色。果实褐色，椭圆形，双悬果，每单果含种子 1 粒，发芽力弱，生产上不用种子繁殖。

水芹喜冷凉，较耐寒，适宜于短日照条件下生长，栽培适温 20 ℃左右，夏季高温则生长衰老。春夏季节的长日照条件，水芹则转向节间伸长、匍匐茎生长和开花结果。水芹喜欢水湿，不耐干旱，生长适宜水深为 5～20 cm。萌芽期宜浅，旺盛生长期应逐步加深，但始终不能淹没绿叶。肥沃、淤

图 18-6 水芹的植株形态

1,2. 植株全形 3. 空心腔 4. 雄蕊 5. 花瓣 6. 花（去花瓣） 7. 复伞花序 8. 雌蕊 9. 花序 10. 果实

泥层厚的田块最适水芹生长，生长期间要求氮肥充足，磷、钾肥适量配合。

水芹按复叶的小叶形状分为圆叶和尖叶 2 类。圆叶类型的水芹，其 2 回羽状复叶的各小叶片都呈卵圆形或阔卵形，这类品种一般粗纤维较少，品质好，如无锡玉祁水芹、常熟白种水芹。尖叶类型的水芹，其小叶呈尖卵形，这类品种粗纤维含量多，品质略差，如扬州长白水芹、庐江高梗水芹。

18.4.3.2 栽培技术要点

长江流域一般 8～9 月份栽种。早栽水芹需催芽，选侧芽饱满的母茎捆扎成束，交叉堆于阴凉通风处，上盖洁净稻草，经常浇水保持湿润，经 10 d 左右各节生根后栽种。秋栽株行距 30～35 cm。栽后灌浅水，7～10 d 萌芽，追施提苗肥，15 d 后晒田，促进茎叶和根系发育。当月平均气温降到 15 ℃左右，株高 35～40 cm 时，将植株拔起，每 5～10 株为 1 束，理齐根部，将植株深插入泥中 15～18 cm 进行深栽软化。留种田不宜深栽。水芹也可旱栽，选持水力强的土壤，经常保持土壤湿润，用分期培土软化的方法进行栽培。

水芹的采收时期与采收量和品种、栽培时间与栽培方法有关。早熟品种、早栽的、早软化的可以早收，在软化后 20 余天即可采收，最早在 10 月底。一般在 12 月份开始采收，一直至翌年 3 月底采收结束。可根据市场需要随时采收，但一般以春节前后为采收盛期。旱地软化栽培采收，软化后 30～60 d 叶柄转白时，即可采收上市。

栽培水芹时宜重点防治水芹斑枯病、水芹锈病及蚜虫。

18.4.4 芡实

芡实（*Euryale ferox* Salisb.）俗名鸡头米、卵菱、鸡瘫、鸡头实、雁喙实、黄实等，属睡莲科芡属水生草本植物。芡实原产东南亚，中国自古就有栽培。我国主产区在长江中下游鄱阳湖、太湖等浅水沼泽地区，以江苏、浙江、安徽、湖南、广东等省栽培面积大。成熟种子的种仁（俗称芡米）是主要的食用部分，可生食或加糖煮食，另外，芡实叶柄、花柄亦为重要的时令蔬菜，颇受市场欢迎。

18.4.4.1 生物学特性

芡实的植株形态见图 18-7。芡实的根为须根，长 90～120 cm，白色、中空。茎短缩，组织呈海绵状。叶环生于短缩茎上，初生叶线状，以后为箭形，随幼苗发育逐渐过渡为圆形叶，长成的圆形叶直径为 150～220 cm。叶柄不能直立，叶片漂浮水面。植株具 5～6 片圆叶时开花、结实，花梗从短缩茎中抽出，花紫色或白色。每株先后开花 10～20 朵。果实圆球形或长圆球形，形似鸡头。每果含种子 160～200 粒，种子圆形，直径 1.0～1.5 cm，种仁白色。当果实成熟时新叶片停止抽生，老叶陆续枯黄，最后保持 4～5 片叶。

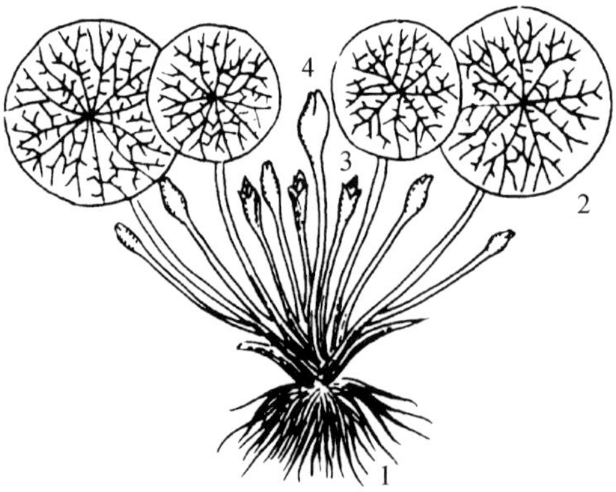

图 18-7 芡实植株全形

1. 根 2. 圆形大叶 3. 花 4. 果实

芡实种子在 15 ℃以上发芽，20～30 ℃最适于营养生长和开花结果，耐 35 ℃左右高温，低于 15 ℃则基本停止生长，种子休眠期能耐 1～5 ℃低温。整个生长发育过程均需充足水分，栽培上不同时期要求水深不同。种子顽拗型，需浸较深水中保存越冬。要求光照充足，不耐遮阳，是短日照植物，日照由长转短时有利于开花结实。栽培品种对日照长短已不是很敏感。

芡实分无刺变种和有刺变种 2 类。无刺变种类型称南芡(栽培芡)，叶面绿色无刺，具光泽，叶背紫红色，着生坚硬的刺，果实无刺而被茸毛；有刺类型称北芡(野芡)，叶面、叶背和叶柄都有刺，果实着生密刺。

芡实用种子繁殖，可直播或育苗移栽。直播一般在 4 月上旬前后。播前浸种，撒播于平整的池塘或湖泊的泥面上，再灌浅水。育苗移栽时，种子需浸种催芽。幼苗具 2～3 枚小叶时行假植，4 枚圆叶、叶面直径 20～25 cm 时定植。定植时泥土盖过根部为宜。早熟种每公顷栽 2 250 株左右，晚熟种栽 1 500～1 800 株。定植后保持水层 6～10 cm，以后逐步加深至 30 cm，开花结果期可加深到 80 cm 左右，施肥以基肥为主，根据植株的生长势进行适当追肥。一般植株叶色退淡，新叶抽生缓慢，且叶面皱褶时为缺肥表现，应及时追肥。为防止肥料流失，常用施入肥泥团的方法追肥。如叶片大而厚，颜色深绿，有水泡状突起者表示肥料过多，应控制施肥。

18.4.4.2 栽培技术要点

南芡采收多分次进行。一般 8 月中下旬以后，新叶生长缓慢，叶片直径不到 90 cm，叶面平滑，是早期果实已成熟的标志，便可开始采收。单个果实成熟的表现是果柄变软、果实显红色而光滑。采收种子费时、费工，但芡米质量高。在第三四次采收时，可选择果实留种。北芡由于植株全身有刺，采收较难，常只进行 1 次集中采收。

芡实的病害主要有炭疽病、斑腐病、叶瘤病，虫害主要有莲缢管蚜、椎实螺等。

思考题

1. 简述水生蔬菜对环境条件要求的共同性和不同点。
2. 莲藕保护地栽培时，如何进行藕田管理？
3. 何谓一熟茭、两熟茭？田间管理有何异同点？
4. 荸荠可分几种类型？各类型及品种有什么特点？
5. 试述莼菜和水芹的植物学性状及对环境条件的要求。
6. 简述菱、芡实的类型及繁殖方法。

19

CHAPTER

杂类蔬菜栽培

杂类蔬菜是在农业生物学分类中难以归属划分的一类蔬菜，如草莓、芽苗菜、甜玉米、黄秋葵、菊苣及一些野生蔬菜等。这类蔬菜在我国部分地区有一定的种植面积，甚至已经成为部分地区的特色作物。

19.1 草 莓

草莓（*Fragaria ananassa* Duch.）属蔷薇科（Rosaceae）草莓属（*Fragaria*）多年生草本植物，也可做一年生作物栽培。草莓属植物有亚洲、欧洲和美洲三大起源中心，分属 3 个地理种群。目前世界各地广泛栽培利用的为凤梨草莓（*F. ananassa* Duch.），又名大果草莓（*F. grandiflora* Ehrh.），1750 年诞生于法国，距今仅有 270 年的历史，是八倍体弗州草莓（*F. virginiana* Duch.）和八倍体智利草莓（*F. chiloensis* Duch.）的高度杂合种。凤梨草莓于 20 世纪初传入我国，目前草莓种植主要分布于东北、华北、华东地区，西北、西南面积较少。

19.1.1 生物学特性

19.1.1.1 植物学特征

（1）根　须根系，主要分布在地表 20 cm。第二年新茎成根状茎后，须根开始衰老。根系春季生长最旺盛，其次是晚秋。

（2）茎　茎分新茎、根状茎和匍匐茎。①新茎：当年生短缩茎，弓背形，年生长 0.5～2 cm，下部产生不定根。顶芽秋季可形成混合花芽，花序均发生在弓背方向。密生具长柄的叶片，当年形成的腋芽就可发生新茎或萌发成匍匐茎。②根状茎：多年生茎。第二年叶片枯死后，新茎成为具有节和年轮的根状茎。第三年从下部老的根状茎逐渐向上衰亡。地上部受损伤时，新茎的腋芽发出新茎。③匍匐茎：新茎腋芽萌发形成。茎细、节间长，萌发初期向上生长，超过叶面高度后，垂向光照充足的地方，沿地面匍匐生长。两三年生植株匍匐茎抽生能力最强。偶数节向上长叶、向下发生不定根，形成匍匐茎苗。

（3）叶　基生 3 出复叶，叶柄 10～20 cm。叶柄基部有 2 片托叶鞘。新叶展开后约 30 d 达到最大叶面积，叶片平均寿命 60～80 d。叶片表面密布茸毛，叶缘锯齿状，有的边缘上卷。

(4)芽　芽分顶芽和腋芽。顶芽长叶和延伸新茎，夏季结果后旺盛生长，秋季温度下降、日照缩短，形成混合顶花芽。第二年混合花芽萌发抽生新茎，新茎长出 3～4 片叶后，抽出花序。开花结果期新茎腋芽可萌发形成新茎苗。腋芽夏季萌发匍匐茎；秋末形成侧生混合花芽，为侧生芽，第二年抽生花序。未萌发的腋芽为潜伏芽，植株顶芽受损伤时可以萌发。

(5)花　聚伞花序或多歧聚伞花序。1 个花序着生 3～30 朵花，一般为 7～15 朵。花白色，少数黄色，5～8 瓣，大多数品种为两性花，自花能结实。

(6)果实　是由花托膨大形成的假果，浆果。果面多为深红或浅红色，果肉多为红色或橙红色。果心充实或稍有空心。果面嵌生着小的种子(瘦果)。

19.1.1.2　生长发育周期

(1)萌芽和开始生长期　春季地温 2～5 ℃时，根系开始生长，比地上部早 7～10 d。抽出新茎后陆续出现新叶，越冬叶片逐渐枯死。

(2)现蕾期　地上部生长约 30 d 后现花蕾。新茎第 4 片叶未全长出时，花序在第 4 片叶的托叶鞘内显露形成。

(3)开花和结果期　显蕾到第一朵花开放约需 15 d，开花到果实成熟需 30 d 左右。花期持续约 20 d。开花期根的延长生长停止，根茎基部萌发出不定根。开花盛期，叶数及叶面积迅速增加。

(4)旺盛生长期　浆果采收后，腋芽大量发生匍匐茎，新茎分枝加速生长，新茎基部发生不定根，形成新的幼株。其间盛夏约 30 d，处于缓慢生长甚至休眠状态。秋末气温下降，植株生长减缓。

(5)花芽分化期　旺盛生长期后，日均温 15～20 ℃和 10～12 h 日照下开始花芽分化。夏季高温和长日照条件下，只有四季草莓能分化花芽，秋季第二次开花结果。秋季分化的花芽，翌年 4～6 月份开花结果。花芽分化一般在 11 月份结束。

(6)休眠期　花芽形成后，气温逐渐降低、日照缩短进入休眠期。决定休眠的外界条件是低温和短日照，其中以短日照的时间影响最大。

19.1.1.3　对环境条件的要求

(1)土壤　适宜栽植在土壤肥沃、保水保肥能力强、通气良好、较疏松的沙壤土。土壤有机质含量＞1.5%、pH 5.5～6.5 最适宜。

(2)温度　2 ℃以上根系开始活动，5 ℃以上地上部开始生长。根系生长适温 15～20 ℃，植株生长适温 20～25 ℃。耐低温能力强，－7 ℃会受冻害，－10 ℃时可致死。低温锻炼的苗，根系能耐－8 ℃、芽可耐－15～－10 ℃的低温。开花期低于 0 ℃或高于 40 ℃影响授粉受精。开花、结果期最低温度应在 5 ℃以上。花芽分化适温为 5～15 ℃。夏季气温超过 30 ℃，草莓生长受抑制。

(3)水分　草莓根系浅，叶大，生育期保持土壤最大持水量的 65%～80%为宜。浆果成熟期适当控制水分。雨季应注意排水。

(4)光照　喜光植物。种植过密或光照不足，花序梗和叶柄细长，叶色淡，果实小，味酸，果皮色浅。秋季光照不足时，植株生长弱，影响花芽形成。花芽形成期要求 10～12 h 短日照和较低温度；开花结果期和旺盛生长期需要 12～15 h 的较长日照。

19.1.2 类型与品种

草莓根据其结果特性可分为四季型品种和一季型冬草莓品种；根据其用途，又可分为加工专用型、观赏(红花)兼鲜食型、加工兼鲜食型和鲜食型品种。

目前，我国作为蔬果生产用主要栽培品种有红颜、章姬、白雪公主、甜查理、京藏香、戈雷拉、丰香、新明星系、女峰、四季草莓等。

19.1.3 栽培季节与茬口安排

目前，我国草莓有以下 2 种栽培方式。①1 年 1 栽制：头年秋季定植，翌年收获后，另择田块重新栽植。产量较高、果实较大、品质好、病虫害少。②多年 1 栽制：栽后连续收获几年才更新。节省人工，但产量低、品质差、病虫害多。

草莓通常生长到第三年，其长势已明显衰退，故露地栽培以 2 年 2 栽较适宜。

19.1.4 栽培技术原理与措施

19.1.4.1 露地栽培

1)整地与施基肥

结合翻地每 667 m^2 施腐熟农家肥 5 000 kg、过磷酸钙 50 kg 和氯化钾 50 kg。北方用平畦，南方用高垄栽培。覆盖地膜。

2)秧苗准备

秧苗要求无病虫害，较多新根，根茎直径 1 cm 以上，至少 4 片展开叶，中心芽饱满，叶柄短粗，叶色浓绿，植株鲜重 30 g 以上。起苗前割除老叶，留 2～3 片心叶，适当淋水保湿。

3)栽植

适宜定植期华北和关中地区为 8 月下旬至 9 月上旬；沪杭 10 月上中旬。春季栽植成活率较高，但影响当年产量。采用冷藏苗，栽植时期可根据计划采收期向前推 60 d 左右。栽植方式如下。

(1) 定株栽植　按株行距栽植，随时摘除匍匐茎。第二年结果后，保留匍匐茎苗，疏去母株，按固定株行距留健壮的新匍匐茎，产量较稳定。

(2)地毯式栽植　按较大株行距栽种，匍匐茎在株行间生长，形成地毯状。或匍匐茎在规定范围内生长，形成带状地毯。

栽植密度由栽植制度、栽植方式、土壤肥力、品种等决定。1 年 1 栽制株行距宜小；多年 1 栽制株行距适当加大。行株距(20～25)cm×(15～20)cm。为了便于垫果和采收，栽苗时应将新茎的弓背朝固定的方向。栽植深度为苗心的茎部与地面平齐。为提高成活率，可用 5～10 μg/g 的萘乙酸浸根 2～6 h，剪除枯老叶、黑根，阴天栽植，遮阳覆盖，带土移栽，浇足定根水等措施。

4)田间管理

花芽分化后、开花前及采收后追肥，每次施入复合肥 30～40 kg/667 m^2。栽植后叶面喷水可明显提高成活率。草莓开始萌芽和展叶时应灌水，灌水量不宜过多。盛花期和果实膨大期，是需水最多的时期，适时灌水。果实成熟期适当减少浇水，提高果实品质。为防寒保墒，地膜覆盖，膜上再加覆盖物。覆盖物应在春季土壤解冻之前除去。并注意防霜。适时疏花疏果，在幼果时疏去畸形果、病虫果；疏除老叶与弱芽。

1 年 1 栽制不培土。多年 1 栽制的草莓园，在果实采收、初秋新根大量发生前培土。培土高度以露出苗心为标准。多年 1 栽制草莓园初秋按定植时的行株距，每窝留健壮的匍匐茎苗 1 墩。每 667 m^2 施氮磷钾复合肥 25～50 kg，结合培土将垄畦整平。

19.1.4.2 设施促成栽培

促成栽培是打破草莓休眠或不让其休眠促使花芽形成后，提早收获的栽培方式。品种主要有春香、丰香、明宝等。

1)育苗

秋季培育母株。选择 6 月份至 7 月上旬已发根、2 片以上叶的健壮苗移栽到育苗畦，8 月下旬，4～5 片叶、根茎直径 0.8～1.2 cm、苗重 10～20 g、叶色稍呈绿黄色，进行短日处理。若不短日处理，9 月上旬断根。

春香和丰香的花芽需要光照 12.5 h 以下、平均气温 24 ℃以下，15 d 才能分化。可把苗放进 10 ℃的冷库 15 d 低温处理，入库苗需有 5 片叶、根茎直径 1.2～1.5 cm。入库前、出库后 1 d，进行适应性锻炼，入库时间宜在 8 月末。

高山育苗，8 月上中旬把有 4～5 片叶、根茎直径 0.8～1.2 cm 的苗移到海拔 1 000 m 的高山上，成活后 15 d 能形成花芽，移回山下定植，11 月份可收获。

沙壤土用中苗(6～8 片叶、根茎直径 1.3～1.5 cm、苗重 25～30 g)，黏土地用大苗(8 片叶、根茎直径 1.5 cm 以上、苗重 40～60 g)。一般可在顶花序花芽分化后 5～10 d 定植；高山育苗的，若山下气温尚高，花芽分化后 15 d 定植。温暖地区 10 月上中旬是根的适温期，可在 9 月下旬定植。栽植密度 8 000 株/667 m^2。

2)扣棚期间的管理

北纬 32°～35°地区，扣棚时间宜在 10 月下旬。大棚覆盖后保持白天 25～30 ℃、夜间 5～10 ℃、平均气温 15～20 ℃。夜温降至 5 ℃时，应在大棚内套小棚。开花前，白天以 25 ℃为宜，不超过 30 ℃，开花后果实增大期白天 20～25 ℃、夜间 5 ℃。收获期白天不高于 25 ℃、夜间 3～5 ℃。

大棚促成栽培，结果时期长，早期结果量大，植株容易衰弱和矮化。在花蕾出现 30%以上时，每株喷 5～10 mg/L 的赤霉素液 5 mL，喷后棚温略微提高，使顶花序开花提前。但喷得过早会使腋芽变成匍匐茎，喷晚则促进叶柄增长。

3)扣棚后的管理

定植畦每 667 m^2 腐熟施有机肥 4 000 kg、复合肥 25～50 kg。匍匐茎发生期追施氮肥 1～2 次；断根前，使苗适当缺肥，叶色呈绿黄色。顶花序即将吐蕾(约 10 月中旬)、顶果膨大及开始收获时追肥。12 月末前每 20 d 追肥 1 次，以后每月 1 次。

为防止植株在结果后期矮化，可在 11 月中下旬开始人工补光。补光时间傍晚到子夜 2 时、早晨 4 时到 8 时。补光持续到 2 月中下旬。补光时，喷施赤霉素应在 10 月中旬吐蕾前后。

塑料大棚促成栽培，一般从元旦前后收获，采收期 5～6 个月，可产果实 1 000 kg/667 m^2。

4)主要病虫害

草莓主要病害有灰霉病、根腐病和炭疽病等，主要虫害有二斑叶螨、朱砂叶螨、蓟马、蚜虫等。

19.1.5 常见问题与对策

1)白化果

症状表现是浆果成熟期退绿后不能正常着色，部分果面或全部呈白色或淡黄白色斑块，白色斑块周边有一圈红色，界限分明。病果味淡、质软、果肉呈杂色，并很快腐烂。白化果出现的原因与偏施氮肥、光照不足等有关。

防止白化果的举措首先是多施有机肥，进入开花期后严禁偏施氮肥；其次注意选用耐弱光的优良品种；最后是设施栽培条件下，尽可能提高棚膜的透光率。

2)畸形果与僵化果

畸形果的症状是果实失去了品种应有的形态，果面凸凹或成亚葫芦状；僵果则表现为果实极小，口感差、质地硬的生理成熟状。果实畸形与僵化的成因是草莓植株生长不良，同化物质供应不足，或者结果过多，失去营养竞争能力，如在草莓花芽分化期遇到 25 ℃以上或 5 ℃以下的高温或低温，则可导致花芽发育异常形成畸形花进而发育成畸形果。另外，开花结果期温室内相对湿度大于 85%以上，花药不易开裂，子房受粉不完全，也易使果实畸形。

防止对策包括：培育适龄优质壮苗；避免偏施氮肥，进入结果期后注意增施磷钾肥；合理调控设施环境；实施疏除畸形和僵化花蕾。

3)双身果与鸡冠果

症状表现为同一个果柄上长出 2 个连体果实(双身果)或长出 3 个以上的幼小果实(鸡冠果)。病因与设施内温度与光照管理不当导致花芽发育异常进而花蕾畸形、柱头肿大或扁平。

防止对策包括：选用早熟、抗逆性强的品种；合理调控环境条件注意平衡施肥；花芽分化期，协调好温室内的光照、温度和湿度环境。

4)裂果

草莓果实成熟时表面出现纵向开裂。病因是草莓果实膨大前期温度过高、控水过度，后期大量灌溉，导致果实细胞吸收膨大过速而撑裂果皮。

防止对策包括：选择保水保肥、理化性状良好的土壤用于草莓种植；合理灌溉，保持土壤墒情均匀，防止土壤忽干忽湿。

19.2 芽苗菜

芽苗菜是指利用植物的种子或其他养分贮存器官，在黑暗或弱光条件下直接生长出的可供食用的芽苗、芽球、嫩芽、幼苗或幼梢。芽苗菜多属于营养丰富、速生、保健、安全蔬菜。这类蔬菜大多具有器官肥嫩、质地柔嫩、口感极佳、风味独特、易于消化、富含多种维生素和氨基酸等营养和风味特点。目前，主要芽菜重要种类包括豆芽(豌豆、黄豆、绿豆、黑豆等)、萝卜芽、芥菜芽、香椿芽、苜蓿、芜菁、蕹菜、芦笋、菊苣、茼蒿、紫苏、芝麻、姜芽、花生芽等，特别是豆芽、萝卜芽、香椿芽、苜蓿、姜芽等生产已较为普遍。

中国芽苗菜历史悠久，最早记载见于秦汉时期的《神农本草经》，近代也有许多文献记载了有关芽菜的栽培和食用方法，《中国农业百科全书 · 蔬菜卷》还将芽菜正式列为按农业生物学分类的 15 类蔬菜之一。芽苗蔬菜以其速生、高生物学效率、不占农田、产品优质高档、无公害等特点，赢得生产者和消费者的喜爱，将有着广阔的发展前景。

芽苗菜栽培形式多样，可用穴盘、盆、罐等无土栽培，也可用土壤假植、窑洞、防空洞等软化栽培，还可用大型人工气候室工厂化生产。

19.2.1 生物学特性

形成芽苗菜的种子虽形态各异，但基本结构相同，都是由种皮、胚和2片肥大的子叶构成。香椿芽、萝卜芽的产品主要由下胚轴伸长而成，所以产品包括下胚轴、子叶和胚芽3部分。豌豆芽主要由上胚轴和胚芽发育而成，子叶及其以下部分不被采食，所以常把豌豆芽称作豌豆苗。成株豌豆嫩梢、软化菊苣嫩芽等为非种子直接生产的产品。

水分是种子发芽的首要条件，不同蔬菜种类，吸水速度和数量不同。一般蛋白质含量高的种子吸水量多，吸水快；脂肪、淀粉含量高的种子吸水少且慢。

根据芽菜对温度的要求可分为：①喜温类芽苗。种子发芽适温为25～30 ℃，如多数豆类等。②喜凉类芽苗。种子发芽适温为18～25 ℃，如萝卜、香椿、豌豆、蚕豆等。

氧气是种子发芽和芽菜生长的必需条件之一。因此，应保证空气流通，以防烂种或沤根。芽菜生长对光照要求不严格，种子发芽期有无光照均可。出芽以后，微光或弱光照有利于胚根快速伸长和提高品质。强光会使胚轴伸长缓慢，产品纤维增加，品质变劣。

19.2.2 栽培技术原理与措施

1)生产设施要求

芽苗菜的生产设施多样，日光温室、塑料拱棚、连栋温室、厂房、阳台等均可用来生产芽苗菜的车间。车间内可设立多层立体层架，架材可用角铁或钢筋，也可用竹木结构，共3～5层，每层间距30～40 cm，架高不超过1.6 m，或做成生产畦床，栽培容器以选用长50～60 cm、宽25～30 cm、高5 cm的育苗盘为宜，生产绿色芽苗菜时，应保持一定光强或设立人工补光设施。

2)种子的清选与浸种

(1)种子清选　用于生产芽苗菜的种子，应提前进行晒种和清选，无论采用风选、盐水清选、机械清选或人工清选，都必须达到剔除虫蛀、破残、畸形、腐霉、特小粒种子和杂质的要求，以便提高催芽期间种子的抗烂能力和发芽整齐度。香椿种子由于在高温下极易失去发芽率，因此必须选用未过夏的新种子，切忌使用隔年陈种；使用前还需揉搓去翅翼，筛除果梗、果壳等杂物。荞麦种子应提前1～2 d晒种，并进行风选和盐水清洗，筛去不饱满、成熟度较差的难发芽或发芽慢的种子。萝卜、苜蓿等种子若质量较好，也可直接投入使用。花生种子尤其要进行严格的人工清选，无发芽能力的种子所引起的腐烂将严重影响长生果芽的产品质量。

(2)浸种　经清选的种子即可进行浸种，一般先用20～30 ℃的洁净清水将种子淘洗2～3次，待干净后浸泡，水量须超过种子体积的2～3倍。浸种时间冬季稍长，夏季稍短，一般均在达到种子最大吸水量95%左右时结束浸种。然后淘洗种子2～3遍，轻轻揉搓、冲洗，漂去附着在种皮上的黏液，注意不要损坏种皮，然后捞出种子，沥去多余的水分等待播种。

浸种容器应依据不同生产规模，可分别采用盆、缸、桶、浴缸、砖砌水泥池等(忌用铁质器皿)。但不管采用何种容器，均要考虑作业方便，应在容器底部设置可随意开关的放水口并配备若干笊篱等打捞种子的工具。

3)播种与催芽

播种与催芽是芽菜栽培中减少烂种、提高芽苗整齐度、保证产品质量的关键作业环节。播种作业通常采用撒播,要求每盘播种量一致、撒种均匀。播种前,除绿芽苜蓿等种子细小的种类可直接进行干籽播种催芽外,其他均需在浸种后进行播种催芽。

4)出盘及出盘后管理

当芽高度已达到出盘标准(表19-1)时,应及时出盘。叠盘催芽时间过长,常由于湿度较大或温度较高而导致烂种等病害发生,还常引起徒长,使芽菜柔弱、细长,中后期容易倒伏。生产上一般在芽苗"站起"后即可出盘,但过早出盘将增加出盘后的管理难度,芽苗生长也难以达到整齐一致。

表19-1　几种芽苗类蔬菜产品采收参考标准

种类	产量(g/盘)	整盘活体销售标准	剪割采收小包装上市标准
龙须豌豆苗	400～450	芽苗浅黄色,苗高10～12 cm,整齐,顶部复叶始展开,无烂根、烂脖(茎基),无异叶,茎端8～10 cm柔嫩未纤维化	从芽苗梢部8～10 cm处剪割,采用18.5 cm×12.0 cm×3.5 cm透明塑料盒作包装容器,每盒装100 g,用保鲜膜封覆或采用16 cm×27 cm封口袋,每袋装300～400 g封口上市
籽苗香椿	400～450	芽苗浓绿色,苗高8～12 cm,整齐,子叶展开,充分肥大,心叶未出,无烂种、烂根或猝倒病发生,香味浓郁	带根拔起,采用18.5 cm×12.0 cm×3.5 cm透明塑料盒作包装容器,每盒装100 g,用保鲜膜封覆或采用16 cm×27 cm封口袋,每袋装300～400 g封口上市
芦丁甜荞	400～500	芽苗子叶绿色,下胚轴红色,苗高12～15 cm,整齐,子叶平展,充分肥大,不倒伏,不烂脖	从梢部12～15 cm处剪割,采用18.5 cm×12.0 cm×3.5 cm透明塑料盒作包装容器,每盒装100 g,用保鲜膜封覆或采用16 cm×27 cm封口袋,每袋装300～400 g封口上市
娃娃缨萝菜	500～600	芽苗翠绿色(或下胚轴红色),苗高8～10 cm,整齐,子叶平展,充分肥大,无烂种、烂根,无异味	带根拔起,采用18.5 cm×12.0 cm×3.5 cm透明塑料盒作包装容器,每盒装100 g,用保鲜膜封覆或采用16 cm×27 cm封口袋,每袋装300～400 g封口上市

5)光照管理

为使芽苗蔬菜从黑暗、高湿的催芽环境顺利过渡到栽培环境,在苗盘移入生产车间时应放置在空气相对湿度稳定的弱光区锻炼1 d,然后再根据各种芽苗蔬菜对环境条件的要求,采取相应措施分别管理。

芽苗蔬菜对光照条件的要求远不如一般蔬菜严格,但不同种类芽苗对光照强度的要求仍有差别,其中荞麦苗、绿芽苜蓿、萝卜苗等需较强光照,紫(籽)苗香椿、蕹菜苗次之,故在管理上前3种芽菜宜安排在强光区,后2种则可安排在中光区或弱光区。上述芽苗类蔬菜在生长期间如光照过弱或不足,则易引起下胚轴或茎叶柔长、细弱,并导致倒伏、腐烂和减产;如光照过强则将使纤维提前形成,不利于优质产品的形成。因此,采用温室、日光温室和塑料大棚作为生产场地的,在进入夏秋季节时,为避免光照过强,必须用遮阳网遮阳。

此外,籽(种)芽菜中的花生芽等因其产品类似于传统的绿豆芽、黄豆芽,其种芽必须在完全黑暗条件下形成，才能保证其产品的优良品质，因此不同于上述几种芽菜。

6)温度与通风管理

芽苗类蔬菜对温度条件的要求各有不同，在单一种类栽培区应根据作物的要求，分别通过暖气、放风管理、强制通风或空调设施调控温度。在混合栽培区可调控在18～25 ℃的通用温度范围内；在天气变暖、需除去暖气时一定要逐步进行、平稳过渡；夏季炎热时进行遮光、空中喷雾、强制通风，以及开启冷气机等以降低室内气温。此外，通风除了具有调节室内气温作用外，更重要的是为了保持生产车间有清新空气，以减少种苗霉烂和避免室内 CO_2 严重不足。因此，在室内温度能得到保证的前提下，生产车间每天至少通风一两次。即使在室内温度较低下，也应缩短时间通风。但无论何种情况下，通风时应忌避外界冷风直吹芽苗。

7)空气湿度管理

由于芽苗类蔬菜采用不同于一般无土栽培的特殊基质，加之芽苗本身鲜嫩多汁，因此必须频繁补水、采取小水勤浇以满足其对水分的要求。一般每天应采用喷淋等装置进行三四次喷淋或喷雾(冬、春季3次，夏、秋季4次)，浇水量以掌握苗盘内基质湿润，又不大量滴水为度，同时还要浇湿车间地面，以经常保持室内空气相对湿度85%左右。此外，应注意生长前期少浇，生长中后期适当加大浇水量；阴雨雾雪天气或室内气温较低时少浇，高温、空气相对湿度较高时多浇，以保证不同时期芽苗生长对水分的需要，并避免导致病害流行或干旱进而影响产量和品质。

8)防病管理

芽苗类蔬菜较少发生病虫害。但是为了保证产品达到绿色食品标准，仍应进行严格的预防，而且必须针对发病原因，采用控制温、湿度和通风等生态防病以及物理、生物防治等手段，避免使用化学农药。

各种籽(种)芽菜在催芽期易发生种子霉烂；生长期则易发生烂根、倒苗(香椿猝倒病等)和萝卜苗子叶上产生黑色小麻点，蕹菜苗下胚轴上产生黑色小伞苗，偶尔在豌豆苗根部发生根蛆。病害的发生主要是温、湿度不适所致，在防治上应采取：彻底清洗苗盘；清洗、暴晒重复使用的基质；采用温汤浸种等方法进行种子消毒；严格控制浇水次数和浇水量。当萝卜苗子叶出现黑色小麻点时，可采用"浸水"补水法，即将苗盘浸入水面，湿润基质，进行水分补充，从而避免因喷雾而增加空气相对湿度和淋湿子叶。当芽苗生长中后期出现烂根时，则可进行剪割采收，提早上市，但严重时应及时予以销毁。

19.2.3 主要芽苗菜生产技术要点

1)香椿芽

培育香椿芽的适宜温度为15～25 ℃，当平均气温在15 ℃以上时可在露地生产，冬季、早春及晚秋可在温室及大棚内生产。多利用栽培架进行立体培。育苗盘以轻质塑料制品为好，基质常用珍珠岩等。

选当年采收的新种子，清除杂质，用30 ℃左右的温水浸种12 h，然后置20～25 ℃条件下催芽，每天用浅水淘洗一两遍，经2～3 d种子露白时即可播种。

播种前先将育苗盘洗刷干净，再铺1～2层洁净的白纸，上面平摊2～3 cm厚的珍珠岩，将催好芽的种子均匀地撒播在基质上，播后覆盖1.5 cm厚的珍珠岩并立即喷水。一般播种后5 d左右，种芽可伸出基质。当幼苗下胚轴长为8～10 cm时定时喷水，保持空气相对湿度

80%左右。12～15 d后即可采收。采收标准是:芽下胚轴长10 cm以上,未木质化,子叶完全展平。通常每育苗盘播30 g种子,可收香椿芽250 g。

2)豌豆苗

先建造疏松的沙土床,施少量化肥,整平床面,浇足底水即可播种。播种前用55 ℃温水浸种,搅拌冷却至30 ℃后再浸4～5 h,而后播种每平方厘米一两粒,播后覆1～2 cm湿沙。播种8～9 d后,幼苗开始露土,再覆盖1次细沙土,以后让地上部见光转绿,待苗高达8～9 cm时采收。

冬春季豌豆苗的生产可于温室或大棚内进行。可采用立体栽培,栽培架的结构和盘的规格与培育香椿芽相同。播种前先在育苗盘底铺一两层白纸,湿润,然后把催好芽的豌豆种子均匀撒在床纸上,无须覆盖。播种量为1.5 kg/m^2。

白天保持20～25 ℃,夜间15～18 ℃。播种后及出苗前经常喷水,保持纸床湿润,以纸床上持有少量存水为宜。为保证豌豆苗品质鲜嫩,应注意遮光。12～15 d即可采收,用剪刀在靠近豆粒的茎部剪下捆把或装袋出售。

3)萝卜苗

萝卜芽又称娃娃芽。多采用立体栽培方式,其设施要求可参考香椿芽部分。播种前用温水浸种1 h,在育苗盘内铺放白纸,然后将浸泡的种子均匀撒在白纸上。每盘播种100 g左右。播后将育苗盘摆放在培养架上,保持温度20～25 ℃,经常喷水,保持相对湿度80%左右。7～10 d后,下胚轴长达5～6 cm时即可采收。采收时连根拔起,捆扎包装上市。通常1 kg萝卜籽可培育出7～12 kg芽苗菜。

4)荞麦芽

荞麦芽适宜生长温度为20～25 ℃,冬季、早春和晚秋须在日光温室、空闲房屋、塑料大棚中生产;外界平均气温达20 ℃左右时即可露地生产,但要适当遮阳防雨。为保持产品柔嫩,须加强喷水、喷雾管理,提高土壤和空气湿度。

将种子置于20 ℃清水浸泡22～24 h,此时种子相对吸水量达到60%,种子漂洗后沥去表面水分,将种子放至容器内,上盖湿麻袋片或湿毛巾,22～25 ℃恒温处催芽24 h左右。种芽长1～2 mm,准备播种。盘底铺1～2层白纸,待纸张吸足水分后,将已发芽种子撒播于湿纸上,每60 cm×25 cm大小苗盘,播种120～130 g。播后将苗盘叠放在一起,黑色塑料膜遮严,置于22～25 ℃温度下催芽,3～4 d胚芽直立,长2 cm时,苗盘开始上架,见光生长。

播后5～6 d,种芽已长至5～6 cm,茎粗1.2 mm左右,但种壳尚未脱落,此时应定时喷雾,始终保持空气相对湿度为85%左右,以促进种壳迅速脱落,子叶尽快展开。播后10～12 d,种芽下胚轴长约12 cm、子叶平展、绿色、下胚轴紫红色、近根部白色时采收最佳。荞麦种子千粒重26～28 g,平均单粒重0.027 g,播后10～12 d形成产品,单株重0.25 g,生物产量为种子重量的5～9倍。60 cm×25 cm育苗盘,播种120 g,净收荞麦芽600 g。产品盒装,以优质无公害绿色食品投放市场,有较高的经济效益和良好的社会效益。

5)蕹菜芽

蕹菜又名空心菜、藤菜等,一年生或多年生草本,既可水生,又能陆生。生长适温25～35 ℃,对光照要求不严。夏天凉水浸种6～10 h,冬天温水浸泡10～12 h。嫩芽培育4～5 d即可采收,产量为种子量的6倍左右。幼芽含钙、铁等矿物盐和维生素B_2,凉拌炒食均可。

6)苜蓿芽

苜蓿别名紫苜蓿,多年生草本,喜温暖半湿润气候,抗旱而忌涝,抗寒性强,对土质要求不严，但以钙质土、沙壤土较宜。苜蓿种子虽是豆科作物中最小的种类，但其发芽率高，在 20 ℃适温下，3～6 d 即可收获，产量为种子量的 8～10 倍。苜蓿是著名的碱性食品，可中和人体食肉、谷物等引起的过大酸度，因而吃起来清脆爽口。此外，由于苜蓿芽含多种氨基酸，可预防高血压、关节炎、癌、便秘等多种疾病。生食，拼盘，作三明治夹菜及汤食俱佳。

7)芥蓝

芥蓝又称白花芥蓝，生长适温为 15～25 ℃，喜较大的昼夜温差，适应能力强，在世界各地广为栽培，常用于淡季堵缺品种。芥蓝萌芽适温为 27 ℃左右，浸种宜为 8～12 h。种子浸后洗净，沥去水分，平铺于盘、盒等容器中，上盖湿纱布、麻袋片等，催芽 48 h，后放入盘中，保湿保温，加强喷雾管理，5～7 d 即可收获。产量为种子重量的 6 倍，产品可清炒、凉拌。

8)花生芽

花生为一年生草本，又名落地松、万寿果等。喜温短日，对土壤适应性较宽，pH 适宜范围为 5.5～7.5。花生种子富含蛋白质，含量高达 33%，且属完全蛋白质，含人体必需的 8 种氨基酸，极易被吸收，并具有诱人的香味，是解决我国人民蛋白质摄入量严重不足的重要途径。而花生萌芽后，脂肪含量经转化降至 10%左右，人体必需氨基酸、维生素则大量增加，食用花生芽较花生营养更为丰富。花生芽不但香、脆、嫩，吃法多样，而且不受区域、季节、气候影响，可周年生产，既是补淡佳品，又可提供大量活体蛋白，深受生产者和消费者欢迎。培育花生芽首先应精选种子，去除发霉、变质及感病种子，务用新鲜花生，以保证较高的发芽率和生长健壮一致。其次，种子浸泡时间宜短不宜长，一般 2 h 即可。置于 18 ℃以上温度下培育，5～7 d 即可采收，产量为用种量 6 倍左右。

9)白菜芽

白菜芽又称黄芽菜，既可食嫩球，又可吃幼叶。半耐寒，苗期适应性较广，对高低温均有较强的适应能力。各地有不少抗逆性强的优良品种，适宜全年培育芽菜。白菜要求水分充足，忌干旱。生长适温为 18～20 ℃，种子发芽快而整齐，一般 3 d 即露嘴，培养 6～8 d 即可采食，产量为种子用量的 6 倍左右。白菜芽稍带苦味，吃起来清脆爽口，风味诱人。既可生拌沙拉、夹食三明治和汉堡包，又可炒食做汤。

19.3　秋　葵

秋葵(*Hibiscus esculentus* L.)别名秋葵、羊角豆等，属锦葵科秋葵属一年生草本植物。原产于非洲东部，现世界各地均有分布。以嫩果供食，嫩荚肉质柔嫩、黏质，可炒食、煮食、酱渍、罐藏等。叶、芽、花也可食用，具特殊风味。

19.3.1　生物学特性

直根系，多分布于 50～60 cm 深土层。茎直立，高 1～2 m，绿色或暗紫红色。苗期胚轴上披有茸毛，后木质化。基部节间较短，叶腋间常发生侧枝；上部节间较长，无侧枝发生。叶互生，叶面有茸毛，掌状 3～5 裂。叶柄细长中空，下部叶片阔大，缺刻浅，上部叶片狭小，深裂。花单生，两性，花冠黄色。一般第三片真叶以上各叶腋均着生 1 花。凡着生花的叶腋即不发生侧枝，发生侧枝的叶则不着生花。蒴果，顶端尖细，弯曲似羊角，果面有 5～10 个棱角，果长

6～25 cm，果实表面密生茸毛。子房 5～11 室，平均每果结籽 47～180 粒。嫩果深绿色，果实成熟后变为黄褐色。种子千粒重 55 g。

生育周期可分为：发芽期，播种到子叶展平，需 10～15 d；幼苗期：子叶展平到第一朵花开放，需 40～45 d；开花结果期：开花到采收结束，需 85～120 d。通常播种后 70 d 左右第一次采收。

喜温，耐热性较强，不耐霜冻。种子发芽适温 25～30 ℃，12 ℃以下发芽缓慢，植株生长适温 25～28 ℃。喜强光，要求光照时间长。土壤适应性广，以土层深厚、疏松肥沃、排水良好的壤土或沙壤土较宜。生长前期以氮肥为主，中后期需磷、钾肥较多。

19.3.2 类型与品种

按果形可分为圆果种和棱角种；按果实长度可分为长果种和短果种；按果皮颜色分为绿皮种和红皮种等。目前中国栽培的黄秋葵品种大多为国外引进，如五角、绿星、卡里巴、妇人指、长果绿、清福及台湾地区的“五福”等。

19.3.3 栽培季节与茬口安排

黄秋葵多露地栽培，气温 13 ℃以上时即可直播，一般 4～6 月份播种，7～10 月份收获。北方寒冷地区常用日光温室、塑料大棚集中育苗，早春晚霜过后，再定植于大田。

19.3.4 栽培技术原理与措施

1)整地、作畦、施基肥

冬前深耕晒垡，每 667 m^2 施腐熟厩肥 5 000 kg、复合肥 20 kg、草木灰 100 kg，混匀耙平后作畦。2 种方式：①大小行种植，大行 70 cm，小行 45 cm，株距 40 cm。②窄垄双行种植，垄宽 1 m，每垄 2 行，行距 70 cm，株距 40 cm。

2)播种育苗

终霜过后直播。播前浸种 12 h，25 ℃下催芽，60%～70%种子“破嘴”时播种。穴播，每穴 3 株，深 2～3 cm，浇透底水后播种，覆土 2 cm。北方地区可于 3 月上中旬在阳畦、日光温室育苗，苗龄 30～40 d，幼苗 2～3 叶时定植。

3)田间管理

出苗后及时间苗，破心、2～3 片真叶时各间苗 1 次，3～4 叶时定苗。幼苗出土或定植后，气温较低，连续中耕 2～3 次，提高地温；第一朵花开放前适度蹲苗，以利根系发育；封垄前中耕培土，防止植株倒伏。夏季多风雨地区，用 1 m 左右的竹竿、树枝等插于植株附近，防止倒伏。

生育期间应经常浇水，雨季注意排水防涝。出苗后施尿素 6～8 kg/667 m^2；定苗或定植后沟施复合肥 20 kg/667 m^2；开花结果期施复合肥 25～30 kg/667 m^2；生长后期追施少量化肥，防止植株早衰。

黄秋葵生长旺盛，主枝粗壮，叶片肥大，可将叶柄扭成弯曲状下垂，控制营养生长；生育中后期，及时摘除老叶，改善通风透光；适时摘心，促进侧枝结果，提高早期产量，促使种果老熟，利籽粒饱满。

4)采收

黄秋葵从播种到第一嫩果形成需 60 d 左右，采收期 60～70 d。商品果采摘标准：长 8～

10 cm,外表鲜绿色,果内种子及种皮未老化。一般第一果采收后,初期每隔 2～4 d 收 1 次,盛果期每天或隔天采收 1 次。

19.4 菊苣

菊苣(*Cichorium intybus* L.)别名苦苣、吉康菜、苞菜、法国苦苣等,属菊科二年生植物,也有地方作多年生栽培。原产欧洲和亚洲中部及北非。4 000 年前古埃及就利用根做咖啡代用品饮用。世界各地都有栽培,尤以欧洲法国、意大利栽培甚广。因植株体内含有苦味物质,故亚洲地区种植较少。

菊苣的嫩叶、叶球和根均可供食用,富含可溶性蛋白、可溶性糖和有机酸及多种矿质成分、维生素等多种营养物质,故其产品可菜用、医用、饲用。

19.4.1 生物学特性

根肉质、粗而短,分布在土壤的表土层内。叶广长椭圆形、倒披针形或披针形,叶色浓绿,叶缘有小锯齿,味很苦,性状和蒲公英非常相似,株高 1.5 m 左右,但花形差别很大。7～8 月份抽生花梗,约 1 m,梗梢分枝,上生青蓝色小花,大而艳丽。种子很小,褐色,有光泽,千粒重为 1.2 g,每克有 832 粒种子。

菊苣性喜冷凉,不耐高温,适应性强,具有较强的抗寒能力。发芽温度 15 ℃左右,5 d 发芽,高温下不易发芽,叶生长最适温度为 11～18 ℃,叶片大而肥嫩,低温长日照作物。早春播种太早,有发生早期抽薹的危险,要行夏秋播种。土壤以土层深厚、排水良好富含有机质的沙壤土和壤土为适宜。

19.4.2 类型与品种

菊苣的类型变化丰富。依据植株的可利用器官,菊苣可分为根用型和叶用型。根用型菊苣主根发达、根形肥大,长 30～40 cm、直径 6～7 cm,根中富含多种营养成分,干制后可代咖啡用,在德国、法国、意大利等国栽培较多。此外,根用菊苣还可通过假植、软化栽培方法生产乳黄色芽球,代表性品种有荷兰的科拉德和特利劳夫、英国的艾切利尼莎、日本的沃姆和白河及中国的“中囤 1 号”等。叶用型菊苣则根形较小,以叶片或叶球为产品器官,可鲜食或熟食。叶用型菊苣依据其叶片生长状态又可分为结球型和散叶型。结球型菊苣其叶片宽厚、肥大,生长中后期叶片逐渐抱合成球;散叶型菊苣则叶片始终呈散生状态。

依据叶片形态,菊苣可分为狭长型和阔卵圆型。以蔬菜供食用的叶用菊苣大多叶片宽大肥厚,呈炮弹形。而根用菊苣则大多叶片狭长、散生;依据叶片颜色,菊苣可分为绿叶型和红叶型;依据叶缘状况,则可分为裂叶型和板叶型。裂叶型菊苣叶缘缺刻,或深度裂刻呈很多小裂叶,而板叶型叶缘则相对完整或呈轻度锯齿状。

19.4.3 栽培季节与茬口安排

软化栽培种均在 7 月份播种,到 12 月份至翌年 1 月份将培育成的根株掘起,在黑暗条件下软化约 20 d,即可获得洁白的芽球。

非软化品种，红色结球菊苣，可周年生产供应，主要栽培茬次有：①7月下旬至8月上旬在加遮阳网的防雨棚下育苗，8月下旬至9月上旬定植于大田，10月中旬开始采收，一直供应到11月下旬。②8月下旬露地育苗，9月中旬定植，地膜覆盖露地栽培，到12月份至翌年1月份供应。③9月份露地育苗，10月份定植于大棚和中棚，可延迟到翌年3～4月份供应。④12月下旬至翌年1月中旬在大棚、温室中育苗，3月份定植于地膜覆盖和小棚中，5～6月份采收供应。⑤高山栽培，2～3月份大棚育苗，4月下旬地膜覆盖栽培于大田，6～8月份供应。或者6～7月份在防雨棚育苗，8月上旬定植，地膜覆盖，9～10月份供应。

19.4.4 栽培技术要点

1)软化菊苣栽培

多于初夏直播，为保持根形完整，不宜育苗移栽。约经5个月即可育成肥大健壮的根株，将根株掘起，放在黑暗条件下软化20 d即成。

软化栽培的关键是培育成高质量的根株。首先要选好地，宜选择排水良好的土地，进行深耕，施入复合肥40～50 kg/667 m^2，精耕细作，做成深沟高畦，畦连沟1 m宽，每畦种3行，株距25～30 cm，以利育成粗壮的根株。至霜降落叶时，掘起根株，根头部粗径可达3～5 cm，于根株上部3～4 cm处，刈除叶部，除去所有分蘖芽，根长30～35 cm处切断(细小尖端应剪除)放置在冷凉黑暗处软化。一般保持10～15 ℃的温度，温度过高，易抽薹开花，温度过低，软化时间长。具体方法：可在大棚内挖深30～40 cm、宽70 cm的沟，将上述切成的30～35 cm长的根株，每隔4 cm距离栽植于沟中，沟两侧设木板框，根株上覆锯木屑、泥炭或沙，厚度20 cm，上面盖稻草，再盖上遮光板，防止露光。沟底如配电热线，效果更好，温度控制在18～20 ℃以下，约20 d就软化成功了。

2)叶用菊苣栽培

栽植密度、栽植方法及其管理与结球莴苣相似。行距45 cm，株距25～27 cm，以地膜覆盖栽培为宜，每667 m^2需施氮1 kg、磷0.8～1 kg、钾0.8～1 kg。干旱时要及时浇水，保持湿润。生长期间追肥1～2次。结球后，取其叶球，去掉外叶，将叶球包装于箱中，每箱重10 kg，也有1.5 kg的小包装出售。

19.5 野生类蔬菜

19.5.1 菊花脑

菊花脑(*Chrysanthemum nankingense* Hand. & Mzt.)，别名菊花叶，属菊科多年生宿根草本植物，原产中国，湖南、贵州等省有野生种。可作为一年生或多年生蔬菜栽培，嫩茎、叶可炒食或汤食，是炎热高温季节做汤菜用的重要绿叶菜类之一。营养丰富，含有蛋白质、脂肪、纤维素、维生素和矿物盐类，尤其是蛋白质、维生素A和矿物质含量高。还含有黄酮类和挥发油等芳香物质，所以有特殊的香味。嫩梢、叶鲜绿，脆嫩，食之清香爽口，还具有清热凉血、调中开胃、降血压及清热解毒作用。

19.5.1.1 生物学特性

菊花脑为草本野菊花的近缘植物。秋冬季节地上部分枯黄，早春又萌发的宿根植物。一般株高 30～50 cm，有的高达 1 m 左右，茎秆纤细，粗只有 0.2～0.5 cm，因品种而异，大叶种较粗，小叶种细，茎直立或匍匐生长，分枝性强，茎无毛或略有细毛。叶互生，绿色，长卵圆形，长 2～6 cm，宽 1～4 cm，叶缘具粗大复锯齿状或 2 回羽状深裂，叶面绿色，背面淡绿色，叶脉上有稀疏的细毛，先端短尖，基部楔形或收缩成柄。秋季从叶腋抽生侧枝。顶端生头状花序，总苞半球形，外层苞片较内层苞片短一半，狭椭圆形，内层苞片卵圆形或倒卵圆形，先端圆钝。舌状花和管状花同生于 1 个花序，花黄色，花期 10～11 月份，种子为瘦果，12 月份成熟。

菊花脑适应性强，性耐寒，忌高温，耐瘠薄和干旱，不择土壤，到处能生，一般房前屋后、沟边、河边、田边隙地皆可种植，而在土层深厚、地力肥沃、排水佳良的土壤中栽培，则产量高、品质好。菊花脑种子在 4 ℃以上就能发芽，适温 15～20 ℃，幼苗生长适温 12～20 ℃，成长植株在高温季节也能生长，但供食部分品质差，20 ℃时采的嫩茎嫩叶品质最好。5～6 月份和 9～10 月份为春、秋采收的最佳季节。

菊花脑可分为小叶和板叶 2 种类型。小叶型菊花脑叶片小而先端尖，叶缘缺刻深裂，产量低，品质较差。板叶型菊花脑又称大叶菊花脑，是从小叶菊花脑中选育而成，叶略圆，呈卵圆形，先端较钝，叶缘缺刻细而浅，产量较高，品质好，是目前生产上栽培较多的 1 种。

19.5.1.2 栽培技术要点

(1)繁殖方式　种子或分株露地繁殖栽培，1 次栽培多次采收。南京、常州等地常在家前屋后、田边隙地露地栽培，较大面积栽培多用直播。通常行育苗栽培，于 2 月上旬至 3 月上旬播种，4 月上旬定植，5 月份就可采收嫩茎梢供应。春、秋 2 季每隔 10～15 d 采收 1 次，管理精细可连续采收 3～4 年，再采取分株或育苗方式更新。

(2)整地和栽植　土地宜冬耕冻垡，熟化土壤，施入腐熟厩肥 1500 kg/667 m^2，耕耙整平。2 月上旬至 3 月上旬进行直播，多为撒播，每 667 m^2 需种子 250 g。播后镇压，再浇盖籽粪，保持土壤湿润，促进发芽，提早出苗，齐苗后及时间苗，苗距 5 cm 左右。育苗移栽的每穴丛栽 4～5 株，穴距 15～20 cm。可在早春未萌发前进行分株栽植，就是从越冬的宿根上分出植株，每穴栽 3～5 株，穴距 20 cm 左右。成活后追肥、浇水，促进发棵。

(3)田间管理　要及时做好浇水、中耕除草、追肥、清除菟丝子等管理工作。播种和定植后，要保持田间湿润，浇施液肥 3～4 次，每次浇施 0.3%尿素液肥 1 000～1 500 kg/667 m^2。苗高 10～15 cm 时，用剪刀剪取嫩梢、叶上市。老桩菊花脑上市时间早。早春萌发后，每隔 5～6 d 浇 0.3%尿素等液肥，夏季高温干旱期间要浇大水。

(4)采收　早春用地膜覆盖，最早的 2 月下旬至 3 月上旬采收，一般是在 4～5 月份苗高 10～15 cm 时采收，一直采到 10 月份开花为止，盛采期 7～9 月份。春季收 3 次，秋后收 2 次。采收时要注意保留基部嫩芽，早春用手或剪刀采收，留茬长 3～5 cm，中后期用刀采收，留茬 5～8 cm，每次可采收 250 kg/667 m^2 左右。

19.5.2 蒌蒿

蒌蒿(*Artemisia selengensis* Turcz.)别名藜蒿、小艾、水艾、芦蒿，属菊科多年生草本植物，是以根茎和嫩茎供食的一种古老的野生蔬菜。原产于亚洲。中国东北、华北和中南地区，以及西伯利亚、朝鲜等东北亚地区都有分布，野生于荒滩、路边、山坡。现作为一年生蔬菜栽培。根茎肥大,富含淀粉,营养丰富。每百克嫩茎含有蛋白质 3.6 g、灰分 1.5 g、钙 730 mg、磷 102 mg、铁 2.9 mg、胡萝卜素 1.4 mg、维生素 C 49 mg。可凉拌或炒食,清香面脆嫩,还有清凉、平抑肝火,预防牙病、喉病和便秘等功效。蒌蒿抗逆性强,很少发生病虫害,所以是一种无污染的绿色食品。云南、江苏等地已在开始较大面积人工栽培。

19.5.2.1 生物学特性

蒌蒿根系发达,须根着生于地下茎上,须根上密生根毛,吸收水肥能力极强。地上茎从地下茎上抽生,直立,成株高 60～150 cm,春季抽生嫩茎时采食。地下茎根状,色白而粗壮,是营养物质主要贮藏器官。叶片羽状深裂,叶长 10～18 cm,宽 5～9 cm。裂片边缘有粗钝锯齿,叶面绿色无毛,叶背面粉绿色,有白色短茸毛。秋初,顶端和叶腋抽生头状花序,直立或稍下倾,有短梗,多数密集成狭长的复总状花序,有条形苞叶,总苞近钟状,长 2.5～3 mm,宽 2～2.5 mm,总苞片约 4 层,外层卵形,黄褐色,被短棉毛,内层边缘宽膜质。花黄色,内层两性,外层雌性。瘦果细小,无毛,老熟后易脱落。蒌蒿一般用野生种行人工栽培,品种少有分化。

蒌蒿性喜温暖湿润的气候,不耐干旱。在日均温 10 ℃左右生长缓慢,而在 15 ℃以上的气温,生长很快。南方冬天地上部分虽不枯死,但生长濒于停滞,如用小拱棚覆盖,茎叶则能继续生长,提早上市。对光照要求比较严格,如种在光照不足的地方,不仅影响生长,还易感染病害。对土壤要求不严,普通土壤均能生长,但以肥沃、疏松、排水良好的壤土为宜。肥料以氮肥为主。野生的蒌蒿大多滋生于低洼潮湿的沟边、河边、路边、井旁和田埂边侧。

19.5.2.2 栽培技术要点

繁殖方法有扦插繁殖、分株繁殖和播种育苗 3 种方法:①扦插繁殖。扦插行株距 10 cm×5 cm,每平方米要有 200 根插条。首先要整地施基肥,施腐熟有机肥 1 500～2 000 kg/667 m^2,做宽 1.2 m 的高畦。一年中除冬季和早春气温低的季节外,可随时扦插,但多数在雨季开始扦插。南方 4 月下旬至 5 月份扦插,江浙一带扦插适期为 6 月份。插条多从地上茎剪取,地上茎割取后,抹去中下部叶子,剪成 10～15 cm 长的扦条,按 10 cm×5 cm 距离开浅沟,扦条沿沟的一边扦入,深度以插条 2/3 入土为宜。扦插后要加强田间管理,旱季要灌水,保持湿润,雨水过多时要排水。入冬后贴近地面割去地上部分,施重肥,浇足水,并覆盖地膜,保温保湿,促其加速生长,早春嫩茎可提早上市。一般割取 1 次嫩茎上市以后,又可连续割取嫩梢共 2～3 次,到 5 月份以后抽生的不再收割。②分株繁殖。离地面 5～6 cm 处剪去地上茎(可留作插条用)。然后将植株连根挖起,分割成若干单株,使每 1 分株都带有一定根系,栽植后比扦插容易成活。分株栽植时间最好和扦插时间结合起来考虑,一般以 4～5 月份分株繁殖比较适宜。③育苗移栽。南方温暖地区露地播种,2 月下旬至 3 月上旬在大棚内播种育苗,10 d 左右出土,4 月份当苗高 10～15 cm 时,即可定植,行株距 10 cm×5 cm,在有防雨棚的条件下,雨季也可播种。

此外,也可用地下茎繁殖,将地下茎剪成段,每段有 2～3 节,开浅沟,每隔 10 cm 把根茎平放在沟内,覆薄土。

南方地区,12 月份至翌年 1 月份多采掘地下茎供食,2～4 月份则收割萌发的嫩梢。冬季如用无纺布覆盖、地膜覆盖或小棚覆盖,可提早发芽、提前上市并增加产量。苗高 20 cm 以上、顶端心叶尚未展开为采收适期。在春、秋 2 季可采收野生蒌蒿的根茎或嫩茎为食。

19.5.3 紫背天葵

紫背天葵(*Gynura bicolor* DC.)别名观音苋、水前寺菜、地黄菜等,属菊科三七草属中以嫩茎做菜用的宿根性多年生常绿草本。原产中国。四川、台湾等温暖地栽培较多。以先端嫩梢及叶做凉拌、拼盘装饰，清炒或做汤，质地柔软嫩滑，有特殊风味，除有一般蔬菜之营养，还富含黄酮苷或铁、铜、锌、锰等微量元素，有治咳血、经痛、血气亏、支气管炎、盆腔炎等疗效。日本人特别嗜好。

19.5.3.1　生物学特性

分枝性及生长势均较强，茎与叶柄紫红色，茎可长至 90 cm，先端嫩茎叶为采食部分。叶卵圆，长约 18 cm，宽约 5 cm，叶面绿色略带紫色，叶背紫红色，有光泽，叶互生，有锯齿缘。花橙黄，结籽少。

抗逆性强，耐热，耐旱，耐瘠，耐阴。病虫少、易栽培。

19.5.3.2　栽培技术要点

1)繁殖方法

(1)扦插法　插条生长迅速，可以早采收。周年可进行，但以春、秋 2 季为主。选择强健的枝条，用刀斜向切下，以作插枝。用锄头开穴，穴距 25 cm，行距 30～35 cm，穴底放基肥少许，上覆薄土 5 cm，将插枝插于穴内，用土培壅，浇透水，以后每天早、晚各浇 1 次水，保持湿润。10 d 左右枝上发出新芽，枝下发出新根，勤中耕，中耕宜浅，逐步加深，浇水结合施液肥用尿素 5～8 kg/667 m^2，对水 200 倍施用，插后 3～4 月份即可采收嫩茎叶。春季 2～3 月份扦插，秋季扦插在 8～9 月份。

(2)分根法　早春发芽前，将地下宿根挖起，分切为数株，每穴栽 1 株。施肥管理同扦插法，追施液肥 2～3 次，勤中耕松土。比插条法生长容易，且采收早，但所生嫩茎芽较差。

(3)播种法　有直播法和育苗移植法 2 种。播种育苗法，于 2 月上旬，选向阳、肥沃、排水佳良的地块为苗床，耕细耙平，施下腐熟厩肥，上覆细土 1 层，开 1～1.5 cm 的浅沟，距离 15～20 cm，条播种子于沟中，盖土、浇水，保持湿润，8～10 d 出苗，及时间苗，苗距 10 cm 左右，留 1 株苗，苗高 15 cm 时可移栽大田。直播法同扦插法的距离，每穴播 8～10 粒种子，覆土 1cm，浇水保湿，出苗后及时间苗。

2)田间管理

除施入腐熟厩肥 1 500～2 000 kg/667 m^2 外，还要分期追肥。在每次采收后、霜降后、早春萌发前均施 1 次追肥，施尿素 10 kg/667 m^2。紫背天葵 1 次栽培，可数年采收。所以要勤中耕除草，以减少养分消耗，浇水和中耕结合，同时有保墒作用。霜降后，寒冷地区地上部分枯萎，覆盖稻草，可安全越冬，根部不受冻害，早春发芽迅速。

一年四季均可陆续采收嫩梢和嫩叶，冬季生长慢，每个月可采收 1 次。适宜的气温下生长迅速，每 15 d 采收 1 次。

19.5.4　马齿苋

马齿苋(*Portulaca oleraca* L.)，另名长命草、五行草、酸米菜、瓜子菜，台湾地区则通称猪母草，属于马齿苋科马齿苋属中一年生草本植物(在热带为多年生)。原产于温带、热带地区。除高寒地区外，世界各地都有分布。中国多个省有野生种。自古就有采食马齿苋的习惯。近年来荷兰已育成马齿苋优良品种。马齿苋是一种栽培甚为普遍的茎叶菜，栽培容易，夏季生长快速，营养丰富，每百克鲜嫩茎叶含有蛋白质 2.3 g、脂肪 0.5 g、糖类 3 g、粗纤维 0.7 g、胡萝卜素 2.23 mg、维生素 B_1 0.03 mg、维生素 B_2 0.11 mg、维生素 C 23 mg、烟酸 0.7 mg、钙 85 mg、磷 56 mg、铁 1.5 mg。全株入药有解毒、消炎、利尿止痛的功效，中药常用作治疗痢疾、妇女白带等，还是糖尿病患者良好食品，发展前景广阔。

19.5.4.1 生物学特性

马齿苋的根为须根系，株高 30～35 cm，茎叶淡紫红色，主茎直径达 1 cm，粗大，节间 7～7.5 cm，平滑多肉成圆柱状。叶多肉质，长倒卵形，似瓜的子叶，全缘，圆头，叶长 7～8 cm，叶宽 2.5～2.8 cm，无柄，对生。叶腋发生腋芽 2 个，基部腋芽大，越向上部的腋芽越细小。花枚上，无柄，集中在顶端数叶的中心，簇生 5～6 个，萼片 2 枚，花瓣 5 枚(黄色)，雄蕊 12 枚，雌蕊 1 枚，柱头 1 枚，先端 5 裂，受精后成为蒴果。种子细小，带有光泽的黑色，千粒重约 0.48 g，发芽力能保持 3～4 年之久，如将种贮存于干燥低温处可保存 40 年。

马齿苋性喜高温高湿，耐旱耐涝，具向阳性，适应性强。发芽温度 20 ℃以上，最适温度 25～30 ℃，随着温度升高，生长发育加快。肥料以氮素为主。生长期间，要保持土壤湿润。马齿苋属 C_4 型植物，生长强健，对土壤要求不严格，但为了生产品质幼嫩的茎叶，宜选保水力良好的沙质壤土栽培，同时要注意选阳光能照射到的田块，有利于促进茎叶繁茂生长。

马齿苋食用嫩茎叶的可分 2 类型：①野生种，自然分布在田间马齿苋属中的采集嫩茎叶供食用的一类。②栽培种，为人工培育的马齿苋属中的一种。近年来，台湾地区推广的荷兰菜就属此类型。

在中国大地上，马齿苋多以春夏季节到田野采集野生种之茎叶供食为主，在有些发达国家已逐步转向以人工栽培为主，中国台湾地区正大力推广人工栽培。

19.5.4.2 栽培技术要点

1)栽培季节

亚热带地区台湾地区南部、广东、海南等地区，2 月下旬开始播种，陆续采收到 11 月份；江浙一带，春季于 5 月中下旬播种，如用保护地种植，可提前到 4 月份播种，6～8 月份为生长旺期；华北地区露地栽培于 6 月上中旬播种。各个地区气温超过 20 ℃，可随时播种，分期播种，分期上市。

2)田间管理

马齿苋种子细小，故要精细整地，并以条播为好。施腐熟堆厩肥 2 000 kg/667 m^2，耕翻深 15 cm，打碎土块，畦面达到平、松、软、细的要求，作宽 1 m 的畦，沟宽 40 cm。畦面开 21～24 cm 宽的 2 条播种浅沟，进行条播。为了使播种密度均匀，将种子用细沙增至 100 倍，再播种。因种子易掉入土壤孔隙中，播后只需轻耙表土，无须再行覆土；如土壤干燥，则用洒水壶略喷湿畦面即可。播后 20 d，当苗高 15 cm 左右时，开始间拔幼苗供食，使株距保持 9～10 cm，让苗继续生长，播后 25 d 左右，株高 25 cm 以上时，正式采收。一般幼苗单株产量 35～40 g。采收时要注意在植株根头部留 2～3 节处割取，留下节位的腋芽继续生长，以后陆续采收。在生长期间，根据生育情况进行追肥，一般施用尿素 300 倍液 1～2 次，每次用尿素 5 kg/667 m^2。马齿苋几乎不发生病虫害。

19.5.5 蕨菜

蕨菜[*Pteridium aguilinum* (L.) Kuhn. var. *latiusculum* (Desv.) Underw.]，别名蕨儿菜、鹿角菜、龙头菜等，属凤尾蕨科蕨属中多年生草本野生植物。原产中国和日本。中国自古供食，历史悠久，分布很广，西北、华北、东北、西南各省山坡林下草地都有生长，尤以内蒙古、辽宁和河北承德所产的最有名。食用部分为嫩叶、叶柄和嫩茎,营养丰富,每百克茎叶中含有蛋白质 1.6 g、脂肪 0.4 g、糖类 10 g、粗纤维 1.3 g、胡萝卜素 1.6 mg、维生素 C 35 mg、钙 24 mg、磷 29 mg、铁 6.7 mg,还含有胆碱、麦角固醇等营养物质。此外,根茎中含淀粉很多。中国蕨类资源丰富,每年有大量出口,在国际市场上有较强的竞争力,是典型的无公害蔬菜。

19.5.5.1 生物学特性

株高 1 m 左右,根状茎细长,在耕作层内匍匐生长。茎节处长出叶芽,以后长出枝梗,叶为奇数 3 回羽状复叶,长 30～60 cm,宽 30～45 cm,叶背有毛,叶柄长而粗,绿色埋在土中部分淡绿色。第一回羽叶对生,10 对左右,下部有叶柄,基部一对羽叶最大,长 20～30 cm,宽 20 cm 左右,第二回羽叶长圆披针形,基部宽,呈羽状分裂,略似无柄(或有不明显小柄)。叶脉羽状分枝,侧脉 2～3 叉,叶面凹下,叶背突起。子囊群为繁殖器官,内含大量孢子,子囊成熟破裂时,孢子撒出散落在潮湿地方,萌发出原叶体,产生精子器和颈卵器,精子器产生螺旋形多鞭毛的精子,和颈卵器中的卵受精后形成胚,从原叶体中吸取养料到发育成具有根茎和叶的独立植株后,原叶体死亡。

蕨类适应性很广,喜光、湿润、冷冻的气候条件。既耐高温,也耐低温。32 ℃时能正常生长,−36 ℃低温下宿根能安全越冬,幼嫩叶在−5 ℃才受冻害,气温 15 ℃时、地温 12 ℃时,叶片开始迅速生长,孢子发育适温是 25～30 ℃,在光照较多情况下,生长发育快,植株高大。不耐干旱,对水分要求严格。以土层深厚、排水良好、富含有机质、中性或微酸性的山地阳坡、稀疏的针阔叶树混交林中生长较多。

蕨类种类很多,地区不同,各有特色,按地区可分为以下几种:河北承德蕨菜 、辽宁蕨菜、内蒙古蕨菜及黑龙江蕨菜。

在全国各地,蕨菜是一种野生蔬菜,在自然条件下生长,气候温和地区 3～4 月份、寒冷地区 5～6 月份到田野山坡林采摘。近几年来也开始人工栽培,南方地区 1～2 月份、北方 3～4 月份进行分株繁殖,也可采用播种育苗的方法,苗育好后移栽到大田。

19.5.5.2 栽培技术要点

蕨菜秧苗繁殖有分株和有性繁殖 2 种。生产上多采用分株繁殖方法,有性繁殖应先播种育苗,苗高 10～15 cm 时定植,行距 70～80 cm,株距 50～60 cm,每穴栽 2～4 株。定植成活后,生长期间要施 1～2 次追肥,每 667 m^2 施腐熟厩肥 1 500～2 000 kg,冬季施腐熟堆厩肥 2 000 kg,有条件地区用稻草、树叶覆盖,防冻害,每 2～3 年分株 1 次进行更新,提高品质和产量。

要掌握适期采收,一般在苗高 30～40 cm 时,外叶未展开,叶柄幼嫩时采收。过早采收影响产量,过迟采收植株老化,失去菜用价值。在雨水协调、土壤肥沃的地段,第一次采收后,过 15 d 还可以采收 1 次。

19.5.6 罗勒

罗勒(*Ocimum basilicum* L. var. *pilosum* Will Benth.)俗称九层塔、零陵菜、光明子等,为唇形科罗勒属的栽培种,一年生或多年生草本。在亚洲、非洲的热带地区广泛分布。中国在北魏《齐民要求》中就有其栽培加工的记载。目前,河南、安徽等地栽培较多。其嫩叶、幼茎有特殊的薄荷香味,菜用方式有凉拌菜、油炸和做汤。有消暑解毒、消食开胃的功效。叶可提炼芳香油,茎叶可入药,有健胃之功效。

19.5.6.1 生物学特性

在热带地区为多年生，中国均作一年生蔬菜栽培。株高约 60 cm，茎钝四棱形，全株被稀疏柔毛，叶腋多分枝，叶对生、全缘，叶柄长 2 cm 左右，叶片卵圆形或长椭圆形，长 3～5 cm，宽约 3 cm。花在花茎上分层轮生，每层有苞叶 2 枚，花 6 枚，成轮伞花序，组成下部间断上部连续的假总状花序，一般有轮伞花序 6～10 层。花萼筒状，宿萼，花冠唇形，白、浅红或紫色，雄蕊 4 枚、柱头 1 枚，每花能形成小坚果 4 个。坚果黑褐色，椭圆形，长约 1 mm，千粒重 2 g 左右。罗勒有青茎种和紫茎种的区别，无特殊的栽培品种育成。

19.5.6.2 栽培技术要点

中国中部地区多在 4 月上旬播种。罗勒性喜温暖，要求土质疏松肥沃。依地势的高低，作高畦或平畦，施入腐熟的有机肥 1 500～2 000 kg/667 m^2 料作基肥，翻下耙平作畦。多采用撒播，播后 3～5 d 出土，真叶出现后间去双株苗和拔去杂草。干旱时要及时浇水，生长中后期结合浇水进行追肥，施尿素等氮肥 1～2 次，每次施尿素 7.5～10 kg/667 m^2。苗高 6～7 cm 时，即可间拔幼苗供食。主茎高 20 cm 以后，则采摘幼嫩茎叶供应上市，陆续采收一直到 8 月下旬。而未经采摘的植株于 7 月上中旬开始现蕾开花，到 8 月上旬果实成熟，当多数果实成熟时拔取种株收种。

19.5.7 莳萝

莳萝(*Anethum graveolens* L.)古名慈谋勒，别名土茴香、茴香草，属伞形科莳萝属二年生草本植物。嫩叶芳香，作香辛蔬菜栽培。绿叶中含有莳萝精油 0.15%，果实中含有 3%～4%，有浓香味。维生素 C 含量也很高，嫩叶供炒食或调味料，果实有健脾开胃消食作用。

莳萝原产于地中海沿岸地区。欧洲、美洲各国栽培较普遍。唐代经丝绸之路传入中国，已有千余年栽培历史，现在中国华南地区栽培较多。

19.5.7.1 生物学特性

株高约 50 cm，叶淡绿色，轮生，3 回羽状复叶，裂片呈线状全裂。伞形花序，花色淡黄，无花被。果实棕黄色，无刺毛，椭圆扁平状，长 3～4 mm，宽 2～3 mm，两侧棱线延伸成翼状，借风力传播，果实富含莳萝精油。

19.5.7.2 栽培技术要点

菜用莳萝在出苗后 30～40 d 采收全株，食其嫩叶；如作调味香料，则在抽薹开花后采收。莳萝要求肥沃土壤和充足的水分、光照条件。生长期约 80 d，春、秋 2 季均可播种。但采种栽培的宜春播，在 3 月中旬至 4 月下旬播种，一般行条播或撒播，每 667 m^2 播种量，菜用莳萝 1.5～2 kg，调味用栽培的 0.8 kg。播后 10～15 d 出苗，通常不间苗。苗高 5～10 cm 时，应浇水、追肥、中耕除草，保持土壤湿润。株高 20～30 cm 时，可一次采收或间拔采收。6 月上旬至 7 月上旬可陆续采收叶片，产量可达 1 000 kg/667 m^2。至 7 月中旬种子成熟，可采收莳萝种子。秋播的，在 8～9 月份，10～12 月份采收叶子，产量较春播的高些。由于具有特殊香味，能驱避虫子，故病虫害很少，且耐旱力强，易于栽培。

19.5.8 马兰

马兰[*Kalimeris indica* (L.) Sch-Bip.]，别名马兰头、鸡儿肠，属菊科马兰属中以嫩叶供食的野生种，多年生草本植物。原产于亚洲南部及东部。长江流域分布较广，尤以安徽、江苏等地野生马兰极为普遍。嫩茎叶色绿、清香，多为凉拌或做汤菜。除菜用外，全株可入药，有消食积、除湿热、利尿、退热止咳、解毒等作用，可治外感风热、肝炎、消化不良、中耳炎等疾病。嫩茎叶富含人体各种必需的营养物质，每百克食用部分含有蛋白质 3 g、脂肪 0.6 g、总糖 5.2 g、纤维素 1 g、维生素 C 69 mg、钙 138 mg、磷 52 mg、铁 2 mg。马兰是城乡人民非常喜爱的一种野生蔬菜，春、秋季市场上野生马兰上市量仅次于荠菜，是很有开发价值的生食绿叶菜之一。

19.5.8.1 生物学特性

株高 30～70 cm，茎直立。叶互生，质薄，倒披针形或卵状矩圆形，长 3～10 cm，宽 1～5 cm，顶端钝或尖，边缘疏粗锯齿或羽状浅裂，上部叶小，无叶柄，全缘。头状花序，直径约 2.5 cm，单生于枝顶排成疏伞房状；总苞 2～3 层，倒披针形，舌状花 1 层，筒状花多数。瘦果倒卵状矩圆形，极扁，长 1.5～2 mm，褐色，冠毛长 0.1～3 mm。

19.5.8.2 栽培技术要点

马兰喜欢冷凉湿润的气候。种子发芽适宜温度 20～25 ℃。生长期间，晴天多日照充足、适温 15～22 ℃时植株生长迅速，一般出苗后 30～40 d 的幼苗就可采摘；气温低于 15 ℃生长缓慢，气温高也不适宜生长，纤维多，品质差。耐寒性较强，5～7 ℃也不致冻坏。

春季 4～5 月份、秋季 10～11 月份到田野、沟旁采摘野生马兰供食。人工栽培尚少。

思考题

1. 简述草莓的繁殖方法与技术要点。
2. 芽苗菜的种类有哪些？

参考文献

[1] 艾希珍，崔志峰，曲静然，等．施肥水平对生姜品质的影响．山东农业大学学报(自然科学版)，1998(2)：183-188.

[2] 艾希珍，张振贤，王绍辉，等．温度对生姜叶片光合特性的影响．中国蔬菜，1998(3)：1-3.

[3] 艾希珍，张振贤，米庆华，等．有色地膜覆盖对生姜生长及产量的影响．中国蔬菜，2001(4)：4-6.

[4] 艾希珍，赵德婉，曲静然，等．施肥水平对生姜生长及产量的影响．中国蔬菜，1997(1)：8-21.

[5] 日本农业渔村文化协会．蔬菜生物生理学基础．北京农业大学，译，北京：农业出版社，1985.

[6] 陈琼，韩瑞玺，唐浩，等．我国菜豆新品种选育研究现状及展望．2018(10)：9-14.

[7] 高国训，王武台，吴锋，等．我国芹菜生产发展变化及育种策略．长江蔬菜，2014(2)：1-4.

[8] 国家发展改革委，农业部．关于印发全国蔬菜产业发展规划(2011—2020 年)的通知．https://www.ndrc.gov.cn/fzggw/jgsj/njs/sjdt/201202/t20120227_1194677.html

[9] 蒋先明．蔬菜栽培生理学．北京：中国农业出版社，1996.

[10] 蒋尤泉．中国作物及其野生近缘植物．蔬菜作物卷(上)．北京：中国农业出版社，2008.

[11] 黑龙江省农业科学院马铃薯研究所．中国马铃薯栽培学．北京：中国农业出版社，1994.

[12] 冷杨，王娟娟，张真和．中国入世十年蔬菜进出口贸易比较分析．中国蔬菜，2012(17)：1-7.

[13] 李海真，田佳星，张国裕，等．“十三五”我国南瓜遗传育种研究进展．中国蔬菜，2021(9)：16-24.

[14] 李树德．中国主要蔬菜抗病育种进展．北京：科学出版社，1995.

[15] 李锡香，朱德蔚．黄瓜种质资源描述规范和数据标准．北京：中国农业出版社，2005.

[16] 刘松忠，陈清，何洪巨．葱、蒜挥发性物质形成及影响因素研究进展．中国蔬菜，2005，138(增刊)：35-38.

[17] 刘世琦，许莉，齐连东．大蒜生产关键技术问答．北京：中国农业出版社，2007.

[18] 刘以前，沈火林，石正强．番茄果实生长发育过程中糖的代谢．华北农学报，2006，21(3)：51-56.

[19] 齐红岩，李天来，邹琳娜，等．番茄果实不同发育阶段糖分组成和含量变化的研究初报．沈阳农业大学学报，2001(5)：346-348.

[20] 山东农业大学．蔬菜栽培学总论．北京：中国农业出版社，2000.

[21] 汤谧，别之龙，张保才，等．西瓜、甜瓜果实品质及调控研究进展．长江蔬菜，2009 (4)：

10-14.
[22] 汪隆植，何启伟．中国萝卜．北京:科学技术文献出版社，2005.
[23] 王利娜，赵崇强，柴可婷,等．脱毒马铃薯保护地高产栽培技术．现代农业科技，2008，14：60.
[24] 武冲，姜莉莉，宗晓娟,等．中国草莓育种研究进展．落叶果树，2022,54(2):28-30.
[25] 徐康乐，米庆华，徐坤范,等．不同地膜覆盖对春季马铃薯生长及产量的影响．中国蔬菜，2004(4):17-19.
[26] 徐冉，孙玉东．大白菜品质研究进展．安徽农业科学，2008，36(15):6259-6260.
[27] 杨凤娟，刘世琦，王秀峰,等．矿质营养和有机质对大蒜鳞茎鲜重及大蒜素含量的影响．山东农业大学学报(自然科学版)，2006,37(3):405-408.
[28] 杨丽梅，方智远．中国甘蓝遗传育种研究 60 年．园艺学报，2022，49 (10):2075-2098.
[29] 杨玉梅，张显，于蓉,等．西瓜不同种质资源糖分积累规律的研究．西北农业学报，2006，15(6):111-113.
[30] 仪登霞，庞永珍．我国豌豆生产和育种的现状与问题．中国草地学报,2022，44(1):104-113.
[31] 于占东，何启伟，王翠花,等．大白菜产量与营养品质性状的遗传相关分析．山东农业科学，2003(6)：12-14.
[32] 喻景权．蔬菜生长发育与品质调控:理论与实践．北京:科学出版社，2014.
[33] 张福墁．设施园艺学．北京：中国农业大学出版社，2001.
[34] 张长远，罗少波，陈清华．我国苦瓜品种市场需求的变化趋势．中国蔬菜，2005(9):44-45.
[35] 张振贤，程智慧．高级蔬菜生理学．北京，中国农业大学出版社，2008.
[36] 张振贤．蔬菜栽培学．北京：中国农业大学出版社，2003.
[37] 张振贤，于贤昌，李兴起，等．大白菜叶面积指数发展动态及其与产量的关系[J]. 中国蔬菜，1994 (3) ：11-12,23.
[38] 赵德婉，徐坤，陈利平．生姜光合特性的研究．园艺学报，1991,18(1)：55-60.
[39] 赵德婉，徐坤．生姜高产技术体系优化方案要的研究．山东农业大学学报(自然科学版)，1992，23(3)：221-226.
[40] 中国农业百科全书蔬菜卷编辑委员会,中国农业百科全书编辑部．中国农业百科全书:蔬菜卷．北京:农业出版社,1990.
[41] 中国农业科学院蔬菜花卉研究所．中国蔬菜栽培学．2 版．北京:中国农业出版社,2010.
[42] 朱德蔚，王德槟，李锡香．中国作物及其野生近缘植物:蔬菜作物卷(下). 北京:中国农业出版社，2008.
[43] Esau，Katherine. Plant Anatomy. Hoboken:John Wiley & Sons Inc.，1953.